“十三五”国家重点出版物出版规划项目
现代机械工程系列精品教材
普通高等教育3D版机械类系列教材

机械制造技术基础（3D版）

李凯岭　主编
李凯岭　迟京瑞　张　红　吕英波
尹玉亮　王志坤　陈清奎
编著

机 械 工 业 出 版 社

本书综合了机械制造工艺学及机床夹具设计、金属切削机床概论、金属切削原理与刀具的基本内容，将机械制造技术的基础知识、基本理论、基本方法等有机整合后撰写而成。全书主要内容包括机械制造与工艺过程、金属切削加工基础知识、金属切削基本规律、金属切削机床基本知识、车床与车刀、其他金属切削机床及其常用刀具、磨削加工与磨削工具、机械加工工艺规程的制定、金属切削机床夹具设计、机械加工精度、机械加工表面质量、机械装配工艺基础、制造模式与制造技术的发展。本书结构严谨、叙述简明，体现了专业知识的传统性、系统性和实用性。

本书配套了利用虚拟现实（VR）技术、增强现实（AR）技术等开发的3D虚拟仿真教学资源。

本书可作为高等院校机械类各专业教材，也可作为高等专科学校、成人高校等相关专业的教学参考书，还可供相关工程技术人员参考使用。

图书在版编目（CIP）数据

机械制造技术基础：3D版/李凯岭主编. —北京：机械工业出版社，2017.7（2023.8重印）
“十三五”国家重点出版物出版规划项目　现代机械工程系列精品教材　普通高等教育3D版机械类系列教材
ISBN 978-7-111-57622-8

Ⅰ.①机…　Ⅱ.①李…　Ⅲ.①机械制造工艺-高等学校-教材
Ⅳ.①TH16

中国版本图书馆CIP数据核字（2017）第189595号

机械工业出版社（北京市百万庄大街22号　邮政编码100037）
策划编辑：蔡开颖　责任编辑：蔡开颖　段晓雅　张丹丹　刘丽敏
责任校对：肖　琳　封面设计：张　静
责任印制：张　博
北京联兴盛业印刷股份有限公司
2023年8月第1版第7次印刷
184mm×260mm · 27.5印张 · 671千字
标准书号：ISBN 978-7-111-57622-8
定价：64.80元

电话服务	网络服务
客服电话：010-88361066	机　工　官　网：www.cmpbook.com
010-88379833	机　工　官　博：weibo.com/cmp1952
010-68326294	金　书　网：www.golden-book.com
封底无防伪标均为盗版	机工教育服务网：www.cmpedu.com

普通高等教育3D版机械类系列教材
编审委员会

序

虚拟现实（VR）技术是计算机图形学和人机交互技术的发展成果，具有沉浸感（Immersion）、交互性（Interaction）、构想性（Imagination）等特征，能够使用户在虚拟环境中感受并融入真实、人机和谐的场景，便捷地实现人机交互操作，并能从虚拟环境中得到丰富、自然的反馈信息。在特定应用领域中，VR 技术不仅可满足用户应用的需要，若赋予丰富的想象力，还能够使人们获取新的知识，促进感性和理性认识的升华，从而深化概念、萌发新的创意。

机械工程教育与 VR 技术的结合，为机械工程学科的教与学带来显著变革：通过虚拟仿真的知识传达方式实现更有效的知识认知与理解。基于 VR 的教学方法，以三维可视化的方式传达知识，表达方式更富有感染力和表现力。VR 技术使抽象、模糊变得具体、直观，将单调乏味变得丰富多变、极富趣味，令常规不可观察变为近在眼前、触手可及。通过虚拟仿真的实践方式实现知识的呈现与应用。虚拟实验与实践让学习者在创设的虚拟环境中，通过与虚拟对象的主动交互，亲身经历与感受机器拆解、装配、驱动与操控等，获得现实般的实践体验，增加学习者的直接经验，辅助将知识转化为能力。

教育部编制的《教育信息化十年发展规划（2011—2020 年）》（以下简称《规划》），提出了建设数字化技能教室、仿真实训室、虚拟仿真实训教学软件、数字教育教学资源库和 20000 门优质网络课程及其资源，遴选和开发 1500 套虚拟仿真实训实验系统，建立数字教育资源共建共享机制。按照《规划》的指导思想，教育部启动了包括国家级虚拟仿真实验教学中心在内的若干建设工程，力推虚拟仿真教学资源的规划、建设与应用。近年来，很多学校陆续采用虚拟现实技术建设了各种学科专业的数字化虚拟仿真教学资源，并投入应用，取得了很好的教学效果。

“普通高等教育 3D 版机械类系列教材”是由山东高校机械工程教学协作组组织驻鲁高等学校教师编写的，充分体现了“三维可视化及互动学习”的特点，将难于学习的知识点以 3D 教学资源的形式进行介绍，其配套的虚拟仿真教学资源由济南科明数码技术股份有限公司开发完成，并建设了“科明 365”在线教育云平台（www.keming365.com），提供了适合课堂教学的“单机版”、适合集中上机学习的“局域网络版”、适合学生自主学习的“手机版”，构建了“没有围墙的大学”“不限时间、不限地点、自主学习”的学习资源。

古人云，天下之事，闻者不如见者知之为详，见者不如居者知之为尽。

本系列教材的陆续出版，为机械工程教育创造了理论与实践有机结合的条件，很好地解决了普遍存在的实践教学条件难以满足卓越工程师教育需要的问题。这将有利于培养制造强国战略需要的卓越工程师，助推中国制造 2025 战略的实施。

张进生

于济南

前言

本书是山东高校机械工程教学协作组组织编写的“普通高等教育 3D 版机械类系列教材”之一。

本书在内容安排上侧重机械制造方面冷加工领域的基本知识、基本原理和基本方法，突出了专业基础内容；在章节安排上既考虑了专业知识本身的内在联系，又遵循了专业基础与专业知识前后贯通的原则；集基础性、传统性、应用性、适应性、系统性、学以致用等特点于一身。本书内容的取材，包括金属切削加工、磨削过程中的物理现象及其规律，金属切削刀具的功用、性能和常用金属切削机床的传动、特点，以及有关制造过程中的加工质量、加工精度、工装夹具、工艺规程等方面的必备知识；此外，也包括了现代制造技术的基础内容。本书内容对从事机械加工、加工控制及有关工程管理的技术人员来说，都是必不可少的知识。本书体系经过多所高等院校的机械制造与自动化等专业的试用，效果良好。全书内容简明扼要，重点突出，便于学生自学，也给主讲教师留有发挥的余地。本书的编写响应和贯彻党的二十大报告中提出的“推进教育数字化”的精神，充分利用虚拟现实（VR）、增强现实（AR）等技术开发的虚拟仿真教学资源，体现“三维可视化及互动学习”的特点，将难于学习的知识点以 3D 教学资源的形式进行介绍，力图达到“教师易教、学生易学”的目的。本书配有手机版的 3D 虚拟仿真教学资源，扫描封底右上角的二维码可下载本书的 APP，图中标有图标的表示免费使用，标有图标的表示收费使用。本书提供免费的教学课件，欢迎选用本书的教师登录机工教育服务网（www.cmpedu.com）下载。济南科明数码技术股份有限公司还提供有互联网版、局域网版、单机版的 3D 虚拟仿真教学资源，可供师生在线（www.keming365.com）使用。

本书的体系和内容体现了系统、基础、全面、实用的特点，既可作为高等院校机械类各专业教材，也可作为高等专科学校、成人高校等相关专业的教学参考书，还可供相关工程技术人员参考使用。

本书由山东大学李凯岭主编。具体参加编写的人员有：山东大学李凯岭（负责绪论、第 1 章、第 6 章、第 8 章、第 9 章、第 12 章、第 13 章），山东科技大学迟京瑞（负责第 2~4 章），山东建筑大学吕英波（负责第 5 章，参与第 6 章编写），烟台南山学院张红（负责第 7 章），德州学院王志坤（参与第 9 章编写），临沂大学尹玉亮（负责第 10 章、第 11 章）。本书配套的 3D 虚拟仿真教学资源由济南科明数码技术股份有限公司开发完成，并负责网上在线教学资源的维护、运营等工作，主要开发人员包括陈清奎、马仲依、秦现磊、刘海、何强、孙宏翔、栾飞、李晓东等。

全书由山东大学李凯岭完成统稿。山东大学汤红杰、臧淑华，烟台南山学院张红，对本书稿的统稿做了大量工作。采用过本书内容体系的主讲教师对书稿和内容提出了许多宝贵的建议，在此表示衷心感谢。

由于编者水平有限，书中难免存在缺点和错误，敬请广大读者批评指正。

主编联系方式：13001737226，likailing@ foxmail. com。

编者

于济南

目录

绪　论

机械制造技术是以制造一定质量的产品为目标，研究如何以最少的消耗、最低的成本和最高的效率进行机械产品制造的综合性技术，是机械科技成果转化为生产力的关键环节，与国民经济各部门联系最广泛、最密切。

0.1　机械制造工业在国民经济中的地位

1. 制造业

制造业是所有与制造有关的行业的总体。制造业为国民经济各部门和科技、国防提供技术装备，是整个工业、经济与科技、国防的基础，是现代化的动力源，是现代文明的支柱。人类从原始社会使用石器到现在应用现代化的机器装备和先进的工艺技术，逐步加强了控制、开发和利用自然的能力。制造业为人类创造着辉煌的物质文明。

制造业是一个国家的立国之本。工业化国家中以各种形式从事制造活动的人员约占全国从业人数的四分之一。美国约68%的财富来源于制造业，日本国民生产总值的约50%由制造业创造，我国的制造业在工业总产值中约占40%。

2. 机械制造业

机械制造业是制造业最主要的组成部分，它是为用户创造和提供机械产品的行业，包括机械产品的开发、设计、制造生产、流通和售后服务全过程。

在整个制造业中，机械制造业占有特别重要的地位。因为机械制造业是国民经济的装备部，它以各种机器设备供应和装备国民经济的各个部门，并使其不断发展。国民经济各部门的生产水平和经济效益在很大程度上取决于机械制造业所提供的装备的技术性能、质量和可靠性。国民经济的发展速度，在很大程度上取决于机械制造工业技术水平的高低和发展速度。从总体上来讲，机械制造业是国民经济中的一个重要组成部分。因而，各发达国家都把发展机械制造业放在突出的位置。

机械制造技术水平的提高与进步将对整个国民经济的发展和科技、国防实力产生直接的作用和影响，是衡量一个国家科技水平的重要标志之一，在综合国力竞争中具有重要的地位。

纵观世界各国，任何一个经济强大的国家，无不具有强大的机械制造业，许多国家的经济腾飞，机械制造业功不可没。其中，日本最具有代表性。第二次世界大战后，日本先后提出“技术立国”和“新技术立国”的口号，对机械制造业的发展给予全面的支持，并抓住

机械制造的关键技术——精密工程、特种加工和制造系统自动化，使日本在战后短短30年里，一跃成为世界经济大国。与此相反，美国自20世纪50年代后，在相当长一段时间内忽视了制造技术的发展。美国政府历来认为生产制造是企业界的事，政府不必介入。而美国学术界则只重视理论成果，忽视实际应用，一部分学者还错误地主张应将经济重心由制造业转向高科技产业和第三产业，结果导致美国经济严重衰退，竞争力明显下降，在汽车、家电等行业被日本赶超。直到20世纪80年代初，美国开始认识到问题的严重性。白宫的一份报告指出：美国政府在进行深刻反省之后，重新树立制造业的地位，并对制造业给予实质性的和强有力的支持，制订并实施了一系列振兴美国制造业的计划，效果十分明显。至1994年，美国汽车产量重新超过日本，并重新占领了欧美市场。

0.2 机械制造业的发展

人类文明的发展与制造业的进步密切相关。早在石器时代，人类就开始利用天然石料制作工具，用其猎取自然资源为生。到了青铜器和铁器时代，人们开始采矿、冶金、铸锻工具，并开始制作纺织机械、水利机械、运输车辆等。

直至18世纪70年代，以瓦特改进蒸汽机为代表引发了第一次工业革命（图0-1），蒸汽机的应用从采矿业推广到纺织、面粉、冶金等行业，产生了近代工业化的生产方式，机器生产方式逐步取代手工劳动方式，机械制造业逐渐形成规模，逐步成为一个重要的产业。19世纪中叶，电磁场理论的建立为发电机和电动机的产生奠定了基础，从而迎来了电气化时代。以电力作为动力源，使机械结构发生了重大变化。与此同时，互换性原理和公差制度应运而生。所有这些使机械制造业发生了重大变革，机械制造业进入快速发展时期。

图0-1 瓦特创新技术改良蒸汽机

19世纪机械制造方面的重大技术进步是发展了零件的互换性。19世纪下半叶，新的工具材料和新的动力来源促进了机床的发展。1850年的碳素钢刀具只能在约12m/min以下的切削速度下工作。1868年穆舍特发明了含有钨和钒的锰钢（合金工具钢），使得切削速度提高到18.3m/min。1898年泰勒等人用含铬的高速钢把切削速度提高到36.6m/min。切削速度的提高反过来促进了机床各部分强度、轴承、变速机构的改进。

20世纪初，内燃机的发明，使汽车开始进入欧美家庭，引发了机械制造业的又一次革命。流水生产线的出现和泰勒科学管理理论的产生，标志着机械制造业进入“大批量生产”（Mass Production）的时代。以汽车工业为代表的大批量自动化生产方式使得生产率获得极大提高，迅速发展的汽车工业和后来的飞机工业，促进了机械制造技术向高精度、大型化、专用化和自动化的方向发展，机械制造业有了更迅速的发展，并开始成为国民经济的支柱产业。

第二次世界大战后，计算机和集成电路的出现，以及运筹学、现代控制论、系统工程等软科学的产生和发展，使机械制造业产生了一次新飞跃。传统的大批量生产方式难以满足市场多变的需要，多品种、中小批量生产日渐成为制造业的主流生产方式。传统的自动化生产方式只有在大批量生产的条件下才能实现，而数控机床的出现使中小批量生产自动化成为可能，科学技术的高速发展，促进了生产力的进一步提高。而当今以智能制造技术为特征的第四次工业革命浪潮，掀起了机械制造技术和理念的新飞跃。

20世纪中后期，机械加工的主要特点是：不断提高机床的加工速度和精度，减少对手工技艺的依赖；提高成形制造、切削加工和装配的机械化和自动化程度；利用数控机床、加工中心、成组技术等，发展柔性加工系统，使得中小批量、多品种生产的生产效率提高到近于大量生产的水平；研究和改进难加工的新型金属和非金属材料的成形和切削加工技术。随着电子技术、信息处理、传输技术和自动控制技术的发展以及微型计算机的出现，给机械加工自动化技术带来了新的概念。用数字化信号对机械运动和机床工作过程进行控制，推动了机床自动化的发展。数控技术的应用，不但给传统的机械制造业带来了革命性的变化，而且使制造业成为工业化的象征。

伴随着计算机的出现，机械制造自动化从刚性自动化向柔性自动化、智能制造方向发展：自动化专机→自动化生产线（Production Line）→数控机床（CNC）→加工中心（MC）→柔性加工单元（FMC）→柔性制造系统（FMS）→智能制造与智能生产（IMS）。同时机械设计、工艺规程编制、计算机辅助数控加工编程、车间调度、车间和工厂管理、成本核算等都用计算机管理，这样出现了ERP/PDM、PLM全生命周期的大数据技术和制造技术、CAD/CAPP/CAM一体化技术。

20世纪80年代以来，信息产业的崛起和通信技术的发展加速了市场的全球化进程，市场竞争呈现新的方式，更加激烈。为了适应新的形势，在机械制造领域提出了许多新的制造哲理和生产模式，如计算机集成制造（CIM）、精益生产（LP）、快速原型制造（RPM）、并行工程（CE）和敏捷制造（AM）等。

20世纪90年代随着因特网的出现及应用，提出了敏捷制造（或网络制造）的新制造模式。应用因特网，可使不同地区的单位间实现快速大信息量的传输交流，使机械制造业可以将不同地区的工厂、设计单位和研究所通过因特网组合在一起，分工协作，发挥各单位特长，共同开发、研制并生产大型新产品。敏捷制造是多单位的协作生产（有一单位是主持的主导单位），可以包含基层单位中局部的计算机控制管理自动化（CIMS）、FMS、CAD/CAM，可以灵活机动地采用虚拟制造、虚拟装配、并行工程等各种先进工艺和管理方法，最终达到快速、优质、低成本地进行生产或研制新产品。

波音777大型民用客机的研制是综合应用敏捷制造的实例。美国研制波音777大型民用客机以西雅图为中心，集中南北51英里（mile，1mile = 1609.344m），11个地区的多个工厂、研究所协作研制，参加人员包含制造、供应、用户等共7000多人。全部研制工作实现无图纸生产，采用各种计算机控制管理、虚拟设计和虚拟制造、并行工程、CAD/CAM一体化技术等一切能采用的自动化设计、制造、管理等生产办法。最后，波音777大型民用客机一次研制试飞成功，全部设计研制周期仅27个月。而此前，同样复杂程度的波音767大型民用客机的研制周期为40个月。

计算机技术的发展，借助于计算机仿真和虚拟制造技术开发，CAD/CAM技术得到加

强。在计算机上进行加工过程碰撞仿真、加工精度仿真、调度仿真、制造过程仿真（虚拟制造）、装配过程仿真（虚拟装配），对机械制造业中的设计、制造、调度管理都有极大帮助。

进入21世纪，机械制造业正向自动化、柔性化、集成化、智能化、绿色化和清洁化的方向发展。现代机械制造技术发展的总趋势是向精密化、柔性化、网络化、虚拟化、智能化、清洁化、集成化、全球化的方向发展，机械制造技术与材料科学、电子科学、信息科学、生命科学、环保科学、管理科学等交叉、融合。在机械制造业，综合考虑社会、环境、资源等可持续发展因素的绿色制造技术将朝着能源与原材料消耗最小，所产生的废弃物最少并尽可能回收利用，在产品的整个生命周期中对环境无害等方向发展。

面对世界经济技术发展的日益融合和开放趋势，为了在世界经济发展大潮中处于领先地位，世界各个工业化国家，先后都提出了振兴制造业技术发展的纲领性的计划。美国是世界制造业的头号大国，长期以来，美国制造业的规模和技术水平曾在全球市场中拥有绝对的优势，占全球制造业份额的40%左右，为美国的经济发展奠定了坚实基础。近十几年来，美国制造业竞争力明显下降。美国德勒会计事务所与美国竞争力委员会2010年联合发布报告，美国2010年制造业竞争力在全球排名降到第四位，2015年美国的竞争力排名跌至第五位。美国制造业的领导地位正在受到威胁。奥巴马政府，振兴制造业作为其振兴美国经济的一项重要内容，出台实施了一系列促进制造业发展的政策和措施。2011年6月24日，美国总统奥巴马宣布启动一项超过5亿美元的“先进制造业伙伴关系”（AMP）计划，以期通过政府、高校及企业的合作来强化美国制造业，共同帮助美国重夺全球制造业领先地位。该计划将联合企业、高校和联邦政府，为可以提供大量就业机会以及提高美国全球竞争力的先进技术进行投资，这些技术将帮助美国的制造商降低成本，提高品质，加快产品研发速度，形成良好的就业前景。德国政府出于领先意识、危机意识和机遇意识，为确保未来德国在世界上的经济竞争力和技术领先地位，于2013年在德国《高技术战略2020》中提出国家发展战略。特朗普政府更是将重振美国制造业作为新一届政府“美国优先”的核心国策。德国政府在2013年4月的汉诺威工业博览会上正式推出“工业4.0”高科技战略计划，其目的是提高德国工业的竞争力，在新一轮工业革命中占领先机。该计划由德国联邦教育局及研究部和联邦经济技术部联合资助，旨在提升制造业的智能化水平，建立具有适应性、资源效率及人因工程学的智慧工厂，在商业流程及价值流程中整合客户及商业伙伴。其技术基础是网络实体系统及物联网。通过工业4.0战略的实施，德国将成为新一代工业生产技术（即信息物理系统）的供应国和主导市场，在继续保持国内制造业发展的前提下再次提升全球竞争力。日本政府意识到，如果不积极推出机器人技术战略规划，将会威胁日本作为机器人大国的地位。2015年1月23日，日本政府公布了《机器人新战略》。这一战略提出三大核心目标，即“世界机器人创新基地”“世界第一的机器人应用国家”“迈向世界领先的机器人新时代”。为实现上述三大核心目标，该战略制订了五年计划，旨在确保日本机器人领域的世界领先地位。

0.3　中国机械制造业的机遇与挑战

我国是一个世界文明古国，机械制造具有悠久的历史。考古研究发现，早在50万年以前的远古时代，我国已开始使用石器和钻木取火的工具，如图 0-2 所示的弓形钻。弓形钻由燧石钻头、钻杆、窝座和弓弦等组成。往复拉动弓便可使钻杆转动，用来钻孔、扩孔和取火。公元前 16 世纪~公元前 11 世纪的商代，我国已出现可转动的琢玉工具，如图 0-3 所示的古代钻床。车（旋）削加工和车床雏形（图 0-4）的出现，我国比欧洲早近千年。到了明代（公元 1368~1644 年），在古天文仪器加工中，已采用铣削和磨削加工方法，如图 0-5 所示，并出现了铣床、磨床和切削刃刃磨机（图 0-6）的雏形。公元 260 年左右，创造了木制齿轮，应用轮系原理，成功地研制了以水为动力的机械，用于加工谷物。但是，近两个世纪帝国主义的入侵和腐朽的半封建半殖民地社会制度，严重束缚了中国社会的发展，使中国几千年的文明失去了光芒。至中华人民共和国成立前夕，中国的机械制造业几乎为零。

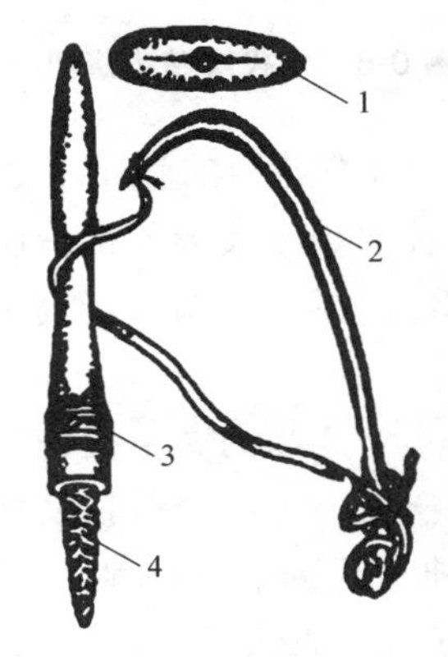

图 0-2 弓形钻

1—窝座 2—弓弦 3—钻杆 4—钻头

图 0-3 古代钻床

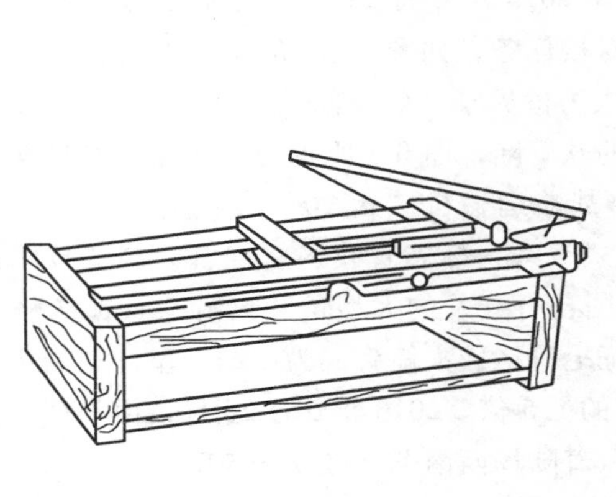

a)

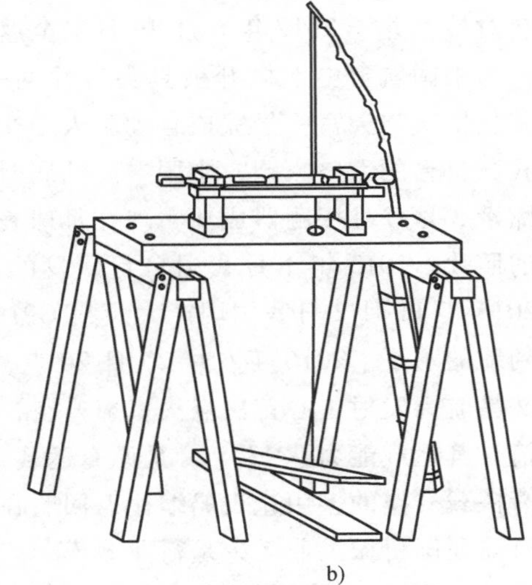

b)

图 0-4 古代车床

a）弓形（长轴）车床 b）脚踏车床

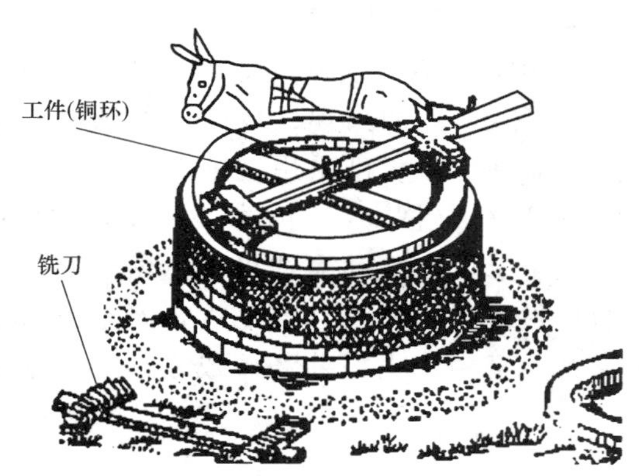

图 0-5　1668 年古天文仪器上铜环的铣削和磨削

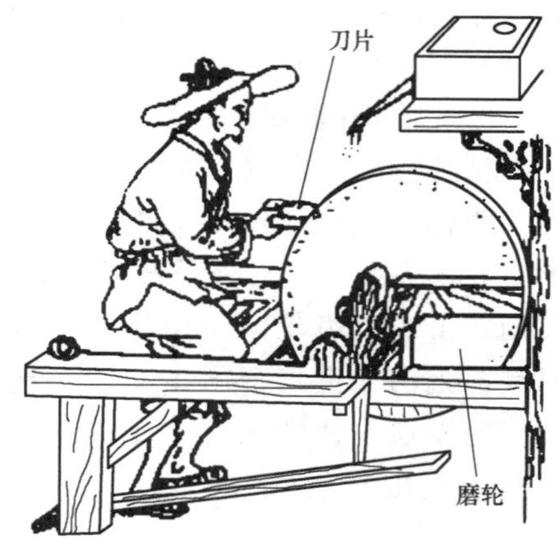

图 0-6　古代脚踏刃磨机

新中国成立以来 60 多年的发展，我国建立了自主独立、门类齐全的轻工业、重工业和机械制造业，机床装备制造业、汽车工业、航空航天工业等技术难度较大的机械制造工业得到快速发展，取得了举世瞩目的成就，建立了比较齐全的制造体系。我国自行设计制造的高铁系统和施工运营技术已经达到了世界先进水平的行列。

现代航空航天制造技术是集现代科学技术成果与技术密集型产品的高精尖先进制造技术之大成的机械制造技术。航空航天制造工程的技术水平，是衡量一个国家科技发展综合水平的重要标志。2003 年以来，我国先后自行设计制造发射了神舟系列载人飞船。其原型机神舟一号于 1999 年 11 月 20 日成功发射，而其发展型号神舟五号于 2003 年 10 月 15 日第一次完成载人飞行。2011 年 9 月 29 日我国在酒泉卫星发射中心发射第一个目标飞行器——天宫一号，如图 0-7a 所示为发射现场的情景。2011 年 11 月 3 日顺利实现天宫一号与神舟八号飞船的对接任务。2012 年 6 月 16 日神舟九号发射升空，并于 6 月 18 日与天宫一号实施载人自动交会对接，并于 2012 年 6 月 29 日安全返回地球，神舟九号开启了中国第一个宇宙实验室项目，为中国航天史上掀开极具突破性的一章。2013 年 6 月 11 日，神舟十号飞船发射升空，并且依次与天宫一号完成自动和人工交会对接任务，如图 0-7b 所示。中国计划 2020 年建成我国自己的太空家园，中国空间站届时将成为世界唯一的空间站。2013 年 12 月 14 日，我国嫦娥 3 号登月探测器成功实现在月球表面的软着陆，图 0-8 所示为着陆器与月球车互拍传回的照片。2013 年 1 月我国自行研发的重型战略运输机“运 20”飞机完成首次成功试飞，2015 年 11 月 2 日我国国产大飞机 C919 正式下线，标志着我国航空航天制造技术已经发展到新的水平。2016 年 6 月 25 日 20 点，我国自行开发的大型运载火箭“长征 7 号”从海南文昌航天发射中心首次点火发射升空，长征七号运载火箭将成为中国卫星计划的主力运载火箭，其运载能力达 13.5t，是原有运载火箭的 1.5 倍。2016 年 6 月 26 日，由长征七号运载火箭搭载升空的多用途飞船缩比返回舱在东风着陆场西南戈壁区安全着陆。

目前我国机械工业无论是行业规模、产业结构、产品水平，还是国际竞争力都有了大幅度的提升。我国的机械制造业已具有相当规模和一定的技术基础，成为我国工业体系中最大的产业之一。随着科技、经济、社会的日益进步和快速发展，日趋激烈的国际竞争及不断提高的人民生活水平对机械产品的性能、价格、质量、服务、环保及多样性、可靠性、准时性

a)　　b)

图 0-7　天宫一号发射的场景及与神舟飞船对接

图 0-8　嫦娥 3 号着陆器与月球车互拍传回的照片

等方面提出的要求越来越高，对先进的生产技术装备、科技与国防装备的需求越来越大，机械制造业面临着新的发展机遇和挑战。

2010 年机械工业增加值占全国 GDP 的比重已超过 9%；在全国工业中的比重从 16.6%提高到 20.3%；规模以上企业已达 10 万多家，比“十五”末增加了近 5 万家，从业人员数达到 1752 万人，资产总额已达到 10.4 万亿元，比“十五”末翻了一番。2009 年，我国机械工业销售额达到 1.5 万亿美元，超过日本的 1.2 万亿美元和美国的 1 万亿美元，跃居世界第一，成为全球机械制造第一大国。但是，中国的制造业大而不强，仍然是一个制造技术水平较低的国家。与工业发达国家相比，我国机械制造业的水平还存在明显的差距，主要表现为产品质量和技术水平不高，自主知识产权的产品少，而且制造技术落后，基础零部件和基础工艺不过关，技术创新能力落后，制造业的劳动生产率低，市场竞争力不强，产业主体技术仍然依赖国外，产品开发能力和科技投入不足，装备制造业缺乏核心技术，低水平的生产能力过剩，高水平的生产能力不足等。由于产品结构和生产技术相对落后，致使我国许多高精尖设备和成套设备仍需要大量进口，我国机械制造业人均产值仅为发达国家的几十分之一。

我国基本上承担了国际分工中的劳动密集部分，还不是世界制造业的中心。当今，制造业的世界格局中欧、亚、美三分天下的局面已经形成，制造业的产品结构、生产模式也在迅速变革之中。所有这些又给我国的机械工业带来了难得的发展机遇。挑战与机遇并存，我们

应该正视现实，面对挑战，抓住机遇，励精图治，奋发图强，振兴和发展我国的机械制造业，提高我国机械工业企业的“核心竞争力”，逐步建立起在企业核心资源基础之上的企业智力、技术、产品、管理、文化的综合优势，使企业在市场上长期保持竞争优势。

进入21世纪的我国制造业面临历史性的机遇和挑战，国家提出的“中国制造2025”战略计划，给我国机械制造业的发展指明了目标——创新驱动、质量为先、绿色发展、结构优化、人才为本。通过提升我国的创新设计和创新制造能力，大力发展我国机械制造领域的高端基础功能零部件的配套能力；提高机械产品的质量水平，提升我国制造高端产品的技术水平和质量标准；更加注重机械产品全生命周期的绿色设计制造技术；由中国制造转变为中国创造，我国的机械制造业在不太长的时间内，将赶上世界先进水平，把我国建设成为世界制造强国。

0.4 本课程的内容、特点和学习方法

0.4.1 本课程的内容

本课程主要介绍机械产品的生产过程及生产活动的组织、机械加工过程及其系统，包括金属切削过程及其基本规律，机床、刀具、夹具的基本知识，机械加工和装配工艺规程的设计，机械加工精度及表面质量的概念及其控制方法，现代生产管理模式，制造技术发展的前沿与趋势。

本课程的主要内容有：

1. 机械制造过程的基础知识

介绍有关机械加工工艺过程和机械装配工艺过程的基本概念，机械加工工序与余量，工件的定位与装夹原理，机床、夹具、刀具的基本知识，零件结构工艺性等。

2. 切削与磨削原理

主要介绍金属切削与磨削机理，包括切屑的形成过程，切削力及其影响因素，切削热、切削温度及其影响因素，刀具磨损与破损规律，刀具使用寿命和切削用量的合理选择，磨削机理与磨削规律等。

3. 机械加工精度及加工表面质量分析

包括加工质量的概念，影响加工精度因素的分析与控制，影响加工质量因素的分析与控制，加工误差的统计分析方法，机械加工中的振动与预防，提高机械加工质量的途径与方法。

4. 机械加工工艺过程设计

介绍机械加工工艺过程设计的原则与方法，重点论述工艺过程设计中的主要问题，包括定位基准的选择，加工路线的拟定，工序尺寸及公差的确定，加工过程尺寸链、机械加工工艺过程的经济性问题等。

5. 机器的装配工艺

主要介绍基于装配尺寸链的装配方法和装配工艺过程的设计的主要问题，并简要介绍装配工艺的编制。

6. 常用机械加工工艺设备

介绍加工设备（包括车床、铣床、镗床、数控机床和组合机床等）的工艺特点、选用和主要设备的运动分析；机床夹具的知识和典型结构特点；切削刀具的功能和工艺特点。

7. 机械制造技术和制造模式的发展

主要论述当前机械制造技术和制造模式的特点和发展趋势，并简要介绍精密与超精密加工、成组技术原理等制造技术。

0.4.2 本课程的性质和学习要求

“机械制造技术基础”课程是机械设计制造与自动化专业重要的主干专业技术基础课程。其任务是研究金属切削过程的基本理论、切削过程中所产生的诸多现象变化规律；研究金属切削加工装备（包括机床、夹具、刀具）的构成、工作原理及使用条件；研究机械制造工艺理论、加工及装配工艺等。它为本专业培养适应社会主义市场经济的工程师，并为后续专业选修课打下基础。它与前期的成形制造技术基础、金属材料与热处理、机械原理与机械零件设计、技术测量与互换性技术等课程，以及与本课程同步进行的“机械专业生产实习”，后续的专业课程设计、机械制造装备设计、专业选修课等课程一起共同构成了机械专业获取制造技术知识的教学体系。

通过本课程的学习，学生应全面掌握和理解以下诸方面：

1）对制造活动有一个总体、全貌的了解与把握。

2）掌握金属切削过程中诸多现象（如切屑形成机理、切削力、切削热和温度、刀具磨损）及其变化规律，能够解决生产中的问题。

3）熟悉金属切削机床的结构、工作原理，掌握分析机床运动和传动系统的方法，正确选用金属切削机床设备。

4）了解常用金属切削刀具的结构、工作原理和工艺特点，能够结合生产实际选用和使用刀具。

5）掌握机械加工工艺的基本知识，能正确选择加工方法与机床、刀具、夹具及加工参数，具有编制零件加工工艺规程、设计机床夹具的能力。

6）掌握机械制造工艺、机械加工精度和表面质量的基本理论和知识，具有分析、解决现场生产过程中的质量、生产效率、经济性问题的能力。

7）了解先进制造技术和制造模式，初步具备对制造系统、制造模式进行选择决策的能力。

0.4.3 本课程的特点及学习方法

“机械制造技术基础”课程是一门实践性很强的课程，需有相应的实践性教学环节（金工实习、生产实习等）与之配合。因此，学习本课程时，除了参考大量的书籍之外，更加重要的是必须重视实践环节，即通过实验、实习、设计及工厂调研来更好地体会、加深理解。感性知识与理性知识的紧密结合，是学习本课程的最好方法。

根据本课程的特点，在学习方法上应注意以下几点：

1. 综合性

针对机械制造技术综合性强的特点，在学习本课程时，要特别注意紧密联系和综合应用

以往所学过的知识，注意应用多种学科的理论和方法来解决机械制造过程中的实际问题。

2. 实践性

机械制造技术本身是机械制造生产实践的总结。通过对生产实践活动不断地进行综合，并将实际经验条理化和系统化，使其逐步上升为理论。针对机械制造技术实践性强的特点，在学习本课程时，要特别注意理论联系生产实践。一方面，在生产实践中蕴藏着丰富的知识和经验，其中很多知识和经验在书本中找不到。对于这些知识和经验，不仅要虚心学习，更要注意总结和提高，使之上升到理论的高度。另一方面，在生产实践中还会看到一些与技术发展不同步、不协调的情况，需要不断加以改进和完善。应在本课程学习之前或中期，安排一定时间的生产实习；并在本课程学习之后，安排一次专业课程设计。充分利用好这两个实践教学环节，善于运用所学的专业知识，分析和处理实践中的技术问题。

3. 灵活性

机械制造技术总结的是机械制造生产活动中的一般规律和原理，将其应用于生产实际要充分考虑企业的具体状况，如生产规模的大小，技术力量的强弱，设备、资金、人员的状况等。生产条件的不同，所采用的生产方法和生产模式可能完全不同。而在基本相同的生产条件下，针对不同的市场需求和产品结构以及生产进行的实际情况，也可以采用不同的工艺方法和工艺路线。

针对机械制造技术灵活性的特点，在学习本课程时，要特别注意充分理解机械制造技术的基本概念，牢固掌握机械制造技术的基本理论和基本方法，以及这些理论和方法的灵活应用。要注意向生产实际学习，积累和丰富实际知识和经验，因为这些是掌握制造技术基本理论和基本方法的前提。

习题与思考题

0-1 为什么说机械制造业是国民经济的基础？

0-2 如何从广义、狭义上理解“制造”？其含义是什么？

0-3 评述现代航空航天制造技术的发展水平是衡量国家科技发展综合水平的重要标志。

0-4 了解我国机械工业的发展现状，写一篇关于世界机械制造业的发展分析报告。

0-5 本课程学习过程中，要求掌握的主要专业知识内容有哪些？

0-6 如何结合本课程的特点，全面掌握机械制造技术的基本理论和基本方法？

第1章

机械制造与工艺过程

机械制造工业担负着为国民经济各部门提供机械装备的任务，在国民经济中具有十分重要的地位和作用。它提供的装备水平对国民经济各部门的进步有很大的、直接的影响，其规模和水平反映了国民经济实力和科学技术水平。随着社会主义建设事业的发展和经济体制的转变，各行各业对机械产品的质量、性能和功能、技术水平和品种不断提出更多、更高的要求。因此，机械制造工业应不断提高制造技术水平，不断提高产品的质量和性能，加快技术革新和产品品种更新换代，以满足国民经济各部门的需求，适应社会主义市场经济的发展要求。

1.1 生产与制造

1.1.1 生产的含义

生产活动是人类赖以生存和发展的最基本活动。从系统观点出发，生产可定义为：一个将生产要素转变为产品财富，并创造效益的输入输出系统，如图1-1所示。

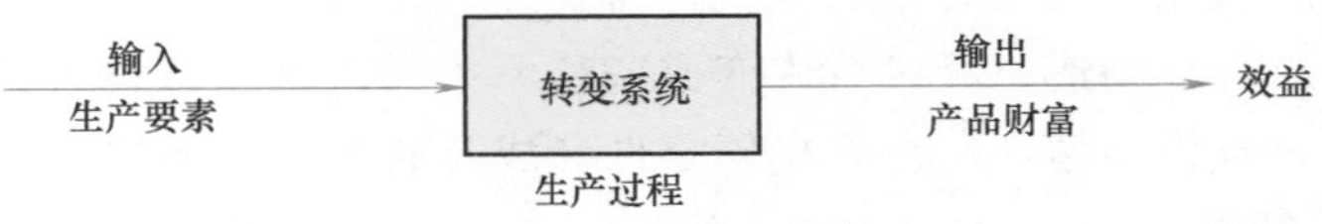

图1-1 生产的定义

1. 生产系统输入

生产系统输入的是生产要素，根据其基本作用可分为五类：

1）生产对象指完成生产活动所需的原材料，包括主体材料和辅助材料。主体材料是指构成产品的主体结构材料（如机械产品的主要材料是各种牌号的钢铁材料）；辅助材料是指加于主体结构上的附加材料（如产品外表喷涂的油漆），以及生产过程中消耗的材料（如润滑油、冷却液等）。

2）生产资料指生产过程中所需的各种装备和硬件资源。生产资料分为直接生产资料和间接生产资料两类。直接生产资料指生产过程中直接使用的各种设备、工具等。间接生产资料指在生产过程中不直接使用，但其构成对于生产过程是必不可少的辅助和支持，如厂房和道路等。

3）能源指生产过程中所需的各种动力源。

4）劳动力指生产过程中，生产者所付出的脑力劳动和体力劳动。

5）生产信息指有效进行生产活动所需的知识、技能、情报和资料等。在科学技术高度发展的今天，生产信息在生产活动中所起的作用越来越大。

在上述五类生产要素中，前三类要素属于硬件范畴，生产信息要素属于软件范畴，而劳动力要素既有硬件特性，又有软件特性。在诸生产要素中，人的要素是最重要的，处于主导地位，其他要素都要通过人来起作用。

2. 生产系统输出

生产系统输出的是产品财富，包括有形的财富（产品）和无形的财富（服务）。有效地将生产要素转变成产品财富是十分重要的。生产要素转变过程效率的度量指标是生产率，生产率可以被定义为系统输出与输入之比。获得尽可能高的生产率，始终是生产企业经营者追求的目标，也是企业在激烈市场竞争中得以生存和发展的重要条件。

在创造产品财富的同时，必然产生一定的经济效益和社会效益。生产的财富应能够满足人们物质生活和精神生活的需要，生产活动本身应能够促进社会健康发展；同时应最大限度地减少生产活动给社会带来的负面影响，如对自然生态环境的破坏，各种各样的污染（其中也包括精神污染）等。

1.1.2 生产过程与种类

1. 生产过程

生产过程是指从原材料投入到成品产出的整个过程中全部劳动的总和。除了围绕生产对象展开的毛坯准备、加工、装配过程之外，还包括产品设计开发、原材料购买、产品出厂后的售后服务，以及各个过程的组织管理等职能部门的全部劳动环节。其中与原材料变为成品直接有关的过程，称为直接生产过程，是生产过程的主要部分。而与原材料变为产品间接有关的过程，如生产准备、运输、保管、机床与工艺装备的维修等，称为辅助生产过程。

将自然界的物质做成对人们有用的机械，需要经历一系列的过程，例如，从矿井里开采矿石，把矿石运到原材料制造厂经过熔炼变成各种原材料，将原材料送到机械制造厂采用各种加工方法把它们做成机器零件，再将机器零件装成具有规定性能的机器。

2. 生产过程的种类

生产过程通常根据被研究的对象和范畴，分为产品生产过程和工厂生产过程。

（1）产品生产过程　产品生产过程是指围绕着某种完整的产品为对象而展开的生产过程。它通常包括工艺过程、检验过程、运输过程、停歇过程、组织管理过程及自然过程。

产品生产过程往往受到产品包含的不同专业生产过程的限制，通常是由若干不同专业工厂的生产过程构成的。

在整个产品生产过程中，根据职能和功能需求的不同，生产过程划分为以下四个过程：

1）技术准备过程。产品设计、工艺设计、工艺装备的设计与制造、标准化工作、定额工作、调整劳动组织和设备的平面布置、原材料与协作件的准备等。

2）基本生产过程。与构成产品直接有关的生产活动。包括了毛坯制造，工件的粗、精加工，热处理，表面处理以及部件与整机的装配、检验等。

3）辅助生产过程。为保证基本生产而进行的生产和智能过程。动力工具的生产，设备维修以及维修用备件的生产，热处理、质量检验等过程。

4）生产服务过程。物流工作。如供应、运输、仓库等管理活动，以及产品销售与售后服务。

（2）工厂生产过程　工厂生产过程是指在工厂企业范围内全部生产活动协调配合的运行过程。在专业化生产条件下，通常一种产品的生产过程需要若干个工厂生产过程的协作。

机械制造厂一般都从其他工厂取得制造机械所需要的原材料、毛坯或半成品，从原材料、毛坯（或半成品）进厂一直到把成品制造出来的各有关劳动过程的总和统称为工厂的生产过程，它包括原材料的运输保管、把原材料做成毛坯、把毛坯做成机器零件、把机器零件装配成机器、检验、试车、涂装和包装等。

工厂生产过程又可按车间分为若干车间的生产过程。甲车间所用的原材料（或半成品），可能是乙车间的成品；而甲车间的成品，又可能是其他车间的原材料（或半成品）。例如，铸造车间或锻造车间的成品是机械加工车间的原材料（或半成品），而机械加工车间的成品又是装配车间的原材料（或半成品）等。

对于生产有形产品的企业，根据其物流过程的特点，分为连续型生产、离散型生产和混合型生产三种形式的生产过程。

1）连续型生产。如石油、化工、冶金等企业，其生产方式为连续型，即从原材料到成品的转变过程呈流水方式，连续不断，工序之间通常无在制品存储，生产的产品、工艺流程及生产设备均相对固定，生产设备24h不间断运行。

2）离散型生产。如机械、电子、轻工等企业，其生产的产品由离散的、相互联系的零部件组装而成。此类生产的转变过程较复杂，生产工序及中间环节较多，工序之间有在制品存储，产品生产周期长，生产管理难度较大。

3）混合型生产。如食品、造纸等企业，兼有上述两种生产过程的特点。

1.1.3　产品制造

制造是人类最主要的生产活动之一。产品制造是指人们根据市场需求，运用主观掌握的知识和技能，进行产品开发和设计，通过手工或可以利用的客观物质工具与设备，采用有效的方法，将原材料转化为有使用价值的物质产品并投放市场，通过多种渠道获取产品的市场评价的完整的循环过程。

制造过程不仅包括将原材料转变为产品的物质形态转变，即物质流，这是传统制造工艺技术的主要内容，还要涵盖控制物质流的信息流，如对于市场需求的分析，对生产过程中物质流的规划、组织、管理和控制，对物料的采购、存储和销售，经营决策和管理，技术控制信息以及市场开发和服务等，此外，制造过程中还包括能量消耗及其流程，即能量流。

离散型的生产企业，通常称为“制造企业”。制造可以理解为离散型生产，即制造也是一个输入输出系统，其输入也是生产要素，输出是具有离散特征的产品。这是广义“制造”的概念，包括从市场需求分析、经营决策、工程设计、加工与装配、质量控制、销售运输直至售后服务，以及市场信息反馈的全过程。

但在某些情况下，制造及制造过程被理解为从原材料或半成品经加工或装配后形成最终产品的具体操作过程，包括毛坯制作、零件加工、检验、装配、包装和运输等。这是狭义“制造”的概念，主要考虑企业内部生产过程中的物质流，而较少涉及生产过程中的信

息流。

1.1.4 制造技术

制造技术是完成制造活动所需的一切手段的总和，这些手段包括运用一定的知识和技能，操纵可以利用的物质和工具，采取各种有效的方法等。制造技术是制造企业的技术支柱，是制造企业持续发展的根本动力。

与制造概念相对应，制造技术也有广义和狭义之分。广义上理解制造技术涉及生产活动各个方面和全过程，是一个从产品概念到最终产品的集成活动和系统，是一个功能体系和信息处理系统。

现代机械制造业的发展，取决于制造技术的发展水平，特别是在市场经济条件下，它以柔性生产、快速反应、短生产周期、多规格品种和产品更新换代频繁为主要特征。制造技术支撑着制造业的健康发展，先进的制造技术使一个国家的制造业乃至国民经济处于有竞争力的地位。生产工具的使用和不断完善，加速了社会的发展与进步。

机械制造技术是各种机械制造过程所涉及的技术的总称。它包括材料成形制造技术（如铸造、焊接、锻造、冲压、注射和热处理等）、机械切削加工技术（如车削、铣削、磨削、钻削和镗削等冷加工技术）、机械装配技术（如互换法、修配法和调整法等各种装配工艺方法）和其他非常规加工技术（如电加工、电化学加工、激光加工、超声波加工和3D打印等）。其中，零件切削加工技术和机械装配技术是机械制造技术的主体，其占机械制造过程总工作量的60%以上，大多数机械产品的几何精度和工作精度需要依赖机械加工技术和机械装配技术来实现。因此，本课程主要围绕着机械制造技术中的机械切削加工技术和机械装配技术讲述。

1.2 工艺过程

在机械产品的生产过程中，直接改变或者按照一定的顺序逐步改变生产对象的尺寸、形状、物理化学性能以及相对位置关系，使其成为成品或半成品的过程，称为工艺过程。其他过程则称为辅助过程，例如统计报表、动力供应、运输、保管和工具的制造修理等。当然，把工艺过程从生产过程中划分出来，只能有条件地分到一定程度，例如，在机床上加工一个零件，加工前要把工件装夹到机床上去，加工后要测量它的尺寸等，这些工作虽然不直接改变加工件的尺寸、形状、性能和零件间的相对位置关系，但还是把它们列在工艺过程的范畴之内，因为它们与加工过程密切相关，很难分割。

工艺过程是生产过程的主要部分。工艺过程又可分为铸造、锻造、冲压、焊接、热处理、机械加工、装配和涂装等。机械产品制造工艺过程一般包括毛坯制造工艺过程、零件机械加工工艺过程和机械装配工艺过程。其中毛坯制造过程涉及的工艺方法一般多数属于热加工的范畴，如铸造、锻造和焊接等。“机械制造技术基础”课程只研究机械加工工艺过程和机械装配工艺过程。

1.2.1 机械加工工艺过程

机械加工工艺过程（以下简称加工过程）是指采用机械加工的方法，直接改变毛坯的形状、尺寸和表面质量等，使其成为零件的工艺过程。从广义上来说，电加工、超声波加工、电子束和离子束等非常规加工也属于加工过程。加工过程直接决定零件和机械产品的质量，对产品的成本和生产率都有较大影响，是整个工艺过程的重要组成部分。

1.2.2　机械装配工艺过程

在机械生产过程中，按照规定的顺序和技术要求，通过改变零件之间的位置关系和配合状态，实现零件之间的组合和连接，使之成为部件或机器的工艺过程，称为机械装配工艺过程。

1.3　工件的装夹

在零件的机械加工工艺过程中，被加工对象经历了从毛坯开始顺次经过加工和处理，最终成为合格产品的演变过程，在此演变过程中的被加工对象称为被加工工件。

1.3.1　工件的定位与夹紧

在机床上完成某工序规定的加工内容时，为使工件在该工序所获得的加工表面达到规定的尺寸与几何公差要求，工件在被加工之前，需要在机床上确定工件与刀具之间正确的加工位置，这一过程称为工件的定位。为了确保工件获得的正确位置在加工过程中受各种力的作用和干扰因素的影响而不被破坏，需要对工件夹牢紧固，称为工件的夹紧。而完成工件的定位和夹紧的过程称为工件的装夹。

定位的任务是使工件相对于机床占有某一正确的位置，夹紧的任务则是保持工件的定位位置不变。定位过程与夹紧过程都可能使工件偏离所要求的正确位置而产生定位误差与夹紧误差。定位误差与夹紧误差之和称为装夹误差。

1.3.2　工件的装夹方法

1. 直接装夹法

直接装夹法是在机床上直接装夹工件来保证加工表面与定位基准面之间位置精度的加工方法。例如，在车床上加工一个要求保证与外圆同轴的内孔表面时，可采用自定心卡盘直接夹持工件的外圆面来进行。显然，此时影响加工表面与定位基准面之间位置精度的主要因素是机床的几何精度。

2. 找正装夹法

找正装夹法是通过找正工件相对刀具切削刃口成形运动之间的准确位置，来保证加工表面与定位基准面之间位置精度的加工方法。

1）直接找正装夹法是依据工件的表面作为找正基准的装夹方法。例如，在车床上加工一个与外圆同轴度要求很高的内孔时，可采用单动卡盘夹持工件的外圆，并利用千分表找正工件的外圆轴线的位置，使其外圆表面与车床主轴回转轴线同轴后再进行加工。此时，零件各有关表面之间的位置精度已不再与机床的几何精度有关，而主要取决于工件装夹时的找正精度。

2）划线找正装夹法是根据划线工序在工件表面上留出的基准线条和基准点，进行找正

装夹工件的方法。如结构复杂的箱体铸件在第一道加工工序中的装夹操作。

3. 夹具装夹法

夹具装夹法是通过夹具来确定工件与刀具切削刃口成形运动之间的准确位置，从而保证加工表面与定位基准面之间位置精度的加工方法。由于装夹工件时使用了夹具，故此时影响零件加工表面与定位基准面之间位置精度的主要因素，除了机床的几何精度以外，还有夹具的制造和装夹精度。

1.4 机械加工工艺过程的组成

由于零件加工表面的多样性、生产设备和加工手段加工范围的局限性、零件精度要求及产量的不同，通常零件的加工过程是由若干个顺次排列的工序组成的。毛坯依次通过这些工序的加工而变成零件。

1.4.1 工序

工序是一个或一组工人，在相同的工作地对同一个或同时对几个工件连续完成的那一部分工艺过程。工序是组成工艺过程的基本单元，是制订生产计划和进行成本核算的基本单元。零件的机械加工工艺过程由若干工序组成，毛坯依次通过这些工序，被加工成符合图样规定的零件。一个零件的加工过程需要包括哪些工序，由被加工零件的复杂程度、加工精度要求及其产量等因素决定。如图 1-2 所示的阶梯轴，在单件小批生产时，其加工过程由三个工序组成（表 1-1）；而在大批量生产时可由五个工序组成（表 1-2）。通常工序可以进一步细分。

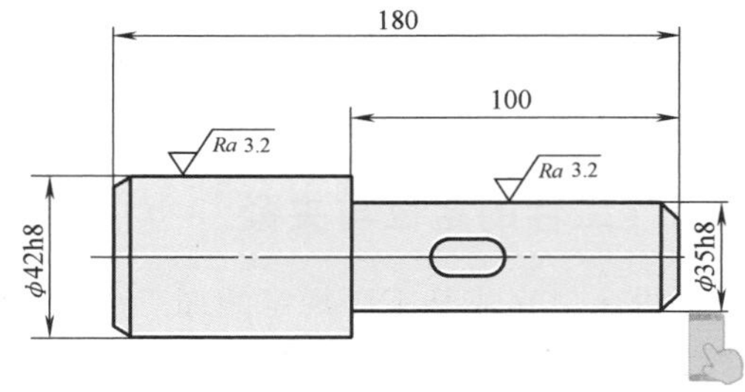

图 1-2 阶梯轴零件

表 1-1 单件小批生产工艺过程

工序号	工序内容	设备
1	车一端面，钻中心孔，调头；车另一端面，钻中心孔	车床
2	车大外圆及倒角，调头；车小外圆及倒角	车床
3	铣键槽；去毛刺	铣床

表 1-2 大批量生产工艺过程

工序号	工序内容	设备
1	铣端面，钻中心孔	铣端面钻中心孔机床
2	车大外圆及倒角	车床
3	车小外圆及倒角	车床
4	铣键槽	键槽铣床
5	去毛刺	钳工台

1.4.2 安装与工位

1. 安装

在同一工序中，工件在工作位置上可能只装夹一次，也可能要装夹几次。安装是工件经一次装夹后所完成的那一部分工序内容。例如，表 1-1 所列工艺过程的第一道工序，一般都要进行两次装夹，才能把该工序规定的工件上所有的内外表面加工出来。在工序中应尽量减少安装数量，以减少辅助时间和装夹误差。

2. 工位

在同一工序中，有时为了减少由于多次装夹而带来的误差及时间损失，往往采用转位工作台或转位夹具。为完成一定的工序内容，在一次装夹工件后，工件（或装配单元）与夹具或设备的可动部分一起相对刀具或设备的固定部分所占据的每一个位置上所完成的那一部分工序内容，称为工位。图 1-3 所示为利用回转工作台在一次装夹中顺次完成装卸工件、钻孔、扩孔和铰孔四个工位的示意图。

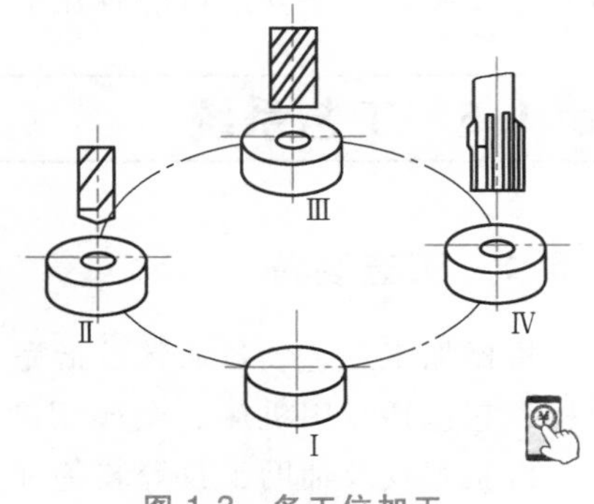

图 1-3　多工位加工

1.4.3　工步与走刀

1. 工步

一个工序（或一次安装或一个工位）中可能需要加工若干个表面；也可能只加工一个表面，但却要用若干把不同的刀具轮流加工；或只用一把刀具但却要在加工表面上切多次，而每次切削所选用的切削用量不全相同。工步是在加工表面、切削刀具和切削用量（仅指机床主轴转速和进给量）都不变的情况下所完成的那一部分工序内容。上述三个要素中（指加工表面、切削刀具和切削用量）只要有一个要素改变了，就不能认为是同一个工步。

为了提高生产效率，机械加工中有时用几把刀具同时分别加工几个表面的工步，称为复合工步。图 1-4 所示为用一把车刀和一个钻头同时加工外圆和孔，在多刀车床、转塔车床的加工中经常有这种情况。在工艺文件上，复合工步也视为一个工步。

为简化工艺文件，工艺上把在一次安装中连续进行的若干个相同工步，习惯上视为一个工步。如同一工件上依次钻若干个相同直径的孔，4 个 ϕ15mm 孔的钻削，如果照搬工步的定义，势必认为这个钻孔工序包含有 4 个工步，因而在工艺文件中的工步内容一栏中就要写上 4 个相同的工步名称，这是极为烦琐的，从简化工艺文件考虑，可以把它们看作是一个工步，即“4×ϕ15mm 孔”。

2. 走刀

在一个工步内，如果要切掉的金属层很厚，可分几次切。因加工余量较大，需用同一刀具、以同一转速及进给量对同一表面进行多次切削，每次切削称为一次走刀，如图 1-5 所示第二工步分两次走刀。走刀是构成加工过程的最小单元。

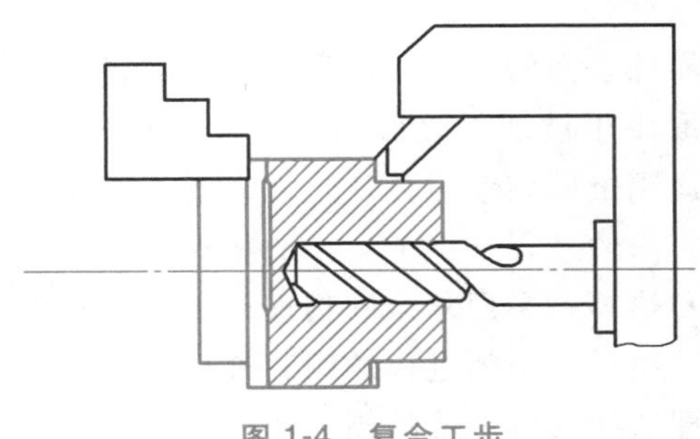
图 1-4　复合工步

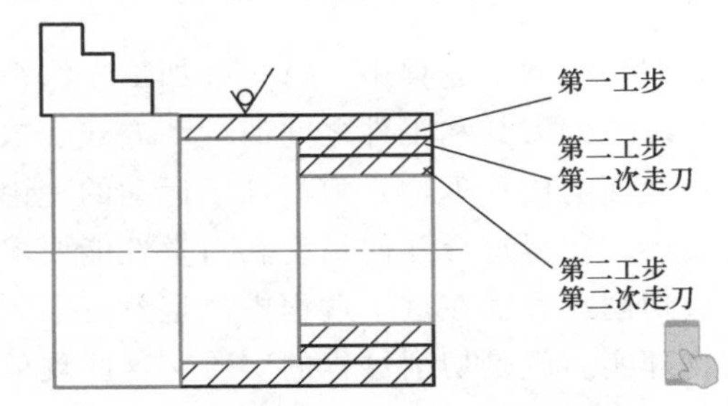

图 1-5　车削阶梯轴的多次走刀

综上分析可知，工艺过程的组成是很复杂的。工艺过程由许多工序组成，一个工序可能

有几个安装，一个安装可能有几个工位，一个工位可能有几个工步等。

1.5 工艺系统

1.5.1 工艺装备

机械加工工艺装备通常是指完成机械加工工艺过程所需要的各种机械装备和辅助工具的总称，它包括专用机床、金属切削机床、金属切削刀具、机床夹具、模具、测量器具和仪器、检验工具及辅助工具等装备（简称工艺装备或工装）。

1.5.2 机械加工工艺系统

在机械零件的切削加工过程中，典型的加工内容都是借助于金属切削机床、机床夹具和刀具等工艺装备完成的。每一次加工所完成的加工内容，都有对应的机床、夹具和刀具，它们与被加工工件共同构成了一个获得工件所必需的闭环系统。刀具与工件之间的关系直接影响工件的加工精度，而金属切削机床和夹具分别确定刀具和工件的位置关系，因此，金属切削机床、夹具、刀具和工件构成了一个完整的机械加工工艺系统，通常简称为工艺系统。

机床是加工机械零件的工作机械，夹具用来装夹被加工对象，使工件占有正确的位置，刀具直接用来对工件进行切削加工。图 1-6 所示为机械加工工艺系统的构成及其相互关系。

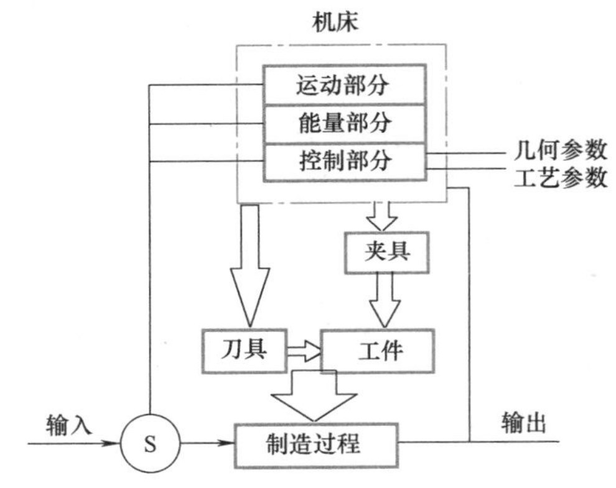

图 1-6 机械加工工艺系统的构成及其相互关系

不同的加工方法对应着不同的机械加工工艺系统，如车削工艺系统、铣削工艺系统和磨削工艺系统等。工艺系统及其特性对于机械加工过程、质量、效率和成本有直接的影响。

1.6 表面切削成形理论

在机械加工过程中，每一种加工方法都以完成零件表面的基本几何形状为基本目的。工艺系统中的刀具和工件之间的运动方式、数量主要取决于被加工表面的形状及其成形方法，工件表面的成形理论是力学加工运动的理论基础。运用金属切削刀具从工件表面上切除多余金属层，获得符合几何精度和力学性能要求的完工表面的过程是一个复杂的物理过程，称为金属切削过程。在这个过程中产生着变形、力、声和热等一系列复杂的物理现象。这些现象的物理实质就是切削过程的实质，这些现象的基本规律对于切削过程的顺利进行、保证加工质量具有重要的意义，对加工过程中工艺参数的合理选择具有重要的指导作用。

机械制造技术就是以表面成形理论、金属切削理论和工艺系统的基本理论为基础，以各种加工方法、加工装备的特点及应用为主体，以机械加工工艺和装配工艺设计为重点，以实现机械产品生产的优质、高效、低成本为目的的综合应用技术。随着数控加工技术的应用，加工方法和加工工艺已经发生了很大的变化，必须在掌握基本知识和理论的基础上，对各种现代工艺装备、刀具等有全面的了解，以适应技术发展的要求。

1.7 生产纲领与生产类型

机械产品的制造过程是一个复杂的过程，需要经过一系列的机械加工工艺和装配工艺才能够完成。不同的产品，其制造工艺各不相同，即使是同一种产品，在不同的情况下其制造工艺过程也不尽相同。机械产品制造工艺过程的确定不仅取决于产品本身的结构、功能特征、精度要求，以及企业的设备技术条件和水平，更取决于市场对该产品的种类和产量要求。工艺过程的不同决定了生产系统的构成也不相同，从而有了不同的生产过程，这些差别的综合反映就是企业生产类型的不同。

零件的机械加工工艺过程与生产类型密切相关，在制定机械加工工艺规程时，首先要确定生产类型，而生产类型主要与生产纲领有关。

1.7.1 零件的生产纲领

生产纲领是企业根据市场需求和自身的生产能力决定的、包括备品与废品在内的、在计划生产期内应当完成的产品的产量和进度计划。计划期为一年的生产纲领称为年生产纲领。以年生产纲领为例，可按下式计算：

$$N=Qn\frac{1+a}{1-b} \tag{1-1}$$

式中，N 为零件的年产量（件/年）；Q 为产品的年产量（台/年）；n 为每台产品中该零件的数量（件/台）；a 为备品率（%）；b 为废品率（%）。

根据生产纲领并且考虑资金周转速度、零件加工成本和装配销售储备量等因素，可以确定该产品一次投入生产的批量（即生产批量）和每年投入生产的批次（即生产批数）。但是从市场的角度看，产品的生产批量首先取决于市场对该产品的容量、企业在市场上占有的份额以及该产品在市场上的销售和生命周期。

生产纲领对于工厂的生产过程和生产组织起着决定性的作用，包括决定各个工作地点的专业化程度、人员配备、加工方法、加工工艺、设备和工装等。如机床的生产与汽车的生产就有着不同的工艺特点和专业化程度。同一种产品，生产纲领不同会有完全不同的生产过程和生产专业化程度。

1.7.2 生产类型

生产类型是指企业（或者车间、工段）生产专业化程度的分类。根据生产纲领、机械产品结构的复杂程度与大小，机械产品制造过程的生产组织形式可分为大量生产、成批生产和单件生产三种生产类型。

1. 单件生产

单个地生产不同结构、尺寸的产品，制造的同一产品的数量极少，生产中各个工作地点的工作很少重复或完全不重复、不定期重复的生产组织形式，称为单件生产。如机械配件加

工、专用设备制造、新产品试制等都属于单件生产。

2. 大量生产

大量生产是指产品数量很大，在同一工作地点长期地按照一定节拍进行同一种零件的某一道工序的加工，其特点是每一工作地点长期重复同一工作内容。大量生产一般适用于具有广阔的市场，而且类型固定的产品生产，如汽车、轴承和自行车等。在大批量生产时，广泛采用自动化、专用设备，按照工艺顺序流水线方式组织生产。这种生产组织形式的灵活性（即柔性）差。

3. 成批生产

成批地制造相同产品（或零件），并且按照一定的时间间隔周期性地重复投放几种不同的产品生产，每一个工作地点的工作内容、加工对象周期性地重复，称为成批生产。如一般的机床制造等多属于成批生产。同一产品（或零件）每批投入生产的数量称为生产批量。批量可根据零件的年产量及一年中的生产批数计算确定；一年中的生产批数，需根据用户的需求、零件的特征、流动资金的周转速度和仓库容量等具体情况确定。

根据产品的特征及批量的大小，成批生产又分为小批生产、中批生产和大批生产。从工艺特点看，小批生产工艺过程的特点与单件生产相似，经常合称为单件小批生产；大批生产和大量生产工艺特点相近，常合称为大批量生产。在单件小批生产时，其生产组织的特点是要能够适应产品品种的灵活多变。

因此，在生产中一般按照单件小批、中批、大批量生产来划分生产类型。生产类型的具体划分主要取决于产品大小、复杂程度及生产纲领的大小，可参考表 1-3 所列数据确定。

表 1-3 加工零件的生产类型

生产类型		同种零件的年生产纲领（件/年）		
		重型零件	中型零件	轻型零件
单件生产		<5	<20	<100
成批生产	小批	5~100	20~200	100~500
	中批	>100~300	>200~500	>500~5000
	大批	>300~1000	>500~5000	>5000~50000
大量生产		>1000	>5000	>50000

表 1-3 中的重型零件、中型零件和轻型零件，可参考表 1-4 所列数据确定。

表 1-4 不同机械产品的零件质量型别表

机械产品类别	加工零件的质量/kg		
	轻型零件	中型零件	重型零件
电子工业机械	<4	4~30	>30
机床	<15	15~50	>50
重型机械	<100	100~2000	>2000

根据上述划分生产类型的方法可以发现，同一企业或车间可能同时存在几种生产类型的生产。判断企业或车间的生产类型，应当根据企业或车间中占主导地位的工艺过程的性质来确定。统计表明，目前我国机械工业中，10~100 件的零件批量生产约占生产零件种类总数的 70%。无论是零件种类，还是零件产值，单件和小批生产的零件都占多数。

随着科学技术的发展、人民生活的日益改善和市场需求的变化以及市场竞争的不断加剧，产品更新换代的周期越来越短，多品种小批生产的趋势将成为机械制造业企业生产类型的主要形式。

1.7.3　生产类型的工艺特征

不同的生产类型，对生产组织、生产管理、毛坯选择、设备工装、加工方法和工人的技术等级要求均有所不同。表 1-5 列出了各种生产类型的工艺特征。在制定机械加工工艺规程时，要先确定生产类型，再参考表 1-5 确定该生产类型下的工艺特征，以便使所制定的工艺规程与生产类型相适应。

表 1-5　各种生产类型的工艺特征

工艺特征	大量生产	成批生产	单件生产
生产对象	品种较少，数量很大	品种较多，数量较多	品种很多，数量少
零件互换性	具有广泛的互换性，某些高精度配合件用分组选择法装配，不允许用钳工修配	大部分零件具有互换性，同时还保留某些钳工修配工作	广泛采用钳工修配
毛坯制造	广泛采用金属型机器造型、模锻等 毛坯精度高，加工余量小	一部分采用金属型造型、模锻等，另一部分采用木模手工造型、自由锻造 毛坯精度中等	广泛采用木模手工造型、自由锻造 毛坯精度低，加工余量大
机床设备及其布	采用高效专用机床、组合机床、可换主轴箱（刀架）机床、可重组机床 采用流水线或自动线进行生产	一部分采用通用机床，另一部分采用数控机床、加工中心、柔性制造单元、柔性制造系统 机床按零件类别分工段排列	广泛采用通用机床，重要零件采用数控机床或加工中心，机床按机群布置
获得加工精度的方法	在调整好的机床上加工	一般在调整好的机床上加工，有时也用试切法	试切法
装夹方法	高效专用夹具装夹	夹具装夹	通用夹具装夹，找正装夹
工艺装备	广泛采用高效率夹具、量具或自动检测装置和高效复合刀具	广泛采用夹具、通用刀具、万能量具，部分采用专用刀具、专用量具	广泛采用通用夹具、量具和刀具
对工人要求	调整工技术水平要求高，操作工技术水平要求不高	对工人技术水平要求较高	对工人技术水平要求高
工艺文件	工艺过程卡片、工序卡片、检验卡片	一般有工艺过程卡片，重要工序有工序卡片	只有工艺过程卡片

由表 1-5 可知，不同的生产类型具有不同的工艺特征。一般来说，生产同样一个产品，大量生产要比成批生产、单件生产的生产效率高，成本便宜，性能稳定，质量可靠。但是社会对机械产品的需求量有多有少。有没有可能对那些社会需求量不多的产品按照规模生产的方式组织生产呢？可能性是有的，出路在于产品结构的标准化、系列化，如果产品结构的标准化、系列化系数能达到 70%以上，即使在各类产品的生产数量不大的条件下也能组织区域性的（例如东北地区、华东地区等）专业化的大批量生产，可以取得很高的经济效益。此外，推行成组技术，组织成组加工，也可使大批量生产中被广泛采用的高效率加工方法和设备应用到中小批生产中去。

传统的生产组织类型遵循的是批量法则，即根据不同的生产纲领，组织不同层次的刚性自动化生产方式。随着市场经济体制的建立和科学技术的发展，人民的生活水平不断提高，市场需求的变化越来越快，产品的更新换代周期越来越短。大批量生产方式已经越来越不适应市场对产品换代的需要。一种新产品在市场上能够为企业创造较高利润的“有效生命周期”越来越短，迫使企业不断地更新产品。传统的生产组织类型也正在发生深刻的变化。生产组织的类型正在向着“以社会市场需求为动力，以技术创新发展为基础”的柔性自动化生产方式转变。许多企业通过技术改造，使各种生产类型的工艺过程都转向柔性化的方向发展。传统的中小批生产向着多品种、小批、灵活快速的方向发展；传统的大批量生产向多品种、灵活高效的方向发展。CAD/CAPP/CAM 技术、数控加工技术、柔性制造系统、柔性生产线等生产方式，在企业中得到迅速的应用。这些技术的应用将使产品的生产过程发生本质的变化。

习题与思考题

1-1　什么是生产过程和工艺过程？

1-2　什么是机械制造工艺过程？机械制造工艺过程主要包括哪些内容？

1-3　何为机械加工工艺系统？

1-4　什么是工序、工位、工步和走刀？试举例说明。

1-5　什么是工件的定位？什么是工件的夹紧？试举例说明。

1-6　什么是安装？什么是装夹？它们有什么区别？工件的装夹方法有哪些？

1-7　单件生产、成批生产、大量生产各有哪些工艺特征？

1-8　什么是生产纲领？如何确定企业的生产纲领？

1-9　试为某车床厂丝杠生产线确定生产类型，生产条件如下：

加工零件：卧式车床丝杠（长为 1617mm，直径为 40mm，丝杠精度等级为 8 级，材料为 Y40Mn）；年产量：5000 台车床；备品率：5%；废品率：0.5%。

1-10　某机床厂年产 C6136N 型卧式车床 500 台，已知机床主轴的备品率为 10%，废品率为 0.4%，试求该主轴零件的年生产纲领，并说明它属于哪一种生产类型，其工艺过程有何特点。

1-11　什么是生产类型？如何划分生产类型？各生产类型都有什么工艺特点？

1-12　什么是金属切削过程？什么是机械加工工艺过程？

第2章

金属切削加工基础知识

金属切削加工是用金属切削刀具切除工件上多余的金属，从而使工件的尺寸精度、形状精度、位置精度及表面质量都符合图样要求。由刀具切除的多余金属变为切屑而排离工件。在切削加工过程中，刀具同工件之间必须具有相对运动，它可以通过人力或金属切削机床的作用来实现。机床、夹具、刀具和工件，构成金属切削加工的工艺系统，切削过程中所发生的各种现象及其变化规律都要在这个工艺系统的运动状态中考察研究。完成金属切削过程必须具备：①刀具与工件具有一定的相对运动；②刀具具有合理的几何参数；③刀具具备应有的切削性能；④具有良好的切削环境。

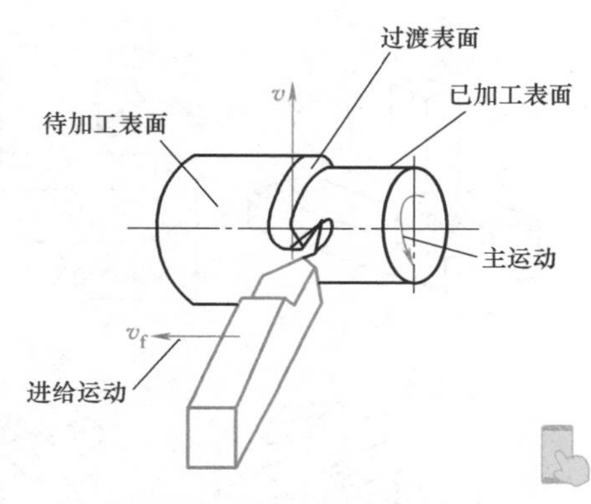

图 2-1 外圆车削时工件上的表面与切削运动

2.1 工件表面和切削运动

2.1.1 工件表面

车削加工是金属切削加工最常见的加工方法。图 2-1 表示了外圆车削时，刀具和工件之间的运动及工件上变化着的三个表面：待加工表面、过渡表面和已加工表面。

1. 待加工表面

待加工表面是工件上有待切除的表面。随着切削过程的进行，这个表面逐渐减小，直至多余的金属被切完。

2. 已加工表面

已加工表面是工件上经刀具切削后形成的表面。

3. 过渡表面

过渡表面是工件上待加工表面与已加工表面之间相连接的表面。它是工件上由切削刃形成的那部分表面。它在下一切削行程中被切除，或者在刀具或工件的下一转里被切除，或者由下一切削刃切除。

2.1.2　切削运动

在切削过程中刀具与工件的相对运动，称为切削运动。切削运动可分为主运动和进给运动。所有切削运动的速度及方向都是按刀具相对于工件来确定的，如图 2-2 所示。

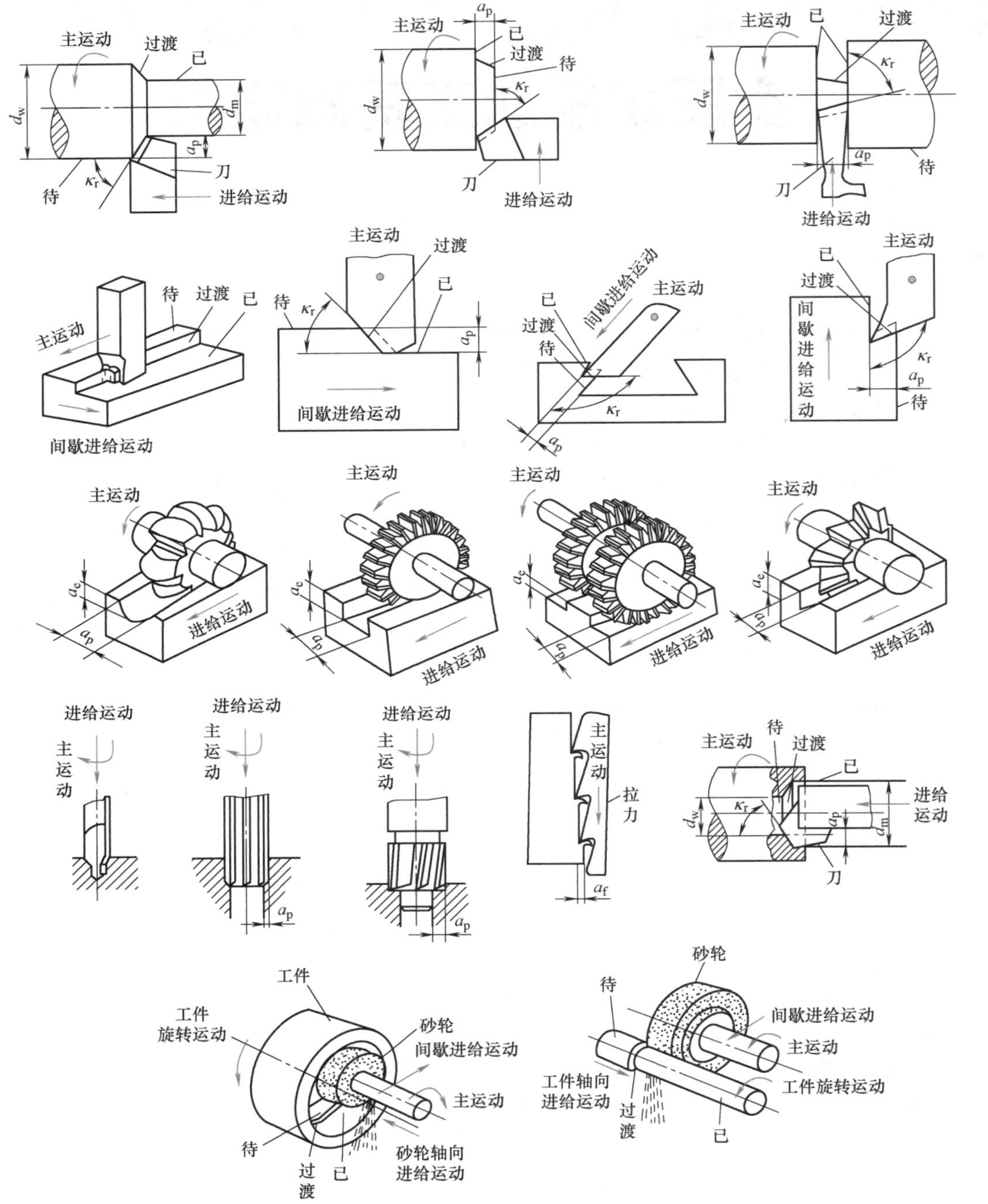

图 2-2　各种切削方法的切削运动和工件表面

待—待加工表面　已—已加工表面　过渡—过渡表面

1. 主运动

主运动是刀具与工件之间使刀具的前面逼近工件材料以进行切削加工的相对运动。

主运动的运动速度高，消耗功率最大。在切削加工中，主运动只有一个。车削时工件的回转运动是主运动，如图 2-1 所示。在钻削、铣削和磨削时，钻头、铣刀和砂轮的回转运动是主运动；在刨削和插削时，刀具或工作台的往复直线运动是主运动。各种切削方法的主运动如图 2-2 所示。

2. 进给运动

进给运动是与主运动配合，以连续不断地切除工件上的多余金属，同时形成所需几何形状的已加工表面的运动。如图 2-1 所示的车刀的直线移动。

进给运动可以是连续的，如车削、铣削和磨削等；也可以是间歇的，如刨削和插削。进给运动可能是与主运动同时连续进行的，也可能是与主运动交替间歇进行的。

进给运动可以只有一个，也可以有几个。如车削、刨削和铣削一般只需要有一个进给运动，而磨削可能需要有多个进给运动。还有些切削加工，如攻螺纹和拉削等，进给运动是在刀具设计时，通过合理布置切削刃的位置来完成的。

图 2-2 所示为不同切削方法的切削运动和工件表面。

3. 合成切削运动

主运动和进给运动合成的运动称为合成切削运动，如图 2-3 中的 v_e所示。

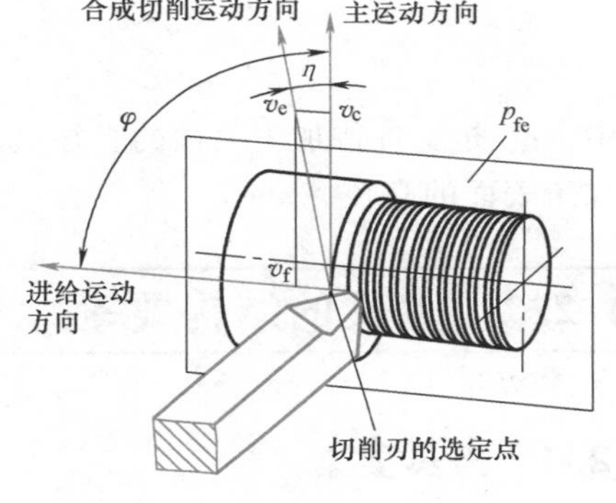

图 2-3　切削运动

4. 切削运动方向及速度的确定

1）主运动方向为切削刃选定点相对于工件的瞬时主运动的方向。切削速度为切削刃选定点相对于工件主运动的瞬时速度。

2）进给运动方向为切削刃选定点相对于工件的瞬时进给运动的方向。进给速度为切削刃选定点相对于工件进给运动的瞬时速度。

3）合成切削运动方向为切削刃选定点相对于工件的瞬时合成切削运动的方向。合成切削速度为切削刃选定点相对于工件的合成切削运动的瞬时速度。

2.1.3　切削用量三要素

切削用量是指切削速度、进给量及背吃刀量三个切削要素。它们表示切削过程中切削运动的大小及刀具切入工件的程度。这三个要素是切削过程中重要的运动参量和几何参量，每个切削过程都需要针对工件、刀具和其他加工条件及加工要求来合理选择它们的大小。

1. 切削速度 v

切削刃上选定点相对于工件主运动的线速度被称为切削速度。若主运动为旋转运动，切削刃上各点的切削速度可能是不同的，一般将切削刃上的最大切削速度看作是该切削过程的切削速度。如车削外圆时，切削速度可由下式计算：

$$v=\frac{\pi d_w n_w}{1000}$$

式中，d_w 为工件上待加工表面的直径（mm）；n_w 为工件主运动的转速（r/min 或 r/s）。

2. 进给量 f

进给量 f 是主运动每转一转或每完成一次行程时，工件与刀具在进给运动方向上的相对位移量。如外圆车削时 f 的单位为 mm/r；平面刨削时为 mm/st（st 表示工作行程）。

进给量分为每转进给量 f（mm/r）、每行程进给量 f（mm/st）和每齿进给量 f_z（mm/z）。

每齿进给量 f_z 为多齿刀具每转或每行程中每个齿相对工件在进给运动方向上的位移量。

进给速度 v_f 是刀具相对于工件在进给运动方向的速度，单位为 mm/s。

对多齿刀具，若刀具齿数为 z，进给量与进给速度、每齿进给量的关系为

$$v_f = fn = f_z zn$$

3. 背吃刀量 a_p

对车削和刨削而言，背吃刀量 a_p 是工件上待加工表面和已加工表面之间的垂直距离。如图 2-4 所示，外圆车削时，背吃刀量 a_p 为

$$a_p = \frac{d_w - d_m}{2}$$

式中，d_w 是工件待加工表面的直径（mm）；d_m 是工件已加工表面的直径（mm）。

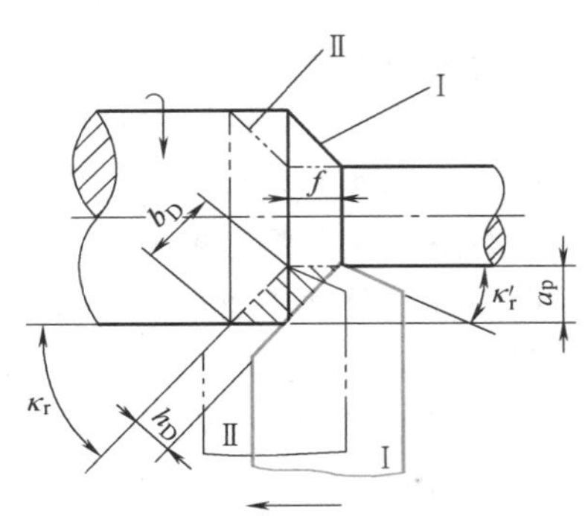

图 2-4 外圆车削时的进给量和背吃刀量

2.2 刀具的结构要素

2.2.1 刀具要素

金属切削刀具要实现其切削功能，一是其要被正确地装夹在机床上，二是其结构形状要有利于切削过程的进行。尽管金属切削刀具的种类很多，结构各异，但其结构总是可以分成两个部分：用于装夹在机床上的夹持部分和用于切削工件上多余金属的切削部分。形成上述两部分的几何要素和结构统称为刀具要素。各种刀具的常见刀具要素如下：

1. 切削部分

切削部分指刀具各部分中起切削作用的部分，它每个部分都由切削刃、前面及后面等产生切屑的各要素所组成，如图 2-5a、图 2-6 和图 2-7 所示。

2. 刀柄

刀柄指刀具上的夹持部分，如图 2-5 和图 2-7 所示。

3. 刀体

刀体指刀具上夹持刀条或刀片的部分，或由它形成切削刃的部分，如图 2-5b、图 2-6 和图 2-7 所示。

4. 刀孔

刀孔指刀具上用以安装或紧固于主轴、心杆或心轴上的内孔，如图 2-6 所示。

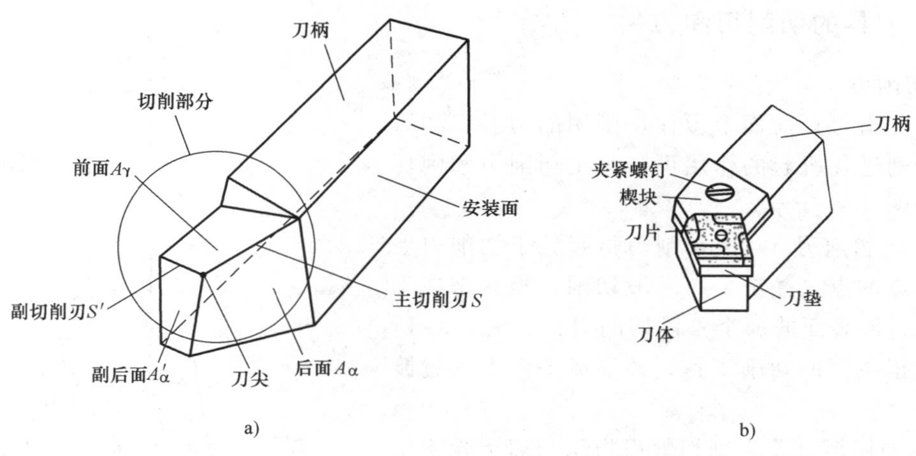

图 2-5　外圆车刀的刀具要素

a）整体式车刀　b）机夹式车刀

5. 刀具轴线

刀具轴线指刀具上的一条假想直线，它与刀具制造或重磨时的定位面以及刀具使用时的安装面有一定的关系，如图 2-6 和图 2-7 所示。

6. 安装面

安装面指刀柄或刀孔上的一个表面，它平行或垂直于刀具的基面，供刀具在制造、刃磨及测量时安装或定位用，如图 2-5a、图 2-6 和图 2-7 所示。

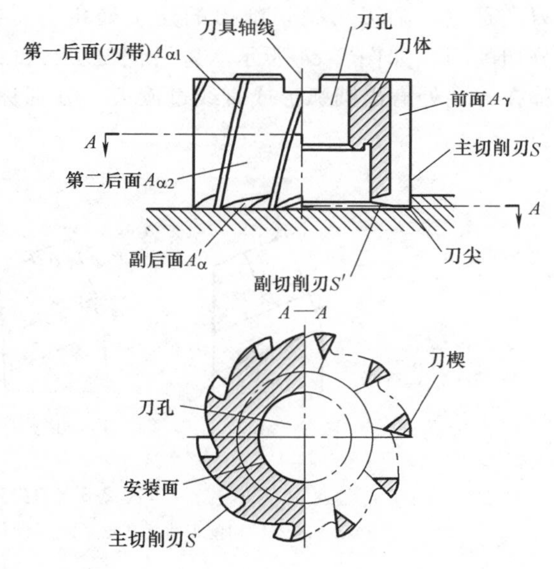

图 2-6　套式立铣刀

2.2.2　刀具表面

刀具表面是指形成刀具切削部分的各表面。如图 2-5a 所示，外圆车刀的切削部分有前面、主后面和副后面三个表面。

（1）前（刀）面 A_γ　前面指刀具上切屑沿其流过的表面。

（2）后（刀）面　后面指与工件上切削中产生的表面相对的表面。

1）主后（刀）面 A_α。主后面指与工件过渡表面相对着的表面。

2）副后（刀）面 A'_α。副后面指与工件已加工表面相对着的表面。

外圆车刀是最基本、最典型的刀具，其他刀具的切削部分都可看成是由车刀的切削部分演化而成的。

2.2.3 刀具的切削刃和刀尖

1. 切削刃

切削刃指刀具前面上拟作切削用的刃。切削刃按其在切削过程所起的作用可分为主切削刃和副切削刃，如图 2-5a 所示。

（1）主切削刃 S　主切削刃指起始于切削刃上主偏角为零的点，并至少有一段切削刃拟用来在工件上切出过渡表面的那个整段切削刃，如图 2-5a 所示。它承担主要的切削工作，并形成工件上的过渡表面。

（2）副切削刃 S'　副切削刃指切削刃上除主切削刃以外的刃，也起始于主偏角为零的点，但它向背离主切削刃的方向延伸，如图 2-5a 所示。它协助主切削刃切除多余金属，形成已加工表面。

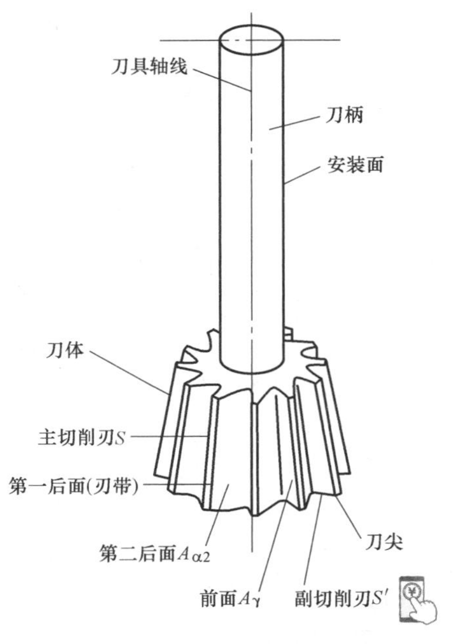

图 2-7　直柄单角铣刀

2. 刀尖

刀尖是主切削刃与副切削刃的连接处相当小的一部分切削刃，如图 2-8a 所示。为强化刀尖，许多刀具都在刀尖处磨出圆弧形或直线过渡刃，分别称之为修圆刀尖、倒角刀尖，如图 2-8b、c 所示。

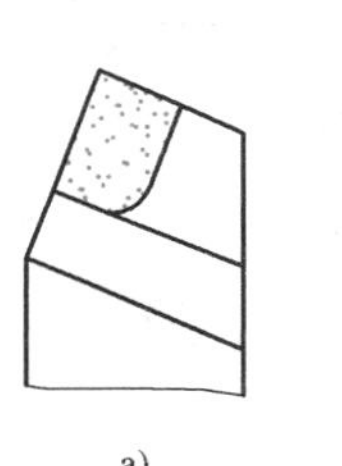

a)

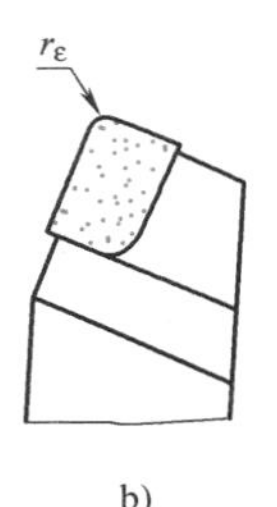

b)

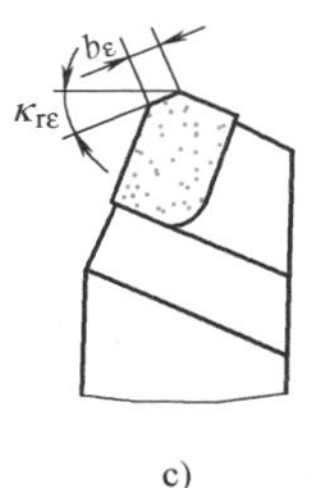

c)

图 2-8　刀尖形状

a）切削刃实际交点　b）修圆刀尖　c）倒角刀尖

2.3 刀具角度

刀具作为工艺系统的组成部分，为保证切削加工的顺利进行并获得预期的加工质量，至少要满足两个基本条件：一是具有合理的几何形状；二是相对于工件具有正确的位置和运动。为了使刀具满足上述两个基本条件且便于刀具的设计、制造和使用，定义了刀具角度，以限定刀具切削部分的形状和相对于工件的位置和运动方向。国家标准 GB/T 12204—2010《金属切削　基本术语》规定了定义刀具角度的两类参考系及其相应的角度：静止参考系和刀具角度、工作参考系和工作角度。

2.3.1　静止参考系及刀具角度

刀具静止参考系是用于定义刀具设计、制造、刃磨和测量时几何参数的参考系。

在刀具静止参考系中定义的刀具表面、切削刃与给定参考平面、切削运动方向之间的几何角度称为刀具角度。在刀具静止参考系中定义的刀具角度是设计、制造和刃磨刀具所需要的角度。这些角度标注在刀具工作图上以限定刀具切削部分的几何形状和位置，故又称之为标注角度。

为便于刀具的设计、制造、刃磨及测量，定义刀具角度时，合理地规定了一些条件，使静止参考系中的参考平面同刀具的设计、制造、刃磨和测量的基准面一致，所以刀具角度是假定条件下的几何角度。假定条件如下：

（1）假定运动条件　进给运动速度 $v_f=0$，即用主运动方向确定切削平面的位置。

（2）假定安装条件　规定刀具的刃磨基准和安装基准垂直于切削平面或平行于基面，同时规定刀柄的轴线同进给运动方向垂直。

例如，确定外圆车刀的静止参考系时，假定刀尖为切削刃选定点且与工件回转中心线等高，刀柄轴线垂直于进给方向且进给速度 $v_f=0$，刀柄底面为安装面。

1. 静止参考系的组成平面

（1）基面 p_r　基面指过切削刃选定点的平面，它平行或垂直于刀具在制造、刃磨及测量时适合于安装或定位的一个平面或轴线，一般说来其方位要垂直于假定的主运动方向。

对车刀来说，基面就是通过切削刃选定点，并与刀柄安装面相平行的平面。

对回转刀具来说，基面是通过切削刃选定点并包含刀具轴线的平面。

（2）假定工作平面p_f　假定工作平面指通过切削刃选定点并垂直于基面的平面，它平行或垂直于刀具在制造、刃磨及测量时适合于安装或定位的一个平面或轴线，一般说来其方位要平行于假定的进给运动方向。

（3）切削平面　切削平面指通过切削刃选定点与切削刃相切，并垂直于基面的平面。

1）主切削平面p_s。主切削平面指通过主切削刃选定点与主切削刃相切，并垂直于基面的平面。

2）副切削平面 p_s'。副切削平面指通过副切削刃选定点与副切削刃相切，并垂直于基面的平面。

（4）正交平面p_o　正交平面指通过切削刃选定点，同时垂直于基面和切削平面的平面。

（5）法平面p_n　法平面指通过切削刃选定点，垂直于切削刃的平面。

（6）背平面 p_p　背平面指通过主切削刃选定点，并垂直于基面和假定工作平面的平面。

上述参考平面如图 2-9 所示。

需要注意的是切削刃选定点是为了定义刀具角度或工作角度在切削刃任一部分上选定的点，因而上述参考平面是指该点的参考平面，据此定义的刀具角度或工作角度是指选定点的角度。有些情况下，在同一条切削刃上，切削刃选定点的位置不同，所定义的角度可能不同。

2. 常用静止参考系

车刀常用静止参考系组成平面如图 2-9 所示。

（1）正交平面参考系　正交平面参考系由基面p_r、切削平面p_s和正交平面p_o组成，如图

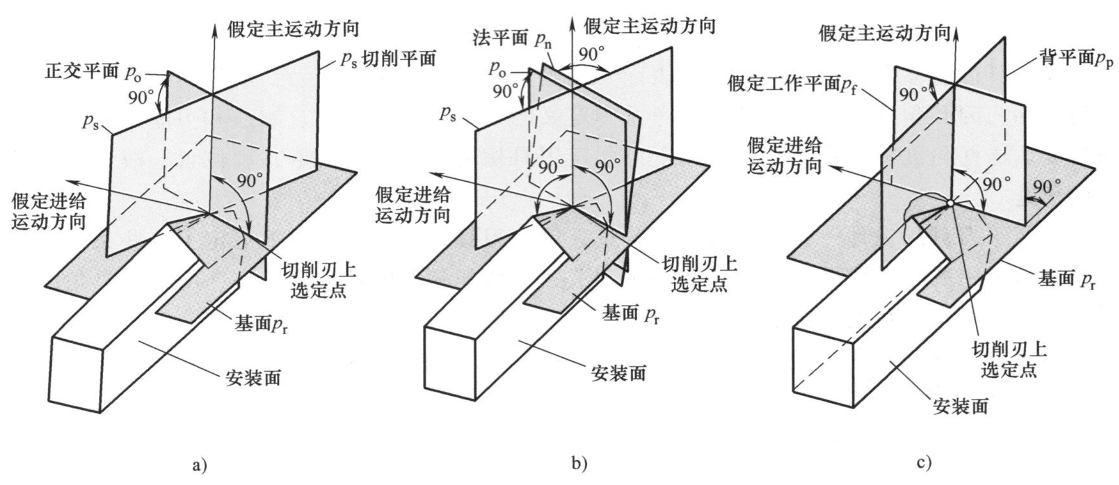

图 2-9 刀具标注角度参考系

a）正交平面参考系 b）法平面参考系 c）假定工作平面、背平面参考系

2-9a 所示。

（2）法平面参考系 法平面参考系由基面p_r、切削平面p_s 和法平面p_n 组成，如图 2-9b 所示。

（3）假定工作平面、背平面参考系 假定工作平面、背平面参考系由基面p_r、假定工作平面p_f 和背平面p_p 组成，如图 2-9c 所示。

各国所采用的刀具角度参考系各不相同。我国主要采用正交平面参考系兼用法平面参考系。刀具设计时标注刀具角度及刃磨、测量刀具角度时常用正交平面参考系。但在标注可转位刀具或大刃倾角时，常用法平面参考系。在刀具制造过程中，如铣削刀槽、刃磨刀面时，常用假定工作平面、背平面参考系中的角度，或使用正交平面参考系中的角度。

3. 静止参考系中的刀具角度（标注角度）

标注角度的作用有两个：一是确定刀具上切削刃的空间位置；二是确定刀具上前面、后面的空间位置。现以外圆车刀为例予以说明。

（1）正交平面参考系中的标注角度 外圆车刀正交平面参考系中的标注角度如图 2-10 所示。

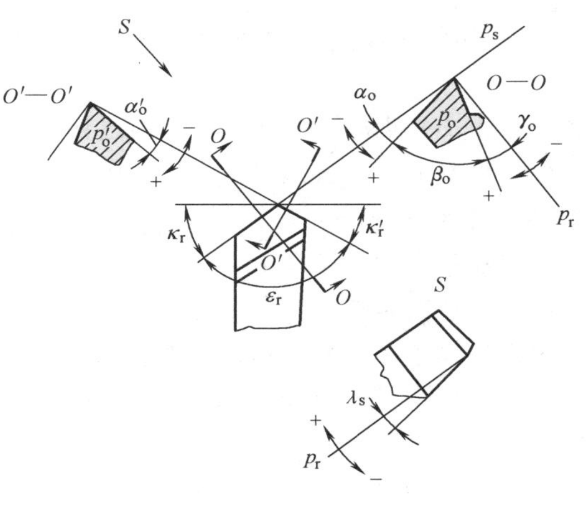

图 2-10 外圆车刀正交平面参考系中的标注角度

1）在正交平面内测量的标注角度。

前角 γ_o 指在正交平面 p_o 内测量的基面 p_r与前面A_γ 之间的夹角。

后角 α_o 指在正交平面 p_o 内测量的主后面 A_α 与切削平面 p_s 之间的夹角。

楔角 β_o 指在正交平面 p_o 内测量的主后面 A_α 与前面 A_γ 之间的夹角。楔角 β_o 为派生角度，$\beta_o=90°-(\alpha_o+\gamma_o)$。楔角 β_o 主要用于比较切削刃的强度。

2）在切削平面 p_s 内测量的标注角度。

刃倾角 λ_s 指在切削平面 p_s 内测量的主切削刃 S 与基面 p_r 之间的夹角。

3）在基面 p_r 内测量的标注角度。

主偏角 κ_r 指在基面 p_r 内测量的切削平面 p_s 与进给方向之间的夹角。

副偏角 κ_r'指在基面 p_r 内测量的副切削平面 p_s'与进给运动反方向之间的夹角。

刀尖角 ε_r 指在基面 p_r 内测量的切削平面 p_s 和副切削平面 p_s'之间的夹角，也可以定义为主切削刃 S 和副切削刃S'在基面 p_r 上的投影之间的夹角。刀尖角 ε_r 为派生角度，$\varepsilon_r=180°-(\kappa_r+\kappa_r')$。刀尖角 ε_r 主要用于比较刀尖的强度。

（2）法平面参考系内的标注角度　法平面参考系在基面 p_r 和切削平面 p_s 内的标注角度与在正交平面参考系中相同，所以只需定义法平面 p_n 内的标注角度即可。外圆车刀法平面参考系中的标注角度如图 2-11 所示。

1）法前角 γ_n。法前角指在法平面 p_n 内测量的前面 A_γ 与基面 p_r 之间的夹角。

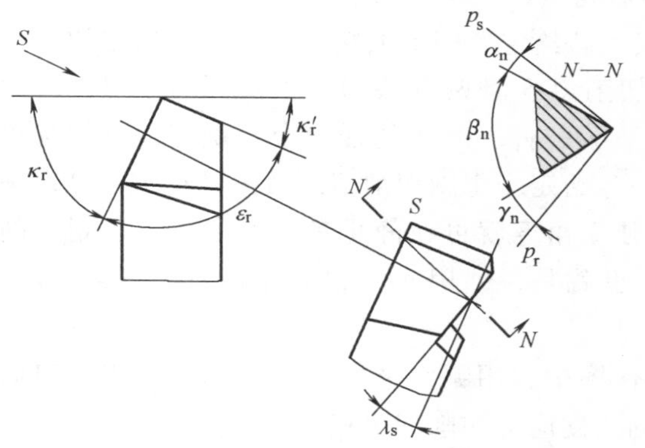

图 2-11　外圆车刀法平面参考系中的标注角度

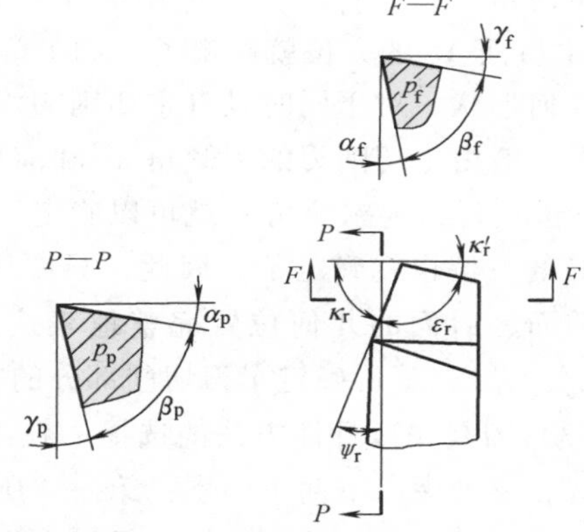

图 2-12　外圆车刀假定工作平面、背平面参考系内的标注角度

2）法后角 α_n。法后角指在法平面 p_n 内测量的主后面 A_α 与切削平面 p_s 之间的夹角。

3）法楔角 β_n。法楔角指在法平面 p_n 内测量的前面 A_γ 与主后面 A_α 之间的夹角。法楔角 β_n 为派生角度，$\beta_n=90°-\gamma_n-\alpha_n$。

（3）假定工作平面、背平面参考系内的标注角度　假定工作平面、背平面参考系中的标注角度如图 2-12 所示。在基面 p_r 内的标注角度与在正交平面参考系内的标注角度相同。在背平面 p_p 内的标注角度有背前角 γ_p、背后角 α_p 和背楔角 β_p；假定工作平面 p_f 内有侧前角 γ_f、侧后角 α_f 和侧楔角 β_f。

（4）刀具角度正负的规定　为便于研究讨论刀具几何角度对切削过程的影响，按其对应的刀面、切削刃相对于参考平面的方位，规定了前角 γ_o、后角 α_o 和刃倾角 λ_s 三个角度的正负，如图 2-10 所示。正负号的判定以刀尖为切削刃的基准点，基面 p_r 和切削平面 p_s 为基准面。当前面A_γ 与基面 p_r 重合时，$\gamma_o=0°$；当后面A_α 与切削平面 p_s 重合时，$\alpha_o=0°$；当切削刃 S 与基面 p_r 重合时，$\lambda_s=0°$。

4. 刀具角度的标注

国家标准 GB/T 12204—2010《金属切削　基本术语》中推荐了刀具角度在刀具工作图中的标注方式。下面简要介绍外圆车刀的标注。

车刀由于主、副切削刃共用一个前面，因而其切削部分由前面、后面和副后面三个刀面组成。前面与后面相交形成主切削刃，前面与副后面相交形成副切削刃，主切削刃和副切削刃相交形成刀尖。车刀的切削部分可用“三面、两刃、一尖”来概括。

（1）选定点的选择　参考系中的各个参考平面都通过切削刃上的同一个选定点，该选定点就是参考系的坐标原点。选定点相对于刀具安装面的位置决定了刀具切削部分相对于刀柄的位置，即选定点的位置影响刀具的结构。而刀具安装面又影响刀具切削时相对于工件的位置。所以说，参考系选定点对刀具设计、制造、刃磨、测量和使用都有影响。对于不同刀具，要综合考虑上述因素，合理确定选定点的位置。车刀一般用刀尖作为选定点。

（2）确定切削部分几何位置的独立角度　从几何关系来看，当确定了基面 p_r 和切削平面 p_s 后，只要给定刃倾角 λ_s 和主偏角 κ_r，主切削刃 S 在参考系中的方位就确定了；再进一步给定前角（γ_o、γ_n、γ_f、γ_p 中的任一个）和后角（α_o、α_n、α_f、α_p 中的任一个），前面 A_γ 和主后面 A_α 的方位就确定了。对于单刃刀具，若给定这四个独立角度，就可确定切削部分的几何形状。对于同时具有主切削刃 S 和副切削刃 S' 且两者共用一个前面的车刀，前面的位置一般由主切削刃的刃倾角 λ_s 和前角（γ_o、γ_n、γ_f、γ_p 中的任一个）确定，副切削刃 S' 的方位只要给定副偏角 κ_r' 就可以确定；再进一步给定一个副切削刃的后角（α_o' 或 α_n'），副后面 A_α' 的方位也就确定了。因此，只要用六个独立角度就可在静止参考系中将主、副切削刃及前面、后面的几何位置完整地表达出来。也就是说，用六个独立角度（λ_s、κ_r、κ_r'、γ_o、α_o、α_o'），就可确定车刀切削部分的几何形状。

（3）刀具角度标注方法的选择　在刀具工作图中，用哪六个角度来表达切削刃、刀面的位置，要考虑以下两个因素：第一，所标注的角度应与切削理论相联系，使之能较直观地反映出刀具的切削性能，这样既便于在设计刀具时选择几何角度，又利于对刀具角度及切削过程进行分析；第二，角度的标注应使刀具的刃磨尽可能方便，也就是最好能直接按标注角度来调整刃磨夹具。在一般情况下建议采用下述两种方法之一来标注刀具角度。

1）用正交平面参考系标注。采用此法只要标注主偏角 κ_r、刃倾角 λ_s、前角 γ_o、后角 α_o、副偏角 κ_r' 及副后角 α_o' 这六个角度，如图 2-10 所示。

2）用法平面参考系标注。采用此法除了必须标注主偏角 κ_r、刃倾角 λ_s、法前角 γ_n、法后角 α_n、副偏角 κ_r' 及副法后角 α_n' 这六个主要角度外，还需用参考值的形式标出副切削刃的刃倾角 λ_s'，以便于刃磨副后面，如图 2-13 所示。副切削刃的刃倾角 λ_s' 值可以根据其他角度值通过换算求得。

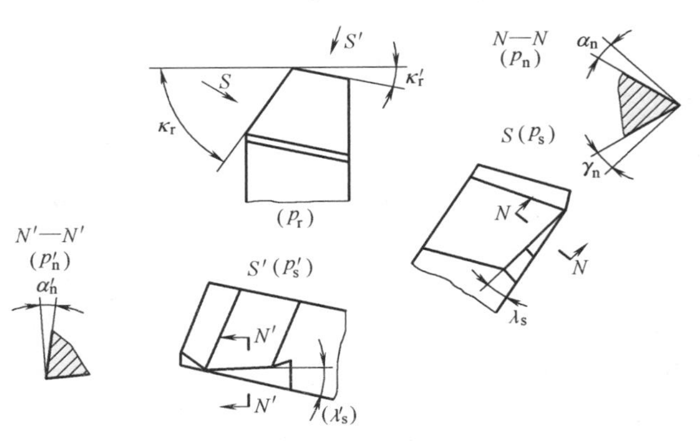

图 2-13　按法平面参考系标注的刀具角度

（4）刀具角度标注的视图及剖面

图　国家标准 GB/T 12204—2010《金属切削　基本术语》对刀具角度标注的视图及剖面图做了以下规定：

1）规定车刀在基面中的投影为主视图，在工作图中标注为 R 视图，如图 2-14a 所示。在该视图中标注主偏角 κ_r、副偏角 κ_r'和刀尖角 ε_r。另一视图为车刀在切削平面中的投影，在工作图中标注为 S 向视图，如图 2-14b 所示。在该视图中标注刃倾角 λ_s。

2）在 R 视图中作正交平面，用 $O—O$ 标记剖切位置及投射方向，如图 2-14a 所示。正交平面剖面图在工作图中标记为 $O—O$ 剖面，在其中标注前角 γ_o、后角 α_o 和楔角 β_o，如图 2-14c所示。

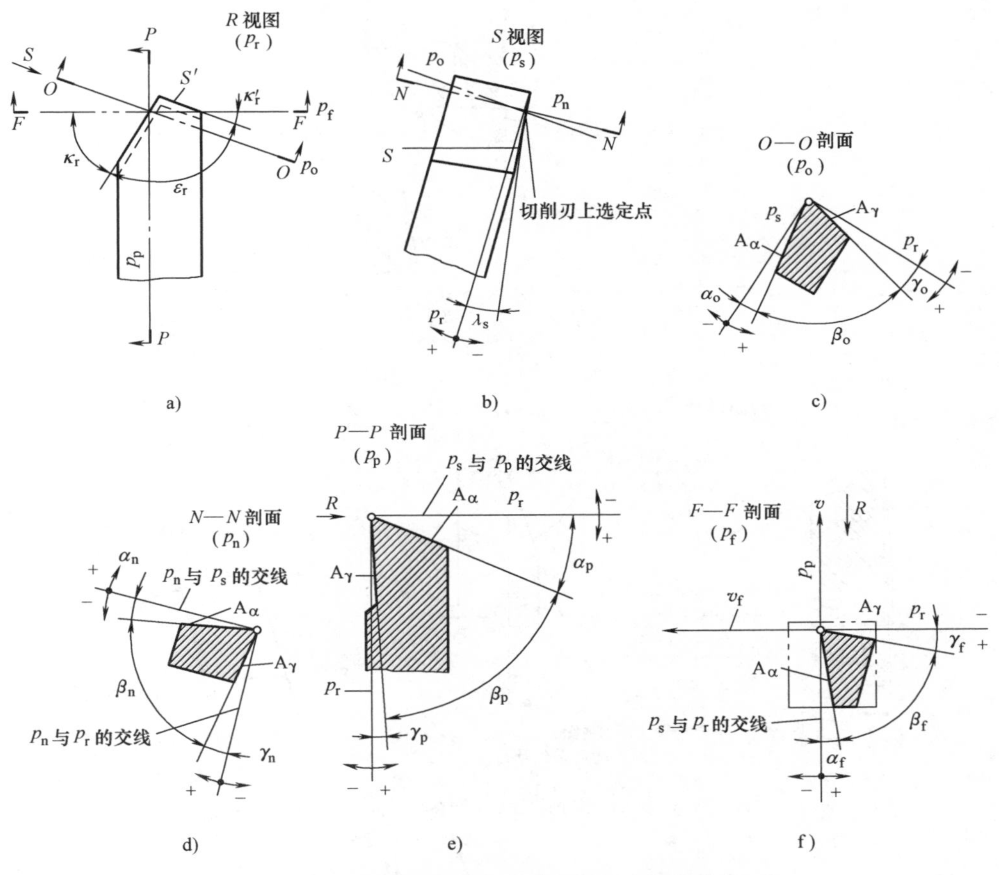

图 2-14　刀具角度标注时的视图及剖面图选择

a）R 视图　b）S 视图　c）$O—O$ 剖面　d）$N—N$ 剖面　e）$P—P$ 剖面　f）$F—F$ 剖面

3）在 S 视图中作法平面，用 $N—N$ 标记剖切位置及投射方向，如图 2-14b 所示。法平面剖面图在工作图中标记为 $N—N$ 剖面，在其中标注法前角 γ_n、法后角 α_n 和法楔角 β_n，如图 2-14d 所示。

4）在 R 视图中作背平面，用 $P—P$ 标记剖切位置及投射方向，如图 2-14a 所示。背平面剖面图在工作图中标记为 $P—P$ 剖面，在其中标注侧前角 γ_p、侧后角 α_p 和侧楔角 β_p，如图 2-14e 所示。

5）在 R 视图中作假定工作平面，用 $F—F$ 标记剖切位置及投射方向，如图 2-14a 所示。

假定工作平面剖面图在工作图中标记为 *F—F* 剖面，在其中标注侧前角 γ_f、侧后角 α_f 和侧楔角 β_f，并标出假定进给运动方向和主运动方向，如图 2-14f 所示。

车刀工作图中的各刀具角度标注视图及剖面图的位置及投影关系如图 2-15 所示。

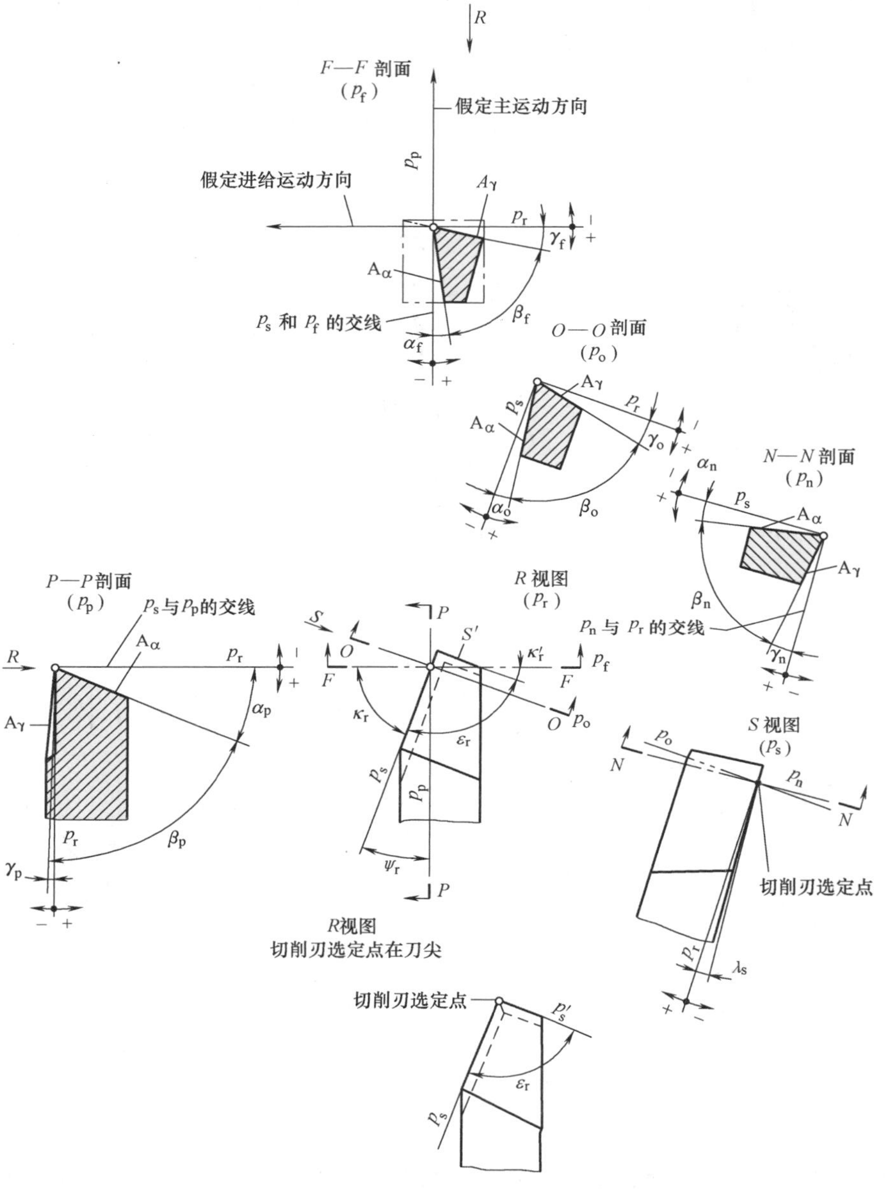

图 2-15　刀具角度标注——车刀

2.3.2　工作参考系及工作角度

刀具在切削时，其在机床上的安装条件和运动并不都满足刀具设计时标注角度的假定条件，因而静止参考系中所确定的刀具角度，往往不能确切反映刀具切削加工的真实情形。

刀具在切削过程中，其切削刃、刀面相对于工件的位置和运动不同，其实际切削效果是不同的。如图 2-16 所示，三把标注角度完全相同的刀具，由于合成切削运动方向 v_e 的不同，后面与加工表面之间的接触和摩擦的实际情形有很大的不同：图 2-16a 中刀具主后面与工件已加工表面之间有适宜的间隙，只在切削刃附近发生摩擦，刀具切削条件正常；图 2-16b 中由于刀具合成切削运动方向平行于工件已加工表面，主后面与工件已加工表面全面接触，摩擦严重，切削条件不正常；图 2-16c 中由于合成切削速度方向的变化，刀具的背棱顶在工件加工表面上，切削刃无法切入，主后面严重挤刮工件表面，切削条件被破坏，刀具已不能进行切削。在这类情况下，刀具的标注角度限定的切削刃、刀面位置已经不能实现刀具的预期切削效果了。可见，在实际切削过程中，必须综合考虑刀具相对于工件加工表面的位置和合成切削运动来确定刀具角度的参考系。

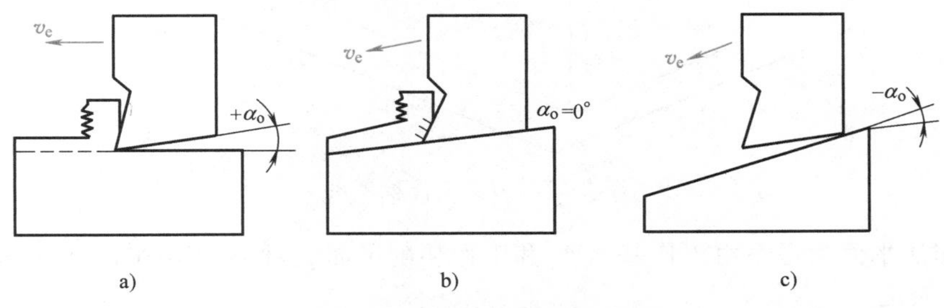

图 2-16 刀具工作角度示意图

规定刀具进行切削加工时几何参数的参考系称为工作参考系。用工作参考系定义的角度称工作角度。它是刀具切削过程中起实际作用的角度（也称实效角度）。

1. 工作参考系的组成平面

（1）工作基面 p_{re} 工作基面指通过切削刃选定点并与合成切削速度 v_e 方向相垂直的平面。

（2）工作切削平面 p_{se} 工作切削平面指通过切削刃选定点与切削刃相切，且垂直于工作基面 p_{re} 的平面。该平面包含合成切削速度方向。

（3）工作正交平面 p_{oe} 工作正交平面指通过切削刃选定点并同时与工作基面 p_{re} 和工作切削平面 p_{se} 相垂直的平面。

（4）工作平面 p_{fe} 工作平面指通过切削刃选定点并同时包含主运动方向和进给运动方向的平面，因而该平面垂直于工作基面 p_{re}。

（5）工作背平面 p_{pe} 工作背平面指通过切削刃选定点并同时与工作基面 p_{re} 和工作平面 p_{fe} 相垂直的平面。

（6）工作法平面 p_{ne} 工作法平面指通过切削刃选定点并垂直于切削刃的平面。该平面与刀具静止参考系中的法平面相同。

2. 常用工作参考系

国家标准 GB/T 12204—2010 推荐了工作正交平面参考系，工作平面、工作背平面参考系以及工作法平面参考系。其中应用最多的是工作正交平面参考系。

1）工作正交平面参考系由工作基面 p_{re}、工作切削平面 p_{se} 和工作正交平面 p_{oe} 组成，如图 2-17 所示。

2）工作平面、工作背平面参考系由工作基面 p_{re}、工作平面 p_{fe} 和工作背平面 p_{pe} 组成。

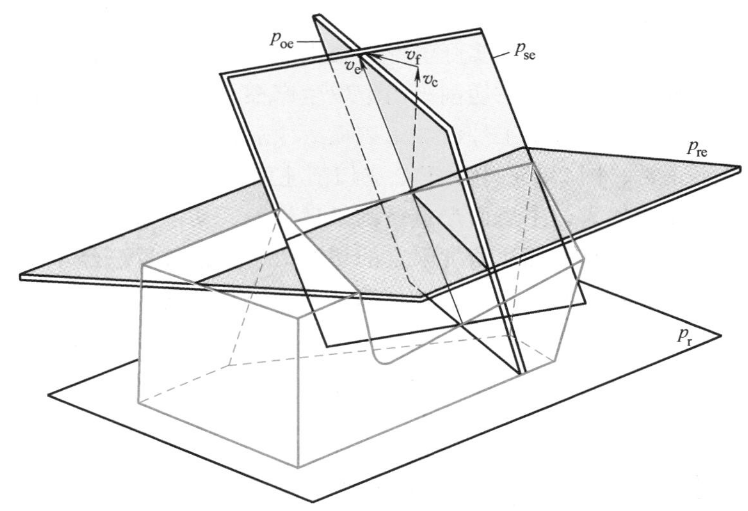

图 2-17 刀具工作参考系

3）工作法平面参考系由工作基面 p_{re} 和工作切削平面 p_{se} 和工作法平面 p_{ne} 组成。

3. 工作角度

刀具工作角度的定义与标注角度的定义类似，也是前面、后面、切削刃与工作参考系平面的夹角。常用工作角度的名称及其符号见表 2-1。

表 2-1 工作角度的名称及其符号

角度名称		符号	定义：为下列两平面（或 S）间的夹角	定义：在下列平面内测量	角度名称		符号	定义：为下列两平面（或 S）间的夹角	定义：在下列平面内测量
前面定向角	工作法前角	γ_{ne}	A_γ、p_{re}	p_{ne}	楔角	工作法楔角	β_{ne}	A_γ、A_α	p_{ne}
	工作前角	γ_{oe}	A_γ、p_{re}	p_{oe}		工作楔角	β_{oe}	A_γ、A_α	p_{oe}
	工作侧前角	γ_{fe}	A_γ、p_{re}	p_{fe}		工作侧楔角	β_{fe}	A_γ、A_α	p_{fe}
	工作背前角	γ_{pe}	A_γ、p_{re}	p_{pe}		工作背楔角	β_{pe}	A_γ、A_α	p_{pe}
后面定向角	工作法后角	α_{ne}	A_α、p_{se}	p_{ne}	切削刃定向角	工作主偏角	κ_{re}	p_{se}、p_{fe}	p_{re}
	工作后角	α_{oe}	A_α、p_{se}	p_{oe}		工作刃倾角	λ_{se}	S、p_{re}	p_{se}
	工作侧后角	α_{fe}	A_α、p_{se}	p_{fe}					
	工作背后角	α_{pe}	A_α、p_{se}	p_{pe}					

注：1. 表列的均为主切削刃上的工作角度，对副切削刃上的相应角度可仿此定义，并在相应的主切削刃角度符号右上角加标“′”，以示区别。例如，κ'_{re} 为工作副偏角，它是在副切削刃工作基面 p'_{re} 内测量的副切削刃工作切削平面 p'_{se} 与副切削刃工作平面 p'_{fe} 间的夹角。

2. 法平面（p_n 或 p_{ne}）内的楔角是一个不变的量，即 $\beta_{ne}=\beta_n$。对于任一把刀具，无论其工作参考系如何变动，工作法楔角 β_{ne} 是一常量。

2.3.3 标注角度与工作角度的关系

如前所述，标注角度和工作角度是在不同的两个参考系中定义的几何角度。由于刀具的实际工作条件往往不同于静止参考系建立时的假定条件，所以刀具的工作参考系与静止参考系不一致，从而导致刀具的标注角度不同于其工作角度。但由于通常进给速度远远小于主运动速度，而且实际安装条件尽可能与假定安装条件相近，因此刀具的工作角度与标注角度相差无几（不超过1%）。这样，在大多数情况下（如普通车削、镗孔、端面铣削等）两者的差别可以不予考虑。当切削大导程丝杠和螺纹、铲背、切断以及钻孔时分析钻心附近的切削条件或刀具安装条件特殊时，刀具工作角度与标注角度相差较大。为便于调整、安装刀具，使刀具获得合理的工作角度，需要计算两者的差异值，或者据此换算出刀具的标注角度，以便于制造或刃磨。

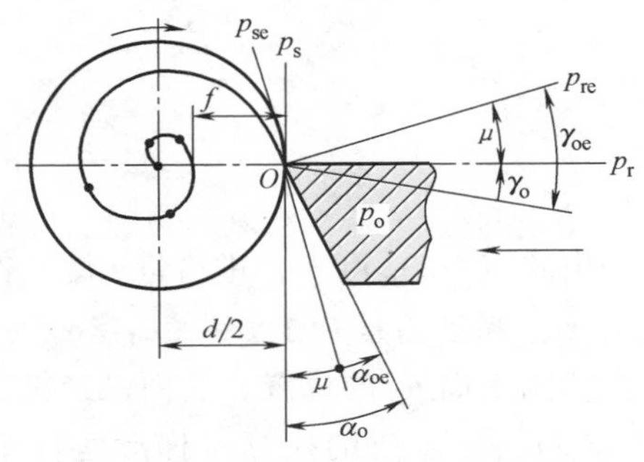

图 2-18　横向进给运动对工作角度的影响

下面以车削为例分析刀具的进给运动及刀具的安装位置对刀具工作角度的影响。

1. 进给运动对刀具工作角度的影响

（1）横车　以切断刀为例（图2-18），当不考虑进给运动时，车刀主切削刃上选定点相对于工件的运动轨迹为一圆周，切削平面为通过主切削刃上该点并切于圆周的平面 p_s，基面 p_r 为平行于刀杆底面同时垂直于 p_s 的平面，正交平面为 p_o 平面。此时，前角为 γ_o，后角为 α_o；当考虑进给运动后，主切削刃选定点相对于工件的运动轨迹为一平面阿基米德螺旋线，切削平面变为通过主切削刃选定点并与螺旋线相切的平面 p_{se}，基面也相应倾斜为 p_{re}，其相对 p_r 的角度变化值为 μ。工作正交平面 p_{oe} 仍为 p_o 平面。此时在刀具工作角度参考系 p_{re}-p_{se}-p_{oe} 内，刀具工作角度 γ_{oe} 和 α_{oe} 为

$$\left.\begin{aligned}\gamma_{oe}&=\gamma_o+\mu\\ \alpha_{oe}&=\alpha_o-\mu\\ \tan\mu&=\frac{v_f}{v}=\frac{fn}{\pi dn}=\frac{f}{\pi d}\end{aligned}\right\}\qquad(2\text{-}1)$$

由式（2-1）可知，进给量 f 越大，μ 也越大，说明对于大进给量的切削，不能忽略进给运动对刀具角度的影响。另外，随着刀具横向进给不断进行，d 越来越小，μ 值随之增大。当刀具靠近工件中心时，μ 值急剧增大，工作后角 α_{oe} 将变为负值，刀具失去切削功能。

（2）纵车　图2-19所示为纵车梯形丝杠时的情况。其中切削平面为 p_s，基面为 p_r；工作切削平面为切于螺旋面的平面 p_{se}，工作基面为垂直于 p_{se} 的平面 p_{re}。从图中可以看出工作切削平面 p_{se} 相对于切削平面 p_s、工作基面 p_{re} 相对于基面 p_r 均偏转了一个角度 μ_f，因而可以得出下列关系：

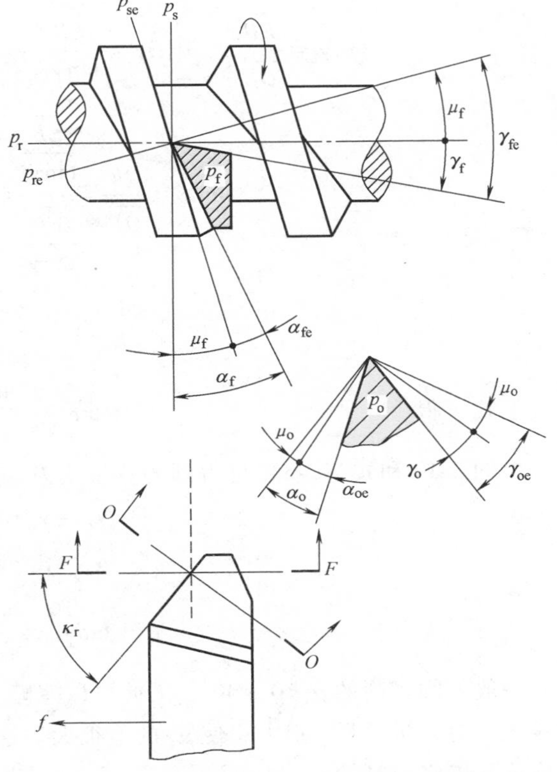

图 2-19　纵向进给运动对工作角度的影响

$$\left.\begin{aligned}\gamma_{fe}&=\gamma_f+\mu_f\\\alpha_{fe}&=\alpha_f-\mu_f\\\tan\mu_f&=\frac{f}{\pi d}\end{aligned}\right\}\tag{2-2}$$

由式（2-2）可知，进给量f使工作前角γ_{fe}大于标注前角γ_f，使工作后角α_{fe}小于标注后角α_f。当进给量f增大到使$\mu_f\geqslant\alpha_f$时，工作后角$\alpha_{fe}\leqslant 0$，这意味着后面A_α的位置已超前于工作切削平面p_{se}的位置，后面已经抵住过渡表面而使刀具丧失了切削能力。

（3）γ_o与γ_f的换算　梯形丝杠车刀为成形刀具，一般其$\lambda_s=0$，故其主切削刃为基面中的一条直线。在图2-20中，$\overline{OA}$为主切削刃，▱$OAEF$为基面p_r，▱$OABC$为前面A_γ，▱$EFCB$为平行于切削平面p_s的平面，△OEB为正交平面p_o，△OCF为假定工作平面p_f，△AEB∥△OFC。根据静止参考系各参考平面的定义可知，∠BOE即为前角γ_o，∠COF即为前角γ_f；$\overline{OE}\perp\overline{OA}$，∠$AOE$、∠$OEF$为直角；因▱$EFCB$∥$p_s$，所以$\overline{OE}\perp\overline{EB}$，$\overline{OF}\perp\overline{FC}$，因而△$OEB$、△$OFC$为直角三角形。根据上述几何条件，可得

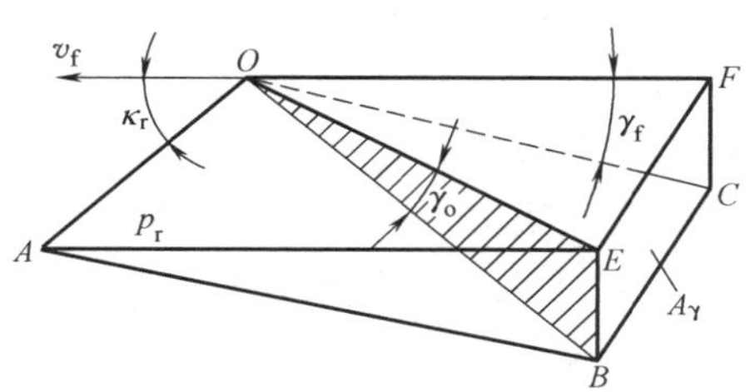

图2-20　γ_o与γ_f的换算

因为△AEB∥△OCF，▱$EFCB$∥p_s；所以△AEB≌△OCF，即$\overline{FC}=\overline{EB}$。

$$\tan\gamma_o=\frac{\overline{EB}}{\overline{OE}},\quad 则\overline{OE}=\frac{\overline{EB}}{\tan\gamma_o};\quad \tan\gamma_f=\frac{\overline{FC}}{\overline{OF}},\quad 则\overline{OF}=\frac{\overline{FC}}{\tan\gamma_f}$$

$$\sin\kappa_r=\frac{\overline{OE}}{\overline{OF}}=\frac{\dfrac{\overline{EB}}{\tan\gamma_o}}{\dfrac{\overline{FC}}{\tan\gamma_f}}=\frac{\tan\gamma_f\overline{EB}}{\tan\gamma_o\overline{FC}}=\frac{\tan\gamma_f}{\tan\gamma_o}$$

即
$$\sin\kappa_r=\frac{\tan\gamma_f}{\tan\gamma_o}$$

变换上式可得
$$\tan\gamma_o=\frac{\tan\gamma_f}{\sin\kappa_r}\tag{2-3}$$

由图2-19和式（2-3）可得到的关系式为

$$\left.\begin{aligned}\gamma_{oe}&=\gamma_o+\mu_o\\\alpha_{oe}&=\alpha_o-\mu_o\\\tan\mu_o&=\frac{\tan\mu_f}{\sin\kappa_r}\end{aligned}\right\}\tag{2-4}$$

一般外圆车削的$\mu_f<0'\sim40'$，因此可以忽略不计。但在车螺纹，特别是车大螺纹升角的多线螺纹时，进给量f很大，使μ_f的值很大。这种情况下，必须根据μ_f按式（2-4）进行角度换算，确定刀具的γ_o和α_o。

2. 刀尖位置高低对刀具工作角度的影响

安装刀具时，刀尖不一定在机床的中心高度上，如果刀尖高于机床中心高度（图 2-21），此时工作切削平面为与工件表面切于选定点 A 的 p_{se}平面，工作基面为与 p_{se}垂直的 p_{re}，其工作前角、后角分别为 γ_{pe}、α_{pe}。

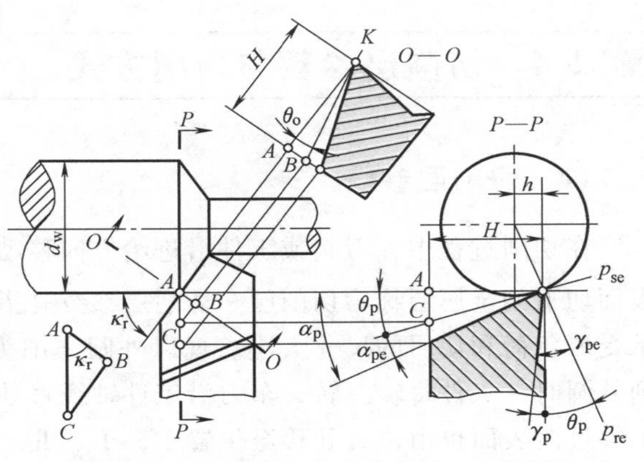

图 2-21　切削刃选定点安装高低与工作角度

可见，刀具工作前角 γ_{pe} 比标注角度 γ_p 增大了，工作后角 α_{pe}比标注后角 α_p 减小了。计算公式为

$$\left.\begin{aligned}\gamma_{pe}&=\gamma_p+\theta_p\\ \alpha_{pe}&=\alpha_p-\theta_p\\ \theta_p&=\arctan\frac{h}{\sqrt{(d_w/2)^2-h^2}}\end{aligned}\right\}$$

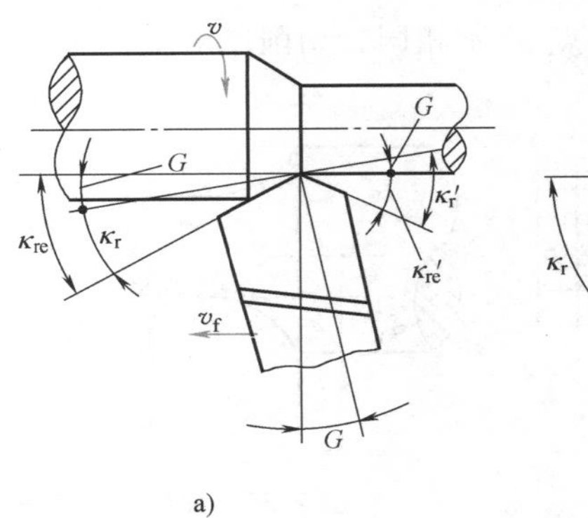

a)

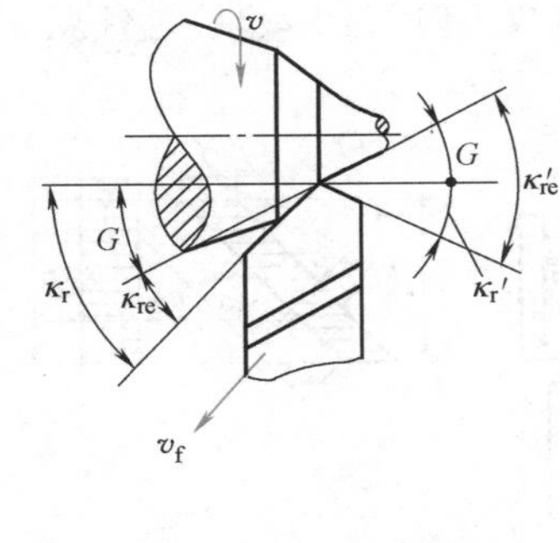

b)

图 2-22　刀柄轴线不垂直于进给方向

a）刀头左偏　b）刀头右偏

式中，θ_p 为刀尖位置变化引起前角、后角的变化值（rad）；h 为刀尖高于机床中心的数值（mm）。

在正交平面内的角度为

$$\left.\begin{aligned}\gamma_{oe}&=\gamma_o+\theta_o\\ \alpha_{oe}&=\alpha_o-\theta_o\\ \tan\theta_o&=\tan\theta_p\cos\kappa_\gamma\end{aligned}\right\}$$

3. 刀柄轴线不垂直于进给方向时的影响

如图 2-22 所示，当刀柄轴线与进给方向不垂直时（刀柄轴线偏转 G 角度），工作主偏角和工作副偏角与标注主偏角和标注副偏角的关系为

$$\kappa_{re}=\kappa_r\pm G;\kappa_{re}'=\kappa_r'\mp G$$

式中，刀头左偏时为+，反之为-。

2.4 切削层参数与切削方式

2.4.1 切削层参数

在切削过程中，刀具或工件沿进给方向移动一个 f 或 f_z 时，刀具的切削刃从工件待加工表面切下的金属层称为切削层。切削层参数是指切削层在基面中的截面尺寸，它决定刀具所承受的负荷和切屑的尺寸大小。现以外圆车削为例来说明切削层参数。如图 2-23 所示，车削外圆时，工件每转一转，车刀沿工件轴线移动一个进给量 f 的距离，主切削刃及其对应的工件过渡表面也由位置Ⅱ移至位置Ⅰ，Ⅰ、Ⅱ之间的一层金属被切下。

1. 切削厚度 h_D

垂直于过渡表面度量的切削层尺寸称为切削厚度。外圆纵车时有：$h_D = f\sin\kappa_r$。

由此可见，当 f 或 κ_r 增大时，则 h_D 变大。

2. 切削宽度 b_D

沿过渡表面度量的切削层尺寸称为切削宽度。刀具为直线刃时有：$b_D = a_p/\sin\kappa_r$。

当切削刃为曲线刃时（图 2-24），各点 κ_r 不相同，切削厚度不相同。

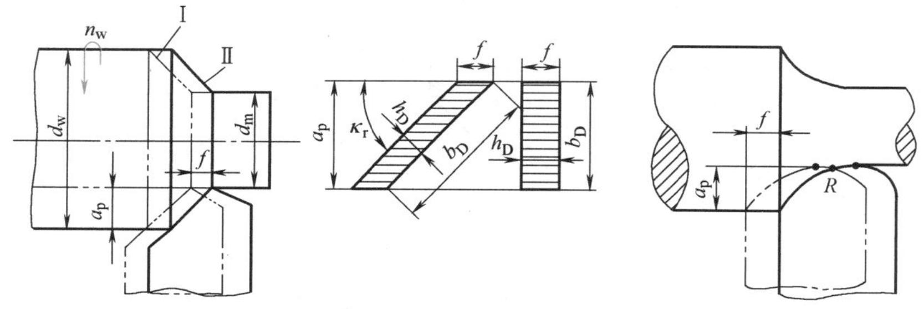

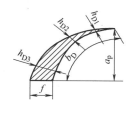

图 2-23　外圆纵车时切削层参数　　图 2-24　曲线切削刃各点 h_D 及 b_D

3. 切削面积 A_D

切削层在基面内的截面面积称为切削层面积。即

$$A_D = h_D b_D = f a_p$$

2.4.2 切削方式

1. 直角切削和斜角切削

直角切削是指切削刃垂直于合成切削运动方向的切削方式，如图 2-25a 所示。斜角切削是指切削刃不垂直于合成切削运动方向，如图 2-25b 所示。直角切削方式，切屑流出方向在切削刃法平面内；而斜角切削方式，切屑流出方向不在法平面内。

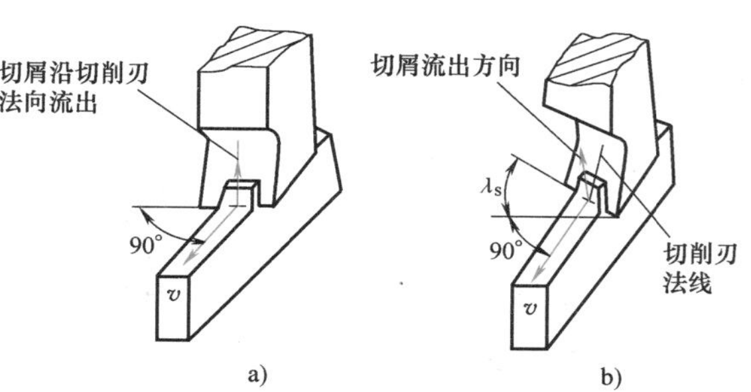

图 2-25　直角切削和斜角切削

a）直角切削　b）斜角切削

2. 自由切削与非自由切削

自由切削是指只有一条直线切削刃参与切削的切削方式。其特点是切削刃上各点切屑流出方向一致，且金属变形在二维平面内。图 2-25a 既是直角切削方式，又是自由切削方式，故称为直角自由切削。曲线切削刃或两条以上切削刃参与切削的切削方式称为非自由切削。

在实际生产中，切削多为非自由切削方式。在研究金属变形时为了简化条件，常以直角自由切削方式进行分析。

2.5　刀具材料

刀具材料一般是指刀具切削部分的材料。

在切削过程中，刀具担负着切除工件上多余金属以形成已加工表面的任务。刀具的切削性能好坏，取决于刀具切削部分的材料、几何参数以及结构的合理性等几个方面。刀具材料对刀具寿命、加工生产效率、加工质量以及加工成本都有很大影响，因此必须合理选择。

2.5.1　刀具材料应具备的性能

在切削过程中，刀具切削部分承受切削力和切削热的作用，同时与工件及切屑之间产生剧烈的摩擦；在切削余量不均匀或切削不连续表面时，刀具还受到很大的冲击、振动和切削温度的波动。如在一般切削条件下切削结构钢时，前面受到的挤压应力可达 1.5～40GPa；高速切削钢材时切屑与前面接触区的温度常保持在 800～900℃，中心区甚至超过 1000℃。由于刀具工作在高温、高压、强烈的磨损、冲击和振动的条件下，其材料应具备以下性能：

1. 高的硬度和耐磨性

刀具应具备高的硬度和耐磨性。刀具材料常温硬度一般要求大于 60HRC。一般刀具材料的硬度越高，其耐磨性越好，但抗冲击韧性相对降低。刀具材料的选择原则是在保持有足够的强度与韧性的条件下，尽可能有高的硬度和耐磨性。

2. 足够的强度和韧性

为承受切削负荷、振动和冲击，刀具材料必须具备足够的强度和韧性。

3. 高的热稳定性

热稳定性是指刀具材料在高温下保持足够的硬度、耐磨性、强度和韧性、抗氧化性、抗黏结性和抗扩散性的能力，也称之为耐热性、热硬性。热稳定性一般用保持刀具切削性能的最高温度来表示。刀具材料的热稳定性越高，允许的切削速度就越高。热稳定性是综合衡量刀具材料性能的主要指标。

4. 良好的物理特性

刀具材料应具备良好的减摩性、导热性、小的热胀系数以及优良的抗热冲击性能。减摩性、导热性好，有利于降低切削区温度；优良的抗热冲击性能，可提高刀具抗热疲劳破坏的能力，从而提高刀具使用寿命。热胀系数小，可减小刀具的热变形和对加工精度的影响。

5. 良好的工艺性和经济性

为便于制造，刀具材料应具备较好的可加工性能，例如热处理性能、高温塑性、可磨削加工性及焊接工艺性等。刀具材料的经济性是评定刀具材料的重要指标之一。

2.5.2 常用刀具材料的性能及选用

目前常用刀具材料有碳素工具钢、合金工具钢、高速钢、硬质合金、陶瓷、金刚石及立方氮化硼等。碳素工具钢和合金工具钢因耐热性低而常用于制造手用刀具；陶瓷、金刚石及立方氮化硼目前主要用于超硬工件的加工；高速钢和硬质合金是目前应用最多的机用刀具材料。各种刀具材料的物理力学性能见表 2-2。

表 2-2 各种刀具材料的物理力学性能

材料种类 性能指标	高速钢	硬质合金		TiC(N)基硬质合金	陶瓷			聚晶立方氮化硼	聚晶金刚石
		K 系(WC-Co)	P 系(WC-TiC-TaC-Co)		Al_2O_3	Al_2O_3-TiC	Si_3N_4		
密度/(g/cm^3)	8.7~8.8	14~15	10~13	5.4~7	3.90~3.98	4.2~4.3	3.2~3.6	3.48	3.52
硬度 HRA	84~85	91~93	90~92	91~93	92.5~93.5	93.5~94.5	1350~1600HV	4500HV	>9000HV
抗弯强度/MPa	2000~4000	1500~2000	1300~1800	1400~1800	1400~1750	700~900	600~900	500~800	600~1100
抗压强度/MPa	2800~3800	3500~6000		3000~4000	3500~5500		3000~4000	2500~5000	7000~8000
断裂韧性/$MPa\cdot m^{1/2}$	18~30	10~15	9~14	7.4~7.7	3.0~3.5	3.5~4.0	5~7	6.5~8.5	6.89
弹性模量/GPa	210	610~640	480~560	390~440	400~420	360~390	280~320	710	1020
热导率/[W/(m·K)]	20~30	80~110	25~42	21~71	29	17	20~35	130	210
热胀系数/$10^{-6}K$	5~10	4.5~5.5	5.5~6.5	7.5~8.5	7	8	3.0~3.3	4.7	3.1
耐热性/℃	600~700	800~900	900~1000	1000~1100	1200	1200	1300	1000~1300	700~800

1. 高速钢

高速钢是含有 W、Mo、Cr、V 等合金元素较多的工具钢。高速钢的力学性能见表 2-3。高速钢和硬质合金相比，塑性、韧性、导热性和工艺性好，适宜制造复杂形状的刀具，但硬度、耐磨性和耐热性较差，故常用于制造低速切削的刀具和成形刀具。

表 2-3 高速钢的力学性能

钢　号	常温硬度 HRC	抗弯强度/GPa	冲击韧度/(MJ/m^2)	高温硬度 HRC	
				500℃	600℃
W18Cr4V	63~66	3~3.4	0.18~0.32	56	48.5
W6Mo5Cr4V2	63~66	3.5~4	0.3~0.4	55~56	47~48
W3Mo3Cr4V2	66~68	3~3.4	0.17~0.22	57	51
W6Mo5Cr4V3	65~67	3.2	0.25	—	51.7
W6Mo5Cr4V2Co8	66~68	3.0	0.3	—	54
W2Mo9Cr4VCo8	67~69	2.7~3.8	0.23~0.3	≤60	≤55
W6Mo5Cr4V2Al	67~69	2.9~3.9	0.23~0.3	60	55
W10Mo4Cr4V3Al	67~69	3.1~3.5	0.2~0.28	59.5	54

注：冲击韧度已废止，数值用于参考。

高速钢按用途分为通用型高速钢和高性能高速钢；按制造工艺分为熔炼型高速钢和粉末冶金高速钢。

（1）通用型高速钢　这类高速钢碳的质量分数为0.7%~0.9%，合金元素主要成分有W、Mo、Cr、V等。按合金元素含量不同可分为钨钢和钨钼钢。

（2）高性能高速钢　在普通高速钢基础上提高含碳量，添加其他合金元素，使其力学性能和切削性能显著提高，即成为高性能高速钢。高性能高速钢的常温硬度可达67~70HRC，高温硬度也相应提高，可用于高强度钢、高温合金和钛合金等难加工材料的切削加工，并可提高刀具使用寿命。

（3）粉末冶金高速钢　它是将熔融状高速钢用高压氩气或纯氮气进行雾化，形成细小颗粒的高速钢粉末，再将这些细小颗粒粉末在高温高压下制成钢坯，经锻轧成一定形状，然后制成各种刀具。粉末冶金高速钢的优点：①避免了碳化物偏析，提高了钢的硬度与强度，硬度可达69.5~70HRC，抗弯强度可达2.73~3.43GPa。力学性能趋于各向同性，可减少热处理变形与应力，因此可用于制造精密刀具。②钢中的碳化物均匀细小，使磨削加工性得到改善。含V较多时，改善程度更显著。这一独特的优点，使得粉末冶金高速钢能用于制造新型的、增加合金元素的、加入大量碳化物的超硬高速钢，而不降低其刃磨工艺性，这是熔炼高速钢无法比拟的。③粉末冶金高速钢提高了材料的利用率。粉末冶金高速钢目前应用较少的原因是成本较高，其价格相当于硬质合金。

粉末冶金高速钢主要应用于制造复杂刀具（如精密螺纹车刀、拉刀和切齿刀具等）以及加工高强度钢、镍基合金和钛合金等难加工材料用的刨刀、钻头和铣刀等刀具。

2. 硬质合金

硬质合金是由高硬、难熔的金属碳化物粉末（如WC、TiC、TaC、NbC等）和金属黏结剂（如Co、Ni等）粉末混合后，经压坯、烧结而成的粉末冶金制品。

硬质合金与高速钢相比有如下特点：硬度高（89~93HRA）、耐磨性好（刀具寿命可提高几倍到几十倍，在刀具寿命相同时切削速度可提高4~10倍）、耐热性高（在800~1000℃时仍可切削）。但其抗弯强度低（0.9~1.5GPa）、断裂韧性低（表2-2）。因此硬质合金刀具承受切削振动和冲击负荷的能力差。主要硬质合金的成分及性能见表2-4。

表2-4　硬质合金的成分和性能

合金牌号		质量分数(%)				物理力学性能							相似ISO牌号
		WC	TiC	TaC(NbC)	Co	硬度		抗弯强度/GPa	冲击韧度/(kJ/m²)	热导率/[kW·/(m·℃)]	线胀系数 α×10⁻⁶/℃⁻¹	密度/(g/m³)	
						HRA	HRC						
WC基合金													
WC+C	YG3	97	—	—	3	91	78	1.10	—	97.9	—	14.9~15.3	K01、K05
	YG6	94	—	—	6	89.5	75	1.40	26.0	79.6	4.5	14.6~15.0	K15、K20
	YG8	92	—	—	8	89	74	1.50	—	75.5	4.5	14.4~14.8	K30
	YG3X	97	—	—	3	92	80	1.00	—	—	4.1	15.0~15.3	K01
	YG6X	94	—	—	6	91	78	1.35	—	79.6	4.1	14.6~15.0	K10

（续）

合金牌号		质量分数(%)				物理力学性能							相似ISO牌号
		WC	TiC	TaC(NbC)	Co	硬度		抗弯强度/GPa	冲击韧度/(kJ/m^2)	热导率/[kW·/(m·℃)]	线胀系数 $\alpha\times10^{-6}$/$℃^{-1}$	密度/(g/m^3)	
						HRA	HRC						
WC 基合金													
WC+TaC(Nb)+Co	YG6A(YA6)	91~93	—	1~3	6	92	80	1.35	—	—	—	14.4~15.0	K10
WC+TiC+Co	YT30	66	30	—	4	92.5	80.5	0.90	3.00	20.9	7.00	9.35~9.7	P01
	YT15	79	15	—	6	91	78	1.15	—	33.5	6.51	11.0~11.7	P10
	YT14	78	14	—	8	90.5	77	1.20	7.00	33.5	6.21	11.2~12.7	P20
	YT5	85	5	—	10	89.5	75	1.30	—	62.8		12.5~13.2	P30
WC+TiC+TaC(NbC)+Co	YW1	84	6	4	6	92	80	1.25				13.0~13.5	M10
	YW2	82	6	4	8	91	78	1.50				12.7~13.3	M20
Ti 基合金													
TiC+WC+Ni-Mo	YN10	15	62	1	Ni-12Mo-10	92.5	80.5	1.10				6.3	P05
	YN05	8	71		Ni-7Mo-14	93	82	0.90				5.9	P01

我国硬质合金刀具材料的分类如下：

（1）YG 类（WC+Co）硬质合金　由硬质相 WC 和黏结相 Co 组成。常用牌号有 YG3、YG6、YG8 及 YG3X、YG6X。YG 类适用于加工短切屑钢铁材料、非铁金属材料以及非金属材料，低速时也可加工钛合金等耐热钢。

（2）YT 类（WC+TiC+Co）硬质合金　这类硬质合金的硬质相除 WC 外还有 TiC。常用牌号有 YT30、YT15、YT14 及 YT5。YT 类与 YG 类相比，硬度、耐热性好，但韧性与热导率较差。适合加工长切屑钢铁材料。含 TiC 越多，耐热性越高，但强度下降，一般用于精加工；含 TiC 少时，耐热性较低，但强度较高，可用于粗加工。

（3）YW 类［WC+TiC+TaC(NbC)+Co］硬质合金　这类硬质合金是在 YT 类中加入 TaC(NbC) 硬质相，使其抗弯强度、冲击韧性和疲劳强度增加，提高了高温性能和抗氧化能力。因此，这类合金既可加工长切屑，也能加工短切屑钢铁材料和非铁金属材料，有通用合金之称。

（4）YN 类硬质合金　这类合金是以 TiC 为主要硬质相，以 Ni 或 Mo 为黏结相制成的硬质合金。它比 WC 基硬质合金有高的耐磨性、耐热性和高的硬度（近似金属陶瓷），但抗弯强度和冲击韧性较差。通常适用于钢和铸铁的半精加工和精加工。代表牌号为 YN05

和 YN10。

国际标准化组织（ISO）将硬质合金分为 P、K、M 三类。P 类，用于加工长切屑（塑性）钢铁材料，相当于我国 YT 类硬质合金；K 类，用于加工短切屑（脆性）钢铁材料、非铁金属材料和非金属材料，相当于我国的 YG 类；M 类，可加工长切屑和短切屑钢铁材料和非铁金属材料，相当于我国的 YW 类。

3. 金属陶瓷

目前使用的金属陶瓷刀具材料有两种：Al_2O_3 基金属陶瓷和Si_3N_4 基金属陶瓷。

（1）Al_2O_3 基金属陶瓷　这种陶瓷较之于硬质合金，硬度高，耐热性好，摩擦因数小，且化学稳定性好。这类陶瓷可用于加工钢和铸铁以及高硬度合金，但由于抗弯强度低和冲击韧性较差，通常用于精加工和半精加工。

（2）Si_3N_4 基金属陶瓷　这种陶瓷强度高，韧性好，特别是抗热冲击性大大优于Al_2O_3基陶瓷。因此，可用于加工铸铁及镍基合金。

4. 金刚石

金刚石是目前发现的最硬的一种物质。它摩擦因数小，导热性好，耐磨性高，切削时不易产生积屑瘤和鳞刺，加工表面质量好，刀具寿命高。

目前金刚石刀具有三种：单晶、聚晶和金刚石复合刀片。它能够加工硬质合金、金属陶瓷、高硅铝合金及耐磨塑料等，但一般不宜加工铁族金属，因为金刚石的碳元素与铁原子有很强的化学亲和作用，使之转化为石墨，失去切削性能。金刚石热稳定性差，在超过 700～800℃时硬度下降很大，无法切削。目前金刚石刀具多用于非铁金属材料及非金属材料（如耐磨塑料、石材）的加工，也用于制造磨具和磨料。

5. 立方氮化硼（CBN）

立方氮化硼由六方氮化硼（白石墨）在高温高压下加入催化剂转变而成。它是硬度仅次于金刚石的物质。与金刚石相比，化学惰性强，热稳定性高，耐磨性高。

立方氮化硼刀具能以硬质合金刀具加工普通钢和铸铁的切削速度切削淬硬钢、冷硬铸铁和高温合金等，加工精度可达 IT5，表面粗糙度可达 $Ra0.05\mu m$。在加工高硬度（HRC>50）、高黏度、高高温强度、低热导率的铁族金属及其合金时，加工精度高，表面粗糙度值低，切削速度高，刀具寿命长，加工成本低，是目前加工钢铁材料以及实现高效、高速和高精度切削加工的最佳刀具材料。但立方氮化硼与水发生反应，故一般不用切削液或使用不含水的切削液。

目前立方氮化硼多用于制造磨具和磨料，也可做成整体聚晶刀片，或制成立方氮化硼与硬质合金的复合刀具。

6. 涂层刀具

涂层刀具是在韧性较好的硬质合金或高速钢刀具基体上，涂覆一薄层耐磨性高的难熔金属化合物。常见的涂层材料有碳化钛、氮化钛和氧化铝等。

涂层硬质合金刀片是在 YG 类硬质合金基体上涂覆一层高硬、耐磨、难熔金属化合物（如 TiC、TiN、Al_2O_3）。这类刀片具有表层硬度高、耐磨性好和化学稳定性强，基体抗弯强度高、韧性好和热导率大的特点。涂层硬质合金刀片主要用于钢材和铸铁的半精加工和精加工以及小负荷的粗加工。

涂层硬质合金刀具的寿命可提高 1～3 倍，涂层高速钢刀具的寿命可提高 2～10 倍。加工

材料的硬度越高，则涂层刀具的效果越好。

2.5.3 新型刀具材料的发展

在传统的机械加工中，刀具材料、刀具结构和刀具几何形状是决定刀具切削性能的三大要素，其中刀具材料起着关键作用。在计算机集成先进制造系统出现后，在刀具使用中还应考虑“刀具系统”及“刀具管理”问题。近年来，各种难加工材料的出现和应用，先进制造系统、高速切削和超高速切削、精密加工和超精密加工、“绿色制造”和“洁净制造”的发展与付诸使用，都对刀具特别是对刀具材料提出了更高、更新的要求。

1. 研制新型刀具材料的目的

改善刀具材料的性能，使其具有更广泛的应用范围；满足难加工材料的切削加工要求。

2. 发展与应用的主要方向

研制高性能的新型刀具材料，提高刀具的使用性能，增加刃口的可靠性，延长刀具使用寿命；大幅度提高切削效率，满足各种难加工材料的切削要求。

主要发展方向有：

1）晶须陶瓷。在陶瓷材料中加入晶须增强体，以提高陶瓷材料的抗弯强度与韧性。可直接压制成具有正前角及断屑槽的陶瓷刀片，使陶瓷刀片能更好地控制切屑，大幅度提高切削用量。

2）改进碳化钛、氮化钛基硬质合金（金属陶瓷）材料，提高韧性及刃口的可靠性，使其能用于半精加工或粗加工。

3）开发应用新的涂层材料。采用更韧的基体和更硬的刃口组合，以提高刀具的可靠性。扩大 TiC、TiN、TiCN、TiAlN 等多层高速钢涂层刀具的应用。

4）进一步改进粉末冶金高速钢的制造工艺，扩大其应用范围，开发挤压复合材料。如挤压复合材料制成的整体立铣刀，由两层组成，外层是分布于钢母体中的50%氮化硅，内层是高速钢。其生产率是传统高速钢立铣刀的三倍。特别适合加工硬度为40HRC的淬硬钢和钛合金。铣键槽特别有效。

5）推广应用金刚石涂层刀具，扩大超硬刀具材料在机器制造业中的应用。在硬质合金基体上加一层金刚石薄膜，以获得金刚石的抗磨性，同时又具有最佳刀具形状和高的抗振性能，这样就能在非铁金属加工中兼备高速切削能力和最佳的刀具形状。

6）高速切削刀具材料的研究主要集中在金刚石、立方氮化硼、陶瓷刀具、碳化钛基和氮化钛基硬质合金（金属陶瓷）、涂层刀具和超细晶粒硬质合金刀具的新品种和性能提高上。

习题与思考题

2-1　试分析外圆车削、端面车削、刨削、铣削的切削运动及工件上的各表面。

2-2　车刀切削部分由哪些面和刃组成？

2-3　在正交平面参考系中标注车刀的下列角度：

$\kappa_r=60°$，$\kappa_r'=45°$，$\gamma_o=10°$，$\alpha_o=5°$，$\lambda_s=-10°$

2-4　试以横车（切断）为例说明车刀工作角度与标注角度的关系。

2-5　端面车削时，当刀尖高（或低）于工件中心时，车刀的前角、后角有何变化？

2-6　切削层参数指的是什么？与背吃刀量和进给量有何关系？

2-7　刀具切削部分材料应具备哪些基本性能？为什么？

2-8　刀具材料有哪几种？常用牌号有哪些？性能如何？常用于何种刀具？如何选用？

2-9　说明涂层硬质合金、涂层高速钢刀具的品种、特点及应用范围。

2-10　从化学成分、物理力学性能和应用范围，说明金属陶瓷、立方氮化硼和金刚石刀具材料的特点。

2-11　刀具材料与被加工材料应如何匹配？怎样根据工件材料的性质和切削条件选择刀具？

2-12　试列举普通高速钢的品种与牌号，并说明它们的性能特点。

2-13　试列举常用硬质合金的品种和牌号，并说明它们的性能特点和应用范围。

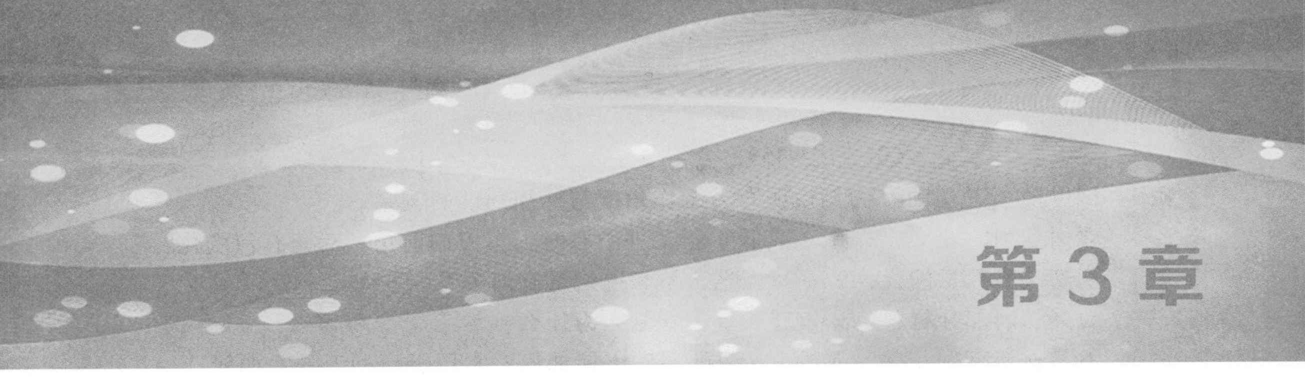

第3章

金属切削基本规律

本章主要以切屑形成机理为基础，对金属切削加工过程中的各种现象，如切削力、切削热、切削温度和刀具磨损等进行研究。生产中出现的问题，如积屑瘤、振动和切屑的卷曲与折断等都与切削过程中的变形规律有关。研究金属切削的诸现象及其基本规律，对保证加工质量、提高生产率、降低生产成本和促进切削加工技术的发展，有着十分重要的意义。

3.1 金属切削过程中的变形规律

金属切削过程是指通过切削运动，由刀具从工件上切下多余的金属层而形成切屑和已加工表面的过程。切削过程中切削区域内的变形是金属切削过程中最基本的物理现象，其变形规律是研究切削力、切削热、切削温度和刀具磨损等现象的重要理论基础。

3.1.1 挤压与切削

在切削过程中，切削层金属在刀具的作用下经过一系列复杂的过程变成切屑。在这一过程中，刀具前面对切削层金属进行挤压，产生了切削层金属的剪切滑移变形这一最基本的现象，切屑形成的本质是切削层金属的剪切滑移和剪切破坏。切削过程可以用金属挤压过程模型加以描述，如图 3-1 所示。

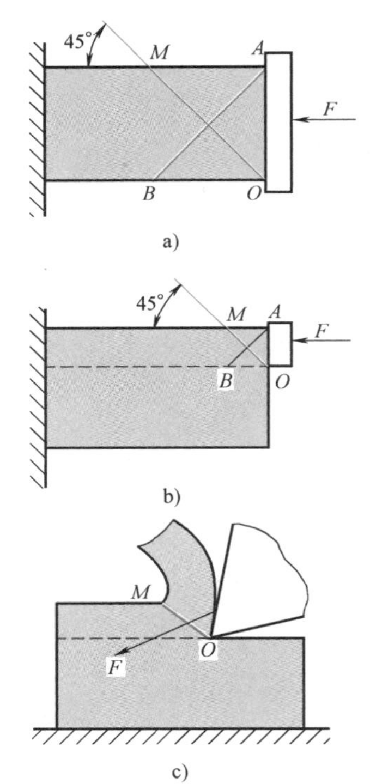

图 3-1 挤压与切削过程比较
a）正挤压 b）偏挤压 c）切削

1. 正挤压

如图 3-1a 所示，金属材料受正压力 F 作用时，材料在其横截面上受到均匀的压应力作用。根据纯剪切理论，金属材料会沿 AB 面或 OM 面发生剪切滑移，直至材料发生剪切断裂。

2. 偏挤压

如图 3-1b 所示，金属材料一部分受挤压时，被挤压金属由于受到 OB 线以下母体材料的阻碍，不能沿 AB 面滑移，而只能沿 OM 面滑移。当刀具的前角 γ_o 和刃倾角 λ_s 均等于零时，刀具对切削层金属的作用就相当于偏挤压的情况。

3. 切削

如图 3-1c 所示，刀具对切削层金属的作用与偏挤压情况类似。切削层金属在刀具的挤压作用下，产生弹性变形→剪切应力增大，达到屈服强度→产生塑性变形，沿 *OM* 面滑移→剪切应力与滑移量继续增大，达到断裂强度→与母体脱离→形成切屑，沿前面流出。

3.1.2　切削层金属的变形

1. 变形区的划分

现以直角自由切削方式切削塑性材料为基础模型来研究切屑的形成。根据试验，切削层金属在刀具作用下变成切屑的形态大体可划分为三个变形区。图 3-2 所示为金属切削过程中的滑移线和流线示意图。

（1）第一变形区（Ⅰ）　从 *OA* 线开始金属发生剪切滑移变形，到 *OM* 线金属的剪切滑移基本结束，*AOM* 区域称为第一变形区（或剪切区）。该区域是切屑变形的基本区，其特征是晶粒发生剪切滑移，并产生加工硬化。

（2）第二变形区（Ⅱ）　该区是刀-屑接触区。切屑沿前面流出时受到挤压和摩擦，使靠近前面的晶粒进一步剪切滑移。其特征是晶粒剪切滑移剧烈呈纤维化，纤维化方向与前面平行，有时有滞流层。

（3）第三变形区（Ⅲ）　该区是刀-工接触区，已加工表面受到切削刃钝圆部分及后面的挤压和摩擦，金属晶粒进一步剪切滑移，有时也呈纤维化，其方向平行于已加工表面，并产生加工硬化和回弹现象。

三个变形区汇集在切削刃附近，应力集中而又复杂，三个变形区内的变形相互影响。

2. 第一变形区内金属的变形

图 3-3 所示为第一变形区金属的滑移。设切削层中某点 *P* 向切削刃逼近，在刀具的挤压作用下产生弹性变形，当逼近到 1 点时剪切应力达到材料剪切屈服强度 τ_s，*P* 点继续向前移动的同时开始沿剪切面滑移，其合成运动使其从 1 点流动到 2 点而不是 2′点，$\overline{2'2}$是滑移距离。在滑移过程中，由于硬化现象，切应力不断增大。*P* 点继续逼近切削刃，剪切滑移持续发生，*P* 点从 2 点继续滑移到 3 点，直至 4 点时剪切滑移结束，沿平行于前面的方向流出。*OA* 线为剪切滑移开始发生的线，称为始滑移线；*OM* 线为剪切滑移结束的线，称为终滑移线。切削层金属在 *AOM* 区域内通过剪切滑移变成切屑。图 3-4 所示为塑性材料切削时切削区域的金相显微照片。

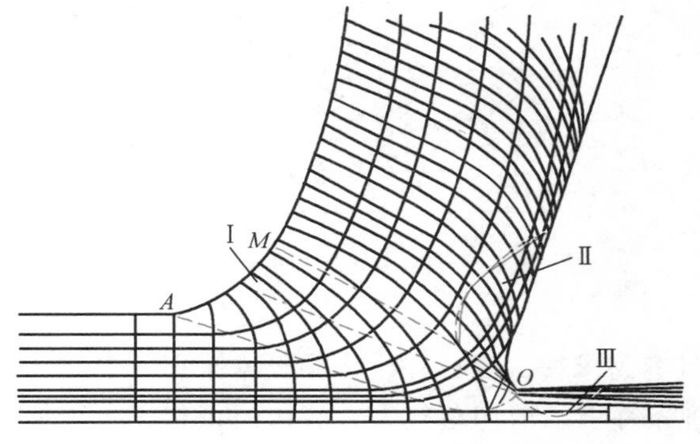

图 3-2　金属切削过程中的滑移线和流线示意图

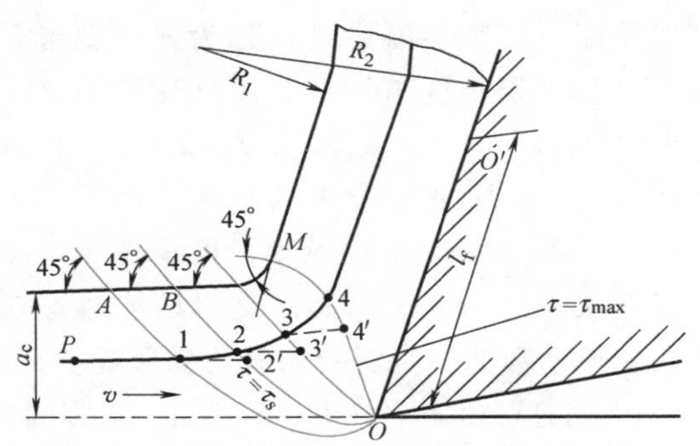

图 3-3　第一变形区金属的滑移

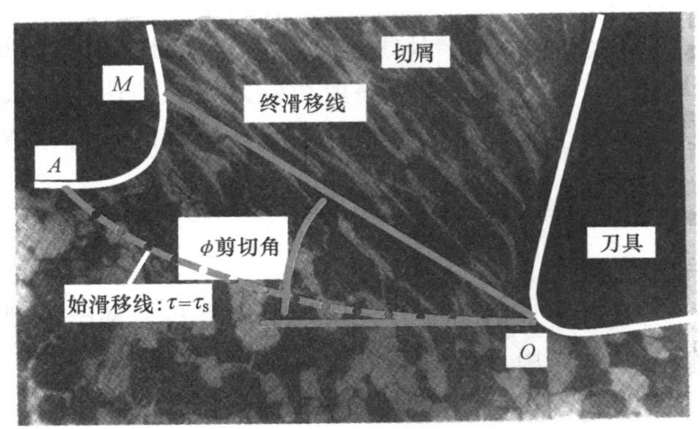

图 3-4　塑性材料切削时切削区域的金相显微照片

切削层金属的变形，从其微观晶体结构看，就是金属原子沿晶格中晶面的滑移。现用图 3-5 所示的模型来说明。设金属晶粒是圆形的（图 3-5a），当受到切应力后晶格中的金属原子沿晶面发生滑移，使晶粒呈椭圆形，直径 AB 变为椭圆长轴 $A'B'$（图 3-5b），最后 $A''B''$成为晶粒纤维化方向（图 3-5c）。由图 3-6 可知，晶粒纤维化方向与晶粒滑移方向不一致，成一 ψ 夹角。这是由于在剪切滑移的同时，金属晶粒发生转动的结果。晶粒滑移越大，其 ψ 角越小。在图 3-3 所示的第一变形区较宽，表示切削速度很低。实际上，在一般切削速度范围内，第一变形区宽度仅为 0. 02~0. 2mm，可以将其看成为一个面，称为剪切面。剪切面与切削速度方向之间的夹角称为剪切角，用 ϕ 表示。

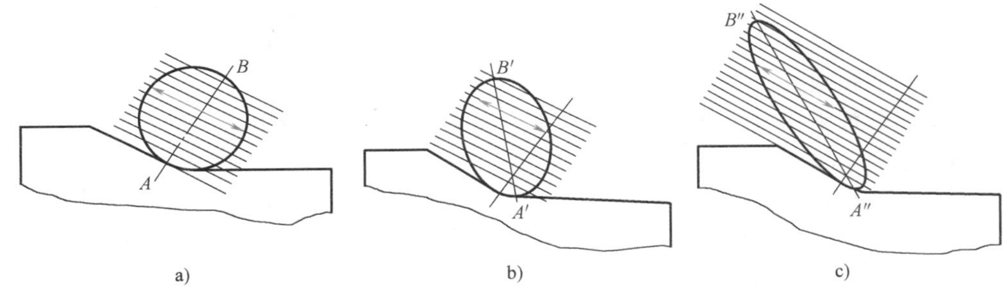

图 3-5　晶粒滑移示意图

3. 变形程度的表示方法

(1) 变形系数 ξ　由试验和生产实际可知，切屑厚度 a_{ch}一般大于切削层厚度 a_c，切屑长度 l_{ch}小于切削层长度 l_c，如图 3-7 所示。切屑厚度与切削层厚度之比称为厚度变形系数 ξ_a；切削层长度与切屑长度之比称为长度变形系数 ξ_l。即 $\xi_a = a_{ch}/a_c$，$\xi_l = l_c/l_{ch}$，由此可知，ξ_a、ξ_l 均是大于 1 的系数。由于切屑宽度与切削层宽度变化很小，根据体积不变定律有 $\xi_a = \xi_l = \xi$。ξ 越大，说明切屑越厚越短。变形系数能直观反映切屑的变形程度，而且容易求得，因此在生产中经常采用。

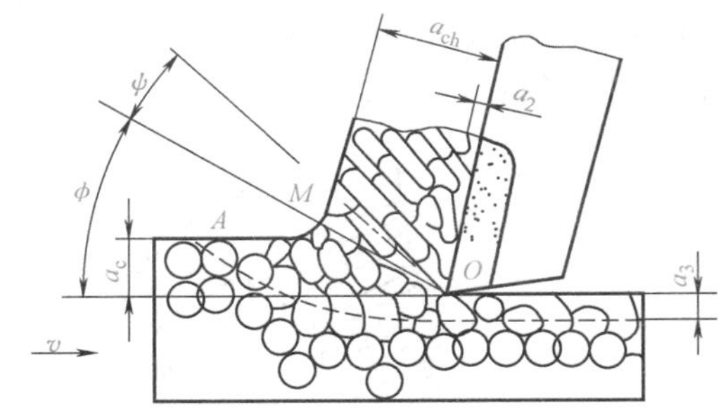

图 3-6　滑移与晶粒的伸长

(2) 剪切角 ϕ　由图 3-8 可知，在相同切削条件下，剪切角越大，剪切面积越小，切屑厚度 a_{ch}越小（a_c 不变），故变形程度越小，切削比较省力。

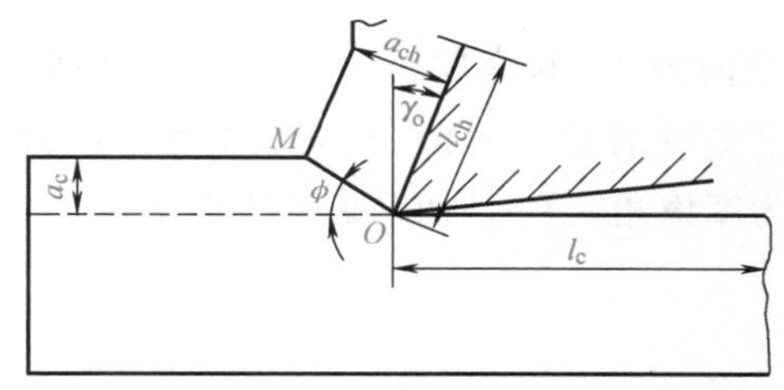

图 3-7　变形系数的求法

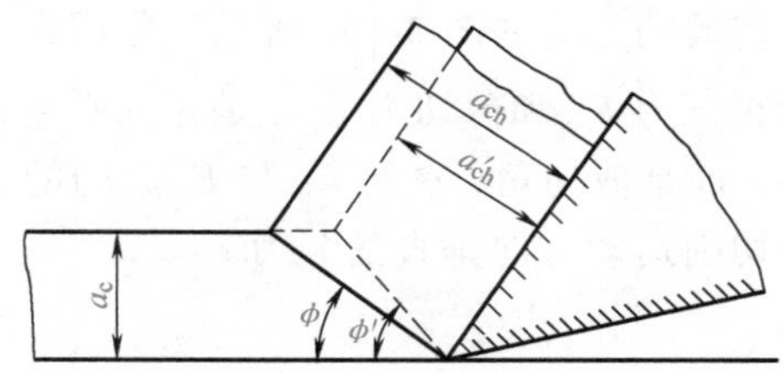

图 3-8　ϕ 角与剪切面面积的关系

（3）剪应变 ε　如图 3-9 所示，Δs 是厚度为 Δy（在垂直于剪切面的方向上）的切削层金属由开始产生剪切滑移变形到形成切屑的过程中在剪切滑移面上的滑移距离。Δs 与 Δy 之比，即单位切削层厚度上的剪切滑移距离，称为剪应变，用 ε 表示。由剪应变 ε 的定义，可以导出剪应变 ε 与剪切角和前角的关系，即

$\varepsilon=\Delta s/\Delta y$，而 $\Delta s=NP$，$\Delta y=MK$，故

$$\varepsilon=NP/MK=(NK+KP)/MK=\cot\phi+\tan(\phi-\gamma_o) \tag{3-1}$$

整理式（3-1）可得

$$\varepsilon=\cos\gamma_o/[\sin\phi\cos(\phi-\gamma_o)] \tag{3-2}$$

变形系数 ξ、剪切角 ϕ 和剪应变 ε 之间的关系可以由图 3-7 求得

$$\xi=\frac{a_{ch}}{a_c}=\frac{\overline{OM}\cos(\phi-\gamma_o)}{\overline{OM}\sin\phi}=\frac{\cos(\phi-\gamma_o)}{\sin\phi} \tag{3-3}$$

经变换可写成：

$$\tan\phi=\frac{\cos\gamma_o}{\xi-\sin\gamma_o} \tag{3-4}$$

将式（3-4）代入式（3-1）可得 ξ 和 ε 的关系，即

$$\varepsilon=\frac{\xi^2-2\xi\sin\gamma_o+1}{\xi\cos\gamma_o} \tag{3-5}$$

剪应变 ε 是按纯剪切理论的观点提出的，但切削过程比较复杂，既有剪切，又有挤压和摩擦的作用，很显然用剪应变 ε 表示切屑变形有一定局限性。

3.1.3　刀-屑接触区的变形与摩擦

切削层金属在第一变形区内剪切滑移后形成切屑，沿前面流出时受到挤压和摩擦，靠近前面的切屑底层进一步变形成为第二变形区。第二变形区的特征是：切屑底层晶粒纤维化，流速减慢甚至会滞留在前面上；切屑发生弯曲；刀-屑接触区温度升高等。

由此可见，第二变形区的挤压和摩擦影响切屑的流出，因此必然影响第一变形区金属的变形，影响剪切角 ϕ 的大小。

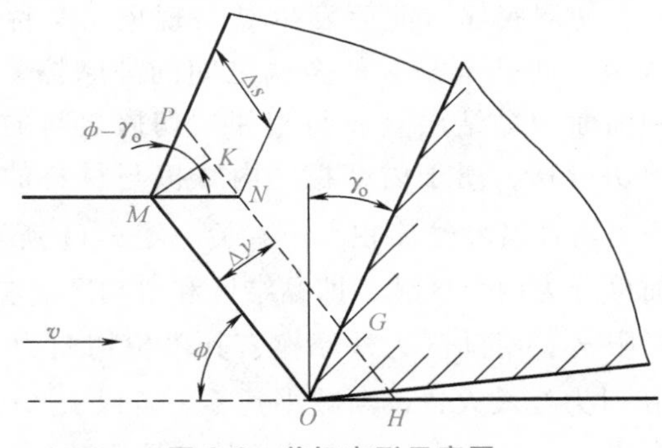

图 3-9　剪切变形示意图

1. 剪切角 ϕ 与前面上摩擦角 β 的关系

切屑的受力如图 3-10a 所示，作用在前面上的法向力 F_n 和摩擦力 F_f，与作用在剪切面上的正压力 F_{ns} 和剪切力 F_s，是相互平衡的两对力。简化后如图 3-10b 所示。其中 F_r 为切削合力，ϕ 是剪切角，β 是 F_n 与 F_r 之间的夹角，称为摩擦角。F_z 是切削运动方向的分力，F_y 是与切削运动方向垂直的分力。

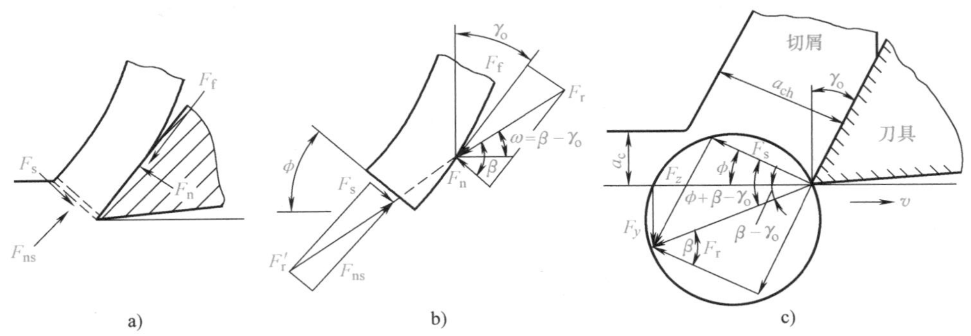

图 3-10　作用在切屑上的力及其角度关系

由图 3-10c 知，切削合力 F_r 与剪切力 F_s 的夹角为（$\phi+\beta-\gamma_o$）。由材料力学理论可知

$$\phi+\beta-\gamma_o=\frac{\pi}{4} \quad \text{或} \quad \phi=\frac{\pi}{4}-(\beta-\gamma_o)=\frac{\pi}{4}-\omega \tag{3-6}$$

由图 3-10b 可知，$\omega=\beta-\gamma_o$ 为切削合力 F_r 与切削速度方向的夹角，称为作用角。

由式（3-6）可得出如下结论：

1）前角 γ_o 增大时，ϕ 角增大，变形减小。故在保证切削刃有足够强度的条件下，增大前角可以改善切削过程。

2）摩擦角 β 增大时，ϕ 角减小，变形增大。故提高刀具刃磨质量或使用切削液，可以减小前面上的摩擦，对切削过程有利。

2. 前面上的摩擦与积屑瘤现象

（1）前面上的摩擦 切削塑性金属材料时，切屑与前面之间的压力约为 2～3GPa，温度可达 400～1000℃，切屑底部与前面发生黏结现象，又称“冷焊”现象。此处不是一般金属之间的外摩擦，而是切屑和前面的黏结层金属与相邻的切屑之间的晶粒相对剪切滑移，属于内摩擦。内摩擦与材料的剪切屈服应力特性及黏结面积大小有关。图 3-11 所示为切屑与前面有黏结时的摩擦情况。刀-屑接触面可分为两个区域，即黏结区和滑动区。黏结区为内摩擦，单位切向力等于材料的剪切屈服极限 τ_s；滑动区为外摩擦，其单位切向力 τ_γ 逐渐减小到零。刀-屑接触面上的正应力 σ_γ，在刀尖处最大，逐渐减小到零。若以 $\tau_\gamma/\sigma_\gamma$ 表示摩擦因数 μ，显然，前面上各点摩擦因数是变化的。令 μ 为前面上的平均摩擦因数，根据内摩擦规律得

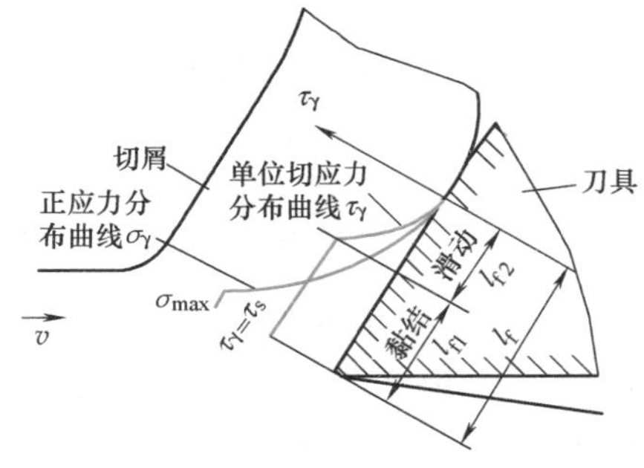

图 3-11　切屑与前面有黏结时的摩擦情况

$$\mu = \frac{\tau_s A_{f1}}{\sigma_{av} A_{f1}} = \frac{\tau_s}{\sigma_{av}} \tag{3-7}$$

式中，A_{f1} 为内摩擦部分的接触面积；σ_{av} 为内摩擦部分的平均正应力；τ_s 为工件材料的剪切屈服强度。

由于 τ_s 随温度升高而略有下降，σ_{av} 随材料硬度、切削厚度、切削速度及刀具的前角而变化，其变化范围较大，故 μ 是变化的。

（2）积屑瘤现象　由于刀具前面与切屑接触面上有摩擦，当切削速度不高且形成连续切屑时，加工钢料或其他塑性材料，常常在切削刃处黏着一块剖面呈三角状的硬块，其硬度是工件材料硬度的 2~3 倍，称为积屑瘤，如图 3-12 所示。

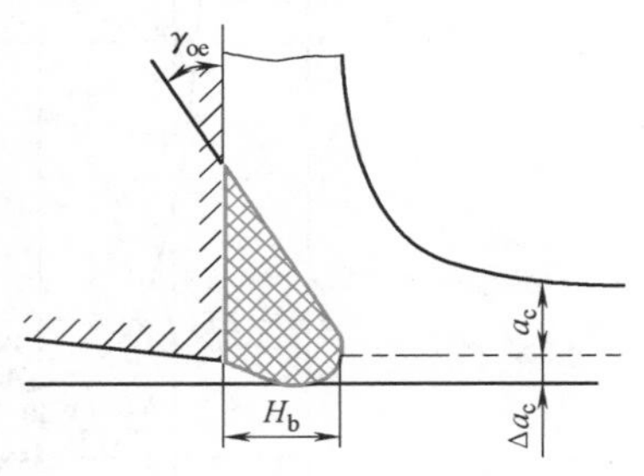

图 3-12　积屑瘤前角 γ_{oe} 与伸出量 Δa_c

刀-屑接触面间的摩擦是产生积屑瘤的原因，压力和温度是产生积屑瘤的条件。工件材料硬化指数越大，越容易形成积屑瘤。试验证明，形成积屑瘤有一最佳切削温度（对于碳素钢，最佳温度约为 300~500℃），此时积屑瘤高度 H_b 最大；当温度高于或低于此温度时，积屑瘤高度皆减小。

积屑瘤对切削过程的影响如下：

1）增大实际前角 γ_{oe}。积屑瘤黏结在前面上，加大了刀具的实际前角，可使切削力减小。积屑瘤越高，实际前角越大。

2）增大切削厚度。积屑瘤使刀具切削厚度增大 Δa_c 值。由于积屑瘤的产生、成长、脱落是一个周期性的动态过程，Δa_c 的变化容易引起振动。

3）使加工表面粗糙度值增大。积屑瘤不稳定，易破裂，使加工表面变得粗糙。

4）影响刀具寿命。积屑瘤相对稳定时，可代替切削刃切削，提高刀具寿命；积屑瘤不稳定时，积屑瘤碎片挤压前面和后面加剧具磨损，积屑瘤破碎时还可能引起硬质合金刀具刀面的剥落，反而降低刀具寿命。

显然，积屑瘤有利有弊。粗加工时，对精度和表面粗糙度要求不高，如果积屑瘤能稳定生长，则可以代替刀具进行切削，保护刀具，同时可减小切削变形。精加工时，积屑瘤会影响加工精度，因而不允许积屑瘤出现。

精加工时避免或减小积屑瘤的主要措施如下：①降低切削速度，使切削温度降低到不易产生黏结现象的程度；②采用高速切削，使切削温度高于积屑瘤消失的极限温度；③增大刀具前角，减小刀具前面与切屑的接触压力；④使用润滑性好的切削液，精研刀具表面，降低刀具前面与切屑接触面的摩擦因数；⑤适当提高工件材料的硬度，减小材料硬化指数。

3.1.4　切屑变形的规律

1. 工件材料对切屑变形的影响

工件材料的强度、硬度越高，切屑变形越小。切屑与前面的摩擦越小，切屑越容易排出，工件材料强度对变形系数的影响如图 3-13 所示。

2. 刀具前角对切屑变形的影响

前角 γ_o 越大，则 ϕ 角越大，变形越小（图 3-14），切屑流出越容易。

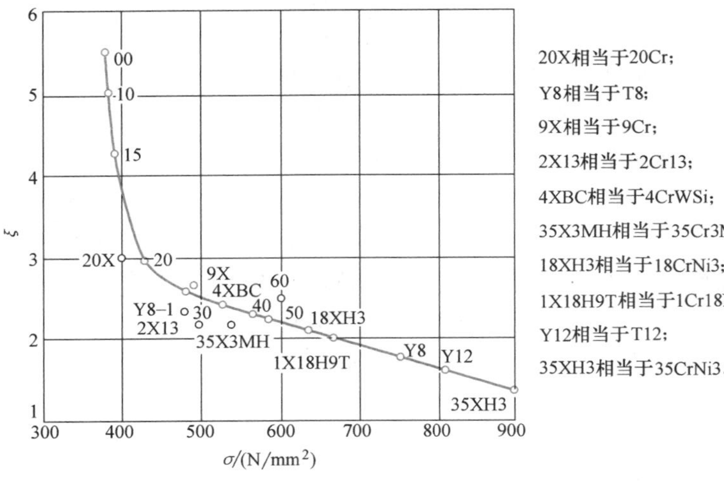

图 3-13　工件材料强度对变形系数的影响

注：1Cr18Ni9Ti 为已废止牌号。

3. 切削厚度对切屑变形的影响

切削厚度 a_c 增加，则前面上的法向力增加，摩擦因数减小，ϕ 角增大，变形系数 ξ 减小。图 3-15表示 v 及 f 对变形系数 ξ 的影响。可见在无积屑瘤的情况下，$f(a_c)$ 越大，变形系数 ξ 越小。

4. 切削速度对切屑变形的影响

切削速度对切屑变形的影响较复杂，由图 3-15可知，在无积屑瘤区，v 越大，ξ 越小。因为塑性变形比弹性变形来得慢，切削速度低时始滑移线为 OA（图 3-16），当切削速度 v 增大时，金属流动速度大于塑性变形速度，因此使始滑移线 OA 滞后至 OA'，第一变形区由 AOM 变成 $A'OM'$，剪切角 ϕ 增大，故变形系数 ξ 减小。

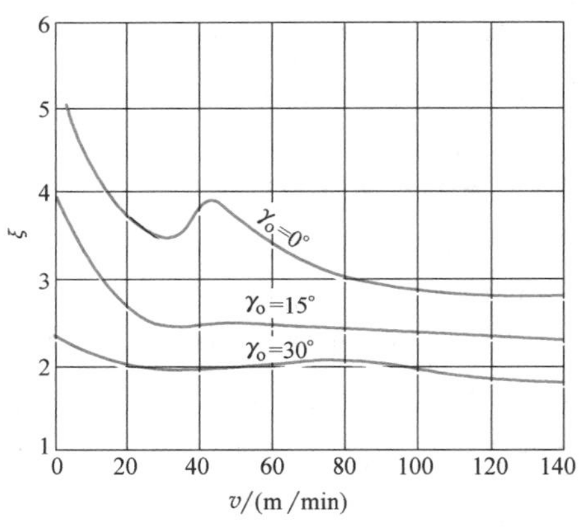

图 3-14　前角对变形系数的影响

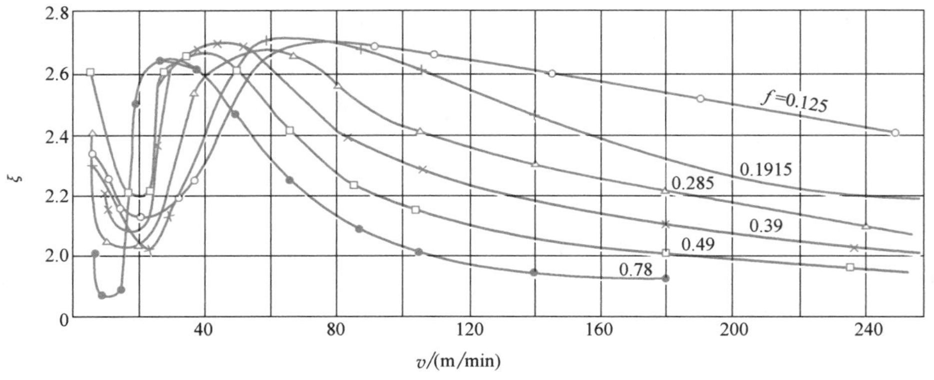

图 3-15　切削速度及进给量对变形系数的影响

在有积屑瘤区，低速时随着切削速度增大，摩擦因数增大，积屑瘤逐渐增大，刀具实际前角增大，因此，变形减小。当积屑瘤高度 H_b 达到最大值时，实际前角最大，切屑变形系数 ξ 最小。如果 v 继续增大，则积屑瘤开始减小，实际前角也减小，而变形系数 ξ 增大，直至积屑瘤消失，变形系数达到最大值。所以切削速度对切屑变形的影响曲线呈驼峰状。

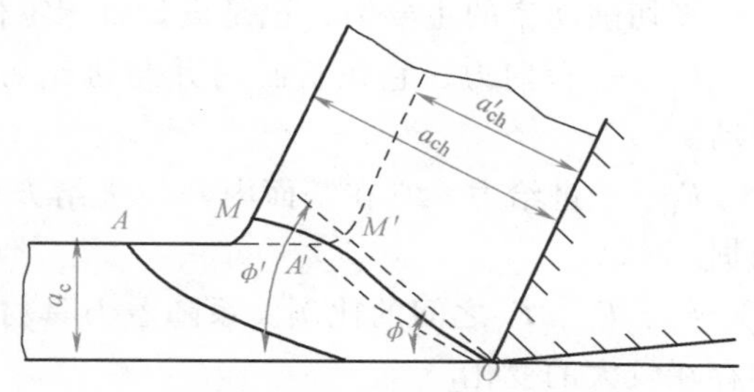

图 3-16 切削速度对剪切角的影响

总之，减小切屑变形和改善刀-屑接触面之间的摩擦是改进刀具和获得较理想切削过程的关键。

3.2 切削力

切削力是金属切削过程中的一个重要物理现象，是计算切削功率，设计刀具、机床和机床夹具以及制定切削用量的重要依据，也是自动化生产中作为监控的参数之一。

3.2.1 切削力与切削功率

1. 切削力的来源

金属切削时，刀具切除工件上的多余金属所需要的力称为切削力。它主要来源于（图3-17）：

1）克服工件材料弹性变形的力。

2）克服工件材料塑性变形的力。

3）克服刀-屑、刀-工接触面之间的摩擦力。

2. 切削合力及其分解

作用在刀具上的切削合力 F_r 可分解为常用的相互垂直的三个分力（图 3-18）。

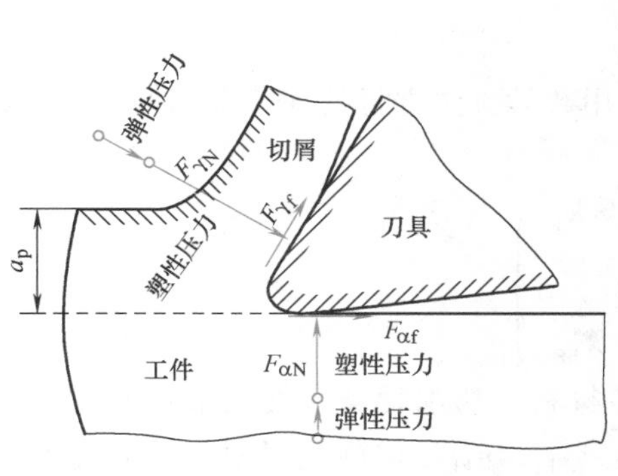

图 3-17 切削力的来源

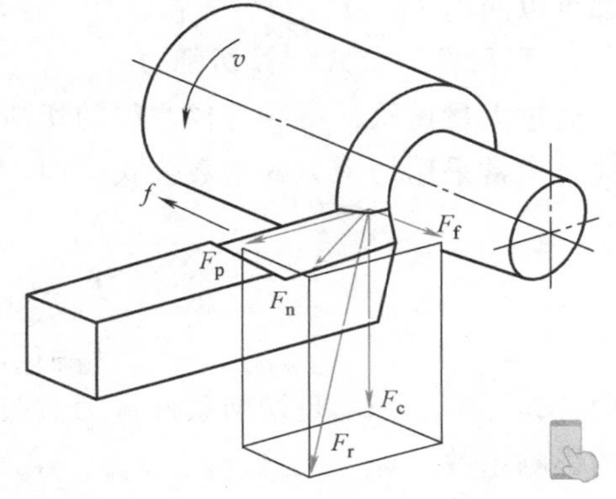

图 3-18 切削合力与分力

F_c——切削力或切向力，是切削合力在主运动方向上的投影，其方向垂直于基面。F_c

是计算切削功率的主要力，也是设计机床零件和计算刀具强度的重要依据。

F_p——背向力，它在基面内并与进给方向垂直。F_p 使工件产生弯曲变形并可能引起振动。

F_f——进给力，它在基面内并与进给方向平行。F_f 是设计进给机构和计算进给功率的依据。

F_c、F_p、F_f 之间的比例关系随着刀具材料、几何参数、工件材料及刀具磨损状态的不同存在较大的变化。

显然
$$F_r=\sqrt{F_c^2+F_n^2}=\sqrt{F_c^2+F_p^2+F_f^2} \tag{3-8}$$

3. 切削功率

切削功率是指在切削过程中所消耗的功率，用 P_m 表示。即

$$P_m=\left(F_c v+\frac{F_f n_w f}{1000}\right)\times10^{-3} \tag{3-9}$$

式中，P_m 是切削功率（kW）；F_c 是切削力（N）；v 是切削速度（m/s）；F_f 是进给力（N）；n_w 是工件转速（r/s）；f 是进给量（mm/r）。

由于 $F_f<F_c$，进给速度又很小，因此 F_f 消耗的功率可忽略不计，于是

$$P_m=F_c v\times10^{-3} \tag{3-10}$$

由切削功率 P_m 可求得机床电动机功率 P_E，即

$$P_E\geqslant P_m/\eta_m \tag{3-11}$$

式中，η_m 是机床传动效率，一般可取 0.75~0.85。

3.2.2 切削力的求法

1. 通过测量机床功率求切削力

利用测功率表测量机床的功率，然后求得切削力的大小。该方法误差较大。

2. 利用测力仪测量切削力

通常使用的切削测力仪有两种：电阻应变片式测力仪和压电晶体式测力仪。这两种测力仪都可以测出 F_c、F_p、F_f 三个分力，后者精度较高。

3. 利用经验公式计算切削力

通过大量试验，将测力仪测得的切削力数据，用数学方法进行处理，得到切削力的经验公式。通常采用切削力的指数公式，即

$$\left.\begin{aligned}F_c&=C_{Fc}a_p^{x_{Fc}}f^{y_{Fc}}v^{n_{Fc}}K_{Fc}\\F_p&=C_{Fp}a_p^{x_{Fp}}f^{y_{Fp}}v^{n_{Fp}}K_{Fp}\\F_f&=C_{Ff}a_p^{x_{Ff}}f^{y_{Ff}}v^{n_{Ff}}K_{Ff}\end{aligned}\right\} \tag{3-12}$$

式中，C_{Fc}、C_{Fp}、C_{Ff}是切削条件（刀具材料、工件材料、切削种类、切削液等）对三个分力的影响系数；x_{Fc}、y_{Fc}、n_{Fc}、x_{Fp}、y_{Fp}、n_{Fp}、x_{Ff}、y_{Ff}、n_{Ff}是切削用量对三个切削分力影响的指数；K_{Fc}、K_{Fp}、K_{Ff}是实际切削条件与经验公式不符时的修正系数。

表 3-1 为特定条件下，车削时的切削分力公式中的影响系数和指数。而更多切削条件下的各影响指数、修正系数值可查阅有关机械加工工艺手册或金属切削手册。

表 3-1　车削时的切削分力公式中的影响系数和指数

加工材料	刀具材料	加工形式	公式中的系数及指数											
			切削力 F_c				背向力 F_p				进给力 F_f			
			C_{Fc}	x_{Fc}	y_{Fc}	n_{Fc}	C_{Fp}	x_{Fp}	y_{Fp}	n_{Fp}	C_{Ff}	x_{Ff}	y_{Ff}	n_{Ff}
结构钢及铸钢 $R_m=0.637$GPa	硬质合金	外圆纵车、横车及镗孔	270	1.0	0.75	−0.15	199	0.9	0.6	0.3	294	1.0	0.5	0.4
		切槽及切断	367	0.72	0.8	0	142	0.73	0.67	0	—	—	—	—
		切螺纹	133	—	1.7	0.71	—	—	—	—	—	—	—	—
	高速钢	外圆纵车、横车及镗孔	180	1.0	0.75	0	94	0.9	0.75	0	54	1.2	0.65	0
		切槽及切断	222	1.0	1.0	0	—	—	—	—	—	—	—	—
		成形车削	191	1.0	0.75	0	—	—	—	—	—	—	—	—
不锈钢 1Cr18Ni9Ti，≤187HBW	硬质合金	外圆纵车、横车及镗孔	204	1.0	0.75	0	—	—	—	—	—	—	—	—
灰铸铁 190HBW	硬质合金	外圆纵车、横车及镗孔	92	1.0	0.75	0	54	0.9	0.75	0	46	1.0	0.4	0
		切螺纹	103	—	1.8	0.82	—	—	—	—	—	—	—	—
	高速钢	外圆纵车、横车及镗孔	114	1.0	0.75	0	119	0.9	0.75	0	51	1.2	0.65	0
		切槽及切断	158	1.0	1.0	0	—	—	—	—	—	—	—	—
可锻铸件 170HBW	硬质合金	外圆纵车、横车及镗孔	81	1.0	0.75	0	43	0.9	0.75	0	38	1.0	0.4	0
	高速钢	外圆纵车、横车及镗孔	100	1.0	0.75	0	88	0.9	0.75	0	40	1.2	0.65	0
		切槽及切断	139	1.0	1.0	0	—	—	—	—	—	—	—	—
中等硬度不均质铜合金 120HBW	高速钢	外圆纵车、横车及镗孔	55	1.0	0.66	0	—	—	—	—	—	—	—	—
		切槽及切断	75	1.0	1.0	0	—	—	—	—	—	—	—	—
铝及铝硅合金	高速钢	外圆纵车、横车及镗孔	4.0	1.0	0.75	0	—	—	—	—	—	—	—	—
		切槽及切断	50	1.0	1.0	0	—	—	—	—	—	—	—	—

4. 用单位切削力计算切削力

单位切削力是指单位切削面积上的切削力，用 p 表示。表 3-2 给出了几种常用材料的单位切削力，若已知单位切削力和切削面积，即可求得切削力。

$$p=\frac{F_c}{A_c}=\frac{F_c}{a_p f}=\frac{F_c}{a_w a_c} \tag{3-13}$$

3.2.3　影响切削力的主要因素

1. 工件材料的影响

1）工件材料的强度、硬度越高，虽然切屑变形略有减小，但总的切削力还是增大的。

表 3-2 几种常用材料的单位切削力

工件材料				单位切削力/(N/mm²)	试验条件			
名称	牌号	制造、热处理状态	硬度HBW		刀具几何参数			切削用量范围
钢	45 钢	热轧或正火	187	1962	$\gamma_o=15°$ $\kappa_r=75°$ $\lambda_s=0°$	前面带卷屑槽	$b_{r1}=0$	$v=1.5\sim1.75$m/s $a_p=1\sim5$mm $f=0.1\sim0.5$mm/r
		调质	229	2305			$b_{r1}=0.1\sim0.15$mm $\gamma_{o1}=-20°$	
		淬火及低温回火	44HRC	2649			$b_{r1}=0$	
	40Cr	热轧或正火	212	1962			$b_{r1}=0.1\sim0.15$mm $\gamma_{o1}=-20°$	
		调质	285	2305				
灰铸铁	HT200	退火	170	1118		$b_{r1}=0$ 前面无卷屑槽		$v=1.17\sim1.42$m/s $a_p=2\sim10$mm $f=0.1\sim0.5$mm/r

2）工件材料的化学成分不同（如含碳量多少，是否含有合金元素等），切削力不同。

3）热处理状态不同，切削力也不同（表 3-2）。

4）材料硬化指数不同，切削力也不同。如不锈钢硬化指数大，切削力大；铜、铝、铸铁及脆性材料硬化指数小，切削力就小。

2. 切削用量的影响

（1）背吃刀量 a_p 和进给量 f 的影响　当 a_p 和 f 增加时，切削面积增加，切削力也增加。但 a_p 增加时变形系数 ξ 不变，切削力按正比关系增加；而 f 增加时变形系数 ξ 减小，因此，切削力不按正比关系增加，f 对切削力的影响比 a_p 的影响小。

（2）切削速度 v 的影响　切削速度对切削力的影响规律与对切屑变形的影响基本相同。图 3-19 所示为用 YT15 硬质合金车刀加工 45 钢（a_p = 4mm，f = 0.3mm/r）时切削速度对切削力的影响曲线。切削塑性金属时，在积屑瘤区，由于积屑瘤现象使刀具实际前角增大，切屑变形减小，切削力减小。在无积屑瘤时，随着 v 的增加，切削力减小。切削脆性金属时，v 增加，切削力略有减小。

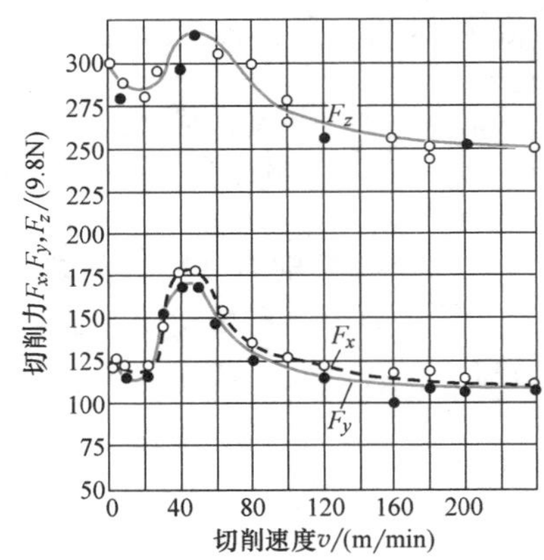

图 3-19　切削速度对切削力的影响曲线

3. 刀具几何参数的影响

（1）前角的影响　前角对切削力影响较大。当切削塑性金属时，切削力随前角增加而减小。因为前角增加，剪切角 ϕ 增大，变形系数 ξ 减小，切屑流出阻力减小。前角对切削力的影响程度随着 v 的增加而减小。加工脆性金属时，前角对切削力的影响不明显。

（2）负倒棱的影响　在锋利的切削刃上磨出负倒棱（图 3-20），可以提高刃口强度，从而提高刀具使用寿命。但负倒棱导致切削变形增加，切削力增大。若负倒棱宽度为 b_{r1}，切屑与刀具前面的接触长度为 l_f，当$b_{r1}<l_f$时，切屑沿前面流出，正前角仍起作用，但切削力比无倒棱的要大些；而当$b_{r1}>l_f$时，则切屑沿负倒棱而不是前面流出，切削力相当于 $\gamma_o=\gamma_{o1}$ 的负前角车刀的切削力。当有负倒棱时，切削力经验公式应加修正系数。

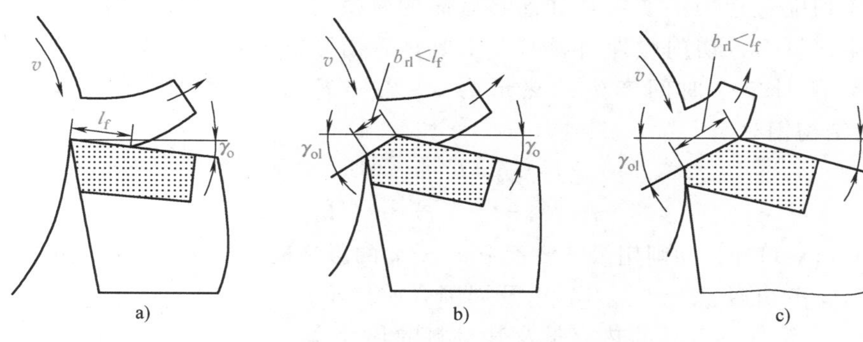

图 3-20　车刀负倒棱对切屑流出的影响

（3）主偏角的影响　主偏角对切削力的影响主要是通过切削厚度和刀尖圆弧曲线长度的变化来影响变形，从而影响切削力的。主偏角对切削力的影响如图 3-21 所示。当 $\kappa_r<60°$时，随着 κ_r 增加，a_c 增大，变形减小，故切削力 F_c 减小；当 $\kappa_r>75°$时，虽然 a_c 增大，但刀尖圆弧刃工作长度增大引起变形增加，且占主导作用，故切削力 F_c 增大。主偏角增大时，引起基面内的分力 F_p 减小，F_f 增加。

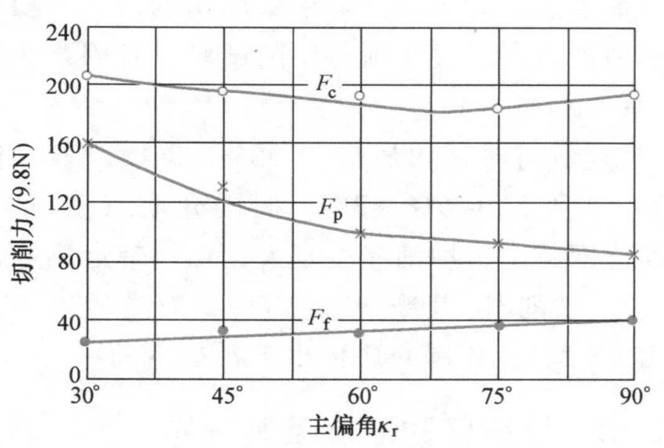

图 3-21　主偏角对切削力的影响

（4）刀尖圆弧半径的影响　在一般的切削加工中，刀尖圆弧半径对切削力 F_c 的影响较小，但刀尖圆弧半径增大时切削厚度 a_c 减小，圆弧刃工作部分平均主偏角减小，在基面内分力 F_p 增大，而 F_f 减小。

（5）刃倾角的影响　试验证明，刃倾角 λ_s 在$-40°\sim40°$内变化时 F_c 没有什么变化。但 λ_s 的变化会引起切削合力方向的变化，使 F_p 随 λ_s 的增大而减小；而 F_f 则增大。

以上是影响切削力的主要因素，在生产实际中还有许多因素，如刀具材料摩擦因数，刀具磨损状态，切削时是否使用切削液以及切削液的润滑性能等都会不同程度地影响切削力。到目前为止，世界上许多学者对切削力的理论进行研究并建立了很多理论公式，但尚未有与实际情况完全相符合的公式。由于公式结果与实际相差太大，生产、科研中通常用经验公式或测力仪测量切削力。

3.3　切削热与切削温度

切削热和由它导致的切削过程中温度的变化，影响工件材料的性能、前面上的摩擦因数和切削力的大小，影响刀具的磨损和刀具寿命，影响积屑瘤的产生和已加工表面质量，也影响工艺系统的热变形和工件的加工精度等。

3.3.1 切削热的来源与传出

切削过程中所消耗的能量几乎全部转化为热量。根据切削过程的三个变形区理论，切削热来源于切削过程中的变形功和前、后面的摩擦功。切削塑性材料时，变形与摩擦都较大，产生热量多；切削脆性材料时，主要是后面摩擦，发热量少。据上述切削热的来源分析，切削时单位时间产生的热量为 $q=P_m \approx F_c v$，当用硬质合金车刀切削 $\sigma=0.637\text{GPa}$ 的结构钢时

$$F_c = C_{Fc} a_p f^{0.75} v^{-0.15} K_{Fc}$$

故

$$q \approx F_c v = C_{Fc} a_p f^{0.75} v^{0.85} K_{Fc} \tag{3-14}$$

由式（3-14）可知，切削用量三要素中 a_p 对 q 的影响最大，其次是 v，f 的影响最小。

切削热主要由切屑、工件、刀具以及周围介质传出，如图 3-22 所示。工件、刀具的热容量及其材料的热导率直接影响工件、刀具传出热量的多少，切削速度大小影响切屑带走热量的多少。如果采用切削液，介质传出的热量将增加很多。经过车削与钻削试验，各因素传出热量的比例为：

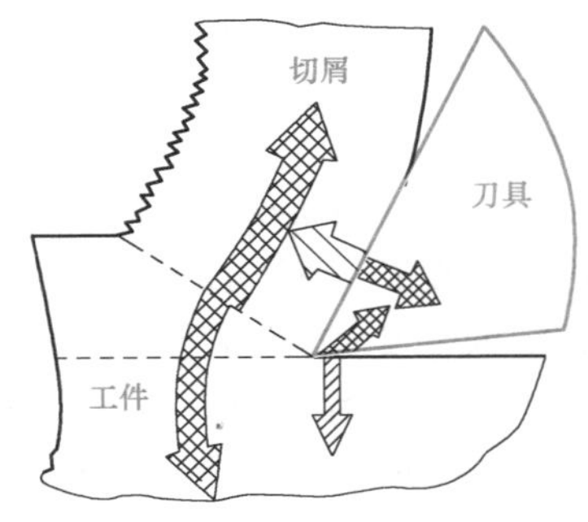

图 3-22 切削热的产生与传出

1）车削时，切屑带走 50%～86%，车刀传出 40%～10%，工件传出 9%～3%，周围介质（空气）传出 1%。切削速度越高，切削厚度越大，切屑带走热量越多。

2）钻削时，切屑带走 28%，刀具传出 14.5%，工件传出 52.5%，周围介质传出 5%。

3.3.2 切削区的温度及其分布

切削区（切屑与前面的接触区）的平均温度称为切削温度。切削温度的高低取决于单位时间内切削过程中产生的切削热与切屑、工件、刀具和介质传出的热。凡是增大切削力和切削功率的因素都会使切削温度升高，而有利于切削热传出的因素都会使切削温度降低。影响热传导的主要因素是工件和刀具材料的热导率以及周围介质的状况。例如，工件材料和刀具材料的热导率高或充分浇注切削液，都会使切削温度下降。

1. 切削温度的测量

目前对切削温度的测量常用以下两种方法：自然热电偶法和人工热电偶法。

（1）自然热电偶法　图 3-23 所示为自然热电偶法测量切削温度的示意图。在切削时，化学成分不同的刀具材料和工件材料，在切削高温作用下形成一热端，与刀具、工件保持室温的一端（冷端）必然有热电势产生（称赛贝克效应），用仪表测出这一热电势，再与事先作出的这两种材料的标定曲线进行对照，就可得出切削温度的平均值。

（2）人工热电偶法　将两种预先标定的金属丝组成热电偶（或标准的热电偶），热端焊接在被测点上，两冷端用仪器连接起来，仪器可测得切削时的热电势数值，参照该标准热电偶的标定曲线，便可得出被测点的温度值。人工热电偶法可以测量切削区内任一点的温度，因此，用人工热电偶法可以测量切屑、刀具、工件上不同点的温度。

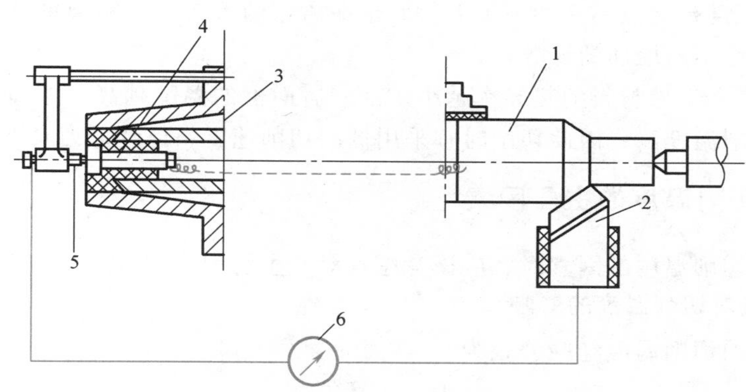

图 3-23 自然热电偶法测量切削温度的示意图

1—工件 2—车刀 3—车床主轴尾部 4—铜销 5—铜顶尖（与支架绝缘） 6—毫伏计

2. 切削温度的分布

图 3-24、图 3-25 是用人工热电偶法测得的各点温度数据，再经过传热学理论计算得出的工件、刀具和切屑的二维切削中的温度分布和切削不同工件材料时的温度分布。从以上两图中可以看出：

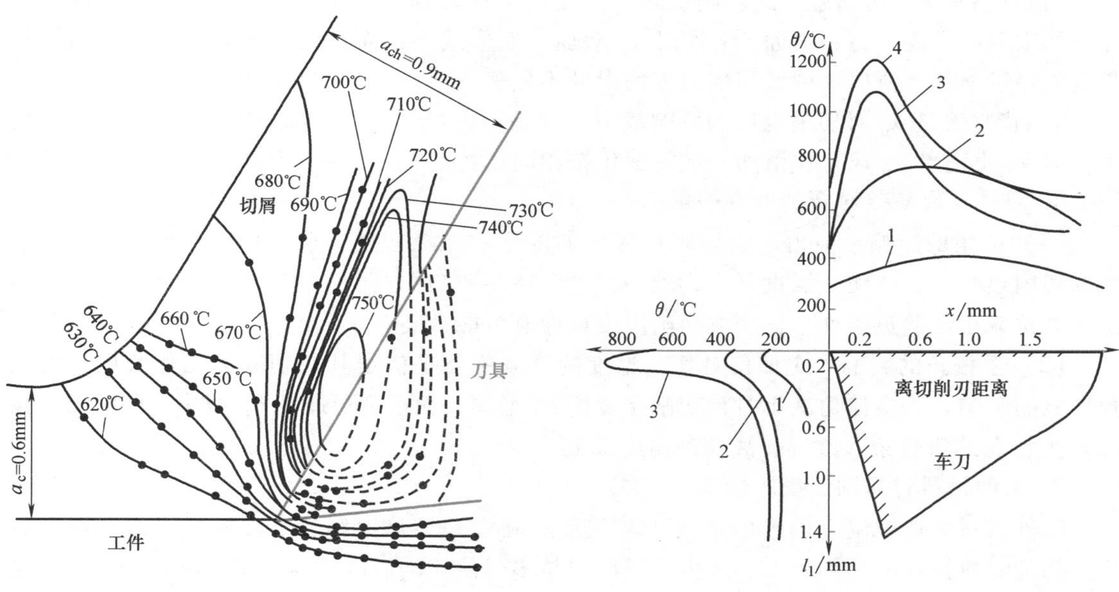

图 3-24 二维切削中的温度分布

工件材料：低碳易切钢；刀具角度：$\gamma_o=30°$，$\alpha_o=7°$；

切削厚度：$a_c=0.6\text{mm}$；切削速度：$v=22.86\text{m/min}$；

干切削；预热 611℃

图 3-25 切削不同工件材料时的温度分布

切削速度：$v=30\text{m/min}$；进给量：$f=0.2\text{mm/r}$；

1—45 钢-YT15 2—GCr15-YT14

3—钛合金-BT2-YG8 4—BT2-YT15

1）在剪切区内，沿剪切面方向上各点温度几乎相同，而在垂直于剪切面方向上的温度梯度很大。这说明在剪切面上各点的应力应变规律基本相同，剪切区内的剪切滑移变形很强烈，瞬间产生大量热量且十分集中，使剪切区温度急剧升高。

2）前面上温度最高点不在切削刃上，而是在离切削刃有一定距离的地方，这是内摩擦区的摩擦热沿前面不断增加的缘故。

3）刀具材料和工件材料的热导率越小，前、后面上的温度越高。如高温合金和钛合金的热导率低，切削温度高，因此切削时宜采用低的切削速度，以降低刀具上的温度。

3.3.3 影响切削温度的主要因素

在分析影响切削温度的因素时，应该考虑其对产生切削热和散热两个方面的影响情况。

1. 切削用量对切削温度的影响

经试验得出的切削温度经验公式为

$$\theta = C_\theta v^{z_\theta} f^{y_\theta} a_p^{x_\theta} \tag{3-15}$$

式中，θ 为试验时测得的切削区平均温度（℃）；C_θ 为与工件、刀具材料和其他切削参数有关的切削温度系数；z_θ、y_θ、x_θ 分别为 v、f、a_p 影响切削温度的指数，硬质合金刀具切削碳钢时，$z_\theta=0.26\sim0.41$，$y_\theta=0.15$，$x_\theta=0.05$。

根据上述 z_θ、y_θ 和 x_θ 值的大小，由式（3-15）可知：

1）切削速度对切削温度影响最大。这是因为随着 v 的增加，摩擦热增加，又来不及传出，产生热积聚现象；但切削速度提高使剪切滑移变形减小，因此 θ 不随 v 成正比增加。

2）进给量 f 对切削温度的影响次之。这是由于一方面 f 增加时，单位时间切削体积增加，切削温度升高；另一方面 f 增加时 a_c 增加，变形减小，而且切屑热容量增大，由切屑带走的热量增加，所以切削区切削温度的上升不显著。

3）背吃刀量 a_p 对切削温度的影响最小。这是因为虽然 a_p 增加使产生的热量成正比增加，但 b_D 也随着 a_p 成正比增加，散热面积按相同比例增大，故 a_p 对切削温度影响很小。

2. 刀具几何参数对切削温度的影响

（1）前角的影响　前角影响切削过程中的变形和摩擦程度。前角增大，变形减小，产生的切削热减少，故切削温度低。但当 γ_o 大于 18°～20°时，虽然变形小，产生热量少，但由于楔角减小使散热条件恶化，故切削温度反而有可能升高。

（2）主偏角的影响　主偏角对切削温度的影响主要是依据其对切削刃工作长度和刀尖角变化的影响。当主偏角减小时，切削层宽度 b_D 增加，而切削层厚度 h_D 减小，同时刀尖角 ε_r 增大，总的散热条件改善，故切削温度降低。

3. 工件材料对切削温度的影响

工件材料对切削温度的影响取决于其强度、硬度和导热性等。工件材料强度、硬度越高，切削时所消耗的功率越大，产生的切削热越多，故切削温度越高。工件材料的热导率越低，散热速度越小，故切削温度高。例如合金钢的强度比碳钢的强度高，切削时比碳钢消耗功率大，而且合金钢的热导率小，故合金钢的切削温度高。切削脆性材料时由于形成崩碎切屑，变形与摩擦都小，故切削温度低。

4. 刀具磨损对切削温度的影响

刀具磨损较严重时，刀具刃口变钝，切屑变形增大，同时后面与工件之间摩擦增大，两者均使切削热增加，切削温度升高。刀具磨损是影响切削温度的主要因素。

5. 切削液的影响

浇注切削液对降低切削温度、减小刀具磨损和提高已加工表面质量有显著效果。切削液的热导率、比热容和流量越大，切削温度越低。切削液本身温度越低，其冷却效果越显著。

3.4 刀具的磨损与刀具寿命

切削金属时，刀具一方面切下切屑，另一方面刀具本身也要发生损坏。刀具损坏的形式主要有磨损和破损两类。前者是连续的逐渐磨损，后者包括脆性破损（如崩刃、碎断、剥落和裂纹破损等）和塑性破损（切削刃和刀面发生塑性变形）两种。

刀具磨损会使工件加工精度降低，表面粗糙度值增大，并导致切削力加大，切削温度升高，甚至产生振动，不能继续正常切削。刀具磨损直接影响切削加工的效率、质量和成本，因此研究刀具的磨损和破损的规律是非常重要的。

3.4.1 刀具磨损形态

刀具磨损是指刀具在切削过程中，由于物理的或化学的作用，刀具材料逐渐被磨耗，使刀具的几何角度变化而丧失正常切削能力的现象。在切削过程中，在刀-屑-工接触区内存在很高的温度和压力，前、后面不断与切屑、工件发生强烈的摩擦，因此，随着切削过程的进行，前、后面的材料被逐渐磨耗。刀具磨损呈现为三种形态。

1. 前面磨损

切削塑性材料时，切削厚度较大，前面承受巨大的压力和摩擦力，而且切削温度很高，使前面产生月牙洼磨损（图3-26）。月牙洼离切削刃有一定的距离，其长度取决于切屑宽度，而其宽度取决于切屑厚度。随着切削进行，月牙洼长度基本不变，宽度和深度逐渐扩展。前面月牙洼磨损程度通常用月牙洼深度 *KT* 表示（图3-27b）。

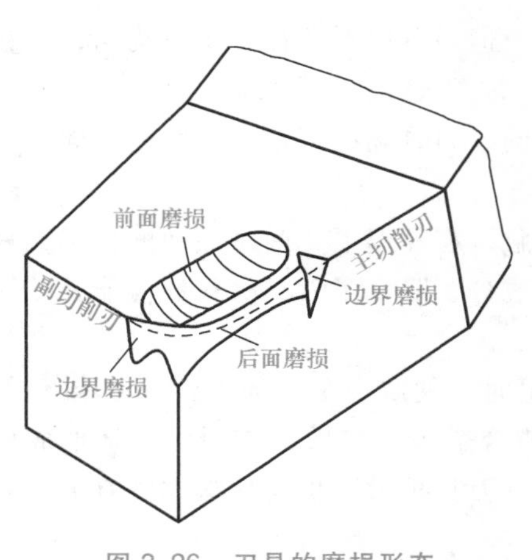

图3-26 刀具的磨损形态

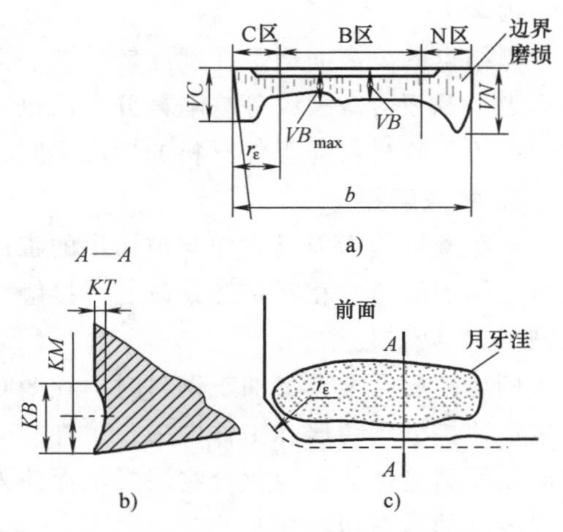

图3-27 刀具磨损的测量位置

2. 后面磨损

切削过程中，后面与工件表面之间存在着挤压和摩擦，使其产生磨损。通常加工脆性材料或以较小切削厚度切削塑性材料时主要发生后面磨损。如图3-27a所示，由于切削刃各点工作条件不同，其后面磨损带是不均匀的。C区和N区磨损严重，其磨损带最大宽度分别用 *VC* 和 *VN* 表示。B区磨损较均匀，其平均磨损带宽度用 *VB* 表示，B区的最大磨损带宽度用

VB_{max}表示。

3. 边界磨损

边界磨损实际上属于后面磨损的边界部分，即在后面、副后面上，主切削刃与待加工表面对应位置、副切削刃与已加工表面对应位置处的磨损，如图 3-27a 所示。边界磨损在后面磨损带中最为严重。主要原因是：

1）边界处属于切削刃受力（压应力和切应力）最大位置，承受很大的机械应力。

2）边界处属于切削刃参与切削的边缘位置，存在很大的温度梯度，引起很大的热应力。

3）边界处受到周围介质（如切削液）中元素的作用加剧了磨损。

4）边界处受到待加工表面硬皮或硬化层作用加剧了磨损。

3.4.2 刀具磨损的主要原因

在切削过程中，刀具的切削条件不同，其磨损的原因也不同。刀具磨损经常是机械作用和热作用、化学作用的综合结果，实际情况很复杂，尚待进一步研究。到目前为止，认为刀具磨损的原因主要是以下五个方面。

1. 硬质点磨损

硬质点磨损是由于工件材料中的硬质点或积屑瘤碎片对刀具表面的机械划伤，从而使刀具磨损。各种刀具都会产生硬质点磨损，但对于硬度较低的刀具材料，或低速刀具，如高速钢刀具及手工刀具等，硬质点磨损是主要因素。

2. 黏结磨损

黏结磨损是指刀具与工件材料（或切屑）的接触面上在足够的压力和温度作用下，达到原子间距离而产生冷焊，黏结点因相对运动，晶粒或晶粒群受剪或受拉被对方带走而造成的磨损。

黏结点的分离面通常在硬度较低的一方，即工件上。但刀具材料往往组织不均匀，存在内应力以及疲劳微裂纹等缺陷，分离面也会发生在刀具一方，造成刀具磨损。

由于刀具材料与工件材料的性质不同，切削条件不同，刀具黏结磨损的强度也不同。

3. 扩散磨损

扩散磨损是指刀具表面与被切出的工件新鲜表面接触，在高温下，两摩擦面的化学元素获得足够的能量，相互扩散，改变了接触面双方的化学成分，降低了刀具材料的性能，从而加剧了刀具磨损。

例如硬质合金车刀加工钢料时，在 800～1000℃高温时，硬质合金中的 Co、WC 和 C 等元素迅速扩散到切屑和工件中去；工件中的 Fe 则向硬质合金表层扩散，使硬质合金形成新的低硬度高脆性的复合化合物层，从而使刀具磨损加剧。刀具扩散磨损与化学成分有关，并随着温度的升高而增加。

4. 化学磨损

化学磨损又称氧化磨损，是指刀具与周围介质（如空气中的氧，切削液中的极压添加剂硫、氯等），在一定的温度下发生化学作用，在刀具表面形成硬度低、耐磨性差的化合物，加速刀具的磨损。化学磨损最容易发生在工作切削刃的边界处，是造成刀具边界磨损的主要原因之一。化学磨损的强度取决于刀具材料中元素的化学稳定性以及温度的高低。

5. 热电磨损

热电磨损是指刀具与工件材料在高温下形成热电势，当形成闭合回路时将有热电流产生，在热电流的作用下，加快了元素的扩散速度，使刀具磨损加快。

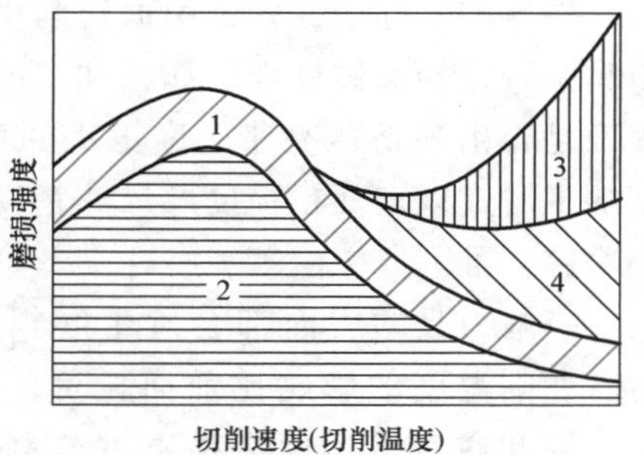

图 3-28　切削速度对刀具磨损强度的影响

1—硬质点磨损　2— 黏结磨损

3— 扩散磨损　4—化学磨损

总之，在不同的刀具材料、工件材料及切削条件下，磨损原因和磨损强度是不同的。图 3-28 表示硬质合金刀具加工钢料时，在不同的切削速度（切削温度）下各类磨损所占比重。由图 3-28 可见，在低速（低温）区以硬质点磨损和黏结磨损为主；在高速（高温）区以扩散磨损和化学磨损为主。刀具的磨损是一个复杂的过程，磨损原因之间相互作用，如热电磨损促使扩散磨损加剧，扩散磨损又促使黏结磨损、硬质点磨损加剧。归根结底，刀具磨损与温度有至关重要的联系。

3.4.3　刀具磨损过程及磨钝标准

1. 刀具磨损过程

在正常条件下，随着刀具的切削时间延续，刀具的磨损量将增加。通过试验得到如图 3-29 所示的刀具磨损的典型曲线。由图可知，刀具磨损过程分三个阶段。

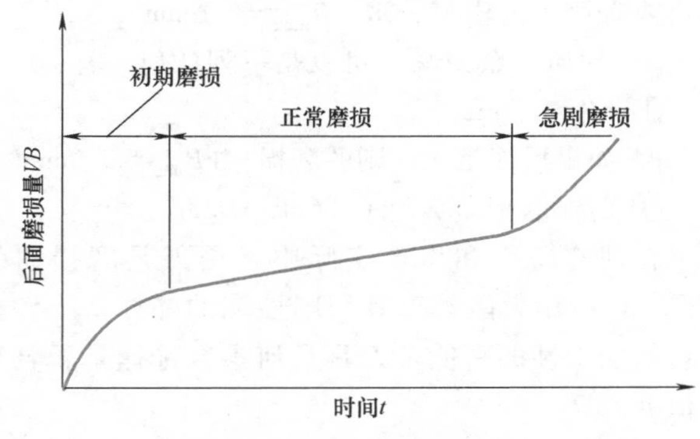

图 3-29　刀具磨损的典型曲线

（1）初期磨损阶段　初期磨损阶段的特点是在极短的时间内，*VB* 增大很快。由于新刃磨的刀面较粗糙，刀-工接触面之间为峰点接触，故磨损很快。初期磨损量的大小与刀具刃磨质量有很大的关系，通常 $VB=0.05\sim0.1$mm。经过研磨的刀具初期磨损量小，而且刀具寿命高。

（2）正常磨损阶段　经过初期磨损阶段之后，后面上被磨出一条狭窄的棱面，压应力减小，磨损量均匀而缓慢地增加，经历的切削时间较长。这就是正常磨损阶段，也是刀具工作的有效阶段。正常磨损阶段中 *VB-t* 呈线性关系，这段曲线的斜率代表了刀具正常工作时的磨损强度（磨损速度）。磨损强度是衡量刀具切削性能的重要指标之一。

（3）急剧磨损阶段 当磨损带宽度增加到一定限度之后，切削力与切削温度迅速升高，磨损带宽度急剧增加。这一阶段刀具磨损强度很大，如果刀具继续工作，不但不能保证加工质量，反而增加重磨时刀具和砂轮的磨耗量，降低刀具的利用率，并增加磨刀时间，导致刀具使用成本增加。为合理使用刀具及保证加工质量，应在进入此阶段之前及时更换刀具。

2. 刀具的磨钝标准

刀具的磨损量达到一定限度就不能继续使用了，这个磨损限度称为磨钝标准，即磨钝标准是刀具能正常切削的最大允许磨损量。

在生产实际中，常常根据切削中发生的一些现象来判断刀具是否达到磨钝标准。如粗加工时观察切屑的颜色、加工表面是否出现挤压亮带、摩擦尖叫声以及切削振动情况等；精加工时常以表面粗糙度及尺寸精度为依据判断刀具是否达到磨钝标准。

一般刀具的后面都会发生磨损，其对加工质量和切削力、切削温度的影响比前面显著，同时后面磨损量易于测量，因此通常按后面磨损宽度来制定磨钝标准。国际标准ISO统一规定以1/2背吃刀量处后面磨损带宽度 VB 作为刀具的磨钝标准（图3-30）。

自动化生产中的精加工刀具常以工件径向上刀具磨损量 NB 作为刀具的磨钝标准（图3-30）。

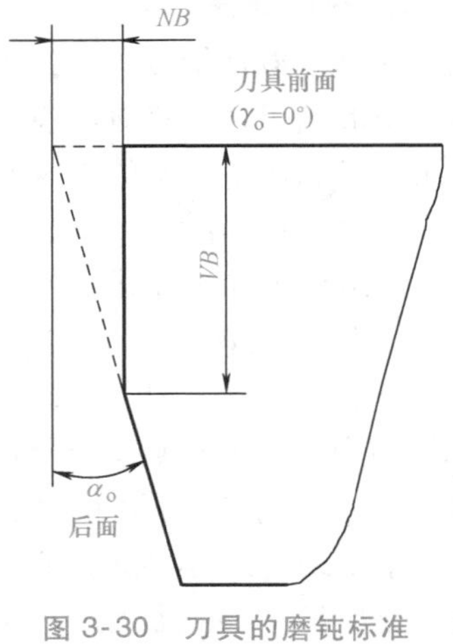

图3-30　刀具的磨钝标准

国际标准ISO推荐的车刀寿命试验磨钝标准如下：

1）高速钢和陶瓷刀具可以是下列任何一种：

① 破损。

② 如果后面在B区内（图3-27）是有规则的磨损，取 $VB=0.3\text{mm}$。

③ 如果后面在B区内是无规则的磨损、划伤、剥落或有严重的沟痕，取 $VB_{max}=0.6\text{mm}$。

2）硬质合金刀具，可以是下列任何一种：

① $VB=0.3\text{mm}$。

② 如果后面是无规则的磨损，$VB_{max}=0.6\text{mm}$。

③ 前面磨损量 $KT=0.06\text{mm}+0.3f$。

在理论研究和生产实际中常用刀具磨损曲线（图3-31）作为衡量刀具切削性能的好坏、工件材料切削加工性的高低及刀具几何参数选择是否合理的依据。

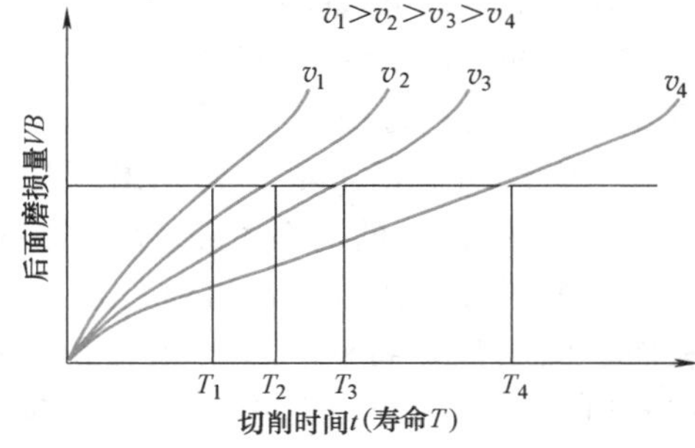

图3-31　刀具的磨损曲线

3.4.4　刀具寿命及其合理选择

刀具寿命是指刀具刃磨后开始切削，直到磨损量达到刀具的磨钝标准所经过的净切削时间，用 T（s或min）表示。引入刀具寿命这个概念，是因为在生产中，直接用磨钝标准 VB 来控制换刀在大多数情况下是比较困难的，而采用与磨钝标准相应的切削时间来控制换刀是比较容易的。

1. 切削速度与刀具寿命的关系

因为切削速度对切削温度影响最大，对刀具磨损影响最大，故对刀具寿命影响也最大。在一定切削条件下，切削速度越高，刀具寿命越低。现通过试验方法求得 v-T 关系。试验前先选定刀具后面的磨钝标准，然后固定其他切削条件，在常用速度范围内，取不同的切削速度 $v=v_1$，v_2，v_3，…进行刀具的磨损实验，得到如图3-31所示的一组刀具磨损曲线。根据规定的磨钝标准，求出对应于不同 v 的 T。在双对数坐标中确定（v_1，T_1），（v_2，T_2），（v_3，T_3），…各点，发现它们呈线性关系（图3-32）。其方程为

$$\lg v=-m\lg T+\lg C_0$$

式中，$m=\tan\varphi$，即该直线的斜率；C_0 为 $T=$ 1s（或 min）时的切削速度值。

因此　　$$vT^m=C_0 \qquad (3\text{-}16)$$

由图 3-32 可知，该直线斜率 m 越小，说明 v 对 T 的影响越大，因此 v 稍微增加，使 T 下降很大，说明刀具材料耐磨性能差。如高速钢刀具材料 $m=0.1\sim0.125$，硬质合金刀具 $m=0.2\sim0.3$，陶瓷刀具 $m=0.4$，可见陶瓷刀具耐磨性好。

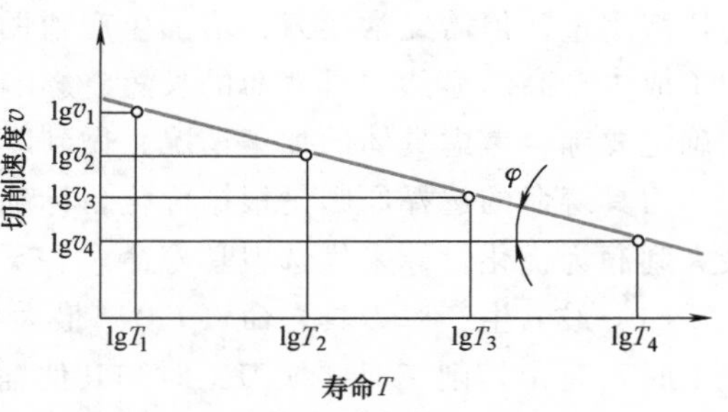

图 3-32　双对数坐标中的 v-T 曲线

应当指出，在较宽的切削速度范围内，特别是在低速区内，v-T 关系就不再是单调函数，这主要是由于积屑瘤现象影响了刀具的寿命。

2. 进给量和背吃刀量与刀具寿命的关系

按照求 v-T 关系的方法，同样可以求得 f-T、a_p-T 关系，即

$$fT^{m_1}=C_1 \qquad (3\text{-}17)$$

$$a_pT^{m_2}=C_2 \qquad (3\text{-}18)$$

综合式（3-16）~式（3-18），可以得到切削用量三要素与刀具寿命的关系为

$$T=\frac{C_T}{v^{1/m}f^{1/m_1}a_p^{1/m_2}}$$

令 $x=1/m$，$y=1/m_1$，$z=1/m_2$，则

$$T=\frac{C_T}{v^xf^ya_p^z} \qquad (3\text{-}19)$$

式中，C_T 为刀具寿命系数，与刀具、工件材料和切削条件有关；x、y、z 为指数，分别表示切削用量三要素对刀具寿命影响的程度。

用 YT5 硬质合金车刀切削 $R_m=0.637$GPa 的碳钢时（$f>0.7$mm/r），x、y、z 分别为 5、2.25、0.75，代入式（3-19）可得

$$T=\frac{C_T}{v^5f^{2.25}a_p^{0.75}} \qquad (3\text{-}20)$$

或

$$v=\frac{C_v}{T^{0.2}f^{0.45}a_p^{0.15}} \qquad (3\text{-}21)$$

由式（3-20）可以看出，v 对 T 的影响最大，其次是 f，a_p 最小。显然，切削用量对 T 的影响规律符合对切削温度的影响规律，反映出切削温度对刀具的磨损和寿命有重要影响。

3. 合理刀具寿命的选择

在一定的切削条件（机床、工件、刀具材料及几何参数、切削液及工件加工要求等）下，刀具磨钝标准为定值。此时，刀具寿命主要取决于切削用量的大小。切削用量越大，切削负荷就越大，切削温度就越高，刀具磨损强度也就越大，因而刀具寿命就越短。反之，则刀具寿命就越长。若选定的刀具寿命值较大，则切削用量必须很低，加工的机动时间长，不

利于提高生产效率及降低加工成本；但也不能将刀具寿命的值选得很小，因为这样固然可提高切削用量，但需经常换刀，增加生产辅助时间，刀具的消耗也大，同样会使生产率下降，加工成本升高。显然刀具寿命的长短将影响到切削加工的效率及加工成本。因此，刀具寿命的确定要综合考虑具体的加工情况，做到既有较高的生产效率，而加工成本又较低。

刀具寿命的选择原则是根据优化目标确定的。在生产中，可按最大生产率、最低成本和最大利润为优化目标来优选刀具寿命。

（1）最大生产率刀具寿命（T_p） 最大生产率是指完成一道工序所用时间 t_w 最短。其工序工时 t_w 是由切削工时、换刀工时和其他辅助工时组成的，即

$$t_w = t_m + t_{ct}\frac{t_m}{T} + t_{ot} \qquad (3\text{-}22)$$

式中，t_m 是工序切削时间（min）；t_{ct} 是换刀时间（包括卸刀、装刀、对刀等时间，min）；T 是刀具寿命（min）；t_m/T 是换刀次数；t_{ot} 是除换刀时间以外的其他辅助时间（min）。

车削外圆时的切削时间为

$$t_m = \frac{l_w \Delta}{n_w f a_p} = \frac{\pi d_w l_w \Delta}{1000 v a_p f} \qquad (3\text{-}23)$$

式中，l_w 是刀具一次进给长度（mm）；Δ 是工件单边加工余量（mm）；n_w 是工件转速（r/min）。

将式（3-16）代入式（3-23）得

$$t_m = \frac{\pi d_w l_w \Delta}{1000 C_0 a_p f} T^m \qquad (3\text{-}24)$$

切削条件确定后，除 T^m 外均为常数，并以 K 表示，故有

$$t_m = K T^m \qquad (3\text{-}25)$$

将式（3-25）代入式（3-22）有

$$t_w = K T^m + t_{ct} K T^{m-1} + t_{ot} \qquad (3\text{-}26)$$

根据式（3-26）可以画出 t_w-T 关系曲线（图 3-33）。图中 t_w 有最小值，其对应的刀具寿命为最大生产率刀具寿命 T_p。

对式（3-26）求微分，且令 $dt_w/dT=0$，则

$$\frac{d t_w}{dT} = mK T^{m-1} + t_{ct}(m-1) K T^{m-2} = 0，故$$

$$T = \frac{1-m}{m} t_{ct} = T_p \qquad (3\text{-}27)$$

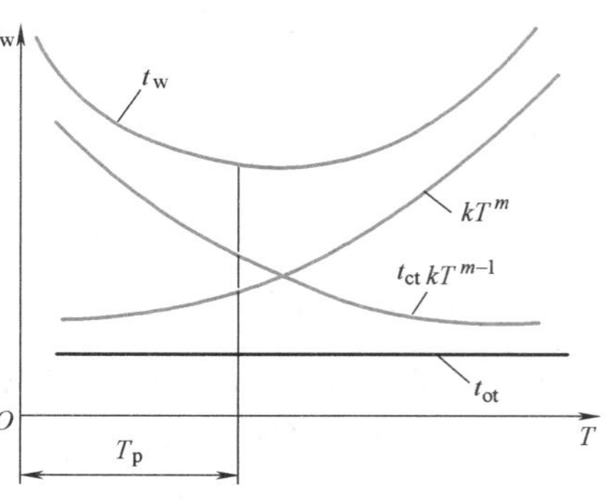

图 3-33　t_w-T 关系曲线

与 T_p 对应的切削速度称为最大生产率切削速度，用 v_p 表示，$v_p = C_0/T_p^m$。

（2）最低成本刀具寿命（T_c） 最低成本刀具寿命是指以每个零件（或工序）加工费用最低为原则确定的刀具寿命。

设零件的一道工序成本为 C，则有

$$C=t_mM+t_{ct}\frac{t_m}{T}M+\frac{t_m}{T}C_t+t_{ot}M \tag{3-28}$$

式中，M 为该工序单位时间内所分担的全厂总开支；C_t 为刃磨一次刀具所消耗的费用。

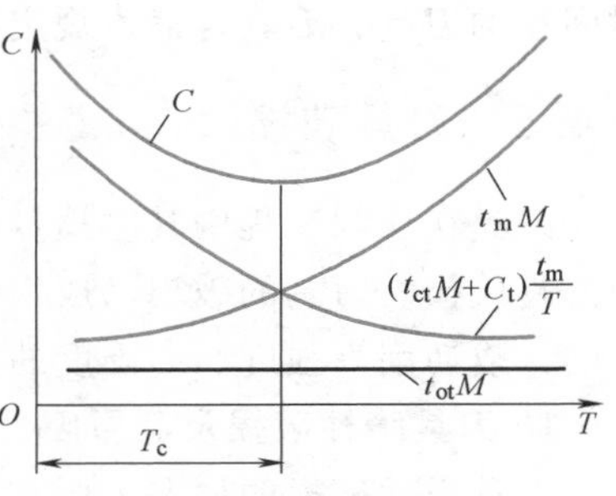

图 3-34　C-T 关系曲线

根据式（3-28）也可画出 C-T 关系曲线（图3-34），图中 C 有最小值，与 C 的最小值对应的刀具寿命即为最低成本刀具寿命 T_c。

令 $\mathrm{d}C/\mathrm{d}T=0$，则有

$$T=\frac{1-m}{m}\left(t_{ct}+\frac{C_t}{M}\right)=T_c \tag{3-29}$$

与 T_c 对应的切削速度称为最低成本切削速度，用 v_c 表示，可用下式求得，即

$$v_c=\frac{C_0}{T_c^m} \tag{3-30}$$

从式（3-27）和式（3-29）可知，$T_c>T_p$，$v_c<v_p$。因此，选择刀具寿命时，当需要完成紧急任务以及完成限制性工序时，可采用最大生产率刀具寿命 T_p；在一般生产中，常采用最低成本刀具寿命 T_c。

（3）最大利润率刀具寿命（T_{Pr}）　当按最低成本原则制定刀具寿命时，加工工时将长于最短工序工时；如果按最大生产率原则制定刀具寿命，则工序成本将高于最低成本。因此，有时为了兼顾两方面的要求，以获得最大利润，提出了最大利润率刀具寿命。

单件工序的利润率 P_r 可以表示为

$$P_r=(S-C)/t_w \tag{3-31}$$

式中，S 为单件工序所收取的加工费用；C 为单件工序的生产成本；t_w 为单件工序工时。

将式（3-26）和式（3-28）中的 t_w、C 代入式（3-31），并令 $\mathrm{d}P_r/\mathrm{d}T=0$，即可求得最大利润率刀具寿命 T_{Pr}，$T_p<T_{Pr}<T_c$。与 T_{Pr} 对应的切削速度称为最大利润率切削速度 v_{Pr}，故 $v_c<v_{Pr}<v_p$。

一般确定刀具寿命时，还要考虑以下几点：

1）刀具材料的切削性能越差，切削用量对刀具寿命的影响越大。因此，必须将刀具寿命规定得长一些，以降低切削用量。在同类刀具中，一般高速钢刀具的寿命比硬质合金刀具的寿命规定得长一些。

2）对于制造及刃磨都比较复杂，价格昂贵的刀具，其寿命应比简单且价廉刀具的寿命规定得长一些，这样可以减少复杂刀具的消耗，降低加工成本。如硬质合金车刀的寿命大致为 60~90min，麻花钻的寿命大致为 80~120min，硬质合金面铣刀的寿命大致为 90~180min，而齿轮刀具的寿命约为 200~300min。

3）加工大型工件时，为避免在切削行程中中途换刀，刀具寿命应规定得长一些，一般应为中小件加工时的 2~3 倍。

4）半自动机床、自动化机床上使用的刀具多为复合刀具或多刀同时加工多个表面，为节约换刀时间，寿命可规定得长一些。一般多刀车床或组合机床的刀具寿命约为通用机床上同类刀具的 2~4 倍；多头铣床的刀具寿命约为普通铣床的 5~9 倍。但对于换刀方便，换刀

时间短的刀具，刀具寿命可规定得短一些，如可转位车刀的寿命约为焊接车刀的25%～33%。

3.4.5　刀具破损

刀具在切削过程中其磨损量尚未达到磨钝标准，发生突然损坏而不能继续使用的现象称为刀具破损。刀具的破损已成为当前刀具损坏的重要形式。特别是用脆性大的刀具进行断续切削，或切削高强度、高硬度的工件材料时，刀具破损更为常见。

1. 刀具脆性破损及其原因

刀具脆性破损的形态主要有以下四种：

（1）崩刃　崩刃指在切削刃上产生小的缺口，它属早期轻度破损，常发生在用高脆性材料制造的刀具上，如陶瓷刀具。崩刃缺口较大时，则不能继续使用。

（2）剥落　常发生在脆性刀具材料的前、后面上，剥落物成片状，剥落面积较大。这种破损与刀具表面组织中的缺陷和接触面上的摩擦、压力有关，特别在产生积屑瘤、粘屑现象、有冲击负荷时容易发生。

（3）碎断　碎断指在切削刃上发生小块碎裂或大块断裂。如果发生小块碎裂，有可能通过重新刃磨修复再使用。如果发生大块断裂，则不能继续使用。这种破损是由于切削负荷过大、刀具存在缺陷或疲劳裂纹所致。

（4）裂纹破损　裂纹破损指在较长时间连续切削后，由于疲劳而引起裂纹的一种破损。当机械疲劳裂纹（裂纹方向平行于切削刃）和热冲击引起的热应力裂纹（方向垂直于切削刃）不断扩展，又相互合并时，就会引起碎裂或断裂。

刀具脆性破损的原因主要是切削时受到冲击负荷、热冲击作用。

（1）机械应力　在切削时，由于机械载荷作用使刀片内产生很大的应力。机械应力使刀片薄弱处产生裂纹，并在载荷反复作用下使裂纹扩展，在一定条件下发生崩刃或者碎裂。

（2）热应力　在断续切削时，特别是在使用切削液不充分时，刀具切入工件时承受高温，切出工件时刀具受到冷却，冷热交替作用于刀具表面，由于热冲击而产生微裂纹，随着切削的进行，微裂纹逐渐扩展，或形成龟裂，在机械应力的作用下造成脆性断裂。因此刀具的脆性破损是由机械应力和热应力共同作用所致。

2. 刀具的塑性破损

刀具的塑性破损是指在切削过程中，由于高温和高压的作用，前、后面表层材料发生塑性流动而导致切削刃发生塑性变形，使刀具丧失切削能力的现象。

刀具的塑性破损与刀具材料和工件材料的硬度比有关。硬度比越高，越不容易发生塑性破损。合金工具钢和高速钢刀具因其耐热性差，容易发生塑性破损；硬质合金、陶瓷刀具的高温硬度高，一般不容易发生塑性破损。

3. 防止刀具破损的措施

为了防止或减少刀具破损，在提高刀具材料的强度和抗振性能的基础上，可以采取以下措施：

1）正确选择刀具材料的种类和牌号。

2）合理确定切削用量，以控制切削力和切削温度。

3）合理选择刀具的几何参数，以控制刀具的受力性质和强化刀具。

4）提高工艺系统的刚性，减少振动。

3.5　刀具几何参数的选择

当刀具材料和刀具结构确定之后，刀具切削部分的几何参数对切削性能的影响十分重要。例如切削力的大小、切削温度的高低、切屑的连续与碎断、加工质量的好坏以及刀具寿命、生产效率、生产成本的高低等都与刀具几何参数有关。因此，刀具几何参数的合理选择是提高金属切削效益的重要措施之一。

合理选择刀具几何参数的原则是在保证加工质量的前提下，尽可能地使刀具寿命长、生产效率高和生产成本低。在生产中应根据具体情况确定各参数的主要优化目标。选择刀具几何参数时，要综合考虑以下几个方面：

1. 要考虑工件的实际情况

主要考虑工件材料的化学成分、毛坯制造方法、热处理状态、物理和力学性能（包括硬度、抗拉强度、伸长率、冲击韧性和热导率等），还要考虑毛坯的表层情况、工件的形状、尺寸、精度和表面质量要求等。

2. 要考虑刀具材料和刀具结构

要考虑刀具材料的化学成分、物理和力学性能（包括硬度、抗弯强度、冲击韧性、耐磨性、热稳定性和热导率等），还要考虑刀具的结构形式，是整体式，还是焊接式或机夹式。

3. 要考虑各几何参数之间的相互联系及相互影响

刀具几何参数之间是相互联系的，应综合考虑它们之间的相互作用与影响，确定各参数的合理值。一个参数改变对刀具切削性能的影响，既有有利方面，也有不利方面，要综合考虑。如选择大的前角和后角均可以减小切屑变形、降低切削力，但两者增大会使刀楔角减小，散热变差，刃口强度削弱。因此，应根据具体情况结合两者的主要功用和影响，综合考虑来确定两者的合理值。从本质上看，这是一个多变量函数的优化问题，若用单因素法则有很大的局限性。

4. 要考虑具体的加工条件

要考虑机床、夹具的情况，工艺系统刚性及功率大小，切削用量和切削液性能等。如粗加工和半精加工时，主要考虑生产率和刀具寿命；精加工时，主要考虑保证加工精度和表面加工质量要求；对自动化程度高的机床上用的刀具，主要考虑刀具工作的稳定性，有时要考虑断屑问题；机床刚性和动力不足时，刀具要求锋利，以减小切削力和振动。

3.5.1　前角与前面形式的选择

1. 前角的功用及选择

（1）前角的功用　前角是刀具上重要的几何参数之一，它决定切削刃的锋利程度和切削刃的坚固程度。前角的大小对切削变形、切削力、切削温度和切削功率都有影响，也影响刀头的强度、容热体积和散热面积，从而影响刀具的使用寿命和切削效率。

前角对切削过程的影响有两个方面：

1）增大前角能减小切屑变形，减轻刀-屑之间的摩擦，从而减小切削力和切削功率，降低切削温度，减轻刀具磨损，提高刀具寿命；增大前角还可抑制积屑瘤与鳞刺的产生，减

轻切削振动，从而改善加工表面质量。

2）增大前角会使刀楔角减小，降低切削刃的承载能力，易造成崩刃和卷刃而使刀具早期失效；还会使刀具的散热面积和容热体积减小，导致热应力集中，切削区内局部温度升高，易造成刀具的破损和增大磨损强度，引起刀具寿命下降；由于切屑变形减小，也不利于断屑。

图3-35、图3-36所示为在一定切削条件下，刀具的前角变化对刀具寿命的影响曲线。由此可见，在一定的切削条件下，存在着一个使刀具寿命最大的前角值，这个前角称为合理前角γ_{opt}。前角太大、太小都会使刀具寿命显著降低。从图3-35还可以发现，工件材料不同，合理前角γ_{opt}不同；从图3-36还可以发现，刀具材料不同，合理前角γ_{opt}不同。

（2）前角的选择　在一定的切削条件下，合理前角γ_{opt}的大小主要取决于工件材料和刀具材料的种类和性质。合理前角γ_{opt}是指保证最大刀具寿命的前角，但在某些情况下，这样选定的γ_{opt}未必是最适宜的前角。如在精加工条件下，往往需要考虑加工精度和表面粗糙度要求，选择某一适宜的前角。因而，应根据具体情况综合考虑确定前角的大小。前角的选择可按如下原则进行：

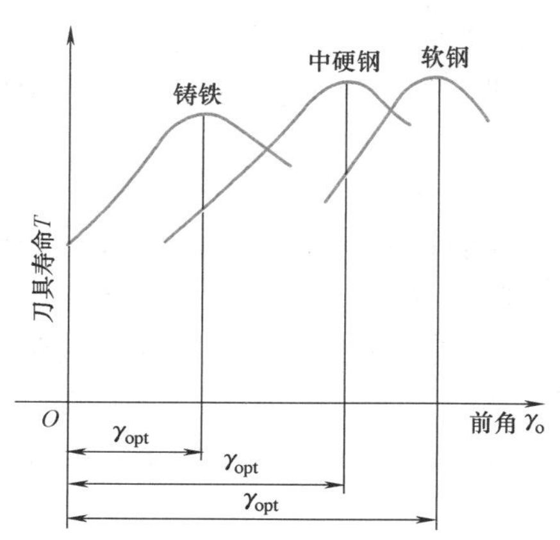

图3-35　加工不同材料时的合理前角

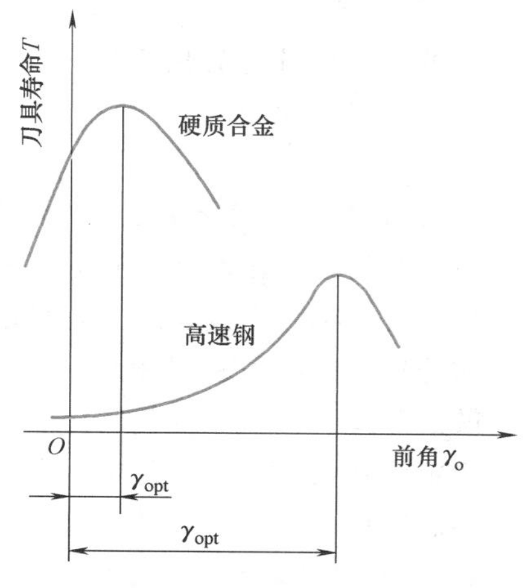

图3-36　不同刀具材料的合理前角

1）工件材料塑性大，应选较大前角；塑性小，应选较小前角（图3-35）。这是由于切削塑性大的材料时，前角对切屑变形影响较大，增大前角可以使切削力显著减小，刀具磨损强度减小。加工脆性材料时，由于产生崩碎切屑，切削力集中在切削刃附近，前角对切屑变形影响不大，同时为了防止崩刃，应选择较小的前角。当工件材料的强度、硬度大时，为保证切削刃的强度，前角应较小。

2）刀具材料抗弯强度和冲击韧性高，应选较大前角（图3-36中的高速钢）；抗弯强度、韧性低，应选较小前角（图3-36中的硬质合金）。

3）粗加工时切削力大，特别是断续切削时冲击力较大，前角应小一些，甚至选负前角；精加工时切削力小，要求刃口锋利，前角应大一些。

4）工艺系统刚性较差或机床功率小时，前角应大些。

5）数控机床、自动机床、自动生产线用刀具，要考虑刀具的精度寿命及工作的稳定性，一般选取较小前角。

2. 前面形式的选择

常见的前面形式有：

（1）正前角平面型（图 3-37a）　这是前面的最基本形式，其制造简单，切削刃锋利，但切削刃强度较差，断屑能力差，常用于精加工。

（2）正前角平面带倒棱型（图 3-37b）　这种前面是在图 3-37a 所示正前角平面型的基础上沿切削刃磨出很窄的棱边（负倒棱）而形成的。这种形式增强了切削刃强度，常用于脆性大的刀具材料，如陶瓷刀具和硬质合金刀具，特别适于在断续切削时使用。负倒棱宽度必须选择适当，否则会变成负前角切削。负倒棱宽度 $b_{r1}=(0.3\sim0.8)f$，粗加工时取大值，精加工时取小值；负倒棱前角 $\gamma_{o1}=-5°\sim-10°$（硬质合金刀具）。

（3）正前角曲面带倒棱型（图 3-37c）　这种前面是在图 3-37b 的基础上磨出一定曲面形成的。该曲面起卷屑作用，并且增大前角，改善切削条件，主要用于粗加工和半精加工塑性材料。

（4）负前角单平面型（图 3-37d）　用硬质合金刀具切削高强度、高硬度材料，如切削淬火钢或带硬皮并有冲击的粗加工时，采用此种形式的前面。其最大特点是抗冲击能力强。

（5）负前角双平面型（图 3-37e）　当刀具磨损同时发生在前、后面时，为了减小前面刃磨面积，充分利用刀片材料，可采用负前角双平面型。

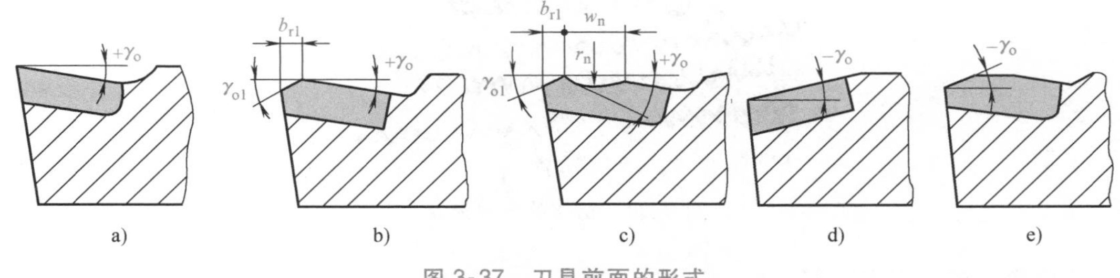

图 3-37　刀具前面的形式

3. 切屑控制

在生产实践中常看到多种切屑形状，其中连绵不断的带状屑会缠绕在工件或刀具上，划伤工件，损坏刀具。在高速切削或自动化生产中，切屑的控制往往成为生产的关键。因此，研究切屑的控制（卷屑和断屑）方法和机理对生产是十分重要的。切屑的控制主要取决于前面的形式与尺寸参数。

（1）切屑的形状　按形成机理不同，切屑可分为带状、挤裂、单元和崩碎四种形态；按切屑处理及运输要求不同，切屑的形状大体分为带状屑、C 形屑、崩碎屑、螺卷屑、长紧卷屑、宝塔状卷屑和发条状卷屑等，如图 3-38 所示。

在不同的切削加工条件下，对切屑的形状要求也不同。带状屑虽然切削平稳，但易缠绕在工件或刀具上，会划伤工件表面、损伤刀具甚至伤人。为了清除方便，人们常常将带状屑转变成螺卷屑或长紧卷屑。C 形屑不缠绕工件，也不易伤人，是一种比较好的屑形，但其高频率的碰撞和折断会影响切削过程的平稳性，影响已加工表面粗糙度，所以精车时希望形成长螺卷屑。在重型车床上采用大的切削厚度和大的进给量车削钢件时，C 形屑易损坏切削刃和崩飞伤人，所以希望得到发条状卷屑。在自动化生产中，宝塔状卷屑是理想的切屑形状，处理方便。加工脆性金属（如铸铁、黄铜）时，为避免碎屑飞溅或磨损导轨，应设法使切

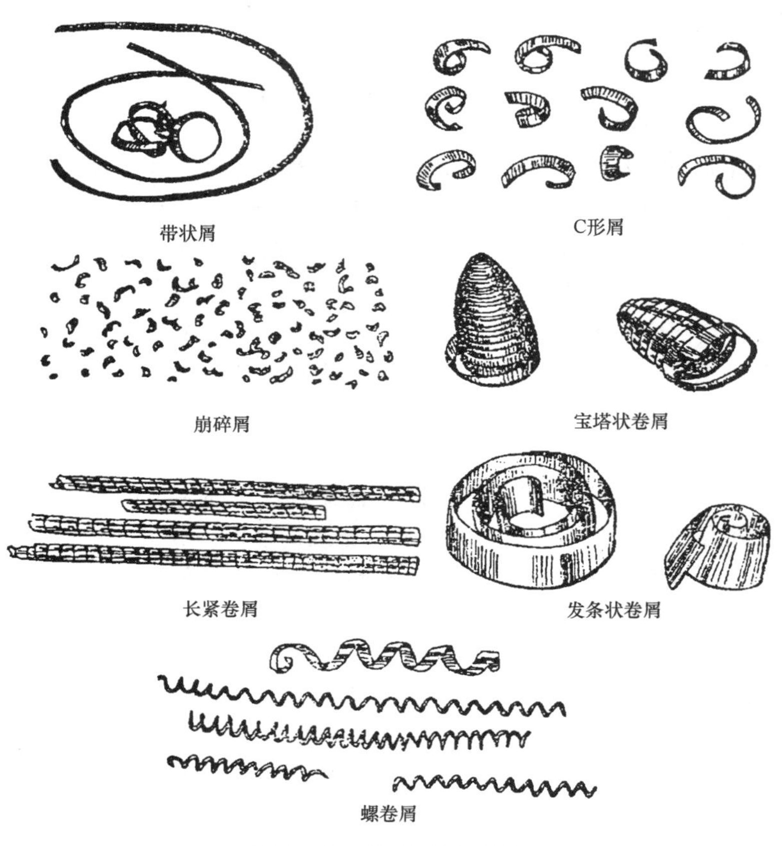

图 3-38　切屑的各种形状

屑连成卷状，形成假带状屑。

(2) 卷屑机理　为了得到要求的切屑形状，需要使切屑卷曲。卷屑的基本原理是：设法使切屑在沿前面流出时，受到额外的作用力产生附加的变形而卷曲。具体方法有：

1) 自然卷屑机理。切屑沿正前角平面型前面流出，在 v 不是很高时，在积屑瘤的作用下，切屑往往自行卷曲（图 3-39a）。

2) 卷屑槽卷屑机理。前面上磨出卷屑槽或选择带卷屑槽的刀片，当切屑沿卷屑槽表面流出时，因受到卷屑槽表面施加的附加力的作用而变形，产生卷曲（图 3-39b）。

(3) 断屑原理　切屑在切削过程中受到较大变形（基本变形）后，其硬度提高，塑性降低，材质变脆，从而为切屑的折断创造了条件。切屑流出时，受到卷屑台的阻挡，再次产生变形（附加变形），进一步脆化，当它碰到后面或过渡表面时即可折断（图 3-39c~f）。

3.5.2　后角的功用及选择

1. 后角的功用

后角大小的变化影响切削刃的锋利程度、后面与工件加工表面之间的摩擦状况以及刀楔角的大小。后角的主要功用是：

1) 增大后角，可减少后面对工件表面的挤压和摩擦，从而提高已加工表面质量。

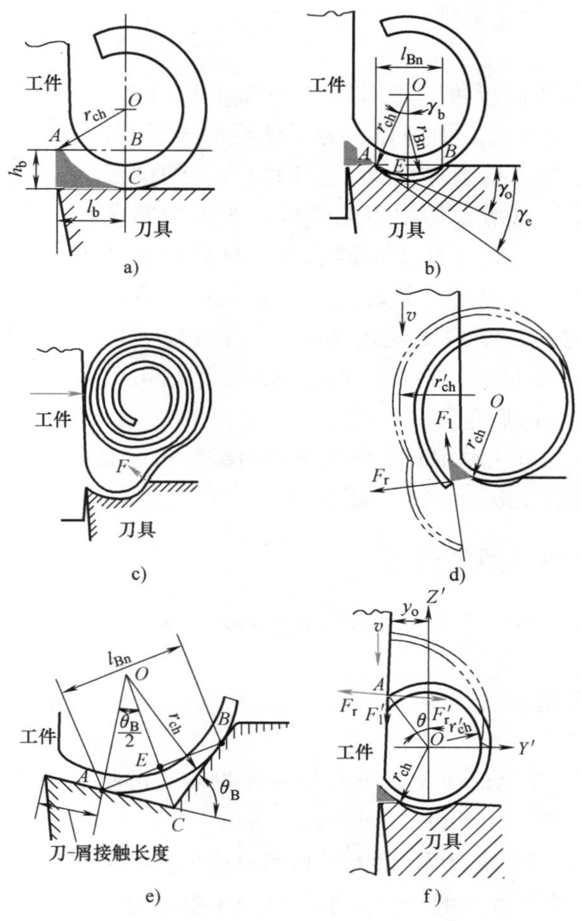

图 3-39 几种切屑的卷曲、折断机理

a）自然卷屑机理 b）卷屑槽卷屑机理 c）发条状切屑碰到工件折断的机理

d）切屑碰到后面折断的机理 e）卷屑台的卷屑机理 f）C 形屑撞在工件上折断的机理

2）磨钝标准 *VB* 确定后，后角越大，达到磨钝标准磨去的金属体积也越大，因而刀具寿命越高；但刀具的径向磨损量 *NB* 越大，对工件尺寸精度的影响越大（图 3-40a）。

3）以 *NB* 为磨钝标准时，后角越大，磨去的金属体积越小，刀具寿命越低（图 3-40b）。

4）增大后角，刀楔角减小，切削刃圆弧半径减小，切削刃锋利，易切入工件，减小变质层深度。但当后角太大时，刀楔角显著减小，散热条件变差，同时削弱切削刃强

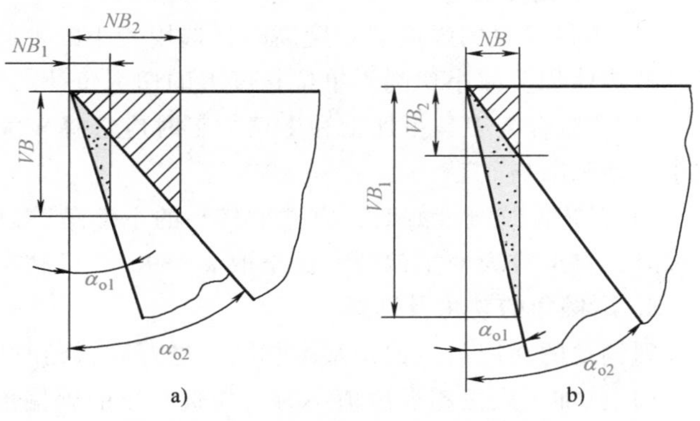

图 3-40 后角大小对刀具磨损体积的影响

a）*VB* 一定 b）*NB* 一定

度，使刀具寿命降低或者发生破损。

2. 后角的选择

刀具后角主要依据切削厚度（或按粗、精加工）选择。精加工时切削厚度小，主要是后面磨损，为了使切削刃锋利，应取较大后角；粗加工时，切削厚度大，切削力大，切削温度高，应取较小的后角，以增大切削刃的强度，改善散热条件。工件材料的强度、硬度高时宜选小的后角；材料的韧性大时宜选大的后角。工艺系统刚性差时，为防止振动，宜选小的后角；为增大阻尼，甚至磨出宽度为 $b_{\alpha o}$ 的消振棱（图 3-41）。对各种有尺寸精度要求的刀具，为了限制重磨后刀具尺寸的变化，宜选择较小的后角。

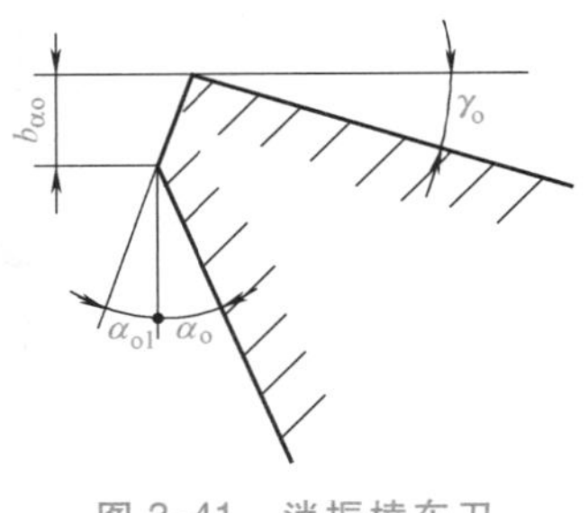

图 3-41　消振棱车刀

副后角的功用与主后角基本相同，例见车刀的副后角可取 4°~6°。切断刀和切槽刀受结构强度的影响，副后角只能取 1°~2°（图 3-42）。

3.5.3　主、副偏角的功用及选择

主偏角、副偏角的大小以及刀尖形状都会影响刀尖强度、散热面积、热容量以及刀具寿命和已加工表面质量。

1. 主偏角的功用及选择

（1）主偏角的功用

1）主偏角减小时，刀尖角增大，使刀尖强度提高，散热体积增大，刀具寿命提高。

2）主偏角减小时，切削宽度 b_D 增大，切削厚度 h_D 减小，切削刃工作长度增大，切削刃单位长度上的负荷减小，有利于提高刀具的寿命。

3）主偏角减小时，使 F_y 分力增大，易引起工件振动和弯曲，降低加工精度。

4）主偏角影响切屑形状、流出方向和断屑性能。

5）主偏角影响加工表面的残留高度。

（2）主偏角的选择

1）工件材料的强度、硬度高时，选用较小的主偏角可以增大刀尖强度、散热体积及减小切削刃单位长度上的切削负荷。

2）硬质合金刀具粗加工和半精加工时应选择较大的主偏角，有利于减小振动和断屑。

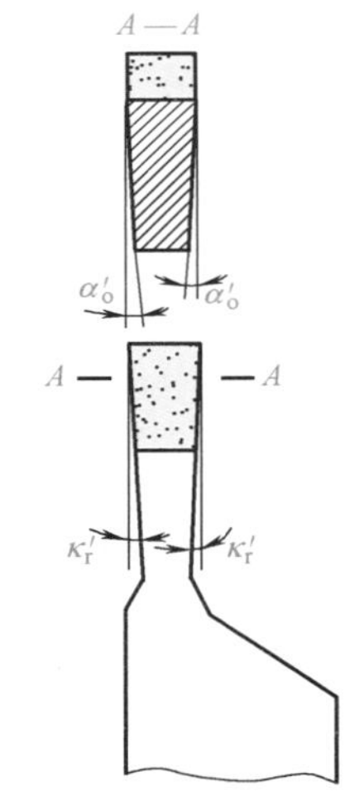

图 3-42　切断刀的副后角和副偏角

3）工艺系统刚性好时，宜选取较小的主偏角，以提高刀具寿命；刚度不足，如加工细长轴时，宜取较大的主偏角，甚至取 $\kappa_r \geq 90°$，以减小背向力。

2. 副偏角的功用及选择

副偏角的功用与主偏角基本相同，选择副偏角时应考虑以下因素：

1）已加工表面粗糙度值小时，应选择小的副偏角，有时磨出修光刃（图 3-43）。

2）工艺系统刚性较差时，副偏角不宜选择太小，以不致引起振动为原则。

3）切断刀、切槽刀考虑结构强度，一般副偏角取 1°~3°。

3.5.4　刃倾角的功用及选择

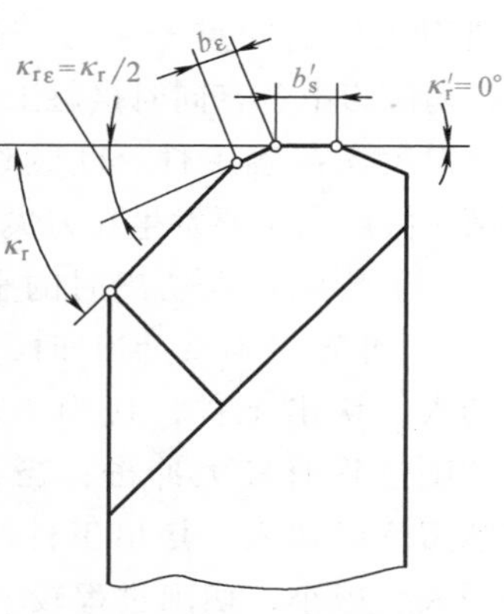

图 3-43　修光刃

1. 刃倾角的功用

刃倾角和前角共同决定前面的倾斜状况。刃倾角的主要功用为：

（1）控制切屑流出的方向　如图 3-44 所示，当 $\lambda_s=0°$ 时，切屑在前面上近似沿主切削刃的法线方向流出；当 $\lambda_s<0°$时，切屑流向已加工表面；当 $\lambda_s>0°$时，切屑流向待加工表面。

（2）影响切削刃的锋利程度　如图 3-45 所示，当 $\lambda_s\neq 0°$时，切屑在前面上流出方向与切削刃法线成一夹角 ψ_λ，该角称为流屑角。在流屑剖面内，实际切削刃钝圆半径 $r_{ne}<r_n$，因此，切削刃锋利性增大，对微量切削很有利。图 3-46 表示 $|\lambda_s|$ 对切削刃实际钝圆半径的影响情况。

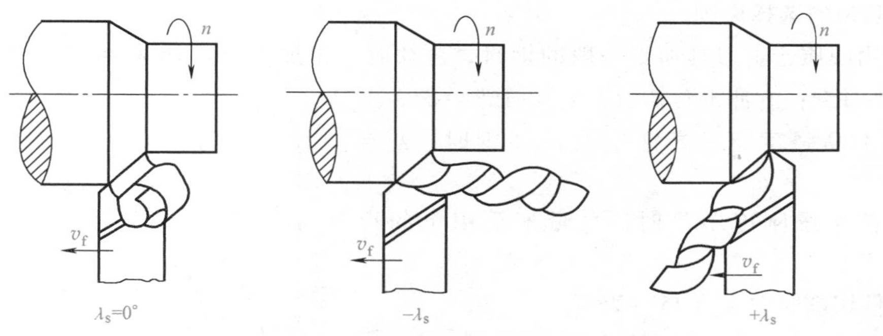

图 3-44　刃倾角对排屑方向的影响

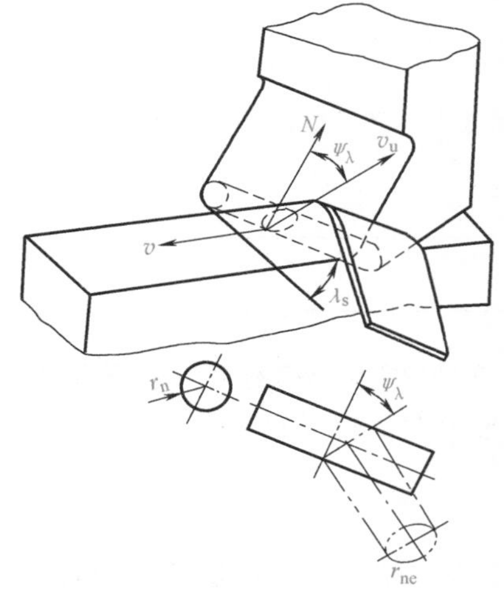

图 3-45　流屑方向切削刃钝圆半径

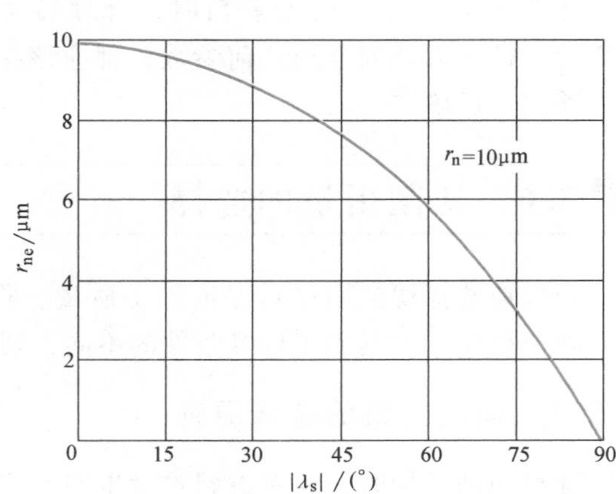

图 3-46　刃倾角对切削刃实际钝圆半径的影响

（3）影响切削刃切入时接触点的变化　如图 3-47 所示，在 $\gamma_o>0°$时，若 $\lambda_s<0°$，切削刃

上离刀尖较远的点先接触工件；若 λ_s = 0°，切削刃上各点同时接触工件；若 λ_s > 0°，刀尖先接触工件。断续切削时，希望第一接触点不要发生在刀尖位置。

（4）影响切入切出时的平稳性　由图 3-47 可知，当 λ_s = 0°时，切削刃同时切入、切出工件，切削力发生突变，对切削过程有较大冲击；当 $\lambda_s \neq 0°$时，切削刃逐渐切入、切出工件，切削力逐渐增大、减小，切削过程较平稳。

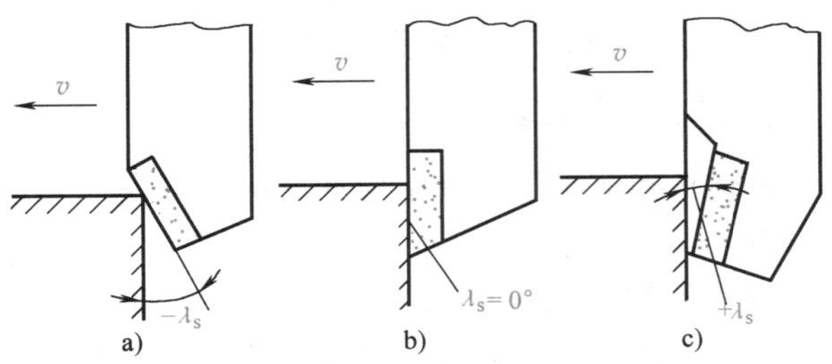

图 3-47　刃倾角对切削刃冲击点的影响

a）$-\lambda_s$　b）$\lambda_s = 0°$　c）$+\lambda_s$

（5）影响切削分力的比值　以外圆车刀为例，λ_s 由 10°变化到−45°时，F_y 增加约 1 倍，F_x 减小到 1/3，F_z 基本不变。

（6）影响切削刃的工作长度　当 a_p 不变时，λ_s 绝对值越大，切削刃工作长度越长，切削刃单位长度上切削负荷越小，刀具寿命越高。

2. 刃倾角的选择原则

1）采用硬质合金刀具加工一般的钢料、铸铁时，粗加工应选择 $\lambda_s = -5° \sim 0°$；精加工时，$\lambda_s = 0° \sim +5°$；有冲击负荷时，$\lambda_s = -15° \sim -5°$。

2）加工高强度钢、高锰钢及淬硬钢时，$\lambda_s = -30° \sim -20°$。

3）工艺系统刚度不足时，尽量不采用负的刃倾角。

4）微量切削时取 $\lambda_s = 45° \sim 75°$。

5）金刚石、立方氮化硼等脆性大的刀具取 $\lambda_s = -5° \sim 0°$。

应该指出，刀具各参数之间相互联系又相互影响。如图 3-48 所示，改变前角时，合理后角同时发生变化。任何刀具的合理几何参数，都应该综合考虑各方面因素后确定。

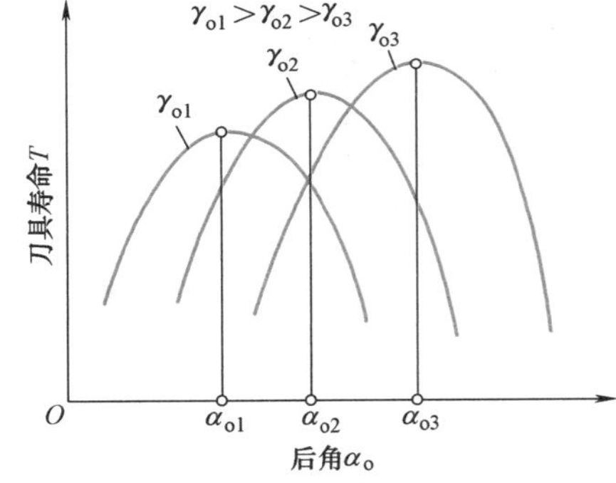

图 3-48　不同前角时刀具的合理后角

3.6　切削用量的选择

合理地选择切削用量对保证加工质量、降低加工成本和提高生产率有着非常重要的意义。随着机床、刀具和工件等条件的不同，切削用量的合理值有了较大的变化。

3.6.1　切削用量的选择原则

选择切削用量时，要考虑到它对生产率、刀具寿命和已加工表面质量的影响，最后确定切削用量的合理值。

所谓切削用量的合理值是指充分发挥机床、刀具的性能，在保证加工质量的前提下，获得高的生产率和低的加工成本的切削用量值。

1. 切削用量与加工生产率的关系

车削外圆时，切削工时 t_m 按式（3-23）计算，则生产率 P 为

$$P=1/t_m=\frac{10^3 vfa_p}{\pi d_w l_w \Delta} \tag{3-32}$$

由式（3-32）可知，切削用量三要素分别与生产率呈线性关系，即提高任一要素都能以相同的比例提高生产率。但切削用量三要素对刀具寿命的影响却不相同。

在常用切削用量范围内，当刀具寿命一定时，切削用量之间的关系为

$$v=\frac{C}{a_p^{x_v} f^{y_v}} \tag{3-33}$$

硬质合金车刀在不使用切削液切削碳素钢时，$x_v=0.15$，$y_v=0.35$，代入式（3-33）则得

$$v=\frac{C}{a_p^{0.15} f^{0.35}} \tag{3-34}$$

1）当 f 不变，a_p 增至 $3a_p$ 时，若仍保持刀具合理的寿命，则 v 必须降低 15%，此时生产率 $P_{3a_p}\approx 2.6P$，即生产率提高至 2.6 倍。

2）当 a_p 不变，f 增至 $3f$ 时，若仍保持刀具合理的寿命，则 v 必须降低 32%，此时生产率 $P_{3f}\approx 2P$，即生产率提高至 2 倍。

由此可见，增大 a_p 比增大 f 更有利于提高生产率。但是 a_p 的选择常受到工序余量的限制，工序余量一旦确定，则 a_p 为常数。由式（3-34）可得：当 f 增大至 $3f$ 时，生产率增大到 2.04 倍；v 增大至 $3v$ 时，生产率反而下降到 13%。

2. 切削用量对刀具寿命的影响

由式（3-20）可见，v、f、a_p 任一项增大时，都会使刀具寿命下降，但影响最大的是 v，其次是 f，最小的是 a_p。因此，从刀具的寿命方面考虑，应首先选取最大的 a_p，再选取大的 f，最后按刀具寿命公式计算 v 值。这就是粗加工时选择切削用量的原则。

3. 切削用量对加工表面粗糙度的影响

进给量 f 直接影响已加工表面的残留高度，因而对加工表面粗糙度影响最大。a_p 对切削变形、摩擦及积屑瘤等无明显影响，但 a_p 增大后，切削力增大，易引起振动，会降低加工精度和表面粗糙度。切削速度 v 增大至一定值时，可抑制积屑瘤和切削变形，切削力减小，表面粗糙度值减小。

由以上分析可知，在粗加工时主要以提高生产效率为主，因此在工艺系统强度、刚度允许的情况下，通常选取大的背吃刀量和进给量，按刀具寿命来计算切削速度。在半精加工和精加工时，主要以保证加工质量为主，通常采用较小的背吃刀量和进给量，为避免或减小积屑瘤，硬质合金刀具采用较高的切削速度，高速钢刀具采用较低的切削速度。当然，选择切削速度时，应避开工艺系统的颤振区，以防止振动影响加工精度和表面粗糙度。

3.6.2 切削用量的优化

通常切削用量是根据生产中的经验数据并进行必要的计算获得的数据，并非最佳值。随着计算机技术的广泛采用，切削用量的优化成为可能。计算机辅助切削用量的优化选择方法，现已逐步进入实用阶段。

所谓切削用量的优化，就是依据拟定的优化目标并在一些必要的约束条件下选择最佳的切削用量值。通常，可采用经济成本最低、生产效率最高（或单件工时最短）和获得利润率最大等作为切削用量优化的目标。目前我国常以经济成本最低作为优化目标。

所谓约束条件，是指在保证加工质量，充分利用机床、刀具性能的前提下对切削用量的极限值设定的限制。在切削加工中，约束条件主要有以下四个方面：

（1）机床方面　机床功率、转速、进给量范围及进给机构允许的进给力等。

（2）工件方面　工件刚度、尺寸和形状精度、加工表面粗糙度等。

（3）刀具方面　刀具强度及刚度、刀具最大磨损量、刀具寿命等。

（4）切削条件方面　最小背吃刀量、积屑瘤、断屑等。

切削用量优化时，通常将背吃刀量 a_p 视为常数，因为它取决于加工余量，特别是在一次进给就能将全部余量切除的情况下。因此，优化设计变量只有进给量和切削速度，以经济成本最低作为优化目标。

切削工时

$$t_m=\frac{l_w\Delta}{n_w f a_p}=\frac{\pi d_w l_w\Delta}{1000v a_p f}=\frac{C_1}{vf} \tag{3-35}$$

由式（3-19）可得

$$T_m=\frac{C_T}{v^x f^y a_p^z}=\frac{C_2}{v^x f^y} \tag{3-36}$$

将式（3-35）、式（3-36）代入式（3-28）中整理可得

$$C=\frac{B_1}{vf}+B_2 v^{(x-1)} f^{(y-1)}+B_2 \tag{3-37}$$

式中，C_1、C_2、B_1、B_2 均为常数。

将式（3-37）分别对 v 和 f 求偏导数，并令其等于零，即可求出单件加工成本最低时的 v 和 f。即

$$\left.\begin{aligned}\frac{\partial C}{\partial v}&=-\left[\frac{B_1}{v^2 f}+(1-x)B_2 v^{(x-2)} f^{(y-1)}\right]=0\\ \frac{\partial C}{\partial f}&=-\left[\frac{B_1}{vf^2}+(1-y)B_2 v^{(x-1)} f^{(y-2)}\right]=0\end{aligned}\right\} \tag{3-38}$$

求得的 v 和 f 值，按约束条件关系式进行检验，其结果有三种可能：

1）求得的 v 和 f 值都在约束范围之内，这时 v 和 f 即是可采用的最优值。

2）求得的 v 和 f 值，其中一个在约束范围之内，另一个在约束范围之外。此时可将在约束范围之外的那个参数作为约束边界值，代入式（3-38）中相应的方程，求出另一个参数值。

3）两个参数值均在约束范围之外，此时可将其中一个参数（如 f）作为约束边界值代入式（3-38）求得另一个参数（v）值，这样得到了第一对优化值。再将 v 作为约束边界值，用同样的方法求出第二对优化值。比较两对优化值，选取两者较优者。

3.6.3　金属切削数据库

在金属切削加工中选择合理参数，涉及多方面大量的数据。随着科学技术的发展和计算机的广泛应用，为了使用方便、查找迅速、选择数据合理，将研究所、高等院校及工厂实验

室验证的在实际生产中行之有效的切削用量数据、手册中的数据，经评价分析和处理后存入到计算机中，形成可以供用户进行咨询服务的一种金属切削数据处理中心。这个数据处理中心称为金属切削数据库。这个数据库储存大量的切削加工方法，大量的工程材料的切削数据，大量的刀具材料的数据，不同机床的性能及原始参数等。用户可以根据自己具体的加工条件，从数据库中搜索到适合于该加工条件的刀具材料、刀具合理的几何参数、合理的刀具寿命和优化的切削用量值。对于金属切削数据库，既有全国性的大型数据库，也有适合本单位、本部门工作需要的小型数据库，后者相对单纯而具体。

3.7 工件材料的可加工性

工件材料的可加工性是指在一定的切削条件下，工件材料切削加工的难易程度。可加工性是一个相对的概念，如低碳钢，从切削力和切削功率方面来衡量，则可加工性好；如果从已加工表面粗糙度方面来衡量，则可加工性不好。

3.7.1 衡量可加工性的指标

切削过程的要求不同，可加工性的衡量指标也不同。

1. 刀具寿命 T 或一定寿命下允许的切削速度 v_T

在相同的切削条件下加工不同的材料时，在一定的切削速度下刀具寿命 T 越大或一定刀具寿命下所允许的切削速度 v_T 越高，可加工性越好；反之，可加工性越差。

在一定刀具寿命下，某种材料允许的切削速度 v_T 是生产和试验中最常用的衡量可加工性的指标。通常以 $R_m=0.735$GPa 的正火状态下 45 钢的刀具寿命 $T=60$min 允许的切削速度 v_{60}为基准，记作$(v_{60})_j$，其他各种材料的 v_{60}与之相比，比值 K_r 即为这种材料的相对加工性。即

$$K_r=v_{60}/(v_{60})_j \tag{3-39}$$

$K_r>1$，说明该材料的可加工性比 45 钢好；$K_r<1$，说明该材料的可加工性比 45 钢差。

常用工件材料相对加工性 K_r 可分为八级，见表 3-3。

表 3-3 材料的相对加工性等级

加工性等级	名称及种类		相对加工性	代表性材料
1	很容易切削材料	一般非铁金属材料	>3.0	5-5-5 铜铅合金、9-4 铝铜合金、铝镁合金
2	容易切削材料	易切削钢	2.5~3.0	退火 15Cr，$R_m=0.373\sim0.441$GPa 易切削钢，$R_m=0.393\sim0.491$GPa
3		较易切削钢	1.6~2.5	正火 30 钢，$R_m=0.441\sim0.549$GPa
4	普通材料	一般钢及铸铁	1.0~1.6	正火 45 钢、灰铸铁
5		稍难切削材料	0.65~1.0	2Cr13，调质，$R_m=0.834$GPa 85 钢，$R_m=0.883$GPa
6	难切削材料	较难切削材料	0.5~0.65	45Cr，调质，$R_m=1.03$GPa 65Mn，调质，$R_m=0.932\sim0.981$GPa
7		难切削材料	0.15~0.5	50CrV，调质，某些钛合金
8		很难切削材料	<0.15	某些钛合金，铸造镍基高温合金

2. 已加工表面质量

如果切削加工时容易获得好的加工质量（包括表面粗糙度、加工硬化程度和表面残余应力等），材料的可加工性就好；反之则差。精加工时常以此作为衡量可加工性的指标。

3. 切削力或切削功率

在相同切削条件下加工不同材料时，切削力或切削功率越大，切削温度越高，则材料的可加工性越差；反之，可加工性越好。在粗加工或机床的刚性、动力不足时，可采用切削力或切削功率作为衡量可加工性的指标。

4. 切屑的处理性能

切削加工时切屑的处理性能（指切屑的卷曲、折断和清理等）越好，则材料的可加工性越好；反之，可加工性越差。数控机床、组合机床、自动机床或自动线加工时，常以此作为衡量可加工性的指标。

3.7.2 影响材料可加工性的因素

根据材料学理论，影响材料可加工性的因素主要有化学成分、金相组织、力学性能、物理性能及化学性能等，其中材料的力学性能、物理性能及化学性能是由化学成分和金相组织决定的。

1. 工件材料的力学性能

一般情况下，工件材料的硬度（包括常温硬度、高温硬度、硬质点和加工硬化等方面）、强度越高，塑性、韧性越大，弹性模量越小，其可加工性越差；反之，则越好。但在生产实际中不能孤立地考虑这些因素，而应根据不同的材料，对多种影响因素进行综合考虑，如低碳钢，虽然其硬度很低，但塑性很大，其可加工性并不是很好。

2. 工件材料的物理性能

在材料的物理性能中，热导率对可加工性有直接的影响。切削过程中所产生的切削热分别从切屑、工件及刀具传出。工件材料的热导率越高，刀具与工件及切屑摩擦面上的温度越低，刀具磨损越小，寿命越高，工件可加工性越好。反之，则越差。

3. 工件材料的化学性能

某些材料在切削温度高时，易引起化学反应。如镁合金易燃烧；钛合金在切削时与空气中的氧和氮发生反应，形成硬脆的化合物，使切屑呈短碎片状，切削力和切削热集中在切削刃附近；切削液有时会和某些材料起化学反应等。这些都对材料的可加工性有一定的影响。

3.7.3 改善可加工性的途径

在保证产品使用性能的前提下，可以通过多种方法改善材料的可加工性。

1. 对材料进行热处理

通过热处理可以改善材料的金相组织和物理力学性能，这是生产实践中最常用的方法。如高碳钢和工具钢硬度高，有较多的网状、片状渗碳体组织，通过球化退火可以降低其硬度。热轧状态的中碳钢组织不均匀，有时表面有硬皮，经过正火可使其组织均匀，硬度适中，改善其可加工性。低碳钢塑性过高，可通过冷拔或正火适当降低其塑性，提高硬度，改善其可加工性。

2. 调整材料的化学成分

在钢中适当添加一些元素（如硫、钙、铅等），这些添加元素几乎不能与钢的基体固溶，而以金属或金属夹杂物的状态分布，在切削过程中起到减小变形和摩擦的作用，使钢的可加工性能得到改善，这样的钢称为易切钢。它具有良好的可加工性，使刀具寿命提高，切削力减小，切屑易折断等。

3.7.4　难加工材料的切削技术

随着科技的全面发展，新材料不断涌现。由于新材料具有综合优良的性能，有时会给切削加工带来极大的困难。目前，通过采用新型的刀具材料、选择合理的刀具几何参数和切削用量、正确使用切削液等措施，仍不能对有些难加工材料进行有效的加工。现对难加工材料切削技术简介如下：

1. 加热切削法

加热切削法指用等离子弧对靠近刀尖处的被切削金属加热，使其硬度、强度降低，改善切削效果。常用于粗加工，目前也有人试用 1~5V，100~500A 的电流进行电加热和激光辅助切削法。

2. 低温切削法

低温切削法指用液氮（-180℃）或液态 CO_2（-76℃）作为切削液降低切削区温度，加工钢时当切削温度降至 310℃时形成的积屑瘤最大，实际前角最大，切削力明显降低；而切削温度降至 500℃时，积屑瘤逐渐消失，得到小的表面粗糙度数值和高的刀具寿命。

3. 振动切削法

振动切削法指用振动发生器使刀具在切削速度方向产生高频（>10kHz）或低频（<300Hz）振动，使刀具和切屑间摩擦因数和切削力降低，切屑变形及切削温度降低，积屑瘤消失，能获得好的已加工表面质量。由于振动产生冲击，要求刀具有一定的韧性。也有振动方向与进给方向一致的振动切削方式。

4. 真空切削法

真空切削法主要使切削区不受空气中的元素影响。如加工钛合金可避免钛与空气中的元素生成不利于切削的化合物，从而改善其可加工性。

5. 惰性气体保护切削法

惰性气体保护切削法指采用惰性气体氩气保护（喷射氩气覆盖切削区），防止材料中的活泼元素与空气中的元素发生反应生成不利于切削的化合物，提高刀具的寿命。

6. 绝缘切削法

绝缘切削法的主要目的是防止切削时产生的热电势在闭合回路中形成热电流，防止刀具热电磨损，提高刀具的寿命。

7. 超高速切削法

当切削速度提高到某一临界值时，切削温度有一最高值，此时切削速度再提高，切削温度反而会降低，此时已加工表面质量好，刀具寿命提高。但是，超高速切削要求机床具有良好的刚性和抗振性。

3.8 切削液及其选择

在切削加工过程中合理使用切削液，可以改善切屑、工件与刀具的摩擦状况，降低切削力和切削温度，减少刀具磨损，抑制积屑瘤和鳞刺（在已加工表面上呈鱼鳞状的毛刺）的生长，从而提高生产率和加工质量。

3.8.1 切削液的种类

金属切削加工中最常用的切削液可分为三大类：水溶液、乳化液和切削油。

1. 水溶液

水溶液的主要成分是水，它的冷却性能好，呈透明状，便于操作者观察。但其易使金属生锈，且润滑性能欠佳。因此，常在水溶液中加入一定的添加剂，使其既能保持冷却性能又有良好的防锈性能和一定的润滑性能。水溶液的冷却性能最好，最适用于磨削加工。

2. 乳化液

乳化液以水为主加入适量的乳化油而成。乳化油由矿物油和乳化剂配制而成，再用体积分数为95%~98%的水稀释后成为乳白色或半透明状的乳化液。尽管乳化液的润滑性能优于水溶液，但润滑和防锈性能仍较差。为了提高其润滑和防锈性能，需加入一定量的油性添加剂、极压添加剂和防锈添加剂，配成极压乳化液或防锈乳化液。

3. 切削油

切削油的主要成分是矿物油，少数采用植物油或复合油。纯矿物油不能在摩擦界面上形成牢固的润滑膜，常加入油性添加剂、极压添加剂和防锈添加剂，以提高润滑和防锈性能。

3.8.2 切削液的作用

切削液主要起冷却和润滑的作用，同时还具有良好的清洗作用和防锈作用。此外，要求切削液无毒无异味、绿色环保、不影响人身健康、不变质及具有良好的化学稳定性等。

1. 冷却作用

切削液的冷却作用主要是靠热传导带走切削区的大量热量，降低切削温度，提高刀具寿命和加工表面质量。对耐热性差的刀具，切削液的冷却作用尤其重要。

切削液的冷却效果取决于切削液的性质（如热导率、比热容、汽化热和汽化速度等）、用量（如流量、流速和压力等）以及使用方法。水溶液的热导率、比热容比油大得多，故水溶液的冷却性能比切削油好，乳化液介于两者之间。

2. 润滑作用

在切削过程中，刀具与切屑、工件接触面之间摩擦剧烈，而且压力很大（1GPa 以上），温度很高（500℃以上）。在这种条件下，使用切削液后切削区摩擦界面上也不可能达到完全流体润滑摩擦状态，而是属于边界润滑摩擦状态。使用切削液后，切削液将从刀-屑、刀-工接触界面

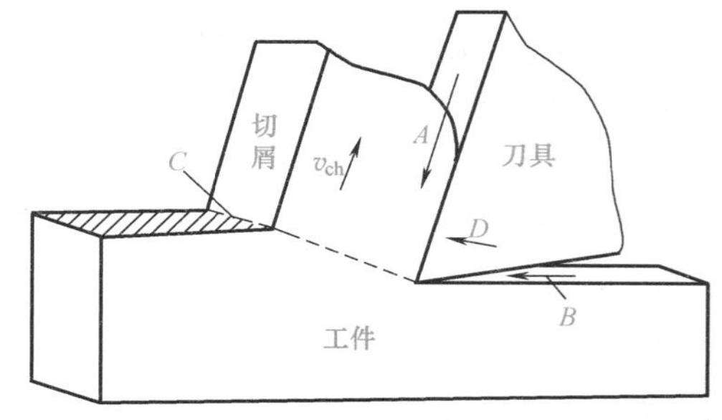

图 3-49 切削液渗入的途径

的微小间隙在相对运动下形成泵吸现象时渗入其中（图 3-49）。在切屑剪切区的剪切裂纹处，汽化切削液分子直接渗入并吸附在摩擦界面和剪切面上。因此，在切削过程中，切削液可以减小接触界面上的摩擦，使剪切角增大，刀具与切屑接触长度缩短，抑制或消除积屑瘤，从而提高刀具的寿命和加工表面质量。表 3-4 是几种切削液与干切削时的润滑效果比较。

表 3-4　几种切削液与干切削时的润滑效果比较

切削液种类	剪切角 ϕ	变形系数 ξ	摩擦因数 μ
干切削	15°15′	2.9	0.90
乳化液	22°50′	2.7	0.83
矿化脂肪油+矿物油（非活性）	24°20′	2.6	0.72
菜籽油	25°12′	2.3	0.68
氯化硫化矿物油+脂肪油（活性）	25°30′	2.2	0.66

3. 清洗作用

在加工脆性工件形成崩碎切屑或加工塑性工件形成粉末切屑（如磨削）时，要求切削液具有良好的清洗和冲刷作用。切削液的清洗性能与其渗透性、流动性、使用的压力和流量有关。这种切削液通常以水为主，添加表面活性剂和少量的矿物油。

4. 防锈作用

在使用切削液时，由于切削液的飞溅，工件、机床、刀具等受到污染，因此要求切削液具有绿色环保和防锈性能。切削液的防锈性能主要取决于防锈添加剂的作用。

3.8.3　切削液的添加剂

为了使切削液具有各种使用性能，通常加入某些化学物质，这些化学物质称为添加剂。

切削液中常见的添加剂有：油性添加剂、极压添加剂、防锈添加剂、防霉添加剂、防泡沫添加剂和乳化剂等。

1. 油性添加剂

油性添加剂含有极性分子，它与金属表面形成牢固的吸附膜，以减少摩擦。这种吸附膜耐高温性差，故主要用于低速精加工。

2. 极压添加剂

常用的极压添加剂是含有硫、磷、氯和碘的有机化合物。它在高温下与金属表面发生化学反应形成化学润滑膜，能在高温下保持润滑作用。

3. 乳化剂

乳化剂是使矿物油和水进行乳化，形成稳定的乳化液。它有极性端和非极性端。极性端亲水，非极性端亲油，使水与油连接起来，降低了油与水的界面张力，使油微小的颗粒稳定均匀地分布在水中形成水包油乳化液。相反的是油包水乳化液。金属切削中应用水包油乳化液。

此外，其他添加剂可参见表 3-5。

3.8.4　切削液的选择

切削液的品种繁多、性能各异，在切削加工时应根据工件材料、刀具材料、加工方法和

加工要求的具体情况合理选用，以取得良好的效果。

表 3-5　切削液中的添加剂

分类		添加剂
油性添加剂		动植物油，脂肪酸及其皂，脂肪醇，脂类、酮类、胺类等化合物
极压添加剂		硫、磷、氯、碘等有机化合物（如氯化石蜡、二烷基二硫代磷酸锌等）
防锈添加剂	水溶性	亚硝酸钠、磷酸三钠、磷酸氢二钠、苯甲酸钠、苯甲酸胺、三乙醇胺等
防锈添加剂	油溶性	石油磺酸钡、石油磺酸钠、环烷酸锌、二壬基萘磺酸钠等
防霉添加剂		苯酚、五氯酚、硫柳汞等化合物
防泡沫添加剂		二甲基硅油
助溶添加剂		乙醇、正丁醇、苯二甲酸酯、乙二醇醚等
乳化剂（表面活性剂）	阴离子型	石油磺酸钠、油酸钠皂、松香酸钠皂、高碳酸钠皂、磺化蓖麻油、油酸三乙醇胺等
乳化剂（表面活性剂）	非离子型	平平加（聚氧乙烯脂肪醇醚）、司本（山梨糖醇油酸酯）、吐温（聚氧乙烯山梨糖醇油酸酯）
乳化剂		乙二醇、乙醇、正丁醇、二乙二醇单丁基醚、二甘醇、高碳醇、苯乙醇胺、三乙醇胺

1. 根据刀具材料和加工要求选用

对于低速刀具，如高速钢刀具，为了降低切削温度和减少摩擦，应使用切削液。粗加工时选用冷却性能好的切削液；精加工时选用润滑性好的切削液，以保证加工表面质量。

对硬质合金刀具，由于耐热性好，一般不使用切削液。如果必须使用切削液，应连续、充分、大流量使用，以防止热冲击产生内应力而降低刀具的寿命和已加工表面质量。

2. 根据工件材料选用

加工钢等塑性材料时应选用切削液。加工铸铁等脆性材料时一般不选用切削液，以免污染工作地。如果必须使用，则采用煤油或轻柴油等与切屑容易分离的切削液。对于高强度钢、高温合金钢等难加工材料，应选用极压性能优良的切削液，以适应极压润滑摩擦状况，起到降低切削温度和减小摩擦的效果，从而提高刀具寿命和加工表面质量。

3. 根据加工方法选用

对于钻孔、攻螺纹、铰孔和拉削等，由于导向部分和校准部分与已加工表面摩擦较大，通常选用乳化液、极压乳化液和极压切削油；成形刀具、螺纹刀具及齿轮刀具应保证有较高的寿命，通常选用润滑性能好的切削油、高浓度的极压乳化液或极压切削油；磨削加工，由于磨屑微小而且磨削温度很高，故选用冷却和清洗性能好的切削液，如水溶液和乳化液。磨削难加工材料时宜选用有一定润滑性能的水溶液和极压乳化液。

3.8.5　切削液的使用方法

切削液不仅要合理选用，而且要选择正确的使用方法，只有这样才能充分发挥切削液的作用。切削液常用的使用方法有浇注法、高压冷却法和喷雾冷却法。

1. 浇注法

浇注法是切削液使用的最常用方法。这种方法使用方便，设备简单，但流量大，压力低，切削液不易进入切削区的最高温度处，因此，冷却、润滑效果皆不理想。

2. 高压冷却法

高压冷却法是利用高压（1～10MPa）切削液直接作用于切削区周围进行冷却润滑并冲

走切屑，效果好于浇注法。但需要高压冷却装置。深孔加工时常用此法。

3. 喷雾冷却法

喷雾冷却法是以压力为0.3~0.6MPa的压缩空气，通过喷雾装置使切削液雾化，高速喷射到切削区，在高温下迅速汽化，吸收大量的热量，达到良好的冷却效果，能显著地提高刀具寿命和加工表面质量，但需要高压气源和喷雾装置。

习题与思考题

3-1　画简图说明切屑形成过程。切屑形状分几种？各在什么条件下产生？

3-2　如何表示切屑变形程度？影响切屑变形有哪些因素？各因素如何影响切屑变形？

3-3　积屑瘤是如何产生的？积屑瘤对切削过程有何影响？

3-4　车削加工时三个切削分力 F_x、F_y、F_z 是如何定义的？各分力对加工有何影响？

3-5　如何根据试验数据确定切削力经验公式中的系数和指数？

3-6　切削热有哪些来源？切削热如何传出？

3-7　影响切削温度的因素有哪些？如何影响？

3-8　刀具磨损如何进行度量？刀具磨钝标准是如何制定的？

3-9　切削用量三要素对刀具使用寿命的影响程度有何不同？试分析其原因。

3-10　刀具破损的主要形式有哪些？高速钢和硬质合金刀具的破损形式有何不同？

3-11　影响工件材料可加工性的主要因素是什么？如何衡量？

3-12　刀具前角、后角有什么功用？说明选择合理前角、后角的原则。

3-13　主偏角、副偏角有什么功用？说明选择合理主偏角、副偏角的原则。

3-14　刃倾角有什么功用？说明选择合理刃倾角的原则。

3-15　说明最大生产率刀具寿命和最低成本刀具寿命的含义及计算公式。

3-16　如何合理确定背吃刀量、进给量和切削速度？

3-17　切削液有何功用？如何选用？

第4章

金属切削机床基本知识

金属切削机床（简称机床）是指用切削的方法加工金属毛坯或工件，使之获得所要求的几何形状、尺寸精度和表面质量的机器（便携式除外）。机床是制造机器的机器，故又称为“工作母机”。金属切削机床是加工机器零件的主要设备，它所担负的工作量约占机器制造总工作量的40%～60%。机床工业为社会各行业提供先进的制造技术和优质高效的设备，机床工业的技术水平决定着其他行业的发展水平，在很大程度上标志着一个国家的工业生产能力和科学技术水平。

4.1 金属切削机床的分类与编号

金属切削机床的品种和规格繁多，为便于区别、使用和管理，需对机床进行分类和编制型号。

4.1.1 金属切削机床的分类

1. 金属切削机床的基本分类方法

国家标准 GB/T 6477—2008《金属切削机床　术语》对一般用途的机床名称进行了定义。GB/T 15375—2008《金属切削机床　型号编制方法》规定了除特种加工机床和组合机床以外的金属切削机床的分类和型号编制方法。

该标准将金属切削机床按其工作原理及所用刀具划分为车床、钻床、镗床、磨床、齿轮加工机床、螺纹加工机床、铣床、刨插床、拉床、锯床和其他机床共11类。每一类分为10个组，每一组又细分为10个系（系列）。组、系划分的原则如下：

1）同一类机床中，主要结构布局或使用范围基本相同的机床，即为同一组。

2）同一组机床中，其主参数相同、主要结构及布局形式相同的机床，即为同一系。

必要时，类可进一步分为若干分类。每一分类分为10个组，每组分为10个系。

2. 金属切削机床的其他分类方法

除上述基本分类方法外，还可以根据机床的其他特征进行分类：

1）按机床的工艺范围（通用程度）分为通用机床、专门化机床和专用机床。

① 通用机床。可加工多种工件，完成多种工序的使用范围较广的机床。通用机床加工范围较广，但结构比较复杂、生产效率较低。这种机床主要适用于单件小批生产，例如卧式车床、万能升降台铣床等。

② 专门化机床。用于加工形状相似而尺寸不同的工件的特定工序的机床，如曲轴车床

和凸轮轴车床等。其工艺范围较窄，专门用于加工某一类或几类零件的某一道（或几道）特定工序，结构较通用机床简单。这种机床主要适用于成批生产。

③ 专用机床。用于加工特定工件的特定工序的机床。其工艺范围最窄，适用于大批量生产，如机床主轴箱的专用镗床、车床导轨的专用磨床和各种组合机床等。

2）按加工精度高低分为　普通机床（P 级）、精密机床（M 级）和高精度机床（G 级）。这种机床精度等级的划分是根据被加工工件的加工精度要求高低，用相对分级法划分的。其划分方法和分级原则见 GB/T 25372—2010《金属切削机床　精度分级》。

3）按机床的自动化程度分为手动、机动、半自动和自动机床。

4）按机床的重量与尺寸分为仪表机床、中型机床（一般机床）、大型机床（重量达 10t）、重型机床（大于 30t）和超重型机床（大于 100t）。

5）按照机床主要工作部件的多少分为单轴、多轴机床和单刀、多刀机床。

通常，机床根据基本分类方法进行分类，再根据其某些特点（通用特性和结构特性）进一步描述，如多刀半自动车床和高精度外圆磨床等。

随着机床的发展，其分类方法也将不断变化。现代机床正向数控化方向发展，数控机床的功能日趋多样化，工序更加集中。现在的数控机床已经集中了越来越多的传统机床的功能。例如，数控车床在卧式车床功能的基础上，集中了转塔车床、仿形车床和自动车床等多种车床的功能；车削中心在数控车床功能的基础上，又加入了钻、铣、镗等类机床的功能，并对主轴进行伺服控制（*C* 轴控制）。又如，具有自动换刀功能的镗铣加工中心机床集中了钻、镗、铣等多种类型机床的功能，习惯上称为“加工中心”（Machining Center），有的加工中心的主轴既能立式又能卧式，集中了立式加工中心和卧式加工中心的功能。机床数控化引起了机床传统分类方法的变化，这种变化主要表现在机床品种不是越分越细，而是趋向综合。

4.1.2　金属切削机床的型号编制

机床的型号是赋予每种机床的一个代号，用以简明地表示机床的类型、通用特性和结构特性、主要技术参数等内容。我国现在最新的机床型号，是按国家标准 GB/T 15375—2008《金属切削机床　型号编制方法》编制的。该标准规定，机床型号由汉语拼音字母和阿拉伯数字按一定的规律组合而成。

1. 通用机床的型号编制

通用机床型号由基本部分和辅助部分组成，中间用“/”隔开，读作“之”。前者需要统一管理，后者纳入型号与否由企业自定。型号构成如图 4-1 所示。

（1）机床的类代号　机床的类代号用大写的汉语拼音字母表示，见表 4-1。必要时每类可分为若干分类，分类代号在类代号之前，作为型号的首位，用阿拉伯数字表示（第一分类代号前的“1”省略），见表 4-1 中的磨床。

表 4-1　机床的类别和分类代号

类别	车床	钻床	镗床	磨床			齿轮加工机床	螺纹加工机床	铣床	刨插床	拉床	锯床	其他机床
代号	C	Z	T	M	2M	3M	Y	S	X	B	L	G	Q
读音	车	钻	镗	磨	二磨	三磨	牙	丝	铣	刨	拉	割	其

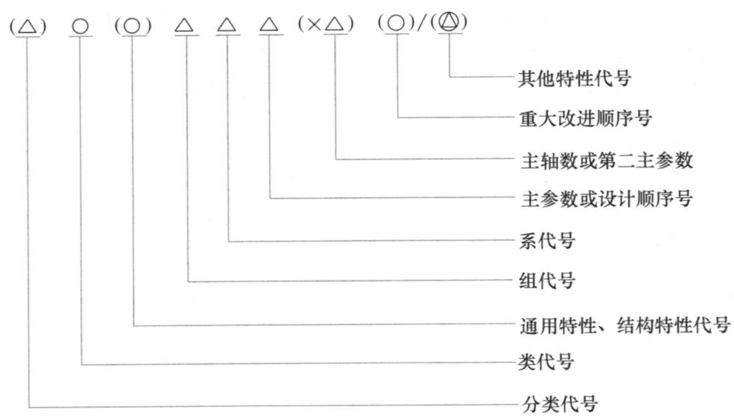

注1：有“（ ）”的代号或数字，当无内容时，则不表示。若有内容则不带括号。

注2：有“○”符号的，为大写的汉语拼音字母。

注3：有“△”符号的，为阿拉伯数字。

注4：有“◎”符号的，为大写的汉语拼音字母，或阿拉伯数字，或两者兼有之。

图 4-1 通用机床型号的表示方法

（2）通用特性代号和结构特性代号　这两种特性代号用大写的汉语拼音字母表示，位于类代号之后。

1）通用特性代号。通用特性代号有统一的固定含义，在各类机床的型号中表示的意义相同，见表 4-2。当某类机床除有普通型外还有下列某种通用特性时，在类代号之后加通用特性代号予以区分。如果某类机床仅有某种通用特性而无普通形式，通用特性不予表示。当在一个型号中需同时使用 2~3 个通用特性代号时，一般按重要程度排列顺序。

表 4-2　机床的通用特性代号

通用特性	高精度	精密	自动	半自动	数控	加工中心（自动换刀）	仿形	轻型	加重型	柔性加工单元	数显	高速
代号	G	M	Z	B	K	H	F	Q	C	R	X	S
读音	高	密	自	半	控	换	仿	轻	重	柔	显	速

2）结构特性代号。对主参数值相同而结构、性能不同的机床，在型号中加结构特性代号予以区分，它在型号中没有统一的含义，只在同类机床中起区分机床结构、性能的作用。当型号中已有通用特性代号时，结构特性代号应排在通用特性代号之后。

（3）机床组、系的代号　每类机床划分为 10 个组，每组使用一位阿拉伯数字表示，位于类代号或通用特性代号和结构特性代号之后。每组又划分为 10 个系（系列），每个系列用一位阿拉伯数字表示，位于组代号之后。机床的类、组划分见表 4-3。

（4）主参数的表示方法　机床型号中主参数用折算值（主参数乘以折算系数，一般取两位数字）表示，位于系代号之后。机床的统一名称和组、系划分，以及型号中主参数的表示方法，见 GB/T 15375—2008 中的“5.2 金属切削机床统一名称和类、组、系划分表”。

表 4-3 金属切削机床类、组划分

类别 \ 组别	0	1	2	3	4	5	6	7	8	9
车床 C	仪表小型车床	单轴自动车床	多轴自动、半自动车床	回转、转塔车床	曲轴及凸轮轴车床	立式车床	落地及卧式车床	仿形及多刀车床	轮、轴、辊、锭及铲齿车床	其他车床
钻床 Z		坐标镗钻床	深孔钻床	摇臂钻床	台式钻床	立式钻床	卧式钻床	铣钻床	中心孔钻床	其他钻床
镗床 T			深孔镗床		坐标镗床	立式镗床	卧式镗铣床	精镗床	汽车、拖拉机修理用镗床	其他镗床
磨床 M	仪表磨床	外圆磨床	内圆磨床	砂轮机	坐标磨床	导轨磨床	刀具刃磨床	平面及端面磨床	曲轴、凸轮轴、花键轴及轧辊磨床	工具磨床
磨床 2M		超精机	内圆珩磨机	外圆及其他珩磨机	抛光机	砂带抛光及磨削机床	刀具刃磨床及研磨机床	可转位刀片磨削机床	研磨机	其他磨床
磨床 3M		球轴承套圈沟磨床	滚子轴承套圈滚道磨床	轴承套圈超精机		叶片磨削机床	滚子加工机床	钢球加工机床	气门、活塞及活塞环磨削机床	汽车、拖拉机修磨机床
齿轮加工机床 Y	仪表齿轮加工机		锥齿轮加工机	滚齿及铣齿机	剃齿及珩齿机	插齿机	花键轴铣床	齿轮磨齿机	其他齿轮加工机	齿轮倒角及检查机
螺纹加工机床 S				套丝机	攻丝机		螺纹铣床	螺纹磨床	螺纹车床	
铣床 X	仪表铣床	悬臂及滑枕铣床	龙门铣床	平面铣床	仿形铣床	立式升降台铣床	卧式升降台铣床	床身铣床	工具铣床	其他铣床
刨插床 B		悬臂刨床	龙门刨床			插床	牛头刨床		边缘及模具刨床	其他刨床
拉床 L			侧拉床	卧式外拉床	连续拉床	立式内拉床	卧式内拉床	立式外拉床	键槽、轴瓦及螺纹拉床	其他拉床
锯床 G			砂轮片锯床		卧式带锯床	立式带锯床	圆锯床	弓锯床	锉锯床	
其他机床 Q	其他仪表机床	管子加工机床	木螺钉加工机		刻线机	切断机	多功能机床			

（5）机床的重大改进顺序号　当机床的结构、性能有更高的要求，并需按新产品重新设计、试制和鉴定时，才按改进的先后顺序选用 A、B、C 等汉语拼音字母（但 I、O 两个字母不得选用），加在型号基本部分的尾部，以区别原机床型号。

通用机床型号的编制方法举例如下：

示例 1：CA6140 型普通卧式车床。

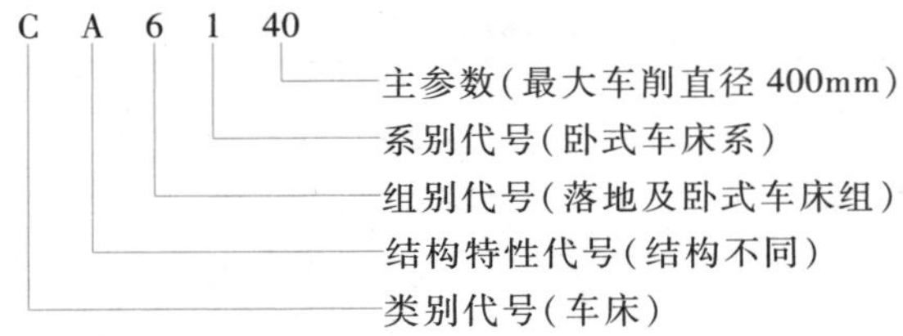

示例 2：MG1432A 型高精度万能外圆磨床。

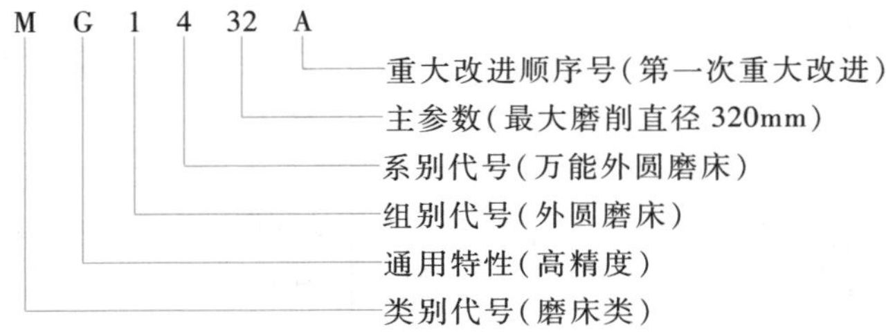

2. 专用机床的型号编制

（1）专用机床型号表示方法　专用机床的型号一般由设计单位代号和设计顺序号组成，其表示方法为

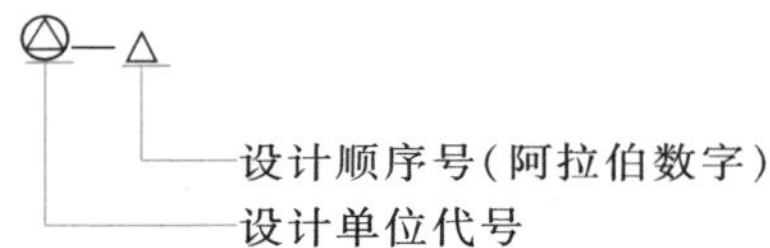

（2）设计单位代号　设计单位代号包括机床生产厂和机床研究单位代号（位于型号之首）。

（3）设计顺序号　按该单位的设计顺序号（从“001”起始）排列，位于设计单位代号之后，并用“—”隔开。

例如，北京第一机床厂设计制造的第 100 种专用机床为专用铣床，其型号为 B1—100。

关于机床型号中其他内容和机床自动线的型号，参见国家标准 GB/T 15375—2008《金属切削机床　型号编制方法》。

4.2　机床的运动分析及传动

机床的运动分析，就是研究金属切削机床上的各种运动及其相互联系。机床运动分析的一般过程是：根据在机床上加工的各种表面和使用的刀具类型，分析得到形成这些表面的方法和所需的运动；再分析为实现这些运动，机床必须具备的实现这些运动的传动联系、实现这些传动联系的机构以及机床运动的调整方法。这个次序可以总结为“表面—运动—传动—机构—调整”。

尽管机床品种繁多，结构各异，但都是几种基本运动类型的组合与转化。机床运动分析的目的在于利用非常简便的方法迅速认识一台陌生的机床，掌握机床的运动规律，分析或比较各种机床的传动系统，从而能够合理地设计机床和使用机床的传动系统。

4.2.1　工件加工表面及其形成方法

1. 被加工工件的表面形状

在切削加工过程中，安装在机床上的刀具和工件按一定的规律做相对运动，通过刀具的切削刃对工件的切削作用，把工件上多余的金属切除掉，从而得到所要求的表面。尽管机器零件千姿百态，但其常用的组成表面却是平面、圆柱面、圆锥面、球面、圆环面、螺旋面和成形表面等基本表面元素，如图 4-2 所示。

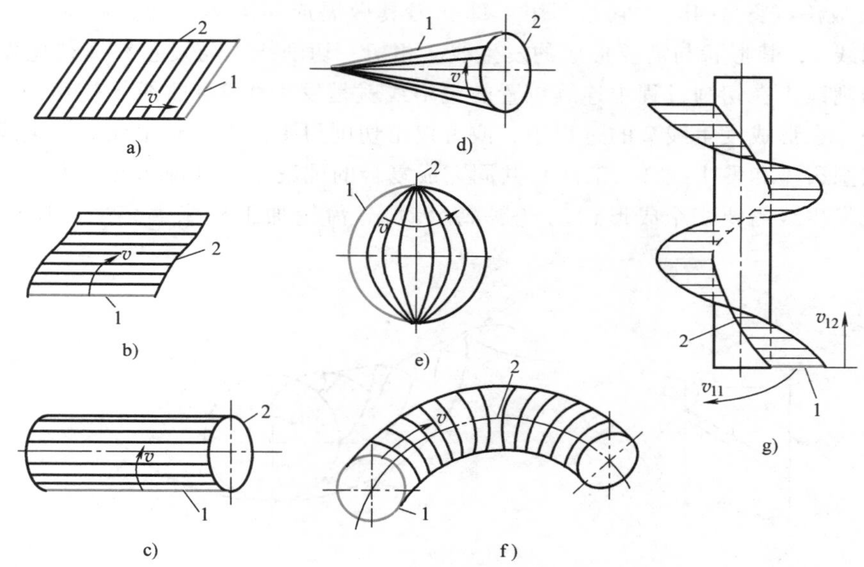

图 4-2　组成工件轮廓的几种几何表面

a）平面　b）直线成形表面　c）圆柱面　d）圆锥面　e）球面　f）圆环面　g）螺旋面

1—母线　2—导线

2. 工件表面的形成方法

任何规则表面都可以看作是一条线 1（称为母线）沿着另一条线 2（称为导线）运动的轨迹。母线和导线统称为形成表面的发生线，如图 4-2 所示。

如果形成表面的两条发生线——母线和导线互换，形成表面的性质不改变，则这种表面称为可逆表面，如图 4-2a、b、c 所示。如果形成表面的母线和导线不可以互换，则称为不可逆表面，如图 4-2d、e、f、g 所示。

还要注意，虽然有些表面的两条发生线完全相同，但因母线的原始位置不同，也可形成不同的表面，如图 4-3 所示。

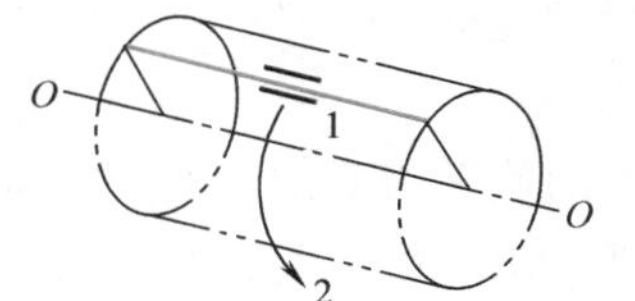

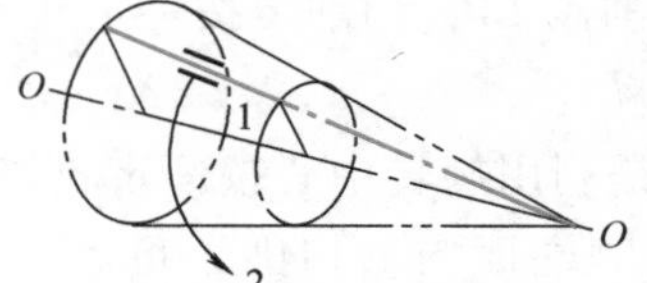

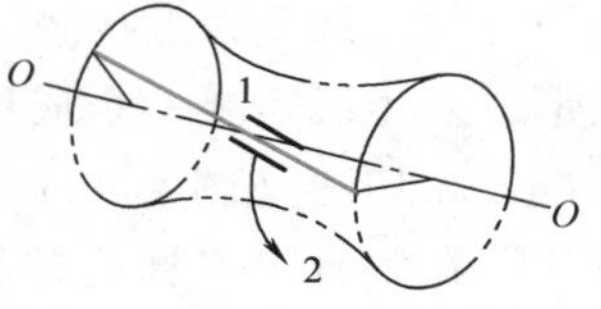

图 4-3　母线原始位置变化时形成的表面

1—母线　2—导线

3. 形成发生线的方法及所需运动

发生线是由刀具的切削刃和工件的相对运动得到的。由于使用的刀具切削刃形状和采取的加工方法不同，形成发生线的方法可归纳为四种。以形成图 4-4 中的一段圆弧（发生线 2）为例说明如下：

（1）成形法（图 4-4a） 它是利用成形刀具对工件进行加工的方法。切削刃为切削线 1，它的形状与需要形成的发生线 2 完全吻合，刀具无须任何运动就可以得到所需的发生线形状，因此形成发生线 2 不需运动。

（2）展成法（图 4-4b） 它是利用工件和刀具做展成切削运动而进行加工的方法。切削刃为切削线 1，其形状与需要形成的发生线 2 相切，切削线 1 与发生线 2 彼此做无滑动的纯滚动，切削线 1 在切削过程中连续位置的包络线就是发生线 2。曲线 3 是切削刃上某点 A 的运动轨迹。在形成发生线 2 的过程中，或者仅由切削刃 1 沿着由它生成的发生线 2 做纯滚动；或者切削刃 1 和发生线 2（工件）共同完成复合的纯滚动，这种运动称为展成运动。用展成法形成发生线需要一个成形运动（展成运动）。齿轮加工机床大多采用展成法形成渐开线。

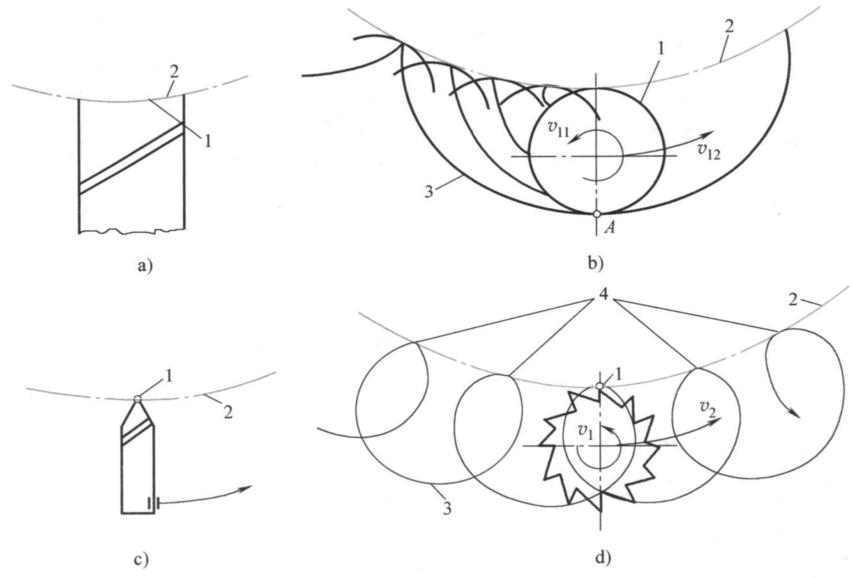

图 4-4 形成发生线的方法

a）成形法 b）展成法 c）轨迹法 d）相切法

1—切削刃 2—发生线 3—切削刃上某点的运动轨迹 4—切点

（3）轨迹法（图 4-4c） 它是利用刀具做一定规律的轨迹运动对工件进行加工的方法。切削刃与发生线 2 为点接触（切削点 1），切削刃按一定轨迹运动形成所需的发生线 2。用轨迹法形成发生线需要一个成形运动。

（4）相切法（图 4-4d） 它是利用旋转中心按一定轨迹运动的旋转刀具对工件进行加工的方法。在垂直于刀具旋转轴线的端面内，切削刃可看作切削点 1，刀具做旋转运动的同时，其中心按一定规律运动，切削点 1 的运动轨迹（如图中的曲线 3）的共切线就是发生线 2。图中点 4 就是刀具上的切削点 1 的运动轨迹与工件的各个切点。因为这种方法的刀具一般是多齿刀具，有多个切削点，所以发生线 2 就是刀具上所有的切削点在切削过程中共同形成的。用相切法得到发生线，需要两个独立的成形运动，即刀具的旋转运动和刀具中心按所需规律进行的运动。

4.2.2 机床的运动

按功用不同，机床上的运动可分为表面成形运动和辅助运动（非表面成形运动）两大类。

1. 表面成形运动

为了形成工件表面的发生线，机床上的刀具和工件按上述四种方法之一所做的相对运动称为表面成形运动，简称成形运动。表面成形运动是机床上最基本的运动。为了加工出所需的零件表面，机床必须具备表面成形运动。

（1）成形运动的种类　表面成形运动可能是简单运动，也可能是复合运动。如果表面成形运动仅仅是执行件的旋转运动或直线运动，则称为简单的表面成形运动，简称简单运动。这两种运动最简单，也最容易得到。在机床上，以主轴或刀具的旋转、刀架或工作台的直线运动的形式出现。通常用符号 A 表示直线运动，用符号 B 表示旋转运动。例如，用车刀车削外圆柱面（图 4-5），工件的旋转运动 B_1 产生母线（圆），刀具的纵向直线运动 A_2 产生导线（直线）。运动 B_1 和 A_2 就是两个表面成形运动，角标号表示表面成形运动的次序。又如用龙门刨床刨削工件，工作台带着工件做往复直线运动，刀架带着刀具做间歇的直线进给运动，这两个直线运动都产生发生线（皆为直线），因而都是成形运动。

成形运动有时是复合运动。图 4-6 所示为用螺纹车刀切削螺纹的成形运动，螺纹车刀是成形刀具，形成螺纹的牙型（母线）不需要运动；形成螺旋线（导线）需要车刀在不动的工件上做空间螺旋运动。因此形成螺旋面只需一个运动。在机床上，最容易实现并保证精度的是旋转运动和直线运动，如主轴的旋转运动和刀架的移动，因此，把这个空间螺旋运动分解成工件的旋转运动 B_{11} 和刀具的直线运动 A_{12}。角标号的第一位数字表示第一个运动（此例只有一个运动），后一位数字表示第一个运动中的第一、第二两部分。为了得到要求导程的螺旋线，运动的两个部分 B_{11} 和 A_{12} 必须保持严格的相对运动关系，即工件每均匀转一周，刀具均匀移动工件一个导程的距离。这种各个部分之间必须保持严格相对运动关系的运动称为复合的表面成形运动，简称复合运动。

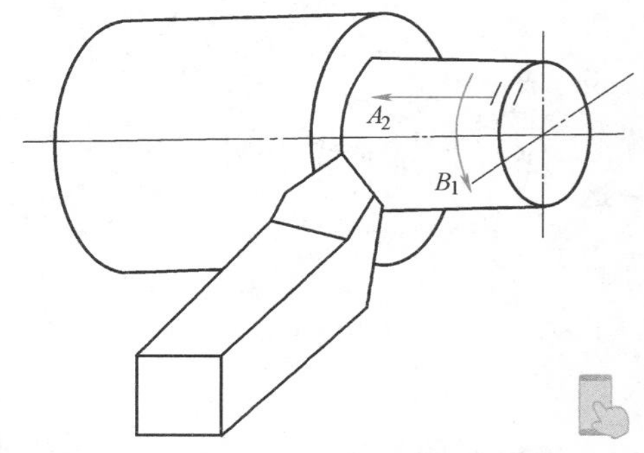

图 4-5　车削外圆柱表面的成形运动

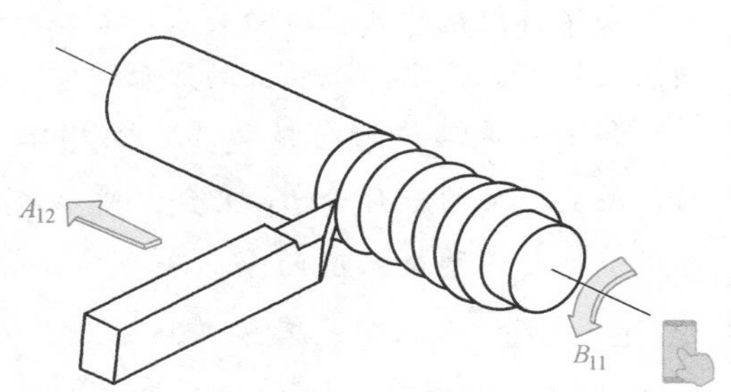

图 4-6　用螺纹车刀切削螺纹的成形运动

图 4-7 所示为用插齿刀加工齿轮的成形运动。插齿机加工原理为插齿刀和工件模拟一对圆柱齿轮的啮合过程，产生渐开线（母线）靠展成法，需要一个展成运动（复合运动）。如

上所述，这个展成运动也可分解为插齿刀的旋转运动 B_{11} 和工件的旋转运动 B_{12}。B_{11} 和 B_{12} 是一个运动的两个部分，它们必须保持严格的相对运动关系，即插齿刀每均匀转过一个齿，工件也应均匀转过一个齿。齿轮齿面的导线（直线）用轨迹法形成，由插齿刀的上下往复运动 A_2 实现。

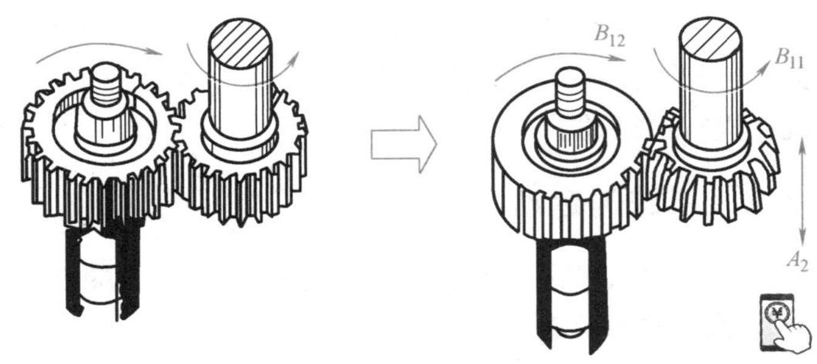

图 4-7　插齿刀加工齿轮的成形运动

在多轴联动的数控机床中，有些复合表面成形运动可以分解为两个或两个以上的简单运动，每个部分就是机床的一个坐标轴。复合运动虽然可以分解成几个部分，每个部分是一个旋转或直线运动，与简单运动相似，但这些部分之间必须保持严格的相对运动关系，是相互依存而不是独立的，所以复合运动是一个运动，而不是两个或两个以上的简单运动。

（2）零件表面成形所需的成形运动　母线和导线是形成零件表面的两条发生线，形成表面所需要的成形运动，就是形成其母线及导线所需要的成形运动的综合（有时是总和）。为了加工出所需的零件表面，机床就必须具备这些成形运动。

例 4-1　用成形车刀车削成形回转表面。

如图 4-8 所示，母线——曲线，由成形法形成，不需要成形运动。导线——圆，由轨迹法形成，需要一个成形运动 B。因此，形成此表面的成形运动总数为一个（B），是一个简单运动。

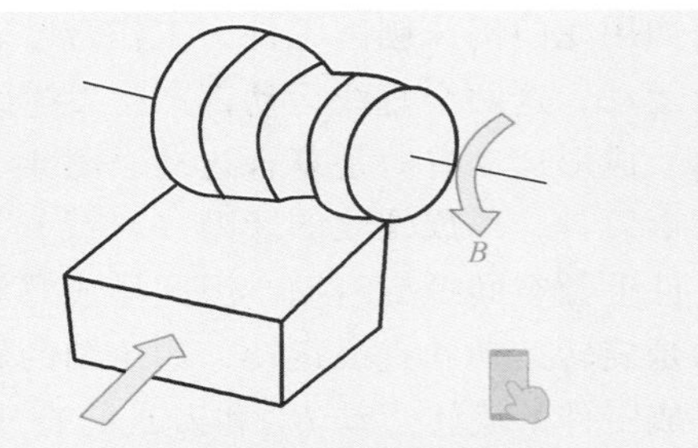

图 4-8　用成形车刀车削成形回转表面

例 4-2　用齿轮滚刀加工直齿圆柱齿轮齿面。

如图 4-9 所示，母线——渐开线，由展成法形成，需要一个复合表面成形运动，可分解为滚刀旋转运动 B_{11} 和工件旋转运动 B_{12} 两个部分，B_{11} 和 B_{12} 之间必须保持严格的相对运动关系。导线——直线，由相切法形成，需要两个独立的成形运动，即滚刀旋转运动和滚刀沿工件轴向移动 A_2。其中滚刀的旋转运动与展成运动的一部分 B_{11} 重合，所以形成表面所需的成形运动的总数只有两个，一个是复合运动（B_{11} 和 B_{12}），另一个是简单运动（A_2）。

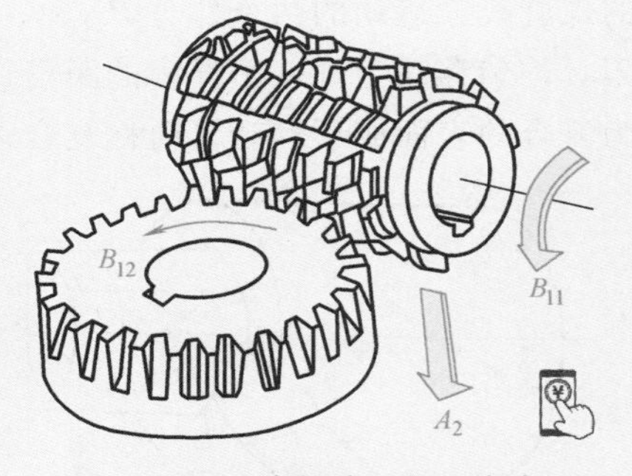

图 4-9　用齿轮滚刀加工直齿圆柱齿轮齿面

（3）主运动和进给运动　成形运动按其在切削加工中所起的作用，又可分为主运动和进给运动，它们可能是简单运动，也可能是复合运动。

2. 辅助运动

机床上除表面成形运动外，还需要辅助运动，以实现机床的各种辅助动作。辅助动作的种类很多，主要包括各种空行程运动、切入运动、分度运动和操纵及控制运动等。机床越复杂、功能越多，辅助运动也越多。

4.2.3　机床的传动链

1. 机床的传动联系

为了实现加工过程中所需的各种运动，机床必须具备以下三个基本部分：

（1）执行件　执行件是执行机床运动的部件，如主轴、刀架和工作台等，其任务是带动工件或刀具完成一定形式的运动（旋转运动或直线运动），并保持其运动的准确性。

（2）动力源　动力源是提供运动和动力的装置，是执行件的运动来源，一般为电动机。

（3）传动装置　传动装置是传递运动和动力的装置，把动力源的运动和动力传给执行件。传动装置通常还需完成变速、换向和改变运动形式等任务，使执行件获得所需要的运动速度、运动方向和运动形式。传动装置把执行件和动力源或者把有关的执行件之间连接起来，构成传动联系。

2. 机床的传动链

构成一个传动联系的一系列传动件称为传动链。传动链按功用不同可分为主运动传动链和进给运动传动链等，按性质不同可以分为外联系传动链和内联系传动链。

（1）外联系传动链　外联系传动链联系动力源和机床执行件，使执行件得到运动，并能改变运动的速度和方向，但不要求动力源和执行件之间有严格的传动比关系。例如，车削螺纹时，从电动机到车床主轴的传动链就是外联系传动链，它只决定车削螺纹的速度，不影响螺纹表面的成形。

（2）内联系传动链　内联系传动链联系复合运动内各个分运动的传动链。内联系传动链所联系的执行件相互之间的相对速度有严格的传动比要求，用来保证准确的运动关系。例如，在卧式车床上用螺纹车刀车螺纹时，联系主轴-刀架之间的螺纹传动链，就是一条传动比有严格要求的内联系传动链。再如，用齿轮滚刀加工直齿圆柱齿轮时，为了得到正确的渐开线齿形，滚刀均匀地转 $1/K$ 转时（K 是滚刀头数），工件必须均匀地转 $1/z$ 转（z 为齿轮齿数）。联系滚刀旋转 B_{11} 和工件旋转 B_{12}（图 4-9）的传动链，必须保证两者的严格运动关系，否则就不能形成正确的渐开线齿形，所以这条传动链也是内联系传动链。可见：内联系传动链中，各传动副的传动比必须准确不变，不应有摩擦传动或是瞬时传动比变化的传动件（如链传动）。

4.2.4　机床传动原理图绘制

通常传动链中包括多种传动机构，如带传动、定比齿轮副、丝杠副、蜗杆副、滑移齿轮变速机构、离合器变速机构、交换齿轮变速机构，以及各种电的、液压的、机械的无级变速机构等。在考虑传动路线时，可以先撇开具体机构，把上述各种机构分成两大类：一类是固定传动比的传动机构，简称“定比传动机构”；另一类是变换传动比的传动机构，简称“换置机构”。定比传动机构有定比齿轮副、丝杠副、蜗杆副等，换置机构有变速箱、交换齿轮架、数控机床中的数控系统等。为了便于研究机床的传动联系，常用一些简明的符号把传动原理和传动路线表示出来，这就是传动原理图。图 4-10 所示为传动原理图经常使用的一部分符号，其中表示执行件的符号还没有统一的规定，一般采用较直观的图形表示。

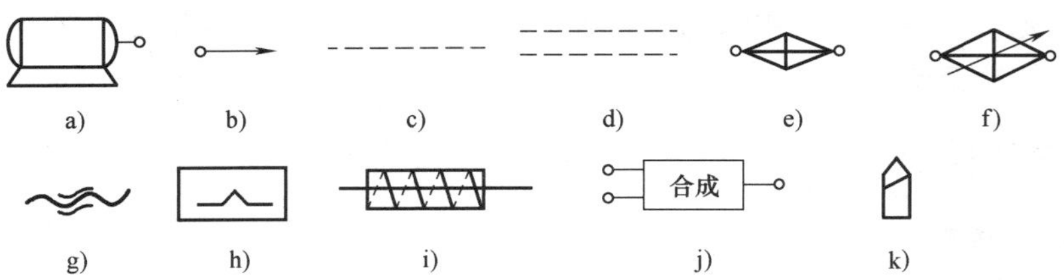

图 4-10　传动原理图常用符号

a）电动机　b）主轴　c）机械定比联系　d）电联系　e）换置机构　f）数控系统　g）丝杠螺母传动　h）脉冲发生器　i）滚刀　j）合成机构　k）车刀

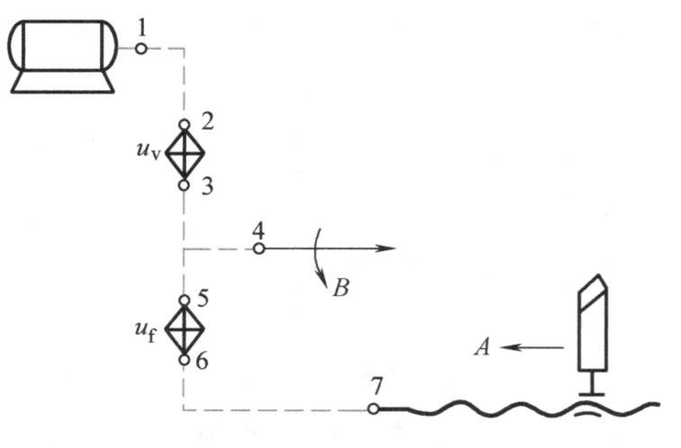

图 4-11　卧式车床的传动原理图

图 4-11 所示为卧式车床的传动原理图，卧式车床在形成螺旋表面时需要一个运动——刀具与工件间相对的螺旋运动。这个复合运动可分解为两部分：主轴的旋转 B 和车刀的纵向移动 A。联系这两部分的传动链（主轴-4-5-u_f-6-7-刀架）是内联系传动链，保证主轴每均匀转一转，刀具均匀移动工件的一个导程。此外，这个复合运动还应有一个外联系传动链与动力源相联系，以获得动力。外联系传动链可由动力源联系复合运动中的任一环节。考虑到大部分动力应输送给主轴，故外联系传动链联系动力源与主轴，即传动链：电动机-1-2-u_v-3-4-主轴。

车床在车削圆柱面或端面时，主轴的旋转和刀具的移动（车端面时为横向移动）是两个互相独立的简单运动，运动比例的变化不影响加工表面的性质，只影响生产率或表面粗糙度。两个简单运动各有自己的外联系传动链与动力源相联系。一条传动链是：电动机-1-2-u_v-3-4-主轴；另一条传动链是：电动机-1-2-u_v-3-5-u_f-6-7-丝杠。其中-1-2-u_v-3-是公共段。这样的传动原理图的优点是既可用于车螺纹，又可用于车削圆柱面等，区别在于车螺纹时 u_f 必须计算和调整得准确，而车削圆柱面时 u_f 的准确性要求不高。

如果车床仅用于车削圆柱面或端面，不车削螺纹，传动原理图也可如图 4-12a 所示。有些车床的进给系统采用液压传动，传动原理图如图 4-12b（局部）所示，如某些多刀半自动车床。

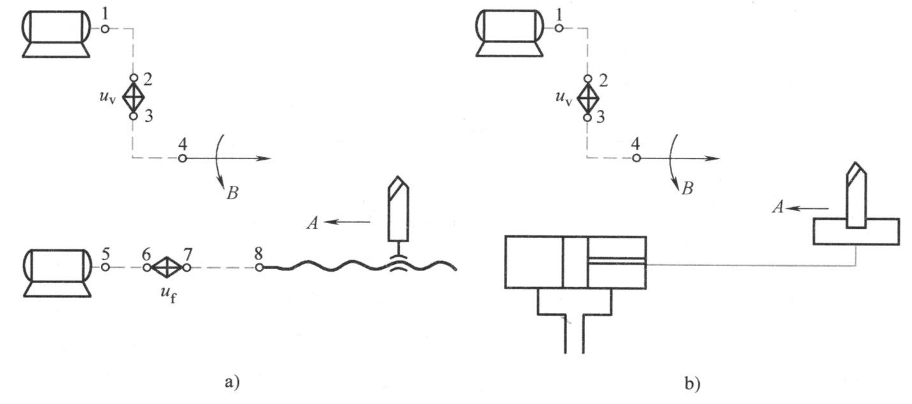

图 4-12　车削圆柱面时的传动原理图

4.3　机床的基本组成及技术性能

1. 机床的基本组成

由于机床要完成各种工件的切削任务，因而机床的品种和规格繁多，功能和结构各异，但各类机床通常由下列基本部分组成：

（1）动力源　动力源是为机床提供动力（功率）和运动的驱动部分，如各种电动机和液压传动系统的液压缸、液压马达等。

（2）运动执行机构　运动执行机构是执行机床所需运动的部件。包括：①与最终实现切削加工的主运动和进给运动有关的执行部件，如主轴及主轴箱、工作台及其溜板箱或滑座、刀架及其溜板和滑枕等；②与工件和刀具安装及调整有关的部件和装置，如自动上下料装置、自动换刀装置和砂轮修整器等；③与上述部件或装置有关的分度、转位、定位机构和操作机构。

（3）传动系统　实现一台机床加工过程中全部成形运动和辅助运动的所有传动链，就组成了一台机床的传动系统。机床上有多少个运动，就有多少条传动链。根据每一执行件所完成运动的作用不同，各传动链相应被称为主运动传动链和进给运动传动链等。形成传动链的部件主要有主轴箱、变速箱、进给箱、溜板箱、交换齿轮箱等。组成传动链的传动机构主要有四类：定比传动机构、变速机构、运动形式转换机构和变向机构等。

1）定比传动机构。组成定比传动机构的定比传动副主要有齿轮副、带轮副、齿轮齿条副、蜗杆副和丝杠副等。这些传动副的共同特点是传动比不变。

2）变速机构。变速是机床传动系统的主要功能。在数控机床上以采用调速电动机变速为主，通用机床则多采用机械的变速机构来实现分级变速。常用机械分级变速机构有滑移齿轮变速组、离合器变速组和交换齿轮变速组等。

3）运动形式转换机构。运动形式转换机构能够改变传动链中传动件的运动形式，即将回转运动转变成直线运动，或将直线运动转变成回转运动。形成运动形式转换机构的常用传动副有齿轮齿条副和丝杠副。

4）变向机构。变向机构是用来改变机床执行件运动方向的机构。常用的机械式变向机构有两种：滑移齿轮变向机构和端面齿离合器变向机构。

在通用机床上，由于传统交流异步电动机的变速能力有限，变速的主要任务都是由传动装置完成的，这类传动装置所涉及的传动件多，传动系统较复杂。在数控机床上，变速、变向的任务主要是由新型的交流调速电动机完成，因而，传动装置一般较简单，但性能要求较高。传动装置一般有机械、液压和电气传动三种方式。

（4）支撑系统　支撑系统是机床的基础构件，用于安装和支承其他固定或运动的部件，承受其重力和切削力，如床身、底座和立柱等。

（5）控制系统　控制系统用于控制各工作部件的正常工作，主要是电气控制系统，有些机床局部采用液压或气动控制系统，数控机床则是数控系统。

（6）冷却系统和润滑系统　冷却系统用于对工件、刀具及机床的某些发热部件进行冷却；润滑系统用于对机床的运动副（如轴承和导轨等）进行润滑，以减少摩擦、磨损和

发热。

2. 机床的技术性能

了解机床技术性能对于合理选择和使用机床是很重要的，一般机床的技术性能包括下列内容：

（1）机床的工艺范围　机床的工艺范围是指在机床上能够加工的工序种类、被加工工件的类型和尺寸、使用刀具的种类及材料等。根据工艺范围的大小，机床分为通用机床、专门化机床和专用机床。

（2）机床的技术参数　机床的技术参数主要包括尺寸参数、运动参数和动力参数。在机床使用说明书中都给出了该机床的主要技术参数（也称技术规格），据此可进行机床的合理选用。

1）尺寸参数。尺寸参数是具体反映机床的加工范围和工作能力的参数，包括主参数、第二主参数和与加工零件有关的其他参数。

2）运动参数。运动参数指机床执行件的运动速度和变速级数等，如机床主轴的最高、最低转速及变速级数等。

3）动力参数。动力参数指机床电动机的功率，有些机床还给出主轴允许承受的最大转矩和工作台允许承受的最大载荷等。

（3）加工精度和表面粗糙度　工件的精度和表面粗糙度是由机床、刀具、切削条件和操作者的技术水平等因素决定的。机床的加工精度和表面粗糙度是指在正常工艺条件下所能达到的经济精度，主要由机床本身的精度保证，机床本身的精度包括几何精度、传动精度和动态精度。

1）几何精度。几何精度指机床在低速空载时部件间位置精度和部件的运动精度，如机床主轴的径向圆跳动和轴向圆跳动、工作台面的平面度等。

2）传动精度。传动精度指机床执行件和传动元件运动的均匀性和协调性。例如普通机床的车螺纹传动链所存在的传动误差将直接影响加工螺纹的精度。

3）动态精度。动态精度指机床工作时在切削力、夹紧力、振动和温升的作用下部件间位置精度和部件的运动精度。影响动态精度的主要因素有机床的刚度、抗振性和热变形等。

（4）生产率和自动化程度　机床的生产率是指机床单位时间内所加工的工件数量。机床的自动化程度影响机床生产率的高低，自动化程度高的机床还可以减少因工人的技术水平对加工质量所产生的影响，从而有利于产品质量的稳定。

（5）人机关系　人机关系主要指机床应操作方便、省力、安全可靠、易于维护和修理等，同时还应具有美观的外表（艺术造型和色彩），在工作时不产生或少产生噪声。

（6）成本　选用机床时应根据加工零件的类型、形状、尺寸、技术要求和生产批量等，选择技术性能与零件加工要求相适应的机床，以充分发挥机床的性能，取得较好的经济效果。

习题与思考题

4-1　解释机床型号 CA6140、CM6132、M1432A、Y3150E。

4-2　形成发生线的方法有哪些？

4-3　分析用燕尾槽铣刀铣燕尾槽时机床所需要的运动。

4-4　分析用螺纹车刀车削螺纹时机床所需要的运动。

4-5　什么是内联系传动链？什么是外联系传动链？

4-6　机床的基本组成有哪几部分？

4-7　机床传动链的传动机构有哪几种类型？

4-8　机床的控制系统有哪几种类型？

4-9　机床技术性能包含哪些内容？有哪些主要技术参数？

第 5 章

车床与车刀

车床的应用非常广泛，在金属切削机床中所占的比重最大，大约占机床总数的 20%～35%。本章将对车床的用途、运动和布局进行详细介绍，并以 CA6140 型车床为例，重点介绍车床的结构组成和传动系统等知识。最后，将会介绍车刀的常见形式及其紧固结构。

5.1 车床的用途与运动

车床的基本功能是加工各种回转表面和回转体端面，如内外圆柱面、圆锥面、环槽、成形回转面、端平面和各种螺纹等；还可以进行钻孔、扩孔、铰孔和滚花等工作。使用的刀具有车刀、钻头、铰刀和丝锥。

在卧式车床上可以完成的主要工作如图 5-1 所示。

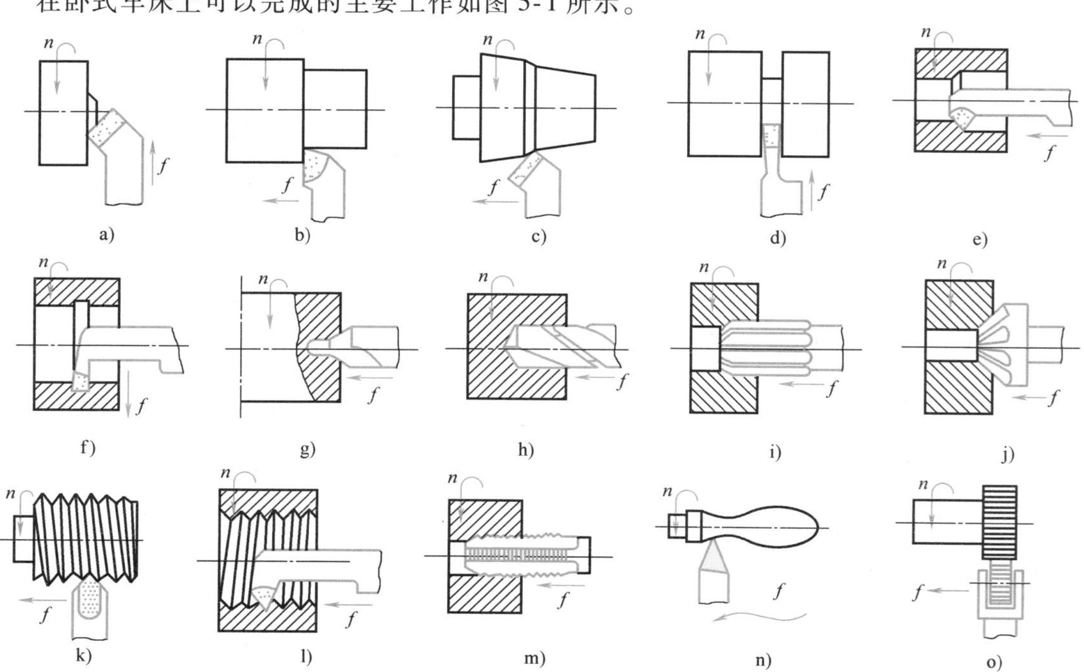

图 5-1 卧式车床上能完成的工作

a）车端面 b）车外圆 c）车外锥面 d）切槽、切断 e）镗孔 f）切内槽 g）钻中心孔 h）钻孔 i）铰孔 j）锪锥孔 k）车外螺纹 l）车内螺纹 m）攻螺纹 n）车成形面 o）滚花车床的表面成形运动有主轴带动工件的旋转运动和刀具的进给运动。前者是车床的主运动，其转速通常以 n(r/min) 表示。进给运动有多种情况：刀具做平行于工件旋转轴线的纵向进给运动（车圆柱面）；做垂直于工件旋转轴线的横向进给运动（车端面）；做与工件旋转轴线方向倾斜的运动（车削圆锥面）；做曲线运动（车成形回转面）。进给运动的速度常以 f(mm/r) 表示。在车削螺纹时只有一个复合表面成形运动——螺旋运动，它分解为主轴的旋转运动和刀具的纵向移动两部分。

如图 5-2 所示，主轴箱 1 固定在床身 4 的左边，内部装有主轴和变速传动机构。工件通过卡盘等夹具装夹在主轴前端。主轴箱的功能是支承主轴，并把动力经变速机构传给主轴，使主轴带动工件按规定的转速旋转，以实现主运动。主轴箱中主要包含的零部件有主轴及其轴承，传动机构，起动、停止以及换向装置，制动装置，操纵机构和润滑装置等。

刀架 2 可沿床身 4 上的刀架导轨做纵向移动。它的功用是装夹车刀，实现纵向、横向和斜向运动。

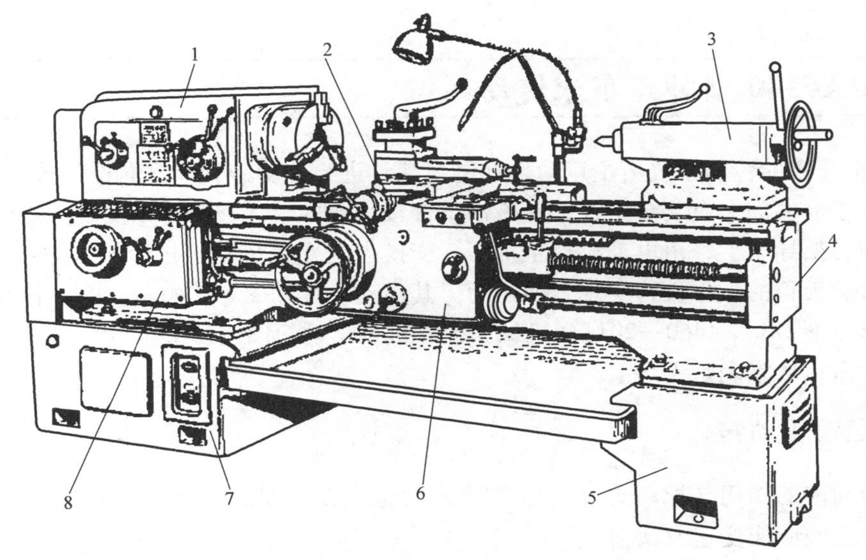

图 5-2　CA6140 型车床的总体布局

1—主轴箱　2—刀架　3—尾座　4—床身　5—右床腿
6—溜板箱　7—左床腿　8—进给箱

尾座 3 安装在床身 4 右端的尾座导轨上，可沿导轨纵向调整位置。它的功用是用后顶尖支承长工件，也可以安装钻头、铰刀等孔加工刀具进行孔加工。

进给箱 8 固定在床身 4 的左端前侧。进给箱内装有进给运动的变速机构，用于改变机动进给的进给量或所加工螺纹的导程。

溜板箱 6 与刀架 2 的最下层，与刀架一起做纵向运动，把进给箱传来的运动传给刀架，使刀架实现纵向和横向进给，或快速运动，或车削螺纹。溜板箱装有各种操作手柄和按钮。

床身 4 固定在左、右床腿上。在床身上安装着车床的各个主要部件，使它们在工作时保持相对位置或运动轨迹。

除卧式车床外，车床的其他常用类型有：马鞍车床（图 5-3）、转塔车床（图5-4）、单轴自动车床和半自动车床、立式车床、仿形及多刀车床、数控车床和车削中心、各种专门化车床和大批量生产中使用的各种专用车床等。

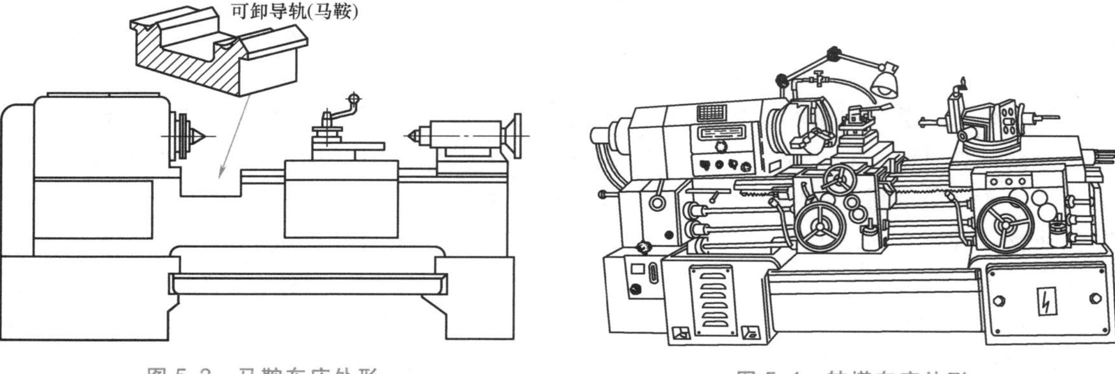

图 5-3　马鞍车床外形　　图 5-4　转塔车床外形

5.2　CA6140 型卧式车床传动系统

CA6140 型车床的传动系统由主运动传动链、螺纹进给传动链和纵横向进给传动链组成。主轴通过安装于前端的卡盘装夹工件，并带动工件按需要的转速转动，以实现主运动。刀架安装在床身的刀架导轨上，由电动机经主轴箱、交换齿轮变速机构、进给箱、光杠（丝杠）和溜板箱，由溜板箱的操作机构实现刀架运动。其传动系统如图 5-5 所示，图中各种传动元件均采用国家标准 GB/T 4460—2013《机械制图　机构运动简图用图形符号》中规定的图形符号，各齿轮所标数字表示齿数。

5.2.1　主运动传动链

主运动传动链的功用是把动力源（电动机）的运动及能量传给主轴，使主轴带动工件旋转，车床的主轴应能变速及换向。

1. 传动路线

主运动的动力源是电动机，执行件是主轴。运动由电动机经 V 带轮传动副传至主轴箱中的轴Ⅰ。轴Ⅰ上装有一个双向多片离合器 M_1，离合器左半部接合时，主轴正转；右半部接合时，主轴反转；左右都不接合时，轴Ⅰ空转，主轴停止转动。轴Ⅰ运动经 M_1→轴Ⅱ→轴Ⅲ，然后分成两条路线传给主轴：

1）高速传动路线主轴上的滑移齿轮 50 向左移，使之与轴Ⅲ上右端的齿轮 63 啮合，运动由轴Ⅲ经齿轮副$\frac{63}{50}$直接传给主轴，得到 450~1400r/min 的 6 级高转速。

2）低速传动路线主轴上的滑移齿轮 50 移至右端，使其与主轴上的齿式离合器 M_2 啮合。轴Ⅲ的运动经齿轮副$\frac{20}{80}$或$\frac{50}{50}$传给轴Ⅳ，又经齿轮副$\frac{20}{80}$或$\frac{51}{50}$传给轴Ⅴ，再经齿轮副$\frac{26}{58}$和齿式离合器 M_2传至主轴，使主轴获得 10~500r/min 的中、低转速。

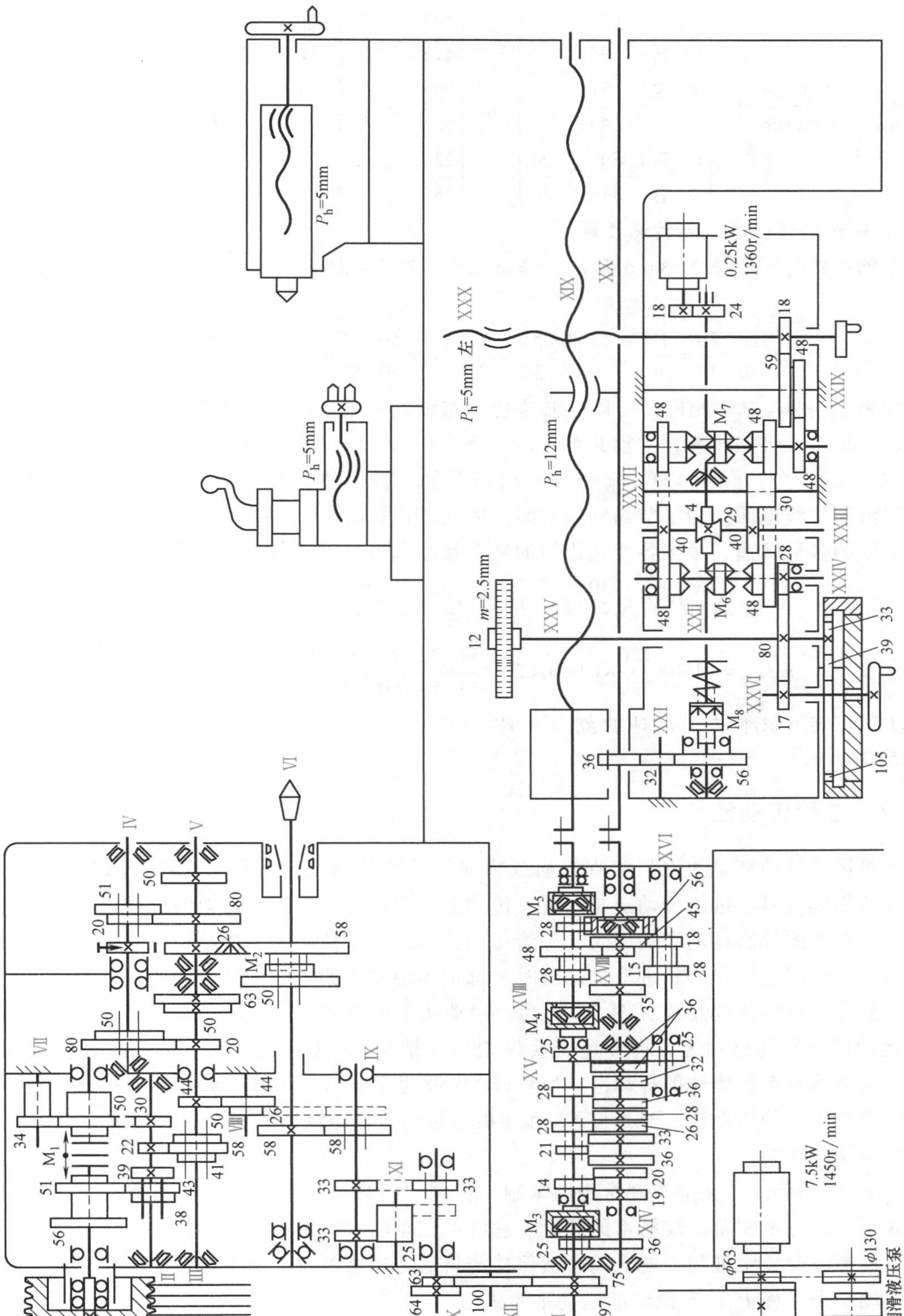

图 5-5 CA6140 型车床的传动系统

$$\underset{\left(\frac{7.5\text{kW}}{1450\text{r/min}}\right)}{\text{电动机}}-\frac{\phi130\text{mm}}{\phi230\text{mm}}-\text{I}-\left\{\begin{array}{l}\begin{array}{l}(\text{正转})\\ \text{M}_1\text{左}\end{array}-\left\{\begin{array}{c}\frac{56}{38}\\ \frac{51}{43}\end{array}\right\}——\\ \begin{array}{l}(\text{反转})\\ \text{M}_1\text{右}\end{array}-\frac{50}{34}-\text{VII}-\frac{34}{30}\end{array}\right\}-\text{II}-\left\{\begin{array}{c}\frac{39}{41}\\ \frac{30}{50}\\ \frac{22}{58}\end{array}\right\}-\text{III}-\left\{\begin{array}{l}-\left\{\begin{array}{c}\frac{20}{80}\\ \frac{50}{50}\end{array}\right\}-\text{IV}-\left\{\begin{array}{c}\frac{20}{80}\\ \frac{51}{50}\end{array}\right\}-\text{V}-\frac{26}{58}-\text{M}_2\text{右}\\ -\frac{63}{50}\overline{\qquad\qquad\text{M}_2\text{左}\qquad\qquad}\end{array}\right\}-\underset{(\text{主轴})}{\text{VI}}$$

2. 主轴的转速级数与转速计算

主轴正转时，应得 2×3＝6 种高转速和 2×3×2×2＝24 种低转速。轴Ⅲ-Ⅴ之间的传动比为

$$u_1=\frac{20}{80}\times\frac{20}{80}=\frac{1}{16}\quad u_2=\frac{20}{80}\times\frac{51}{50}\approx\frac{1}{4}\quad u_3=\frac{50}{50}\times\frac{20}{80}=\frac{1}{4}\quad u_4=\frac{50}{50}\times\frac{51}{50}\approx1$$

因为 u_2 和 u_3 基本相同，所以经低速传动路线，主轴实际上只得到 2×3×(2×2－1)＝18 级转速。加上 6 级高转速，主轴共可获得 2×3×[1+(2×2－1)]＝24 级转速。

主轴反转时，有 3×[1+(2×2－1)]＝12 级转速。注意主轴反转通常是用于车削螺纹时，使车刀沿螺旋线退回，为了节约辅助时间，因此转速较高。

主轴的各种转速，根据各变速齿轮的啮合状态求得（考虑传动效率为 2%）。

$$n_{\text{主max}}=1450\times\frac{130}{230}\times(1-0.02)\times\frac{56}{38}\times\frac{39}{41}\times\frac{63}{50}\text{r/min}\approx1400\text{r/min}$$

$$n_{\text{主min}}=1450\times\frac{130}{230}\times(1-0.02)\times\frac{51}{43}\times\frac{22}{58}\times\frac{20}{80}\times\frac{20}{80}\times\frac{26}{58}\text{r/min}\approx10\text{r/min}$$

主轴正转（M_1向左）转速的范围为 10～1400r/min；同样可计算出反转时 12 级转速为 14～1580r/min。

5.2.2 进给传动链

进给运动传动链是使刀架实现纵向或横向运动的传动链，其两末端件分别是主轴和刀架。在切削螺纹时，进给传动链是内联系传动链。主轴每转一转，刀架的位移量应等于螺纹的导程。在切削外圆柱面和端面时，进给传动链是外联系传动链，进给量也以工件每转刀架的位移量计。因此，在分析进给传动链时，都把主轴和刀架当作传动链的两端。

进给传动链的传动路线（图 5-5）为：运动从主轴Ⅵ经轴Ⅸ（或再经轴Ⅺ上的中间齿轮 z_{25} 使运动反向）传至轴Ⅹ，再经过交换齿轮传至轴ⅩⅢ，传入进给箱。从进给箱传出的运动，一条路线是车削螺纹的传动链，经丝杠ⅩⅨ带动溜板箱，使刀架纵向运动；另一条路线是一般机动进给的传动链，经光杠ⅩⅩ和溜板箱带动刀架做纵向或横向的机动进给。

1. 车削螺纹

CA6140 型卧式车床能车削常用的米制、英制、模数制及径节制四种螺纹，还可以车削加大螺距、非标准螺距及较精密的螺纹。它既可以车削右旋螺纹，也可以车削左旋螺纹。

车削螺纹时，主轴与刀架之间必须保持严格的传动比关系，即主轴每转一转，刀架应均匀地移动一个导程 P_h。车螺纹的运动平衡式为

$$1_{\text{r(主轴)}}\times uP_{h1}=P_h \tag{5-1}$$

式中，u 为从主轴到丝杠之间全部传动副的总传动比；P_{h1} 为机床丝杠的导程（mm），

CA6140 型车床的 $P_{h1}=12\text{mm}$；P_h 为被加工螺纹的导程（mm）。

改变传动比 u，就可以得到任一类型的各种导程的螺纹。

（1）车削米制螺纹　车削米制螺纹时，进给箱中的离合器 M_3 和 M_4 脱开，M_5 接合。交换齿轮架齿数为 $\frac{63}{100}\times\frac{100}{75}$。经移换机构齿轮副 $\frac{25}{36}$ 传至轴XIV，再经过滑移变速机构的齿轮副 $\frac{19}{14}$、$\frac{20}{14}$、$\frac{36}{21}$、$\frac{33}{21}$、$\frac{26}{28}$、$\frac{28}{28}$、$\frac{36}{28}$ 和 $\frac{32}{28}$ 中的一对传至轴XV，再由齿轮副 $\frac{25}{36}\times\frac{36}{25}$ 传至轴XVI，然后再经 $\frac{28}{35}$ 和 $\frac{18}{45}$ 齿轮滑移机构传至轴XVII，经 $\frac{15}{48}$ 和 $\frac{35}{28}$ 齿轮滑移机构传至轴XVIII，最后经离合器传至丝杠XIX。溜板箱中的开合螺母闭合，带动刀架。传动链的传动路线表达式为

$$\text{主轴 VI}-\frac{58}{58}-\text{IX}-\left\{\begin{array}{l}\dfrac{33}{33}\ \text{右螺纹}\\[2ex] \dfrac{33}{25}-\text{XI}-\dfrac{25}{33}\ \text{左螺纹}\end{array}\right\}-\text{X}-\frac{63}{100}\times\frac{100}{75}-\text{XIII}-\frac{25}{36}-\text{XIV}-$$

$$-\left\{\begin{array}{c}\dfrac{19}{14}\\[1ex]\dfrac{20}{14}\\[1ex]\dfrac{36}{21}\\[1ex]\dfrac{33}{21}\\[1ex]\dfrac{26}{28}\\[1ex]\dfrac{28}{28}\\[1ex]\dfrac{36}{28}\\[1ex]\dfrac{32}{28}\end{array}\right\}-\text{XV}-\frac{25}{36}\times\frac{36}{25}-\text{XVI}-\left\{\begin{array}{c}\dfrac{28}{35}\times\dfrac{35}{28}\\[1ex]\dfrac{18}{45}\times\dfrac{35}{28}\\[1ex]\dfrac{28}{35}\times\dfrac{15}{48}\\[1ex]\dfrac{18}{45}\times\dfrac{15}{48}\end{array}\right\}-\text{XVIII}-M_5-\text{丝杠 XIX}-\text{刀架}$$

其中，轴XIV－XV之间的变速机构可变换 8 种不同的传动比，即

$$u_{基1}=\frac{26}{28}=\frac{6.5}{7},\quad u_{基2}=\frac{28}{28}=\frac{7}{7},\quad u_{基3}=\frac{32}{28}=\frac{8}{7},\quad u_{基4}=\frac{36}{28}=\frac{9}{7}$$

$$u_{基5}=\frac{19}{14}=\frac{9.5}{7},\quad u_{基6}=\frac{20}{14}=\frac{10}{7},\quad u_{基7}=\frac{33}{21}=\frac{11}{7},\quad u_{基8}=\frac{36}{21}=\frac{12}{7}$$

这些传动比的分母都是 7，分子则除了 6.5 和 9.5 用于车削其他种类的螺纹外，其余按等差数列规律排列。这套变速机构称为基本组。

轴XIV－XVIII间的变速机构可变换四种传动比，即

$$u_{倍1}=\frac{18}{45}\times\frac{15}{48}=\frac{1}{8},\quad u_{倍2}=\frac{28}{35}\times\frac{15}{48}=\frac{1}{4},\quad u_{倍3}=\frac{18}{45}\times\frac{35}{28}=\frac{1}{2},\quad u_{倍4}=\frac{28}{35}\times\frac{35}{28}=1$$

它们可实现螺纹导程标准中的倍数关系，称为增倍机构或增倍组。

车削米制右旋螺纹时的运动平衡式为

$$P_h = 1_{r(主轴)} \times \frac{58}{58} \times \frac{33}{33} \times \frac{63}{100} \times \frac{100}{75} \times \frac{25}{36} \times u_{基} \times \frac{25}{36} \times \frac{36}{25} \times u_{倍} \times 12$$

将上式简化后可得

$$P_h = 7u_{基}\ u_{倍} \tag{5-2}$$

米制螺纹（也称普通螺纹）在国家标准中已规定了导程的标准值。标准的米制螺纹导程数列 P_h 是按分段等差数列规律排列的。选择 $u_{基}$ 和 $u_{倍}$ 的值，就可以得到导程是 12mm 以下的按分段等差数列规律排列的各种 P_h 值（表 5-1）。

表 5-1　CA6140 型车床米制螺纹的导程

$u_{倍}$ \ P_h \ $u_{基}$	$\frac{26}{28}$	$\frac{28}{28}$	$\frac{32}{28}$	$\frac{36}{28}$	$\frac{19}{14}$	$\frac{20}{14}$	$\frac{33}{21}$	$\frac{36}{21}$
$\frac{18}{45}\times\frac{15}{48}=\frac{1}{8}$	—	—	1	—	—	1.25	—	1.5
$\frac{28}{35}\times\frac{15}{48}=\frac{1}{4}$	—	1.75	2	2.25	—	2.5	—	3
$\frac{18}{45}\times\frac{35}{28}=\frac{1}{2}$	—	3.5	4	4.5	—	5	5.5	6
$\frac{28}{35}\times\frac{35}{28}=1$	—	7	8	9	—	10	11	12

当需要车削导程大于 12mm 的螺纹时，可将Ⅸ轴上的滑移齿轮 58 向右移动，使之与Ⅷ轴上的齿轮 26 啮合。这是一条导程扩大传动路线，传动路线表达式为

$$主轴Ⅵ-\left\{\begin{array}{c} \underline{（正常螺纹导程\ 1:1）\ \frac{58}{58}\qquad\qquad} \\ （扩大螺纹导程\ 4:1） \\ \frac{58}{26}-Ⅴ-\frac{80}{20}-Ⅳ-\left\{\begin{array}{c}\frac{50}{50}\\ \frac{80}{20}\end{array}\right\}-Ⅲ-\frac{44}{44}-Ⅷ-\frac{26}{58} \\ （扩大螺纹导程\ 16:1） \end{array}\right\}-Ⅸ-\cdots$$

自Ⅸ轴以后的传动路线仍与正常螺纹导程时相同。从轴Ⅵ到轴Ⅸ的传动比为

$$u_{扩1} = \frac{58}{26} \times \frac{80}{20} \times \frac{50}{50} \times \frac{44}{44} \times \frac{26}{58} = 4$$

$$u_{扩2} = \frac{58}{26} \times \frac{80}{20} \times \frac{80}{20} \times \frac{44}{44} \times \frac{26}{58} = 16$$

用于车削大导程螺纹的导程扩大机构 $u_{扩}$ 实质上也是一个增倍组。由于导程扩大机构的传动齿轮就是主运动的传动齿轮，所以，只有主轴上的 M_2 合上，即主轴处于低速状态时用螺纹导程扩大机构才能车削大导程螺纹。当主轴转速确定后，这时导程可能扩大的倍数也就确定了，不能再变动。当车削正常螺纹导程时，从轴Ⅵ到轴Ⅸ的传动比 $u=1$。

（2）车削模数螺纹　模数螺纹主要用于车削米制蜗杆，有时某些特殊丝杠的导程也是模数制的，基本参数为 m。螺距（mm）与模数的关系为 $P_m=\pi m$，所以模数螺纹的导程（mm）为 $P_{hm}=K\pi m$，式中 K 为螺纹的线数。模数螺纹的标准模数 m 也是按分段等差数列的规律排列。车削时的传动路线与车削米制螺纹的传动路线基本相同，不同的是由于在模数螺纹导程 P_{hm} 中含有 π 因子，因此用交换齿轮 $\frac{64}{100}\times\frac{100}{97}$ 来引入常数 π，其运动平衡式为

$$P_{hm}=1_{r(主轴)}\times\frac{58}{58}\times\frac{33}{33}\times\frac{64}{100}\times\frac{100}{97}\times\frac{25}{36}\times u_{基}\times\frac{25}{36}\times\frac{36}{25}\times u_{倍}\times 12$$

式中，$\frac{64}{100}\times\frac{100}{97}\times\frac{25}{36}\approx\frac{7\pi}{48}$，代入化简后得 $P_{hm}=\frac{7\pi}{4}u_{基}\ u_{倍}$。

由于 $P_{hm}=K\pi m$，故

$$m=\frac{7}{4K}u_{基}\ u_{倍} \tag{5-3}$$

改变 $u_{基}$ 和 $u_{倍}$ 就可以车削各种标准模数螺纹。

（3）车削英制螺纹　英制螺纹在采用英制的国家（如英国、美国和加拿大等）中应用较广泛。我国的部分管螺纹目前也采用英制螺纹。英制螺纹以每英寸长度上的螺纹线数 a（in^{-1}，1in=25.4mm）表示，因此，英制螺纹的导程 P_{ha}（in）为

$$P_{ha}=\frac{K}{a}$$

由于 CA6140 型卧式车床的丝杠是米制螺纹，被加工的英制螺纹也应换算成以 mm 为单位的相应导程值，即

$$P_{ha}=\frac{25.4}{a}K$$

a 的标准值也是按分段等差数列的规律排列的，此外还有特殊因子 25.4。在车削英制螺纹时，应对传动路线做如下两点变动：一是将基本组两轴的主、被动关系对调，使轴XV变为主动轴，轴XIV变为被动轴，就可使分母为等差级数；二是在传动链中实现特殊因子 25.4。实际中改变基本组的传递路线，将离合器 M_3、M_5 合上，M_4 脱开，轴XVI上左端的滑移齿轮 25 左移与固定在轴XVI上的齿轮 36 啮合。其余部分的传动路线与车削米制螺纹时相同。运动平衡式为

$$P_{ha}=1_{r(主轴)}\times\frac{58}{58}\times\frac{33}{33}\times\frac{63}{100}\times\frac{100}{75}\times\frac{1}{u_{基}}\times\frac{36}{25}\times u_{倍}\times 12$$

其中 $\frac{63}{100}\times\frac{100}{75}\times\frac{36}{25}\approx\frac{25.4}{21}$，将 $P_{ha}=\frac{25.4K}{a}$ 代入，化简可得

$$a=\frac{7Ku_{基}}{4\ u_{倍}} \tag{5-4}$$

改变 $u_{基}$ 和 $u_{倍}$ 就可以车削出按分段等差数列排列的各种 a 值的英制螺纹。

（4）车削径节螺纹　径节螺纹主要用于英制螺杆，用径节 DP 表示螺纹的导程。径节 $DP=\frac{z}{D}$ [z 为蜗轮或蜗杆齿数，D 为分度圆直径（in）]，即蜗轮或齿轮折算到每一英寸分度圆直径上的齿数。

车削径节螺纹时运动平衡式为

当 P_{hDP} 的单位为 in 时 $$P_{hDP}=\frac{\pi K}{DP} \tag{5-5}$$

当 P_{hDP} 的单位为 mm 时 $$P_{hDP}\approx\frac{25.4\pi K}{DP}$$

径节螺纹导程排列规律与英制螺纹相同，只是径节螺纹导程中含有特殊因子 25.4π，因此车削径节螺纹时，其传动路线与车削英制螺纹完全相同，只需将交换齿轮换为$\frac{64}{100}\times\frac{100}{97}$，以引入特殊因子 π。

（5）车削非标准螺纹　车削非标准螺纹，将离合器 M_3、M_4 和 M_5 全部合上，使轴 XIII、XV、XVIII 和丝杠连成一体，运动由交换齿轮直接传给丝杠，加工螺纹的导程 P_h 依靠调整交换齿轮的传动比来实现。

车削非标准螺纹时运动平衡式［导程 P_h(mm)］为

$$P_h=1_{r(主轴)}\times\frac{58}{58}\times\frac{33}{33}\times u_{交}\times 12$$

CA6140 型车床进给运动链中加工螺纹时的传动路线表达式归纳总结为

$$\text{主轴 VI}-\left\{\begin{array}{c}\overline{\qquad(\text{正常螺纹导程 }1:1)\quad}\dfrac{58}{58}\overline{\qquad\qquad}\\ (\text{扩大螺纹导程 }4:1)\\ \dfrac{58}{26}-\text{V}-\dfrac{80}{20}-\text{IV}-\left\{\begin{array}{c}\dfrac{50}{50}\\ \dfrac{80}{20}\end{array}\right\}-\text{III}-\dfrac{44}{44}-\text{VIII}-\dfrac{26}{58}\\ (\text{扩大螺纹导程 }16:1)\end{array}\right\}-\text{IX}-\left\{\begin{array}{c}-\dfrac{33}{33}-\\ (\text{右螺纹})\\ \dfrac{33}{25}-\text{XI}-\dfrac{25}{33}\\ (\text{左螺纹})\end{array}\right\}-$$

$$-\text{X}-\left\{\begin{array}{c}\left\{\begin{array}{c}\dfrac{63}{100}-\text{XII}-\dfrac{100}{75}\\ (\text{米、英制螺纹})\\ \dfrac{64}{100}-\text{XII}-\dfrac{100}{97}\\ (\text{模数、径节螺纹})\end{array}\right\}-\text{XIII}-\left\{\begin{array}{c}\dfrac{25}{36}-\text{XIV}-u_{基}-\text{XV}-\dfrac{25}{36}\times\dfrac{36}{25}\\ (\text{米制及模数螺纹})\\ M_{3合}-\text{XV}-\dfrac{1}{u_{基}}-\text{XIV}-\dfrac{36}{25}\\ (\text{英制及径节螺纹})\end{array}\right\}-\text{XVI}-u_{倍}\\ -\dfrac{a}{b}\ \dfrac{c}{d}-\text{XIII}-M_{3合}-\text{XV}-M_{4合}(\text{非标准螺纹})\end{array}\right\}$$

$$-\text{XVIII}-M_{5合}-\text{XIX}$$

2. 车削圆柱面和端面

1）传动路线。车削圆柱表面时，可使用机动的纵向进给。车削端面时，可使用机动的横向进给。为了避免丝杠磨损过快及便于人工操纵（将刀架运动的操纵机构放在溜板箱上），车削圆柱面和端面时，机动进给运动是由光杠经溜板箱传动的。

机动进给传动路线表达式为

$$\cdots\text{XVIII}-\frac{28}{56}-\text{XX}-\frac{36}{32}-\text{XXI}-\frac{32}{56}-\text{XXII}-\frac{4}{29}-\text{XXIII}-$$

$$\text{快速移电动机（250W，1360r/min）}-\frac{18}{24}\text{（至 XXII）}$$

$$
\left.\begin{array}{l}
\left[\begin{array}{c} M_6 \uparrow \dfrac{40}{48} \\ M_6 \downarrow \dfrac{40}{30} \times \dfrac{30}{48} \end{array}\right] - \text{XXIV} - \dfrac{28}{80} - \text{XXV} - z_{12}/\text{齿条} \\
\left[\begin{array}{c} M_7 \uparrow \dfrac{40}{48} \\ M_7 \downarrow \dfrac{40}{30} \times \dfrac{30}{48} \end{array}\right] - \text{XXVIII} - \dfrac{48}{48} - \text{XXIX} - \dfrac{59}{18} - \text{横向丝杠 - 横杆 XXX}
\end{array}\right.
$$

2）机动进给量。纵向机动进给和横向机动进给的传动路线在轴XXIII以前完全相同，在轴XXIII以后有所不同。在对应的传动路线下，横向机动进给量是纵向机动进给量的一半。

3. 刀架的快速移动

为了缩短辅助时间和简化操作，在刀架快速移动时，不必脱开进给运动传动链。为了避免仍在转动的光杠和快速电动机同时传动轴XXII，在齿轮56与轴XXII之间装有单向超越离合器；当进给力过大或刀架移动受阻时，为防止损坏传动机构，在单向超越离合器与轴XXII之间装有安全离合器 M_8，如图5-5所示。

按下快速移动按钮，快速电动机（250W，1360r/min）经齿轮副$\frac{18}{24}$使轴XXII高速转动，再经蜗杆副$\frac{4}{29}$传到溜板箱内的转换机构，使刀架实现纵向或横向的快速移动，快移方向仍由溜板箱中双向离合器 M_6和 M_7控制。

5.3　CA6140型卧式车床主要结构

5.3.1　主轴箱内的主要结构

机床主轴箱是一个比较复杂的传动部件。主轴箱展开图按各传动轴传递运动的先后顺序，沿其轴心线剖开，如图5-6所示，并展开在一个平面上，而形成的装配图，如图5-7所示。

主轴箱内主要有卸荷带轮、双向多片离合器和制动器及操纵机构、主轴组件及滑动齿轮的变速操纵机构等典型机构。

1. 卸荷带轮

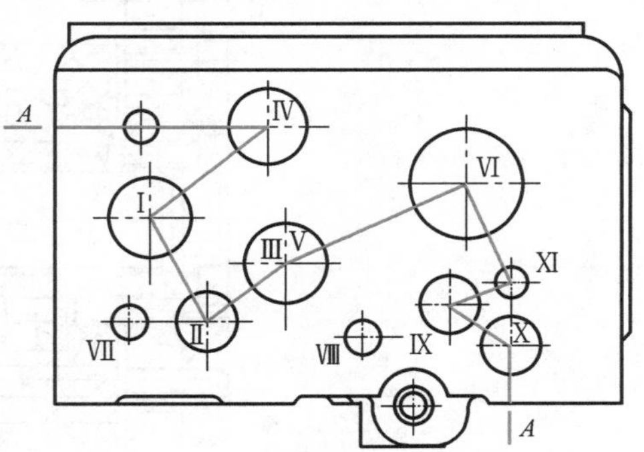

图5-6　主轴箱展开图的剖切顺序

主电动机通过带传动使轴Ⅰ旋转，为了提高轴Ⅰ的旋转稳定性，轴Ⅰ上的带轮采用了卸荷机构。如图5-8所示，带轮1通过螺栓2与花键套3连成一体，支承在法兰盘4内的两个深沟球轴承5上，而法兰盘4则固定在主轴箱体6上。这样，带轮1可通过花键套的内花键带动轴Ⅰ旋转，而带传动产生的径向拉力则经轴承5、法兰盘4直接传至箱体，从而避免因带拉力产生的径向力而使轴Ⅰ产生弯曲变形，提高了传动平稳性。

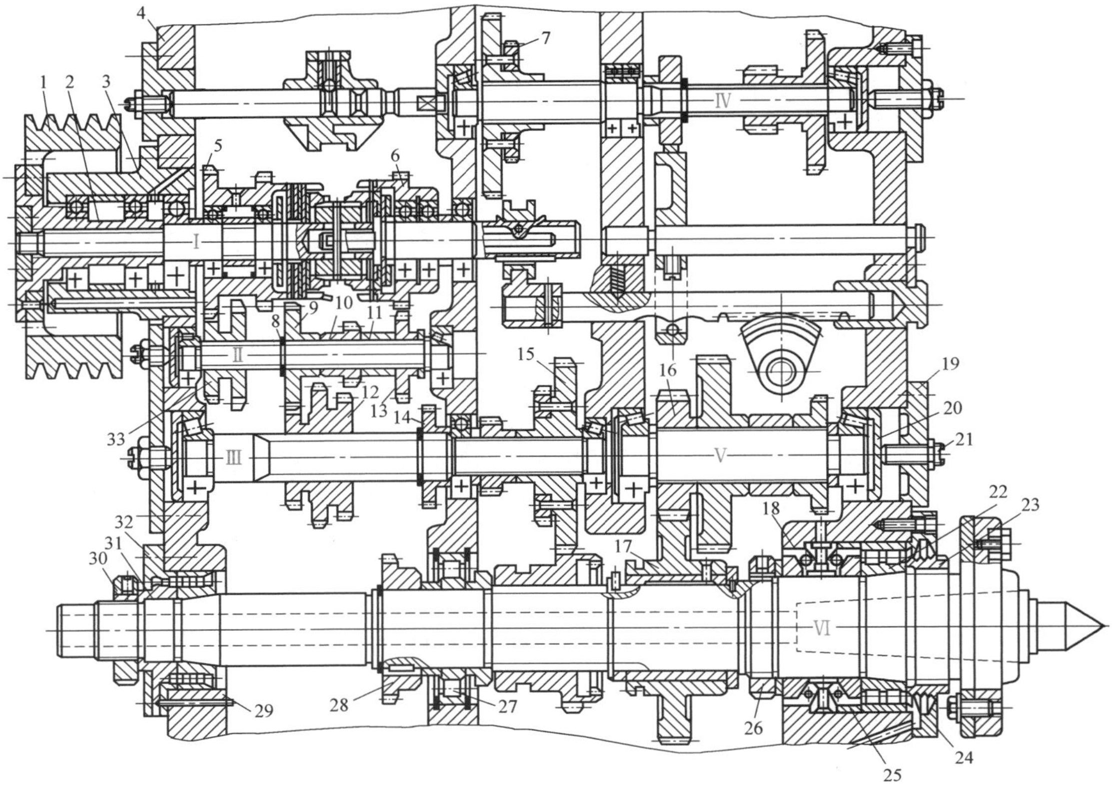

图 5-7　CA6140 型车床主轴箱展开图

1—带轮　2—花键套　3—法兰　4—主轴箱体　5—双联空套齿轮　6—空套齿轮　7、33—双联滑移齿轮　8—半圆环　9、10、13、14、28—固定齿轮　11、25—隔套　12—三联滑移齿轮　15—双联固定齿轮　16、17—斜齿轮　18—双向推力角接触球轴承　19—盖板　20—轴承压盖　21—调整螺钉　22、29—双列圆柱滚子轴承　23、26、30—螺母　24、32—轴承端盖　27—圆柱滚子轴承　31—套筒

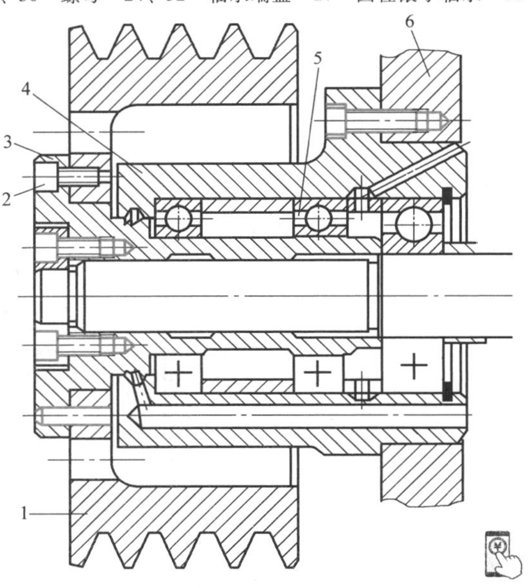

图 5-8　主轴箱的带轮卸荷装置

1—带轮　2—螺栓　3—花键套　4—法兰盘　5—深沟球轴承　6—主轴箱体

2. 双向多片离合器、制动器及操纵机构

如图 5-9a 所示，双向多片离合器 M_1装在轴Ⅰ上。摩擦离合器由内摩擦片 3、外摩擦片 2、止动片 10 及 11、压块 8 及空套齿轮 1 等组成。离合器左、右两部分结构相同，分别用来传动主轴正反转。内摩擦片 3 的内孔为内花键，装在轴Ⅰ的花键部位上，与轴Ⅰ一起旋转。外摩擦片 2 外圆上有四个凸起，卡在空套齿轮 1 的缺口槽中；内孔是光滑圆孔，空套在轴Ⅰ的花键外圆上。内、外摩擦片相间安装，在未被压紧时，内、外摩擦片互不联系。当杆 7 通过销 5 向左推动压块 8 时，内摩擦片与外摩擦片相互压紧，轴Ⅰ的运动便通过内、外摩擦片之间的摩擦力传给齿轮 1，使主轴正转。当向右推动压块 8 时，主轴反转。当压块 8 处于中间位置时，左、右离合器都脱开，但离合器不传递运动，主轴停转。

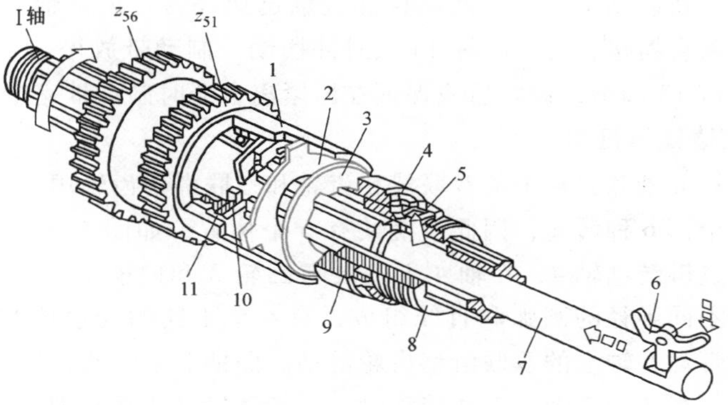

a)

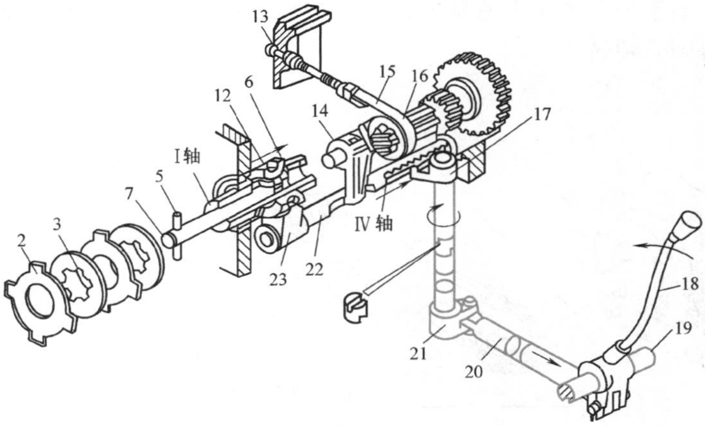

b) 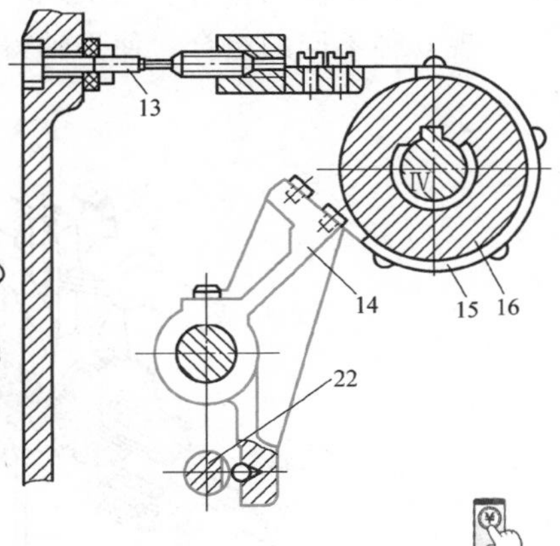　　　　c)

图 5-9　双向多片离合器、制动器及其操纵机构

1—空套齿轮　2—外摩擦片　3—内摩擦片　4—弹簧销　5—销　6—元宝销　7—杆　8—压块　9—螺母　10、11—止动片　12—滑套　13—调节螺钉　14—杠杆　15—制动带　16—制动盘　17—齿扇　18—手柄　19—操纵杠　20—杆　21—曲柄　22—齿条轴　23—拨叉

离合器 M_1的左右接合或脱开由手柄 18 操纵。向上扳动手柄 18，杆 20 向外移动，曲柄 21 及齿扇 17 顺时针转动，齿条轴 22 向右移动，并通过拨叉 23 带动滑套 12 向右移动。滑套 12 内孔的两端为锥孔，中间为圆柱。滑套 12 向右移动时，将元宝销 6（其回转中心轴装在Ⅰ轴上）的右端向下压，元宝销顺时针转动，其下端凸缘推动装在轴Ⅰ内孔中的杆 7 向左移动，并通过销 5 带动压块 8 向左压紧，主轴正转。而将手柄 18 扳至下端位置时，离合器

右半部压紧，主轴反转。当手柄 18 处于中间位置时，离合器脱开，主轴停转。

摩擦离合器除了靠摩擦力传递运动和转矩外，还能起过载保护的作用。当机床过载时，摩擦片打滑，可避免损坏机床。

制动器（刹车）安装在Ⅳ轴上。它的功用是在摩擦离合器脱开时立刻制动主轴，以缩短辅助时间。制动器的结构如图 5-9b 和 c 所示。制动盘 16 是一钢制圆盘，与轴Ⅳ用花键联接。制动盘的周边围着制动带 15，制动带为一钢带，内侧固定一层酚醛石棉。制动带的一端通过调节螺钉 13 等与箱体相连，另一端与杠杆 14 连接。为操纵方便并不出错，制动器和摩擦离合器共用一套操纵机构，也由手柄 18 操纵。当离合器脱开时，齿条轴 22 处于中间位置，这时齿条轴 22 上的凸起部分正处于与杠杆 14 下端相接触的位置，使杠杆 14 向逆时针方向摆动，将制动带拉紧，使轴Ⅳ和主轴迅速停转。齿条轴 22 凸起的左右两边都是凹槽，在左、右离合器接合时，杠杆 14 顺时针摆动，制动带放松，主轴旋转。制动带的拉紧程度由调节螺钉 13 调整，调整后应保证在压紧离合器时制动带完全松开。

3. 变速操纵机构

主轴箱Ⅱ轴和Ⅲ轴上的双联滑移齿轮和三联滑移齿轮用一个手柄操纵。变速手柄每转一转，变换全部 6 种转速，因此手柄共有 6 个位置，如图 5-10 所示。变速手柄安装在主轴箱壁上，通过链转动轴 4，在轴 4 上安装有凸轮 3 和曲柄 2。凸轮 3 上有一条封闭的曲线槽，它由两段不同半径的圆弧和直线组成，有 6 个不同的变速位置。凸轮曲线槽控制杠杆 5 摆动，从而带动Ⅱ轴上的双联滑移齿轮滑动。曲柄 2 上的圆柱销伸出端套有滚子，嵌在拨叉 1 的长槽中。当曲柄 2 随着轴 4 转动时，可带动拨叉 1 拨动Ⅲ轴上的滑移齿轮，使它处于左、中、右三种不同的位置。顺次地转动手柄至各个变速位置，就可使两个滑移齿轮块的轴向位置实现 6 种不同的组合，使Ⅲ轴得到 6 种转速。

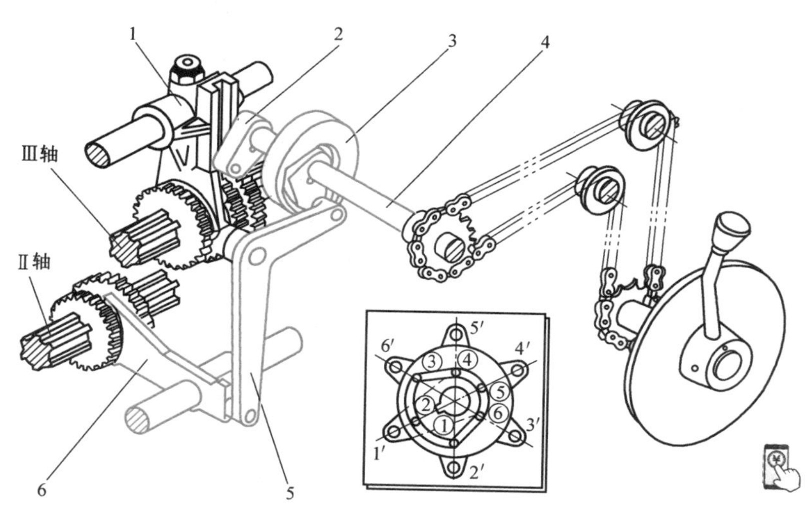

图 5-10　变速操纵机构

1—拨叉　2—曲柄　3—盘形凸轮　4—轴　5—杠杆　6—拨叉

4. 主轴和卡盘的连接

CA6140 型车床主轴的前端为短锥和法兰，用于安装卡盘或拨盘，如图 5-11 所示。拨盘或卡盘座 4 由主轴 3 的短圆锥面定位。

安装时，使装在拨盘或卡盘座 4 上的四个双头螺栓 5 及其螺母 6，均通过主轴法兰及卡口垫 2 的圆柱孔。然后，将卡口垫 2 转过一个角度，使螺栓 5 处于卡口垫 2 的沟槽内，拧紧螺钉 1 和螺母 6。

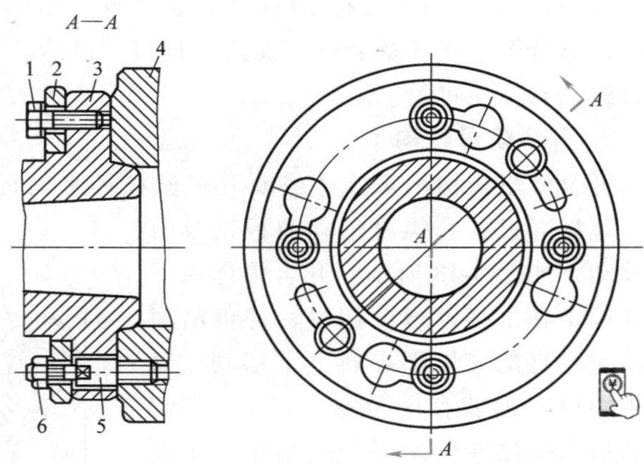

图 5-11　卡盘或拨盘的安装

1—螺钉　2—卡口垫　3—主轴　4—卡盘座
5—双头螺柱　6—螺母

5.3.2　溜板箱内的操纵机构

1. 纵、横向机动进给及快速移动的操纵机构

溜板箱内的操纵机构主要作用是将丝杠或光杠的旋转运动转变为直线运动并带动刀架进给，控制刀架运动的接通、断开和换向，操纵刀架移动和实现快速移动等。整个机构由一个手柄集中操纵，如图 5-12 所示。纵向进给时向左或向右扳动手柄 1，由于轴 23 轴向固定在箱体上，只能转动，不能轴向移动。操纵手柄 1 向左或向右进给时，手柄 1 通过其下部的开口槽拨动轴 5 轴向移动。轴 5 通过杠杆 11 及连杆 12 使凸轮 13 转动。凸轮 13 上的曲线槽使拨叉 16 移动，从而推动离合器 M_8 啮合，从而使刀架做纵向进给。按下手柄 1 顶端的快速移动按钮，快速电动机起动，可以实现纵向快速进给。横向进给时向前或向后扳动手柄 1，使轴 23 和

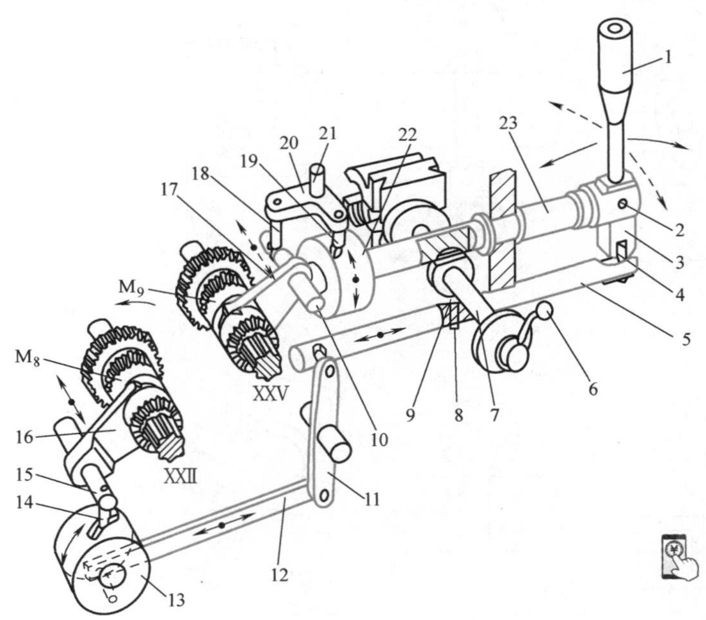

图 5-12　溜板箱操纵机构

1、6—手柄　2、21—销轴　3—手柄座　4、9—球头销　5、7、23—轴　8—弹簧销
10、15—拨叉轴　11、20—杠杆　12—连杆　13、22—凸轮　14、18、19—圆柱销　16、17—拨叉

凸轮 22 转动，从而使杠杆 20 摆动，通过拨叉 17 拨动离合器 M_9 啮合。当手柄 1 处于中间位置时，离合器 8 和 9 都断开，无法实现机动进给。盖上开有十字形槽，使操纵手柄不能同时接合纵向和横向进给。

2. 开合螺母机构

开合螺母机构用来接通或断开从丝杠传来的运动。车螺纹时，将开合螺母扣合于丝杠上，丝杠通过开合螺母带动溜板箱及刀架移动，如图 5-13 所示。开合螺母由下半螺母 1 和上半螺母 2 组成，都可沿溜板箱中垂直的燕尾形导轨上下移动。每个半螺母上都装有一个圆柱销 3，它们分别插入槽盘 4 的两条曲线槽中。车削螺纹时，转动手柄 5，使槽盘 4 转动，带动上下半螺母互相靠拢，并与丝杠啮合。

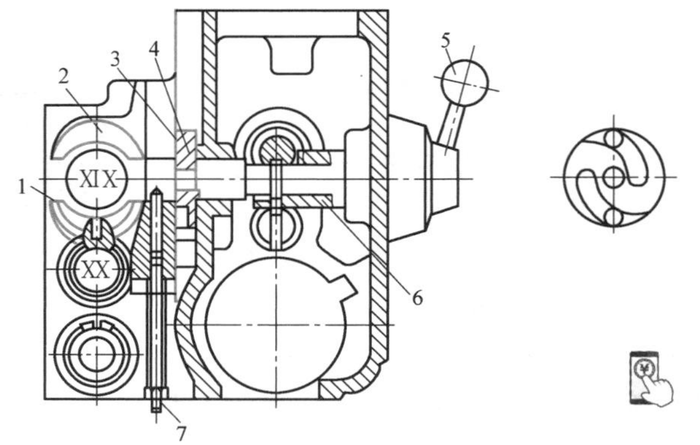

图 5-13 开合螺母机构

1—下半螺母 2—上半螺母 3—圆柱销 4—槽盘 5—手柄 6—轴 7—调节螺钉

3. 互锁机构

为了避免损坏机床，在接通机动进给或快速移动时，开合螺母不闭合。反之，合上开合螺母时，也不许接通机动进给或快速移动。图 5-14 所示为互锁机构的工作原理。图 5-14a 是中间位置时的情况，这时

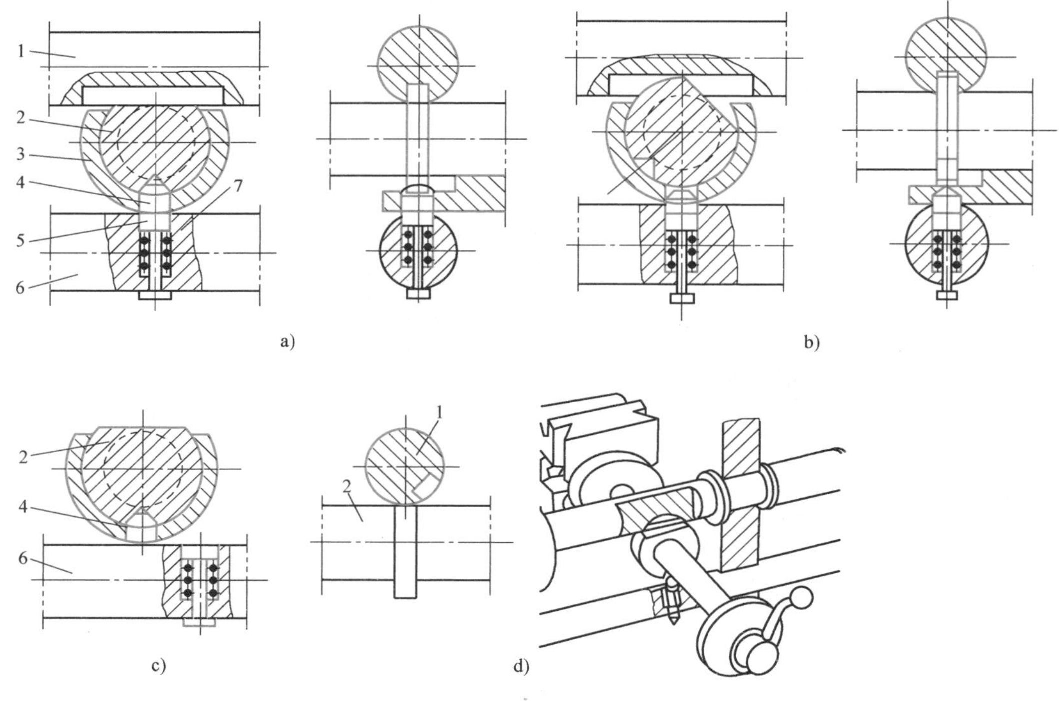

图 5-14 互锁机构的工作原理

1、2、6—轴 3—固定套 4—锥销 5—柱销 7—固定轴套

可任意地扳动开合螺母操纵手柄或机动进给操纵手柄 5（图 5-13）。图 5-14b 是合上开合螺母时的情况，这时由于手柄所操纵的轴 2 转过了一个角度，它的凸肩转入到轴 1 的槽中，将轴 1 卡住，使它不能转动，横向机动进给不能接通；同时凸肩又将锥销 4 压入到轴 6 的孔中，由于锥销 4 的另一半尚留在固定套 7 中，使轴 6 也不能轴向移动，机动进给的操纵手柄就被锁住，不能扳动，纵向机动进给也不能接通。图 5-14c 是向左扳动机动进给及快移操纵手柄时的情况，这时轴 6 向右移动，轴 6 上的圆孔及安装在圆孔内的柱销 5 随之移开，锥销 4 被轴 6 的表面顶住不能往下移动，锥销 4 的圆柱段均处于固定套 7 的圆孔中，而其上端则卡在轴 2 的锥孔中，将手柄轴 2 锁住，开合螺母不能再闭合。图 5-14d 是向前扳动操纵手柄（即接通向前的横向进给或快速移动）时的情况，这时，由于轴 1 转动，其上的长槽随之转动而不对准轴 2 上的凸肩，于是轴 2 不能转动，开合螺母也不能闭合。

4. 超越离合器

为了避免光杠和快速电动机同时传动轴 XXⅡ 而造成损坏，如图 5-15 所示，在溜板箱左端的齿轮 z_{56} 与轴 XXⅡ 之间装有超越离合器。由光杠传来的低速进给运动，使齿轮 z_{56}（图 5-15 中的外环 4）按图 5-15 中所示的逆时针方向转动，三个短圆柱滚子 6 分别在弹簧 8 的弹力以及滚子 6 与外环 4 之间摩擦力的作用下，楔紧在外环 4 和星形体 5 之间。于是，外环 4 通过滚子 6 带动星形体 5 一起转动，运动便经过安全离合器 M_8（件号 1 和 2）传至轴 XXⅡ，实现正常的机动进给。当按下快移按钮时，快速电动机的运动由齿轮副 18/24 传至轴 XXⅡ（图 5-5）。这时，星形体 5 得到一个与外环 4（即图 5-5 中的齿轮 56）转向相同而转速却快得多的（高速）旋转运动。这时，在滚子 6 与外环 4 及星形体 5 之间的摩擦力作用下，滚子 6 通过柱销 7 克服压缩弹簧 8 的作用力向楔形槽的宽端滚动，从而脱开外环 4 与星形体 5 及轴 XXⅡ 间的传动联系，光杠 XX 不再驱动轴 XXⅡ。这时，刀架和溜板箱可以由快速电动机驱动实现快速移动。

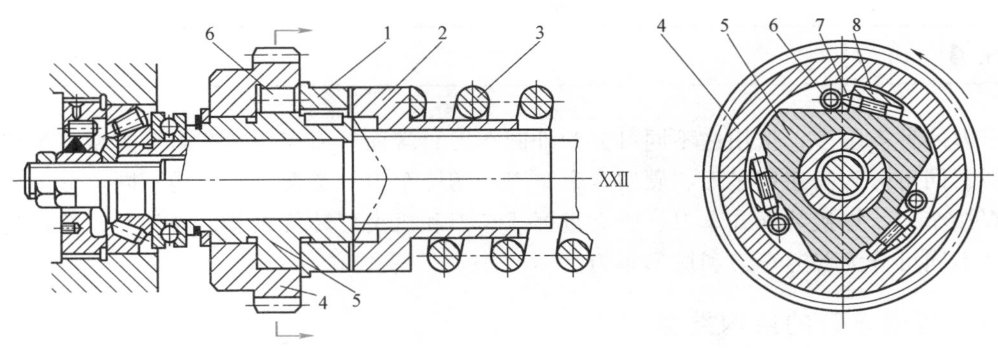

图 5-15 超越离合器

1、2—安全离合器左右半部分 3、8—弹簧 4—外环 5—星形体 6—滚子 7—柱销

5. 安全离合器

安全离合器为过载保险装置，其作用是防止过载和发生偶然事故时损坏机床，如图 5-16 所示。它由端面带螺旋形齿爪的左右两半部分 5 和 6 组成，其左半部分 5 用键装在超越离合

器 M_6 的星轮 4 上，且与轴 XX 空套，右半部分 6 与轴 XX 用花键联接。正常工作时，在弹簧 9 压力的作用下，离合器左右两半部分相互啮合，由光杠传来的运动，经齿轮 z_{56}、超越离合器 M_6 和安全离合器 M_7，传至轴 XX 和蜗杆 7，此时安全离合器螺旋齿面产生的轴向分力 $F_{轴}$，由弹簧 9 的压力来平衡。刀架上的载荷增大时，通过安全离合器齿爪传递的转矩以及作用在螺旋齿面上的轴向分力都将随之增大。当轴向分力 $F_{轴}$ 超过弹簧 9 的压力时，离合器右半部分 6 将压缩弹簧而向右移动，与左半部分 5 脱开，导致安全离合器打滑。于是机动进给传动链断开，刀架停止进给。过载现象消除后，弹簧 9 使安全离合器重新自动接合，恢复正常工作。机床许用的最大进给力，取决于弹簧 9 调定的压力。拧紧螺母 3，通过装在轴 XX 内孔中的拉杆 1 和圆销，可调整弹簧座 8 的轴向位置，改变弹簧 9 的压缩量，从而调整安全离合器能传送的转矩大小。

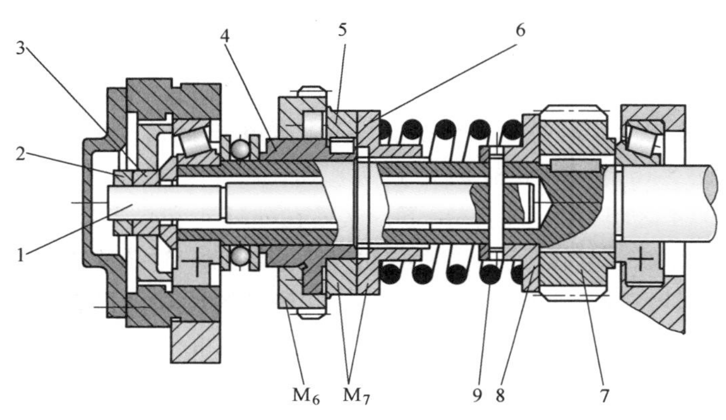

图 5-16　安全离合器

1—拉杆　2—锁紧螺母　3—调整螺母　4—超越离合器的星轮　5—安全离合器的左半部分
6—安全离合器的右半部分　7—蜗杆　8—弹簧座　9—弹簧

5.4　车刀

车刀的种类很多，按用途不同可分为外圆车刀、端面车刀和切断车刀等类型；按切削部分材料不同可分为高速钢车刀、硬质合金车刀和陶瓷车刀等类型；按结构不同可分为整体车刀、焊接车刀、焊接装配式车刀、机夹重磨式车刀和机夹可转位式车刀等类型；按切削刃复杂程度不同可分为普通车刀和成形车刀。

5.4.1　普通车刀的结构类型

1. 整体式车刀

刀杆与刀头为一整体，结构简单，便于制造和使用，但对贵重的刀具材料消耗较大，经济性较差。早期的车刀多为这种结构，现在较少使用。

2. 焊接式车刀

焊接式车刀的刀头是焊接到刀杆上的，结构简单紧凑，刚性好，可以根据加工条件和加工要求，方便地磨出所需角度，应用十分广泛。对于贵重刀具材料（如硬质合金等），可以采用焊接式车刀，但硬质合金刀片经高温焊接和刃磨后会产生内应力和裂纹，影响刀具切削性能和寿命，并且刀片和刀杆不可拆卸。

3. 焊接装配式车刀

焊接装配式车刀是将硬质合金刀片钎焊在小刀块上，再将小刀块装配到刀杆上。这种结构多用于重型车刀。重型车刀体积和重量较大，采用焊接装配式结构以后，只需装卸小刀块，刃磨省力，刀杆也可重复使用。

4. 机夹重磨式车刀

机夹重磨式车刀的刀片和刀杆是两个可拆卸的独立元件，工作时靠夹紧装置把它们固定在一起。图 5-17 所示为机夹重磨式切断刀的一种典型结构。这种结构的车刀避免了高温焊接带来的缺陷，提高了刀具切削性能和寿命，并且刀杆能多次使用。

5. 机夹可转位式车刀

机夹可转位式车刀是将压制成一定几何参数的多边形刀片（如硬质合金刀片），用机械夹固的方法，装夹在标准的刀杆上。当刀片上一个切削刃用钝后，松开夹紧机构，将刀片转位换成另一个新的切削刃，便可继续切削，当全部切削刃都用钝后，再换上新的刀片，其结构如图 5-18 所示。

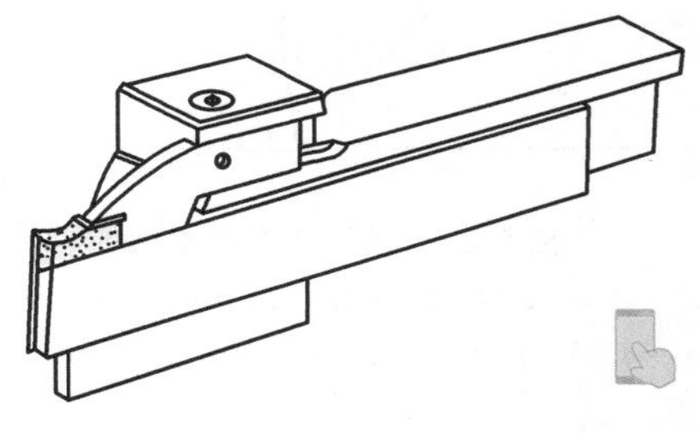

图 5-17　机夹重磨式切断刀

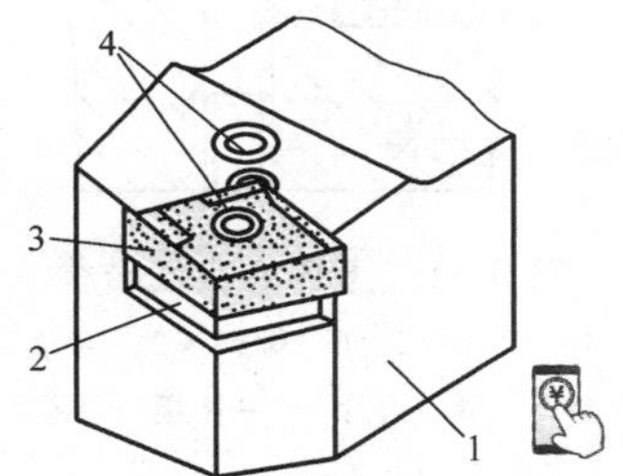

图 5-18　机夹可转位式车刀

1—刀杆　2—刀垫　3—刀片　4—夹固元件

机夹可转位式刀具不需要焊接，因而避免了焊接引起的缺陷，大大提高了刀具的寿命。刀具使用寿命长，生产率高，有利于推广新技术、新工艺，从而降低了刀具成本。

另外，刀片的转位不影响切削刃位置的准确性。因此，采用可转位式车刀可以缩短停机调刀时间，提高生产率。

可转位式车刀由刀杆 1、刀垫 2、刀片 3 和夹固元件 4 组成，如图 5-18 所示。硬质合金可转位刀片见国家标准 GB/T 2076—2007。刀片形状很多，常用的有三角形、各种凸三角形、正方形、五角形和圆形等。刀片大多不带后角，但是，在每个切削刃上做有断屑槽并形成刀片的前角。刀具的实际角度由刀片和刀槽的角度组合确定。

可转位式车刀多利用刀片上的孔对刀片进行夹固，典型的夹固结构如下：

1）偏心式夹固结构如图 5-19 所示，它以螺钉作为转轴，螺钉上端为偏心销，偏心量为 e。当转动螺钉时，偏心销就可以夹紧或松开刀片。

2）杠杆式夹固结构如图 5-20 所示。图 5-20a 所示为直杆式结构，图 5-20b 所示为曲杆式结构，利用螺钉带动杠杆转动而将刀片夹固在定位侧面上。

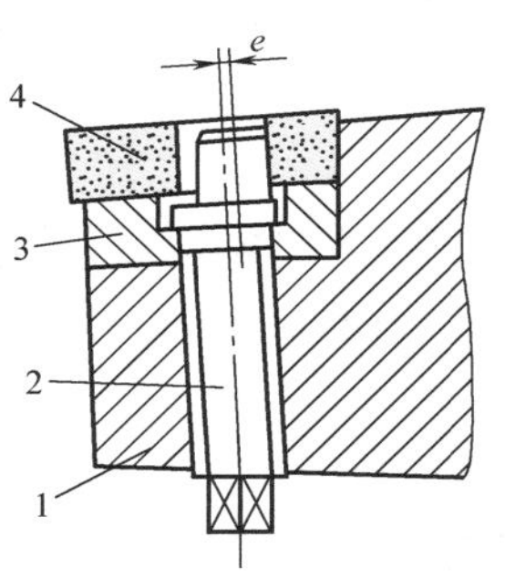

图 5-19　偏心式夹固结构

1—刀杆　2—偏心销　3—刀垫　4—刀片

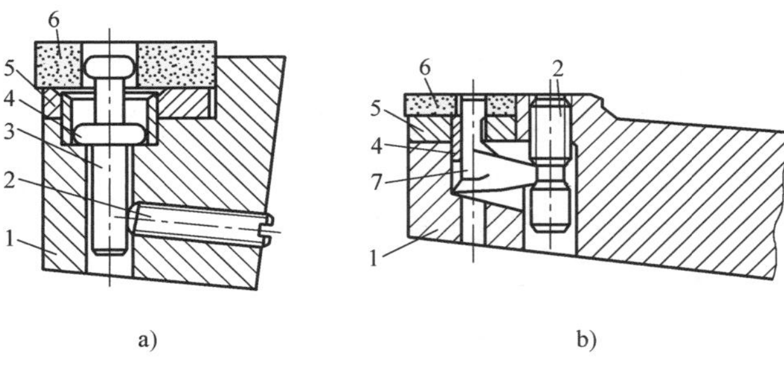

图 5-20　杠杆式夹固结构

a）直杆式　b）曲杆式

1—刀杆　2—螺钉　3—杠杆　4—弹簧片

5—刀垫　6—刀片　7—曲杆

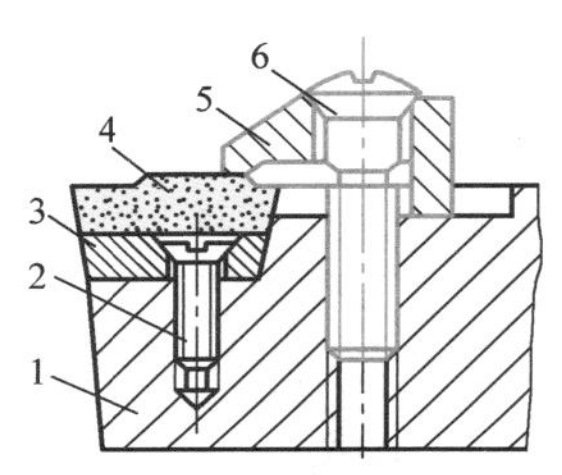

图 5-21　上压式夹固结构

1—刀杆　2、6—螺钉　3—刀垫

4—刀片　5—压板

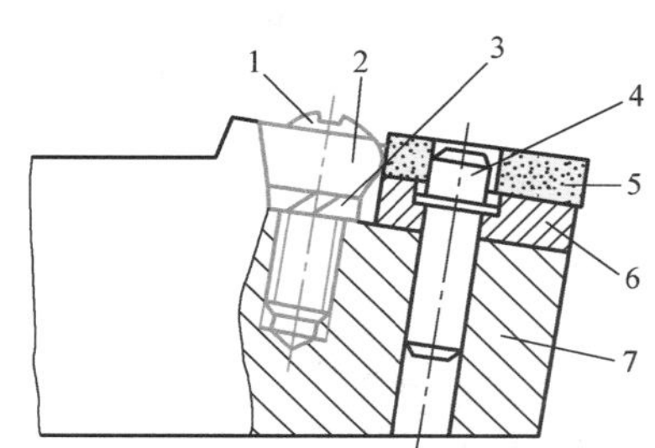

图 5-22　楔销式夹固结构

1—螺钉　2—楔块　3—弹簧垫圈

4—柱销　5—刀片　6—刀垫　7—刀杆

3）上压式夹固结构如图 5-21 所示，这种螺钉压板结构尺寸小，不需要多大的压紧力，夹固元件的位置易避开切屑流出方向。一般用于夹固不带孔的刀片。

4）楔销式夹固结构如图 5-22 所示，刀片 5 由柱销 4 在孔中定位，楔块 2 向下运动时将刀片夹固在内孔的柱销上，松开螺钉时，弹簧垫圈 3 自动抬起楔块。

5.4.2　成形车刀的种类

成形车刀是在各种车床上加工内、外回转体成形表面的专用刀具，其刃形是根据零件的廓形设计的。

成形车刀类型按进给方向不同分为径向、切向和斜向成形车刀；按其结构不同分为平体、棱体和圆体成形车刀，如图 5-23 所示。

1. 平体成形车刀

平体成形车刀除了切削刃有一定的形状要求外，结构上和普通车刀相近。因其允许的重磨次数不多，一般仅用于加工螺纹或铲制成形铣刀、滚刀的齿背。

2. 棱体成形车刀

棱体成形车刀的外形是棱柱体。可重磨次数比平体成形车刀多，刚性也好，但只能用来加工外成形表面。

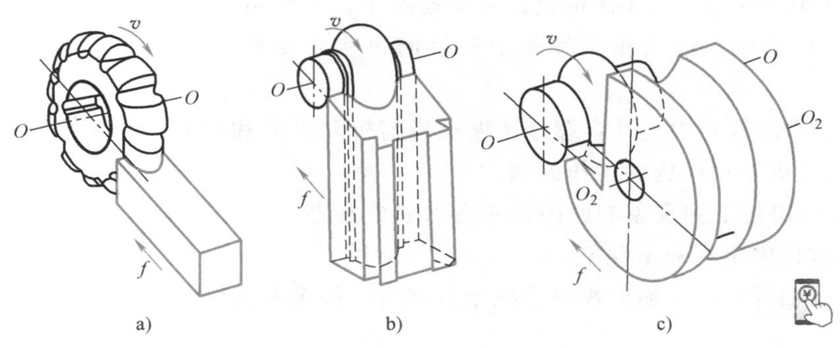

图 5-23　成形车刀

a）平体成形车刀　b）棱体成形车刀　c）圆体成形车刀

3. 圆体成形车刀

圆体成形车刀的外形是回转体，切削刃在圆周表面上分布。与以上两种成形车刀相比，制造方便，允许重磨次数多。既可用来加工外成形表面，又可用来加工内成形表面，使用比较普遍，但加工精度与刚性低于棱体成形车刀。

成形车刀具有如下特点：

1）生产率高。利用成形车刀进行加工，一次进给便可完成零件各表面的加工，因此具有很高的生产率。故在零件的成批大量生产中，得到广泛的使用。

2）加工质量稳定。使用成形车刀进行切削加工，由于零件的成形表面主要取决于刀具切削刃的形状和制造精度，所以它可以保证被加工工件表面形状和尺寸精度的一致性和互换性。一般加工后零件的公差等级可达 IT8~IT7，表面粗糙度值可达 $Ra10 \sim 2.5\mu m$。

3）刀具使用寿命长。成形车刀用钝后，一般重磨前面，可重磨次数多，尤其是圆体成形车刀。

4）刀具制造比较困难，成本高，故单件小批生产不宜使用成形车刀。

习题与思考题

5-1　CA6140 型车床能车削哪几种标准螺纹？其标准参数符合什么规律？

5-2　写出车削 $m=3\text{mm}$，$K=1$ 的模数螺纹和 $a=5\text{in}^{-1}$，$K=1$ 的英制螺纹的运动平衡式。

5-3　如果 CA6140 型车床主轴转速忽快忽慢，从理论上讲会不会影响所加工的螺纹导程的大小？为什么？

5-4　在 CA6140 型车床主传动系统中，双向多片离合器的作用是什么？

5-5　开合螺母的作用是什么？

5-6　为什么卧式车床主轴箱的运动输入轴（Ⅰ轴）常采用卸荷带轮结构？对照传动系统图说明转矩是如何传递到Ⅰ轴的。

5-7　为什么车削螺纹时用丝杠承担纵向进给，而车削其他表面时用光杠传动纵向和横向进给？能否用一根丝杠承担纵向进给又承担其他表面的进给运动？

5-8 在 CA6140 型卧式车床的进给传动系统中，主轴箱和溜板箱中各有一套换向机构，它们的作用有何不同？能否用主轴箱中的换向机构来变换纵、横向机动进给的方向？为什么？

5-9 在车床溜板箱中，开合螺母操纵机构与机动纵向和横向进给操纵机构之间为什么需要互锁？试分析互锁机构的工作原理。

5-10 分析出现下列现象的原因，并指出解决方法：

1）车削过程中出现闷车现象。

2）扳动主轴开、停、换向操纵手柄十分费力，甚至不能稳定地停在终点位置。

第 6 章

其他金属切削机床及其常用刀具

6.1 拉床与拉刀

拉床是用拉刀加工工件内外表面的加工机床。拉刀是一种多齿刀具，拉削时，拉刀的直线运动一般为主运动，进给运动是由拉刀后一个刀齿高出前一个刀齿（称为齿升量）来完成的，如图 6-1 所示。

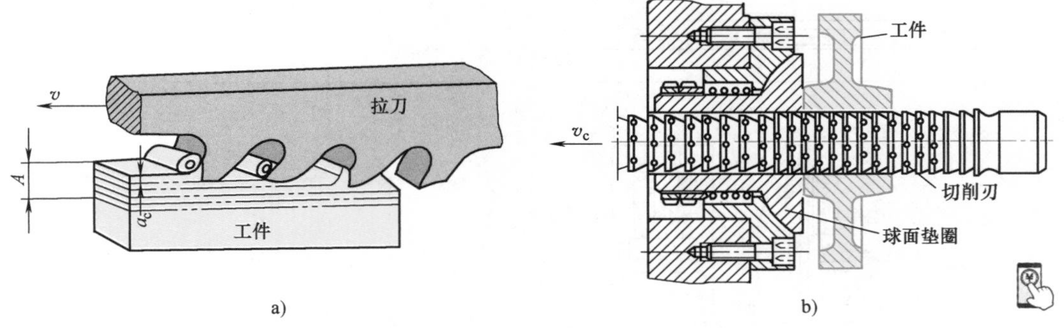

图 6-1 拉削过程

a）拉平面 b）拉孔

拉削具有生产率高、加工质量高和操作简单等优点，主要用来加工各种形状的通孔，如圆孔、方孔、多边形孔和内齿轮等；还可以加工多种形状的沟槽，如键槽、T 形槽、燕尾槽和涡轮盘上的样槽等；外拉削可以加工平面、成形面、外齿轮和叶片的榫头等。拉削能加工的孔型，如图 6-2 所示。

拉削加工产生的切屑薄，切削运动平稳，因而可获得较高的加工公差等级（IT6 级或更高）和较小的表面粗糙度值（Ra<0. 63μm）。拉床工作时，可在拉刀一次行程中完成工件表面的粗、精加工，因此生产率较高，是铣削的 3~8 倍。但拉刀结构复杂，制造困难，拉削每一种表面都需要用专门的拉刀，因此仅适用于大批量生产。

6. 1. 1 拉床的功用和类型

按工作性质的不同，拉床可分为内拉床和外拉床；按拉床的结构形式不同，可分为立式

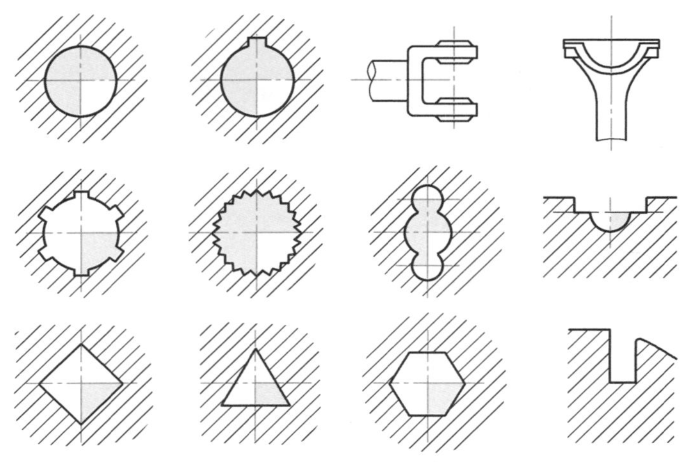

图 6-2　拉削能加工的孔型

拉床和卧式拉床。图 6-3 是常用拉床的外形图，图 a 为卧式内拉床，图 b 为连续式拉床，图 c 为立式外拉床，图 d 为立式内拉床。

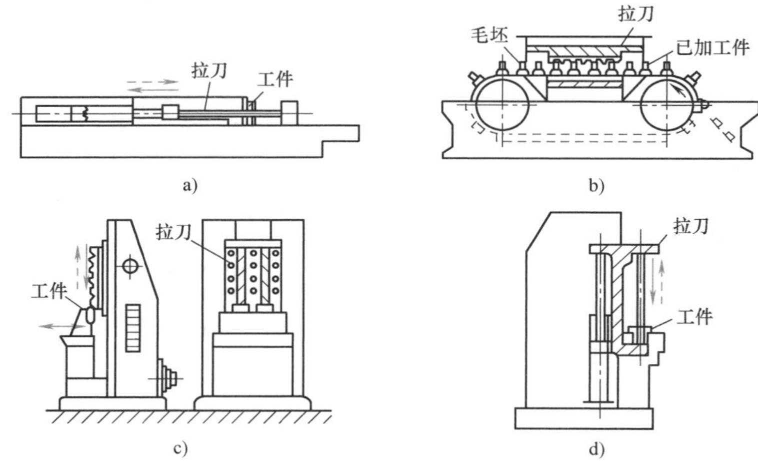

图 6-3　拉床的外形图

a）卧式内拉床　b）连续式拉床　c）立式外拉床　d）立式内拉床

拉削时，拉刀使被加工表面在一次进给中成形，所以拉刀只有主运动没有进给运动。切削时，拉刀承受的切削力很大，拉刀应平稳地低速直线运动。

拉床一般采用液压传动，拉刀的主运动通常是由液压驱动的，床身内装有液压缸，活塞杆的右端装有刀夹，用以夹持拉刀或固定拉刀的滑座。工作前，拉刀支持在滚轮和拉刀尾部支架上，工件由拉刀左端穿入。当拉刀随液压缸的活塞杆向左做直线运动时，工件贴靠在靠板上，拉刀通过工件拉削出所需的孔型。

6.1.2　拉刀

1. 拉刀的类型及其应用

拉刀表面上有多排刀齿，各排刀齿的尺寸和形状从切入端至切出端依次增加和变化。当拉刀做拉削运动时，每个刀齿从工件上切下一定厚度的金属，最终得到要求的尺寸和形状。

由于拉削加工方法应用广泛，拉刀的种类也很多。按受力不同可分为拉刀和推刀。按加工工件的表面不同可分为内拉刀和外拉刀。内拉刀是用于加工工件内表面的，常见的有圆孔拉刀、键槽拉刀 及花键拉刀等。外拉刀是用于加工工件外表面的，如平面拉刀、成形表面拉刀及齿轮拉刀等。按拉刀构造不同，可分为整体式与组合式两类。整体式主要用于中、小型尺寸的高速钢拉刀；组合式主要用于大尺寸拉刀和硬质合金拉刀，这样不仅可以节省贵重的刀具材料，而且当拉刀刀齿磨损或破损后，能够更换，延长整个拉刀的使用寿命。

2. 拉刀的结构

（1）拉刀的组成部分　拉刀的种类虽多，但结构组成都类似。图 6-4 所示为圆孔拉刀的组成。圆孔拉刀由头部、颈部、过渡锥部、前导部、切削部、校准部、后导部及尾部组成，其各部分功用如下：

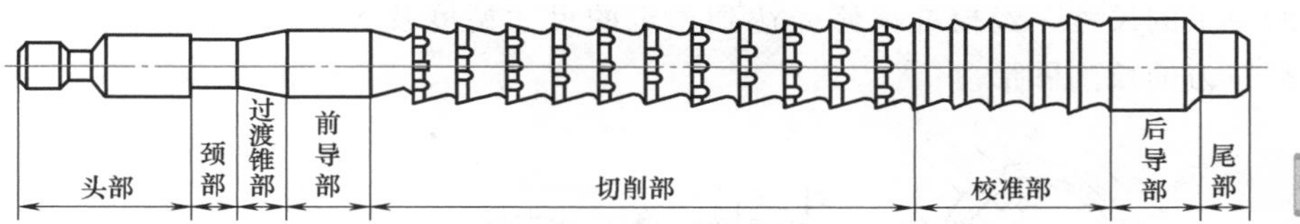

图 6-4　圆孔拉刀的组成

1）切削部。拉刀的切削部是其主要部分，担负着全部的切削工作，切除工件上所有余量，由粗切齿、过渡齿和精切齿三部分组成，这些刀齿的直径由前导部向后逐渐增大，最后一个精切齿的直径应保证被加工孔获得所要求的尺寸。

2）校准部。校准部有几个校准齿，其直径与拉削后的孔径相同，只切去工件弹性恢复量，起修光和校准、提高工件加工精度和表面质量的作用，也作为精切齿的后备齿。

3）头部。拉刀的夹持部分，用于传递拉力。

4）颈部。头部与过渡锥部的连接部分，便于头部穿过拉床挡壁，也是打标记的地方。

5）过渡锥部。使拉刀前导部易于进入工件孔中，起对准中心的作用。

6）前导部。起引导作用，防止拉刀进入工件孔后发生歪斜，并可检查拉前孔径是否符合要求。

7）后导部。用于保证拉刀工作即将结束而离开工件时的正确位置，防止工件下垂而损坏已加工表面与刀齿。

8）尾部。只有当拉刀又长又重时才需要，用于支撑拉刀，防止拉刀下垂。

（2）拉刀切削部分设计参数　拉刀切削部分的主要设计参数如图 6-5 所示。

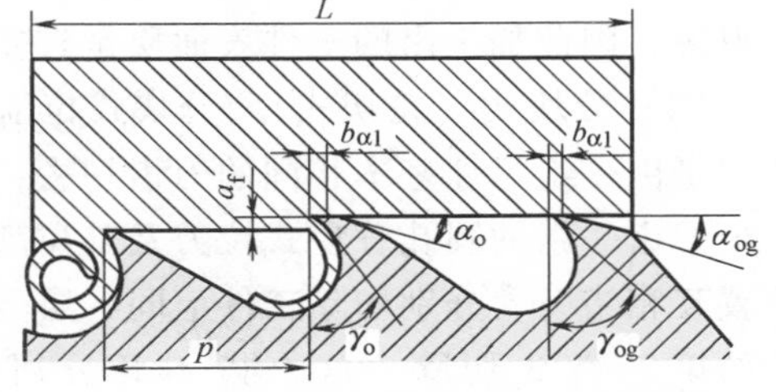

图 6-5　拉刀切削部分的主要设计参数

1）齿升量（a_f）即切削部相邻两刀齿（或刀齿组）高度差，它影响拉削力、拉刀长度、生产率和加工表面质量。

2）齿距（p）即两相邻刀齿之间的轴向距离，它影响容屑空间、同时工作齿数及工作平稳性。

3）刃带宽度（$b_{\alpha1}$）用于在制造拉刀时控制刀齿直径；可增加拉刀校准齿前面的可重磨次数，提高拉刀使用寿命；有了刃带，还可提高拉削过程的稳定性。

4）拉刀前角（γ_o）按工件材料选择。

5）拉刀后角（α_o）较小，重磨前面后尺寸变小较慢。

3. 拉削图形与种类

拉刀从工件表面上把拉削余量切削下来的顺序，通常都用图形来表达，这种图形即所谓拉削图形。拉削图形选择合理与否，直接影响到刀齿负荷的分配、拉刀的长度、拉削力的大小、拉刀的磨损和刀具寿命、工件表面质量、生产率和制造成本等。拉削图形可分为分层式、分块式及综合式三大类。

（1）分层式　分层式拉削可分为成形式及渐成式两种。

1）成形式。按成形式设计的拉刀，每个刀齿的廓形与被加工表面最终要求的形状相同，切削部的刀齿高度向后递增，工件上的拉削余量被一层一层地切去，最终由最后一个切削齿切出所要求的尺寸，经校准齿修光达到预定的尺寸精度及表面粗糙度。图 6-6a 所示为成形式圆孔拉刀的拉削图形。

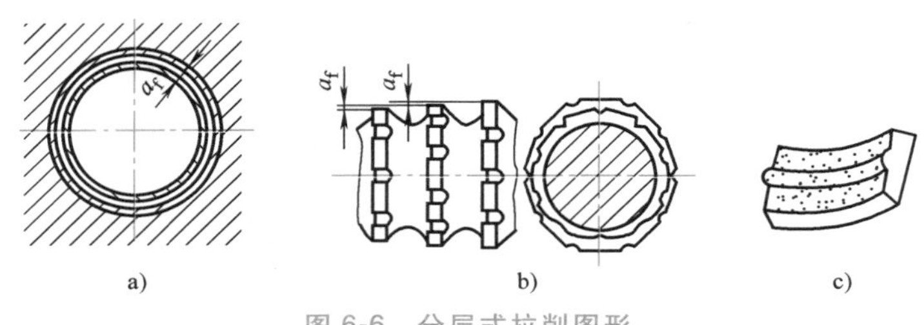

图 6-6　分层式拉削图形

a）拉削图形　b）切削部齿形　c）切屑

采用成形式拉刀，可获得良好的工件表面粗糙度。但是，为了避免出现环状切屑，便于容屑，成形式拉刀相邻刀齿的切削刃上磨有交错排列的狭窄分屑槽。由于成形式拉刀的每个刀齿形状都与被加工工件最终表面形状相同，因此，除圆孔拉刀外，制造都比较困难。

2）渐成式。如图 6-7 所示，按渐成式原理设计的拉刀，刀齿的廓形与被加工工件最终表面形状不同。被加工工件表面的形状和尺寸由各刀齿的副切削刃形成，这时拉刀刀齿可制成简单的直线形或弧形。这对于加工复杂成形表面的工件，拉刀的制造要比成形式简单，缺点是在工件已加工表面上可能出现副切削刃的交接痕迹，因此加工出的工件表面质量较差。

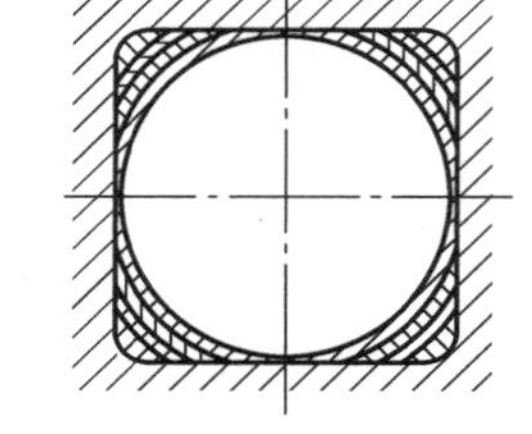

图 6-7　渐成式拉削图形

（2）分块式（轮切式）　分块式拉削方式与分层式拉削方式的区别，在于工件上的每层金属是由一组尺寸基本相同的刀齿切去，每个刀齿仅切去一层金属的一部分。图 6-8 所示为三个刀齿一组的圆孔分块式拉刀及其拉削图形，第一齿 1 与第二齿 2 的直径相同，但切削刃位置互相错开，分别切除工件上同一层金属中的几段材料 4、5；剩下的残留金属 6，由同一组的第三齿 3 切除。这个齿不开分屑槽，考虑加工表面回弹，其直径比前两个齿小 0.02~0.05mm。

分块式拉削方式与分层式拉削方式相比较，虽然工件上的每层金属由一组（2~4 个）刀齿切除，但由于每个刀齿参加工作的切削刃长度较小，在保持相同的拉削力的情况下，允许较大的切削厚度（即齿升量）。因此，在相同的拉削余量下，分块式拉刀所需的刀齿总数要少很多，拉刀长度可以缩短。但由于切削厚度（即齿升量）大，加工工件表面质量不如成形式拉刀。

（3）综合式 按综合拉削方式设计的拉刀，称为综合式拉刀，它集中了成形式拉刀与分块式拉刀的优点，通常将粗切齿制成分块式结构，精切齿则采用成形式结构。这样，既缩短了拉刀长度，保持较高的生产率，又获得较好的工件表面质量。我国生产的圆孔拉刀较多地采取这种结构。

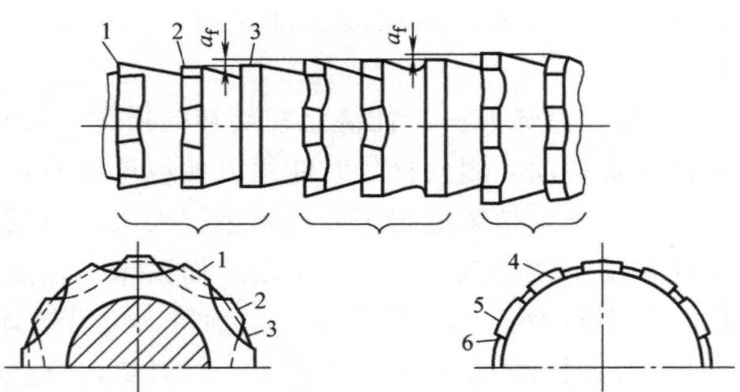

图 6-8 圆孔分块式拉刀及其拉削图形

1—第一齿 2—第二齿 3—第三齿 4—被第一齿切去的金属层 5—被第二齿切去的金属层 6—被第三齿切去的金属层

6.2 钻床与普通孔加工刀具

钻床是主要用钻头在实体工件上加工孔的机床。钻床主要用来加工外形比较复杂、没有对称回转轴线的工件上的孔，如箱体、机架等零件上的孔。

6.2.1 钻床的功用和主要类型

钻床可完成钻孔、扩孔、铰孔、锪平面和攻螺纹等工作，如图 6-9 所示。在钻床上加工孔时，工件不动，刀具旋转为主运动，刀具轴向移动为进给运动。钻床的加工精度不高，仅用于加工一般精度的孔。

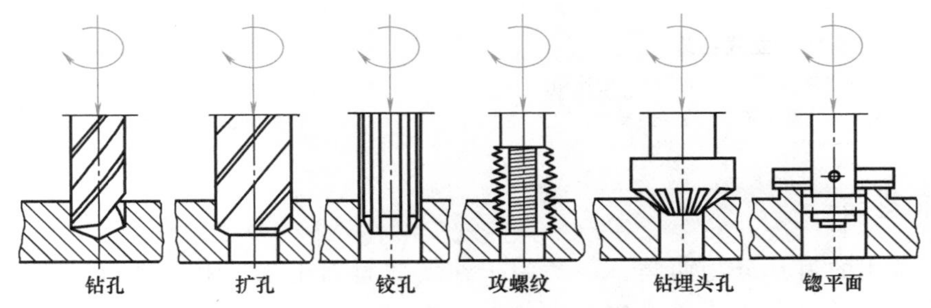

图 6-9 钻床的加工方法

常用钻床主要有台式钻床、立式钻床、摇臂钻床和深孔钻床等类型。

1）台式钻床简称台钻，是一种在工作台上使用的小型钻床，其钻孔直径一般在 ϕ13mm 以下。主要用于加工小型工件上的各种小孔，它在仪表制造、钳工和装配中用得较多。

2）立式钻床简称立钻，其规格用最大钻孔直径表示，常用的有 ϕ25mm、ϕ35mm、ϕ40mm 和 ϕ50mm 等几种。与台钻相比，立钻刚性好、功率大，因而允许钻削较大的孔，生产率较高，加工精度也较高。图 6-10 所示为立式钻床，进给箱 3 和工作台 1 可沿立柱 5 的导轨调整上下位置，以适应工件高度。立钻适用于单件小批生产中加工中、小型零件上的孔。

3）摇臂钻床有一个能绕立柱旋转的摇臂，主轴箱可在摇臂上做横向移动，并可随摇臂沿立柱垂直移动。因此操作时能很方便地调整刀具的位置，以对准被加工孔的中心，而不需移动工件。摇臂钻床适用于一些笨重的大工件以及多孔工件的加工。在大型零件上钻孔时，因工件移动不便，就希望工件不动，而钻床主轴能在空间任意调整其位置，这就产生了摇臂钻床。图 6-11 所示为摇臂钻床。主轴箱 5 可沿摇臂 4 的导轨横向移动。摇臂 4 可沿外立柱 3 上下移动，同时外立柱 3 及摇臂 4 还可以绕内立柱 2 在±180°范围内任意转动。因此，主轴 6 的位置可在空间任意地调整。被加工工件可以安装在工作台 7 上，如工件较大，还可以卸掉工作台，直接安装在底座 1 上，或直接放在周围的地面上。摇臂钻床改变加工位置灵活方便，被广泛应用于一般精度的各种批量的大、中型零件的加工。

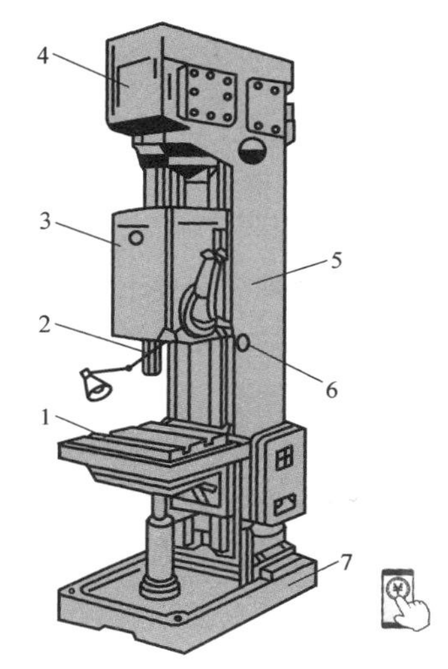

图 6-10　立式钻床

1—工作台　2—主轴　3—进给箱　4—变速箱
5—立柱　6—操作手柄　7—底座

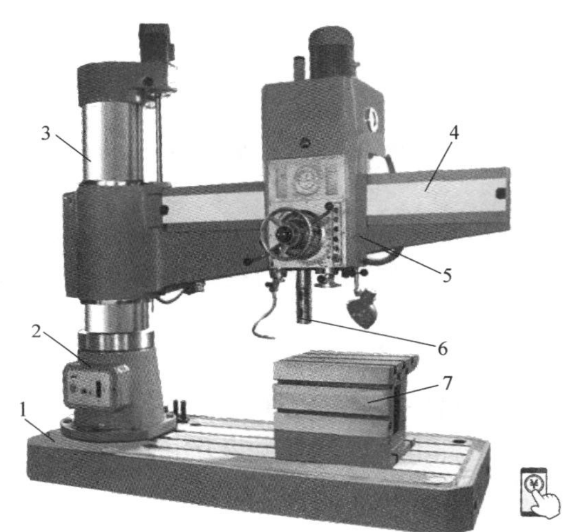

图 6-11　摇臂钻床

1—底座　2—内立柱　3—外立柱　4—摇臂
5—主轴箱　6—主轴　7—工作台

6.2.2　麻花钻

钻床上常用的刀具分为两类：一类用于在实体材料上加工孔，如麻花钻、扁钻、中心钻及深孔钻等；另一类用于对工件上已有的孔进行再加工，如扩孔钻和铰刀等。其中麻花钻是最常用的孔加工刀具。对于直径在 $\phi0.1 \sim \phi80$mm 的孔，都可以使用麻花钻加工。

1. 麻花钻的结构

标准高速钢麻花钻主要由工作部分、颈部和柄部三部分组成，如图 6-12 所示。柄部起夹持并传递转矩的作用，直径小于 $\phi12$mm 的钻头一般为直柄，大于 $\phi12$mm 的钻头为锥柄；颈部连接了柄部和工作部分，可供砂轮磨柄部时退刀；工作部分包括切削和导向两部分，担负切削与导向工作。

麻花钻的切削部分承担主要切削工作，导向部分起导向和修光孔壁的作用。如图 6-13

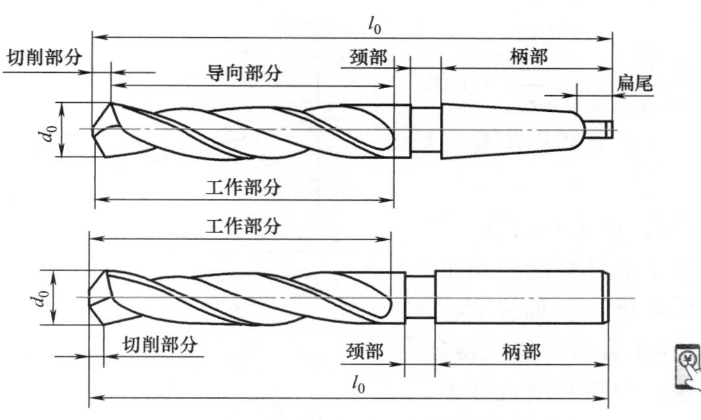

图 6-12　标准麻花钻刀体结构

所示，切削部分有两条主切削刃、两条副切削刃和一条横刃。在钻头中心部分连接两个刃瓣且与两螺旋刃沟底部相切的回转体称为钻芯。为保证钻头具有必要的刚性和强度，钻芯直径 d_0 向柄部方向递增。在钻芯上的切削刃叫横刃，它与两主切削刃相连。麻花钻横刃处有很大的负前角，切削条件很差。两个对称螺旋槽用来形成切削刃和前角，并起排屑和输送切削液的作用。两条螺旋槽刃沟形成两条主切削刃的前面，两主后面在钻头端面上，分布于横刃两边。沿螺旋槽边缘的两条棱边与孔壁接触，起导向作用。钻头外缘上两小段窄棱边形成的刃带是副后面，在钻孔时刃带起导向作用且控制孔的轮廓和直径；为减小与孔壁的摩擦，刃带向刀柄部方向有减小的倒锥量，从而形成副偏角。

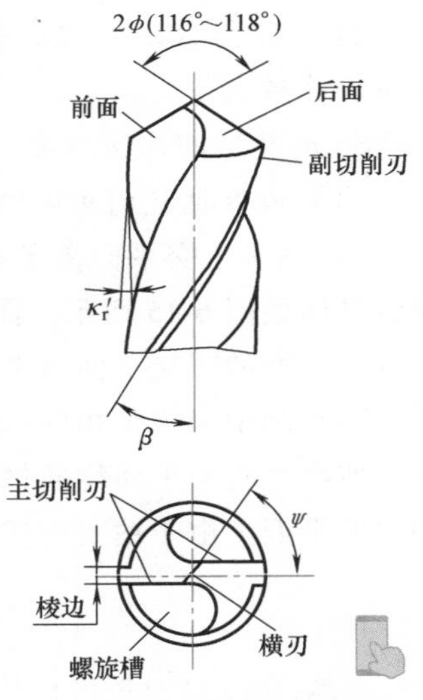

图 6-13　麻花钻的切削部分

2. 麻花钻的结构参数

麻花钻的结构参数是指钻头在制造中控制的尺寸或角度，它们是确定钻头几何形状和直径大小的独立参数，主要包括以下几项：

（1）直径 d　直径指在切削部分测量的两刃带间距。按标准尺寸系列或螺孔底径尺寸设计。

（2）直径倒锥　直径倒锥是指远离切削部分的导向部分的外径向柄部逐渐减小，以减少刃带与孔壁间的摩擦，相当于副偏角。钻头倒锥量约为 0.03～0.12mm/100mm，直径大的钻头其倒锥量也大。

（3）钻芯直径 d_0　钻芯直径是指钻芯处与两螺旋槽沟底相切圆的直径。它影响钻头的刚性与容屑截面面积的大小。$d>13\text{mm}$ 的钻头，$d_0=(0.125\sim0.15)d$。为提高钻头刚性，钻芯直径制成向钻柄方向逐渐增大的正锥度，尽可能符合等强度的结构。一般钻芯正锥量为 1.4～2mm/100mm。

（4）螺旋角 ω　螺旋角是指钻头刃带棱边螺旋线展开成直线与钻头轴线的夹角。它相当于副切削刃的刃倾角。如图 6-14 所示，主切削刃上任意点 x 的螺旋角 ω_x 可由下式计

算，即

$$\tan\omega_x=\frac{2\pi r_x}{L}=\frac{2\pi r}{L}\frac{r_x}{r}=\tan\omega\ \frac{r_x}{r} \quad (6\text{-}1)$$

式中，r_x 为 x 点半径；r 为钻头半径；L 为螺旋槽导程。

由式（6-1）可知，钻头不同直径处螺旋角不等，越接近中心处螺旋角越小。在刃带处，麻花钻螺旋角 ω 一般为 25°~32°。增大螺旋角有利于排屑，能获得较大前角，使切削轻快，但钻头刚性变差。小直径钻头、钻削高强度钢的钻头，为提高钻头刚性，ω 可设计得小些。钻削软材料、铝合金，为改善排屑效果，ω 还可设计得大些。

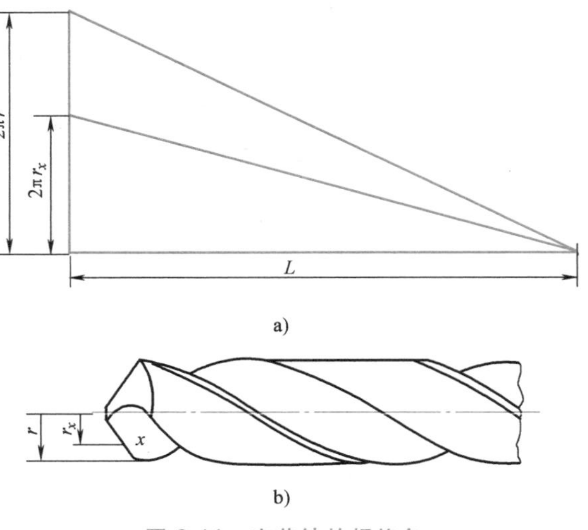

图 6-14　麻花钻的螺旋角

3. 麻花钻的几何角度

（1）麻花钻几何角度的参考系

1）钻头正交平面参考系。确定钻头几何角度需要建立参考系。钻头正交平面参考系与测量平面如图 6-15 所示。图 6-15a 所示分别是主切削刃上 A 点、横刃上 B 点、副切削刃上 C 点这三点处的正交平面参考系。其组成平面分别为基面 p_r、切削平面 p_s 和正交平面 p_o，其定义与车削中的规定相同。由于钻头切削刃上各点都是绕钻头中心旋转的，与切削刃任一点切线速度垂直的平面均通过钻头中心线，所以，基面 p_r 是通过切削刃上选定点且包含钻头轴线的平面。由于钻头主切削刃不通过钻头的轴线，故钻头切削刃上的各点直径不同，因而

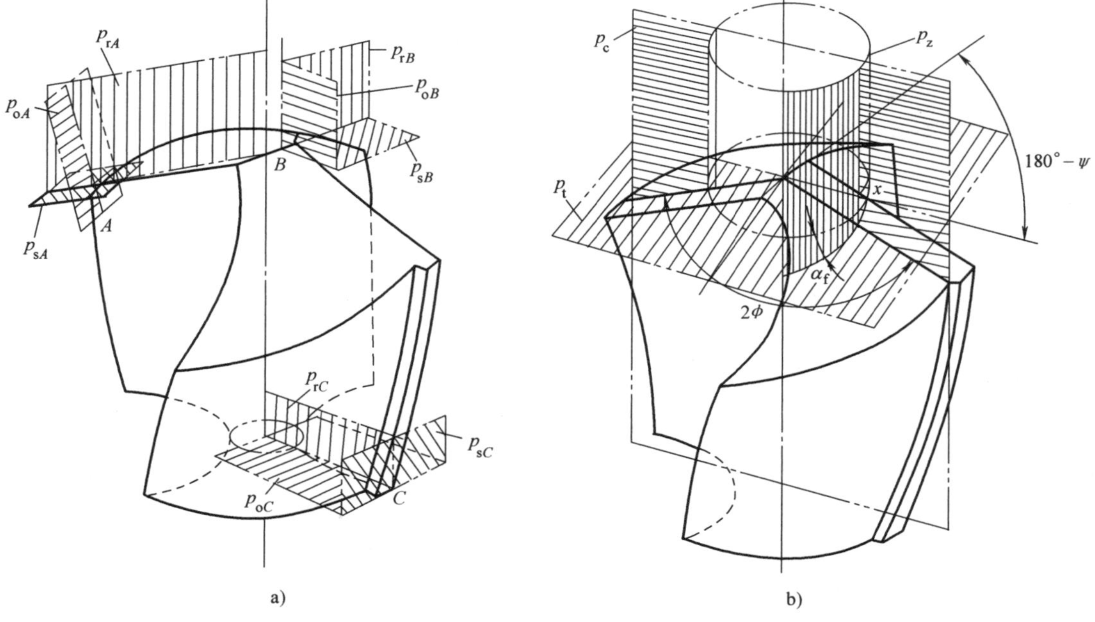

图 6-15　麻花钻正交平面参考系与测量平面

其上各点的基面也不相同。

2）钻头刃磨几何角度测量平面。度量钻头的刃磨几何角度还需几个测量平面，如图6-15b所示：端平面 p_t 为与钻头轴线垂直的投影面；中剖面 p_c 为过钻头轴线与两切削刃平行的平面；柱剖面 p_z 为过切削刃上选定点与钻头轴线平行的直线绕钻头轴线旋转形成的圆柱面。

（2）钻头的刃磨角度　普通麻花钻刃磨时只需刃磨两个后面，控制三个角度。

1）顶角 2ϕ。顶角是两主切削刃在中剖面中投影之间的夹角。普通麻花钻 $2\phi=116°\sim118°$。

2）外缘后角 α_f。外缘后角是主切削刃靠刃带转角处在正交平面中表示的后角，可用工具显微镜投影的方法测量。中等直径钻头 $\alpha_f=8°\sim20°$。直径越小，钻头的外缘后角越大，以改善横刃的锋利程度。

3）横刃斜角 ψ。横刃斜角是在端平面中测量的中剖面与横刃之间的钝夹角。普通麻花钻 $\psi=125°\sim133°$，其中直径小的钻头，ψ 允许较大。横刃斜角 ψ 的数值与钻头近中心处切削刃的后角密切相关，因近中心处后角不易测量，通常通过测量 ψ 来控制中心刃的后角。

（3）主切削刃角度分析　钻头的两条主切削刃是前、后面汇交形成的区域。前面就是螺旋形的槽沟面，后面是刃磨形成的圆锥面或螺旋面，它们都是曲面。

麻花钻在正交平面参考系中标注角度的定义与车刀标注角度的定义相同。由于麻花钻主切削刃前、后面的形状和位置取决于麻花钻的结构参数和刃磨角度，故其前角、后角、主偏角和刃倾角均是派生角度。由于前面不通过钻头轴线，且前面的螺旋角的大小与观察点的半径有关，所以钻头切削刃各点的螺旋角、刃倾角、前角、主偏角都是不同的，其分布如图6-16所示。由图6-16可以看出，在主切削刃上不同点上几何角度的差异是很大的，特别是靠近钻芯处的切削刃的切削性能很差。这也凸显了麻花钻切削部分的结构并不合理。

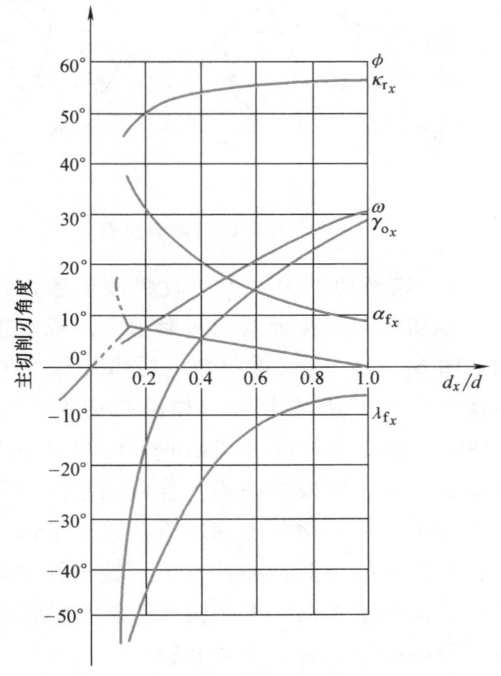

图6-16　麻花钻主切削刃角度的分布

4. 麻花钻切削部分结构的分析与改进

（1）标准高速钢麻花钻存在的问题　标准麻花钻在切削部分存在如下问题：

1）沿主切削刃各点前角值差别大（$-30°\sim+30°$），横刃上的前角竟达$-54°\sim-60°$，造成较大的进给力，使切削条件恶化。

2）棱边近似为圆柱面的一部分（有少许倒锥），副后角接近零度，摩擦严重。

3）在主、副切削刃相交处，切削速度最大，散热条件最差，因此磨损很快。

4）两条主切削刃很长，切屑宽，各点切屑流出速度相差很大，切屑呈宽螺卷状，排屑不畅，切削液难以注入切削区。

5）横刃较长，其前、后角与主切削刃后角不能分别控制。

（2）标准高速钢麻花钻切削部分的修磨与改进　使用时根据具体加工情况，对麻花钻切削部分加以修磨与改进，可显著改善钻头切削性能，提高钻削生产率。通常采用以下措施：

1）修磨横刃。可采用将整个横刃磨去、磨短横刃、加大横刃前角、磨短横刃同时加大前角等修磨形式改善麻花钻的切削性能。

2）修磨前面。加工较硬材料时，可将主切削刃外缘处的前面磨去一部分，适当减小该处前角，以保证足够强度（图 6-17a）；当加工较软材料时，在前面上磨出卷屑槽，加大前角，减小切屑变形，降低温度，改善工件表面加工质量（图 6-17b）。

3）修磨棱边。标准高速钢麻花钻的副后角为零度，所以在加工无硬皮的工件时，为了减小棱边与孔壁的摩擦，减小钻头磨损，对于直径较大（>12mm）的钻头，可按图 6-18 所示的方法磨出副后角 $\alpha_1=6°\sim8°$，并留下宽度为 0.1～0.2mm 的窄棱边。

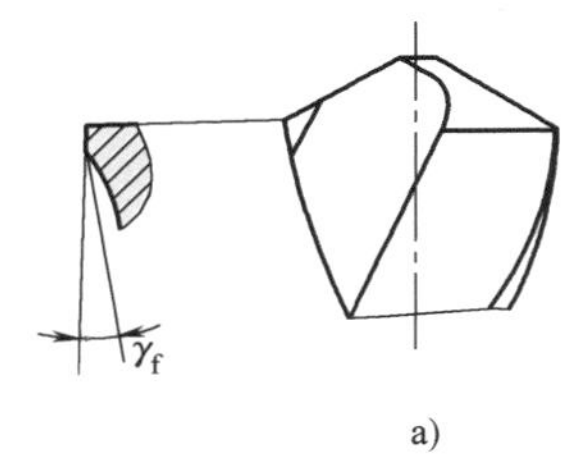

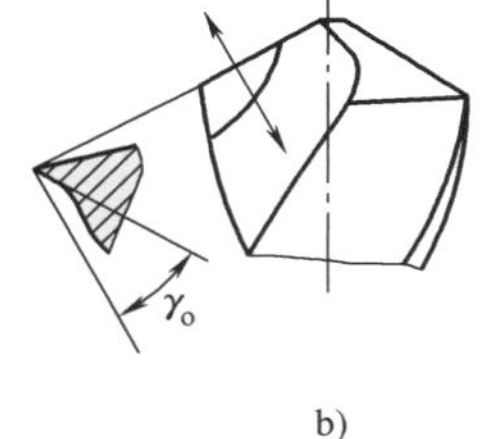

图 6-17　修磨前面

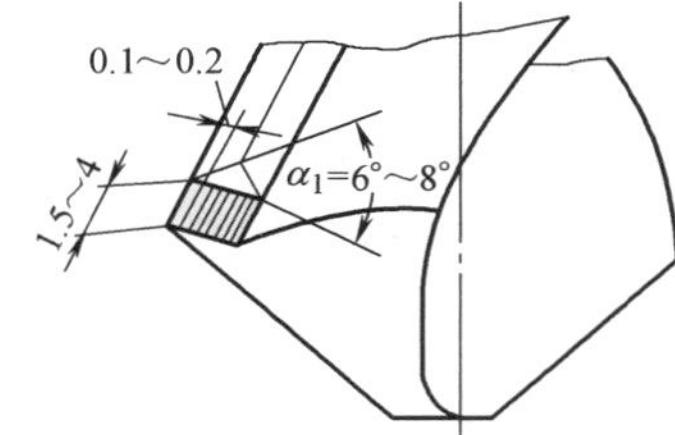

图 6-18　修磨棱边

4）修磨切削刃。为了改善散热条件，在主、副切削刃交接处磨出过渡刃，形成双重顶角（图 6-19a）或三重顶角，后者用于大直径钻头。生产中还常采用一种圆弧刃钻头（图 6-19b），就是将标准麻花钻的主切削刃外缘处修磨成圆弧，该段切削刃上各点顶角由里向外逐渐变小，从而增长了切削刃，减轻了切削刃单位长度上的负荷，而且改善了转角处的散热条件，提高了寿命。采用圆弧刃钻头钻孔还可获得较高的加工表面质量和精度。

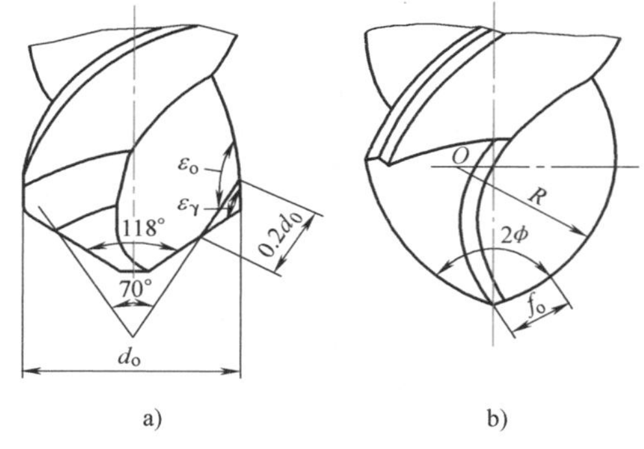

图 6-19　修磨切削刃

a）双重顶角　b）圆弧刃钻头

5）磨出分屑槽。在钻头后面上磨出分屑槽，有利于排屑及注入切削液，改善切削条件，特别适用于在韧性材料上加工较深孔。为了避免在加工表面上留下凸起部分，两条切削刃上的分屑槽位置必须互相错开。

（3）群钻　群钻综合应用了上述措施，用标准高速钢麻花钻修磨而成。图 6-20 所示为中型标准群钻，先磨出两条外刃 AB，再在两个后面上分别磨出月牙形圆弧槽 BC，最后修磨横刃，使之缩短、变尖、变低，以形成两条内刃 CD，留下一条窄横刃 b，此外，在外刃上还磨出分屑槽。群钻切削部分的特殊结构获得了下列效果：

1）横刃缩短，横刃及其附近的主切削刃上各段前角都有不同程度的增大，进给力和扭矩显著减小。

2）圆弧刃不仅能起到良好的分屑作用，而且由于它在工件上切出一个凸形环台，切削时能够很好定心，钻头不易偏摆，增加了钻削过程的稳定性。

群钻无疑是一种修磨得比较完善的先进钻头，如果刃磨方便，必能获得更广泛的应用。

5. 硬质合金钻头

硬质合金钻头在加工铸铁等脆性材料、非铁金属材料以及玻璃、石材、塑料等非金属材料时应用广泛，其寿命和生产率与高速钢钻头相比有显著提高，如图 6-21 所示。

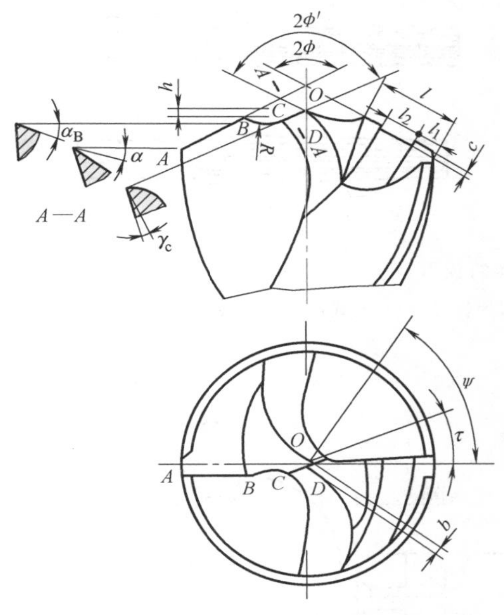

图 6-20　中型标准群钻

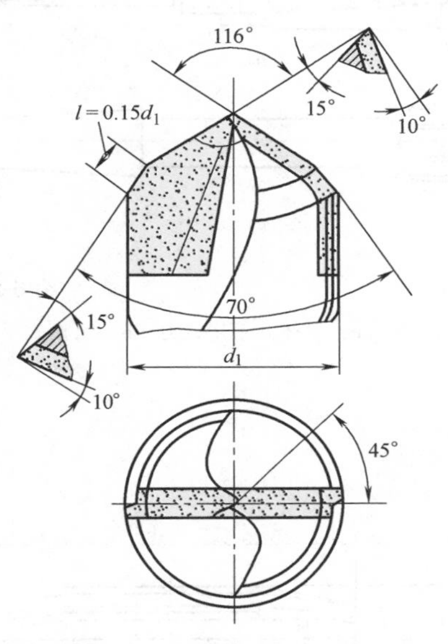

图 6-21　加工铸铁孔用硬质合金钻头

6.2.3　铰削与铰刀

铰孔是用铰刀从工件孔壁上切除微量金属层，以提高孔的尺寸精度和表面质量的加工方法。钻孔或扩孔后，常用铰刀对孔进行精加工。通常加工孔的公差等级达 IT6～IT7，表面粗糙度可达 $Ra1.6 \sim Ra0.4\mu m$。

1. 铰刀的种类

1）根据使用方法不同，铰刀可分为手用铰刀与机用铰刀。

2）根据整体结构不同，铰刀可以分为整体式铰刀（图 6-22a）和可调式铰刀（图 6-22b）。

3）根据直径的不同，铰刀结构也有区别。直径中小的通常做成带直柄或锥柄的（图 6-22c），直径较大的常做成套式结构（图 6-22d）。

4）根据加工孔的形状不同，铰刀可分为柱形铰刀和锥度铰刀。锥度铰刀因切削量较大，通常做成粗铰刀和精铰刀，一般做成 2 把或 3 把一套（图 6-22e）。

5）铰刀过去多数使用高速钢制造，现在在成批大量生产中已普遍地使用硬质合金铰刀（图 6-22d），不仅加工效率高，而且加工孔的质量也很高。

2. 铰刀的构造

图 6-23 所示为常用的手用铰刀，它由工作部分、颈部及柄部三部分组成。工作部分主

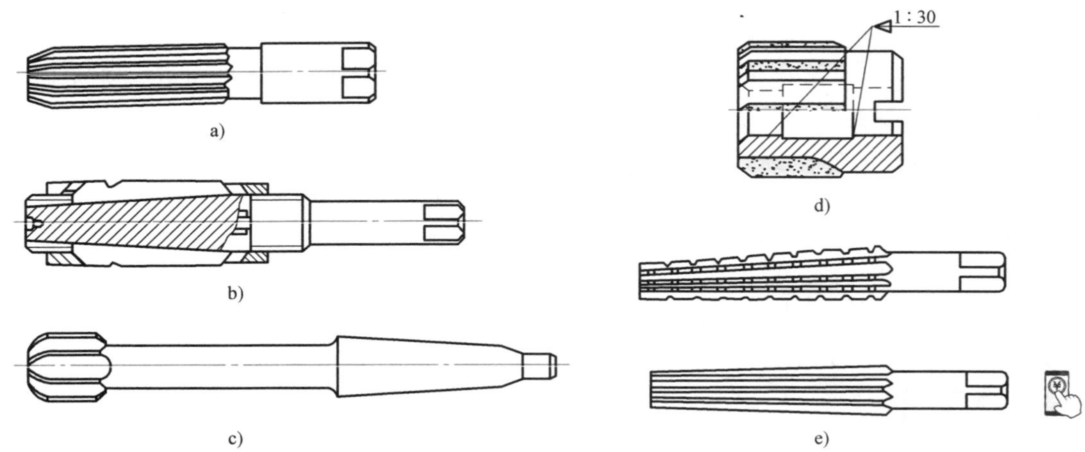

图 6-22　不同种类的铰刀

a）整体式手用铰刀　b）可调式手用铰刀　c）机用铰刀　d）套式铰刀　e）锥度铰刀

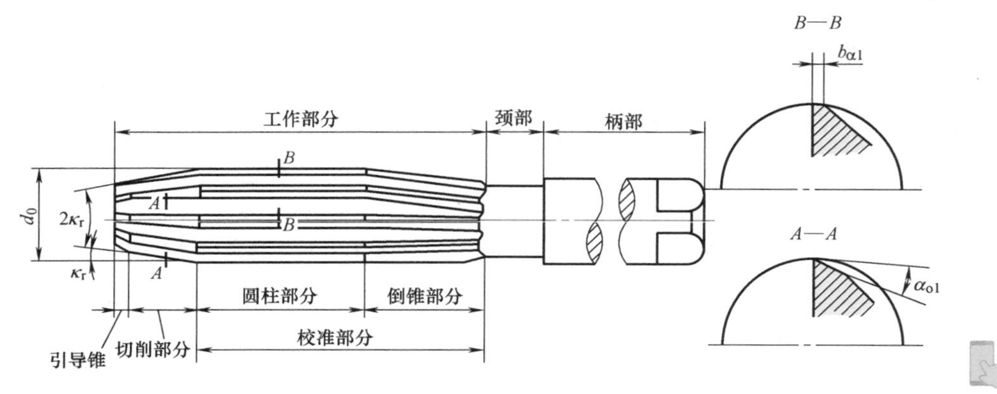

图 6-23　铰刀的构造

要由切削部分及校准部分构成，其中校准部分又分为圆柱部分和倒锥部分。对于手用铰刀，为增强导向作用，校准部分应做得长些；对于机用铰刀，为减小机床主轴和铰刀不同心的影响和避免过大的摩擦，校准部分应做得短些。当切削部分的锥角 $2\kappa_r \leqslant 30°$时，为了便于切入，在其前端常制成引导锥。

3. 铰孔加工的特点

1）铰刀的切削刃多（6～12 个），导向好，芯部直径大，刚性好，其修光刃可以修光孔壁和校准孔径。

2）铰削余量小，粗铰为 0.15～0.35mm，精铰为 0.05～0.15mm，切削力较小；铰削速度低，可避免产生积屑瘤。

3）铰削加工余量很小，刀齿容屑槽很浅，因而铰刀的齿数比较多，刚性和导向性好，工作更平稳。由于铰削的加工余量小，切削厚度 h_D 很薄，而切削刃具有一定的刃口圆弧半径 r_β，因此铰刀有时会在 $h_D<r_\beta$ 的情况下切削，此时工作前角为负值，挤压作用很大，实

际上铰削过程是切削与挤刮联合作用的过程。

上述特点决定了铰孔可获得较高的加工质量，一般作为未淬硬中、小孔的精加工方法。

机铰时，由于铰削的切削余量小，同时为了提高铰孔的精度，通常铰刀与机床主轴采用浮动连接，因而铰刀只能修正孔的形状精度，提高孔的尺寸精度、形状精度和减小表面粗糙度值，不能修正孔的位置误差，即不能保证孔轴线的偏斜及孔间距等位置精度。此时，可利用镗孔来保证孔轴线的偏斜及孔间距等位置精度。

6.3 镗床与镗刀

镗削是用镗刀对工件上已有（钻出、铸出或锻出）的孔进行加工的方法。镗削主要在镗床上进行，镗孔是最基本的孔的精加工方法之一。

6.3.1 镗床的功用与类型

镗床是主要用镗刀在工件上加工已有预制孔的机床。此外，还可进行钻孔、锪平面和车削等工作。镗床主要分为卧式镗床、坐标镗床和金刚镗床等。

1. 卧式镗床

卧式镗床因其工艺范围非常广泛和加工精度高而得到普遍应用。卧式镗床除了镗孔以外，还可车端面、铣端面、车外圆和车螺纹等，图 6-24 所示为卧式镗床的主要加工方法。零件可在一次安装中完成大量的加工内容，而且其加工精度比钻床和一般的车床、铣床高，因此特别适合加工大型、复杂的箱体类零件上精度要求较高的孔系及端面。

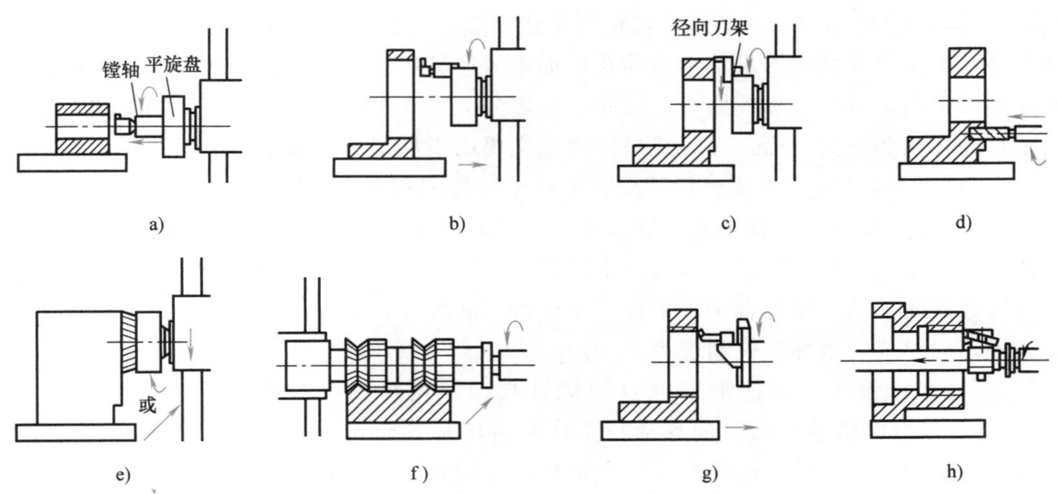

图 6-24 卧式镗床的主要加工方法

a）镗小孔 b）镗大孔 c）镗端面 d）钻孔 e）铣平面 f）铣组合面 g）镗螺纹 h）镗深孔螺纹

图 6-25 所示为卧式镗床示意图。主轴箱可沿前立柱上的导轨上下移动，镗刀安装在主轴上或平旋盘的径向刀架上，随主轴做旋转主运动及轴向进给运动。工件安装在工作台上，随工作台实现纵向和横向进给运动，并能旋转一定的角度。

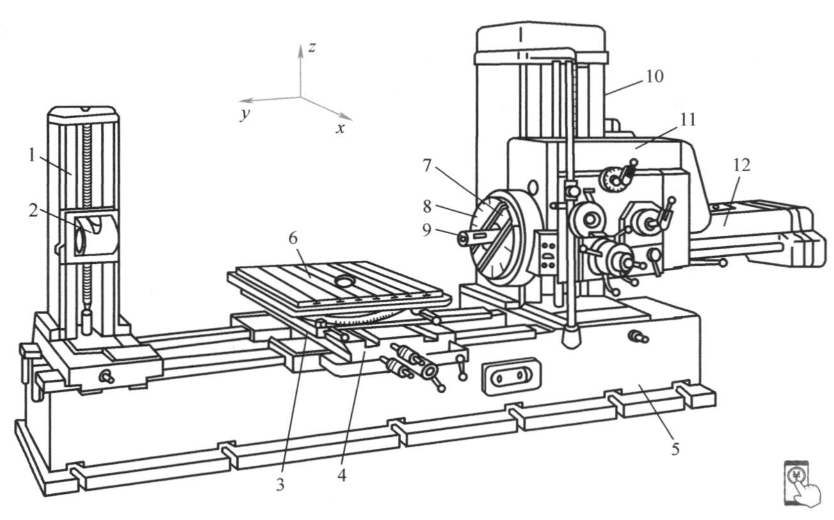

图 6-25　卧式镗床示意图

1—后立柱　2—后支承架　3—上滑座　4—下滑座　5—床身　6—工作台
7—径向刀具溜板　8—平旋盘　9—镗轴　10—前立柱　11—主轴箱　12—后尾筒

2. 坐标镗床

坐标镗床是一种高精度机床，具有测量坐标位置的精密测量装置。依靠坐标测量装置，能精确地确定工作台、主轴箱等移动部件的位移量，实现工件和刀具的精确定位。工作台面宽 200～300mm 的坐标镗床，坐标定位精度可达 0.2μm。因其具有很高的定位精度，主要用于孔本身精度及位置精度要求都很高的孔系加工，还可用于精密刻线，精密划线，孔距及直线尺寸的精密测量等。坐标镗床有立式和卧式之分。立式坐标镗床主要用于加工轴线与安装基面垂直的孔系和铣削顶面，而卧式坐标镗床主要用于加工与安装基面平行的孔系。

（1）立式坐标镗床　立式坐标镗床有单柱坐标镗床和双柱坐标镗床。

1）单柱坐标镗床。主轴垂直布置，并由主轴套筒带动做上下移动以实现垂直进给，有的主轴箱可沿立柱导轨上下移动以适应不同高度的工件。工作台沿滑座做纵向移动，滑座沿床身导轨做横向移动，以配合坐标定位。工作台三面敞开，操作方便。中小型坐标镗床大多采用这种布局形式，坐标定位精度为 2～4μm。

2）双柱坐标镗床。双柱上部通过顶梁连接，横梁可沿立柱导轨上下调整位置（图 6-26）。主轴箱沿横梁导轨做横向移动，工作台沿床身导轨做纵向移动，以配合坐标定位。大型双柱坐标镗床在立柱上还配有水平主轴箱。采用双柱框架式结构，刚度很高，大中型坐标镗床多为这种形式，坐标定位精度为 3～10μm。

（2）卧式坐标镗床　卧式坐标镗床两个坐标方向的移动分别为工作台横向移动和主轴箱垂直移动，从而确定镗孔坐标位置（图 6-27）。工作台可在水平面内回转。进给运动由纵向滑座的轴向移动或主轴套筒伸缩来实现。由于主轴平行于工作台面，利用精密回转工作台可在一次安装工件后很方便地加工箱体类零件四周所有的坐标孔，而且工件安装方便，生产率较高。这种镗床适合箱体类零件的加工。

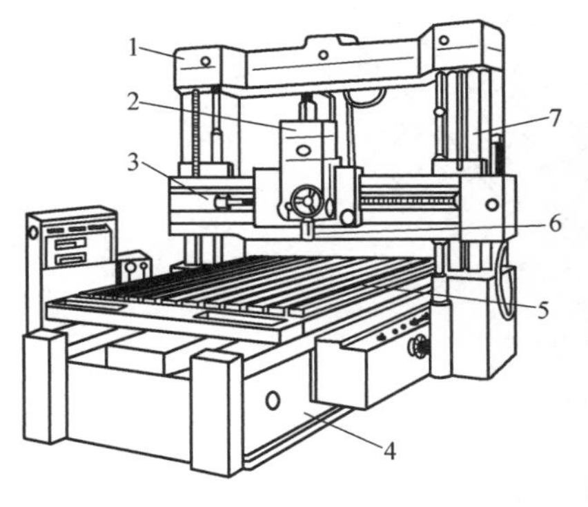

图 6-26 双柱坐标镗床

1—顶梁 2—主轴箱 3—横梁 4—床身 5—工作台 6—主轴 7—立柱

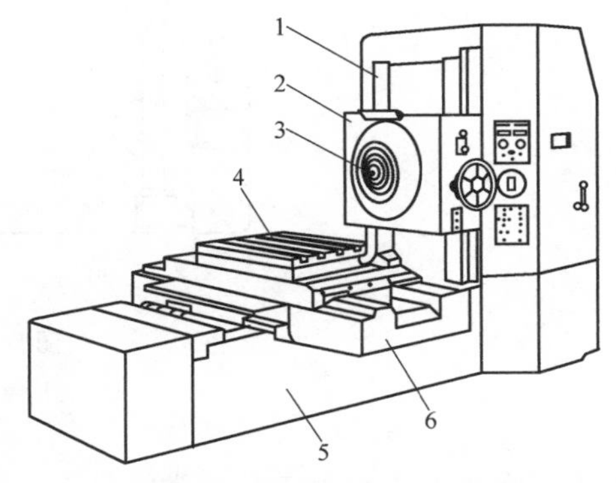

图 6-27 卧式坐标镗床

1—立柱 2—主轴箱 3—主轴 4—工作台 5—床身 6—滑座

3. 金刚镗床

金刚镗床是一种高速精密镗床，因初期采用金刚石镗刀而得名，现已广泛使用硬质合金刀具。这种镗床的工作特点是进给量很小，切削速度很高（600～800m/min），因此可以获得很高的加工精度和小的表面粗糙度值。

金刚镗床的种类很多。按布局形式不同可分为单面、双面和多面；按主轴的配置不同可分为卧式、立式和倾斜式；按主轴数量不同可分为单轴、双轴和多轴。这种镗床常配以专用夹具和刀具，组成专用机床，进行镗孔、钻孔、扩孔、倒角、镗台阶孔、镗卡圈槽和铣端面等工作。

典型的卧式金刚镗床（图 6-28）一般主轴头固定，主轴高速旋转，工作台做进给移动；也有工作台固定、主轴头做进给移动的。后者适宜加工较重、较大的工件。

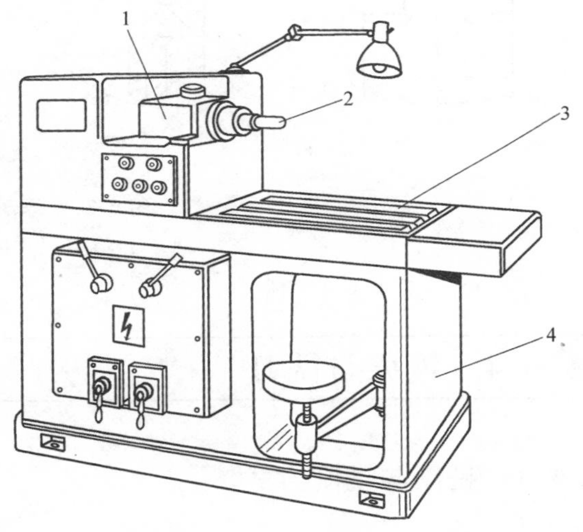

图 6-28 卧式金刚镗床

1—主轴箱 2—主轴头 3—工作台 4—床身

6.3.2 镗刀

常用的镗刀分为单刃镗刀和浮动镗刀两种结构形式。

（1）单刃镗刀 如图 6-29 所示，单刃镗刀镗孔时，孔的尺寸由操作者调节镗刀片在刀杆上的径向位置来决定，因而可加工直径不同的孔，并可校正原有孔的轴线歪斜等位置误差。但调整费时，且单刃切削生产率较低。单刃镗刀一般用于孔位置精度要求较高的场合。

（2）浮动镗刀 如图 6-30 所示，浮动镗刀片的尺寸可以通过两个螺钉调整，并以间隙配合插在镗杆的矩形孔中，无须夹紧，由作用于两侧切削刃上的径向切削力自动平衡其切削位置，以保证镗刀片两个切削刃切除相同的余量，因而镗孔质量及效率比单刃镗刀高。用浮动镗刀镗孔时，刀具由孔本身定位，故不能纠正原有孔的轴线歪斜或位置偏差。浮动镗刀主

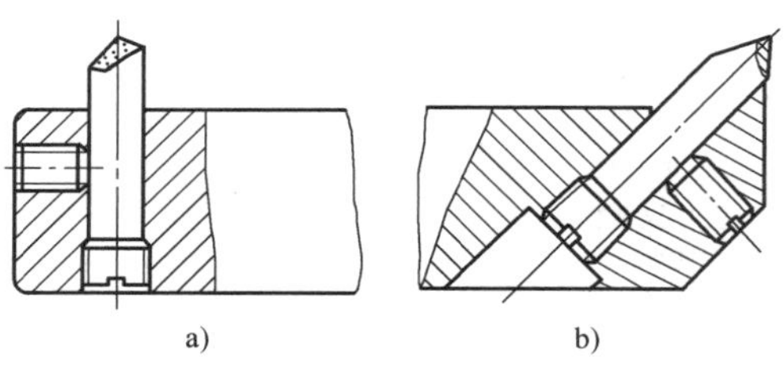

图 6-29　单刃镗刀

a）通孔镗刀　b）不通孔镗刀

要用于成批生产中精加工箱体类零件上直径较大的孔。

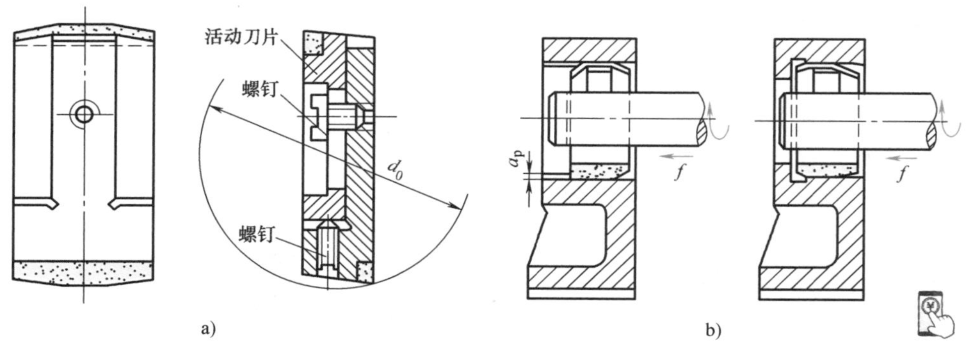

图 6-30　浮动镗刀及使用

a）可调浮动镗刀片　b）浮动镗刀工作情况

6.4　铣床与铣刀

6.4.1　铣削与铣削方式

1. 铣削

用旋转的铣刀作为刀具，对工件表面进行切削加工的方法为铣削。铣削一般是在铣床上进行的，这种方法适应范围很广，可以加工各种工件的平面、台阶面、沟槽、各种成形面（如花键、齿轮和螺纹等）和特殊型面等。图 6-31 所示为铣削加工的典型型面。

2. 铣削用量

铣削时的切削用量包括切削速度 v_c、进给速度 v_f、背吃刀量（铣削深度）a_p 和侧吃刀量（铣削宽度）a_e。

（1）背吃刀量 a_p 或侧吃刀量 a_e　因周铣与端铣时相对于工件的方位不同，故铣削吃刀量的标示也有所不同，如图 6-32 所示。

1）背吃刀量 a_p。铣削时的背吃刀量是沿平行于铣刀轴线方向测量的切削层尺寸（铣刀与工件的接触长度），单位为 mm。端铣时，a_p 为切削层深度；而周铣时，a_p 为被加工表面的宽度。

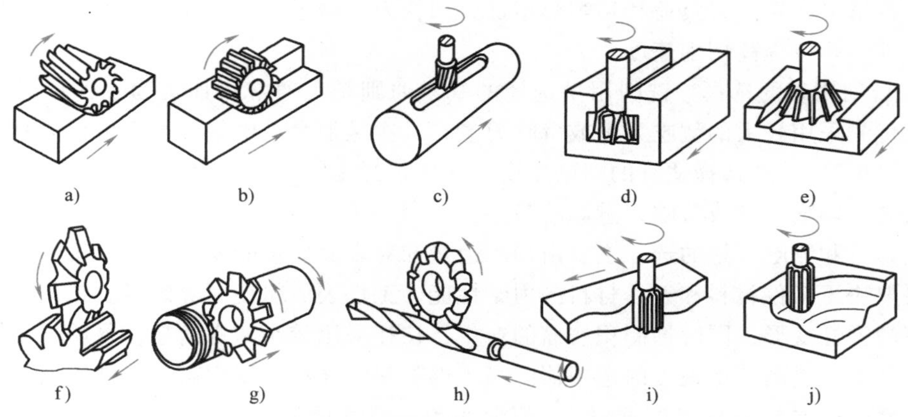

图 6-31　铣削加工的典型型面

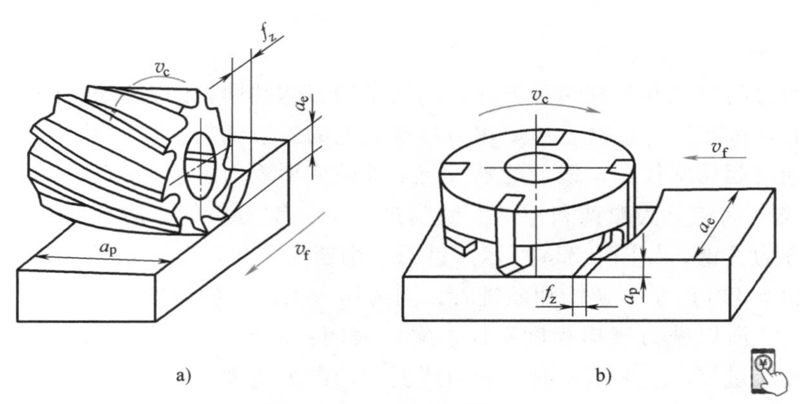

图 6-32　铣刀的铣削用量

a）周铣　b）端铣

2）侧吃刀量 a_e。铣削侧吃刀量是沿垂直于铣刀轴线方向测量的切削层尺寸，单位为 mm。端铣时，a_e为被加工表面的宽度；而周铣时，a_e为切削层深度。

（2）进给速度 v_f　进给速度指单位时间内工件与铣刀沿进给方向的相对位移量，单位为 mm/min。它与铣刀转速 n、铣刀齿数 z 及每齿进给量 f_z（mm/z）有关。

（3）切削速度 v_c　铣削切削速度是指铣刀切削刃的最大圆周线速度，单位为 m/min。

铣削切削速度与其他铣削参数之间的关系由经验公式给出，即

$$v_c = \frac{C_v d^{q_v}}{60^{1-m} T^m a_p^{x_v} f_z^{y_v} a_e^{u_v} z^{p_v}} K_v \tag{6-2}$$

式中，K_v 为切削条件改变时切削速度的修正系数；C_v 为取决于工件材料和切削条件的系数。

公式中各项系数及指数是经过试验求出的，可查阅参考文献［30］以及有关的切削用量手册。

由式（6-2）可知，铣削的切削速度与刀具寿命 T、每齿进给量 f_z、背吃刀量 a_p、侧吃刀量 a_e以及铣刀齿数 z 成反比，与铣刀直径 d 成正比。其原因是 f_z、a_p、a_e、z 增大时，同

时工作齿数增多，切削刃负荷和切削热增加，加快刀具磨损。如果加大铣刀直径，则可以改善散热条件，相应提高切削速度。

（4）铣削用量的选择　铣削用量选择的基本原则是：通常粗加工为了保证必要的刀具寿命，应优先采用较大的侧吃刀量或背吃刀量；其次是加大进给量；最后根据刀具寿命的要求，由式（6-2）计算选择适宜的切削速度。这样选择是因为切削速度对刀具寿命影响最大，进给量次之，侧吃刀量或背吃刀量影响最小。

背吃刀量和侧吃刀量的选取主要由加工余量和对表面质量的要求决定。每齿进给量 f_z 的选用主要取决于工件材料和刀具材料的力学性能、工件表面粗糙度等因素。精加工时为减小工艺系统的弹性变形，同时抑制积屑瘤的产生，往往采用较小的进给量；硬质合金铣刀的每齿进给量高于同类高速钢铣刀的选用值。当工件材料的强度和硬度高，工件表面粗糙度的要求高，工件刚性差或刀具强度低时，f_z 值取小值。对于硬质合金铣刀应采用较高的切削速度，对高速钢铣刀应采用较低的切削速度；如果铣削过程中不产生积屑瘤，应采用较大的切削速度。

3. 铣削方式

铣削一般分为周铣和端铣两种方式。周铣是用刀体圆周上的刀齿铣削工件成形表面，其周边切削刃起切削作用。端铣是主要用刀体端面上的刀齿铣削工件成形表面，周边切削刃与端面切削刃同时起切削作用，铣刀的轴线与工件的成形表面垂直。

（1）周铣　周铣分为顺铣和逆铣。铣削过程中，铣刀切削速度方向与工件进给速度方向相反时，称为逆铣，如图 6-33a 所示。铣刀切削速度方向与工件进给速度方向相同时，称为顺铣，如图 6-33b 所示。逆铣和顺铣时，因为切入工件时的切削厚度不同，刀齿与工件的接触长度不同，所以铣刀磨损程度不同。实践表明：顺铣时，铣刀寿命比逆铣时提高 2~3 倍，加工表面质量提高。但顺铣时，铣刀所受的冲击力较大，不宜用于铣削带硬皮的铸锻毛坯工件。逆铣时，工件受到的纵向分力与进给运动的方向相反，铣床工作台丝杠与螺母始终接触；而顺铣时工件所受纵向分力与进给方向相同，如果丝杠与螺母之间有螺纹间隙，就会造成工作台窜动，铣削进给量不匀，容易引起振动和损坏刀具。

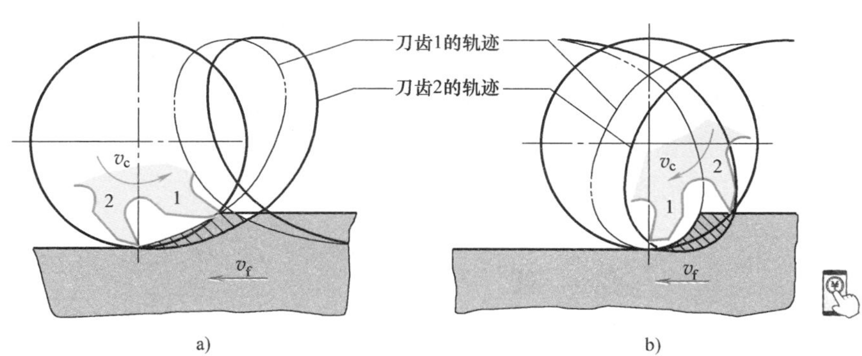

图 6-33　逆铣与顺铣

a）逆铣　b）顺铣

（2）端铣　端铣平面时的铣削形式有顺铣和逆铣，以及对称与不对称之分。

1）对称铣削（图 6-34a）。切入、切出时切削厚度相同。

2）不对称逆铣（图 6-34b）。切入时切削厚度最小，切出时切削厚度最大。铣削碳钢或一般合金钢时，这种铣削方式可减小铣刀的切入冲击，提高硬质合金铣刀寿命一倍以上。

3）不对称顺铣（图 6-34c）。切入时切削厚度最大，切出时切削厚度最小。实践证明，不对称顺铣用于加工不锈钢和耐热合金时，可减少硬质合金的剥落磨损，切削速度可提高 40%～60%。

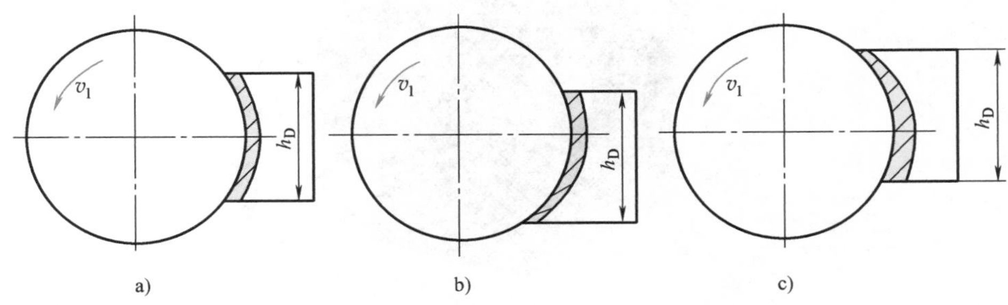

图 6-34　面铣刀加工平面时的铣削方式

a）对称铣削　b）不对称逆铣　c）不对称顺铣

4. 铣削特点

1）多刃切削铣刀的刀齿多，切削刃的总长大，生产率高，刀具寿命长。但是，刀齿多时，刃磨和调整铣刀时控制各刀齿的径向圆跳动和轴向圆跳动较困难。

2）断续铣削时，铣刀刀齿周期性地切入、切出工件，瞬时切削力变化，切削有振动，影响加工质量。铣刀一转中有较长的时间冷却，有利于提高寿命，但硬质合金刀具因周期性热冲击易产生裂纹和破损。

6.4.2　铣床的主要类型

铣床是主要用铣刀在工件上加工各种表面的机床。铣刀旋转为主运动，工件或铣刀的移动为进给运动。铣床的工艺范围很广，可以加工平面、沟槽、分齿零件和螺旋面等。铣床采用多刃刀具连续切削，生产率高。铣床的主要类型有卧式升降台铣床、立式升降台铣床、龙门铣床、床身铣床和工具铣床等，另外还有各种专门化铣床。

1. 卧式升降台铣床

卧式升降台铣床的主轴水平布置，简称“卧铣”。图 6-35a 所示为其外形图。床身 2 固定在底座 1 上，用于安装和支承机床的各个部件，内装主轴部件、主传动装置和变速操纵机构等。悬梁 3 可沿水平方向调整其位置，支架 4 用于支承刀杆的悬伸端。工件通过工作台 6、滑座 7 和升降台 8 带动，可以在互相垂直的三个方向实现任一方向的进给和调整。图 6-35b所示为卧式升降台铣床的传动系统图。万能升降台铣床比一般卧式铣床在工作台和滑座之间多一个回转盘，回转盘可带动工作台绕垂直轴线在±45°范围内转动，以便切削不同角度的螺旋槽。

2. 龙门铣床

龙门铣床是一种大型高效的通用机床，主要加工各类大型工件的平面、沟槽等。图6-36所示为龙门铣床的外形图，工作台 2 位于床身 1 上，两个立柱 7 固定在床身的两侧，横梁 5

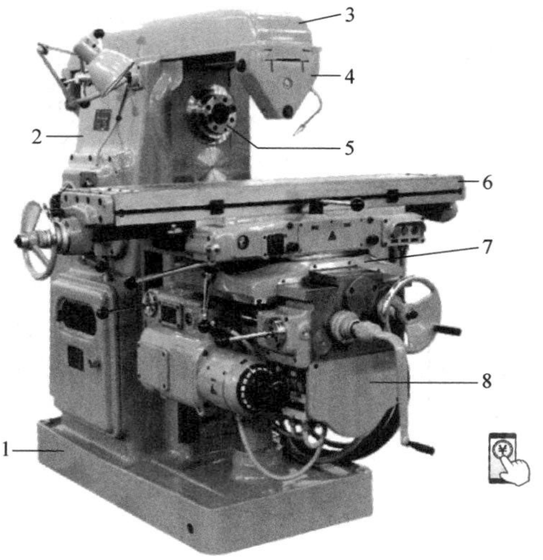

a)

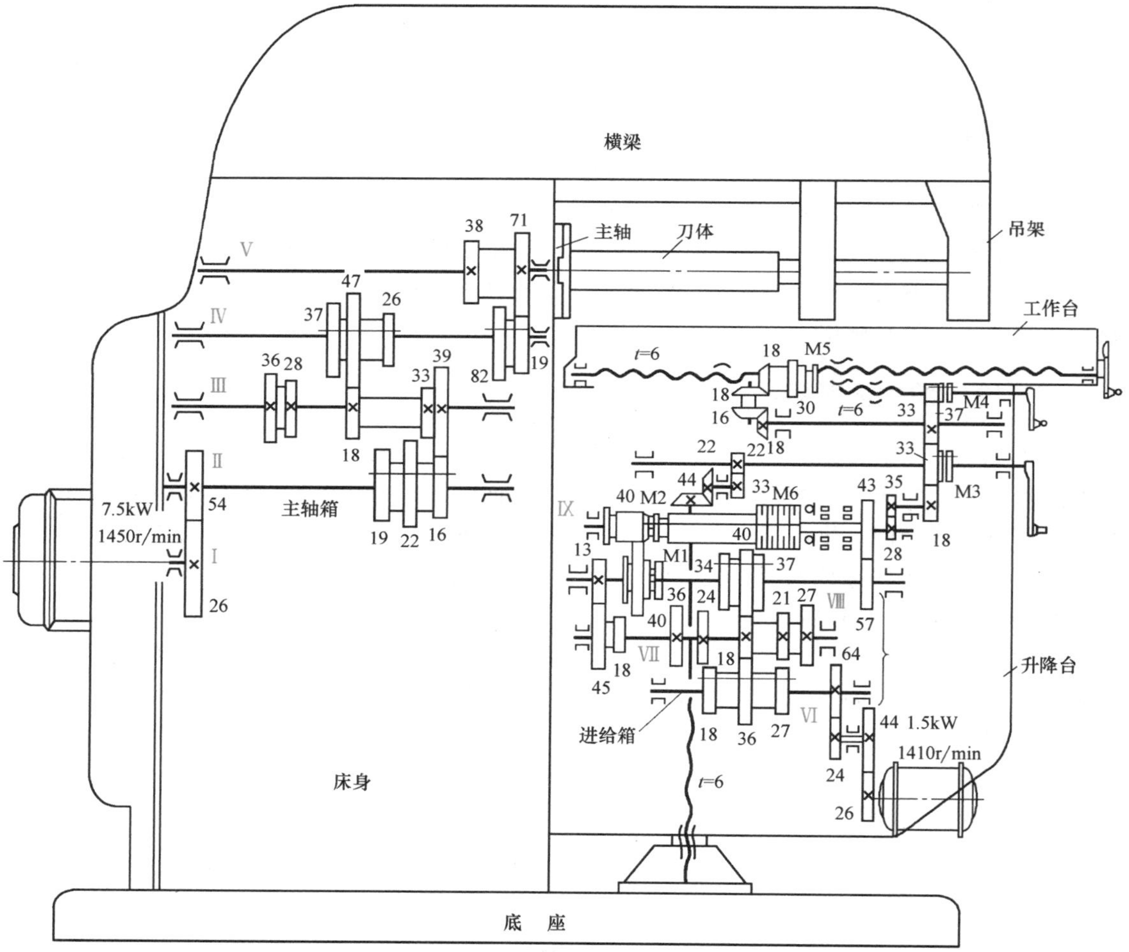

b)

图 6-35　卧式升降台铣床

1—底座　2—床身　3—悬梁　4—支架　5—主轴　6—工作台　7—滑座　8—升降台

可沿立柱导轨上下移动，横梁上有立式铣削头6，可沿横梁导轨水平移动，立柱下部安装一个卧式铣削头3，可沿立柱导轨上下移动。各铣削头都可沿各自的轴线做轴向移动，实现铣刀的切削运动。铣削时，铣刀的旋转运动为主运动，工作台带动工件做直线进给运动。

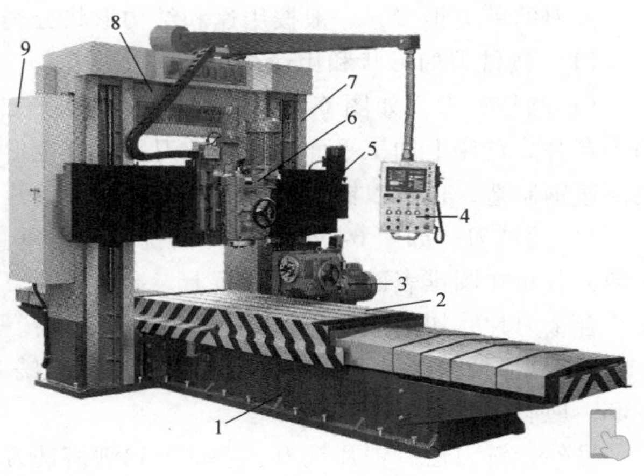

图 6-36　龙门铣床

1—床身　2—工作台　3—卧式铣削头　4—操作盘　5—横梁　6—立式铣削头　7—立柱　8—悬梁　9—电控柜

3. 立式升降台铣床

立式升降台铣床和卧式升降台铣床的主要区别是其主轴是竖直安装的，故简称“立铣”，如图 6-37 所示。

4. 万能工具铣床

万能工具铣床（图 6-38）常配备有可倾斜工作台、回转工作台、平口钳、分度头、立铣头和插削头等附件，除能完成卧式与立式铣床的加工内容外，还有更多的万能性，故适用于工具、刀具及各种模具加工，也可用于仪器、仪表等行业加工形状复杂的零件。

图 6-37　立式升降台铣床

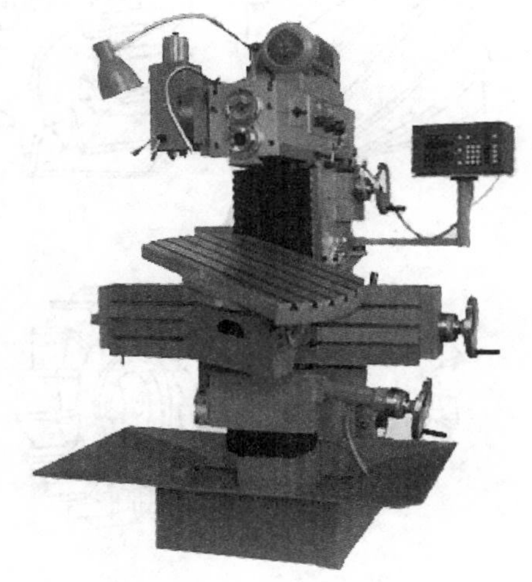
图 6-38　万能工具铣床

6.4.3　铣刀

1. 铣刀及其特点

铣刀是一种用于铣削加工的、具有一个或多个刀齿的旋转多齿切削刀具。工作时各刀齿依次间歇地切去工件的余量，同时参与切削加工的切削刃总长度较长，可以使用较高的切削速度，又无空行程。铣削加工的生产率高于用单刃刀具的切削加工（如刨削、插削），但是铣刀的制造和刃磨较困难。

2. 铣刀的种类

铣刀的种类很多，一般按用途和结构形状分类，也可按齿背形式分类。

（1）按铣刀的形状和用途分类

1）圆柱铣刀。如图 6-39a 所示，圆柱铣刀仅在圆柱表面上有切削刃，没有副切削刃，用于在卧式铣床上加工平面。圆柱铣刀采用螺旋形刀齿，以提高切削工作的平稳性。它主要用高速钢制造，也可以镶焊螺旋形的硬质合金刀片。

2）面铣刀。如图 6-39b 所示，面铣刀轴线垂直于被加工表面，刀齿在铣刀的端部，主切削刃分布在圆锥表面或圆柱表面上，端部切削刃为副切削刃。面铣刀一般是在刀体上安装硬质合金刀片，切削速度比较高，故生产率较高。

3）盘形铣刀。盘形铣刀分槽铣刀、两面刃铣刀、三面刃铣刀和错齿三面刃铣刀，如图 6-39c～f 所示。

另外，铣刀还有锯片铣刀、立铣刀和键槽铣刀等类型。

（2）按铣刀安装结构分类

1）带柄铣刀。带柄铣刀有直柄和锥柄之分。一般直径小于 20mm 的较小铣刀做成直柄，直径较大的铣刀多做成锥柄，如图 6-39g、h 所示。这种铣刀多用于立铣加工。

2）带孔铣刀。带孔铣刀如图 6-39a～f 所示。这种铣刀适用于卧式铣床加工，能加工各种表面，应用范围较广。

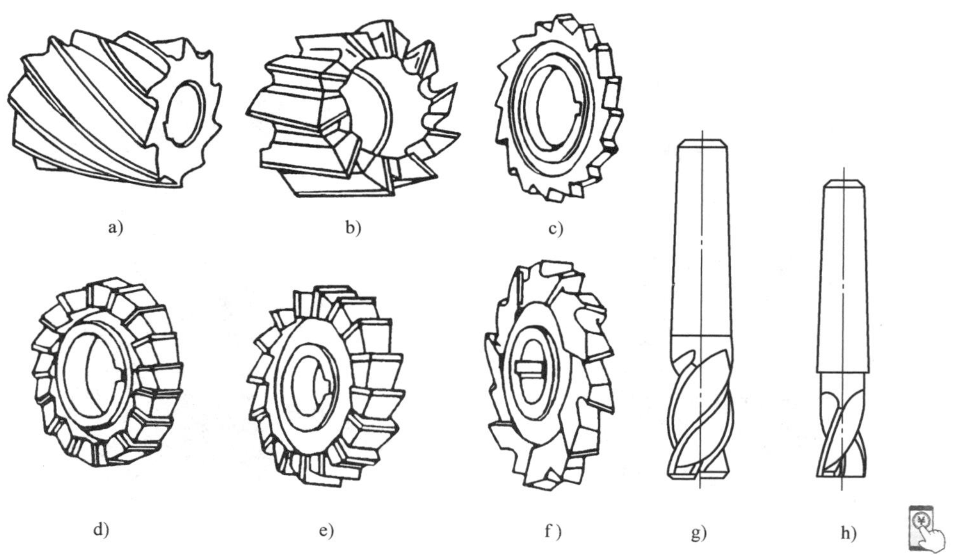

图 6-39 通用铣刀的类型

a）圆柱铣刀 b）面铣刀 c）槽铣刀 d）两面刃铣刀 e）三面刃铣刀 f）错齿三面刃铣刀 g）立铣刀 h）键槽铣刀

（3）按齿背加工形式分类

1）尖齿铣刀。尖齿铣刀的特点是齿背经铣制而成，并在切削刃后面磨出一条窄的刃带以形成后角，铣刀用钝后只需刃磨后面。尖齿铣刀是铣刀中的一大类。尖齿铣刀的齿背有直线、曲线和折线三种形式（图 6-40）。直线齿背加工简单，常用于细齿的精加工铣刀；曲线和折线齿背的刀齿强度较好，常用于粗齿铣刀。

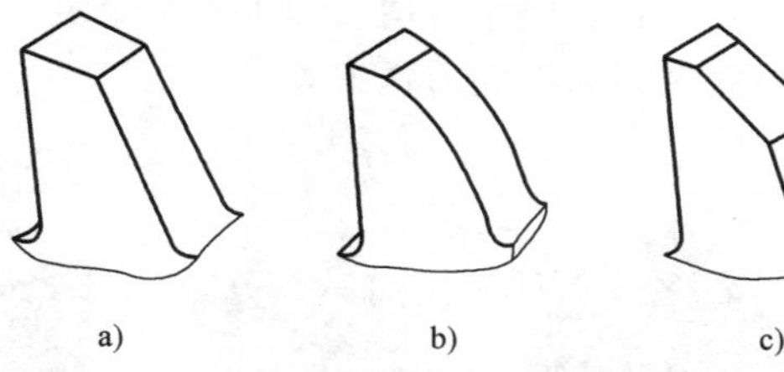

图 6-40　尖齿铣刀的齿背形式

a）直线齿背　b）曲线齿背　c）折线齿背

2）铲齿铣刀。铲齿铣刀的齿背经铲削（或铲磨）加工而成，铣刀用钝后仅刃磨前面，适用于切削刃廓形复杂的铣刀，如成形铣刀等。图 6-41d ~ f 所示为铲齿成形铣刀。

（4）按刀具结构形式分类

1）整体铣刀。整体铣刀是整个刀具采用一种材料整体制造而成，通常采用最多的材料有高速钢。而随着高硬度刀具材料的性能和制作工艺的发展，目前实际生产中硬质合金整体铣刀、陶瓷材料整体铣刀也开始得到应用。

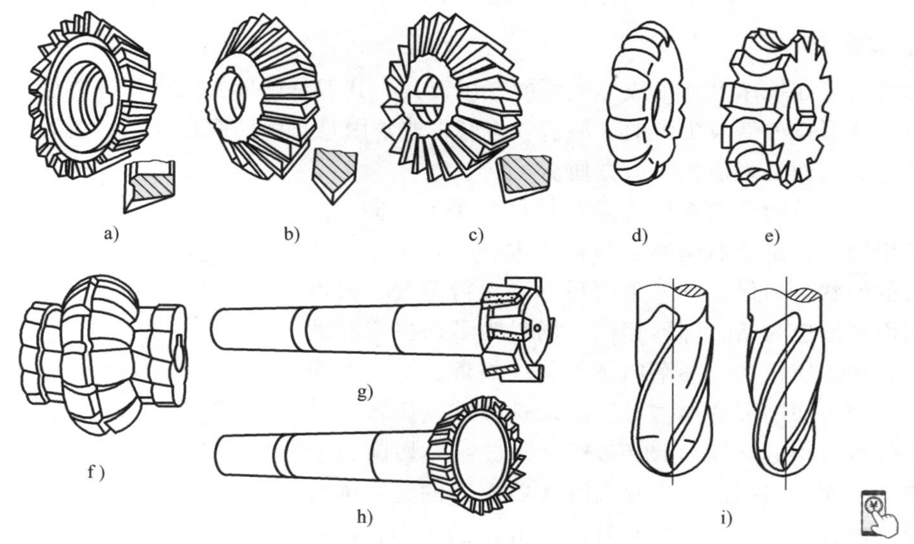

图 6-41　特种铣刀

a）、b）、c）角度铣刀　d）、e）、f）铲齿成形铣刀　g）T 形槽铣刀　h）燕尾槽铣刀　i）球头立铣刀

2）整体焊齿式铣刀。整体焊齿式铣刀是刀体和刀片分别采用不同的材料制作（刀齿用硬质合金或其他耐磨刀具材料），将两者焊接成为一个整体刀具（图 6-41g、h）。整体焊齿式铣刀节省贵重的刀具材料，结构紧凑，较易制造。目前硬质合金整体焊齿式铣刀应用非常普遍。

3）镶齿式铣刀。该铣刀的刀体采用普通钢材制造，刀体上开槽，刀齿用机械夹固的方法紧固在刀体上。这种可换的刀齿可以是整体刀具材料的刀头，也可以是焊接刀具材料的刀头。刀头装在刀体上刃磨的铣刀称为体内刃磨式，刀头在夹具上单独刃磨的铣刀称为体外刃磨式。

4）可转位铣刀。可转位铣刀的刀体采用普通钢材制造，刀体上开槽，将可转位不重磨刀片直接装夹在刀体槽中。刀片目前多采用硬质合金、陶瓷等高硬度、高切削性能的材料制成，如图 6-42 所示。切削刃用钝后，将刀片转位或更换刀片即可继续使用。可转位铣刀有效率高、寿命长、使用方便、加工质量稳定等优点。可转位铣刀已形成系列标准，广泛用于面铣刀、立铣刀和三面刃铣刀等。

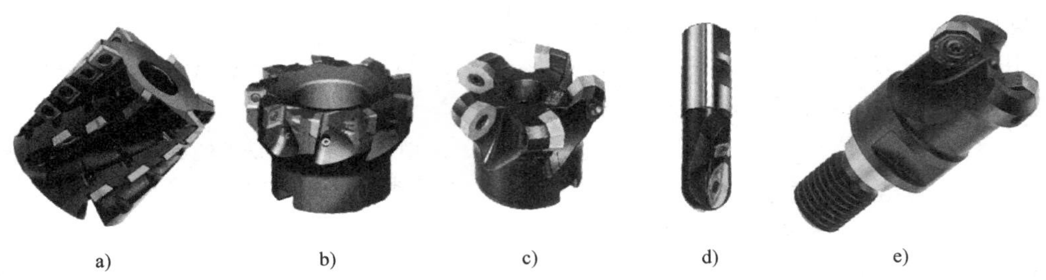

图 6-42　可转位铣刀

a）长刃圆周铣刀　b）方肩两面铣刀　c）弧肩面铣刀　d）球头立铣刀　e）仿形弧肩铣刀

3. 成形铣刀

成形铣刀是在铣床上加工成形表面的专用刀具，其刀具廓形要根据工件廓形设计。如果廓形复杂的成形铣刀做成尖齿的，制造和刃磨将非常困难，因而廓形复杂的铣刀常做成铲齿成形铣刀，其前面是平面，刃磨方便。

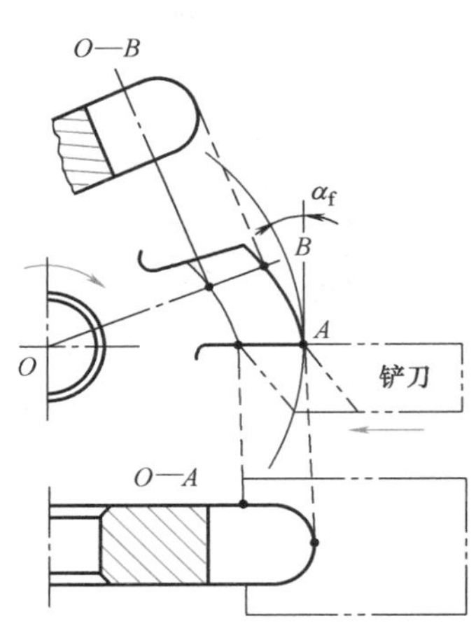

图 6-43　铲齿成形铣刀

铲齿成形铣刀的前面多取为通过轴线的平面，即 $\gamma_f=0°$，刀具用钝后，重磨前面使之与轴线重合，易于保持切削刃原有的形状。为保证铣刀重磨后廓形保持不变，刀齿各径向剖面廓形应与新刀廓形相同，同时为了保持应有的后角不变，廓形应依次、逐渐向铣刀轴线靠近。铣刀后面的实质是以铲刀切削刃廓形为母线，绕铣刀轴线旋转并同时向轴线靠近所得的轨迹（图 6-43）。通过铣刀切削刃上任意点作端剖面，端剖面与齿背表面（后面）的交线称为齿背曲线。齿背曲线的形状影响刀齿后角 α_f的大小，而对刀齿后面廓形没有影响。生产上广泛采用阿基米德螺线作为成形铣刀的齿背曲线。阿基米德螺线上各点的向量半径 ρ 值，随向径转角 θ 值的增减而等比例地增减。因此，等速回转运动与沿半径方向的等速直线运动合成后，就得到阿基米德螺线，生产中很容易实现。如图 6-43 所示，$O—A$、$O—B$ 都是径向剖面且廓形相同，$O—B$ 剖面中廓形靠近铣刀轴线，以形成铣刀的后角 α_f。这种齿背面通常是在铲齿车床上铲削加工出来的。

6.5　齿轮加工机床与齿轮加工刀具

按形成齿轮齿形的原理不同，齿轮的切削加工可分为两大类：成形法和展成法。

用成形法加工齿轮时，刀具的齿形与被加工齿轮的齿槽形状相同。其中最常用的是用盘状模数铣刀或指状模数铣刀在铣床上借助分度装置铣齿轮。如图 6-44 所示，母线（渐开线）用成形法获得，不需成形运动，导线由相切法形成，需要两个成形运动。齿轮的齿廓形状取决于基圆的大小（与齿轮的齿数有关）。由于同一模数的铣刀是按被加工工件齿数范围分号的（表6-1），每一号铣刀的齿形是按该号中最少齿数的齿轮齿形确定的，因此，用这把铣刀铣削同号中其他齿数的齿轮时齿形有误差。用成形法铣齿轮所需运动简单，不需专门的机床，但要用分度头分度，生产率低。因此这种方法一般用于单件小批、精度要求低的齿轮生产。

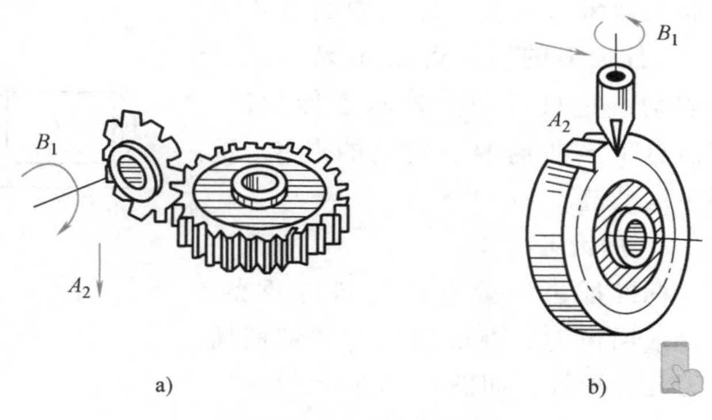

图 6-44 成形法加工齿轮

a）盘状模数铣刀 b）指状模数铣刀

表 6-1 模数铣刀加工齿数范围

刀号	1	2	3	4	5	6	7	8
加工齿数范围	12~13	14~16	17~20	21~25	26~34	35~54	55~134	135 以上及齿条
齿形								

展成法加工齿轮时，齿轮表面的渐开线由展成法形成，展成法具有较高的生产率和加工精度。齿轮加工机床绝大多数采用展成法。

圆柱齿轮的加工方法主要有滚齿和插齿等。锥齿轮的加工方法主要有刨齿和铣齿等。精加工齿轮齿面的方法有磨齿、剃齿、珩齿和研齿等。

6.5.1 插齿原理和插齿刀

1. 插齿原理及运动分析

插齿机一般用来加工内、外啮合的圆柱齿轮，尤其适合于加工内齿轮和多联齿轮。装上附件，插齿机还能加工齿条，但插齿机不能加工蜗轮。

（1）插齿原理及所需的运动　用插齿刀插削直齿圆柱齿轮的运动分析如图 4-7 所示，从原理上讲，插齿机是按展成法加工圆柱齿轮的，插齿加工过程相当于一对直齿圆柱齿轮啮合。插齿刀实质是一个端面磨有前角，齿顶及齿侧均磨有后角的齿轮。插齿时，刀具沿工件轴线方向做高速往复直线运动，形成切削加工主运动；同时，还与工件做无间隙啮合运动，加工出全部轮齿齿廓。加工过程中，刀具每往复一次，仅切出工件齿槽很小的部分，工件齿槽齿面曲线是由插齿刀切削刃多次切削包络线所形成的。插齿刀和工件除做展成运动外，还要做相对的径向切入运动，直到达到全齿深为止；插齿刀在往复运动的回程不切削。为了减少切削刃的磨损，还需要有让刀运动，即刀具在回程时径向退离工件，切削时复原。

（2）插齿机的传动原理　用齿轮形插齿刀插削直齿圆柱齿轮时，机床的传动原理如图 6-45 所示。B_{11} 和 B_{12} 是一个复合运动，需要一条内联系传动链和一条外联系传动链。图中点 8 到点 11 之间是内联系传动链——展成运动传动链。圆周进给以插齿刀每往复一次，插齿刀所转过的分度圆弧长计，因此，外联系传动链以驱动插齿刀往复的偏心轮为间接动力源

来联系插齿刀旋转，即图中的点 4 到点 8。插齿刀的往复运动 A_2 是一个简单运动，它只有一个外联系传动链，即由点 1 至曲柄偏心轮处的点 4，这是主运动链。

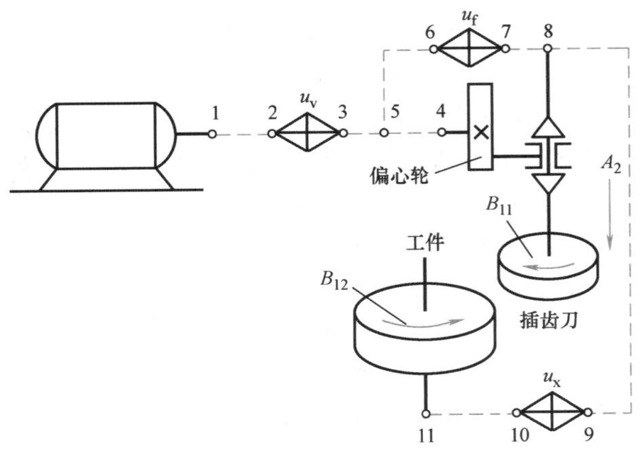

图 6-45 插齿机的传动原理

2. 插齿刀

标准插齿刀分直齿和斜齿两类，有盘形插齿刀、碗形插齿刀和锥柄插齿刀几种形式，如图 6-46 所示。盘形插齿刀主要用于加工内、外啮合的直齿、斜齿和人字齿轮。碗形插齿刀主要加工带台肩的和多联的内、外啮合的直齿轮，它与盘形插齿刀的区别在于工作时夹紧用的螺母可容纳在插齿刀的刀体内，因而不妨碍加工。锥柄插齿刀主要用于加工内啮合的直齿轮和斜齿轮。插齿刀一般用高速钢制造，整体结构。大直径插刀也有做成镶齿结构的。

（1）插齿刀齿形特征　图 6-47 所示为直齿插齿刀一个刀齿，它有一条顶刃 1 和一个顶后面，两条侧刃 2 和两个侧后面 3。

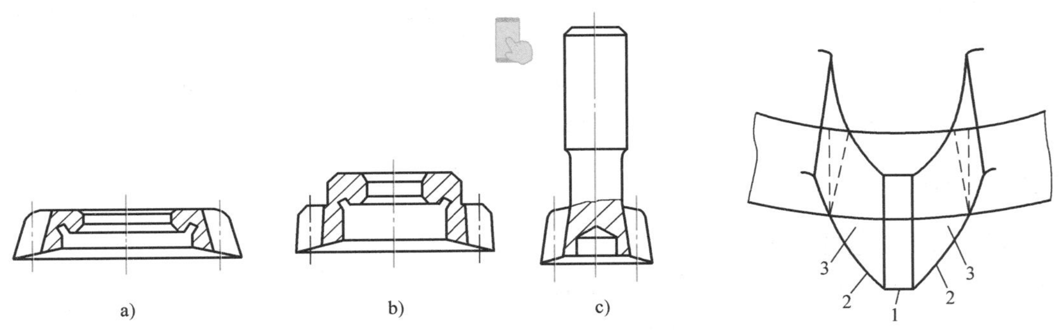

图 6-46 插齿刀的三种标准形式

a）盘形插齿刀　b）碗形插齿刀　c）锥柄插齿刀

图 6-47 直齿插齿刀的切削刃与后面

1—顶刃　2—侧刃　3—侧后面

为了得到顶刃后角，插齿刀外圆面应为与插齿刀同轴线的外锥面，其半锥顶角为 α_p（图 6-48）。为了得到侧刃后角 α_f，将两侧后面做成旋向相反的渐开螺旋面，这样，刀具磨钝后重磨前面时，刀齿顶圆直径和分度圆齿厚都减小了，但两侧刃齿形仍是渐开线。为了保持齿高不变，齿根圆也应向插齿刀轴线移近相同的距离。插齿刀每个端剖面截形，可以看成是基圆直径相同、变位系数不同的变位齿轮，新插齿刀变位系数最大，重磨后变位系数减小。变位系数等于零的剖面 $O—O$ 中齿顶高和分度圆齿厚都是标准值，这个剖面称为原始剖面。插齿刀的本质是基圆相同，变位系数由大到小依次排列而成的无穷片变位齿轮的组合体。

（2）插齿刀的切削角度及齿形修正　为了得到插齿刀的前角，前面做成与插齿刀同轴线的内锥面，其内锥面底角 γ_p 就是插齿刀顶刃前角（图 6-49），标准直齿插齿刀 $\gamma_p=5°$。侧刃前角的大小与顶刃前角有关，而且在侧刃各点处大小不等，从齿顶到齿根逐渐变小。顶刃后面做成外锥面，其半锥顶角 α_p 即顶刃后角。标准直齿插齿刀 $\alpha_p=6°$。侧刃后角在侧刃各点处大小相等，其值等于渐开螺旋面的基圆螺旋角。

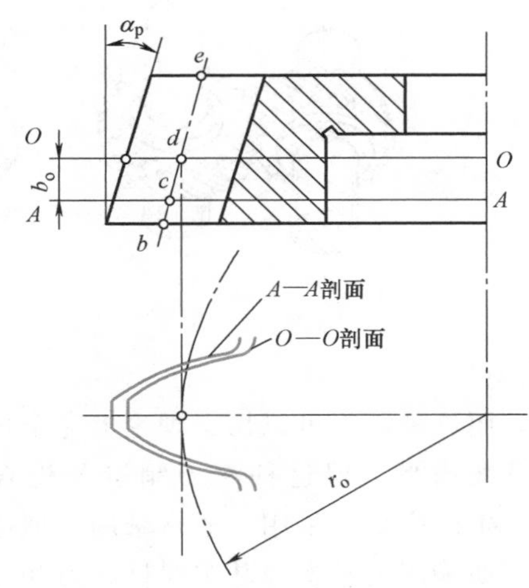

图 6-48　插齿刀在不同端剖面中的截形

插齿刀有前角 γ_p 后，切削刃的顶刃、分度圆和齿根不在同一端剖面内，分别在Ⅰ—Ⅰ、Ⅱ—Ⅱ、Ⅲ—Ⅲ端剖面内。这样，插齿刀切削刃在端面的投影（产形齿轮）的压力角减小，不再是渐开线，造成较大的齿形误差，如图 6-49 所示。随着 γ_p、α_p 的增大，其误差也增大，因此，必须进行齿形修正。修正齿形误差的方法是，将插齿刀切削刃在端面内的截形（渐开线）的压力角不做成 α 值，而做成 α_o 值（$\alpha_o>\alpha$），使切削刃在端面内的投影（产形齿轮）的齿形分度圆处压力角达到 α 值（图 6-50）。

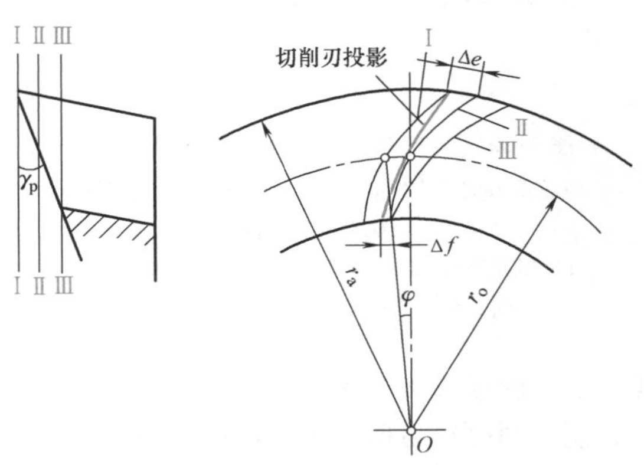

图 6-49　插齿刀前角引起的齿形误差

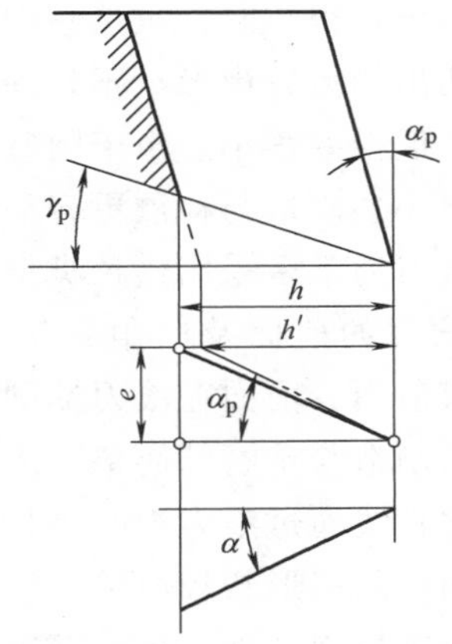

图 6-50　插齿刀压力角的修正

6.5.2　滚齿原理、齿轮滚刀及滚齿机的运动分析

1. 滚齿原理及齿轮滚刀

滚齿是根据展成法原理来加工齿轮轮齿的一种加工方法。原理上，滚齿加工过程模拟一对交错轴斜齿轮副啮合滚动的过程（图 6-51a）。将其中一个齿轮的齿数减少到一个或几个，轮齿的螺旋倾角变大，就成了蜗杆（图 6-51b）。再将蜗杆开槽并铲背，就成了齿轮滚刀（图 6-51c）。当机床使滚刀和工件严格地按一对斜齿圆柱齿轮啮合的传动比关系做旋转运动时，滚刀就可在工件上连续不断地切出齿来。

将蜗杆开槽后，产生了前面和切削刃，各个刀齿的切削刃都必须位于这个相当于斜齿圆柱齿轮的蜗杆螺纹表面上，这个蜗杆叫滚刀的基本蜗杆（或称“产形”蜗杆），如图6-52a所示。基本蜗杆的螺纹表面若是渐开螺旋面，则称为渐开线基本蜗杆，这种滚刀称渐开线滚

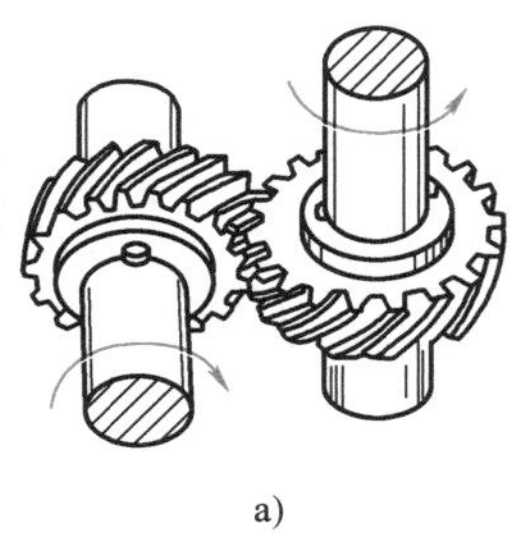

a)

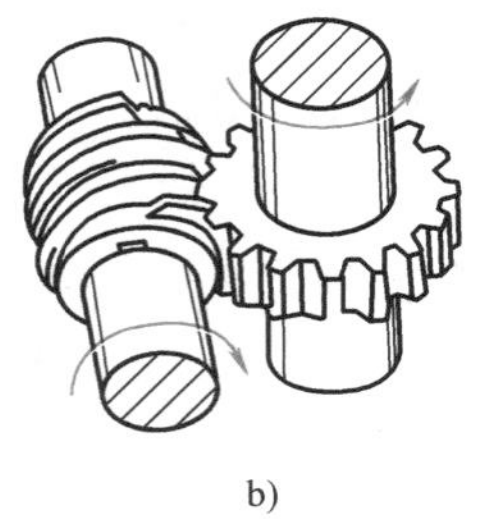

b)

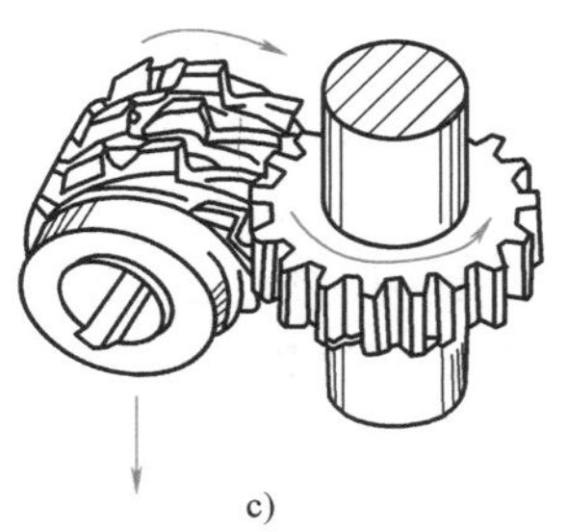

c)

图 6-51　滚齿原理

刀。用这种滚刀可以切出理论上完全理想的渐开线齿形。但这种滚刀制造及检查很困难，生产中很少采用。通常采用近似造型方法，如采用阿基米德基本蜗杆滚刀和法向直廓基本蜗杆滚刀。这两种滚刀基本蜗杆的螺纹表面在端面截形不是渐开线，分别是阿基米德螺线和延长渐开线。当滚刀分度圆柱螺旋角很大，导程很小时，虽然它们不是渐开线蜗杆，切出的齿轮齿形也不是理论上的渐形线齿形，但误差很小。由于阿基米德滚刀齿形误差更小，制造与检测更容易，生产中标准齿轮滚刀通常多采用这种类型滚刀。

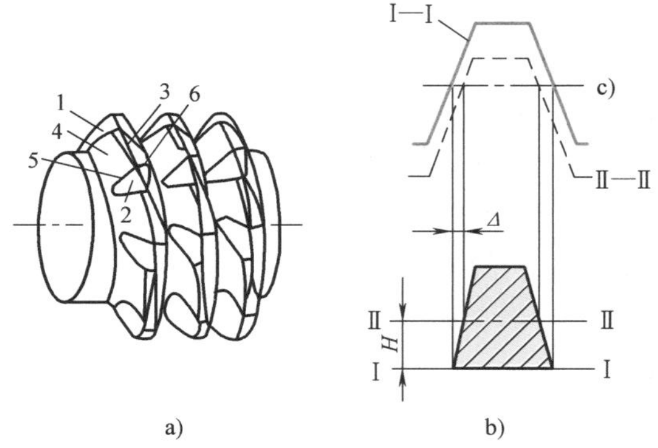

图 6-52　齿轮滚刀的基本蜗杆与齿形

a）齿轮滚刀的基本蜗杆　b）分度圆柱截面展开图　c）重磨前后的齿形位置

1—蜗杆表面　2—滚刀前面　3—顶刃后面　4—侧刃后面　5—侧切削刃　6—顶刃

（1）滚刀的前面及前角　滚刀容屑槽的一侧构成前面，前面在滚刀端剖面中的截形为直线，制造与重磨都简单。滚刀前角为零度时，此直线通过滚刀中心（图 6-53）。工具厂生产的标准齿轮滚刀都做成零前角滚刀，因为滚刀的切削刃形状较简单，所以刃磨前面时方便，同时容易保证齿形精度。粗加工齿轮滚刀为了改善切削条件，也可采用正前角，通常取 $\gamma_p=6°\sim9°$。滚切硬齿面齿轮的硬质合金精切滚刀，则采用很大的负前角。

容屑槽有螺旋槽和直槽两种，如图 6-53a、b 所示。直槽制造方便，重磨和检查滚刀齿形也方便。但滚刀做成直槽后，左右两侧刃的前角数值相等而正负号相反（图 6-54a），其数

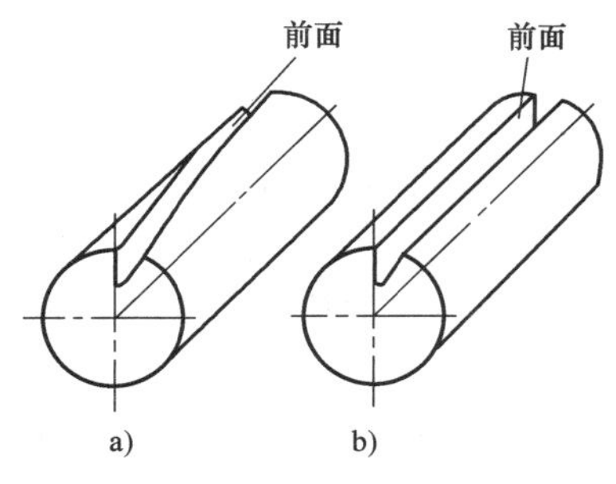

图 6-53　滚刀的容屑槽

a）螺旋槽　b）直槽

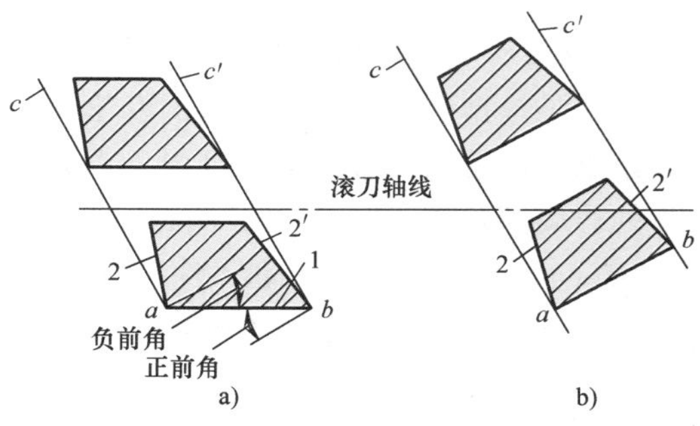

图 6-54　直槽和螺旋槽滚刀侧刃前角

a）直槽　b）螺旋槽

值等于滚刀基本蜗杆分度圆柱螺旋升角 λ_o。生产中 $\lambda_o \leqslant 5°$ 时才做成直槽的。当 $\lambda_o > 5°$ 时都做成螺旋槽滚刀，容屑槽的螺旋角等于滚刀基本蜗杆螺纹的螺旋升角 λ_o，由图 6-54b 可以看出，左、右侧刃点 a 和 b 的前角相同，切削条件相同。

（2）滚刀的后面和后角　作为切削刀具，滚刀必须有后角，使侧刃后面与顶刃后面都缩入基本蜗杆的螺旋面之内，如图 6-52a 所示。滚刀用钝后，重磨前面，重磨后产生新的切削刃，图 6-52c 中虚线所示为滚刀用钝重磨后的新切削刃。新滚刀齿形与重磨后的滚刀齿形应一致，因此，滚刀的本质应是一个齿数很少、螺旋角很大的变位斜齿圆柱齿轮。滚刀的顶刃后面和两侧刃后面都是用铲削方法加工出来的。可以看出，滚刀重磨后，分度圆齿厚减小了，齿顶高也减小了。加工齿轮时，为使所切齿轮分度圆齿厚不变，应减小滚刀与齿轮的中心距，这相当于减小了齿轮滚刀的变位量。

齿轮滚刀直径较小、模数较小时常做成整体式。整体式齿轮滚刀常用高速钢制造。齿轮滚刀模数较大时常做成镶齿结构，在刀体上镶装高速钢齿条或硬质合金齿条。

2. 蜗轮滚刀和蜗轮飞刀

蜗轮滚刀无论从外形上还是结构上都与齿轮滚刀很相似，在设计方法上也有许多相似之处，但蜗轮滚刀在工作原理上与齿轮滚刀有很大差别。齿轮滚刀是按螺旋齿轮啮合原理加工齿轮的，而蜗轮滚刀是模拟工作蜗杆与蜗轮啮合加工蜗轮的。蜗轮轮齿在不同端截面内齿形各不相同，在齿长方向上形成一个环状空间曲面，无论是工作蜗杆与蜗轮啮合，还是滚刀与蜗轮啮合，都不是交错轴齿轮啮合。所以渐开线齿轮啮合基本特性（两者法向模数、法向压力角对应相等）不适于蜗杆与蜗轮啮合的条件。因此，蜗轮滚刀工作原理是模拟工作蜗杆与蜗轮的啮合原理而工作的。这样它具有以下特点：

1）蜗轮滚刀的基本蜗杆应与工作蜗杆类型相同，它不能采用近似造型原理加工蜗轮。

2）蜗轮滚刀基本参数应与工作蜗杆相同，如模数、压力角、分度圆直径、螺纹线数、旋向、分度圆柱上的螺旋升角等。

3）蜗轮滚刀切制蜗轮齿形时工作位置应与工作蜗杆与蜗轮的啮合位置相同，如轴间距、轴交错角、滚刀轴线在蜗轮齿长方向的位置等。

4）蜗轮滚刀的顶圆直径和分度圆齿厚都比工作蜗杆对应尺寸大一些，以保证蜗杆与蜗轮传动所需要的齿顶间隙和齿侧间隙。

从以上可以看出，蜗轮滚刀是特定条件下的专用刀具。蜗轮滚刀切制蜗轮时，有径向进给和切向进给两种进给方式，如图 6-55 所示。

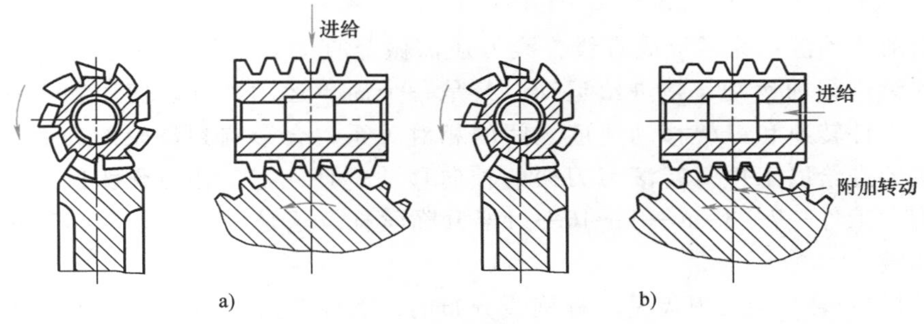

图 6-55　蜗轮滚刀的进给方向

a）径向进给　b）切向进给

由于蜗轮滚刀是专用刀具，当某一参数的蜗轮制造数量很少时，设计、制造蜗轮滚刀既不经济，周期又长，此时可用蜗轮飞刀来加工。蜗轮飞刀实际上是单齿的蜗轮滚刀（图 6-56）。为了包络出完整的蜗轮齿形，采用切向进给方式加工。这种刀具结构简单，制造容易，周期短，成本低，能加工出合格的蜗轮，但生产率低，机床要有切向进给刀架。

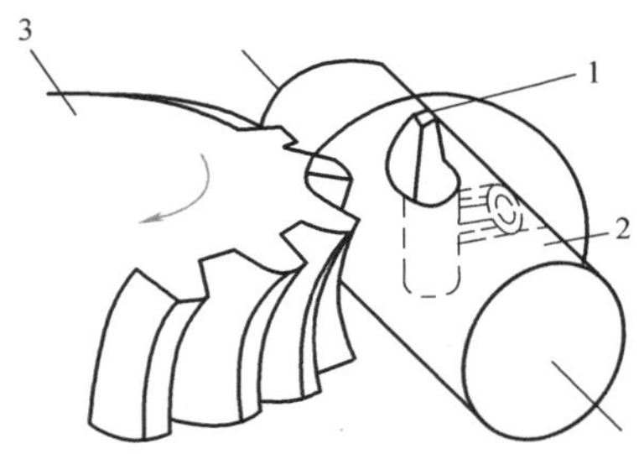

图 6-56 蜗轮飞刀加工蜗轮

1—飞刀刀头 2—刀杆 3—蜗轮

3. 滚齿机的运动分析

（1）滚切直齿圆柱齿轮

1）机床的运动和传动原理图。用滚刀加工直齿圆柱齿轮时机床的运动分析见例 4-2，此时需要两个表面成形运动（图 6-57），三条传动链（图 6-58）。

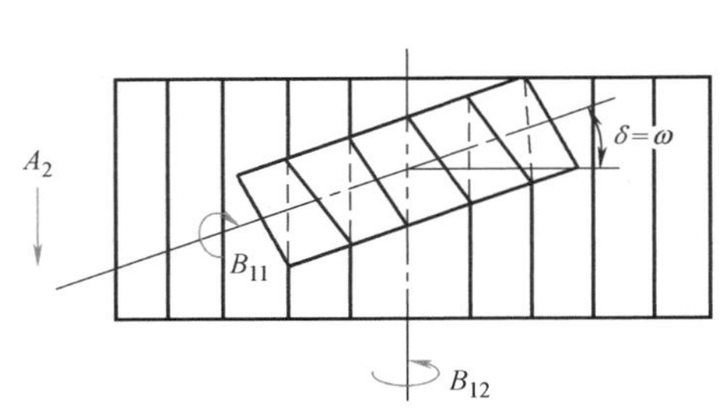

图 6-57 滚切直齿圆柱齿轮所需运动

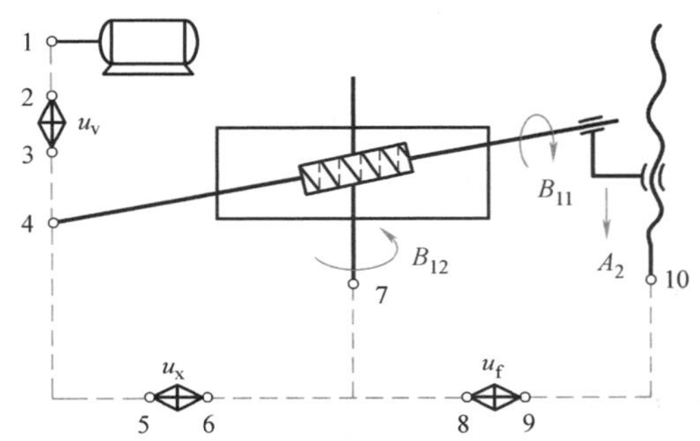

图 6-58 滚切直齿圆柱齿轮的传动原理图

展成运动传动链：展成运动是滚刀与工件之间的啮合运动，是一个复合的表面成形运动，这个运动被分解为两部分：滚刀的旋转运动 B_{11} 和工件的旋转运动 B_{12}。要保持 B_{11} 和 B_{12} 之间严格的相对运动关系，需要一条内联系传动链。设滚刀的头数为 K，工件齿数为 z，则滚刀每转 $1/K$ 转，工件应转 $1/z$ 转。在图 6-58 中，这条传动链是：滚刀—4—5—u_x—6—7—工件，称为展成运动传动链。

主运动传动链：展成运动还应有一条外联系传动链与动力源相联系。这条传动链为：电动机—1—2—u_v—3—4—滚刀，从切削的角度分析，滚刀的旋转运动是主运动。这条传动链称为主运动传动链。

进给运动传动链：为了形成直线，滚刀还需做竖直的直线运动 A_2。这个运动是维持切削得以连续进行的运动，是进给运动。A_2 是一个简单运动，可以使用独立的动力源驱动，但是，工件转速和刀架移动速度之间的相对关系，会影响到齿轮的表面粗糙度。因此，滚齿机的进给以工件每转滚刀刀架的轴向移动量计，把工作台作为间接动力源。这条传动链为：工件—7—8—u_f—9—10—刀架升降丝杠。这是一条外联系传动链，称为进给运动传动链。

2）滚刀的安装。滚刀刀齿是沿螺旋线分布的，螺旋升角为 ω。加工直齿圆柱齿轮时，为了使切削点处滚刀刀齿方向与被切齿轮的齿槽方向一致，滚刀轴线与被切齿轮端面之间应倾斜一个角度 δ，称为滚刀的安装角，其大小等于滚刀的螺旋升角 ω。用右旋滚刀加工直齿齿轮的安装角如图 6-57 所示。用左旋滚刀时倾斜方向相反。图 6-57 中虚线表示滚刀与齿坯接触一侧切削点处的滚刀螺旋线方向。

（2）滚切斜齿圆柱齿轮

1）机床的运动和传动原理图。滚切斜齿圆柱齿轮时，形成渐开线所需的运动与滚切直齿圆柱齿轮相同。斜齿圆柱齿轮与直齿圆柱齿轮的区别在于齿长方向不是直线，而是螺旋线。因此，加工斜齿圆柱齿轮时，进给运动是螺旋运动，是一个复合运动，这个运动可由滚刀刀架的直线运动 A_{21} 和工作台的旋转运动 B_{22} 两部分复合而成。因为工作台既要在展成运动中完成 B_{12}，又要在形成螺旋线的运动中完成 B_{22}，故 B_{22} 被称为附加转动。总之，滚切斜齿圆柱齿轮需要两个运动，一个是形成渐开线的复合运动（B_{11} 和 B_{12}），另一个是形成螺旋齿向线的复合运动（A_{21} 和 B_{22}），如图 6-59 所示。

滚切斜齿圆柱齿轮时的两个成形运动都各需一条内联系传动链和一条外联系传动链，如图 6-60 所示。形成渐开线的展成运动传动链和主运动传动链与滚切直齿轮时完全相同。产生螺旋进给运动的内联系传动链连接刀架移动 A_{21} 和工件的附加转动 B_{22}，以保证当刀架直线移动距离为工件螺旋线的一个导程 P_h 时，工件的附加转动为一转，这条内联系传动链习惯上称为差动运动传动链；其外联系传动链——进给链，也与切削直齿圆柱齿轮时相同。

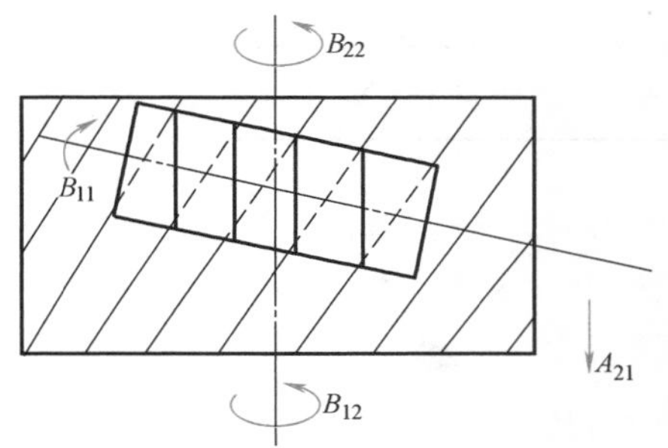

图 6-59　滚切斜齿圆柱齿轮所需运动

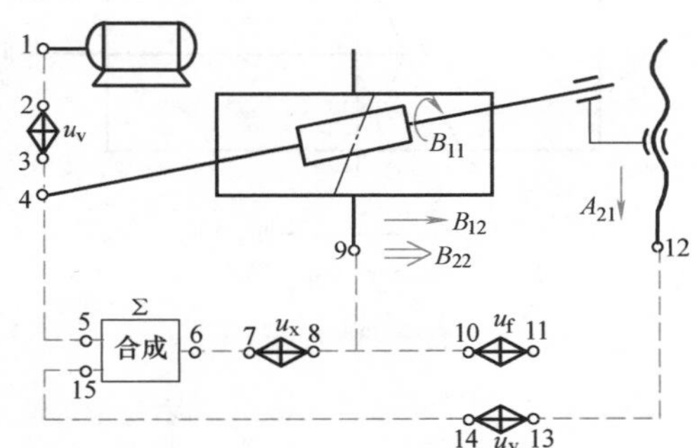

图 6-60　滚切斜齿圆柱齿轮的传动原理图

展成运动传动链要求工件转动 B_{12}，差动传动链又要求工件附加转动 B_{22}。为防止这两个运动同时传给工件时发生干涉，采用合成机构先把 B_{12} 和 B_{22} 合并起来，然后再传给工作台（图 6-60）。合成机构把来自滚刀的运动（点 5）和来自刀架的运动（点 15）合并起来，在点 6 输出，传给工件。在图 6-60 中，差动传动链为：丝杠—12—13—u_y—14—15—合成机构—6—7—u_x—8—9—工件。换置器官的传动比 u_y 根据被加工齿轮的螺旋线导程 P_h 或螺旋倾角 β 调整。

滚齿机既能加工直齿圆柱齿轮，又能加工斜齿圆柱齿轮。因此，滚齿机是根据滚切斜齿圆柱齿轮的传动原理图设计的。当滚切直齿圆柱齿轮时，就将差动运动传动链断开（换置器官不挂交换齿轮），并把合成机构通过一定的结构固定成为一个如同联轴器的整体。

2）滚刀的安装。滚切斜齿圆柱齿轮时，滚刀的安装角 δ 不仅与滚刀的螺旋线方向及螺旋升角 ω 有关，而且与被加工齿轮的螺旋线方向及螺旋角 β 有关。当滚刀与齿轮的螺旋线方向相同时，滚刀安装角 $\delta=\beta-\omega$，图 6-61a 表示用右旋滚刀加工右旋齿轮的情况。当滚刀与

齿轮的螺旋线方向相反时，滚刀安装角 $\delta=\beta+\omega$，图 6-61b 表示用右旋滚刀加工左旋齿轮的情况。

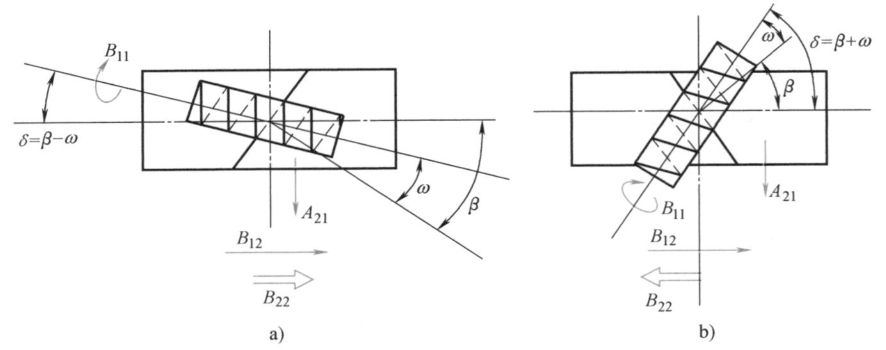

图 6-61　滚切斜齿圆柱齿轮时滚刀的安装角

a）用右旋滚刀加工右旋齿轮　b）用右旋滚刀加工左旋齿轮

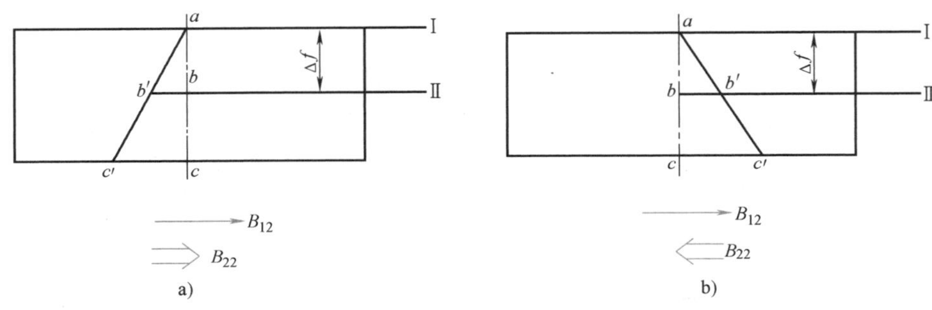

图 6-62　用右旋滚刀滚切斜齿轮时工件的附加转动方向

a）加工右旋齿轮　b）加工左旋齿轮

3）工件附加转动的方向。工件附加转动 B_{22} 的方向如图 6-62 所示。图中 ac' 是斜齿圆柱齿轮的齿向线。滚刀在位置Ⅰ时，切削点在 a 点。滚刀下降 Δf 到达位置Ⅱ时，需要切削的是 b' 点而不是 b 点。如果用右旋滚刀切削右旋齿轮，则工件应比切直齿时多转一些（图 6-62a）；切左旋齿轮，则应少转一些（图 6-62b），以便滚刀到达需要切削的 b' 点。用右旋滚刀时，刀架向下移动螺旋线导程 P_h，工件应多转（右旋齿轮）或少转（左旋齿轮）一转。

（3）滚齿机结构和传动系统图　图 6-63 所示为 Y3150E 型滚齿机的外形图。滚刀装在滚刀主轴 4 上做旋转运动；滚刀刀架 3 既可沿立柱 2 上的导轨做上下直线移动，还可绕自己水平轴线转位，以调整滚刀和工件间的相对位置，使它们相当于一对轴线交叉的螺旋齿轮啮合；工件装在心轴 6 上随工作台 7 一起转动：小立柱 5 可以同工作台一起做水平方向移动，以适应不同直径工件的需要以及在用径向进给法切削蜗轮时做进给运动。

图 6-64 所示为 Y3150E 型滚齿机的传动系统图。滚齿机的传动系统比较复杂，对于这种运动关系比较复杂的机床，必须根据对机床的运动分析，结合传动原理图，在传动系统图上对应地找到每一条传动链的末端件和传动路线及换置器官，逐条进行分析。

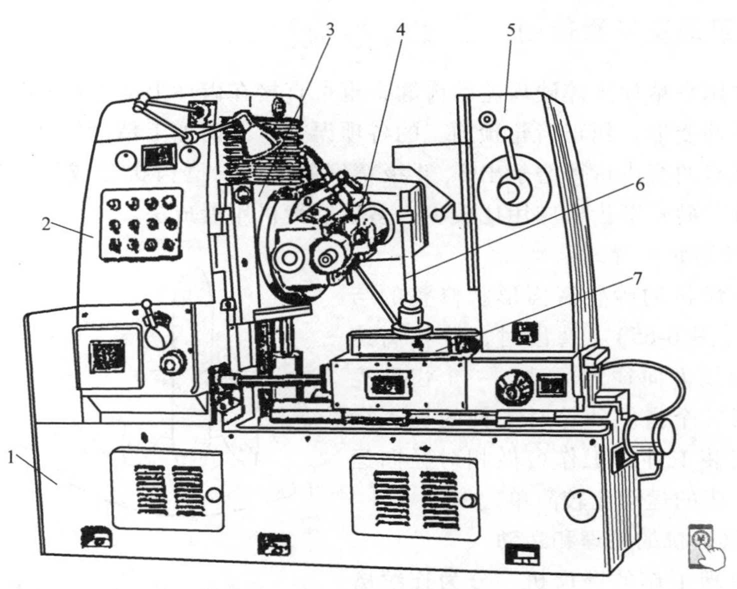

图 6-63　Y3150E 型滚齿机的外形图

1—床身　2—立柱　3—刀架　4—主轴　5—小立柱　6—心轴　7—工作台

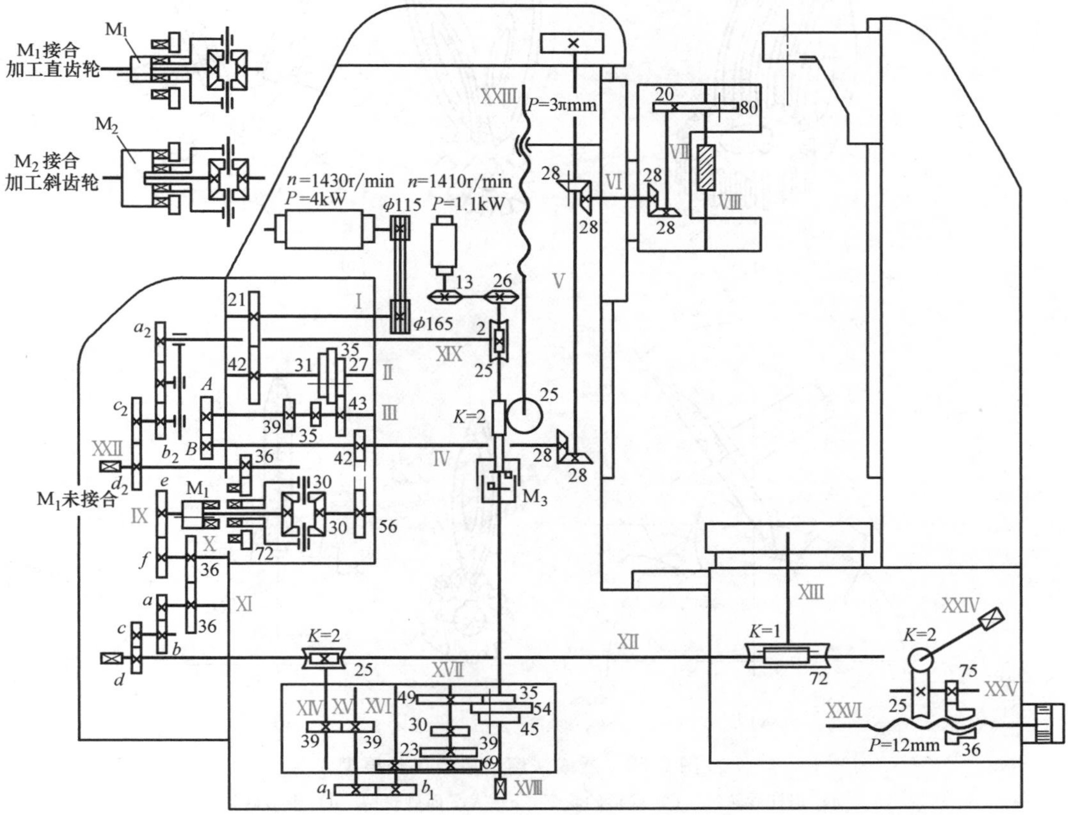

图 6-64　Y3150E 型滚齿机的传动系统图

6.5.3 磨齿原理及所需运动

磨齿机床常用来精加工淬硬齿轮的齿廓，也可直接在齿坯上磨出小模数的轮齿。磨齿能消除齿轮淬火后的变形，纠正齿轮预加工的各项误差，因而加工精度较高。磨齿后，精度一般可达到6级。有的磨齿机可磨削出3、4级精度的齿轮。磨齿机分成形砂轮磨齿和展成法磨齿两大类。成形砂轮磨齿机应用比较少，多数磨齿机用展成法。

1. 成形砂轮磨齿机原理和运动

成形砂轮磨齿机的砂轮截面形状修整的与齿谷形状相同（图6-65）。磨齿时，砂轮高速旋转并沿工件轴线方向往复运动。一个齿磨完后分度，再磨第二个齿。砂轮对工件的切入运动，由砂轮与安装工件的工作台做相对径向运动得到。这种机床的运动比较简单。

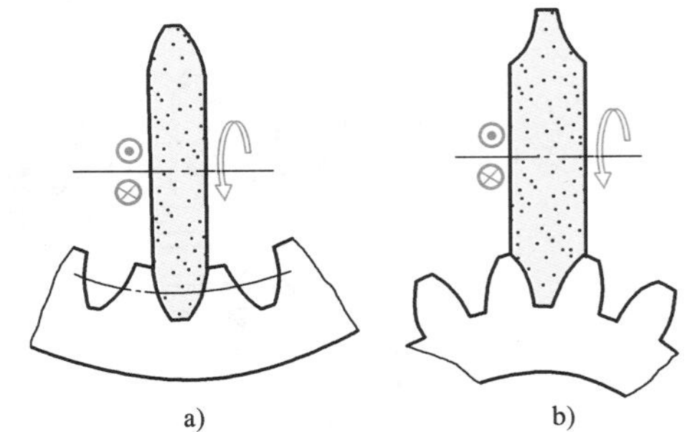

图6-65 成形砂轮磨齿机的工作原理

2. 展成法磨齿机的原理和运动

用展成法原理工作的磨齿机，分为连续磨齿和分度磨齿两大类，如图6-66所示。

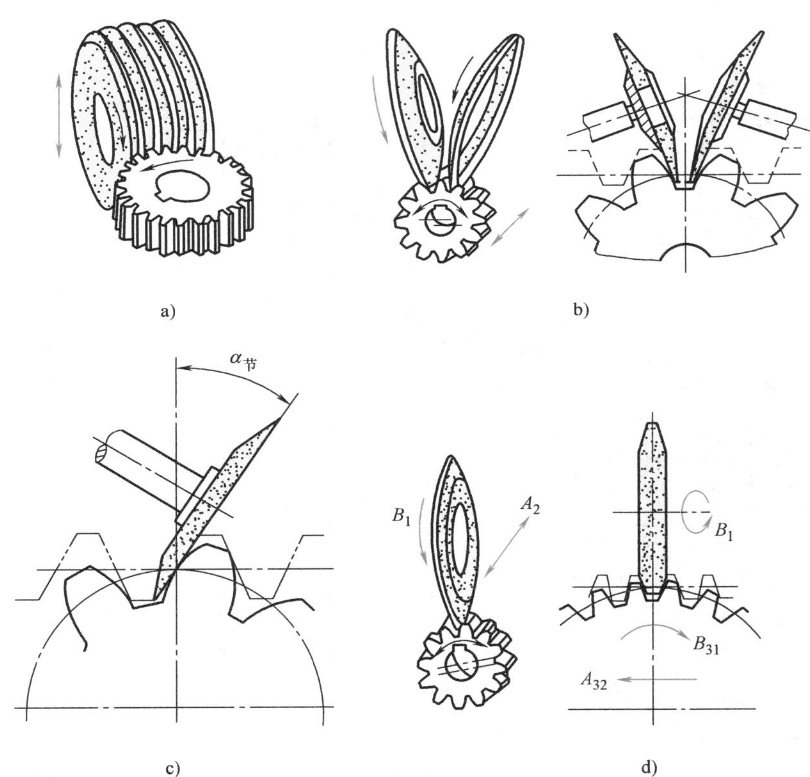

图6-66 展成法磨齿机的工作原理

a）蜗杆砂轮型 b）碟形砂轮型 c）大平面砂轮型 d）锥形砂轮型

（1）连续磨齿 连续磨削的磨齿机，工作原理与滚齿机相似。砂轮为蜗杆形，称为蜗杆砂轮磨齿机，如图 6-66a 所示，砂轮相当于滚刀，相对工件做展成运动，磨出渐开线。工件做轴向直线往复运动，以磨削直齿圆柱齿轮，如果做倾斜运动，就可磨削斜齿圆柱齿轮。砂轮的转速很高，联系砂轮和工件的展成链，目前常用的方法有两种：一种用两个同步电动机分别拖动砂轮主轴和工件主轴，用交换齿轮换置；另一种用数控的方法，即在砂轮主轴上装脉冲发生器，发出与主轴旋转成正比的脉冲（每转若干个脉冲），脉冲经数控系统调制后经伺服系统和伺服电动机驱动工件主轴，在工件主轴上装反馈信号发生器。数控系统起展成换置器官的作用。在各类磨齿机中，这类机床的生产率最高，但修整砂轮麻烦，常用于成批生产。

（2）分度磨齿　这类磨齿机根据砂轮形状不同又可分为碟形砂轮型、大平面砂轮型和锥形砂轮型三种（图 6-66b、c、d）。它们都利用齿条和齿轮的啮合原理，用砂轮代替齿条来磨削齿轮。齿条的齿廓是直线，形状简单，易于保证砂轮的修整精度。加工时被切齿轮在想象中的齿条上滚动。每往复滚动一次，完成一个或两个齿面的磨削。因此需多次分度才能磨完全部齿面。

碟形砂轮型磨齿机（图 6-66b）用两个碟形砂轮代替齿条的两个齿侧面。大平面砂轮型磨齿机（图 6-66c）用大平面的端面代替齿条的一个齿侧面。锥形砂轮磨齿机（图6-66d）用锥形砂轮的侧面代替齿条的一个齿，但砂轮比齿条的一个齿略窄。一个方向滚动时磨削一个齿面；另一个方向滚动时，齿轮略做水平窜动，以磨削另一个齿面。

6.5.4　锥齿轮的加工方法

锥齿轮分为直齿锥齿轮和弧齿锥齿轮两大类。制造锥齿轮主要有两种方法，即成形法和展成法。成形法通常是在卧式铣床上利用单片铣刀或指形齿轮铣刀加工齿轮。锥齿轮沿齿线方向的基圆直径是变化的，也就是说沿齿线方向，不同位置的法向齿形是变化的，但成形刀具的形状是固定的，因此，齿形精度难以达到要求。成形法仅用于齿轮粗加工或精度要求不高的场合。

锥齿轮加工中普遍采用展成法。这种加工方法在原理上，相当于一对相互啮合的锥齿轮，将其中的一个锥齿轮转化成平面齿轮。图 6-67 表示一对相互啮合的锥齿轮，节锥顶角分别为 $2\phi_1$ 和 $2\phi_2$。当量圆柱齿轮的分度圆半径分别为 O_1a 和 O_2a。当锥齿轮 2 的节锥角 $2\phi_2$ 逐渐变大，并最终等于 180°时，当量圆柱齿轮的节圆半径 O_2a 变为无穷大，当量圆柱齿轮就成了齿条，齿形就成了直线，锥齿轮 2 转化成平面齿轮，如图 6-68 所示。两个锥齿轮

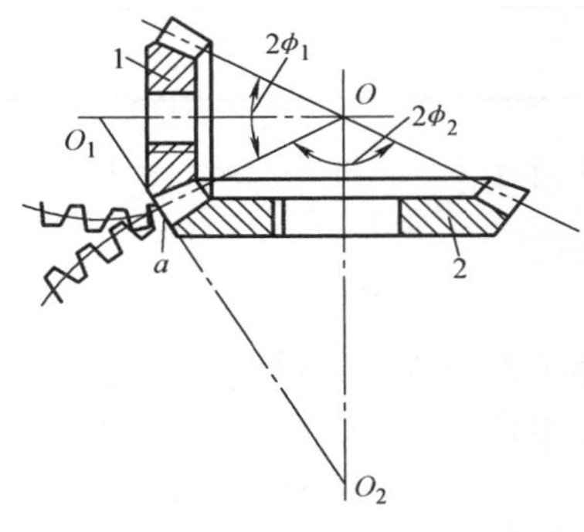

图 6-67　锥齿轮啮合及当量圆柱齿轮齿廓

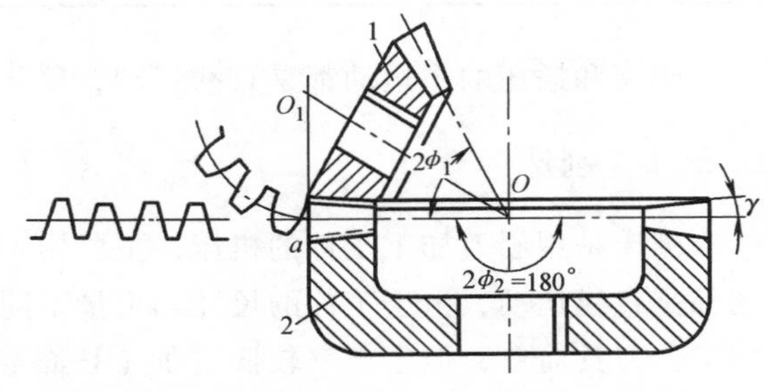

图 6-68　一对锥齿轮中的一个转变为平面齿轮

若都能与同一个平面齿轮相啮合，则这两个锥齿轮就能够彼此啮合，锥齿轮的切齿方法就基于这个原理。

齿向线的形状取决于平面齿轮的齿向线形状。如图 6-69 所示，如果齿向线形状是径向直线，则加工的是直齿锥齿轮；如果齿向线是圆弧，则加工的是弧齿锥齿轮。由于目前齿轮应用以弧齿轮较多，所以锥齿轮加工机床往往以弧齿锥齿轮铣齿机为基形，而以直齿锥齿轮加工机床为变形。

在锥齿轮加工机床上，用刀具运动时的轨迹代替平面齿轮一个齿或一个齿槽的两个侧面，其余齿并不参加工作。这个平面齿轮是假想的，实际上并不存在。平面齿轮的齿形在任意位置都是直线，因此切削刃也可做成直线。图 6-70 所示为摇台和切齿刀盘构成的假想平面齿轮。图中 3 是机床的摇台，上装切齿刀盘 1，用以代替假想的平面齿轮。切齿刀盘旋转时，切削刃的运动轨迹就构成假想平面齿轮（图 6-70 中摇台平面上的虚线）的两个齿侧面。齿向线的形状为圆弧，是被加工轮齿的母线，是用轨迹法形成的，由切齿刀盘旋转 B_1 形成。渐开线齿廓（导线）的成形是工件毛坯同假想平面齿轮按展成法加工原理得到的，机床需要一个展成运动，分为摇台摆动 B_{21} 和工件转动 B_{22} 两个部分。由于假想平面齿轮上只有一个“齿”，故每切削一个齿槽，摇台应来回摆动一次，工件要做分度运动。

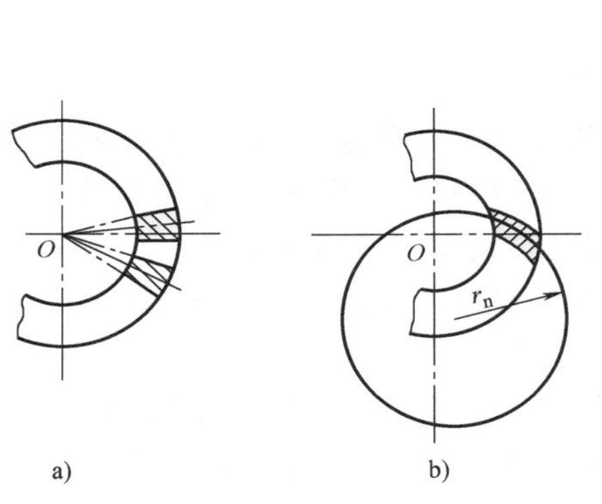

图 6-69　平面齿轮的齿向线形状

a）径向直线　b）圆弧

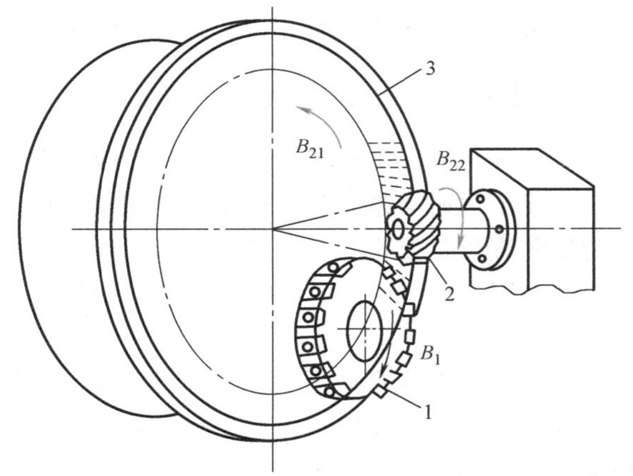

图 6-70　摇台和切齿刀盘构成的假想平面齿轮

1—切齿刀盘　2—工件　3—摇台

6.6　刨床与插床

刨床和插床的主运动都是直线运动，属于直线运动机床。

6.6.1　刨床

刨床是用刨刀加工工件的机床，主要用于加工各种平面和沟槽。刨床的主运动和进给运动都是直线运动，由于工件的尺寸和重量不同，表面成形运动有不同的分配形式。使用刨床加工，刀具简单，但生产率较低（加工长而窄的平面除外），因而主要用于单件小批生产及机修车间，在大批量生产中往往被铣床所代替。刨床常见的种类主要有牛头刨床和龙门刨床。

1. 牛头刨床

牛头刨床因滑枕和刀架形似牛头而得名，刨刀装在滑枕的刀架上做纵向往复运动，多用于切削各种平面和沟槽。牛头刨床适于加工尺寸和重量较小的工件，如图 6-71 所示。滑枕 6 可带动刀具沿床身 7 的水平导轨做往复主运动，刀座 5 可绕水平轴线转动，以适应不同的加工角度。刀架 4 可沿刀座 5 的导轨移动，以调整切削深度，工作台 2 带动工件沿滑板导轨做间歇的横向进给运动，滑板 3 可沿床身 7 的竖直导轨上下移动，以适应工件的不同高度。

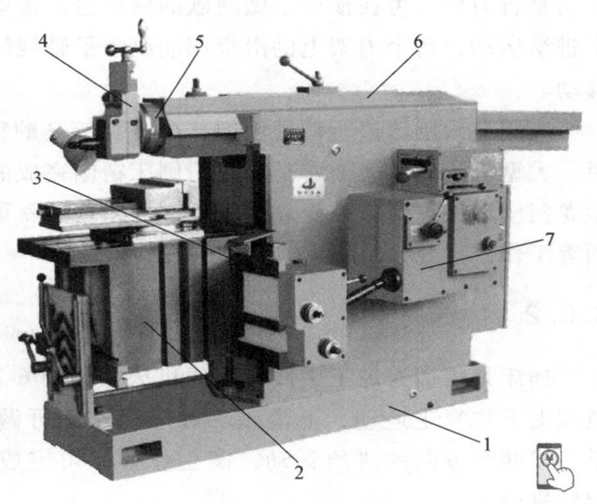

图 6-71　牛头刨床

1—底座　2—工作台　3—滑板　4—刀架
5—刀座　6—滑枕　7—床身

牛头刨床的特点是调整方便，但由于是单刃切削，而且切削速度低，回程时不工作，所以生产率低，适用于单件小批生产。刨削精度一般为 IT9～IT7，表面粗糙度 *Ra* 值为 6.3～3.2μm，牛头刨床的主参数是最大刨削长度。

2. 龙门刨床

龙门刨床因有一个由顶梁和立柱组成的龙门式框架结构而得名，工作台带着工件通过龙门框架做直线往复运动，多用于加工大平面（尤其是长而窄的平面），也用来加工沟槽或同时加工数个中小零件的平面，如图 6-72 所示。工作台 2 带动工件沿床身导轨做纵向往复主运动，立柱 6 固定在床身 1 的两侧，由顶梁 5 连接，横梁 3 可在立柱上上下移动，装在横梁

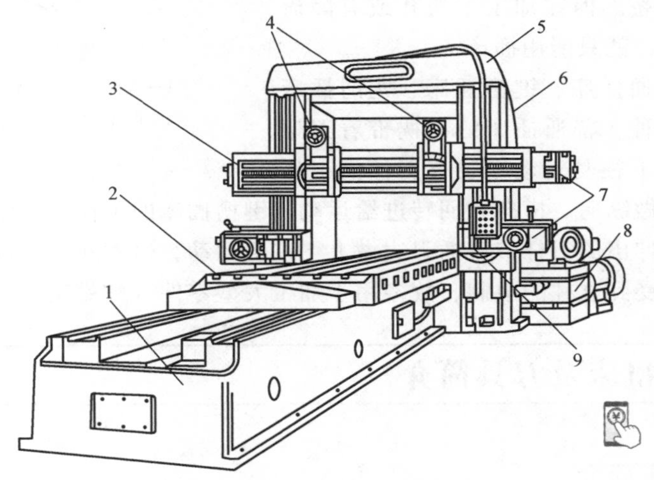

图 6-72　龙门刨床

1—床身　2—工作台　3—横梁　4—垂直刀架　5—顶梁
6—立柱　7—进给箱　8—驱动机构　9—侧刀架

上的垂直刀架 4 可在横梁上做间歇的横向进给运动，两个侧刀架 9 可沿立柱导轨做间歇的上下进给运动，每个刀架上的滑板都能绕水平轴线转动一定的角度，刀座还可沿滑板上的导轨移动。

应用龙门刨床进行精密刨削，可得到较高的精度（直线度 0.02mm/1000mm）和表面质量。大型机床的导轨通常是用龙门刨床精刨完成的。龙门刨床的主参数是最大刨削宽度。大型龙门刨床往往附有铣头和磨头等部件，这样就可以使工件在一次安装后完成刨、铣及磨平面等工作。

6.6.2 插床

插床是用插刀加工工件表面的机床，如图 6-73 所示。滑枕 5 可带动刀具沿立柱 6 的导轨做上下往复主运动，上滑座 3 和下滑座 2 可做纵、横两个方向的进给运动，圆工作台 4 可完成回转进给。

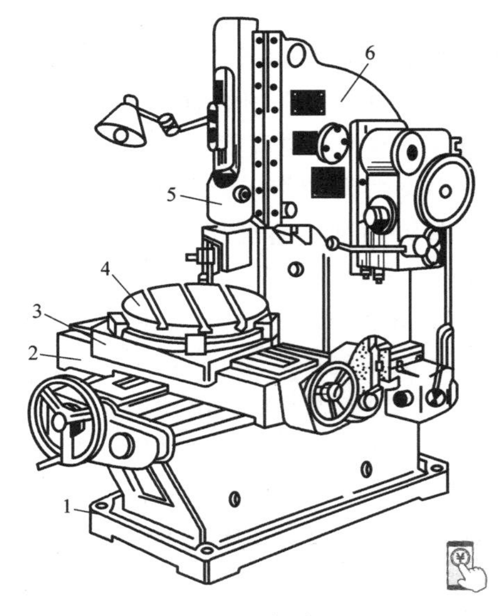

图 6-73 插床

1—底座 2—下滑座 3—上滑座 4—圆工作台 5—滑枕 6—立柱

插床实际是一种立式刨床，在结构原理上与牛头刨床同属一类。插床与刨床一样，也是使用单刃刀具（插刀）来切削工件。插刀随滑枕在垂直方向上的直线往复运动是主运动，工件沿纵向、横向及圆周三个方向分别所做的间歇运动是进给运动。插床的主参数是最大插削长度。插床的生产率和精度都较低，加工表面粗糙度 Ra 为 6.3~1.6μm，加工面垂直度为 0.025mm/300mm，多用于单件小批生产中加工内孔键槽或内花键，也可以加工平面、方孔或多边形孔等，在批量生产中常被铣床或拉床代替。但在加工不通孔或有障碍台肩的内孔键槽时，就只能用插床。

插床主要有普通插床、键槽插床、龙门插床和移动式插床等几种。普通插床的滑枕带着刀架沿立柱的导轨做上下往复运动，装有工件的工作台可利用上下滑座做纵向、横向和回转进给运动。键槽插床的工作台与床身连成一体，从床身穿过工件孔向上伸出的刀杆带着插刀边做上下往复运动，边做断续的进给运动，工件安装不像普通插床那样受到立柱的限制，故多用于加工大型零件（如螺旋桨等）孔中的键槽。

6.7 组合机床及刀具简介

6.7.1 组合机床简介

组合机床是以通用部件为基础，配以按工件特定形状和加工工艺设计的专用部件和夹具，组成的半自动或自动专用机床。组合机床适宜大批量生产。

在组合机床上可完成钻孔、扩孔、铰孔、镗孔、攻螺纹、车削、铣削、磨削及滚压等工

序，还可以完成打印、清洗、热处理、在线自动检查等非切削工序。根据不同的工艺要求，组合机床可配置成不同的组合形式。图 6-74 所示为立卧复合式三面钻孔组合机床，用于同时钻工件两侧面和顶面上的许多孔。机床由侧底座、立柱底座、立柱、动力箱及滑台等通用部件和主轴箱、中间底座、夹具等专用部件组成。

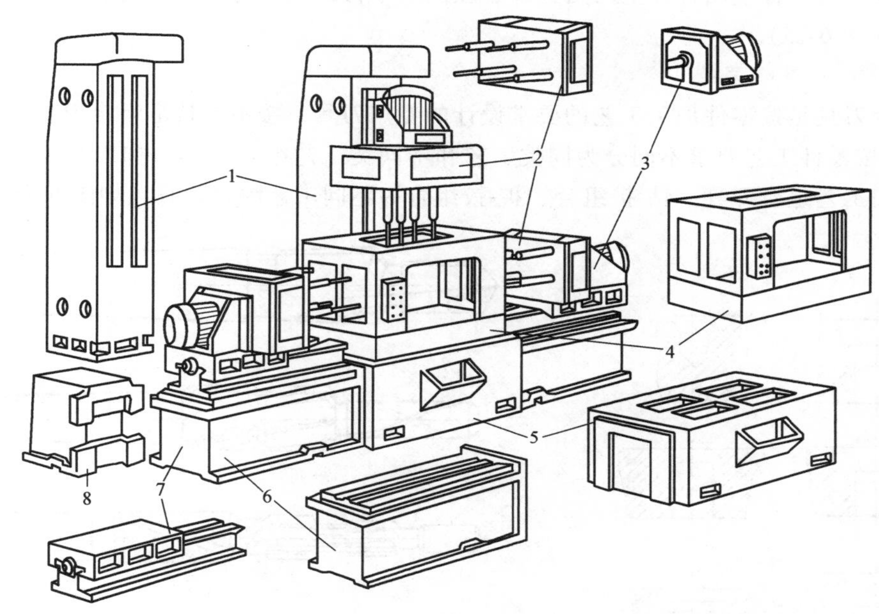

图 6-74　立卧复合式三面钻孔组合机床

1—立柱　2—主轴箱和刀具　3—动力箱　4—夹具　5—立柱底座　6—侧底座　7—动力滑台　8—中间底座

通用部件是组成组合机床的基础，是根据各自的功能按标准化、系列化、通用化原则设计和制造的独立部件，它在组成各种组合机床时能互相通用。专用部件中也有许多零件是通用件和独立部件。因此，组合机床的设计、制造和调整都很方便。组合机床可对工件进行多刀、多轴、多面和多工位同时加工，而且很容易组成自动线。组合机床多配有液压、气压和电控等系统，生产过程为自动化或半自动化。因此，组合机床的生产率和自动化程度很高，有时是其他机床无法替代的。

组合机床与通用机床和其他专用机床相比，有以下特点：

1）组合机床中有 70%~80%的通用零、部件。这些零、部件是经过精心设计和长期生产实践考验的，又有专门厂家成批生产，所以工作稳定可靠，使用和维修方便。

2）设计组合机床时，主要工作是选用通用零、部件，因此，设计、制造周期短。

3）当加工对象改变时，原有的通用零、部件可以重新利用，组成新的组合机床。

4）由于组合机床多采用多刀、多工位加工，自动化程度很高，所以生产率高。

5）组合机床加工工件时采用专用夹具、组合刀具和导向装置等，产品质量靠工艺装备保证，对操作工人技术水平要求低，因此产品质量稳定，劳动强度低。

6）组合机床很容易组成自动线，实现联合操纵和控制。

6.7.2 组合机床常用的刀具

根据工艺要求及加工精度不同，组合机床采用的刀具有：简单刀具、组合刀具及特种刀具。只要条件允许，尽量选择标准刀具。有时为提高工序集中程度或保证加工精度，可采用组合刀具，用两种或两种以上的刀具组合在同一个刀体上，先后或同时加工两个或两个以上的表面（图 6-75）。

1. 组合刀具的类型

组合刀具是按零件加工工艺的要求设计的专用刀具，按不同特征组合刀具有如下类型：

1）按零件工艺要求不同分为同类工艺和不同类工艺组合刀具。如组合扩、组合镗、组合铰为同工艺组合刀具；钻-扩组合、扩-铰组合为不同工艺组合刀具，如图 6-76 所示。

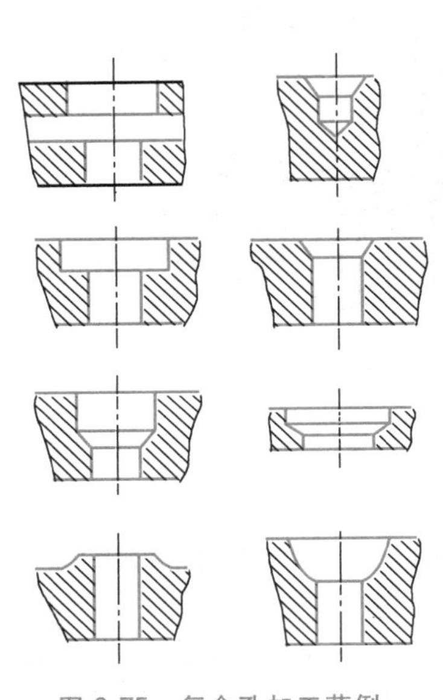

图 6-75　复合孔加工范例

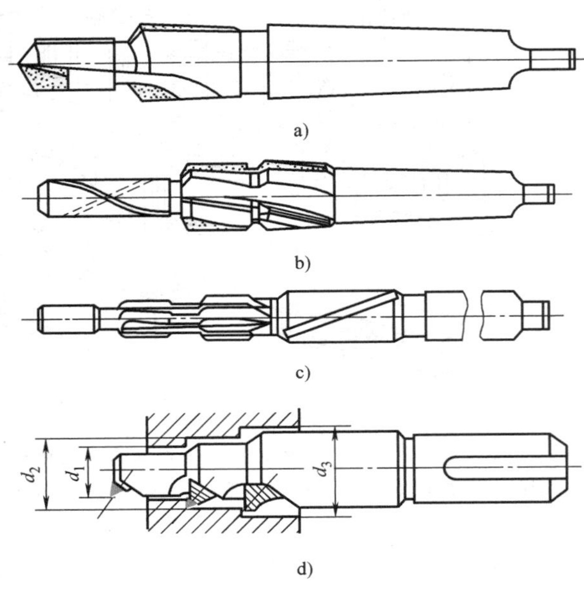

图 6-76　孔加工组合刀具

a）钻-扩组合　b）组合扩　c）组合铰　d）组合镗

2）按刀齿与刀体组合方式分为整体式、焊接式和装配式。

3）按刀齿切削次序分为同时切削和顺序切削组合刀具。

4）按刀具组成部分分为有导向部组合刀具和无导向部组合刀具。有导向部组合刀具还可分为前导向、后导向及前后都有导向的组合刀具。

2. 组合刀具的特点

由于组合刀具是按零件加工工艺的要求将几道工序或工步合在一起的加工原则设计的，因此有如下特点：

1）生产率高。由于加工工序集中，节省辅助时间，提高了生产率。

2）加工精度高。由于几把刀组合在一个刀体上，同时加工出零件上几个表面，因此，各表面之间具有高的位置精度。如孔的同轴度、孔与端面的垂直度等。

3）加工成本低。由于组合刀具集中了几道工序或工步，减少了机床台数和占地面积，从而使工序成本降低。

4）使用范围广。组合刀具可加工圆孔、锥孔和螺纹孔，也可加工平面、曲面和圆弧面等。

5）要求操作者技术低。这是因为组合刀具有以上特点决定的。

6）与单个刀具相比，组合刀具设计、制造和刃磨都比较麻烦，成本较高，因此，适用于大批量生产或自动生产线。

6.8 数控机床简介

6.8.1 数控机床的组成与分类

1. 数控机床的组成

数控机床也称数字程序控制机床，是一种以数字量作为指令信息形式，通过电子计算机或专用电子计算装置控制的机床。在数控机床上加工工件时，预先把加工过程所需要的全部信息（如各种操作、工艺步骤和加工尺寸等）利用数字或代码化的数字量表示出来，编出控制程序，输入计算机。计算机对输入的信息进行处理与运算，发出各种指令来控制机床的各个执行元件，使机床按照给定的程序，自动加工出所需要的工件。当加工对象改变时，只需更换加工程序。数控机床是实现柔性生产自动化的重要设备。数控机床一般由下列几个部分组成：

（1）机床主机　它是数控机床的主体，包括床身、立柱、主轴和进给机构等机械部件。它是用于完成各种切削加工的机械部件。

（2）数控装置　它是数控机床的核心，包括硬件（印制电路板、CRT 显示器、键盒、纸带阅读机等）以及相应的软件，用于输入数字化的零件程序，并完成输入信息的存储、数据的变换、插补运算以及实现各种控制功能。

（3）驱动装置　它是数控机床执行机构的驱动部件，包括主轴驱动单元、进给单元、主轴电动机及进给电动机等。它在数控装置的控制下通过电气或电液伺服系统实现主轴和进给驱动。当几个进给联动时，可以完成定位及直线、平面曲线和空间曲线的加工。

（4）辅助装置　辅助装置指数控机床一些必要的配套部件，用以保证数控机床的运行，如冷却、排屑、润滑、照明和监测等。它包括液压和气动装置、排屑装置、交换工作台、数控转台和数控分度头，还包括刀具及监控检测装置等。

（5）编程及其他附属设备　编程及其他附属设备可用来在机外进行零件的程序编制和存储等。

2. 数控机床的分类

数控机床的种类繁多，根据数控机床的功能和组成不同，可以从多个角度对数控机床进行分类。

（1）按工艺用途分类

1）金属切削类数控机床。这类机床包括数控车床、数控钻床、数控铣床、数控磨床、数控镗床及加工中心。这些机床都适用于单件小批和多品种生产场合的零件加工，具有很好的加工尺寸一致性，很高的生产率和自动化程度，以及很高的设备柔性。

2）金属成形类数控机床。这类机床包括数控折弯机、数控组合压力机、数控弯管机和数控回转头压力机等。

3）数控非常规加工机床。这类机床包括数控线（电极）切割机床、数控电火花加工机床、数控火焰切割机、数控激光切割机床和专用组合机床等。

（2）按运动方式分类

1）点位控制。点位控制数控机床的特点是机床的运动部件只能够实现从一个位置到另一个位置的精确运动，在运动和定位过程中不进行任何加工工序，如数控钻床、数控坐标镗床、数控焊机和数控弯管机等。

2）直线控制。直线控制的特点是机床的运动部件不仅要实现一个坐标位置到另一个坐标位置的精确移动和定位，而且能实现平行于坐标轴的直线进给运动或控制两个坐标轴实现斜线进给运动。

3）轮廓控制。轮廓控制数控机床的特点是机床的运动部件能够实现两个坐标轴同时进行联动控制。它不仅要求控制机床运动部件的起点与终点坐标位置，而且要求控制整个加工过程每一点的速度和位移量，即要求控制运动轨迹，将零件加工成在平面内的直线、曲线或在空间的曲面。

（3）按控制方式分类

1）开环控制，即不带位置反馈装置的控制方式。

2）半闭环控制，指在开环控制伺服电动机轴上装有角位移检测装置，通过检测伺服电动机的转角间接地检测出运动部件的位移反馈给数控装置的比较器，与输入的指令进行比较，用差值控制运动部件。

3）闭环控制，是在机床的最终运动部件的相应位置直接安装直线或回转式检测装置，将直接测量到的位移或角位移值反馈到数控装置的比较器中与输入指令进行比较，用差值控制运动部件，使运动部件严格按实际需要的位移量运动。

（4）按数控机床的性能分类　按数控机床的性能不同可分为经济型数控机床、中档全功能数控机床及高档精密数控机床。

6.8.2　数控机床的特点

数控机床与一般机床相比大致有以下几方面的特点：

1. 数控机床传动系统的特点

数控机床的传动系统机械结构比较简单，传动链短。数控机床的动力源一般是具有一定调速范围的电动机。数控机床的主运动传动系统一般通过动力源直接驱动主轴或经过简单的几级变速驱动主轴，进给运动传动系统一般由伺服电动机在数控装置的控制下直接驱动执行件。传统机械结构的传动，在数控机床中大部分被数控装置取代。图 6-77 所示为 JCS-018 型立式加工中心的传动系统。该机床传动系统有主运动、三个方向的伺服进给运动和刀库圆盘旋转运动。各种运动均由无级调速的电动机驱动，

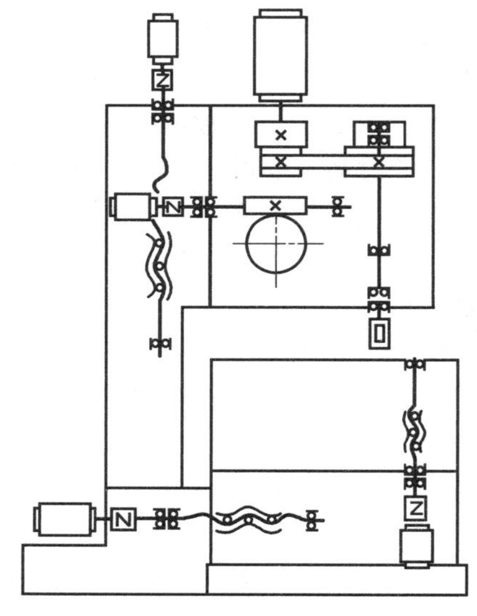

图 6-77　JCS-018 型立式加工中心的传动系统

经过简单的机械传动装置驱动执行件，所以加工中心的传动系统比普通机床简单得多。

2. 数控机床传动精度和定位精度较高

数控机床的传动系统多采用精度高、摩擦损失比较小的功能部件，如滚珠丝杠、滚动导轨和静压轴承等。传动件（如齿轮）的间隙被适当消除，以保证反向传动精度和定位精度。采用闭环控制的机床控制系统可对传动误差进行补偿。因此，数控机床有很高的加工精度和稳定的加工质量。

3. 数控机床机械部分的结构特点

数控机床是自动化高效设备。对于数控机床，要提高机床的动、静刚度，减少热变形，减少摩擦，减少某些传动部件的惯量等，以适应高精度、高效率和高自动化加工的要求。

4. 加工中心类的数控机床具有自动换刀功能

数控机床在自动化加工过程中必须能自动换刀，这就要求：刀具与主轴或刀架的连接标准化；主轴组件或刀架应具备自动换刀功能，如自动夹紧刀具、自动松开刀具、自动保持刀具结合面干净、主轴或刀架定向准停等；具有自动换刀装置。目前常用的自动换刀装置有两类：一类是车削中心常用的回转式刀架或多主轴的转塔头，在刀架或转塔的圆周方向均布一定数量的刀具，靠刀架或转塔的转位实现换刀；另一类是镗铣加工中心常用的刀库-机械手换刀系统，在机床上配制一个刀库，换刀机械手取下用完的刀具放入刀库，然后或同时取出下一把刀，装入指定位置，所有这些动作及刀具的管理检测等都在数控系统的控制下进行。

5. 生产率高，改善了劳动条件，便于现代化生产管理

数控机床减少了人工操作的工作量，并配有自动换刀系统，有些机床还具有自动转换工作台和自动检测等功能，机床防护好，切屑能够自动排除，因此数控机床缩短了辅助时间，减轻了工人的劳动强度，改善了劳动条件。由于几乎所有的机床工作内容（包括过去由工人完成的工作）都由计算机控制，因此容易实现现代化生产管理，使传统的机械厂面貌焕然一新。

6.8.3　JCS-018 型立式镗铣加工中心

JCS-018 型立式镗铣加工中心是一种具有自动换刀装置的计算机数控（CNC）机床，它是在一般数控机床的基础上发展起来的工序更加集中的数控机床。机床上附有刀库和自动换刀机械手，配备有各种类型和不同规格的刀具。把工件一次装夹以后，可自动连续地对工件各加工面完成铣、镗、钻、锪、铰和攻螺纹等多种工序，适用于小型板类、盘类、模具类和箱体类等复杂零件的多品种小批加工。这种机床适于中小批生产。

JCS-018 型立式镗铣加工中心的外形如图 6-78 所示。机床的布局基本上是由一台立式铣床附加上数控装置和自动换刀装置所组成的。机床是三坐标的：装在床身 1 上的滑座 2 做横向（前后）运动（Y 轴）；工作台 3 在滑座 2 上做纵向（左右）运动（X 轴）；在床身 1 的后部装有固定的框式立柱 5，主轴箱 9 在立柱导轨上做升降运动（Z 轴）。在立柱左侧前部装有自动换刀装置（刀库 7 和自动换刀机械手 8）；在立柱左侧后部是数控柜 6，内有小型计算机数控系统，对加工循环的全过程实现计算机控制；在立柱右侧装有驱动电柜 11，内有电源变压器和伺服装置等；操作面板 10 悬伸在机床的右前方，操作者通过面板上的按键和各种开关按钮实现对机床的控制；同时机床的各种工作状态信号也可在操作面板上显示出来。

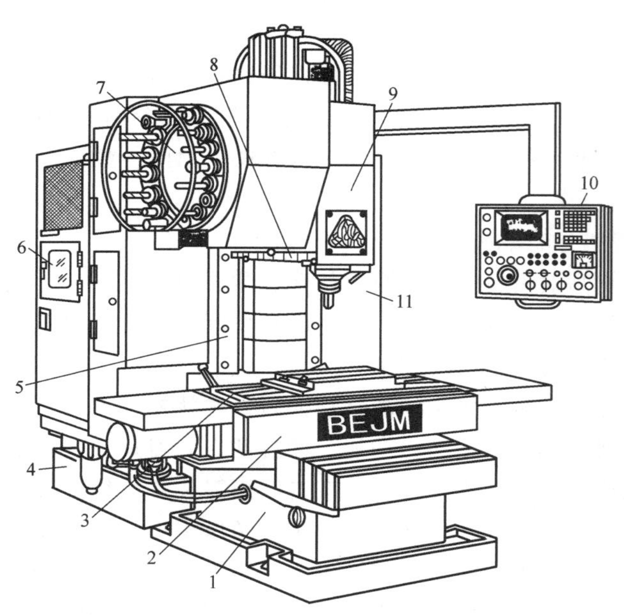

图 6-78　JCS-018 型立式镗铣加工中心的外形

1—床身　2—滑座　3—工作台　4—后底座　5—立柱　6—数控柜　7—刀库
8— 换刀机械手　9—主轴箱　10—操作面板　11—驱动电柜

6.8.4　自动化加工对刀具的要求

进入 21 世纪以来，计算机技术在机械制造业中得到广泛应用，自动化加工技术迅猛发展。数控机床、加工中心、柔性制造单元和柔性制造系统在机械制造业中的应用日益广泛，使工具生产者由过去的单一生产刀具而扩展为工具系统、工具识别系统、刀具状态在线监测系统以及刀具管理系统的开发与生产。自动化加工对刀具有下列要求：

1）刀具应具有很高的可靠性和尺寸使用寿命。这是对自动化刀具最基本的要求，特别在无人看管的条件下，对保证加工质量和自动化生产的顺利进行，显得更加重要。

2）刀具应具有高的生产率。现代机床向着高速度、高刚度和大功率方向发展 ，要求刀具有承受高速切削和大进给量的能力，以提高生产率。

3）刀具在结构上应满足快速更换的要求，同时刀具应能够预调，安装定位精度高，刚性好，以保证高精度的加工要求。

4）刀具应具有高复合性，特别在品种多、数量少的加工情况下，不致使刀具数量繁多而难以管理。目前国内外已设计出适合加工中心的车、镗模块化组合工具系统（图 6-79、图 6-80）。

5）刀具在加工中的磨损、破损情况应有在线监测、预报及补偿系统。这样，在自动化加工中，可主动掌握刀具工作状态和对产品质量进行控制，避免产生废品和发生突发事故。

6）刀具应符合标准化、系列化和通用化的要求，尽可能减少刀具、辅助工具的数量，以便管理。

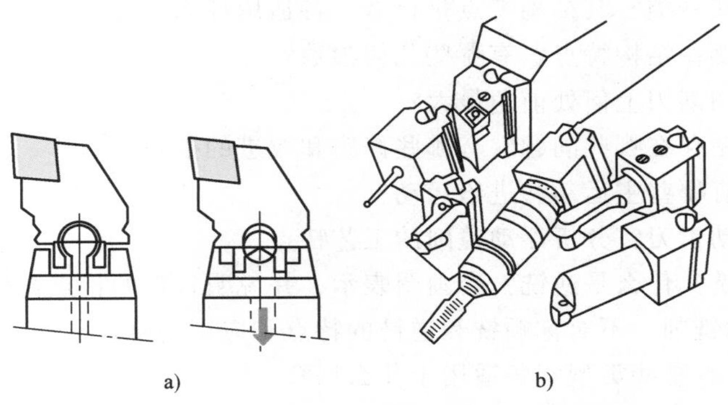

图 6-79　车削加工中心用模块化快换刀具结构

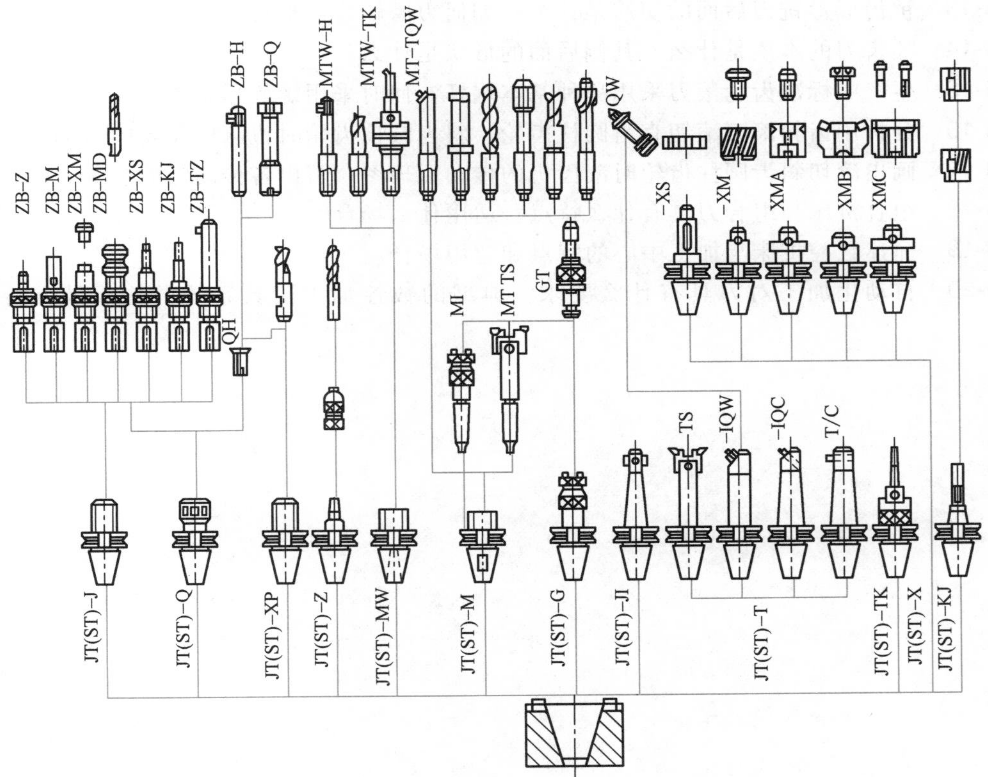

图 6-80　镗铣床工具系统

习题与思考题

6-1　拉削有什么工艺特点？拉床有哪些种类？各适用什么场合？

6-2　拉刀的构造是什么样的？各部分有什么功能和要求？

6-3　钻床有哪些种类？其结构特点是什么？各适用什么场合？

6-4　麻花钻有哪些结构特点？有哪些几何参数？

6-5　麻花钻主切削刃上何处前角最大？

6-6　标准麻花钻存在哪些问题？有哪些修磨和改进的措施？

6-7　卧式镗床有哪些主运动和进给运动？

6-8　什么是浮动镗刀？分析浮动镗削的工艺特点。

6-9　什么是顺铣？什么是逆铣？会画图表示，并说明各自的特点与适用场合。

6-10　了解对称铣削、不对称顺铣和逆铣的特点和应用场合。

6-11　铣床主要有哪些类型？各适用于什么场合？

6-12　分析在卧式铣床上用盘形铣刀铣削直齿圆柱齿轮时机床所需要的运动。这种加工方法主要用于什么场合？

6-13　铲齿成形铣刀后面的实质是什么？如何刃磨铲齿成形铣刀？

6-14　插齿刀的本质是什么？其侧后面的形状是什么？

6-15　生产中标准齿轮滚刀采用哪种基本蜗杆？何时采用螺旋形容屑槽？

6-16　分析用齿轮滚刀滚切直齿圆柱齿轮、斜齿圆柱齿轮时机床所需要的运动。

6-17　画出滚切斜齿圆柱齿轮时滚齿机的传动原理图，写出各传动链的名称。

6-18　组合机床与组合刀具有什么特点？适用什么场合？

6-19　简述数控机床与加工中心的特点和应用场合。

6-20　自动化加工对刀具有什么要求？典型的数控加工工具系统的构成及其特点有哪些？

第7章

磨削加工与磨削工具

7.1 磨削加工

磨削是用于零件精加工和超精加工的切削加工方法。在磨床上应用各种类型的磨具，可以完成内外圆柱面、平面、螺旋面、花键、齿轮、导轨和成形面等各种表面的精加工。它除了能磨削普通材料外，尤其适用于一般刀具难以切削的高硬度材料，如淬火钢、硬质合金和各种宝石等。磨削加工公差等级可达IT6~IT4，表面粗糙度可达 $Ra1.25 \sim 0.02\mu m$。但磨削加工不适合于磨削铝、铜等非铁金属材料和较软的材料。

7.1.1 磨削工艺特点与应用

1. 磨削工艺特点

磨削过程比金属切削刀具的切削过程要复杂得多。磨削主要靠磨粒来完成磨削运动，磨粒的硬度很高，就像一把尖刀，起着刀具的作用。砂轮在磨削工件时，磨粒在砂轮表面上的分布是不一致的。在砂轮高速旋转时，其表面上无数的磨粒，就如同多刃刀具，将工件上一层薄薄的金属切除，从而形成光洁的加工表面。因此，磨削加工容易得到高的加工精度和好的表面质量。磨削工艺加工特点如下：

（1）磨削精度高，表面粗糙度值小　砂轮表面分布着很多磨粒，有很多切削刃。砂轮高速旋转时，起切削作用的每一个磨粒都从工件表面去除一层极薄的金属。因此，工件表面残留面积小，磨削后精度高，表面粗糙度值低。由于磨削加工余量小，背吃刀量小，因此磨削力也较小，这不仅减少了工件在切削力作用下产生的变形，而且使夹紧力减小，从而减少了工件的夹紧变形，因此，磨削后能得到较高的精度。此外，磨床是一种精密机床，其刚度性和稳定性都较好，并具有获得极小背吃刀量的微量进给机构，这也保证了精密加工的实现。

（2）磨削是加工淬火钢等特硬材料的基本方法　由于淬火后工件硬度提高，用一般的切削刀具进行切削已无能为力，但砂轮中磨粒的硬度很高，热稳定性好，因此，磨削能够对淬火钢等特硬材料进行加工。

（3）砂轮有“自锐”作用　磨削过程中，磨粒在高速、高压和高温的作用下，将逐渐磨损变得圆钝。圆钝的磨粒切削能力下降，因而作用在磨粒上的力将不断增大。当此力超过

磨粒强度极限时，磨粒就会破碎而产生新的、较为锋利的棱角，代替旧的圆钝磨粒进行磨削；若此力超过砂轮结合剂的黏结强度时，圆钝的磨粒就会从砂轮表面脱落，露出一层新鲜锋利的磨粒，继续进行磨削。砂轮这种自行保持其自身锋锐的性能，称为“自锐性”。由于砂轮的自锐性，使得磨粒都能以较为锋利的刃口对工件进行磨削，这有利于保证磨削质量，也为强力连续磨削提供了理论依据。磨粒在砂轮上的分布是随机的，同时参与磨削的磨粒数目较多，磨痕轨迹纵横交错，磨出的工件表面粗糙度值较小，表面光滑。

（4）砂轮的磨削速度和线速度高　磨削时，砂轮线速度为 $v_{砂}=30\sim50\text{m/s}$，目前高速磨削发展很快，$v_{砂}=80\sim125\text{m/s}$。磨粒大多为负前角，磨削时砂轮参与切削的磨粒多，切除金属过程中消耗的摩擦功大，再加上磨屑细薄，切除单位体积金属所消耗的能量要比车削大得多。因此，单位时间内切除金属的量大，径向切削力较大，会引起机床工作系统发生弹性变形和振动。

（5）磨削温度高　磨削时切削速度很高，加上磨粒多为负前角切削，挤压和摩擦较为严重，消耗功率大，产生的切削热较多。又因为砂轮本身的传热性很差，大量的磨削热在短时间内传散不出去，在磨削区形成瞬时高温，有时高达 800～1000℃。这样高的温度，容易使工件表面产生烧伤，金相组织发生变化，表面硬度降低，对于导热性差的材料，还容易在工件表面产生细微裂纹，使表面质量下降。

2. 影响磨削加工表面粗糙度的因素

影响磨削表面粗糙度的因素很多，主要有：

（1）磨削用量的影响

1）砂轮速度。随着砂轮线速度的增加，在同一时间里参与切削的磨粒数也增加，每颗磨粒切去的金属厚度减小，残留面积也减小，而且高速磨削可减少材料的塑性变形，减小表面粗糙度值。

2）工件速度。在其他磨削条件不变的情况下，随着工件线速度的降低，每颗磨粒每次接触工件时切去的切削厚度减小，残留面积也减小，因而表面粗糙度值小。但必须指出，工件线速度过低时，工件与砂轮接触的时间长，传到工件上的热量增多，甚至会造成工件表面金属微熔，反而增大表面粗糙度值，而且还增加了表面烧伤的可能性。因此，通常取工件线速度等于砂轮线速度的 1/60 左右。

3）磨削深度和光磨次数。磨削深度增加，则磨削力和磨削温度都增加，磨削表面塑性变形程度增大，从而增大表面粗糙度值。为了既提高磨削效率，又能获得较小的表面粗糙度值，一般开始采用较大的磨削深度，然后采用较小的磨削深度，最后进行无进给磨削，即光磨。光磨次数增加，可减小表面粗糙度值。

（2）砂轮的影响

1）砂轮粒度。粒度越细，则砂轮单位面积上的磨粒越多，每颗磨粒切去的金属厚度越小，刻痕也细，表面粗糙度值就越小。但粒度过细切屑容易堵塞砂轮，使工件表面温度升高，塑性变形加大，表面粗糙度值反而会增大，同时还容易引起烧伤，所以常用的砂轮粒度在 F80 以内。

2）砂轮的硬度。砂轮太软，则磨粒易脱落，有利于保持砂轮的锋利，但很难保证砂轮的等高性。砂轮如果太硬，磨损的磨粒也不易脱落，这些磨损了的磨粒会加剧与工件表面的挤压和摩擦作用，造成工件表面温度升高，塑性变形加大，还容易使工件产生表面烧伤。所以砂轮的硬度以适中为好，主要根据工件的材料和硬度进行选择。

3）砂轮的修整。砂轮使用一段时间后就必须进行修整，及时修整砂轮有利于获得锋利和等高的微刃，同时还能大大增加切削刃数，这些均有利于降低被磨工件的表面粗糙度值。

4）砂轮材料。砂轮材料即指磨料，它可分为氧化物类（刚玉）、碳化物类（碳化硅、碳化硼）和高硬磨料类（人造金刚石、立方氮化硼）。钢类零件用刚玉砂轮磨削可得到满意的表面粗糙度；铸铁、硬质合金等工件材料用碳化物砂轮磨削时表面粗糙度值较小；用金刚石砂轮磨削可得到极小的表面粗糙度值，但加工成本也比较高。

（3）被加工材料的影响 工件材料的性质对磨削的表面粗糙度影响也较大，太硬、太软、太韧的材料都不容易磨光，这是因为材料太硬时，磨粒很快钝化，从而失去切削能力；材料太软时砂轮又很容易被堵塞；而韧性太大且导热性差的材料又容易使磨粒早期崩落，这些都不利于获得较小的表面粗糙度值。表 7-1 是一般磨削时表面粗糙度值 Ra 为 0.8~1.2μm 的工艺参数，供参考。

表 7-1　磨削工艺参数

工艺参数	外圆磨削	内圆磨削	平面磨削
砂轮粒度	F46~F60	F46~F80	F36~F60
修整工具	单颗金刚石，金刚石片状修整器		
砂轮圆周速度/(m/s)	≈35	20~30	20~35
修整时工作台速度/(mm/min)	400~600	100~200	300~500
修整时磨削深度/mm	0.01~0.02	0.005~0.01	0.01~0.02
修整光磨次数(单行程)	—	2	—
工件线速度/(m/min)	20~30	20~50	—
磨削时纵向进给速度/(m/min)	1.2~3.0	2~3	17~30
磨削深度/mm	0.02~0.05(横向)	0.005~0.01(横向)	0.005~0.02(纵向)
光磨次数(单行程)	1~2	2~4	1~2

3. 磨削应用

磨削是机械制造中最常用的加工方法之一。它的应用范围很广，可以磨削难以切削的各种高硬、超硬材料；可以磨削各种表面；可用于荒加工（磨削钢坯、割浇冒口等）、粗加工、精加工和超精加工。

磨削加工更适于工件的精加工，可用于加工淬火钢、工具钢以及硬质合金等硬度很高的材料，也可用砂轮磨削带有不均匀铸、锻硬皮的工件。但它不适宜加工塑性较大的非铁金属材料（例如铜、铝及其合金），因为这类材料在磨削过程中容易堵塞砂轮，使其失去切削作用。磨削加工既广泛用于单件小批生产，也广泛用于大批量生产。

随着磨削技术的发展，近年来出现了高效磨削工艺，例如，高速磨削（v>50m/s）、宽砂轮磨削、多砂轮磨削、深切缓进给磨削（磨削深度 10mm 左右，最高可达 30mm，进给速度相当于普通磨削的 1/100~1/10）和利用沾满磨粒的环形布（砂带）作为切削工具的砂带磨削等。

高精度磨削和高光洁表面磨削是近年来在生产中发展起来的先进制造技术，其要点为：精细修整砂轮，提高磨粒的微刃性和微刃的等高性；砂轮主轴的回转误差应小于 1μm，磨床带有砂轮微量进给机构；切削液需经精细过滤。如上述加工条件控制得好，可以获得表面粗糙度值很小（$Ra<0.16\mu m$）的光洁表面，同时还可以获得几何精度很高的精确表面（圆度误差$<0.5\mu m$）。

7.1.2 磨削加工方法分类

1. 外圆磨削

（1）纵向进给磨削　图 7-1 所示为纵向进给磨削外圆。图中，砂轮旋转 n_c 是主运动，工件除了旋转（圆周进给运动 n_w）外，还和工作台一起做纵向往复运动（纵向进给运动 f_a），工件每往复一次（或每单行程），砂轮向工件做横向进给运动 f_r，磨削余量在多次往复行程中磨去。在磨削的最后阶段，要做几次无横向进给的光磨行程，以消除由于径向磨削力的作用在机床加工系统中产生的弹性变形，直到磨削火花消失为止。

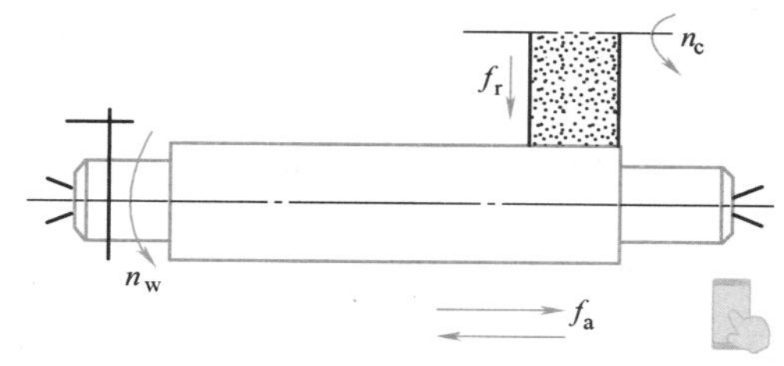

图 7-1　纵向进给磨削外圆

纵向进给磨削外圆时，因磨削深度小，所以磨削力小，散热条件好，磨削精度较高，表面粗糙度值较小；但由于工作行程次数多，生产率较低。它适于在单件小批生产中磨削较长的外圆表面。

（2）横向进给磨削（切入磨削）　图 7-2 所示为横向进给磨削外圆。砂轮旋转 n_c 是主运动，工件做圆周进给运动 n_w，砂轮相对工件做连续或断续的横向进给运动 f_r，直到磨去全部余量。横向进给磨削的生产率高，但加工精度低，工件表面与砂轮接触面积大，磨削力大，发热量多，磨削温度高，工件易发生变形和烧伤。它适于在大批量生产中加工刚性较好的外圆表面，如将砂轮修整成一定形状，还可以磨削成形表面。

在端面外圆磨床上，倾斜安装的砂轮做斜向进给运动 f，在一次安装中可将工件的端面和外圆同时磨出，生产率高。此种磨削方法适于在大批量生产中磨削轴颈对相邻轴肩有垂直度要求的轴、套类工件，如图 7-3 所示。

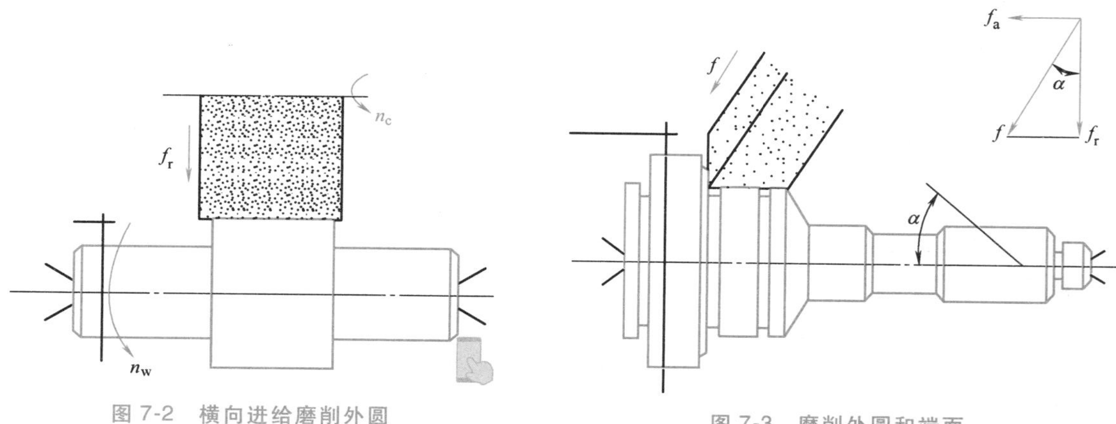

图 7-2　横向进给磨削外圆

图 7-3　磨削外圆和端面

（3）快速点磨　用快速点磨的方法磨削外圆时，砂轮轴线与工件轴线之间有一个微小

倾斜角 α（α=±0.5°）。砂轮与工件以点接触进行磨削，砂轮对工件的磨削加工类似于一个微小的刀尖对工件进行加工。用传统磨削方法磨削外圆时，砂轮与工件为线接触。两种磨削方法的比较如图 7-4 所示。为便于控制快速点磨的加工精度，砂轮端面与工件外圆的接触点需与工件轴线等高，砂轮在数控装置的控制下进行精确进给。

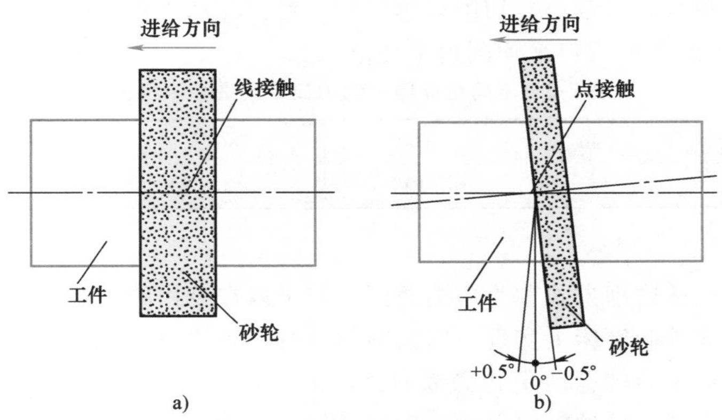

图 7-4　快速点磨法与传统磨削方法比较

a）传统磨削方法　b）快速点磨法

快速点磨法采用 CBN（立方氮化硼）或金刚石砂轮进行高速磨削，磨削速度高达 100~160m/s。

快速点磨法与传统的磨削方法相比较，砂轮与工件接触面积小，磨削速度高，磨削过程中产生的磨削力小，磨削热少，加工质量好，生产率高，砂轮寿命长。在汽车制造业中，发动机中的曲轴和凸轮轴、变速器中的齿轮轴和传动轴等均可采用快速点磨工艺进行磨削加工。

（4）外圆磨削尺寸的控制　磨削的主要特点之一是砂轮具有自锐作用，当磨粒的锋刃磨钝后，作用在磨粒上的力增大，使磨粒被压碎，形成新的锋刃，或者整颗磨粒脱落露出新的磨粒锋刃来工作。砂轮的自锐作用可以使磨粒始终保持锋利状态，但它会使砂轮的径向磨损速度加剧，因此在磨削外圆时，一般不能用预先确定砂轮径向进给量来保证工件的直径尺寸。为保证外圆磨削的尺寸精度，需要根据工件在磨削过程中的实际尺寸变化来控制砂轮的径向进给量。在大批量生产中，通常采用在磨削过程中对工件进行主动测量的方法来控制工件尺寸，如图 7-5 所示。

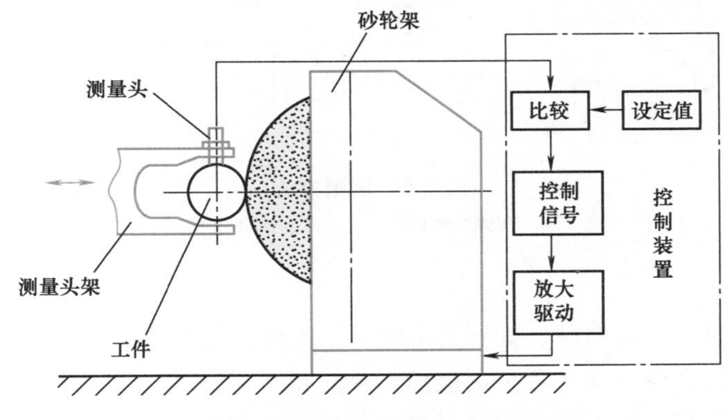

图 7-5　外圆磨削尺寸的自动控制装置

图 7-5 所示为外圆磨削尺寸的自动控制装置。磨削时测量头架移向工件，电感式测量头在加工过程中对工件的尺寸进行实时测量，测量结果以电信号的形式输出至控制装置，控制装置根据接收到的测量电信号及预先设定的程序，控制砂轮架横向进给量，实现粗磨—精磨—光磨循环。

磨粒的刃口圆角半径 r_n 越小，切削刃越锋利，磨粒能从工件表面上切除的切屑越薄。表 7-2 列出了不同粒度磨粒的刃口平均圆角半径值 r_{ncp}。

表 7-2 不同粒度磨粒的刃口平均圆角半径值

粒度	F46	F60	F80	F240	F360
r_{ncp}/μm	28	19	13	3.05	2.7

2. 内圆磨削

用砂轮磨削内孔的磨削方式称为内圆磨削。它可以在专用的内圆磨床上进行，也能够在具备内圆磨头的万能外圆磨床上实现。内圆磨削可分为纵磨法磨削和横磨法磨削两种方式。纵磨法磨削是砂轮边做旋转运动 n_c 边做纵向进给运动 f_a 以及径向进给运动 f_r；横磨法磨削是砂轮的宽度超过要磨削工件的轴向尺寸，砂轮做旋转运动 n_c 和径向进给运动 f_r，一次磨削完成，生产率高，砂轮调整耗时较多。如图 7-6 所示，主运动是砂轮高速旋转运动 n_c，进给运动包括三个：工件旋转运动 n_w，砂轮或者工件沿工件轴线做往复纵向运动 f_a，砂轮做径向进给运动 f_r。

与外圆磨削相比，内圆磨削所用砂轮轴的直径都比较小。为了获得所要求的砂轮线速度，就必须提高砂轮主轴的速度，故磨削过程中容易发生振动，影响工件的表面质量。此外，由于内圆磨削时砂轮与工件的接触面积大，发热量集中，冷却条件差以及工件热变形大，特别是砂轮主轴刚性差，易弯曲变形，所以，内圆磨床不如外圆磨床的加工精度高。在实际生产中，常用减少横向进给量、增加光磨次数等措施来提高内孔的加工质量。

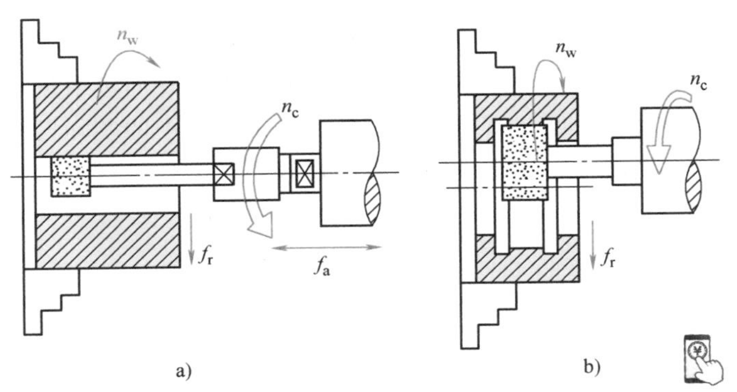

图 7-6 磨削方法

a）纵磨法磨内孔 b）横磨法磨内孔

3. 平面磨削

常见的平面磨削方式有四种，如图 7-7 所示。工件安装在具有电磁吸盘的矩形或者圆形工作台上做纵向往复直线运动或者圆周进给运动，用砂轮的周边或端面进给磨削。用砂轮周边磨削时，由于砂轮宽度的限制，需要沿砂轮轴线方向做横向进给运动 f_a。为了逐步地切除全部余量并获得所要求的工件尺寸，砂轮还需周期地沿垂直于工作台的方向做进给运动f_r。

图 7-7a、c 属于圆周磨削。这种磨削砂轮与工件接触面积小，磨削力小，排屑及冷却条件好，工件受热变形小，且砂轮磨损均匀，所以，加工精度较高。但是，砂轮主轴呈悬臂状态，刚性差，不能采用较大的磨削用量，生产率较低。

图 7-7b、d 属于端面磨削，砂轮与工件接触面积大，同时参与磨削的磨粒多。另外，磨床工作时主轴受压力，刚性较好，允许采用较大的磨削量，故生产率高。但是，磨削过程中，磨削力大，发热量大，冷却条件差，排屑不畅，造成工件的热变形较大，且砂轮端面沿径向各点的线速度不等，使砂轮磨损不均匀，所以这种磨削方法的加工精度不高。

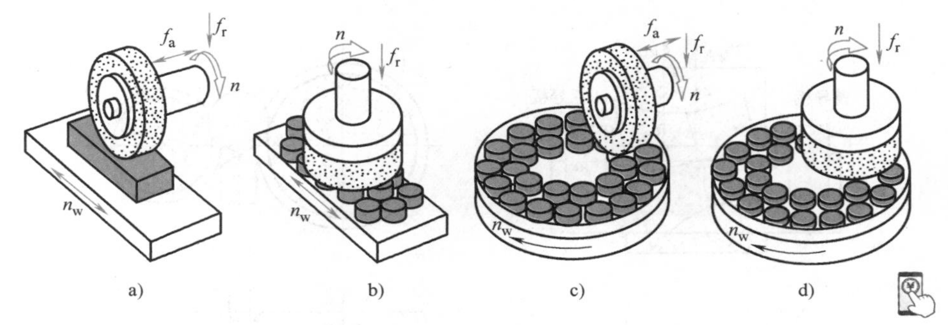

图 7-7 平面磨削方式

a）卧轴矩台平面磨床磨削 b）立轴矩台平面磨床磨削

c）卧轴圆台平面磨床磨削 d）立轴圆台平面磨床磨削

砂轮端面磨削与圆周磨削相比较，由于端面磨削的砂轮直径往往比较大，能一次磨出工件的全宽，磨削面积较大，所以生产率较高，但端面磨削时砂轮和工件表面呈弧形线或面接触，接触面积大，冷却困难，切屑不易排除，所以，加工精度较低，表面质量较差；而用砂轮圆周磨削，由于砂轮和工件接触面积小，发热量少，冷却和排屑条件好，可获得较高的加工精度和表面质量。圆台式磨削与矩台式磨削相比，圆台式的生产率较高，这是由于圆台式是连续进给，而矩台式有换向时间损失。圆台式适合磨削小零件和大直径的环形零件端面，而矩台式可磨削各种零件，包括直径小于矩台宽度的环形零件。

4. 无心磨削

（1）无心外圆磨削 图 7-8 所示为无心外圆磨削的加工原理。磨削时，工件放在砂轮与导轮之间的托板上，不用中心孔支承，故称为无心磨削。导轮是用摩擦因数较大的橡胶结合剂制作的磨粒较粗的砂轮，其圆周速度一般为砂轮的 1/80～1/70（15～50m/min），靠摩擦力带动工件旋转。无心磨削时，砂轮和工件的轴线总是水平放置的，而导轮的轴线通常要在垂直平面内倾斜一个角度 α（$\alpha=2°\sim6°$），其目的是使工件获得一定的轴向进给速度$v_{水平}$，图中$v_{导}=v_{垂直}+v_{水平}$，$v_{导}$是导轮与被磨工件接触点的线速度，$v_{垂直}$是导轮带动工件的分速度，$v_{水平}$是导轮带动工件沿磨削砂轮轴线做进给运动的分速度。改变导轮的转速，便可以调整工件的圆周进给速度。

无心外圆磨削有两种磨削方法：贯穿磨削法和切入磨削法。贯穿磨削法如图 7-8a 所示，磨削时将工件 5 从机床前面放到导板上，推入磨削区。由于导轮 2 在垂直平面内倾斜 α 角，

导轮 2 与工件 5 接触处的线速度$v_{导}$可分解为水平和垂直两个方向的分速度$v_{水平}$和$v_{垂直}$；后者控制工件的圆周进给运动，前者使工件做纵向进给。所以工件 5 被推入磨削区后，便既做旋转运动，同时又沿轴向向前移动，穿过磨削区，从机床另一端出去而磨削完毕。磨削时，工件一个接一个地通过磨削区，加工便连续进行。为了保证导轮和工件间为直线接触，导轮的形状应修整成回转双曲面形。这种磨削方法适用于不带台阶的圆柱形工件。

切入磨削法如图 7-8b 所示，磨削时先将工件 5 放在托板 3 和导轮 2 上，然后由工件 5（连同导轮 2）或砂轮 1 做横向进给。此时导轮 2 的中心线仅倾斜一个很微小的角度（约 30′），以便使导轮 2 对工件 5 产生一微小的轴向推力，将工件 5 靠向挡块 4，保证工件有可靠的轴向定位。这种方法适用于磨削不能纵向通过的阶梯轴和有成形回转表面的工件。

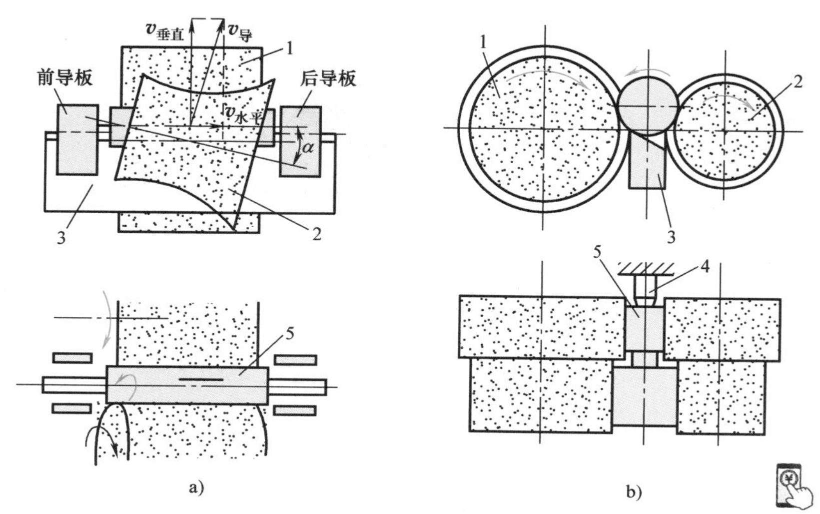

图 7-8　无心外圆磨削的加工原理

a）贯穿磨削法　b）切入磨削法

1—磨削砂轮　2—导轮　3—托板　4—挡块　5—工件

无心磨削的生产率高，容易实现工艺过程的自动化；但所能加工的零件具有一定的局限性，不能磨削带长键槽和平面的圆柱表面，也不能用于磨削同轴度要求较高的阶梯轴外圆表面。

由于无心外圆磨床调整费时，因此只适于大批量生产。

（2）无心内圆磨削　无心内圆磨削原理如图 7-9 所示。磨削时，工件支承在滚轮 1 和导轮 4 上，压紧轮 2 使工件靠紧导轮，工件由导轮带动旋转，实现圆周进给运动 n_w。砂轮除了完成主运动外，还做纵向进给运动 f_a和周期性横向进给运动 f_r。加工结束时，压紧轮沿箭头方向 A 摆开，以便装卸工件，无心内圆磨削适合于大批量加工薄壁零件，如轴承套圈等。

7.2　磨削工具

7.2.1　普通磨具

1. 普通磨具的类型

普通磨具是指用普通磨料制成的磨具，如刚玉系磨料、碳化硅系磨料制成的磨具。普通磨具按照磨料的结合形式可分为固结磨具、涂附磨具和研磨膏。根据不同的使用方式，固结磨具可制成砂轮、磨石、砂瓦、磨头和抛磨块等；涂附磨具可制成砂布、砂纸和砂带等。在磨削加工中用得最多的是砂轮。

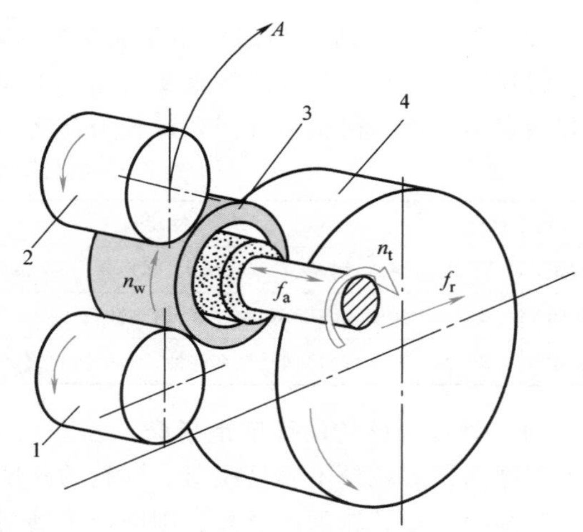

图 7-9　无心内圆磨削原理

1—滚轮　2—压紧轮　3—工件　4—导轮

2. 砂轮的特性及选择

普通砂轮是用结合剂把磨粒黏结起来，经压坯、干燥、焙烧及车整制成。砂轮的特性取决于磨料、粒度、结合剂、硬度、组织及形状等。

（1）磨料　磨料是砂轮的主要成分，用作砂轮的磨料，应该具有很高的硬度、适当的强度和韧性，以及高温下稳定的物理、化学性能。目前工业上使用的几乎均为人工磨料，普通砂轮常用的磨料有氧化物系和碳化物系两类。普通砂轮磨料的特性及适用范围参见表 7-3。

（2）粒度　粒度表示磨料颗粒的尺寸大小。当磨粒尺寸较大时，用筛选法分级，以其能通过的筛网上每英寸长度上的孔数来表示粒度号，如 F60 表示磨粒刚能通过每英寸 60 个孔眼的筛网。粒度号越大，磨粒越细。公称尺寸小于 5μm 的磨粒称为微粉，用光电沉降仪法分级。微粉的粒度号为 F230～F1200，F 后的数字越大，微粉越细。常用磨粒的粒度及适用范围参见表 7-4。

粗磨加工选用颗粒较粗的砂轮，以提高生产率；精磨加工选用颗粒较细的砂轮，以减小表面粗糙度值。砂轮与工件接触面积较大时，选用颗粒较粗的砂轮，防止烧伤工件。

表 7-3　普通砂轮磨料的特性及适用范围

系列	磨料名称	代号	显微硬度 HV	特性	适用范围
氧化物系	棕刚玉	A	2200～2800	棕褐色，硬度高，韧性大，价格便宜	碳钢、合金钢、铸铁
	白刚玉	WA	2200～2300	白色，硬度比棕刚玉高，韧性较棕刚玉低	淬火钢、高速钢
碳化物系	黑碳化硅	C	2840～3320	黑色，有光泽，硬度比白刚玉高，性脆而锋利	铸铁、黄铜、非金属材料
	绿碳化硅	GC	3280～3400	绿色，硬度和脆性比黑碳化硅高，导热、导电性高	硬质合金、玉石、玻璃

表 7-4　常用磨粒的粒度及适用范围

类别	粒度号	应用范围	类别	粒度号	应用范围
磨粒	F4，F5，F6，F7，F8，F10，F12，F14，F16，F20，F22，F24	荒磨，打磨毛刺	微粉	F230，F240，F280，F320，F360	珩磨，研磨
	F30，F36，F40，F46，F54，F60，F70，F80，F90，F100	粗磨，半精磨，精磨		F400，F500，F600，F800，F1000，F1200	研磨，超精磨，镜面磨
	F120，F150，F180，F220	精磨，珩磨			

（3）结合剂　结合剂的作用是将磨粒黏结在一起，形成具有一定形状和强度的砂轮。砂轮的强度、耐热性和寿命等重要指标，很大程度上取决于结合剂的特性。常用的结合剂种类有陶瓷结合剂、树脂结合剂和橡胶结合剂。它的性能及适用范围参见表 7-5。

表 7-5　结合剂的性能及适用范围

结合剂	代号	性能	适用范围
陶瓷	V	耐热，耐腐蚀，气孔率大，弹性差，易保持轮廓形状	最常用，适用于各类磨削加工
树脂	B	强度较陶瓷高，弹性好，耐热性差	适用于高速磨削、切断、开槽等
橡胶	R	强度较树脂好，更富弹性，耐热性差，气孔率小	适用于切断、开槽及无心磨削的导轮

（4）硬度　砂轮的硬度是指磨粒在磨削力作用下，从砂轮表面上脱落的难易程度。砂轮硬度越高，磨粒越不容易脱落。砂轮的硬度分七个等级，其名称及代号参见表 7-6。

磨削时，如砂轮硬度过高，则磨钝了的磨粒不能及时脱落，会使磨削温度升高而造成工件烧伤；若砂轮太软，则磨粒脱落过快，不能充分发挥磨粒的磨削效能，也不易保持砂轮的外形。砂轮硬度的选择原则归纳如下：

1）工件材料硬度较高时，应选用较软的砂轮；工件材料硬度较低时，应选用较硬的砂轮；但是对非铁金属材料等很软的材料，一般不采用磨削，而是采用金刚车等方法加工。

2）砂轮与工件接触面较大时，应选用较软砂轮。磨薄壁件及导热性差的工件，也应选用较软的砂轮。

3）精磨和成形磨时，应选用较硬的砂轮。

4）砂轮粒度号大时，应选用较软的砂轮。

常用的砂轮硬度等级一般为 H～N（软 2 到中 2）。

表 7-6　砂轮的硬度等级名称及代号

大级名称	超软			软			中软		中		中硬			硬		超硬
小级名称	超软			软 1	软 2	软 3	中软 1	中软 2	中 1	中 2	中硬 1	中硬 2	中硬 3	硬 1	硬 2	超硬
代号	D	E	F	G	H	J	K	L	M	N	P	Q	R	S	T	Y

（5）组织　砂轮的组织是指磨粒、结合剂和气孔三者之间的比例关系。磨粒在砂轮体积中所占的比例越大，则组织越紧密。砂轮的组织号及适用范围参见表 7-7。

表 7-7　砂轮的组织号及适用范围

组织号	0	1	2	3	4	5	6	7	8	9	10	11	12	13	14
磨粒在砂轮体积中的占比（%）	62	60	58	56	54	52	50	48	46	44	42	40	38	36	34
疏密程度	紧密				中等				疏松				大气孔		
适用范围	重负荷，成形磨削、精磨磨削、间断磨削及自由磨削				内、外圆磨削，无心磨削及工具磨削，淬火钢工件				粗磨、平面磨，磨削韧性大、硬度低的工件及细长类工件				非铁金属材料、橡胶、塑料等		

（6）砂轮的形状及标识　常用砂轮的形状、代号及主要用途参见表 7-8。

表 7-8 常用砂轮的形状、代号及主要用途

砂轮名称	代号	断面形状	主要用途
平形砂轮	1		用于外圆磨、内圆磨、平面磨、无心磨、工具磨、螺纹磨和砂轮机
双斜边一号砂轮	4		主要用于磨齿面和螺纹面
薄片砂轮	41		用于切断和开槽
杯形砂轮	6		用断面刃磨刀具,用圆周面磨平面及内孔
碗形砂轮	11		通常用于刃磨刀具,也可用于磨机床导轨
碟形一号砂轮	12a		适于磨铣刀、铰刀和拉刀等,也可用于磨齿面

在砂轮的端面上一般都印有标记，用以表示砂轮的特性。例如“1-300×30×75-A60L5V-35m/s”中，“1”表示该砂轮为平形砂轮，“300”为砂轮的外径（mm），“30”为砂轮的厚度（mm），“75”为砂轮内径（mm），“A”表示磨料为棕刚玉，“60”为砂轮的粒度号，“L”表示砂轮的硬度为中软，“5”为砂轮的组织号，“V”表示砂轮的结合剂为陶瓷，“35m/s”是砂轮允许的最高圆周速度。

7.2.2 超硬砂轮

超硬砂轮采用人造金刚石或立方氮化硼作为磨料，其特性及适用范围见表 7-9。超硬磨料的常用粒度号及其适用范围见表 7-10。

表 7-9 砂轮磨料的特性及适用范围

磨料名称	代号	显微硬度 HV	特性	适用范围
人造金刚石	RVD SCD MBD	6000~10000	无色透明或淡黄色、黑色;硬度高,比天然金刚石脆	磨削硬质合金、宝石、光学玻璃、半导体等材料
立方氮化硼	CBN	6000~8500	黑色或淡白色,立方晶体,硬度仅次于金刚石,耐磨性好	磨削高温合金、高钼、高钒以及不锈钢材料

表 7-10 超硬磨料的常用粒度号及其适用范围

粒度号	应用范围	粒度号	应用范围
F80/F100,F100/F120	粗磨	F200/F230,F230/F270 F270/F325,F325/F400	精磨、镜面磨
F120/F140,F140/F170	半精磨		
F170/F200	半精磨,精磨		

超硬砂轮除使用树脂结合剂和陶瓷结合剂外，还使用青铜和铸铁纤维等金属结合剂，其特性和适用范围见表 7-11。

超硬砂轮用浓度来表示砂轮内含有磨粒的疏密程度。浓度的高低用百分比表示，如 25%、75%、100%和 150%等，磨料在磨具中的浓度值为 100%时，其磨料密度为 0.88g/cm^3。加工石材、玻璃时，选较低浓度的金刚石砂轮；加工超硬合金、金属陶瓷等难加工材料时，选高浓度的金刚石砂轮。立方氮化硼砂轮只用于加工金属材料，应选用较高浓度的砂轮。成形磨削和镜面磨削选用高浓度砂轮。

表 7-11　超硬砂轮金属结合剂的特性及其适用范围

结合剂	性　能	适用范围
青铜	结合强度较高，型面保持性好，磨耗少，自锐性差，不宜用于结合细粒度磨料	制作金刚石磨具，用于磨削玻璃、石材和半导体等材料 制作立方氮化硼磨具，用于珩磨各种合金材料
铸铁纤维	对金刚石颗粒把持力大，磨粒露出充分，性能优于青铜结合剂	制作金刚石磨具，用于磨削工程陶瓷、玻璃和石材等材料

7.3　磨削机理

7.3.1　磨削过程

1. 磨削运动

磨削时，一般有四个运动，如图 7-10 所示。

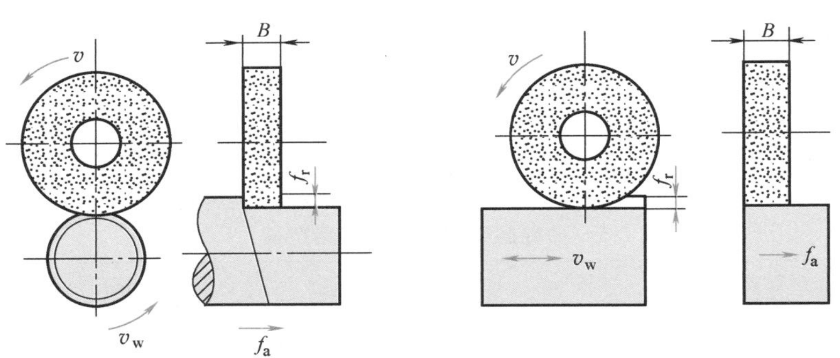

图 7-10　磨削时的运动

（1）主运动　砂轮的旋转运动称为主运动。主运动速度是砂轮外圆的线速度，即

$$v=\frac{\pi d_0 n_0}{1000}$$

式中，v 是速度（m/s）；d_0是砂轮直径（mm）；n_0是砂轮转速（r/s）。

普通磨削速度 v 为 30~35m/s；当 v>45m/s 时，为高速磨削。

（2）径向进给运动　径向进给运动是砂轮切入工件的运动。径向进给量 f_r 是指工作台每双（单）行程内工件相对于砂轮径向移动的距离，单位为 mm。当做连续进给时，单位为

mm/s。一般情况下，$f_r = 0.005 \sim 0.02$mm。

(3) 轴向进给运动　轴向进给运动即工件相对于砂轮的轴向运动。轴向进给量 f_a 是指工件每转一圈或工作台每双行程内工件相对于砂轮的轴向移动距离，单位为 mm/r 或 mm。一般情况下 $f_a = (0.2 \sim 0.8)B$，B 为砂轮宽度（mm）。

(4) 工件的圆周（或直线）进给运动　工件速度 v_w 指工件圆周进给运动的线速度，或工作台（连同工件一起）的直线进给运动速度，单位为 m/s。

2. 单磨粒磨削过程分析

磨削时砂轮表面有许多磨粒参与磨削，每个磨粒都可以看作是一把微小的刀具。磨粒的形状很不规则，其尖点的顶锥角大多为 90°~120°。磨粒上刃尖的钝圆半径 r_β 大约在几微米至几十微米之间，磨粒磨损后 r_β 值还将增大。磨粒以较大的负前角和钝圆半径对工件进行切削，如图 7-11 所示。

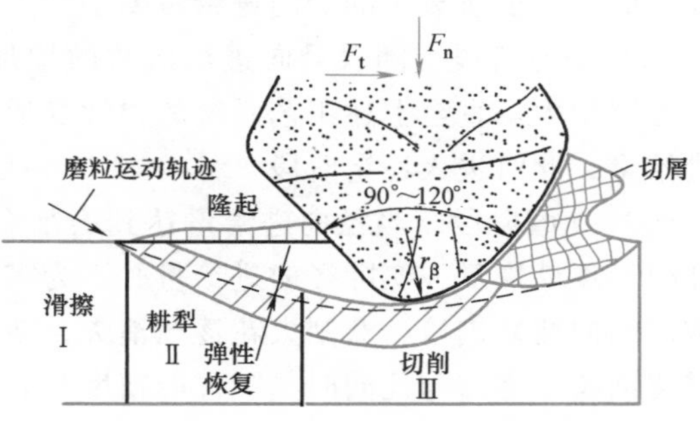

图 7-11　磨粒对工件的切削

磨粒接触工件的初期不会切下切屑，只有在磨粒的切削厚度增大到某一临界值后才开始切下切屑。单个磨粒的典型磨削过程可分为三个阶段，包括滑擦阶段、刻划阶段和切削阶段（图 7-12）。

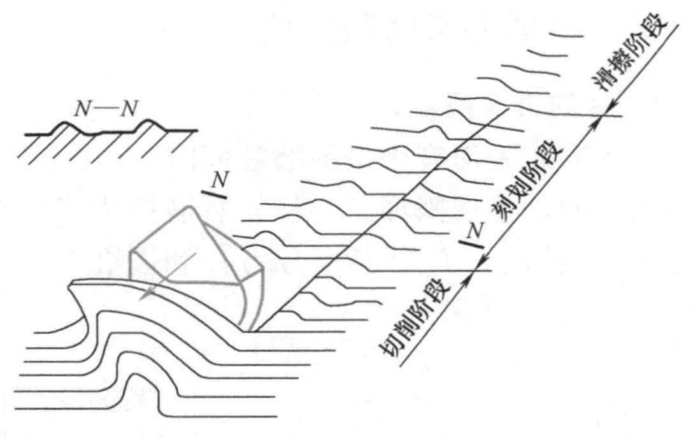

图 7-12　磨粒磨削过程的三个阶段

(1) 滑擦阶段　磨粒切削刃刚开始与工件接触时，因为切削厚度由零开始逐渐增大，磨粒具有很大的实际负前角和较大的切削刃钝圆半径，所以磨粒并未真正切削工件，只是在工件上滑擦而过，砂轮和工件接触面上只有弹性变形，这一阶段称为滑擦阶段。这一阶段的特点是磨粒与工件之间的相互作用主要是摩擦作用，由摩擦产生的热量使工件温度升高。

(2) 刻划阶段　当磨粒继续切入工件，随着切削厚度逐渐加大，磨粒作用在工件上的法向力 f_n 增大到一定值时，被磨工件表面开始产生塑性变形，磨粒逐渐切入工件表层材料中，使磨粒前方受挤压的金属向两边塑性流动，表层材料被挤向磨粒的前方和两侧，在工件表面犁耕出沟槽，而沟痕两侧微微隆起，此时磨粒和工件间的挤压摩擦加剧，热应力增强，这一阶段称为刻划阶段。这一阶段的特点是工件表面层在磨粒作用下，产生塑性变形，表层组织内产生变形强化，产生的热量大大增加。

(3) 切削阶段　随着磨粒继续向工件切入，切削厚度不断增大，当其达到某一临界值时，被磨粒挤压的金属材料产生明显的剪切滑移而形成切屑。这一阶段以切削作用为主，但由于磨粒刃口钝圆的影响，同时也伴随有表面组织的塑性变形强化。

在一个砂轮上，各个磨粒随机分布，形状和高低各不相同，其切削过程也有差异。磨削过程中产生的沟痕两侧隆起的现象对磨削表面粗糙度影响较大。随着磨削速度的增加，隆起减小，这是因为在较高磨削速度条件下，工件材料塑性变形的传播速度远小于磨削速度，磨粒侧面的材料来不及变形，所以增加磨削速度对减小隆起量是有利的。

3. 磨削阶段划分

磨削时，由于径向分力的作用，致使磨削时工艺系统在工件径向产生弹性变形，使实际磨削深度与每次的径向进给量有所差别。因此，实际磨削过程可分为三个阶段。

（1）初磨阶段　在砂轮最初的几次径向进给中，由于工艺系统的弹性变形，实际磨削深度比磨床刻度所显示的径向进给量要小。工艺系统刚性越差，此阶段越长。

（2）稳定阶段　随着径向进给次数的增加，机床、工件、夹具工艺系统的弹性变形抗力也逐渐增大。直至上述工艺系统的弹性变形抗力等于径向磨削力时，实际磨削深度等于径向进给量，此时进入稳定阶段。

（3）光磨阶段　当径向进给量达到磨削余量时，径向进给运动停止。由于工艺系统的弹性变形逐渐恢复，实际径向进给量并不为零，而是逐渐减小。因此，在无切入情况下，经过数次轴向往复进给，磨削火花逐渐消失，使实际磨削量达到磨削余量，砂轮的实际径向进给量逐渐趋于零。与此同时，工件的精度和表面质量也在这一光磨过程中逐渐提高。

因此，在开始磨削时，可采用较大的径向进给量，压缩初磨和稳定阶段，以提高生产率；适当增长光磨时间，可更好地提高工件的表面质量。

7.3.2　磨削力与磨削温度

1. 磨削力及磨削功率

由于砂轮表面有大量的磨粒同时工作，而且磨粒都有很大的负前角，因此总的磨削力仍相当大。同其他切削加工一样，总磨削力可以分解为三个分力：磨削力 F_c（磨削速度方向的分力）、背向力 F_p（径向分力）和进给力 F_f（进给方向的分力）。各种类型磨削加工的三个分力如图 7-13 所示。

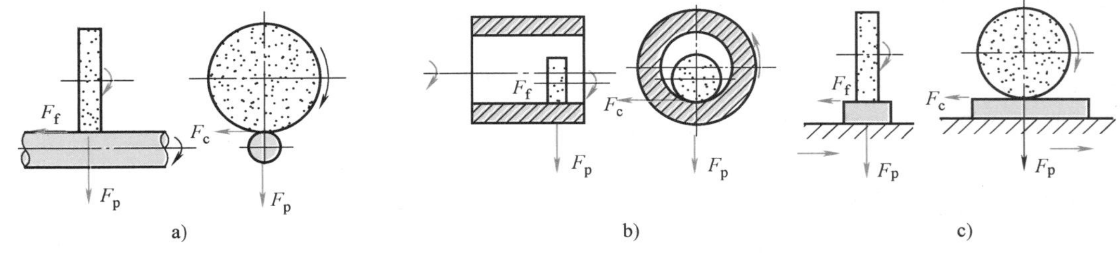

图 7-13　三个磨削分力

a）外圆磨削　b）内孔磨削　c）平面磨削

（1）磨削力的特征

1）单位磨削力 k_c 值都在 6×10^3MPa 以上。根据不同的磨削用量，k_c 值约为 $6.860\times10^3\sim19.600\times10^3$MPa，而其他切削加工的单位切削力 k_c 值均在 6.86070×10^3MPa 以下。

2）三个分力中背向力 F_p 值最大。在正常磨削条件下，F_p/F_c 的比值一般为 1.6～3.2，而且工件材料的塑性越小、硬度越大时，此比值越大，见表 7-12。在磨削深度很小和砂轮严重磨损致使磨粒刃、钝圆半径 r_n 增大时，F_p/F_c 比值可能达到 5～10，而一般刀具切削加工中 $F_p/F_c<1$。

表 7-12　磨削时 F_p/F_c 的值

工件材料	钢	淬火钢	铸铁
F_p/F_c	1.6~1.8	1.9~2.6	2.7~3.2

（2）磨削功率　由于磨削过程十分复杂，影响磨削力的因素很多，要建立理论计算公式比较困难。一般是根据试验数据分析归纳，建立磨削力的试验公式。目前比较常用的背向力 F_p 和磨削功率 P_m 的试验公式为

$$F_p = C_F Z_w^{0.7} BK$$

$$P_m = \frac{C_p}{1000} Z_w^{0.7} BK$$

式中，C_F、C_p、K 是系数，可由表 7-13 查得；B 是砂轮的宽度（mm）；Z_w 是单位砂轮宽度金属切除率。

表 7-13　C_F、C_p、K 系数值

系数 \ 磨削方法	外圆磨削		内圆磨削		平面磨削	
	切入磨	纵磨	切入磨	纵磨	周磨	端磨
C_F	1.18	1.67	1	1	1	1
C_p	2.6/3	3.9/4.2	3.2	4.3	4.1	5.2
K	1	1	1.2	1.2	1.1	1

2. 磨削温度

由于磨削时单位磨削力 k_c 比车削时大得多，切除金属体积相同时，磨削所消耗的能量远远大于车削所消耗的能量。这些能量在磨削中将迅速转变为热能，磨粒磨削点温度高达1000~1400℃，砂轮磨削区温度也有几百摄氏度。磨削温度对加工表面质量影响很大，需设法控制。影响磨削温度的因素如下：

（1）砂轮速度 v_c　提高砂轮速度 v_c，单位时间通过工件表面的磨粒数多，单颗磨粒切削厚度减小，挤压和摩擦作用加剧，单位时间内产生的热量增加，使磨削温度升高。

（2）工件速度 v_w　增大工件速度 v_w，单位时间内进入磨削区的工件材料增加，单颗磨粒的切削厚度加大，磨削力及能耗增加，磨削温度上升；但从热量传递的观点分析，提高工件速度 v_w，工件表面与砂轮的接触时间缩短，工件上受热影响区的深度较浅，可以有效防止工件表面层产生磨削烧伤和磨削裂纹。

（3）径向进给量 f_r　径向进给量 f_r 增大，单颗磨粒的切削厚度增大，产生的热量增多，使磨削温度升高。

（4）工件材料　磨削韧性大、强度高、导热性差的材料，因为消耗于金属变形和摩擦的能量大，发热多，而散热性能又差，所以磨削温度较高。磨削脆性大、强度低、导热性好的材料，磨削温度相对较低。

（5）砂轮特性　选用低硬度砂轮磨削时，砂轮自锐性好，磨粒切削刃锋利，磨削力和磨削温度都比较低。选用粗粒度砂轮磨削时，容屑大易堵塞砂轮，磨削温度比选用细粒度砂轮磨削时低。

除上述因素外，还有其他影响磨削温度的因素。为了防止和减小工件表面产生磨削烧伤

和磨削裂纹的可能性，要尽可能降低砂轮接触区的温度；从传热学观点看，减少磨削点与砂轮接触的时间，即相应减少了热量的传递。因此，在生产中常以增加 v_w 的办法来减少工件表面磨削烧伤和磨削裂纹的可能性。

7.3.3 砂轮的磨损与寿命

1. 砂轮的磨损

同其他切削刀具一样，砂轮在磨削时，磨粒经受着机械和热的作用，同样会产生磨损。砂轮虽有一定的自锐性，但在一般条件下，不可能完全自锐，因此砂轮磨损后必须及时修整，以获得良好的表面形貌和磨削性能。砂轮的磨损有三种基本形态，即磨耗磨损、破碎磨损及脱落磨损，如图 7-14 所示。

（1）磨耗磨损　磨耗磨损在与工件相接触的砂轮磨粒上形成磨损小棱面 A，在磨削过程中，由于工件硬质点的机械摩擦、高温氧化及扩散等作用，均会使磨粒切削刃产生耗损钝化。

（2）破碎磨损　在磨削过程中，磨粒经受多次反复的骤热骤冷作用，使磨粒表面形成极大的应力，沿某面 B 出现局部破碎。

（3）脱落磨损　磨削温度上升，结合剂强度相应下降。当磨削力超过结合剂强度时，整个磨粒从砂轮上脱落下来，形成脱落磨损。

砂轮磨损的结果，导致磨削性能恶化，其主要形式有钝化型、脱落型（外形失真）及堵塞型三种。

当砂轮硬度较高、修整较细、磨削载荷较轻时，易出现钝化型。这时，砂轮表面平整光滑，工件表面粗糙度值趋于降低，但金属的切除率显著下降。

当砂轮硬度较软、修整较粗、磨削载荷较重时，易出现脱落型。这时，砂轮廓形失真严重影响表面粗糙度及加工精度，一般不宜采用。

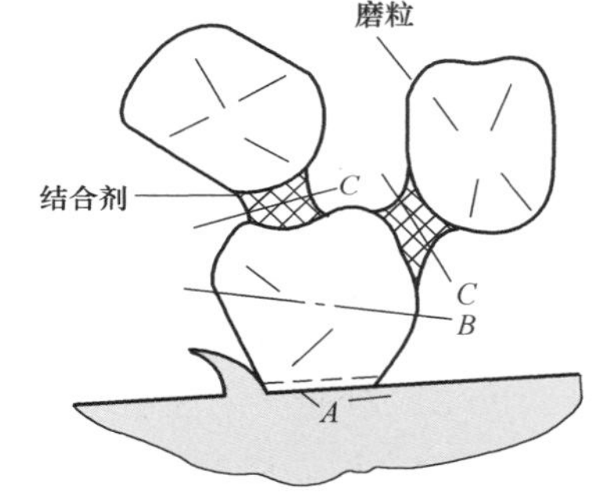

图 7-14　砂轮磨损的基本形态

A—磨粒磨耗　B—磨粒破碎　C—磨粒脱落

在磨削碳钢时，由于切屑在磨削高温下软化，嵌塞在砂轮空隙处，形成嵌入式堵塞；在磨削钛合金时，由于切屑与磨粒的亲和作用强，在高温下两者发生化学反应，使切屑熔结黏附在磨粒上，形成黏附式堵塞。砂轮堵塞后即丧失切削能力，磨削力及温度剧增，表面质量明显下降。

2. 砂轮的寿命

砂轮在两次修整期间的磨削时间，称为砂轮的寿命。砂轮寿命通常用秒来表示。砂轮的磨损限度可以根据工件表面出现振痕、烧伤、表面粗糙度值变大、加工精度下降等现象来确定。砂轮磨损达到磨损限度的主要判断数据是砂轮的径向磨损量。

减小磨削力、降低磨粒磨削点温度和砂轮接触区的温度都可以相应提高砂轮寿命。砂轮寿命的经验公式为（以外圆纵磨削为例）

$$T=\frac{6.67\times10^{-4}d_w^{0.6}}{(v_w f_r f_a)^2}K_m K_t$$

式中，T 是砂轮的寿命（s）；d_w 是工件直径（mm）；v_w 是工件运动速度（m/s）；f_a、f_r 是轴向进给量和径向进给量（mm）；K_m 是工件的修正系数，可查表 7-14 得到；K_t 是砂轮的修正系数，可查表 7-14 得到。

表 7-14 修正系数 K_m 和 K_t 值

工件材料	未淬火钢	淬火钢	铸铁
修正系数 K_m	1.0	0.9	1.1
砂轮直径/mm	400	500	700
修正系数 K_t	0.67	0.83	1.25

砂轮常用的合理寿命的参考值见表 7-15。

表 7-15 砂轮常用的合理寿命的参考值

磨削种类	外圆磨	内圆磨	平面磨	成形磨
寿命/s	1200~2400	600	1500	600

粗磨时，应保证砂轮寿命为合理值；精磨时按精度要求选择。

7.4 常用磨床种类及其功用

用磨料磨具（砂轮、砂带、磨石和研磨剂等）为工具进行切削加工的机床，统称磨床。

磨床可以加工内外圆柱面、圆锥面、平面、渐开线齿廓面、螺旋面以及各种成形面，还可以进行刃磨刀具和切断等工作，其应用范围十分广泛。

磨床主要用于零件的精加工，尤其是淬硬钢和高硬度特殊材料零件的精加工。目前也有不少用于粗加工的高效磨床。由于现代机械产品对机械零件的尺寸精度和表面质量的要求越来越高，各种高硬度材料的应用日益增多，以及精密毛坯制造工艺的发展，使很多零件可以不经其他切削加工而直接由磨削加工制成成品。因此，磨床的应用范围日益扩大，在金属切削机床中的比重也不断上升。

为了适应磨削各种形状的工件表面及生产批量的要求，磨床的种类繁多，主要类型有各类内外圆磨床、各类平面磨床、工具磨床、刀具刃磨床以及各种专门化磨床。

7.4.1 M1432B 型万能外圆磨床

1. 机床的用途、布局及运动

（1）机床的用途 万能外圆磨床的工艺范围较宽，可以磨削内外圆柱面、内外圆锥面和端面等。但其生产率较低，适用于单件小批生产。

（2）机床的布局 图 7-15 所示为万能外圆磨床的结构。在床身 1 顶面前部的纵向导轨上装有工作台 3，台面上装着头架 2 和尾座 6，床身 1 的内部用作液压油的油池。被加工工件支承在头架 2 和尾座顶尖上，或夹持在头架卡盘中，由头架 2 带动其旋转。尾座 6 可在工作台 3 上纵向移动调整位置，以适应装夹不同长度工件的需要。工作台 3 由液压传动装置驱动沿床身导轨做纵向往复运动，也可用手轮操纵调整其位置。工作台 3 由上下两层组成，上工作台可相对于下工作台在水平面内偏转一定角度，以便磨削锥度不大的外圆锥面。装有砂轮主轴及其传动装置的砂轮架 5，安装在床身 1 顶面后部的横向导轨上，利用横向进给机构可实现周期的或连续的横向进给运动以及调整位置。为了便于装卸工件和进行测量，砂轮架 5 还可以做定距离的快进快退。在砂轮架 5 上部的内圆磨削装置 4 中，装有供磨削内孔用的砂轮主

轴。砂轮架 5 和头架 2，都可绕垂直轴线转动一定角度，以便磨削锥度较大的圆锥面。

（3）机床的运动　图 7-16 所示为万能外圆磨床几种典型加工方法的示意图。可以看出，机床必须具备以下运动：外磨或内磨砂轮的旋转主运动 n_c，工件圆周进给运动 n_w，工件（工作台）往复纵向进给运动 f_a，砂轮周期或连续径向进给运动 f_r。此外，机床还有砂轮架快速进退和尾座套筒缩回两个辅助运动。

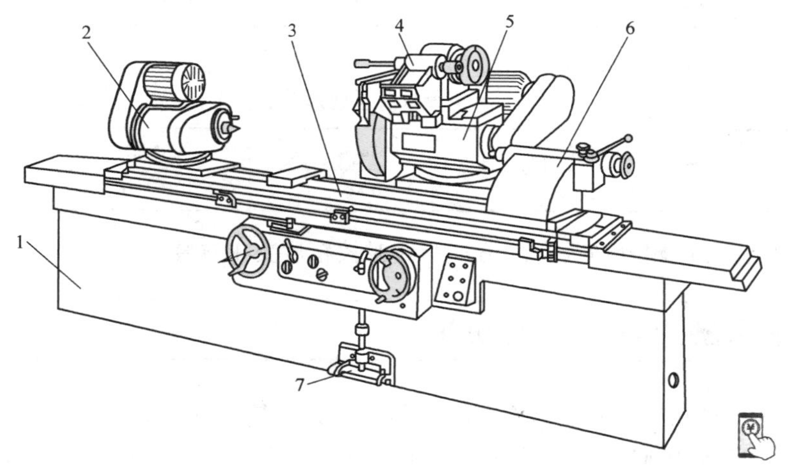

图 7-15　万能外圆磨床的结构

1—床身　2—头架　3—工作台　4—内圆磨削装置　5—砂轮架　6—尾座　7—脚踏操纵板

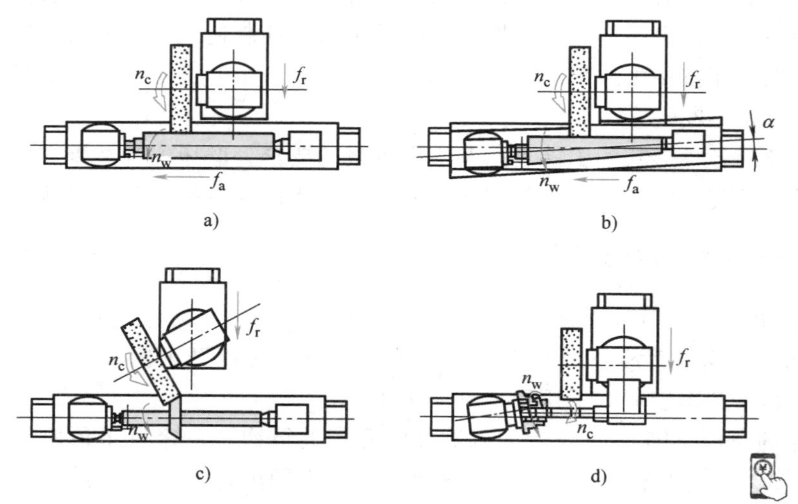

图 7-16　万能外圆磨床几种典型加工方法的示意图

a）磨外圆柱面　b）扳转工作台磨长圆锥面　c）扳转砂轮架磨短圆锥面　d）扳转头架磨内圆锥面

2. 机床的传动

图 7-17 所示为 M1432B 型万能外圆磨床的传动系统图。工作台的纵向往复运动，砂轮架的快速进退和自动周期进给以及尾座套筒的缩回均采用液压传动，其余则为机械传动。

（1）头架的传动　头架上双速电动机（0.55/1.1kW，700/1360r/min）经三级 V 带传

动，把运动传给头架的拨盘（与带轮 ϕ179mm 为一体）拨动工件做圆周进给运动。其传动路线表达式为

$$\underset{\left(\begin{array}{l}0.55/1.1\text{kW}\\700/1360\text{r/min}\end{array}\right)}{\text{头架电动机}}—\text{I}—\frac{60}{178}—\text{II}—\left\{\begin{array}{c}\dfrac{172.7}{95}\\[2mm]\dfrac{178}{142.4}\\[2mm]\dfrac{75}{173}\end{array}\right\}—\text{III}—\frac{46}{179}—\text{拨盘}—\text{工件}$$

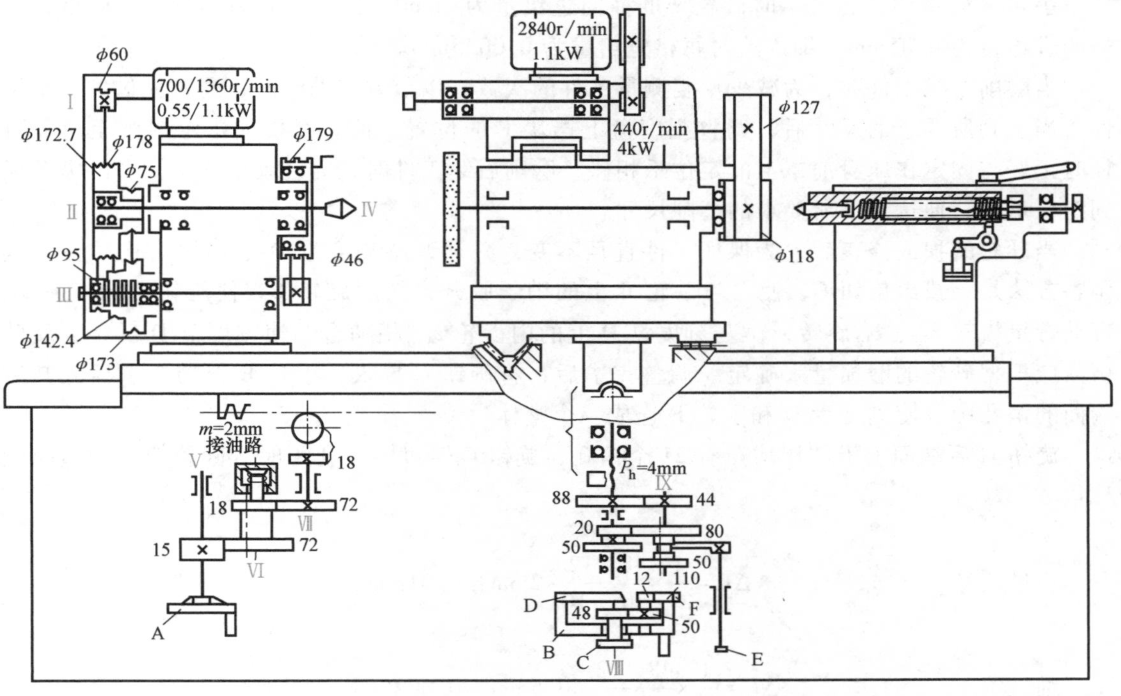

图 7-17 M1432B 型万能外圆磨床的传动系统图

双速电动机与塔轮变速相结合，可使工件获得六级不同的转速。

（2）外圆磨削砂轮的传动　砂轮架电动机（4.0kW，1440r/min）经 V 带直接传动砂轮主轴旋转。

（3）内圆磨具的传动　内圆磨具电动机（1.1kW，2840r/min）经平带直接传动内圆磨具主轴旋转。起动此电动机的条件是支架翻转到工作位置接通由电气联锁机构切断的电路。这时，砂轮架快速进退手柄在原位置自锁。

（4）工作台的传动　工作台既可液压传动，也可手动。手动是为了磨削轴肩或调整工作台的位置。手轮 A 转一转，工作台的纵向移动量 f 为

$$f=1\times\frac{15}{72}\times\frac{18}{72}\times18\times2\times\pi\text{mm}\approx6\text{mm}$$

当液压驱动工作台纵向运动时，为避免工作台带动手轮 A 转动而碰伤操作者，液压传动的自动进给阀与手轮 A 实行联锁。液压传动时，液压油推动轴Ⅵ上的双联齿轮轴向移动，使齿轮 z_{18} 与 z_{72} 脱开。因此，工作台由液压传动时，手轮 A 是不转动的。

（5）砂轮架的横向进给运动　用手转动固定在轴Ⅷ上的手轮 B，可使砂轮架做横向进给，其传动路线表达式为

$$\text{手轮 B}—\text{Ⅷ}—\begin{pmatrix}\frac{50}{50}\ (\text{粗进给})\\ \frac{20}{80}\ (\text{细进给})\end{pmatrix}—\text{Ⅸ}—\frac{44}{88}—\text{丝杠}\ (P_h=4\text{mm})\ —\text{砂轮架}$$

手轮 B 转一周，粗进给时砂轮架的横向进给量为 2mm。手轮 B 的刻度盘为 200 格，每格的进给量为 0.01mm。细进给时每格进给量为 0.0025mm。

当磨削一批工件时，为减少反复测量工件的次数，以节省辅助时间，通常先试磨一个工件，当达到所要求的尺寸后，调整刻度盘上挡块 F 的位置，使它在横向进给磨削至所需直径时正好与固定在床身前罩上的定位爪相碰。磨削后续工件时只需转动手轮 B，当挡块 F 碰到定位爪时，便达到了所要求的磨削尺寸。

当砂轮磨损或修正后，为保证工件直径不变，必须调整刻度盘 D 上挡块 F 的位置。其调整方法是：拔出旋钮 C，使它与手轮 B 上的销子脱开，然后旋转 C，使旋钮上的齿轮 z_{48} 带动行星齿轮 z_{50}、z_{12} 旋转，z_{12} 与刻度盘 D 上的内齿轮 z_{110} 相啮合，使刻度盘 D 反转，反转格数应根据砂轮的磨损量来确定。调整完毕后，将旋钮 C 推入，手轮 B 上的销子插入其后端面的销孔中，使刻度盘 D 和手轮 B 连成一个整体。

旋钮 C 后端面上沿圆周均布有 21 个销孔，旋钮 C 转过一个孔距时，砂轮架附加横向位移量 Δf_r 为

粗进给
$$\Delta f_r=\frac{1}{21}\times\frac{48}{50}\times\frac{12}{110}\times2\text{mm}\approx0.01\text{mm}$$

细进给
$$\Delta f_r=\frac{1}{21}\times\frac{48}{50}\times\frac{12}{110}\times0.5\text{mm}\approx0.0025\text{mm}$$

3. 主要部件的结构

（1）砂轮架　砂轮架由壳体、主轴及其轴承、传动装置等组成。砂轮主轴及其支承部分的结构将直接影响工件的加工精度和表面粗糙度，这是砂轮架部件的关键部分，它应保证砂轮主轴具有较高的旋转精度、刚度、抗振性和耐磨性。

图 7-18 所示为 M1432B 型万能外圆磨床的砂轮架。砂轮主轴 8 的前、后支承均采用“短四瓦”动压滑动轴承。每个轴承由均布在圆周上的四块轴瓦 5 组成，每块轴瓦由球头螺钉 4 和轴瓦支承头 7 支承。当主轴高速旋转时，在轴承与主轴轴颈之间形成四个楔形压力油膜，将主轴悬浮在轴承中心而呈纯液体摩擦状态。主轴轴颈与轴瓦之间的间隙（一般为 0.01~0.02mm）用球头螺钉 4 调整，调整好后，用通孔螺钉 3 和拉紧螺钉 2 锁紧，以防止球头螺钉 4 松动而改变轴承间隙，最后用封口螺塞 1 密封。

砂轮主轴向右的轴向力通过主轴右端轴肩作用在轴承盖 9 上，向左的轴向力通过带轮

13 中的六个螺钉 12，经弹簧 11 和销子 10 以及推力球轴承，最后传递到轴承盖 9 上。弹簧 11 可用来给推力球轴承预加载荷。

砂轮架壳体内装润滑油以润滑主轴轴承，主轴两端用橡胶油封实现密封。

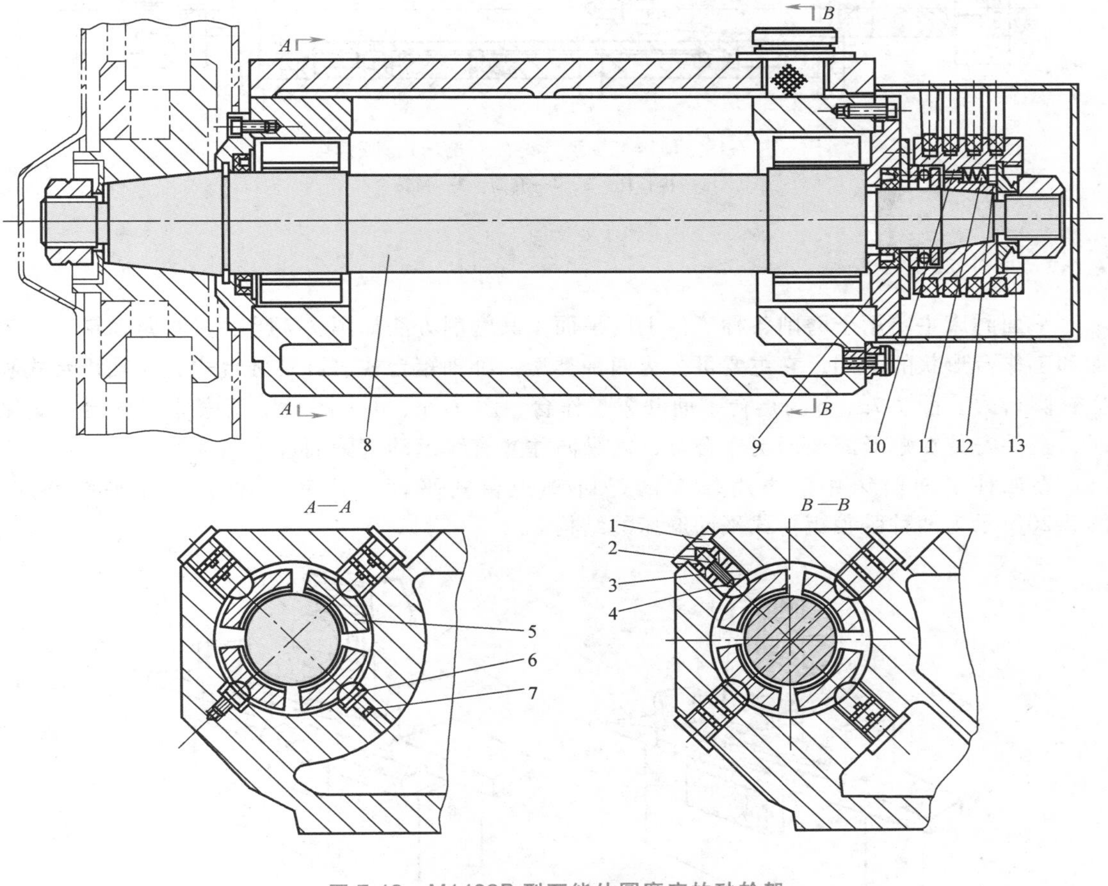

图 7-18　M1432B 型万能外圆磨床的砂轮架

1—封口螺塞　2—拉紧螺钉　3—通孔螺钉　4—球头螺钉　5—轴瓦　6—密封圈　7—轴瓦支承头　8—砂轮主轴　9—轴承盖　10—销子　11—弹簧　12—螺钉　13—带轮

砂轮的圆周速度很高，为了保证砂轮运转平稳，装在主轴上的零件都要校静平衡，整个主轴部件还要校动平衡。此外，砂轮必须安装防护罩，以防止砂轮意外碎裂时损伤工人及设备。

（2）内磨装置　内磨装置主要由支架和内圆磨具两部分组成。内圆磨具装夹在支架的孔中，当进行内圆磨削时，将支架翻下。

图 7-19 所示为内圆磨具。磨削内圆时因砂轮直径较小，为达到一定的磨削速度，要求砂轮具有很高的转速，因此，内磨磨具除应保证主轴在高转速下运转平稳外，还应具有足够的刚度和抗振性。内圆磨具主轴由平带传动。主轴前、后各用两个角接触球轴承，用弹簧 3 通过套筒 2 和 4 进行预紧。轴承采用锂基润滑脂润滑，并用迷宫密封。当被磨削的内孔长度改变时，接长杆 1 可以更换。

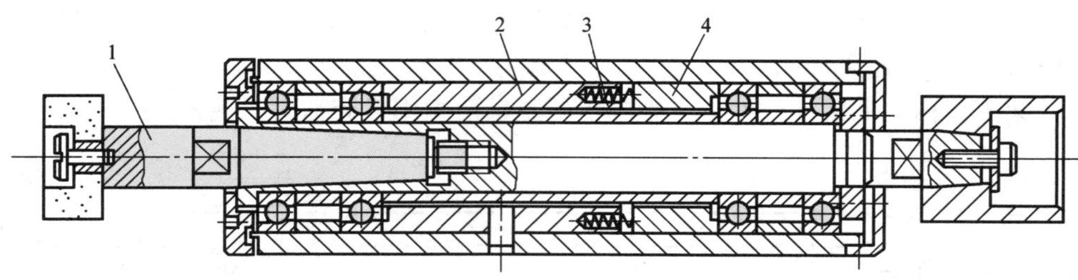

图 7-19　M1432B 型万能外圆磨床内圆磨具

1—接长杆　2、4—套筒　3—弹簧

7.4.2　平面磨床

平面磨床主要用于磨削各种工件上的平面。其磨削方法如图 7-7 所示。根据砂轮工作表面和工作台形状的不同，它主要可分为四种类型：卧轴矩台式、卧轴圆台式、立轴矩台式和立轴圆台式。图 7-7a、b 为矩台平面磨床工作台，图 7-7c、d 为圆台平面磨床工作台。磨削时，工件安装在矩形或圆形工作台上，做纵向往复直线运动或圆周进给运动。

在四种平面磨床中，应用较多的是卧轴矩台式平面磨床和立轴圆台式平面磨床。图 7-20所示为两种卧轴矩台式平面磨床的结构。

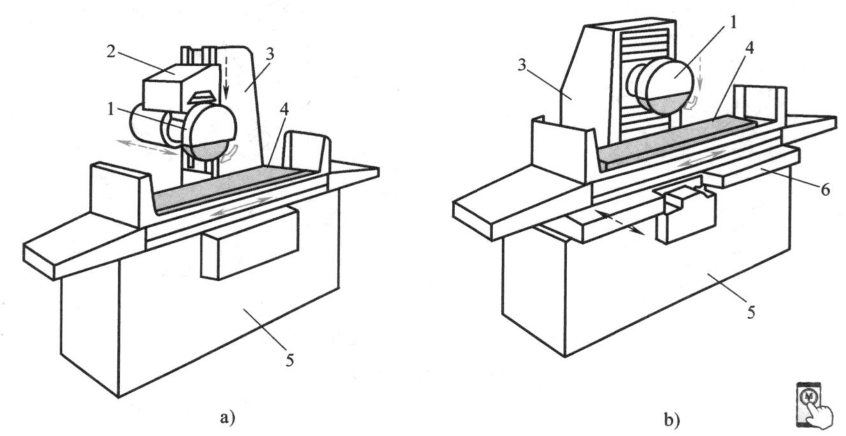

图 7-20　卧轴矩台式平面磨床的结构

1—砂轮架　2—滑鞍　3—立柱　4—工作台　5—床身　6—床鞍

图 7-20a 所示为砂轮架移动式，工作台 4 只做纵向往复运动，而由砂轮架 1 沿滑鞍 2 上的燕尾型导轨移动来实现周期的横向进给运动；滑鞍 2 和砂轮架 1 一起可沿立柱 3 的导轨垂直移动，完成周期的垂直进给运动。

图 7-20b 所示为十字导轨式，工作台 4 装在床鞍 6 上。工作台 4 除了做纵向往复运动外，还随床鞍 6 一起沿床身 5 的导轨做周期的横向进给运动，而砂轮架 1 只做垂直周期进给运动。在这类平面磨床上，工作台的纵向往复运动和砂轮架的横向周期进给运动，一般都采用液压传动。砂轮架的垂直进给运动通常是手动的。为了减轻工人的劳动强度和节省辅助时间，有些机床具有快速升降机构，用以实现砂轮架的快速机动调位运动。砂轮主轴采用内连电动机直接传动。

图 7-21 所示为立轴圆台式平面磨床的结构。圆形工作台 4 装在床鞍 5 上，它除了做旋转运动实现圆周进给外，还可以随床鞍 5 一起，沿床身 3 的导轨纵向快速退离或趋近砂轮，以便装卸工件。砂轮架 1 可做垂直快速调位运动，以适应磨削不同高度工件的需要。在这类平面磨床上，其砂轮主轴轴线的位置，可根据加工要求进行微量调整，使砂轮端面和工作台台面平行或倾斜一个微小的角度（一般小于 10′）。粗磨时常采用较大的磨削用量，以提高磨削效率。为避免发热量过大而使工件产生热变形和表面烧伤，需将砂轮端面倾斜一定角度，以减少砂轮与工件的接触面积。精磨时，为了保证磨削表面的平面度与平行度，需使砂轮端面与工作台台面平行或倾斜一个极小的角度。砂轮主轴轴线的位置可通过砂轮架相对于立柱 2，或立柱 2 相对于床身底座偏斜一个角度来进行调整。

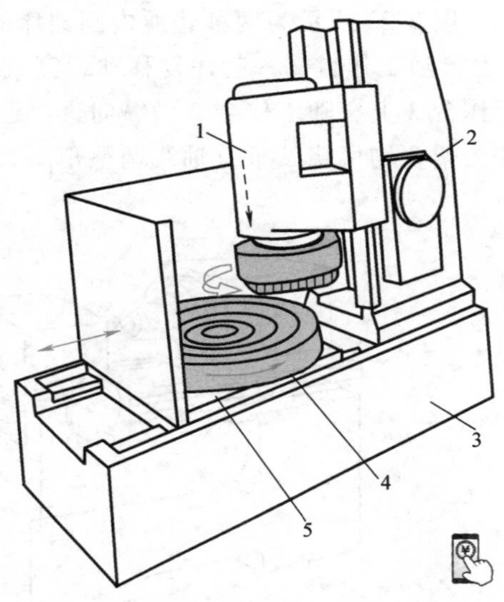

图 7-21　立轴圆台式平面磨床的结构
1—砂轮架　2—立柱　3—床身
4—工作台　5—床鞍

7.4.3　内圆磨床

内圆磨床主要用于磨削各种圆柱孔（包括通孔、不通孔、阶梯孔和断续表面的孔等）和圆锥孔。内圆磨床的主要类型有：普通内圆磨床、无心内圆磨床、行星式内圆磨床和坐标磨床等。

1. 普通内圆磨床

普通内圆磨床是生产中应用最广泛的一种内圆磨床。磨削时，根据工件形状和尺寸的不同，可采用纵磨法或横磨法磨削内孔，其磨削方法如图 7-6 所示。某些普通内圆磨床上装备有专门的端磨装置，采用这种端磨装置，可在工件一次装夹中完成内孔和端面的磨削，如图 7-22a 所示。这样既容易保证孔和端面的垂直度，又可提高生产率。普通内圆磨床还可以磨削工件端面，如图 7-22b 所示。

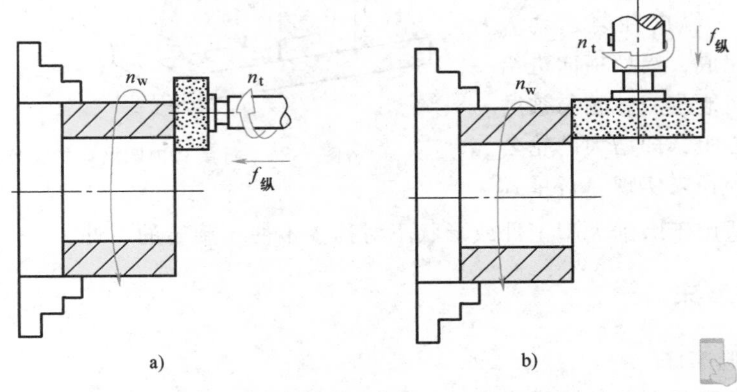

图 7-22　普通内圆磨床的磨削方法
a）磨削内孔和端面　b）磨削端面

图7-23所示为两种普通内圆磨床的结构。图7-23a所示磨床的工件头架3安装在工作台2上，随工作台2一起往复移动，完成纵向进给运动；图7-23b所示磨床的砂轮架4安装在工作台2上，随工作台2做纵向进给运动。两种磨床的横向进给运动都由砂轮架4实现。工件头架3均可绕其垂直轴线调整角度，以便磨削锥孔。

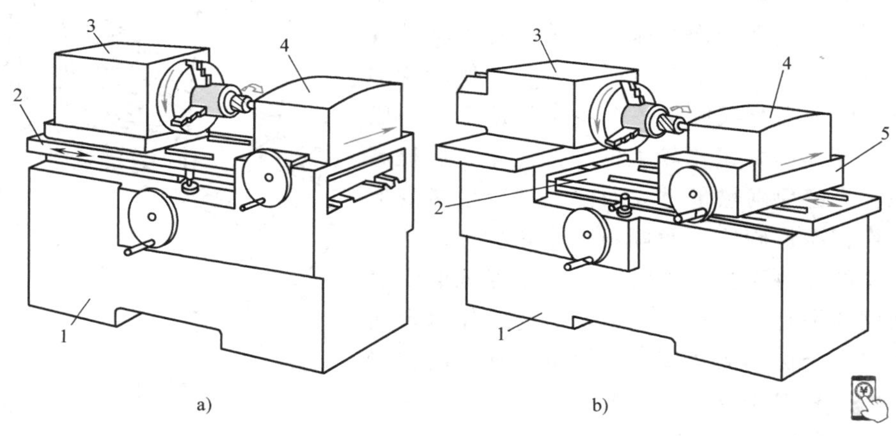

图7-23 普通内圆磨床的结构

1—床身 2—工作台 3—工件头架 4—砂轮架 5—滑座

2. 无心内圆磨床

无心内圆磨床的工作原理如图7-9所示。这种磨床主要适用于大批量生产中，加工那些外圆表面已经精加工且又不宜用卡盘夹紧的薄壁状工件以及内、外圆同轴度要求较高的工件，如轴承环等。

3. 行星式内圆磨床

行星式内圆磨床的工作原理如图7-24所示。磨削时，工件固定不转，砂轮除了绕其自身轴线高速旋转实现主运动n_t外，同时还绕着被磨内孔的轴线做公转运动，即圆周进给运动n_w，纵向往复运动f_a由砂轮或工件完成，周期横向进给运动f_r通过周期地改变砂轮与被磨内孔轴线的偏心距，即增大砂轮公转运动的旋转半径来实现。行星式内圆磨床主要适用于磨削大型工件或形状不对称、不便于旋转的工件。

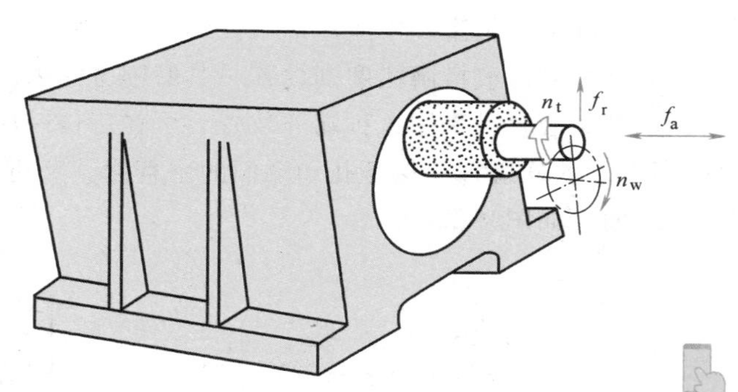

图7-24 行星式内圆磨床的工作原理

7.4.4 外圆磨床

1. 普通外圆磨床

普通外圆磨床与万能外圆磨床在结构上的主要区别在于：普通外圆磨床的头架和砂轮架均不能绕其垂直轴线调整角度，头架主轴也不能转动，没有内圆磨具。因此，普通外圆磨床工艺范围较窄，只能磨削外圆柱面和锥度较小的外圆锥面。但由于其主要部件的结构层次少，刚性好，可采用较大的磨削用量，因此生产率较高，同时也易于保证磨削质量。

2. 无心外圆磨床

无心外圆磨床进行磨削时，工件不是支承在顶尖上或夹持在卡盘中，而是直接被放在砂轮和导轮之间，由托板和导轮支承，以工件被磨削的外圆表面本身作为定位基准面，如图7-8所示。为了加快工件的成圆过程和提高工件的圆度，进行无心磨削时，工件的中心必须高于砂轮和导轮的中心连线（高出的距离一般等于工件直径的15%~25%），使工件与砂轮及工件与导轮间的接触点不在同一直线上，从而可使工件在多次转动中逐渐被磨圆。

图7-25所示为无心外圆磨床的结构。砂轮架3固定在床身1的左边，装在其上的砂轮主轴通常是不变速的，由装在床身1内的电动机经带传动高速旋转。导轮架装在床身1右边的滑板9上，它由转动体5和座架6两部分组成。转动体5可在垂直平面内相对座架6转位，以便使装在其上的导轮主轴根据加工要求相对水平线偏转一个角度。导轮可有级变速或无级变速，它的传动装置装在座架6内。利用快速进给手柄10或微量进给手轮7，可使导轮沿滑板9上的导轨移动（此时滑板9被锁紧在回转底座8上），以调整导轮与托板间的相对位置或者使导轮架、工件座架11连同滑板9一起，沿回转底座8上的导轨移动（此时导轮架被锁紧在滑板9上），实现横向进给运动。回转底座8可在水平面内扳转角度，以便磨削锥度不大的圆锥面。

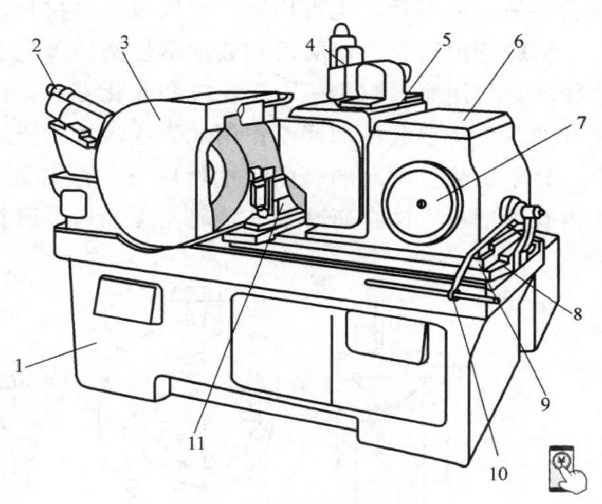

图7-25 无心外圆磨床的结构

1—床身 2—砂轮修整器 3—砂轮架 4—导轮修整器 5—转动体 6—座架 7—微量进给手轮 8—回转底座 9—滑板 10—快速进给手柄 11—工件座架

在无心外圆磨床上磨削外圆表面，工件不需钻中心孔，这样，既消除了因中心孔偏心而带来的误差（即没有定位误差），又可使装卸简单省时。由于有导轮和托板沿全长支承工件，对一些刚度较差的细长工件也可用较大的切削用量进行磨削，故生产率较高。但机床调整时间较长，适用于成批及大量生产。此外，无心外圆磨床不能磨削周向不连续的表面（如有键槽），也不能保证被磨外圆和内孔的同轴度。

7.5 表面光整加工

光整加工是精加工后，从工件表面上不切除或切除极薄金属层，用以提高加工表面的尺寸和形状精度、降低表面粗糙度值的加工方法。对于加工公差等级要求很高（IT6以上）、表面粗糙度要求很小（Ra为0.2μm以下）的外圆表面，须经光整加工。光整加工的主要任务是减小表面粗糙度值，有的光整加工方法还有提高尺寸精度和形状精度的作用，但一般都没有提高位置精度的作用。常用的光整加工方法主要有研磨、珩磨、超精加工和抛光等。

1．研磨

研磨是在研具与工件之间加入研磨剂对工件表面进行光整加工的方法。研磨时，工件和研具之间的相对运动较复杂，研磨剂中的每一颗磨粒一般都不会在工件表面上重复自己的运动轨迹，具有较强的误差修正能力，能提高加工表面的尺寸精度、形状精度和减小表面粗糙度值。

研具材料比工件材料软，部分磨粒能嵌入研具的表层，对工件表面进行微量切削。为使研具磨损均匀和保持形状准确，研具材料的组织应细密、耐磨。

最常用的研具材料是硬度为120～160HBW的铸铁，它适用于加工各种工件材料，而且制造容易，成本低。也有用铜、巴氏合金等材料制作研具的。

研磨剂由磨料、研磨液和表面活性物质等混合而成。磨料主要起切削作用，应具有较高的硬度。常用磨料有刚玉、碳化硅和碳化硼等。研磨液有煤油、汽油、全损耗系统用油和工业甘油等，主要起冷却润滑作用。表面活性物质附着在工件表面，使其生成一层极薄的软化膜，易于切除。常用的表面活性物质有油酸和硬脂酸等。外圆研具如图7-26所示。粗研具孔内有油槽，可储存研磨剂，精研具无油槽。研具往复运动速度常选20～70m/min。

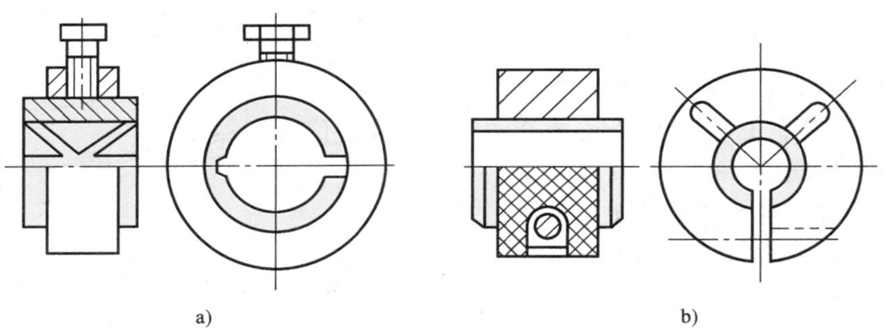

图7-26　外圆研具
a）粗研具　b）精研具

研磨分手工研磨和机械研磨两种。手工研磨是手持研具进行研磨。研磨外圆时，可将工件装夹在车床卡盘上或顶尖上做低速旋转运动，研具套在工件被加工表面上，在研具和工件之间加入研磨剂，然后用手推动研具做往复运动。

机械研磨在研磨机上进行。图7-27所示为在研磨机上研磨外圆的装置简图。在图7-27a中，上、下两个研磨盘1和2之间有一隔离盘3，工件放在隔离盘的槽中。研磨时上研磨盘固定不动，下研磨盘转动。隔离盘3由偏心轴带动与下研磨盘2同向转动。研磨时，工件一面滚动，一面在隔离盘槽中轴向移动，磨粒在工件表面上刻划出复杂的磨削痕迹。上研磨盘的位置可轴向调节，使工件获得所要求的研磨压力。工件轴线与隔离盘半径方向偏斜一角度γ（$\gamma=6°\sim15°$），如图7-27b所示，使工件产生轴向移动。

研磨属光整加工，研磨前加工面要进行良好的精加工。研磨余量在直径上一般取为0.1～0.03mm。粗研时研磨速度为40～50m/min，精研时为10～15m/min。

研磨的工艺特点是设备比较简单，成本低，加工质量容易保证，可加工钢、铸铁、硬质合金、光学玻璃和陶瓷等多种材料。如果加工条件控制得好，研磨外圆可获得很高的公差等级（IT6～IT4）、极小的表面粗糙度值（Ra 为0.1～0.008μm）和较高的形状精度（圆度误

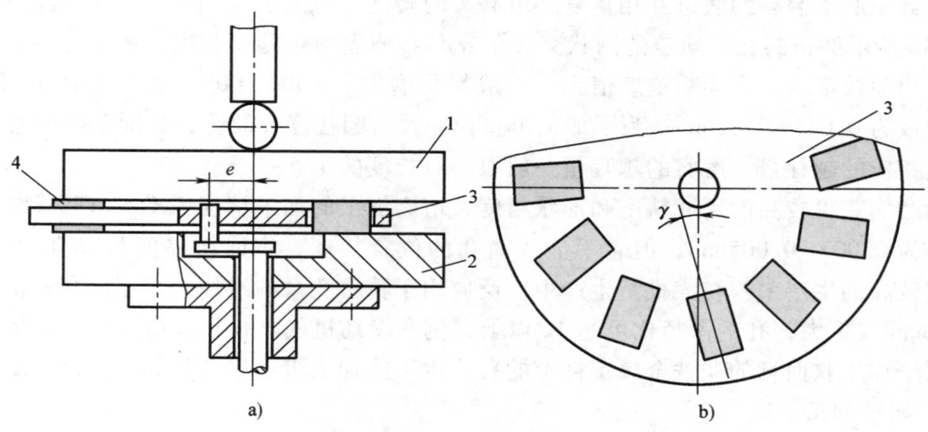

图 7-27　在研磨机上研磨外圆的装置简图

1、2—研磨盘　3—工件隔离盘　4—工件

差为 0.001~0.003mm）。但研磨不能提高位置精度，生产率较低。

2. 珩磨

珩磨主要用于孔的光整加工，如图 7-28 所示。珩磨头磨条的径向伸缩调整有手动、气动和液压。图 7-28a 所示为手动珩磨头调整结构，磨条 4 用结合剂与砂条座 6 固结在一起，装在本体 5 的槽中，砂条座的两端用弹簧卡箍 8 箍住。向下旋转螺母 1 时，推动调整锥 3 下移，调整锥 3 上的锥面推动顶销 7 使砂条胀开，可以调整珩磨头的工作尺寸及磨条对工件孔壁的工作压力，由机床主轴带动磨条 4 旋转并做轴向往复直线运动。这样磨条便从工件表面切去一层极薄的金属层。珩磨过程中，由于孔径扩大、砂条磨损等原因，砂条对孔壁的压力逐渐减小，需要随时调整。手动调整工作压力费时费力，生产率低，而且不容易把工作压力调整得合适，适合于单件小批生产。在大批量生产中，一般选用液压或气动珩磨头。

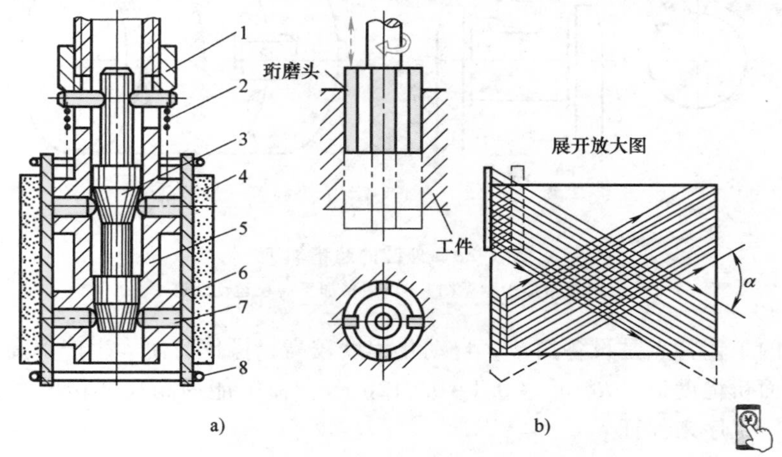

图 7-28　珩磨加工

a）手动珩磨头调整结构　b）加工示意图

1—螺母　2—弹簧　3—调整锥　4—磨条　5—本体　6—砂条座　7—顶销　8—弹簧卡箍

为避免磨条磨粒的轨迹互相重复，珩磨头的转速必须与其每分钟往复行程数互为质数。图 7-28b 所示磨条的运动轨迹的网状交叉角 α 是影响表面粗糙度和生产率的主要因素，α 角增大，切削效率高，表面粗糙度值大。一般粗珩磨取 $\alpha=40°\sim60°$，精珩磨取 $\alpha=20°\sim40°$。珩磨余量为 0.015～0.02mm。为了加工出直径一致、圆柱度好的孔，必须调整好磨石的工作行程及相应的越程量。磨石的越程量一般取磨石长度的 1/5～1/3。

珩磨能获得较高的尺寸精度和形状精度，珩磨加工的加工精度为 IT5～IT4，圆度和圆柱度误差为 0.003～0.005mm，但它不能提高孔的位置精度，表面粗糙度为 Ra0.25～0.1μm，珩磨有较高的生产率。在大批量生产中广泛应用于精密孔系的终加工工序，孔径范围一般为 5～500mm 或更大，孔的深径比可达 10 以上，例如发动机气缸孔和液压缸孔的精加工。但珩磨不适于加工软而韧的非铁金属工件上的孔，也不能加工带键槽的孔和内花键等断续表面。

3. 超精加工

超精加工是用细粒度的磨条或砂带进行微量磨削的一种光整加工方法，其加工原理如图 7-29 所示。加工时，工件做低速旋转（0.03～0.33m/s），磨具以恒定压力（0.05～0.3MPa）压向工件表面，在磨具相对工件轴向进给的同时，磨具做轴向低频振动（振动频率为 8～30Hz，振幅为 1～6mm），对工件表面进行加工。超精加工是在加注大量切削液条件下进行的。磨具与工件表面接触时，最初仅仅碰到前工序留下的凸峰，这时单位压力大，切削能力强，凸峰很快被磨掉。切削液的作用主要是冲洗切屑和脱落的磨粒，使切削能正常进行。当被加工表面逐渐呈光滑状态时，磨具与工件表面之间的接触面不断增大，压强不断下降，切削作用减弱。最后，切削液在工件表面与磨具间形成连续的油膜，切削作用自动停止。超精加工的加工余量很小（一般为 5～8μm），常用于加工发动机曲轴、轧辊和滚动轴承套圈等。

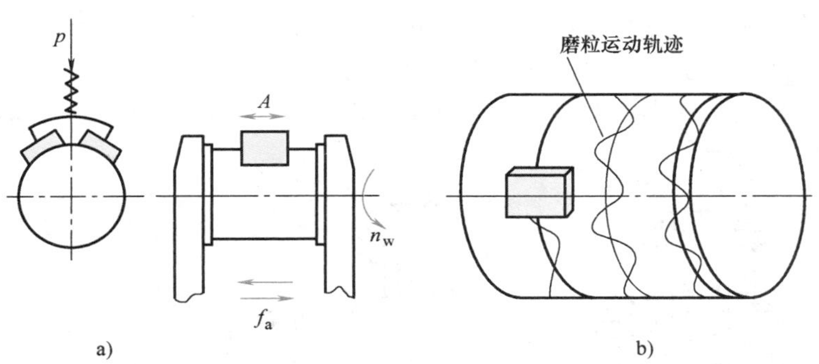

图 7-29　外圆的超精加工

a）超精加工示意图　b）超精加工磨粒运动轨迹

超精加工的工艺特点是设备简单，自动化程度较高，操作简便，生产率高。超精加工能减小工件的表面粗糙度值（Ra 可达 0.1～0.012μm），但不能提高尺寸精度和几何精度。工件精度需要前一工序来保证。

4. 抛光

抛光是在高速旋转的抛光轮上进行，只能减小表面粗糙度值，不能提高尺寸和几何精度，也不能保持抛光前的加工精度。

抛光的主要作用有消除表面的加工痕迹，提高零件的疲劳强度；作为表面装饰加工、电镀前抛光等。抛光轮具有弹性，一般用毛毡、橡胶、皮革和布等材料制成，能对各种型面进行抛光。

抛光液（磨膏）是用氧化铝、氧化铁等磨料和油酸、软脂等配制，抛光时涂于抛光轮上。在抛光液的作用下，工件表层金属因化学作用形成一层极薄软膜，可被磨料切除而不留痕迹，从而使表面粗糙度值变小。

7.6　砂带磨削

用高速运动的砂带作为磨削工具磨削各种表面的方法称为砂带磨削，如图 7-30 所示。砂带的结构由基体、结合剂和磨粒组成。每颗磨粒在高压静电场的作用下直立在基体上，并以均匀间隔排列。砂带磨削的优点是：

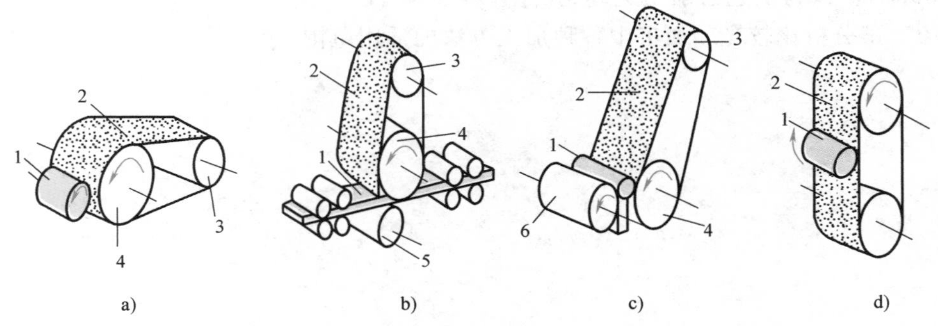

图 7-30　砂带磨削

a）磨外圆　b）磨平面　c）无心磨　d）自由磨

1—工件　2—砂带　3—张紧轮　4—接触轮　5—承载轮　6—导轮

1）生产率高。砂带上的磨粒颗颗锋利，切削量大；砂带宽，磨削面积大，生产率比用砂轮磨削高 5~20 倍。

2）磨削能耗低。由于砂带重量轻，接触轮与张紧轮尺寸小，高速转动惯量小，所以功率损失小。

3）加工质量好，它能保证恒速工作，不需修整，磨粒锋利，发热少，砂带散热条件好，能保证高精度和小的表面粗糙度值。

4）砂带柔软，能贴住成形表面进行磨削，因此适于磨削各种复杂的型面。

5）砂带磨床结构简单，操作安全。

其缺点是砂带消耗较快，砂带磨削不能加工小直径孔、不通孔，也不能加工阶梯外圆和齿轮。

习题与思考题

7-1　磨削的工艺特点有哪些？

7-2　外圆磨削、内圆磨削、平面磨削和无心磨削各适合哪些表面的加工？

7-3　什么是砂轮的硬度？如何正确选择砂轮的硬度？砂轮标记“1-300×30×75-A60L5V-35m/s”的含义是什么？

7-4　磨粒磨削过程可分为哪几个阶段？

7-5　砂轮的磨损与哪些因素相关？

7-6　试分析卧轴矩台式平面磨床与立轴圆台式平面磨床在磨削方法、加工质量和生产率等方面的不同。它们的适用范围有何不同？

7-7　为什么要进行光整加工？常用光整加工的方法有哪些？各有什么特点？

7-8　在万能外圆磨床上，用顶尖支承工件和用卡盘夹持工件磨削外圆，哪一种加工精度高？为什么？

7-9　粗磨一直径为 ϕ50mm 的外圆，工件材料为 45 钢，硬度为 228~255HBW，砂轮速度选为 50m/s。试为上述磨削工况确定所用砂轮的特性。

7-10　试分析比较光整加工中各种加工方法的适用范围。

第8章

机械加工工艺规程的制定

在机械制造过程中，常采用各种机械加工方法将毛坯加工成零件。加工过程中为了确保零件的设计性能、质量和经济性要求，应首先制定零件的机械加工工艺规程，然后再根据工艺规程对毛坯、工件进行加工。

设计制定机械加工工艺规程工作，应首先根据设计要求、原则和规律，确定各个表面的加工方法、各个工序采用的定位基准、机械加工工艺路线、组织工序等，对加工余量和工序尺寸进行分析计算，科学确定单件工时，对确定的工艺方案的技术经济性进行全面分析。

8.1 机械加工工艺规程

8.1.1 机械加工工艺规程与工艺文件

工艺文件是指用于指导工人操作和用于生产、工艺管理等的各种技术文件。用来规定零件机械加工工艺的过程和操作方法等的工艺文件被称为机械加工工艺规程。

1. 机械加工工艺规程的内容

机械加工工艺规程的内容主要包括：各工序加工内容与要求、所用机床和工艺装备、工件的检验项目及检验方法、切削用量及工时定额等。

加工工艺路线是指产品或零部件在生产过程中由毛坯准备到成品包装入库，经过各有关部门或工序的先后加工顺序。

2. 机械加工工艺规程的格式

机械加工工艺规程主要有以下三种典型格式：

(1) 机械加工工艺过程卡片　它是以工序为单位简要说明零、部件加工过程的一种工艺文件（表8-1）。它的工序内容不够具体，只能用来了解零件的加工流程，作为生产管理使用，一般适用于单件小批量生产。

(2) 机械加工工艺卡片　它是按产品或零、部件的某一加工工艺阶段而编制的一种工艺文件。它以工序为单位详细说明产品（零、部件）某一工艺阶段的工序号、工序名称、工序内容、工序参数、操作要求以及采用的设备和工艺装备等（表8-2），主要用于成批生产。

(3) 机械加工工序卡片　它在机械加工工艺过程卡片的基础上以工序为单位详细说明每个工步的加工内容、工艺参数、操作要求以及所用的设备等（表8-3），主要用于大批量

生产或单件小批生产中的关键工序或成批生产中的重要零件。

表 8-1 机械加工工艺过程卡片

产品型号	零件号	零件名称	台件	材料牌号	备料规格	每毛坯重量	材料消耗定额	毛坯种类	共 页
									第 页

车间名称	工序号	工序名称及内容	一次加工数	机床名称编号	工具名称			单件工时定额/min
					刀具	夹具	量具	

				拟定者	日期	工人代表	日期	审核者	日期	批准者	日期
标记	更改原因及内容	更改者	日期								

表 8-2 机械加工工艺卡片

（工厂名）	机械加工工艺卡片	产品名称及型号				零件名称		零件图号			
		材料	名称		毛坯	种类		零件质量/kg	毛		第 页
			牌号			尺寸			净		共 页
			性能			每料件数		每台件数		每批件数	

工序	安装	工步	工序内容	同时加工零件数	切削用量				设备名称及型号	工装名称及编号			技术等级	工时定额/min	
					背吃刀量/mm	切削速度/(m/min)	转速/(r/min)或(双行程数/min)	进给量/(mm/r)或(mm/min)		夹具	刀具	量具		单件	准备—终结

更改内容								
		抄写		校对		审核		批准

表 8-3 机械加工工序卡片

<table>
<tr><td colspan="3" rowspan="2">（工厂名）</td><td colspan="4" rowspan="2">机械加工工序卡片</td><td colspan="2">产品型号</td><td colspan="2">零件名称</td><td colspan="2">零件号</td></tr>
<tr><td colspan="2"></td><td colspan="2"></td><td colspan="2"></td></tr>
<tr><td>车间</td><td>工段</td><td colspan="2" rowspan="2">工序名称</td><td colspan="7" rowspan="2"></td><td colspan="2">工序号</td></tr>
<tr><td></td><td></td><td colspan="2"></td></tr>
<tr><td colspan="7" rowspan="10">（工序简图）</td><td colspan="2">材料</td><td colspan="4">机床</td></tr>
<tr><td>牌号</td><td>硬度</td><td>名称</td><td>型号</td><td colspan="2">编号</td></tr>
<tr><td></td><td></td><td></td><td></td><td colspan="2"></td></tr>
<tr><td></td><td></td><td></td><td></td><td colspan="2"></td></tr>
<tr><td></td><td></td><td></td><td></td><td colspan="2"></td></tr>
<tr><td></td><td></td><td></td><td></td><td colspan="2"></td></tr>
<tr><td colspan="2">夹具</td><td colspan="4">定额</td></tr>
<tr><td>代号</td><td>名称</td><td>准备终结时间</td><td>单件时间</td><td colspan="2">工人级别</td></tr>
<tr><td></td><td></td><td></td><td></td><td colspan="2"></td></tr>
<tr><td></td><td></td><td></td><td></td><td colspan="2"></td></tr>
<tr><td rowspan="2">工步号</td><td rowspan="2">工步名称</td><td rowspan="2">进给次数</td><td rowspan="2">每分钟转数或往复次数</td><td rowspan="2">进给量</td><td rowspan="2">机动时间</td><td rowspan="2">辅助时间</td><td colspan="2">刀具</td><td colspan="2">辅具</td><td colspan="2">量具</td></tr>
<tr><td>名称</td><td>编号</td><td>名称</td><td>编号</td><td>名称</td><td>编号</td></tr>
<tr><td></td><td></td><td></td><td></td><td></td><td></td><td></td><td></td><td></td><td></td><td></td><td></td><td></td></tr>
<tr><td></td><td></td><td></td><td></td><td></td><td></td><td></td><td></td><td></td><td></td><td></td><td></td><td></td></tr>
<tr><td></td><td></td><td></td><td></td><td></td><td></td><td></td><td></td><td></td><td></td><td></td><td></td><td></td></tr>
<tr><td></td><td></td><td></td><td></td><td></td><td></td><td></td><td></td><td></td><td></td><td></td><td></td><td></td></tr>
<tr><td></td><td></td><td></td><td></td><td></td><td></td><td></td><td></td><td></td><td></td><td></td><td></td><td></td></tr>
<tr><td></td><td></td><td></td><td></td><td></td><td></td><td></td><td></td><td></td><td></td><td></td><td></td><td></td></tr>
<tr><td></td><td></td><td></td><td></td><td></td><td></td><td></td><td></td><td></td><td></td><td></td><td></td><td></td></tr>
<tr><td>批准</td><td colspan="2"></td><td></td><td>审核</td><td></td><td></td><td>校对</td><td></td><td></td><td>编制</td><td></td><td></td></tr>
</table>

机械加工工序卡片中的工序简图中，除了标注本工序的加工要求之外，还应当在选定了定位基准及确定了夹紧力的方向和作用点之后，采用标准定位符号和夹紧符号在工序图上将定位和夹紧方案标注清楚。目前广泛采用的定位支承和夹紧力标注符号国家标准是 GB/T 24740—2009《技术产品文件 机械加工定位、夹紧符号表示法》，见表 8-4。例如，在工序图中的轮廓线上标注⋀3，其中的“3”表示该轮廓的几何要素作为定位基准消除的自由度数；在轮廓线上标↓，表示夹紧力的施加部位和方向，其箭头的方向与夹紧力的方向相同。

表 8-4 定位和夹紧标准符号

<table>
<tr><td colspan="2" rowspan="2">标注位置</td><td colspan="2">独立</td><td colspan="2">联动</td></tr>
<tr><td>标注在视图轮廓线上</td><td>标注在视图正面上</td><td>标注在视图轮廓线上</td><td>标注在视图正面上</td></tr>
<tr><td rowspan="2">定位支承的类型</td><td>固定式</td><td></td><td></td><td></td><td></td></tr>
<tr><td>活动式</td><td></td><td></td><td></td><td></td></tr>
</table>

（续）

标注位置	独立联动			
	标注在视图轮廓线上	标注在视图正面上	标注在视图轮廓线上	标注在视图正面上
辅助支承的种类				
手动夹紧				
液压夹紧	Y	Y	Y	Y
气动夹紧	Q	Q	Q	Q
电磁夹紧	D	D	D	D

8.1.2　机械加工工艺规程的作用

机械加工工艺规程是机械制造企业最重要的技术文件之一。其作用主要有以下几个方面：

1. 指导加工车间生产

生产的计划和调度工作，工人的操作以及质量检验，都必须按照机械加工工艺规程来进行，这样才能达到优质、高产和低消耗的要求。

2. 技术准备和生产准备工作的技术依据

机械加工工艺规程是技术准备和生产准备工作的技术依据，例如，原材料、毛坯及外购件的供应，刀具、夹具和量具的设计、制造和采购，机床的准备和调整以及有关热源的配备等。

3. 新建、改扩建工厂或车间的技术依据

依据机械加工工艺规程确定所需设备的类型与数量，工厂或车间的生产面积及平面布置，人员的配备以及各辅助部门的安排。

8.2　制定机械加工工艺规程的要求与步骤

8.2.1　机械加工工艺规程的基本要求

设计制定机械加工工艺规程，需要遵循和满足以下基本要求：

1）要确保零件的加工质量，可靠地达到产品图样所提出的全部技术要求。

2）要有合理的生产率，能够响应市场对产品投放的要求。

3）节约原材料，减少工时消耗，降低成本。

4）尽量减轻工人的劳动强度，保证安全及良好的工作条件。

5）立足现有条件，积极采用成熟的先进制造工艺和技术手段，保证编制的工艺规程既适用于现状，又可以在相当长的时期内保持先进性。

其中，保证加工质量是前提。而提高生产率和提高经济性，有时会出现矛盾。如先进高效生产工艺装备可提高生产率，但会使投资增加。

8.2.2　制定机械加工工艺规程所需要的原始资料

在制定机械加工工艺规程时，需要下列原始资料：

1）产品的零件图以及该零件所在部件或总成的装配图。

2）产品质量的验收标准。

3）产品的年产量计划。

4）工厂现有生产条件，如毛坯的制造能力，现有加工设备、工艺装备及使用状况，专用设备、工装的制造能力及工人的技术水平等。

5）有关手册、标准及指导性文件，如机械加工工艺手册、时间定额手册、机床夹具设计手册和公差技术标准等资料。

6）国内外先进机械制造工艺、同类产品生产技术的发展状况等。

8.2.3　制定机械加工工艺规程的步骤

制定机械加工工艺规程，大致按以下步骤进行：

1）分析产品的零件图及装配图，了解产品的工作原理和所加工零件在整个机器中的作用，分析零件图的加工要求、结构工艺性，检验图样的完整性。

2）根据零件的生产纲领及零件的结构大小、复杂程度确定生产类型。

3）选择和确定毛坯及其制造方式。

4）拟定工艺方案是制定机械加工工艺规程时定性分析的核心内容。其中包括：

① 选择定位基准。

② 确定定位和夹紧方法。

③ 确定各个表面的加工方法，如孔、平面、外圆等表面的加工。

④ 确定工序的集中和分散。

⑤ 安排加工顺序。

一般需要提出几种方案进行分析比较，从中选出最优的方案。

5）确定各工序所采用的设备，包括通用机械和专用机械的选定。

6）选择工艺装备，即确定各个工序所需要的刀具、夹具、量具和辅具。

7）确定各主要工序的技术检验要求以及检验方法。

8）确定各工序的加工余量、工序尺寸及公差。

9）确定切削用量，制定工时定额。

10）评价各种工艺方案，最后选定最佳工艺路线。

11）填写工艺文件。

8.3 零件加工工艺性分析与毛坯的选择

在制定零件机械加工工艺规程时，对产品零件图进行细致的审查、工艺性分析，并提出修改意见是一项重要工作。对零件进行工艺性审查，除了检查尺寸、视图以及技术条件是否完整外，还应有以下几方面内容：

8.3.1 分析零件技术要求及其合理性

一般将零件图上提出的有关技术要求分为以下几类：

（1）加工表面本身的要求（尺寸精度、形状精度和表面粗糙度） 根据其选择加工方法、加工工步和工序。

（2）表面之间的相对位置精度（包括位置尺寸、位置精度） 与基准的选择有关。

（3）表面质量及镀层要求 涉及选材及热处理工艺的确定。

（4）其他要求 如等重、平衡和探伤等。

同时，还要审查材料选用是否恰当、技术要求是否合理。过高的精度要求、表面粗糙度要求以及其他要求，会使工艺过程复杂化，加工困难，成本增加。

8.3.2 零件结构的工艺性审查

审查零件结构工艺性是工艺分析工作的一项重要内容。工艺性分析的内容除了审查零件图上视图、尺寸、公差是否齐全、正确之外，主要是审查零件的结构工艺性。所谓零件结构的工艺性，是指所设计的零件在满足使用要求的前提下，制造的可行性和经济性。有时功能完全相同而结构工艺性不同的零件，其制造方法和成本往往相差很大。关于零件在机械加工中的结构工艺性，主要考虑如下几方面：

1. 合理标注尺寸

1）零件图上重要尺寸应直接标注，在加工时尽量使工艺基准与设计基准重合，符合尺寸链最短原则。如图 8-1 中活塞环槽的尺寸为重要尺寸，其宽度应直接注出。

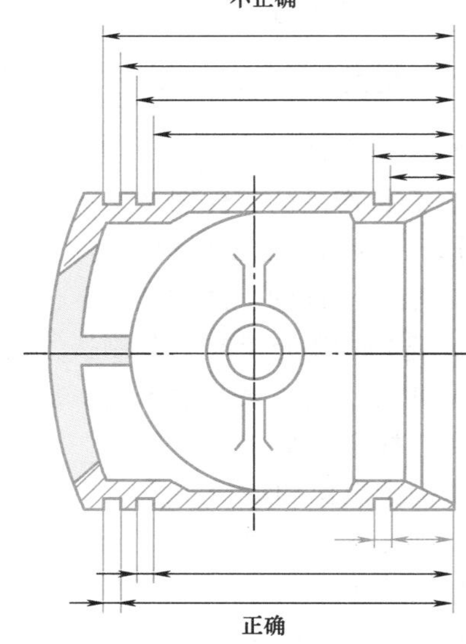

图 8-1 重要尺寸的标注

2）零件图上标注的尺寸应便于测量，不要从轴线、中心线、假想平面等难以测量的基准标注尺寸。

3）零件图上的尺寸不应标注成封闭式，以免产生矛盾。

4）零件的自由尺寸应按加工顺序尽量从工艺基准注出。如图 8-2 所示齿轮轴，图 a 标注方法大部分尺寸要换算，不能直接测量。图 b 标注方式与加工顺序一致，便于加工测量。

5）零件所有加工表面与非加工面之间一般只标注一个联系尺寸。

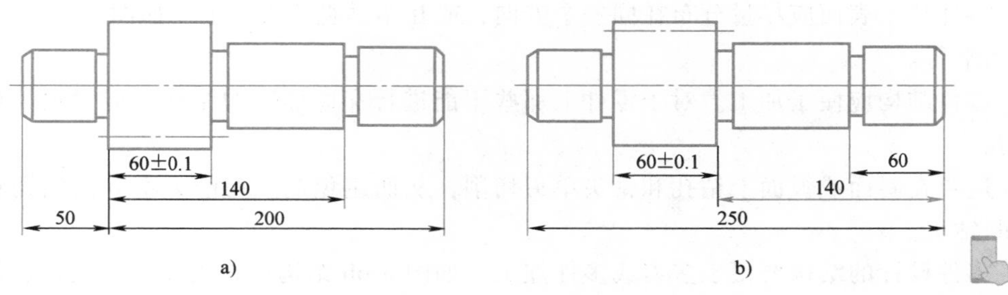

图 8-2 从工艺基准标注尺寸

2. 零件结构便于加工，有利于达到所要求的加工质量

1）合理确定零件的加工精度与表面质量。加工精度定得过高会增加工序，增加制造成本；过低会影响其使用性能。必须根据零件在整个机器中的作用和工作条件合理地选择。

2）保证位置精度的可能性。为保证零件的位置精度，最好使零件能在一次装夹下加工出所有相关表面，这样由机床的精度来达到要求的位置精度。如图 8-3a 结构所示，保证 ϕ80mm 外圆与 ϕ60mm 内孔的同轴度较难。如改成图 b 结构，就能在一次装夹下加工外圆与内孔。

3. 有利于减少加工和装配的劳动量

1）减少不必要的加工面积可减少机械加工量。安装表面的减少有利于保证配合面的接触质量。

2）尽量避免、减少或简化内表面的加工。因为外表面要比内表面加工方便经济，又便于测量。因此，在设计零件时，应力求避免在零件内腔进行加工。如图 8-4 所示，将图 a 孔的内沟槽改成图 b 轴的外沟槽加工，使加工与测量都很方便。

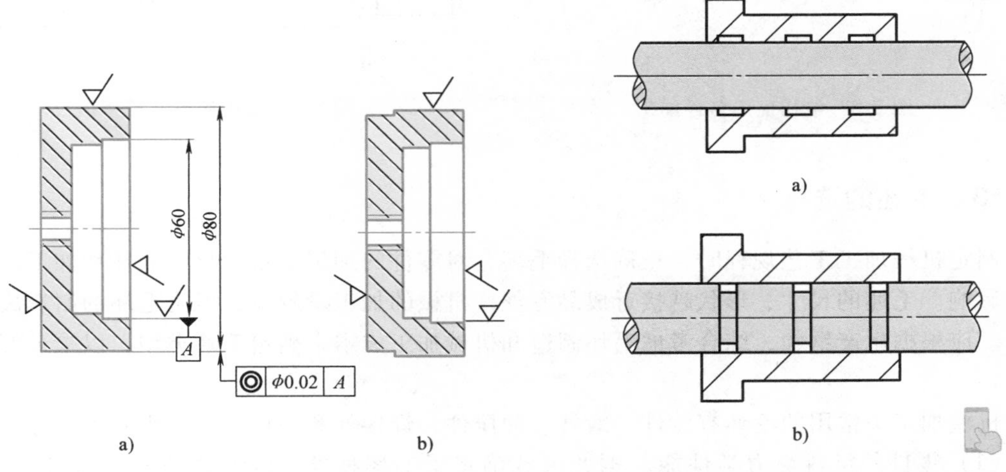

图 8-3 保证同轴度的结构

图 8-4 减少内部结构加工

4. 有利于提高劳动生产率，与生产类型相适应

1）零件的有关尺寸应力求一致，并能用标准刀具加工。如退刀槽尺寸一致，可减少刀具种类。

2）零件加工表面应尽量分布在同一个方向，或互相垂直的表面上。如图 8-5b 所示孔的轴线应当平行。

3）零件结构应便于加工。对于零件上那些不能进行穿通加工的结构，应设退刀槽、越程槽或孔。

4）避免在斜面或弧面上钻孔和钻头单刃切削，从而避免造成切削力不等使钻孔轴线倾斜或折断钻头。

5）零件设计的结构要便于多刀或多件加工。如图 8-6b 结构可将毛坯排列成行，便于多件连续加工。

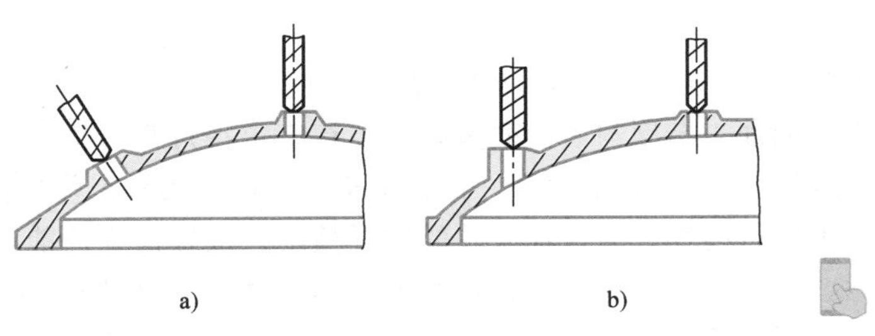

图 8-5　孔轴线平行

6）要与具体的生产类型相适应。如图 8-7 所示，图 a 结构适合于大批量生产类型，图 b 结构则适合于生产量较小的情况。

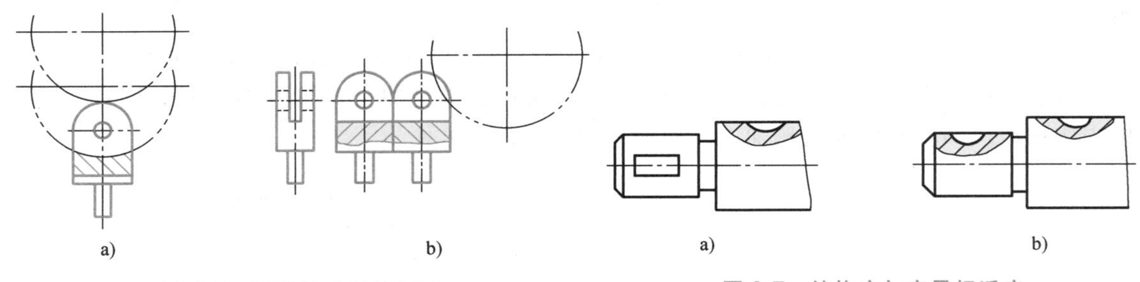

图 8-6　结构便于多件加工

图 8-7　结构应与产量相适应

8.3.3　毛坯的选择

制定机械加工工艺规程时，正确选择毛坯，对零件的加工质量、材料消耗和加工工时有很大影响。毛坯的尺寸、形状越接近成品零件，机械的加工量越少；但是毛坯的制造成本就越高。应根据生产纲领，综合考虑毛坯制造和机械加工成本来确定毛坯类型，以求最好的经济效益。

机械加工中常用的毛坯有铸件、锻件、冲压件、焊接件和型材等。选用时主要考虑：

（1）零件的材料与力学性能　据此大致确定了毛坯种类。例如铸铁零件用铸造毛坯；形状简单的钢质零件，力学性能要求低，常用棒料，力学性能要求高，用锻件；形状复杂，力学性能要求低，用铸钢件。

（2）零件的结构形状与外形尺寸　例如阶梯轴零件各台阶直径相差不大时可用棒料，相差大时可用锻件；外形尺寸大的零件一般用自由锻件或砂型铸造，中小型零件可用模锻件或压力铸造，形状复杂的钢质零件不宜用自由锻件。

（3）生产类型　大批量生产中，应采用精度和生产率最高的毛坯制造方法；铸件采用金属型机器造型，锻件用模锻或精密锻造。在单件小批生产中用木模手工造型、焊接结构或自由锻造来制造毛坯。

（4）毛坯车间的生产条件　在选择毛坯时，应考虑工厂毛坯车间的生产条件。

（5）利用新工艺、新技术和新材料的可能性　例如采用精密锻造、压铸、冷轧、冷挤压、粉末冶金、异型钢材及工程塑料等，可大大减少机械加工劳动量。

8.4　工件定位的基本原理

工件在夹具中定位的目的是使同一工序的一批工件都能在夹具中占据正确的位置。工件的定位是由工件上一系列的表面联合完成的，因此，必须根据工件定位的基本原理，选择适当的工件表面和表面组合实现工件在加工过程中的定位。

8.4.1　基准的概念与分类

基准是指用来确定生产对象上几何要素间的几何关系所依据的那些点、线和面。基准由具体的几何表面来体现，称为基面。如图 8-8 所示齿轮零件的外圆表面 ϕ50h8 的基准是齿轮中心线，在具体装配或定位时，齿轮中心孔表面是体现基准轴线的基面。按基准在不同场合下的作用不同，可分为设计基准和工艺基准两大类。

1. 设计基准

设计基准是图样上所采用的基准。如图 8-8 所示的齿轮零件，轴线是各外圆和内孔的设计基准。

2. 工艺基准

工艺基准是在工艺过程中所采用的基准。按其不同用途又可分为：

（1）工序基准　工序基准是在工序图上用来确定本工序所加工的表面，加工后的尺寸、形状、位置的基准。它是某一工序所要达到的加工尺寸（即工序尺寸）的起点。

（2）定位基准　定位基准是在工件加工中用作定位的基准。工件定位基准的位置一经确定，工件其他部分的位置也就随之确定。通常定位基准是在制定机械加工工艺规程时选定。如图 8-9 所示，工件的表面 A 和 C 由夹具支承元件 1 和定位元件 2 定位。由于工件是一

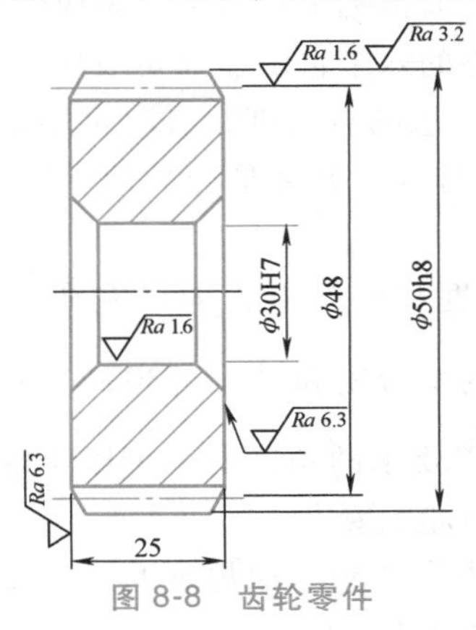

图 8-8　齿轮零件

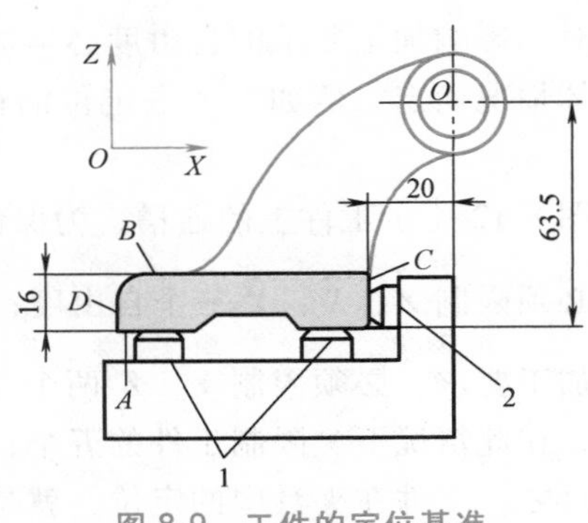

图 8-9　工件的定位基准

1—支承元件　2—定位元件

个整体，工件上的其他部分，如表面 B 和 D、中心线 O 等均与表面 A 和 C 保持一定的位置关系，从而相应得到定位。表面 A 和 C 就是工件的定位基准。

（3）测量基准　测量基准是零件测量时所采用的基准。

（4）装配基准　装配基准是装配过程中确定零件或部件在产品中的相对位置所采用的基准。如图 8-8 所示的齿轮，ϕ30H7 内孔及端面为装配基准。

8.4.2　六点定位原理

一个尚未定位的工件是一个自由物体，其空间位置是不确定的。一个自由物体的空间位置不确定性，称为自由度。在空间直角坐标系中描述工件位置的不确定性，一个自由工件具有六个自由度，如图 8-10 所示：工件沿 X、Y、Z 轴方向的位置不确定性称为沿 X、Y、Z 轴的位移自由度，用 $\vec{X}$、$\vec{Y}$、$\vec{Z}$ 表示；绕 X、Y、Z 轴的角位置不确定性称为绕 X、Y、Z 轴的旋转自由度，用 $\widehat{X}$、$\widehat{Y}$、$\widehat{Z}$ 表示。而一个自由工件在空间的不同位置，就是这六个自由度不同状态的综合结果。

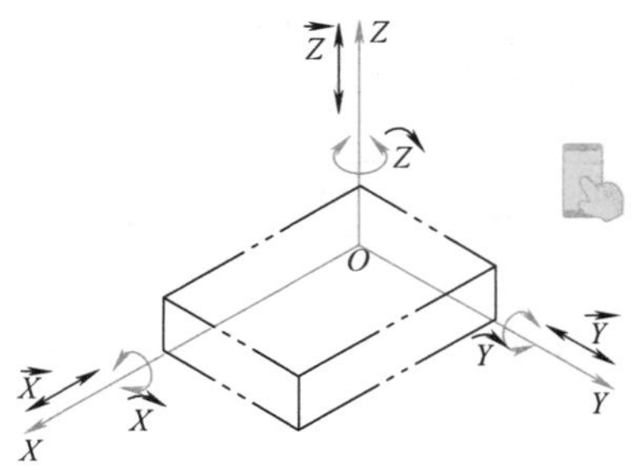

图 8-10　作为刚体工件的自由度

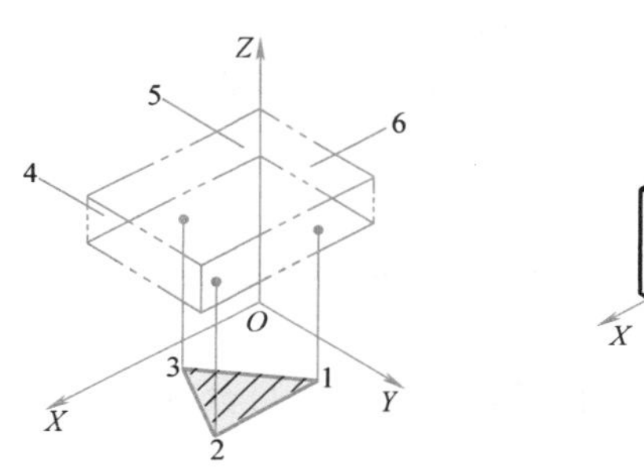

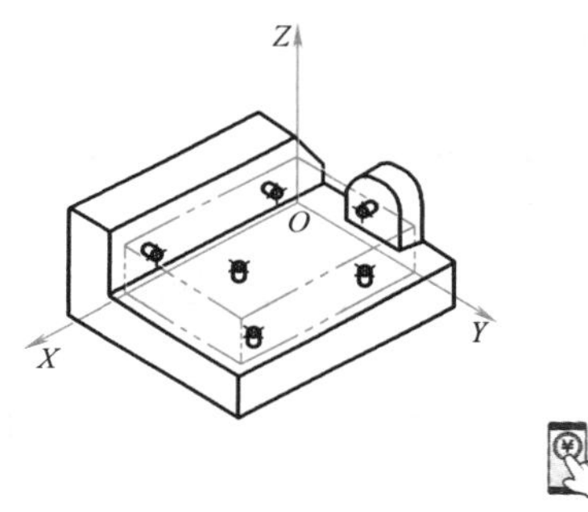

图 8-11　长方形工件的六点定位

显然，要使工件在空间占据完全确定的位置，就必须限制工件的六个自由度。如果按图 8-11 所示设置六个支承点，工件的三个面分别与这些点接触，工件的六个自由度便都被限制了。这些用来限制工件自由度的固定点，称为定位支承点。通常把工件的某个表面限制的自由度数抽象为相应的定位支承点数。并非所有情况下，工件的六个自由度都要限制。工件定位时，影响加工要求的自由度必须加以限制，不影响加工要求的自由度，有时可不限制，视具体情况而定。例如，考虑定位的稳定性，夹具结构简单与否，夹紧是否方便、安全等因素。

图 8-12 所示工件上的通槽，为保证槽底面与 A 面的平行度和尺寸 $60_{-0.2}^{\ 0}$mm 两项加工要求，必须限制 $\vec{Z}$、$\widehat{X}$、$\widehat{Y}$ 三个自由度；为保证槽侧面与 B 面的平行度和尺寸（30±0.1）mm 两项加工要求，必须限制 $\vec{Y}$、$\widehat{Z}$ 两个自由度；至于 $\vec{X}$，从加工要求的角度看，可以不限制。因此，在此情况下，限制工件的五个自由度就可以保证工序的加工要求。

总之，工件在夹具中的定位，就是工件在未夹紧之前，为了达到工序规定的加工要求，适当地限制某些对加工要求产生影响的自由度，使同一批工件在夹具中占有一个确定的正确加工位置。由上述分析可以得出如下结论：

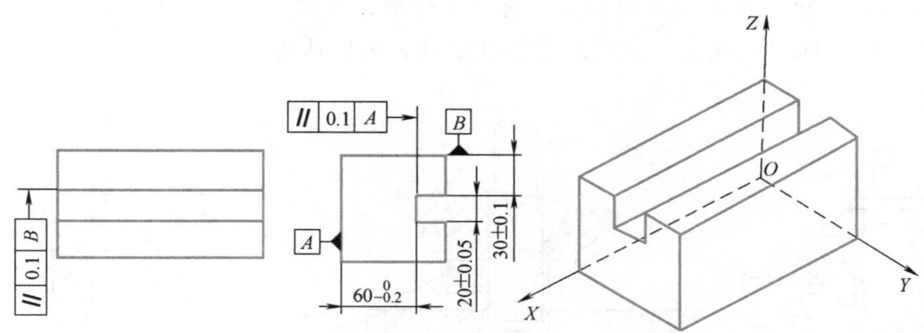

图 8-12　按照加工要求确定必须限制的自由度

1）任何工件作为一个自由物体，都具有六个自由度。在直角坐标系中，它们分别表示为：$\vec{X}$、$\vec{Y}$、$\vec{Z}$ 和 $\overset{\curvearrowright}{X}$、$\overset{\curvearrowright}{Y}$、$\overset{\curvearrowright}{Z}$。

2）要限制工件的六个自由度，就必须在夹具中设置相当于六个无重复作用的定位支承点的定位元件，与工件的定位基准相接触或配合。

3）工件定位时，需要限制的自由度数目，是由工件在该工序的加工要求所确定的。独立定位支承点总数，不应少于工件加工时必须限制的自由度数目。

这个结论就是工件定位时，必须遵循的定位原理。通常称为工件的六点定位原理。

8.4.3　六点定位原理的应用

在实际生产中，应用六点定位原理分析工件在夹具中的定位问题时，有以下几种情况：

1. 完全定位

工件的六个自由度都被限制的定位称为完全定位。如长方体工件铣不通槽，需要限制工件的六个自由度，应该采用完全定位。

2. 不完全定位

工件被限制的自由度少于六个，但能保证加工要求的定位称为不完全定位。这种定位有两种情况：一种是由于工件的几何形状特点，限制工件的某些自由度没有意义，有时也无法限制，如光轴的绕轴线旋转自由度；另一种情况是，工件的某些自由度不限制并不影响加工要求。如图 8-12 加工通槽的例子，工件的位移自由度 $\vec{X}$ 并不影响通槽的加工要求。

3. 欠定位

按照加工要求应该限制的自由度没有被限制的定位称为欠定位，或定位不足。在确定工件在夹具中的定位方案时，欠定位是不允许出现的。

4. 过定位

工件的一个或几个自由度被不同的定位支承点重复限制的定位称为过定位。

在设计夹具时，是否允许过定位，应根据工件的不同定位情况进行分析。如图 8-13a 所示为插齿时常用的夹具。工件 3（齿坯）以内孔在心轴 1 上定位，限制工件的 $\vec{X}$、$\vec{Y}$、$\overset{\curvearrowright}{X}$、$\overset{\curvearrowright}{Y}$ 四个自由度，又以端面在支承凸台 2 上定位，限制工件的 $\vec{Z}$、$\overset{\curvearrowright}{X}$、$\overset{\curvearrowright}{Y}$ 三个自由度，$\overset{\curvearrowright}{X}$、$\overset{\curvearrowright}{Y}$

被重复限制，属于过定位。实际上，齿坯孔与端面的垂直度误差是不可避免的，工件的定位如图 8-13b 所示，这时齿坯端面与凸台只有一点接触，夹紧后，造成工件和定位元件（心轴 1）的弯曲变形。如果齿坯孔与端面的垂直度很高，可以认为可用过定位。

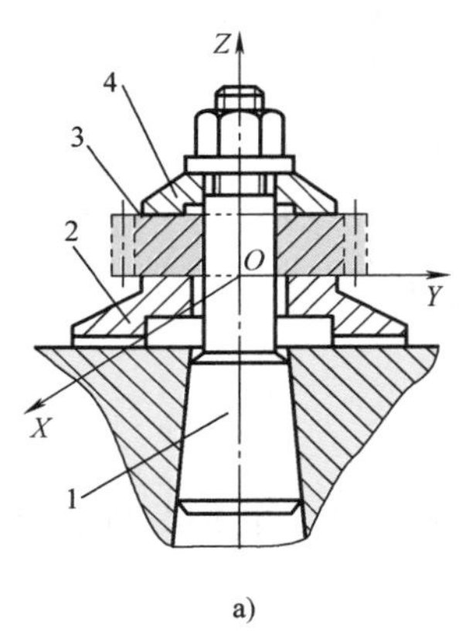

a)

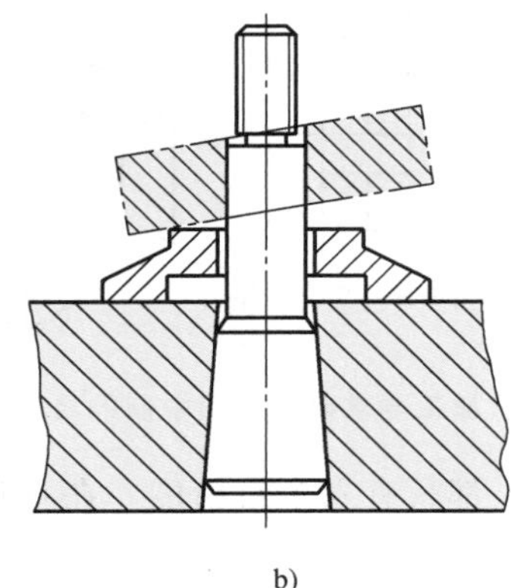
b)

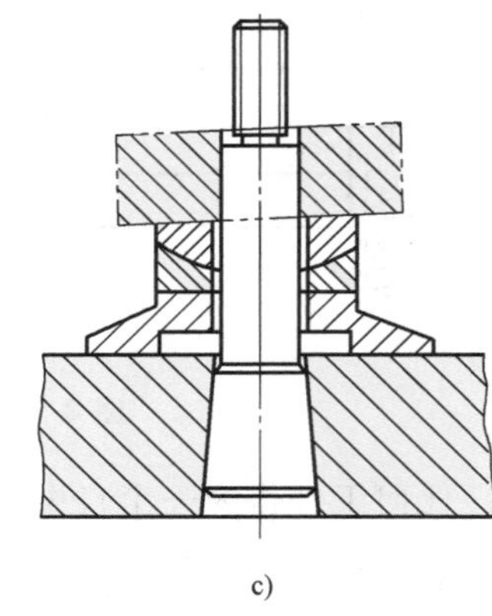
c)

图 8-13　齿轮齿形加工常用定位方式及其夹具

1—心轴　2—支承凸台　3—工件　4—压板

避免过定位的措施是改变定位装置的结构，如将长圆柱销改为短圆柱销，去掉重复限制 $\widehat{X}$、$\widehat{Y}$ 的两个支承点，将大支承板改为小支承板或浮动支承，如图 8-13c 所示，使用球面垫圈，去掉重复限制 $\widehat{X}$、$\widehat{Y}$ 的两个支承点。显然夹具的结构复杂程度加大了。

从上述工件定位实例可知，若工件定位时出现过定位现象，可能产生以下不良后果：

1）定位不稳定，增加了同批工件在夹具中位置的不一致性。

2）增加工件和夹具定位元件的夹紧变形。

3）导致部分工件不能顺利与定位元件配合，造成干涉。

在实际应用中，应当根据具体情况，采取如下措施消除或减少过定位带来的不良后果：

1）提高工件定位基准之间及定位元件工作表面之间的位置精度，减小过定位对加工精度的影响，使不可用过定位变为可用过定位。

2）改变定位方案，避免过定位。消除重复限制自由度的支承或将其中某个支承改为辅助支承（或浮动支承）；改变定位元件的结构，如圆柱销改为菱形销，长销改为短销等。

3）有些情况下，过定位是允许的，也是必要的，有时甚至是不可避免的。对于刚性差的薄壁件、细长杆件或用已加工过的大平面作为工件定位基准时，为减小切削力造成工件和夹具定位元件的变形，确保加工中定位稳定，常常采用过定位。例如，在车床上车削细长轴时，往往采用前后顶尖和中心架（或跟刀架）定位。

8.5　机械加工工艺规程设计中的主要定性问题

8.5.1　定位基准的选择

为了保证工件加工表面的技术要求，在使用夹具的情况下，就要使机床、刀具、夹具和工件之间保持正确的加工位置。显然，工件的定位是其中极为重要的一个环节。

在零件加工过程中，每一道工序都需要选择定位基准。定位基准的选择，对保证零件加工精度，合理安排加工顺序有决定性的影响。通常定位基准分为粗基准和精基准两种。用作定位的表面，如果是没有经过加工的毛坯表面，通常称作粗基准；如果工件的定位基准表面已经被加工过，并且具有较高的精度，则称作精基准。

1. 精基准的选择

选择精基准时，应重点考虑保证加工精度，使加工过程操作方便。选择精基准一般要考虑以下原则：

1）基准重合的原则。尽量选用被加工表面的设计基准作为精基准，这样可以避免因基准不重合而引起的误差。

如图 8-14 所示车床主轴箱零件，要求主轴孔距底面 M 的距离 $H_1=(205\pm0.1)$ mm。在大批量生产时在组合机床上采用调整法加工。为方便布置中间导向装置，主轴箱体用顶面 N 作为定位基准。镗孔工序直接保证的工序尺寸是 H，而 H_1 是由 H 及 H_2 间接保证的；要求 $T_H+T_{H2}\leqslant T_{H1}$。如果以底面 M 定位，定位基准与设计基准重合，可以直接按设计尺寸 H_1 加工。

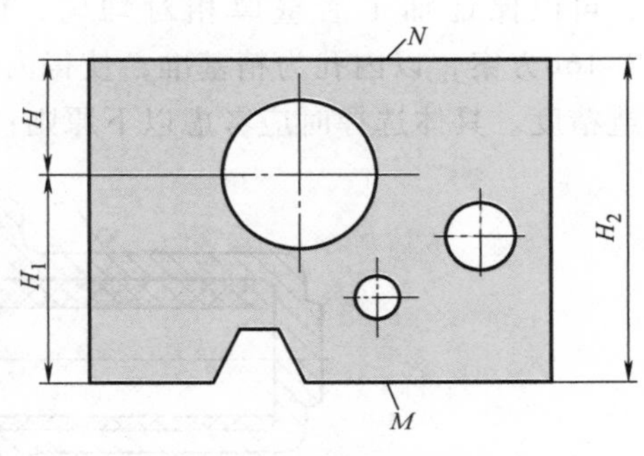

图 8-14　车床主轴箱

2）基准统一原则。选择尽可能多的表面加工时都能使用的基准作为精基准。如轴类零件，常用顶尖孔作为统一基准加工外圆表面，这样可保证各表面之间的同轴度；一般箱体常用一平面和两个距离较远的孔作为精基准；盘类零件常用一端面和一短孔为统一精基准完成各工序的加工。采用基准统一原则可避免基准变换产生的误差，简化夹具设计和制造。

3）自为基准原则。对于加工精度要求很高、余量小而且均匀的表面，加工中常用加工表面本身作为定位基准。例如磨削机床床身导轨面时，为保证导轨面上切除余量均匀，以导轨面本身找正定位磨削导轨面，如图 8-15 所示。

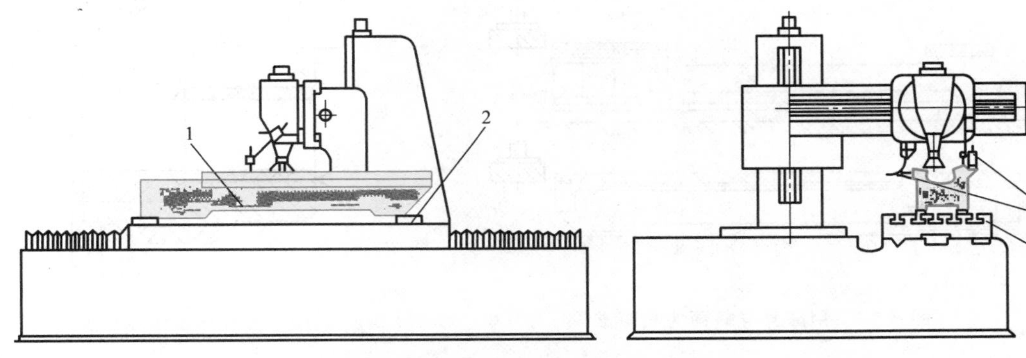

图 8-15　在导轨磨床上磨削机身导轨面

1—工件（机身）　2—楔铁　3—百分表　4—导轨磨床工作台

4）互为基准原则。对于两个表面间位置精度要求很高，同时其自身尺寸与形状精度要

求都很高的表面加工，常采用“互为基准、反复加工”的原则。如机床主轴前端锥孔与轴颈外圆的加工，常以锥孔为基准加工外圆轴颈，再以外圆轴颈为基准加工内锥孔，以保证两者间的位置精度。

5）所选精基准应保证工件装夹稳定可靠，夹具结构简单，操作方便。

2. 粗基准的选择

在机械加工工艺过程中，第一道工序总是用粗基准定位。粗基准的选择对各加工表面加工余量的分配，保证不加工表面与加工表面间的尺寸、位置精度均有很大的影响。图 8-16a 和 b 分别给出了不同的粗基准选择方案对加工效果的影响。图 8-16a 方案，以外圆为粗基准，可以保证加工后壁厚相对均匀，但是切除的余量不均匀会影响内孔表面的精度；图 8-16b方案，以内孔为精基准，使得内孔加工余量均匀，但是壁厚的变化完全取决于毛坯制造精度。具体选择时应考虑以下原则：

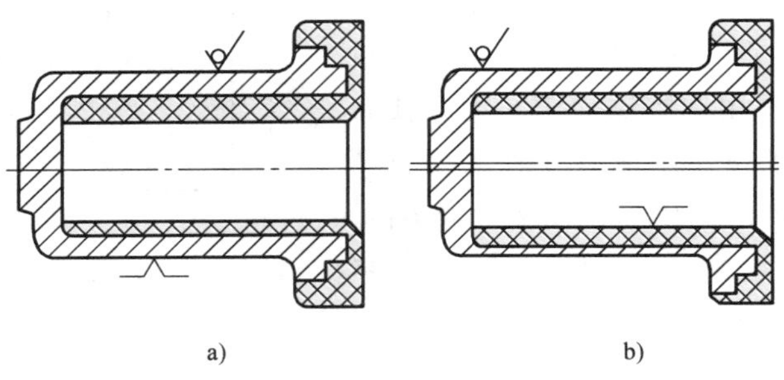

图 8-16　选用不同粗基准时的不同加工效果

1）选择重要表面为粗基准。对于工件的重要表面，为保证其本身的加工余量小而均匀，应优先选择重要表面为粗基准。如加工床身、主轴箱时，常以导轨面（图 8-17）或主轴孔为粗基准。

2）选择不加工表面为粗基准。为了保证加工表面与不加工表面之间的位置要求，一般应选择不加工表面为粗基准（图 8-18）。

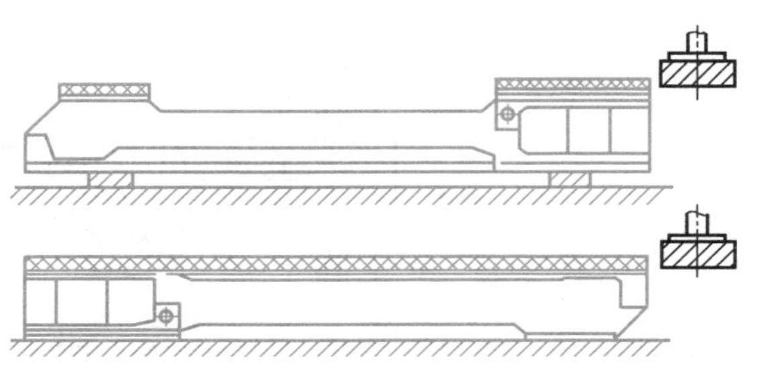

图 8-17　用床身导轨面为粗基准

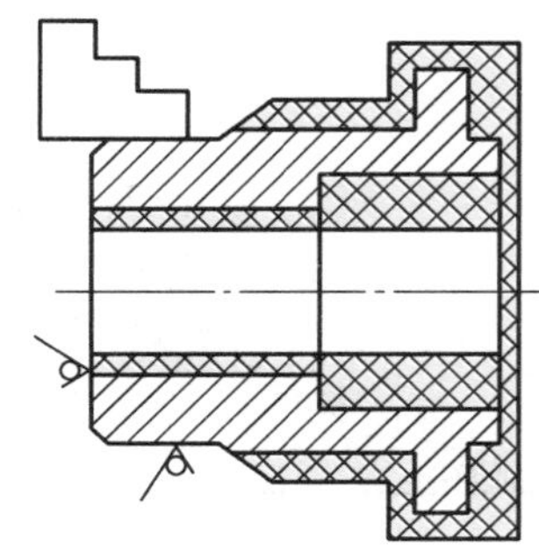

图 8-18　不加工表面为粗基准

3）选择加工余量最小的表面为粗基准。若零件上有多个表面要加工，则应选择其中加工余量最小的表面为粗基准，以保证各加工表面有足够的加工余量。如图 8-19 所示，铸造或锻造的轴，一般大头直径上的余量比小头直径上的余量大，故常用小头外圆表面为粗基准来加工大头直径外圆。

4）选择较为平整光洁，无分型面、冒口，面积较大的表面为粗基准，以使工件定位可靠，装夹方便，减少加工劳动量。

5）粗基准在同一自由度方向上只能使用一次。粗基准重复使用会造成较大定位误差。

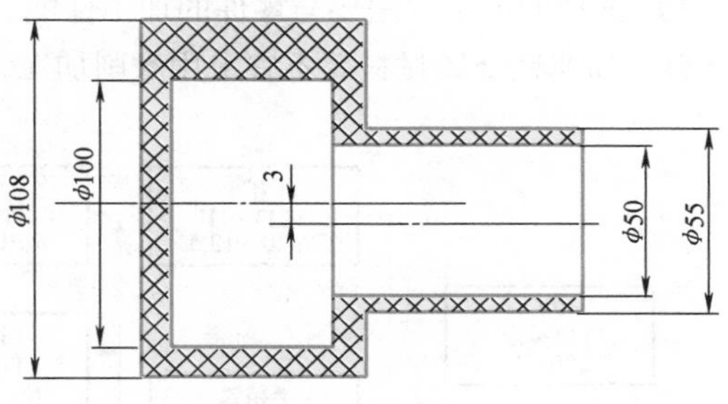

图 8-19　加工余量大小不等的情况

8.5.2　加工工艺路线的拟定

拟定加工工艺路线是工艺规程设计中的关键性工作，其不仅影响加工质量和加工效率，还影响工人的劳动强度、设备投资、车间面积和生产成本等。其主要任务是解决表面加工方法的选择、加工顺序的安排以及整个工艺过程中工序的数量。

1. 表面加工方法的选择

任何复杂的表面都是由若干个简单的几何表面（外圆柱面、孔、平面或成形表面）组合而成的。零件的加工，实质上就是这些简单几何表面加工的组合。因此，在拟定零件的加工工艺路线时，首先要确定构成零件各个表面的加工方法。

选择加工方法的具体做法就是根据被加工表面的加工要求和材料性质等，选择合适的加工方法及加工顺序。在具体选择时应综合考虑下列各方面的原则：

1）选择加工方法的经济加工精度及表面粗糙度应满足被加工表面的要求。

图 8-20～图 8-22 分别给出三种基本表面的典型加工方法。其中的数据是在正常加工条件下（采用符合质量标准的设备、工艺装备和标准技术等级工人、不延长加工时间）所能保证的加工精度，即经济加工精度。随着生产技术的发展，工艺水平的提高，同一种加工方法能达到的经济加工精度和表面粗糙度也会不断提高。

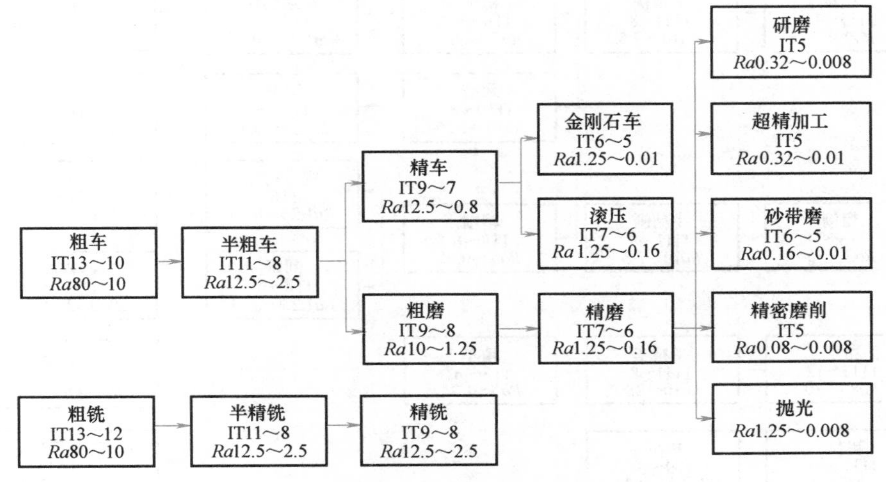

图 8-20　外圆表面的典型加工方法

2）选择的加工方法要能保证加工表面的几何形状精度和位置要求。各种加工方法所能达到的几何形状精度和位置精度可参阅机械加工工艺人员手册。

3）选择的加工方法要与零件的加工性能、热处理状况相适应。对于硬度低、韧性较高的金属材料，如非铁金属材料等不宜采用磨削加工，而淬火钢、耐热钢等材料多用磨削加工。

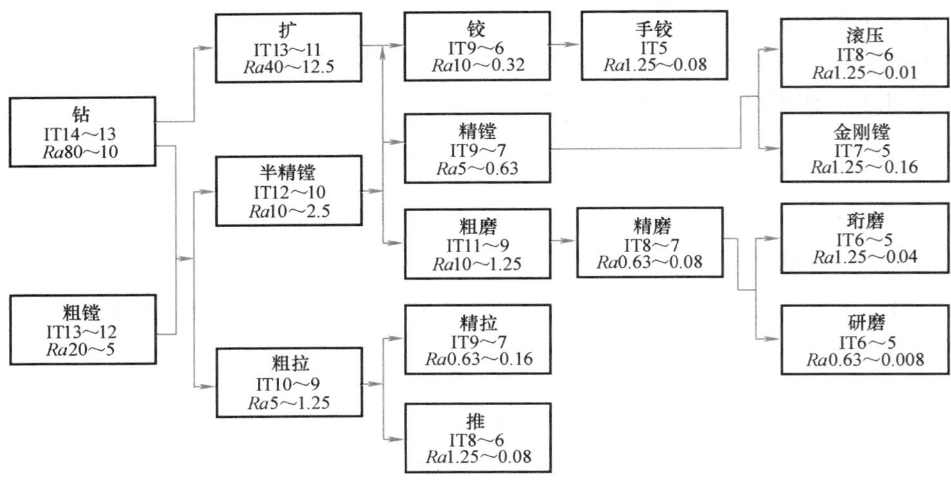

图 8-21　孔表面的典型加工方法

4）所选择的加工方法要与生产类型相适应。大批量生产可采用高效机床和先进加工方法，如平面和内孔的拉削，轴类零件可用半自动液压仿形车；而小批生产则用通用机床、通用工艺装备和一般的加工方法。

5）所选择的加工方法要与工厂现有的生产条件相适应，不能脱离现有设备状况和工人技术水平，要充分利用现有设备，挖掘生产潜力。

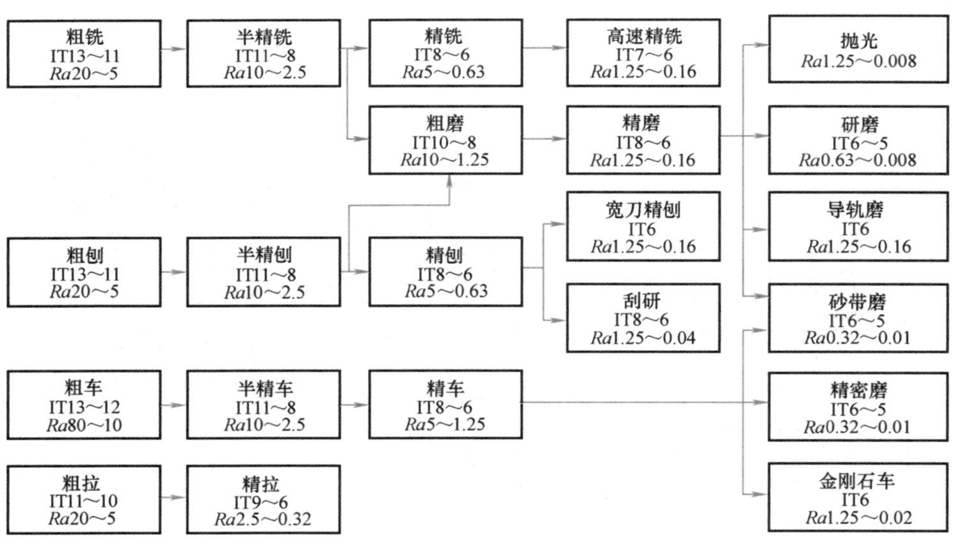

图 8-22　平面的典型加工方法

2. 加工阶段的划分

对于加工质量要求较高或比较复杂的零件，整个工艺路线常划分为几个阶段来进行。

（1）加工阶段的种类

1）粗加工阶段。主要任务是切除各加工表面上的大部分加工余量，并作出精基准。其关键问题是提高生产率。

2）半精加工阶段。任务是减少粗加工留下的误差，为主要表面的精加工做好准备（控制精度和适当余量），并完成一些次要表面的加工（如钻孔、攻螺纹和铣键槽等）。

3）精加工阶段。任务是保证各主要表面达到图样规定的要求，主要问题是如何保证加工质量。

4）光整加工阶段。主要任务是提高表面本身的精度（表面粗糙度和精度），一般没有纠正位置误差的作用。常用加工方法有金刚镗、研磨、珩磨、镜面磨和抛光等。

（2）划分加工阶段的原因

1）保证加工质量。粗加工时切削余量大，切削力、切削热和夹紧力也大，毛坯本身具有内应力，加工后内应力将重新分布，工件会产生较大变形。划分加工阶段后，粗加工产生的误差和变形，通过半精加工和精加工予以纠正，并逐步提高零件的精度和表面质量。

2）及时发现毛坯的缺陷。粗加工时去除了加工表面的大部分余量，当发现有缺陷时可及时报废或修补，避免精加工工时的损失。

3）合理使用设备。粗加工可采用精度一般、功率大和效率高的设备；精加工则采用精度高的精密机床。发挥各类机床的效能，延长机床的使用寿命。

4）便于组织生产。各加工阶段要求的生产条件不同，如精密加工要求恒温洁净的生产环境。划分加工阶段后，可在各阶段之间安排热处理工序。对于精密零件，粗加工后安排去应力时效处理，可减少内应力对精加工的影响；半精加工后安排淬火，不仅容易达到零件的性能要求，而且淬火变形可通过精加工工序予以消除。

5）精加工安排在最后，可防止或减少对已加工表面的损伤。

应当指出，加工阶段的划分不是绝对的。对于那些刚性好、余量小、加工要求不高或内应力影响不大的工件，如有些重型零件的加工，可以不划分加工阶段。

3. 工序的集中与分散

确定了加工方法和划分加工阶段以后，需将加工表面的全部加工内容按不同加工阶段组合成若干个工序，拟定出整个加工路线。组合工序时有工序集中和工序分散两种方式。

（1）工序分散　就是将零件的加工内容分散到很多工序内完成。其特点是：

1）由于每台机床完成的工序简单，可采用结构简单的高效单一功能的机床，工艺装备简单、调整容易，易于平衡工序时间，组织流水生产。

2）生产准备工作量少，容易适应产品的转换，对操作工人技术要求低。

3）有利于采用最合理的切削用量，减少机动时间。

4）设备数目多，操作工人多，生产面积大，物料输送路线长。

（2）工序集中　就是将零件的加工内容集中在少数几道工序中完成。其特点是：

1）有利于采用高效的专用设备和工艺装备，可大大提高劳动生产率。

2）工序少，减少了机床数量、操作工人人数和生产面积，简化了生产计划管理。

3）工件装夹次数减少，缩短了辅助时间。由于在一次装夹中加工较多的表面，容易保证它们的位置精度。

4）设备和工艺装备复杂，生产准备工作量和投资都较大，调整、维修费时费事，故转换新产品比较困难。

工序集中与分散各有优缺点，在制定工艺路线时应根据生产类型、零件的结构特点及工厂现有设备等灵活处理。一般情况下，单件小批生产中，为简化生产作业计划和组织工作，常采用工序集中；成批生产和大量生产中，多采用工序分散，也可采用工序集中。从生产发展来看，尤其是柔性加工技术的使用，一般趋向于采用工序集中方式组织生产。

4. 工序先后顺序的安排

工序顺序的安排对保证加工质量、提高生产率和降低成本都有重要的作用。

（1）安排切削加工顺序的原则

1）先粗后精。各表面的加工工序按照由粗到精的加工阶段交叉进行。

2）先主后次。先安排零件的装配基面和工作表面等主要表面的加工，将次要表面（如键槽、紧固用的光孔和螺纹底孔等）的加工穿插进行。

3）先面后孔。对于箱体、支架、连杆和底座等零件，先加工主要表面、定位基准平面和孔的端面，然后加工孔。

4）基准先行。优先考虑精基准面的加工，按基面转换的顺序和逐步提高加工精度的原则来安排基准面和主要表面的加工。

在安排加工顺序时，还要注意退刀槽、倒角和去毛刺等工序的安排。

（2）热处理及表面处理工序的安排　热处理工序的安排，主要取决于零件的材料与热处理的要求。通常有以下几种情况：

1）改善加工性能和金属组织的热处理。如退火和正火应安排在机械加工之前进行。对碳的质量分数超过0.5%的碳钢，用退火来降低其硬度；对于碳的质量分数小于0.5%的碳钢，一般用正火改善材料的切削性能。

2）消除内应力的热处理。如人工时效和退火等，一般安排在粗加工后、精加工前进行。对精度要求很高的精密丝杠、主轴等零件，应安排多次时效处理。对于结构复杂的铸件，如机床床身和立柱等，则在粗加工前后都要进行时效处理。

3）提高零件表面硬度的热处理。提高零件表面硬度的热处理一般安排在半精加工后、磨削加工前进行。对于渗碳淬火，常将渗碳工序放在次要表面加工前，淬火放在次要表面加工后，以减少次要表面与淬硬表面之间的位置误差。对于氮化、氮碳共渗等热处理工序一般安排在粗磨与精磨之间进行。

4）提高零件的耐腐蚀能力、耐磨性和电导率等的表面处理。如表面发蓝处理、表面镀层处理，一般安排在机械加工完毕之后进行。

（3）辅助工序的安排　检验工序是重要的辅助工序，它是保证产品质量的必要措施。检验工序一般安排在粗加工完全结束之后、重要工序加工前后、零件在车间之间转换时、特殊性能（如磁力探伤、密封性能等）检测以及零件全部加工结束之后进行。除了检验工序以外，有时在某些工序之后还应安排一些去毛刺、去磁和涂防锈漆等辅助工序。

8.5.3　机床与工艺装备的选择

1. 机床的选择

选择机床设备的原则是：

1）机床的主要规格尺寸应与被加工零件的外廓尺寸相适应。

2）机床的精度应与工序要求的加工精度相适应。

3）机床的生产率应与被加工零件的生产类型相适应。

4）机床的选择应适应工厂现有的设备条件。

如果需要改装或设计专用机床，则应提出设计任务书，阐明与加工工序内容有关的参数、生产率要求，保证零件质量的条件以及机床总体布置形式等。

2. 工艺装备的选择

选择工艺装备，即确定各工序所用的刀具、夹具、量具和辅助工具等。

（1）夹具的选择　单件小批生产，应尽量选用通用工具，如各种卡盘、台虎钳和回转台等，为提高生产率，可积极推广和使用成组夹具或组合夹具，高效的液压气动等专用工具。夹具的精度应与工件的加工精度要求相适应。

（2）刀具的选择　一般采用通用刀具或标准刀具，必要时也可采用高效复合刀具及其他专用刀具。刀具的类型、规格和精度应符合零件的加工要求。

（3）量具的选择　单件小批生产应采用通用量具，大批量生产中采用各种量规和一些高效的检验工具。选用的量具精度应与零件的加工精度相适应。

如果需要采用专用的工艺装备时，则应提出设计任务书。

8.5.4 切削用量的确定

应当从保证工件加工表面的质量、生产率、刀具寿命以及机床功率等因素来考虑选择切削用量。

1. 粗加工切削用量的选择

粗加工毛坯余量大，加工精度与表面粗糙度要求不高。因此，粗加工切削用量的选择应在保证必要的刀具寿命的前提下，尽可能提高生产率和降低成本。

通常生产率以单位时间内的金属切除率 Z_W（mm^3/s）表示，即

$$Z_W = 1000vfa_p \tag{8-1}$$

可见，提高切削速度、增大进给量和背吃刀量都能提高切削加工生产率。其中 v 对刀具寿命 T 影响最大，a_p 最小。在选择粗加工切削用量时，应首先选用尽可能大的背吃刀量 a_p，其次选用较大的进给量 f，最后根据合理的刀具寿命，用计算法或查表法确定合适的切削速度 v。

（1）背吃刀量的选择　粗加工时，背吃刀量由工件加工余量和工艺系统的刚度决定。在保留后续工序余量的前提下，尽可能将粗加工余量一次切除掉；若总余量太大，可分几次进给。

（2）进给量的选择　限制进给量的主要因素是切削力。在工艺系统的刚性和强度良好的情况下，可用较大的 f 值。具体可用查表法，参阅参考文献［30、31］，根据工件材料和尺寸大小、刀杆尺寸和初选的背吃刀量 a_p 选取。

（3）切削速度的选择　切削速度主要受刀具寿命的限制，在 a_p 及 f 选定后，v 可按公式计算得到。切削用量 a_p、f 和 v 三者决定切削功率，确定 v 时应考虑机床的许用功率。

2. 精加工切削用量的选择

在精加工时，加工精度和表面粗糙度的要求都较高，加工余量小而均匀。因此，在选择精加工的切削用量时，着重是考虑保证加工质量，并在此基础上尽量提高生产率。

1）背吃刀量的选择。由粗加工后留下的余量决定，一般 a_p 不能太大，否则会影响加工质量。

2）进给量的选择。限制进给量的主要因素是表面粗糙度。应根据加工表面的粗糙度要求、刀尖圆弧半径 r_w、工件材料、主偏角 κ_r 及副偏角 κ_r' 等选取 f。参见参考文献［30、31］。

3）切削速度的选择。切削速度的选择主要考虑表面粗糙度要求和工件的材料种类。当表面粗糙度要求较高时，切削速度也较大。

8.6 加工余量及其确定方法

对于零件的某一个表面，为达到图样所规定的精度及表面粗糙度要求，往往需要经过多次加工方能完成，而每次加工都需要去除余量。

8.6.1 加工余量的概念

加工余量是指在加工过程中从被加工表面上切除的金属层厚度。加工余量可分为加工总余量和工序余量两种。

工序余量是指工件某一表面相邻两工序尺寸之差（即一道工序中切除的金属层厚度）。按照这一定义，工序余量有单边余量和双边余量之分。零件的非对称结构的非对称表面，其加工余量一般为单边余量，如单一平面的加工余量为单边余量。零件对称结构的对称表面，其加工余量为双边余量，如回转体表面（内、外圆柱表面）的加工余量为双边余量。

加工总余量为同一表面上毛坯尺寸与零件设计尺寸之差（即从加工表面上切除的金属层总厚度）。某表面加工总余量（Z_Σ）等于该表面各个工序余量（Z_i）之和，即

$$Z_\Sigma = Z_1 + Z_2 + \cdots + Z_n = \sum_{i=1}^{n} Z_i \tag{8-2}$$

式中，n 为机械加工工序数目；Z_1 为第一道粗加工工序的加工余量。

一般来说，毛坯的制造精度高，Z_1 就小；若毛坯制造精度低，Z_1 就大（具体数值可参阅参考文献［30］）。

8.6.2 影响加工余量的因素

影响工序余量的因素比较多且复杂。结合图 8-23 所示用小头孔和端面定位镗削连杆大孔工序的情形，综合分析影响工序余量的主要因素有：

（1）前一工序产生的表面粗糙度值 Ra 和表面缺陷层深度 H_a　其应在本工序切除掉。表面层的结构如图 8-24 所示。表面上 Ra 和 H_a 的大小，与所用的加工方法有关，表 8-5 为有关的试验数据。

（2）加工前道工序的尺寸公差 T_a　本工序应切除前道工序尺寸公差中包含的各种误差。待加工表面存在各种几何形状误差，如圆度和圆柱度等，其包含在前道工序公差范围内。

（3）加工前道工序各表面间的位置误差 ρ_a　包括轴线、平面的本身形状误差（如弯曲和偏斜等）及其位置误差（如偏移、平行度、垂直度和同轴度误差等）。

（4）本工序的装夹误差 ε_b　包括定位误差、夹紧误差以及夹具本身的误差。

根据以上分析，可建立以下加工余量计算式，即

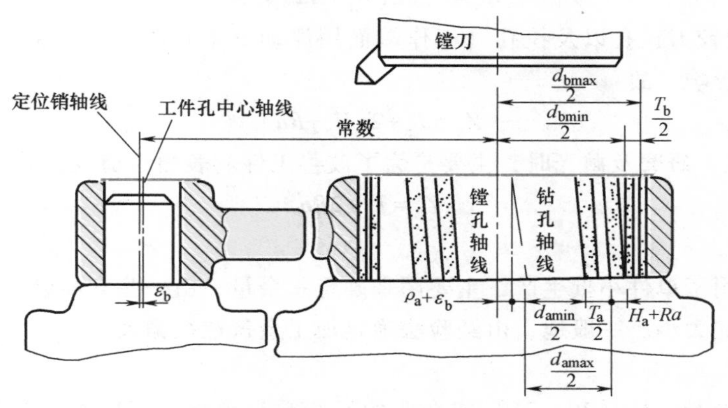

图 8-23 镗削连杆大孔工序

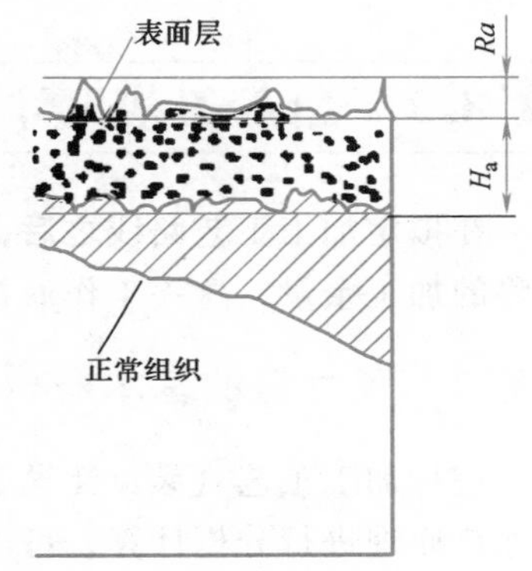

图 8-24 表面层的结构

加工外圆和孔时：

$$Z_b = T_a + 2(H_a + Ra) + 2|\overline{\rho}_a + \overline{\varepsilon}_b| \tag{8-3}$$

加工平面时：

$$Z_b = T_a + (H_a + Ra) + |\overline{\rho}_a + \overline{\varepsilon}_b| \tag{8-4}$$

8.6.3 确定余量的方法

1. 分析计算法

在已知各个影响因素的情况下，计算法是比较精确的。在应用式（8-3）和式（8-4）时，要针对具体情况对其加以分析、简化。

1）在无心外圆磨床上加工零件，装夹误差可忽略不计，故

表 8-5 表面粗糙度 Ra 和表面缺陷层深度 H_a 值 （单位：μm）

加工方法	Ra	H_a	加工方法	Ra	H_a
粗车外圆	100~15	60~40	粗刨	100~15	50~40
精车内外圆	45~5	40~30	精刨	45~5	40~25
粗车端面	225~15	60~40	粗插	100~25	60~50
精车端面	24~5	40~30	精插	45~5	50~35
钻	225~45	60~40	粗铣	225~15	60~40
粗扩孔	225~25	60~40	精铣	45~5	40~25
精扩孔	100~25	40~30	拉削	3.5~1.7	20~10
粗铰	100~25	30~25	切断	225~45	60
精铰	25~5.5	20~10	研磨	1.6~0	5~3
粗镗	225~25	50~30	超级光磨	0.8~0	0.3~0.2
精镗	25~5	40~25	抛光	1.6~0.06	5~2
磨外圆	15~1.7	25~15	闭式模锻	225~100	500
磨内圆	15~1.7	30~20	冷拉	100~25	100~80
磨端面	15~1.7	35~15	高精度辗压	225~100	300
磨平面	15~1.7	30~20			

$$Z_b = T_a + 2(H_a + Ra + \rho_a) \tag{8-5}$$

2）当用浮动铰刀铰孔以及拉孔（工作端面用浮动支承）时，空间偏差对余量无影响，也无装夹误差的影响，故

$$Z_b = T_a + 2(H_a + Ra) \tag{8-6}$$

3）超精加工、研磨及抛光时，主要是为了改善工件的表面粗糙度，故

$$Z_b = T_a + 2Ra \tag{8-7}$$

2. 经验估计

经验估计多用于单件小批生产，主要用来确定总余量，由一些有经验的工程技术人员根据经验确定余量的大小。一般地，由经验法确定加工余量往往偏大。

3. 查表法

根据通用的参考文献［30、31］或企业的经验数据表格，可以查出各种工序余量或加工总余量，并结合实际加工情况加以修正，确定加工余量。此法方便、迅速，生产中被广泛采用。

8.7 加工工艺尺寸的分析计算

在拟定加工工艺路线之后，即应确定各个工序所应达到的加工尺寸及其公差，以及所应切除的加工余量，这一工作通常是运用尺寸链原理进行的。

8.7.1 尺寸链的基本概念

进行加工工艺（装配工艺）分析时，都有关于尺寸公差和技术要求的计算问题。运用尺寸链原理进行分析计算，可以使这些分析计算大为简化。

1. 尺寸链的定义和组成

在零件的加工和装配过程中，经常遇到一些相互联系的尺寸组合，这种相互联系、并按一定顺序排列的封闭尺寸组合称为尺寸链。在零件加工过程中，由加工过程中有关的工艺尺寸所组成的尺寸链，称为加工尺寸链；在机械装配过程中，由有关零件上的有关尺寸组成的尺寸链，称为装配尺寸链。

图 8-25 所示为零件加工工艺尺寸链。加工中控制 A_1、A_2 两个工序尺寸，就可以确定尺寸 A_Σ。这样，A_1、A_2、A_Σ 三个尺寸构成一个封闭的尺寸组合，即形成一个尺寸链。为简单扼要地表示尺寸链中各尺寸之间的关系，常将相互联系的尺寸组合从零件（部件）的具体结构中抽象出来，绘成尺寸链简图。绘制时不需要按比例绘制，只要求保持原有的连接关系。同一个尺寸链中各个环以同一个字母表示，并以角标加以区别。

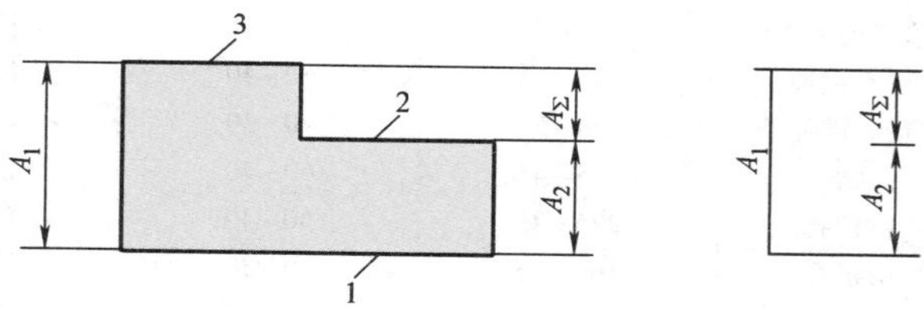

图 8-25 零件加工工艺尺寸链

尺寸链中的每一个尺寸称为尺寸链的环。环又可分为封闭环和组成环。

（1）封闭环 在零件加工或机器装配后间接形成的尺寸，其精度是被间接保证的，称

为封闭环。如图 8-25 尺寸链中，A_Σ是封闭环。

（2）组成环　在尺寸链中，由加工或装配直接控制，影响封闭环精度的各个尺寸称为组成环。如图 8-25 的 A_1 和 A_2 是组成环。组成环按其对封闭环的影响，又分增环和减环。

1）增环。当其余各组成环不变，如其尺寸增大会使封闭环尺寸也随之增大的组成环称为增环，以向右的箭头表示。如尺寸 $\overrightarrow{A}_1$ 就是增环。

2）减环。当其余各组成环不变，其尺寸的增大，使封闭环尺寸随之减小的组成环称为减环，以向左的箭头表示。如尺寸 $\overleftarrow{A}_2$ 就是减环。

在尺寸链中，判别增环或减环，除用定义进行判别外，组成环数较多时，还可用画箭头的方法。即在绘制尺寸链简图时，用沿封闭方向的单向箭头表示各环尺寸。凡是箭头方向与封闭环的箭头方向相同的组成环就是减环；箭头方向与封闭环箭头方向相反的组成环就是增环。

2. 尺寸链的特性

（1）封闭性　尺寸链是由一个封闭环和若干个（含一个）相互关联的组成环所构成的封闭图形，因而具有封闭性。不封闭就不成为尺寸链，一个封闭环对应着一个尺寸链。

（2）关联性　由于尺寸链具有封闭性，所以尺寸链中的各环都相互关联。尺寸链中封闭环随所有组成环的变动而变动，组成环是自变量，封闭环是因变量。

（3）客观性　尺寸链反映了其中各个环所代表的尺寸之间的关系，这种关系是客观存在的，不是人为构造的。根据封闭环的特性，对于每一个尺寸链，只能有一个封闭环。

（4）传递系数 ξ　表示各组成环对封闭环影响大小的系数称为传递系数。尺寸链中封闭环与组成环的关系可用方程式表示，即 $L_\Sigma=f(L_1, L_2, \cdots, L_{n-1})$。设第 i 个组成环的传递系数为 ξ_i，$\xi_i=\dfrac{\partial f}{\partial L_i}$。对于增环，$\xi_i$ 为正值；对于减环，ξ_i 为负值；若组成环与封闭环平行，$|\xi_i|=1$；组成环与封闭环不平行，则 $-1<\xi_i<+1$。图 8-25 中的尺寸链可写成方程式：$A_\Sigma=A_1-A_2$，其中环 A_1 是增环，$\xi_1=+1$；环 A_2 是减环，$\xi_2=-1$。

3. 尺寸链的分类

尺寸链根据不同分类方法，可以有各种类型。

1）根据尺寸链的应用场合。可分为零部件设计尺寸链（全部组成环为相关零部件设计尺寸，用于产品设计工作中）、加工（工艺）尺寸链（全部组成环为同一工件的加工工艺尺寸，如图 8-25 所示）和装配（工艺）尺寸链（全部组成环为参与装配关系的不同零件的完工尺寸）。设计尺寸是指零件图样上标注的尺寸，加工工艺尺寸是指工序尺寸、测量尺寸、毛坯尺寸和对刀尺寸等加工过程中直接控制的尺寸。

2）根据尺寸链各环几何特征和空间关系。可分为直线尺寸链、角度尺寸链、平面尺寸链和空间尺寸链。

3）根据尺寸链中环数的多少。可分为二环尺寸链、三环尺寸链和多环尺寸链。

4）根据尺寸链之间的关系。可分为独立尺寸链和并联尺寸链。对于两个具有并联关系的尺寸链，至少有一个尺寸在该两个尺寸链中充当组成环，称之为公共环。

尺寸链的分类虽然有多种，但基本的、典型常用的是直线尺寸链。其他类型的尺寸链均可通过适当的变换，转换成直线尺寸链的问题进行分析。故在此主要研究直线尺寸链。

4. 直线尺寸链的计算方法

直线尺寸链有两种常用计算解法：极值法和概率法。极值法是指各组成环出现极值时，封闭环尺寸与组成环尺寸之间的关系。概率法是应用概率论与数理统计原理来进行尺寸链分析计算的方法。极值法比较保守，但计算简便。在求解加工尺寸链时，一般都采用极值法，使计算过程简单方便，结果可靠。极值法的基本计算公式有以下五大关系：

1）各环公称尺寸之间的关系。封闭环的公称尺寸等于各个增环的公称尺寸之和减去各个减环的公称尺寸之和。

$$A_{\Sigma} = \sum_{i=1}^{m} \overrightarrow{A_i} - \sum_{j=m+1}^{n-1} \overleftarrow{A_j} \tag{8-8}$$

式中，A_{Σ}为封闭环公称尺寸；$\overrightarrow{A_i}$为第i个增环公称尺寸；$\overrightarrow{A_j}$为第j个减环公称尺寸；n为尺寸链中包括封闭环在内的总环数；m为增环的数目。

2）各环极限尺寸之间的关系。由式（8-8）推理可得到封闭环上极限尺寸与各组成环极限尺寸之间的关系，即

$$A_{\Sigma\max} = \sum_{i=1}^{m} \overrightarrow{A}_{i\max} - \sum_{j=m+1}^{n-1} \overleftarrow{A}_{j\min} \tag{8-9a}$$

而在相反的情况下，得到封闭环下极限尺寸与各组成环极限尺寸之间的关系，即

$$A_{\Sigma\min} = \sum_{i=1}^{m} \overrightarrow{A}_{i\min} - \sum_{j=m+1}^{n-1} \overleftarrow{A}_{j\max} \tag{8-9b}$$

3）各环尺寸极限偏差之间的关系。由式（8-9a）减去式（8-8），可得

$$\mathrm{ES}A_{\Sigma} = \sum_{i=1}^{m} \mathrm{ES}\overrightarrow{A_i} - \sum_{j=m+1}^{n-1} \mathrm{EI}\overleftarrow{A_j} \tag{8-10a}$$

由式（8-9b）减去式（8-8），则得

$$\mathrm{EI}A_{\Sigma} = \sum_{i=1}^{m} \mathrm{EI}\overrightarrow{A_i} - \sum_{j=m+1}^{n-1} \mathrm{ES}\overleftarrow{A_j} \tag{8-10b}$$

式中，ES为上极限偏差；EI为下极限偏差。

4）各环公差或误差之间的关系。由式（8-9a）减去式（8-9b），得到尺寸链中各环公差之间的关系，即

$$T_{\Sigma} = \sum_{i=1}^{n-1} T_i \tag{8-11a}$$

式中，T_{Σ}为封闭环公差；T_i为第i个组成环公差。

由此可见，在封闭环公差一定的条件下，如果减少组成环的数目，就可以相应放大各组成环的公差，从而使之容易加工。

当各环的实际误差量不等于相应的公差时，则各环的误差量之间的关系是

$$\omega_{\Sigma} = \sum_{i=1}^{n-1} \omega_i \tag{8-11b}$$

式中，ω_{Σ}为封闭环的误差；ω_i为第i个组成环的误差。

5）各环平均尺寸和平均偏差之间的关系。将式（8-9a）与式（8-9b）相加，并用2除之，可得平均尺寸之间的关系，即

$$A_{\Sigma\mathrm{M}} = \sum_{i=1}^{m} \overrightarrow{A}_{i\mathrm{M}} - \sum_{j=m+1}^{n-1} \overleftarrow{A}_{j\mathrm{M}} \tag{8-12a}$$

将式（8-12a）与式（8-8）相减，可得相对于平均尺寸的各环平均偏差之间的关系，即

$$EM_{\Sigma} = \sum_{i=1}^{m} \overrightarrow{EM}_i - \sum_{j=m+1}^{n-1} \overleftarrow{EM}_j \tag{8-12b}$$

式中，$A_{\Sigma M}$为封闭环的平均尺寸；A_{iM}为组成环的平均尺寸；EM_{Σ}为封闭环的平均偏差；EM_i为组成环的平均偏差。

8.7.2　加工尺寸链概述

机械加工工艺过程中，由各个工艺尺寸为组成环组成的尺寸链，称为机械加工工艺过程尺寸链，简称加工尺寸链。

1. 加工尺寸链的组成特点

（1）加工尺寸链的组成环　加工尺寸链的组成环即工艺尺寸。所谓工艺尺寸，就是在工艺附图或工艺规程中给出的工序尺寸、毛坯尺寸以及测量尺寸和位置要求等。以图8-26所示块状零件加工过程为例，其中工序尺寸以单箭头表示。若两端均为完工面，称为完工尺寸；有一端尚留有余量，称为中间尺寸。而毛坯尺寸为双向箭头，两端表面皆为毛面。

（2）加工尺寸链的封闭环　在机械加工过程中，确定各工序的工艺尺寸是为了使加工表面达到所要求的设计要求，同时还要使加工时能有一个合理的加工余量，保证加工后得到的表面既达到所要求的加工质量，又不至于浪费材料。所以，在加工尺寸链中，以设计要求或加工余量为封闭环，来分析确定相应的加工工艺尺寸。

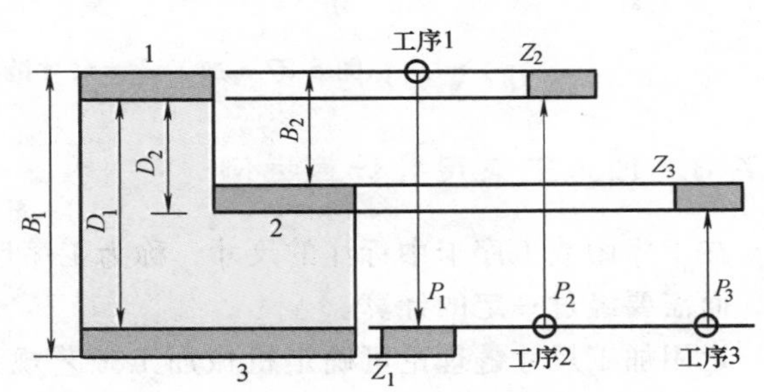

图8-26　块状零件的加工过程

2. 加工尺寸链的形式

加工尺寸链根据其封闭环尺寸的不同，有两种基本形式：

（1）加工设计尺寸链　即以零件图上的一个设计尺寸为封闭环，以加工过程中与其有关的工艺尺寸为组成环所构成的加工尺寸链。

（2）加工余量尺寸链　即以某一工序的加工余量为封闭环，以加工过程中，与其有关的工艺尺寸为组成环所构成的加工尺寸链。

由于在制定机械加工工艺规程时，往往力求使工艺路线尽量缩短，常出现一个工序尺寸同时保证两个或几个设计要求的情况，这种工序尺寸在加工尺寸链中称作“公共环”。故在设计尺寸链之间存在“并联”和“独立”的关系。在每种产品的机械加工工艺过程中，并联设计尺寸链是普遍存在的，直接影响工艺尺寸的分析计算。同样在加工尺寸链中，还存在着不容忽视的二环尺寸链。

3. 加工尺寸链的查找

加工尺寸链的建立，是分析计算加工工艺尺寸的前提。加工尺寸链反映加工过程中各有关加工工艺尺寸对封闭环尺寸的影响关系。各个加工工艺尺寸的误差，在加工过程中产生在被加工表面上，并通过后续工序的工艺尺寸传递和累积，最终到达封闭环尺寸的两端面。

因此，在建立加工尺寸链时，首先要确定封闭环。由上述可知，加工尺寸链的封闭环只能是零件图上的设计尺寸（或设计要求）或者加工过程中的加工余量。然后，从封闭环的两

端（随后由相关工序尺寸的基准面）开始，查找各工艺尺寸的加工表面，按照被加工零件上各有关表面的加工顺序及其关系，依次（一般是由精加工工序向粗加工工序）查找，首尾相接，将各有关（加工面与封闭环尺寸的端面或者相关工艺尺寸的基准面重合）工艺尺寸作为相应的组成环，直到两端查找的基准端面在某一表面汇合形成封闭为止。为使查找过程直观，可以将有关工艺尺寸按照顺序排列开，如图 8-26 所示为只考虑高度尺寸的情形。

加工尺寸链的个数，取决于封闭环的数量。图 8-26 中，封闭环尺寸共有两个设计尺寸和三个加工余量。因此，应能建立五个加工尺寸链（图 8-27）。

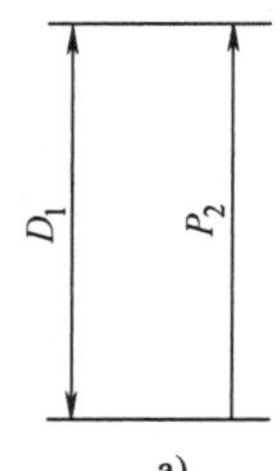

a)

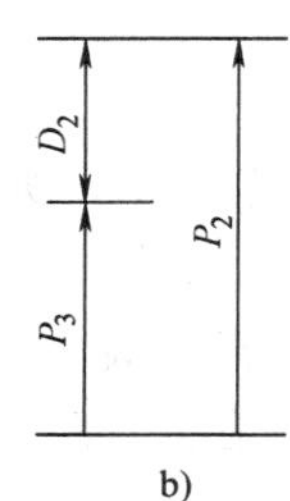

b)

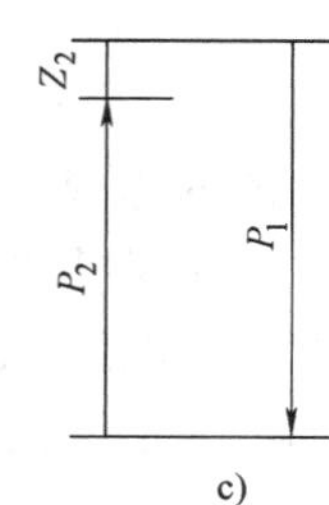

c)

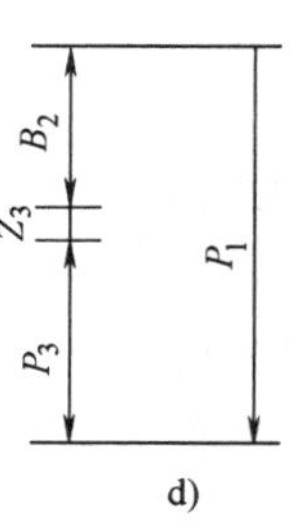

d)

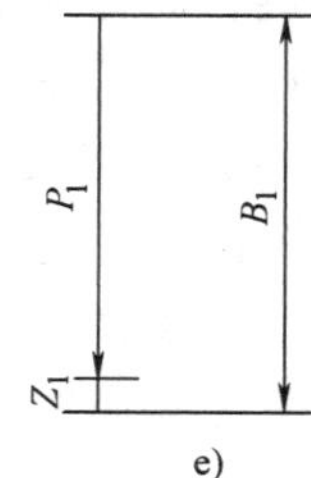

e)

图 8-27　加工设计尺寸链和加工余量尺寸链

8.7.3　加工工艺尺寸计算举例

在工序图或工序卡中标注的尺寸，称为工序尺寸。通常工序尺寸不能从零件图上直接得到，而需要经过一定的计算。

运用加工尺寸链理论可确定机械加工工艺规程制定中的毛坯尺寸、工序尺寸（包括完工工序尺寸和中间工序尺寸）以及其他有关工艺尺寸和公差。在具体确定加工工艺尺寸时，虽然具体对象、工艺过程的复杂程度不同，但是对加工工艺尺寸的分析计算可归纳为零件加工表面本身各加工工艺尺寸、公差的确定；零件加工表面之间的位置尺寸、公差的确定；零件加工表面本身和加工表面之间的尺寸和公差的确定三种情况。

下面分别举例介绍运用加工尺寸链原理确定加工过程工艺尺寸、公差的方法。

1. 加工表面本身各工序尺寸、公差的确定

零件上的内孔、外圆和平面的加工多属于这种情况。当表面需要经过多次加工时，各次加工的尺寸及其公差取决于各工序的加工余量及所采用的加工方法所能达到的经济加工精度。因此，确定各工序的加工余量和各工序所能达到的经济加工精度后，就可以计算出各工序的尺寸及公差。计算顺序是从最后一道工序向前推算。

例 8-1　材料为 45 钢的法兰盘零件上有一个 $\phi60^{+0.03}_{0}$ mm 的圆孔，表面粗糙度值为 $Ra0.08\mu m$；需淬硬，毛坯为锻件。孔的机械加工工艺过程是粗镗→半精镗→热处理→磨孔，如图 8-28 所示。加工过程中，使用同一基准完成该孔的各次加工，即基准不变。在分析中可忽略不同装夹中定位误差对加工精度的影响。试确定各加工工序的工序尺寸及其上、下极限偏差。

解　1）根据参考文献［30、31］，查得加工孔各工序的直径加工余量为

磨孔余量：$Z_0=0.5$mm；

半精镗余量：$Z_1=1.0$mm；

粗镗余量：$Z_2=3.5\text{mm}$。

2）确定各个工序的尺寸。磨削后应达到零件图上规定的设计尺寸，故磨削工序尺寸为：$D=60\text{mm}$；

为了留出磨削加工余量，半精镗后孔径的公称尺寸应为：$D_1=(60-0.5)\text{mm}=59.5\text{mm}$；

为了留出半精镗加工余量，粗镗后孔径的公称尺寸应为：$D_2=(59.5-1.0)\text{mm}=58.5\text{mm}$；

为了留出粗镗加工余量，毛坯孔径的公称尺寸应为：$D_3=(58.5-3.5)\text{mm}=55\text{mm}$。

3）确定各工艺尺寸的公差　这时既要考虑获得工序尺寸的经济加工精度，又要保证各工序有足够的最小加工余量。为此各加工工序的加工精度公差等级不宜相差过大。根据参考文献［30、31］，查找确定各工序尺寸的公差等级为

磨削：IT7＝0.03mm；

半精镗：IT10＝0.12mm；

粗镗：IT13＝0.46mm；

毛坯：IT18＝4.00mm。

4）确定各工序所达到的表面粗糙度。由参考文献［30］，分别取

磨削：0.8μm；

半精镗：3.2μm；

粗镗：12.5μm；

毛坯：毛面。

5）确定各工序尺寸的偏差。各工序尺寸的偏差，按照常规加以确定，即加工尺寸按"单向入体原则"标注极限偏差，毛坯尺寸按"1/3～2/3 入体原则"标注偏差，如图 8-28 所示。

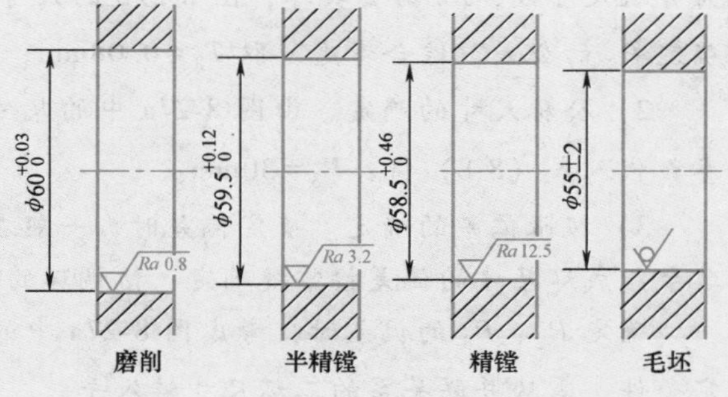

图 8-28　孔的加工尺寸及其公差

6）校核各工序的加工余量是否合理。在初定各工序尺寸及其偏差之后，应验算各工序的加工余量，校核最小加工余量是否足够，最大加工余量是否合理。为此，需利用有关工序尺寸的加工余量尺寸链进行分析计算。

例如，验算半精镗工序的加工余量。由有关工序尺寸与加工余量构成的加工尺寸链如图 8-29 所示。根据此加工余量尺寸链，可以计算出半精镗工序的最大、最小加工余量，即加工余量尺寸链的封闭环的极限尺寸为

$$Z_{1\max}=(59.62-58.5)\text{mm}=1.12\text{mm}$$

$$Z_{1\min}=(59.5-58.96)\text{mm}=0.54\text{mm}$$

结果表明，最小加工余量处于（1/3～2/3）Z_1 范围内。故所确定的工序尺寸能保证半精镗工序有适当的加工余量。

Z_1

$58.5^{+0.46}_{0}$

$59.5^{+0.12}_{0}$

图 8-29　半精镗孔加工余量尺寸链

2. 零件各被加工表面之间的位置尺寸和公差的确定

零件的机械加工过程总是从毛坯开始的，因此零件的加工过程是各个表面由毛坯面向完工表面逐步演变的过程。这就决定了在零件的加工过程中，工件的测量基准、定位基准或者工序基准与设计基准不重合的情况必然存在。

例 8-2　以图 8-26 所示块状零件的加工过程为例。其高度方向的设计尺寸分别为 $D_1=50_{-0.4}^{0}$mm，$D_2=20_{0}^{+0.20}$mm。毛坯为精密铸钢件。工序尺寸以箭头表示加工端面。完工尺寸有 P_2、P_3；中间尺寸有 P_1；而毛坯尺寸有 B_1、B_2。加工过程为：

工序 1：以面 1 为基准，加工面 3，有工序尺寸 P_1，加工余量 Z_1；

工序 2：以面 3 为基准，加工面 1，有工序尺寸 P_2，加工余量 Z_2；

工序 3：以面 3 为基准，加工面 2，有工序尺寸 P_3，加工余量 Z_3。

解　由题意分析知，本例需要确定的有关工艺尺寸有：中间尺寸、完工尺寸和毛坯尺寸。

（1）建立全部加工尺寸链　按加工误差传递累积原理，建立全部基本尺寸链，即两个加工设计尺寸链和三个加工余量尺寸链（图 8-27）。

（2）完工尺寸 P_2、P_3 的确定　P_2、P_3 与设计尺寸有关，应由加工设计尺寸链确定。

1）工序尺寸公差的确定。确定工序尺寸公差，需要先考虑加工设计尺寸链间的并联关系，根据对公共环尺寸要求较高的加工尺寸链确定。可看出图 8-27a 与 b 的尺寸链为并联尺寸链，P_2 为公共环，图 8-27b 的尺寸链对 P_2 要求高，则由图 8-27b 的尺寸链确定 P_2 的公差。综合考虑，取 $T_3=0.08$mm；由式（8-11a）得：$T_2=0.12$mm。

2）公称尺寸的确定。由图 8-27a 中的尺寸链得：$P_2=50$mm；将图 8-27b 的尺寸链参数代入式（8-8）得：$P_3=30$mm。

3）极限偏差的确定。确定偏差时，一般在多环尺寸链中留一个组成环作为协调环，其余组成环尺寸的偏差按常规确定；协调环的偏差则由尺寸链关系来确定。

确定 P_2、P_3 的偏差时，考虑图 8-27a 中的二环尺寸链对公共环尺寸的“并联”限定条件，需从并联关系的二环尺寸链入手。

由图 8-27a 的尺寸链，取 $P_2=50_{-0.12}^{0}$mm（在实际生产中，可将公差带放在理想区域内）；再由图 8-27b 的尺寸链，将结果分别代入式（8-10a）和式（8-10b）中，得 $EIP_3=0.2$mm，$ESP_3=-0.12$mm；则有 $P_3=30_{-0.20}^{-0.12}$mm。

（3）中间工序尺寸的确定　因为 P_1 未参加加工设计尺寸链，即其不对设计要求产生直接影响。这类加工工艺尺寸应根据加工余量尺寸链计算公称尺寸；按经济加工精度确定其公差；按照常规原则定偏差。

为使问题简化，取 $Z_1=Z_2=Z_3=0.8$mm；则由图 8-27c 中的尺寸链得：$P_1=P_2+Z_2=50.8$mm。

取 $T_1=0.15$mm，按“入体原则”，得：$P_1=50.8_{-0.15}^{0}$mm。

（4）毛坯尺寸的确定　由图 8-27d 中的尺寸链得 $B_2=P_1-Z_3-P_3=20$mm；由图 8-27e 的尺寸链得 $B_1=P_1+Z_1=51.6$mm。

取 $T_{B1}=T_{B2}=0.5$mm；偏差按“1/3~2/3 入体原则”确定，则

$$B_1=51.6_{-0.2}^{+0.3}\text{mm},\quad B_2=20_{-0.2}^{+0.3}\text{mm}$$

（5）余量的校核　将上述计算结果代入图 8-27c、d、e 所示的加工余量尺寸链中，由加工余量尺寸链的极限尺寸之间的关系，即式（8-9a）和式（8-9b），可求得各加工余量的最大、最小值，以检验加工余量是否合适（结果省略）。

3. 同时确定零件加工表面本身和加工表面之间的工序尺寸的综合情况

在某些情况下，加工表面本身和加工表面之间的工序尺寸必须同时确定下来。

例 8-3　图 8-30 所示为加工某齿轮内孔及键槽的情形。设计要求：键槽深度尺寸 $S_1=46^{+0.3}_{0}$ mm，内孔直径尺寸 $S_2=40^{+0.05}_{0}$ mm，且内孔要淬火，表面粗糙度 Ra 值为 0.16μm。有关加工顺序为：

工序 1：镗内孔至尺寸 $D_1=39.60^{+0.10}_{0}$ mm；

工序 2：插键槽至尺寸 A；

工序 3：热处理；

工序 4：磨内孔至尺寸 D_2。

试确定工序尺寸 A、D_2 及其公差。

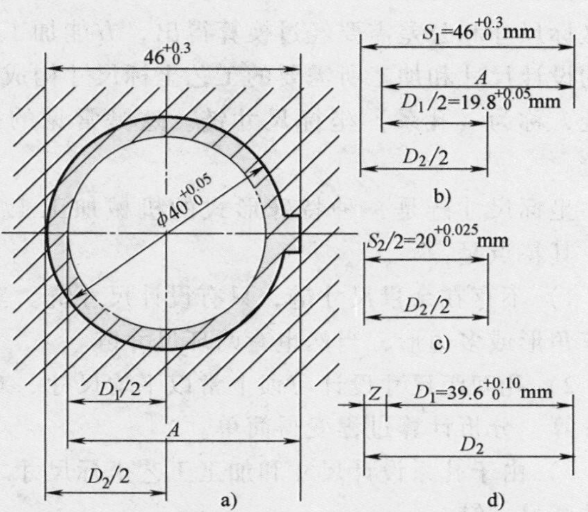

图 8-30　内孔及键槽加工尺寸链

解　(1) 列出全部有关加工尺寸链　根据题意，本例有两项设计要求（即 S_1 和 S_2）及一个磨孔余量 Z 和一个插槽深度余量 Z_A（在此余量 Z_A 不需计算）。因此，可以建立两个加工设计尺寸链（图 8-30b、c）和一个加工余量尺寸链（图 8-30d）。

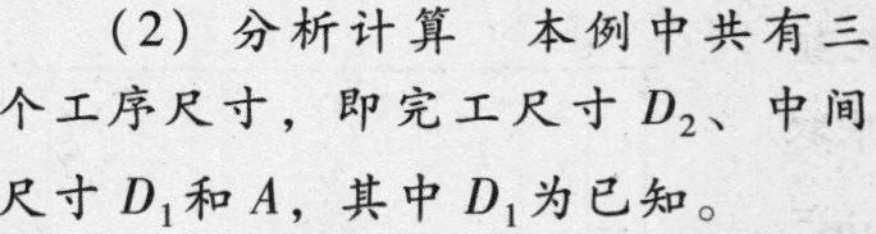

(2) 分析计算　本例中共有三个工序尺寸，即完工尺寸 D_2、中间尺寸 D_1 和 A，其中 D_1 为已知。

1) 完工尺寸 D_2 的确定。由图 8-30b、c 可见两个加工设计尺寸链为并联尺寸链，工序尺寸 D_2 为公共环。由分析可知，图 8-30c 的尺寸链对公共环尺寸 D_2 的要求较高，则

$$D_2/2=S_2/2=20^{+0.025}_{0}\text{mm}\quad(\text{即直径为 }D_2=40^{+0.05}_{0}\text{ mm})$$

2) 中间尺寸 A 的确定。公称尺寸的确定：将图 8-30b 尺寸链中的参数代入式 (8-8)，得

$$A=S_1+D_1/2-D_2/2=45.8\text{mm}$$

确定公差：将图 8-30b 尺寸链中的参数代入式（8-11a），得

$$T_A=T_{S1}-T_{D1}/2-T_{D2}/2=0.225\text{mm}$$

确定偏差：将图 8-30b 尺寸链中已确定的参数分别代入式（8-10a）和式（8-10b），则得

$$A=45.8^{+0.275}_{+0.050}\text{mm}$$

按单向入体方向标注公差，A 可以改写成 $45.850^{+0.225}_{0}$ mm。

(3) 校核磨孔工序的加工余量　根据图 8-30d 的加工余量尺寸链，分别求出 Z_{min} 和 Z_{max}，可校核其是否合适（在此从略）。

如果考虑工序 4 装夹工件时，会出现找正误差，即假设镗孔中心与磨孔中心的同轴度误差为 0.01mm，则在图 8-30 中的尺寸链，将增加一个组成环——“零环”。零环在尺寸链分析中，既可以作为增环处理，也可以作为减环处理，结果相同。

4．平面尺寸链的分析计算

在箱体、机体类零件上，除平面外，通常有若干具有位置要求的圆柱孔组成的孔系。这些孔往往是传动轴，甚至可能是机床主轴或者发动机曲轴的支承孔。为了保证轴上齿轮的啮合质量，设计图样上常常以中心距尺寸和公差标注各个孔之间的位置关系和要求。图 8-31 为某机床主轴箱的部分孔系设计要求。在实际加工中，多采用坐标法进行加工。每一个孔的位置尺寸需要由 X、Y 平面坐标给出。因此，每一个孔的坐标尺寸和公差需要经过换算得出，方能加工。这种孔系中的设计尺寸和加工所需要的工艺坐标尺寸构成的封闭尺寸系统，称为（孔系）坐标尺寸链。这是常见的一种平面尺寸链。

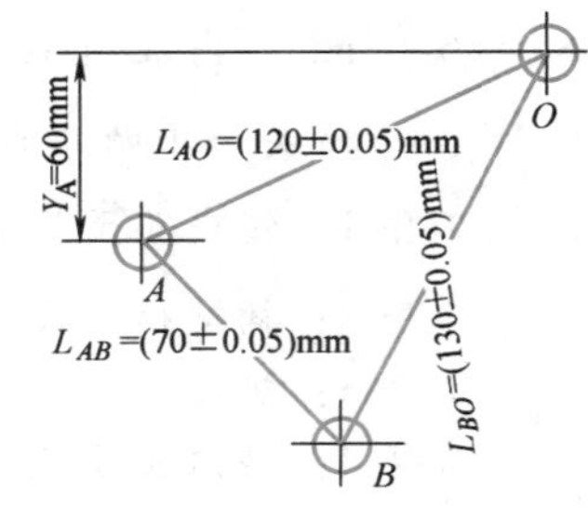

图 8-31　主轴箱的部分孔系设计要求

坐标尺寸链是一种特殊形式的机械加工工艺过程尺寸链，其特点是：

1）不存在余量尺寸链，只有设计尺寸链。坐标尺寸链的基本形式，即其几何形状往往是三角形或多边形，当然也有两环尺寸链。

2）孔间距尺寸设计习惯上常以平均尺寸、对称公差给出。故在分析过程中采用平均尺寸计算，分析计算过程变得简单。

3）由于孔系设计尺寸和加工工艺坐标尺寸之间存在着复杂的并联关系，因而需分析计算并联尺寸链。

例 8-4　以图 8-32 所示某机床主轴箱上的三孔组成的孔系加工为例。O 点为主轴孔的轴线位置，并取之为坐标原点。各个孔距的设计要求分别为：$L_{AO}=(120\pm0.05)$mm，$L_{AB}=(70\pm0.05)$mm，$L_{BO}=(130\pm0.05)$mm 以及 $Y_A=60$mm。各孔的加工顺序为：先镗主轴孔 O；以 O 点为原点，按坐标值 $OC=X_1$，$CA=Y_1$（$Y_1=Y_A$）移动工作台，镗出 A 孔；以 A 点为起点，按坐标值 $X_2=DB$，$Y_2=AD$ 移动工作台，镗出 B 孔。

试确定坐标尺寸 X_1、Y_1 和 X_2、Y_2。

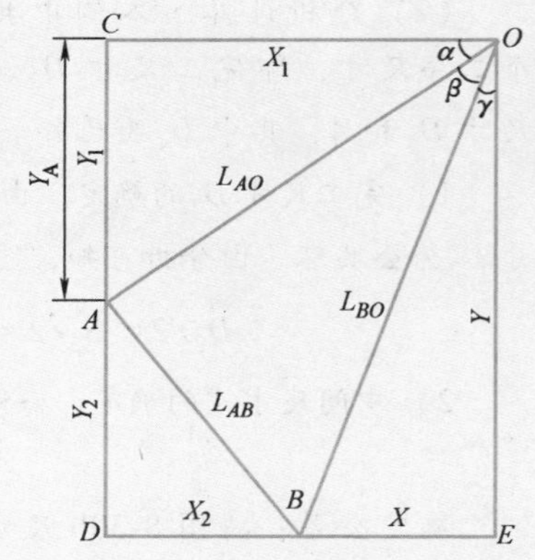

图 8-32　三孔平面尺寸链

解　（1）建立、分析尺寸链　由图 8-32 可知，本例给出四项设计要求：L_{AO}、L_{AB}、L_{BO} 和 Y_A，故应建立四个加工设计尺寸链，如图 8-33 所示。其中 L_{AO}、L_{AB}、L_{BO} 和 Y_A 分别为封闭环，X_1、Y_1 和 X_2、Y_2 为组成环。分析各个加工尺寸链间的关系可知：图 8-33a、c 和 d 的尺寸链为并联尺寸链，其公共环尺寸为 Y_1；而图 8-33a 和 d 的尺寸链之间还有公共环尺寸 X_1；图 8-33b 和 d 的尺寸链也为并联尺寸链，其公共环尺寸为 X_2 和 Y_2。可见两组坐标尺寸 X_1 和 Y_1、X_2 和 Y_2 均为公共环，必须按照精度要求较高的尺寸链确定。

（2）公称尺寸的确定　由图 8-33c 的尺寸链得：$Y_1=60$mm；

由图 8-33a 的尺寸链得：$X_1=103.923\text{mm}$。

为求 L_{BO} 在 X、Y 方向上的两个分量，需先求 α、β 和 γ 值。利用余弦定理，由图 8-32 有

$$L_{AB}{}^2 = L_{AO}{}^2 + L_{BO}{}^2 - 2L_{BO}L_{AO}\cos\beta$$

得 $\beta=32°12'15''$。

由图 8-33a 的尺寸链，得：$\sin\alpha=0.5$，所以 $\alpha=30°$。

那么，$\gamma=27°47'45''$。

则公称尺寸：$X=L_{BO}\sin\gamma=60.622\text{mm}$，$Y=L_{BO}\cos\gamma=115\text{mm}$。

于是，$X_2=X_1-X=43.301\text{mm}$，$Y_2=Y-Y_1=55\text{mm}$。

由于换算过程中采用三角函数作为转换系数，使转换过程和结果存在舍弃误差，影响孔的实际中心距，故影响齿轮啮合时的工作质量。一般情况下，需要对转换结果进行必要的验算。如 A、B 两孔的中心距的设计要求为 $L_{AB}=(70\pm0.05)\text{mm}$，而实际中心距为

$$AB=69.999\ 832\ 86\text{mm}$$

可见，与设计要求仅仅差 0.000167mm。

同样，验算 O 和 B 两孔以及 O 和 A 两孔之间的中心距误差都在 0.0002mm 范围内。而在实际工作中，精度应当控制在 0.001mm 级，故上述结果能够满足要求。

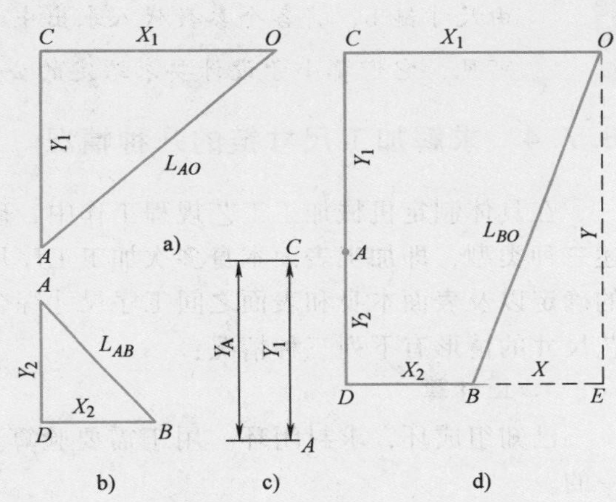

图 8-33 孔系加工过程中的设计尺寸链

(3) 坐标尺寸公差的换算 分析图8-33 中各个并联尺寸链可知，图 8-33d 尺寸链对公共环尺寸的精度要求最高，故各公共环尺寸的公差应当由图 8-33d 尺寸链来确定。由于图 8-33d 尺寸链环数较多，且各组成环均在 X、Y 方向上分布，故采用投影坐标直线尺寸链，即在 X、Y 两个方向上分别投影，分解尺寸链，如图 8-34 所示。

首先，根据图 8-33d 尺寸链的封闭环尺寸 $L_{BO}=(130\pm0.05)\text{mm}$ 来确定分解后的两个方向上的过渡封闭环 X、Y 的公差。

由 $L_{BO}{}^2=X^2+Y^2$ 得 $\Delta L_{BO}=(X\Delta_X+Y\Delta_Y)/L_{BO}$

为使问题简化，取 $\Delta_X=\Delta_Y=T$，将各个参数代入

则得

$$T=\Delta L_{BO}L_{BO}/(X+Y)=0.074\text{mm}$$

故 $X=(60.622\pm0.037)\text{mm}$，$Y=(115\pm0.037)\text{mm}$

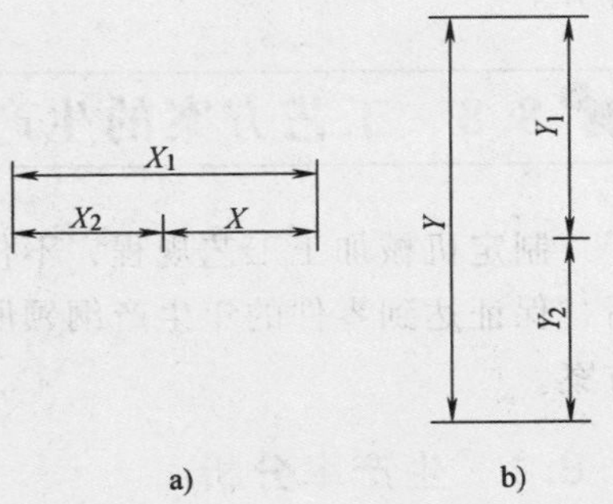

图 8-34 坐标直线尺寸链

由图 8-34，对图 8-33a 的尺寸链按照“等公差”原则向各组成环分配公差，可得

$$\Delta_{X1}=\Delta_{X2}=\Delta_X/2=0.037\text{mm}$$

同理，对图 8-33b 的尺寸链可得

$$\Delta_{Y1}=\Delta_{Y2}=\Delta_Y/2=0.037\text{mm}$$

其结果为

$$X_1=(103.923\pm0.0185)\text{mm},\quad Y_1=(60\pm0.0185)\text{mm}$$

$$X_2=(43.301\pm0.0185)\text{mm},\quad Y_2=(55\pm0.0185)\text{mm}$$

（4）校核组成环尺寸的公差　根据图 8-33 中各尺寸链，校核上述结果 L_{AO}、L_{AB} 能否满足设计要求，由尺寸链 a，求得中心距 L_{AO} 的实际公差为

$$\Delta L_{AO}=(X_1\Delta_{X1}+Y_1\Delta_{Y1})/L_{AO}=0.0506\text{mm}$$

由尺寸链 b，将各个参数代入求出中心距 L_{AB} 的实际公差值为：$\Delta L_{AB}=0.052\text{mm}$。

可见，它们都小于设计要求给定的公差值 0.1mm，故结果是正确可取的。

8.7.4　求解加工尺寸链的几种情况

在具体制定机械加工工艺规程工作中，确定有关工艺尺寸的情形总的说来，不会超出上述三种类型，即加工表面本身多次加工工序尺寸的确定、基准不重合加工表面之间位置尺寸的确定以及表面本身和表面之间工序尺寸综合确定的情况。而在运用尺寸链原理分析计算工艺尺寸的情形有下列三种情况：

1. 正计算

已知组成环，求封闭环。用于需要验算、校核以及求解封闭环尺寸的场合，结果是唯一的。

2. 反计算

已知封闭环，求各组成环。用于产品设计、加工和装配工艺计算方面。在计算中，将封闭环公差正确合理地分配给各组成环，不是单纯计算，而是需要按具体情况选择最佳方案。

3. 中间计算

已知封闭环及其部分组成环，求解其余各个组成环。用于设计、工艺计算及校核等场合。其他工序尺寸与公差都已确定，求某工序的尺寸及误差，称为中间工序尺寸与公差的计算。

8.8　工艺方案的生产率及技术经济性分析

制定机械加工工艺规程，不仅要保证零件加工质量，还应通过对工艺方案进行生产率分析，保证达到零件的年生产纲领所提出的产量要求。在此要求前提下，可拟定出不同的工艺方案。

8.8.1　生产率分析

按照零件的年生产纲领，可确定要求完成一个零件的单件节拍时间 $t_{要求}$，计算式为

$$t_{要求}=\frac{60t_{年}\ \eta}{N}\tag{8-13}$$

式中，$t_{年}$为年基本工时（h/年），如按两班制考虑，$t_{年}=4600$h/年；η为设备负荷效率，一般取0.75~0.85。

根据所制定的工艺方案，可以确定实际所能达到的工序单件时间$t_{单件}$。生产率分析工作就是要使$t_{要求}=t_{单件}$，以保证加工工艺过程按所需的生产率进行工作。

1. 工序单件时间确定

工序单件时间是指在一定生产条件下，生产一件产品或完成一道工序所消耗的时间，用$t_{单件}$表示。其包括以下几部分时间：

（1）基本时间$t_{基本}$　直接改变生产对象的尺寸、形状、相对位置以及表面状态或材料性质的工艺过程所消耗的时间，称为基本时间。对于加工而言，其是切除金属所消耗的时间，包括刀具的切入和切出时间，可用计算方法求出。

（2）辅助时间$t_{辅助}$　其是为实现加工工艺过程所必须进行的各种辅助动作所消耗的时间。对加工而言，包括装卸工件、操作机床、改变切削用量、试切和测量等所消耗的时间。辅助时间的确定有两种方法：一是将动作分解，确定各动作的时间，相加得到；二是按基本时间的百分比估算得到。

（3）布置工作地时间$t_{布置}$　为使加工正常进行，工人照管工作地（如更换刀具、润滑机床、清理切屑以及收拾工具等）所消耗的时间称为布置工作地时间。一般按工作时间的2%~7%来计算。

（4）休息和生理需要的时间$t_{休息}$　它是指在工作班次内，为恢复体力和满足生理上的需要所消耗的时间。一般按操作时间的2%来计算。单件工序时间的计算公式为

$$t_{单件}=t_{基本}+t_{辅助}+t_{布置}+t_{休息} \tag{8-14}$$

（5）准备与终结时间$t_{准备}$　它是指工人为生产一批产品或零、部件，进行准备和结束工作所消耗的时间。如加工进行前熟悉工艺文件、领取毛坯、领取和安装刀具和夹具、调整机床以及其他工艺装备等，加工一批工件终结需拆卸和归还工艺装备、成品入库等。若一批工件的数量为n，则每个工件所消耗的准备终结时间为$t_{准备}/n$。将这部分时间加到单件时间上，称为单件核算时间$t_{单核}$。则

$$t_{单核}=t_{单件}+t_{准备}/n \tag{8-15}$$

在大量生产中，工作地和工作内容固定，在单件核算时间中不计入准备终结时间。

2. 工序单件时间的平衡

在制定加工工艺规程时，应使各个$t_{单核}$相近，以便最大限度发挥各台机床的生产效能；同时又要使各个工序的$t_{单核}\leqslant t_{要求}$，以保证生产任务的完成。为此，需对工序单件时间进行平衡和调整。

工件单件时间的平衡是根据拟定的加工顺序，计算出每一工序的$t_{单核}$，即可知工序单件时间的平衡情况，然后根据具体的情况采取适当的方法进行平衡。

如果工序的$t_{单核}>t_{要求}$，这些工序限制了整个工艺过程的生产率，或限制了其他工序的机床充分利用，故称之为“限制性”工序。对于限制性工序，若$t_{单核}>t_{要求}$一倍以内，可以采用改进刀具、适当提高切削用量，或采用高效加工、缩短工作行程长度等方法，以减小$t_{单核}$。若$t_{单核}>t_{要求}$两倍以上，采用上述方法无效时，可采用增加顺序加工工序或增加平行加工工序的方法来成倍提高生产率。对于$t_{单核}<t_{要求}$的工序，可采取合并工序内容、采用通用机床及工艺装备等工序平衡方法。

8.8.2 技术经济性分析

制定加工工艺规程时，除了保证加工质量、生产率之外，还应考虑较高或最优的经济效果，因此要对工艺方案进行经济性分析，同时还要全面考虑改善劳动条件、促进生产技术发展等问题。

制造一个零件或一台产品所必需的一切费用的总和称为生产成本。在生产成本中，与工艺过程直接有关的费用称为工艺成本，约占生产成本的70%~75%。对不同工艺方案进行技术经济性分析，主要是对方案的工艺成本进行分析。

1. 工艺成本的组成

工艺成本由可变费用 V 与不变费用 S 两部分组成。

（1）可变费用（V） 可变费用是与零件年产量 N 有关并随年产量增减而成比例变动的费用。可变费用包括：材料费、工人工资、机床电费、普通机床折旧费及修理费、通用二装（夹具、刀具、辅具等）的折旧费及维修费等。

（2）不变费用（S） 不变费用是与年产量 N 的变化没有直接关系的费用。当年产量在一定范围内变化时，全年的费用基本不变。其包括调整工人工资、专用机床折旧费和修理费、专用夹具折旧费和维修费等。

一种零件（或工序）的全年工艺成本（元/年）为

$$E=VN+S \tag{8-16}$$

而单件工艺成本或单件的一个工序的工艺成本（元/件）为

$$E_{\mathrm{d}}=V+S/N \tag{8-17}$$

2. 最佳生产纲领分析

全年工艺成本 E 与年产量的关系为一条直线（图8-35）。而单件工艺成本 E_{d} 与年产量 N 之间的关系（图8-36）是一条曲线。在曲线 A 部分相当于设备负荷很低的情形，此时若年产量 N 略有变化（ΔN），单件工艺成本变化（ΔE_{d}）很大。在曲线 C 部分逐渐趋于水平，这时年产量虽有很大变化，但对单件成本影响很小。可见对某一种工艺方案而言，当 S（专用设备费用）一定时，就有一个与此设备生产能力相适应的年产量 N，称为最佳生产纲领（$N_{佳}$）。

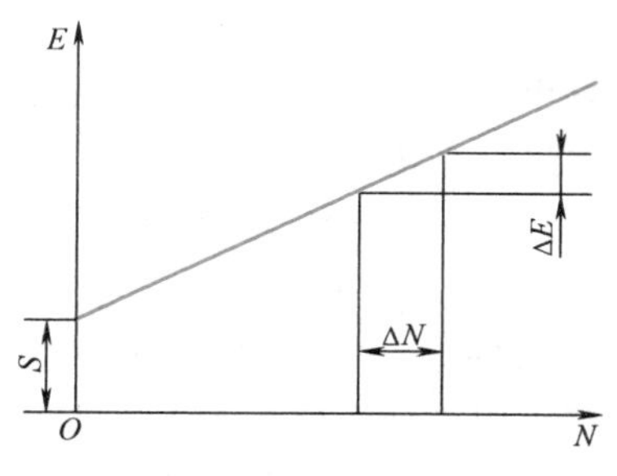

图 8-35 全年工艺成本组成

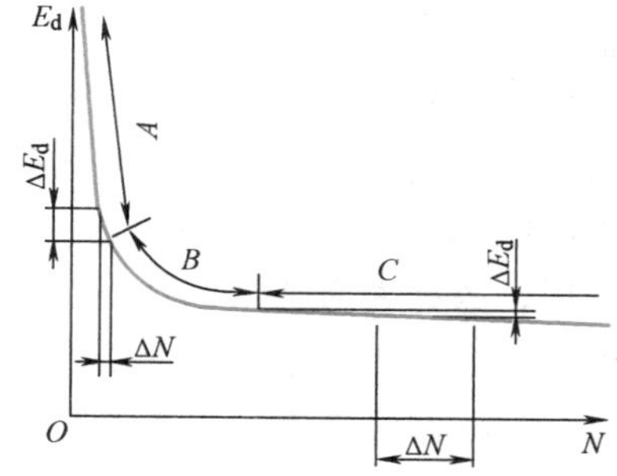

图 8-36 单件工艺成本曲线

当年产量小于最佳生产纲领，即 $N<N_{佳}$ 时，由于 S/N 的值较大，工艺成本增加，此方案显然不经济。故应减少采用专用设备，减小 S，使 $N_{佳}$ 接近 N，方能取得好的经济效益。

当年产量超过最佳生产纲领，即 $N>N_{佳}$ 时，由于 S/N 的值变小，且趋于稳定，这时应采用生产率高、投资大的设备，即增加 S 而减小 V，使 $N_{佳}$ 接近 N，从而减小单件工艺成本 E_d。

3. 工艺方案的经济性评价

制定加工工艺规程时，往往要提出几种不同的方案，并对不同方案的经济效益进行分析比较。通常利用 E-N、E_d-N 关系曲线来进行技术经济性分析。通常有下列两种情况：

（1）基本投资相近或使用现有设备的情况　若有两种工艺方案的基本投资相近或都采用现有设备，那么工艺成本就是衡量各方案经济性的依据。

1）当两种方案只有少数工序不同时，可对这些工序的单件工艺成本进行比较（图8-37）。

$$E_{d1}=V_1+S_1/N,\quad E_{d2}=V_2+S_2/N$$

若 $E_{d2}<E_{d1}$，则第二方案的经济性较好。

2）当两种方案有较多的工序不同时，可对两种方案的全年工艺成本进行比较（图8-38）。

$$E_1=NV_1+S_1,\quad E_2=NV_2+S_2$$

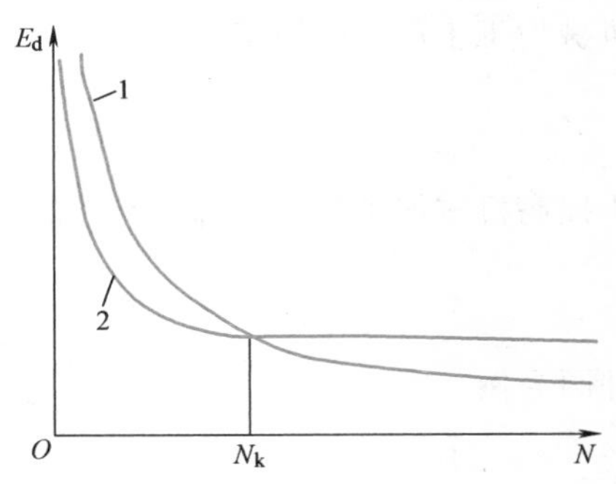

图 8-37　不同方案单件工艺成本的比较

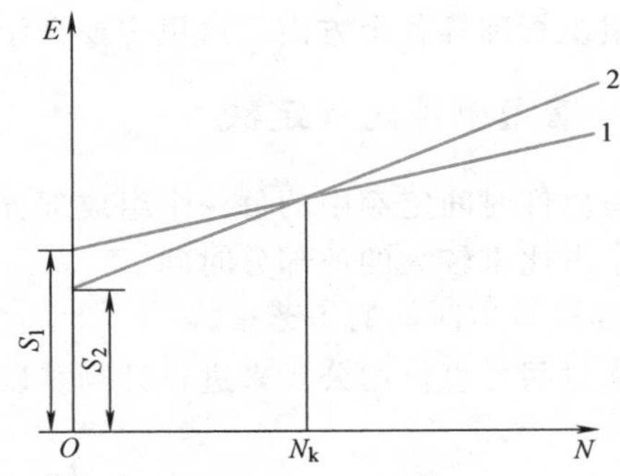

图 8-38　两种方案全年工艺成本比较

若 $E_2<E_1$，则第二种方案的经济性较好。

3）两种工艺方案的经济性优劣与零件的产量有密切的关系。当两种方案的全年工艺成本相同，即 $E_2=E_1$ 时，可以得到对应的年产量，称之为临界产量（N_k），即

$$N_k=\frac{S_2-S_1}{V_1-V_2}\tag{8-18}$$

若 $N<N_k$，宜采用第二方案；若 $N>N_k$，则宜采用第一方案。

（2）基本投资相差较大的情况　若两种工艺方案基本投资相差较大，单纯比较工艺成本难以全面评价其经济性。如第一种方案采用高生产率、价格较贵的机床和工艺装备，基本

投资 K_1 较大，但工艺成本 E_1 较低；第二种方案采用投资少的一般机床和工艺装备，基本投资 K_2 较小，但工艺成本 E_2 较大。第一种方案工艺成本的降低是因增加基本投资得到的，这时应考虑两种方案的基本投资差额的回收期。所谓回收期，是指方案一比方案二多用的投资，用工艺成本的降低全部收回所需的时间。回收期（年）计算式为

$$\tau=\frac{K_1-K_2}{E_2-E_1}=\frac{\Delta K}{\Delta E} \tag{8-19}$$

显然，回收期越短，则经济效益越好。一般回收期应满足下列要求：

1）回收期应小于所采用设备或工艺装备的使用年限。

2）回收期应小于所开发生产的产品的市场寿命。

3）回收期应小于国家规定的标准回收期。一般新夹具的标准回收期为 2~3 年，新机床的标准回收期为 4~6 年。

8.9 提高机械加工生产率的工艺措施

制定机械加工工艺规程时，在保证产品质量的前提下，应尽量采用必要的先进工艺措施，以提高劳动生产率和降低产品机械加工成本。劳动生产率是衡量生产效率的综合指标，它表示一个工人在单位时间内生产出合格产品的数量，也可以用完成单件产品或单个工序所耗费的劳动时间来衡量。

如何提高劳动生产率是一个综合性的技术问题，它涉及产品结构设计、毛坯制造、加工工艺和组织管理等各个方面。这里主要介绍提高机械加工生产率的措施。

8.9.1 缩短单件时间定额

缩短单件时间定额中的每一个组成部分，对于提高机械加工生产率都是有效的，特别应缩短其中占比重较大的那部分时间。

1. 缩短基本时间的工艺措施

基本时间可直接用公式来进行计算。以车削外圆为例，有

$$t_{基本}=\frac{\pi d_w L_w Z_i}{1000 v f a_p} \tag{8-20}$$

可见，增大切削用量（v、f、a_p）、减小切削行程长度 L_w 和加工余量 Z_i 都可缩短基本时间。

（1）提高切削用量　砂轮性能的改进和新型刀具材料的出现，使高速切削和强力磨削得到迅速发展。使用硬质合金车刀，车削速度一般可达 200m/min。用聚晶金刚石或聚晶立方氮化硼刀具，加工普通钢车削速度可达 900m/min，切削硬度为 60HRC 淬火钢或高镍合金钢，切削温度达 980℃时仍能保持热硬性。高速磨削时砂轮速度可达 80m/s 以上。缓进给强力磨削一次最大背吃刀量可达 6~12mm，金属切除率可比普通磨削提高 3~5 倍。

（2）减少切削行程长度　例如用几把车刀同时加工被加工工件的同一表面，用宽砂轮进行横向进给磨削等都可减少切削行程长度，从而缩短基本时间。如某厂用宽 300mm、直径为 600mm 的砂轮用横向进给磨削加工长度为 200mm 的花键轴外圆，单件基本时间由原来的 4.5min 减少到 0.75min。采用上述措施可大大提高生产率，但应注意工艺系统应具有足够的刚性和驱动功率。

（3）合并工步，采用多刀加工　利用几把刀具或复合刀具对工件的几个表面或同一表面进行同时或先后加工，使合并工步，实现多刀多工位加工，使机动时间重合，从而大大减少了基本时间。

（4）多件加工　在多件加工中，按工件排列的方式不同可有三种加工方式，如图8-39所示。

1）顺序多件加工。即工件在刀具切削方向上依次安装，减少刀具切入和切出时间，减少分摊给每个工件的基本时间和辅助时间。这种方式多用于龙门刨、龙门铣、平面磨及滚齿、插齿等加工。

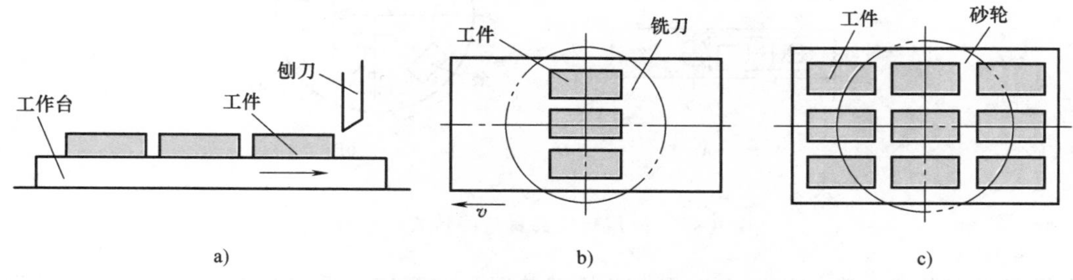

图8-39　多件加工工艺方式示意图

2）平行多件加工。即在一次进给中同时加工几个平行排列的工件。这样使每个工件的加工时间仅是单件加工时间的$1/n$（n为平行排列的工件数）。这种加工方式多用于铣削和平面磨削等。

3）平行顺序多件加工。它是上述两种方式的综合。它适用于生产大批量小尺寸的产品。多见于立轴式的平磨和铣削加工。

2. 缩短辅助时间的工艺措施

当辅助时间在单件时间中占有较大比例时，缩短辅助时间对提高生产率将有重大影响。缩短辅助时间的措施可归纳为两方面：使辅助动作机械化和自动化，以及使辅助时间与基本时间重合。

（1）直接缩短辅助时间　采用先进、高效的夹具。例如在成批或大批量生产中，使用气动、液压夹具；在中小批生产中使用组合夹具、可调夹具；在单件小批生产中，应实行成组工艺，采用成组夹具、通用可调夹具。这样不仅节省工件的装卸找正时间，减轻工人的劳动强度，而且能保证加工质量，大大缩短辅助时间。

（2）使辅助时间与基本时间重合　采用转位夹具、移动式或回转式工作台。当对加工工位上的工件进行加工时，对装卸工位上的工件同步进行装卸，从而使装卸工件的时间完全与基本时间重合（图8-40）。

采用主动测量和数字显示等自动测量装置，能在加工过程中测量工件的尺寸，从而使测量时间与基本时间重合。

3. 减少布置工作地时间的措施

减少布置工作地时间的主要措施是缩短微调刀具时间和每次更换刀具的时间，以及提高砂轮和刀具的寿命等。生产中可采用各种快换刀夹、刀具微调机构、专用对刀样板和样件以及快速换刀或自动换刀装置。如钻床上采用快速夹头，车床上采用可转位硬质合金刀片，铣

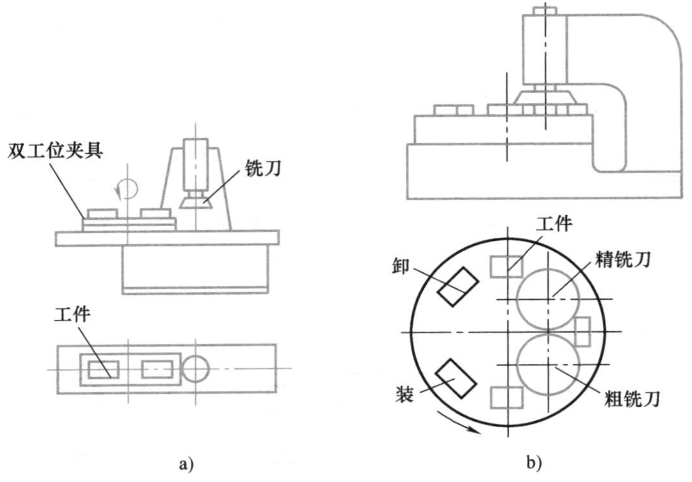

图 8-40　采用转位夹具与回转式工作台

床上设置对刀装置，数控机床上采用自动换刀装置，在磨床上采用金刚石滚轮成形修整砂轮装置等都可以节省换刀、对刀以及修正砂轮的时间。

4. 减少准备和终结时间的工艺措施

减少准备和终结时间的主要方法是减少机床、夹具和刀具的调整和安装时间，如采用可调夹具、可换刀架和刀夹、刀具的微调机构和对刀辅助工具等。

在成批生产中，应增加零件的批量，或将相似零件组织起来加工，以扩大零件“成组批量”，从而减少了分摊到每个零件上的终结时间。

8.9.2　采用先进工艺方法

提高劳动生产率，不能只限于机械加工本身，应重视采用先进工艺或新工艺、新技术。例如：

1）对特硬、特脆、特韧材料及复杂型面的加工，应采用非常规加工方法来提高生产率。例如用电火花加工锻模、线切割加工冲模和激光加工深孔等，能减少大量的钳工劳动。

2）在毛坯制造中采用冷挤压、热挤压、粉末冶金、失蜡铸造、压力铸造、精密锻造和爆炸成形等新工艺方法，提高毛坯精度，减少切削加工，节约原材料，经济效果十分明显。

3）采用少、无切屑工艺代替切削加工。例如用冷挤压齿轮代替剃齿，此外还有滚压、冷轧等。

4）改进加工方法。例如在大批量生产中采用拉削、滚压代替铣、铰和磨削；成批生产中采用精刨、精磨或金刚镗代替刮研，都可以大大提高生产率。

8.9.3　实行多台机床看管

多台机床看管是一种高效的劳动组织措施。由一个工人同时管理几台机床，工人劳动生产率可以相应提高若干倍。组织多台机床看管的必要条件是：

1）若看管 M 台机床，任意 $M-1$ 台机床上的手动操作时间之和，必须小于第 M 台机床的机动时间。

2）每台机床都有自动停车装置。

3）布置机床时应考虑使操作工人的往返行程最短。

8.9.4　进行高效及自动化加工

对于大批量生产，可采用刚性流水线、刚性自动线的生产方式，广泛采用专用自动机床、组合机床及工件输送装置，使零件加工的整个工作循环都是自动进行的。这种生产方式的生产率极高，在汽车、发动机、拖拉机和轴承等制造业中应用十分广泛。

对于成批生产，多采用数控机床、加工中心、柔性制造单元及柔性制造系统，进行部分或全部的自动化生产，实现多品种小批生产的自动化，提高生产率。

对于单件小批生产，可以实行成组工艺，扩大“成组批量”，借助于数控机床、加工中心的灵活加工方式，最大限度地实现自动化加工方式。

习题与思考题

8-1　什么是工艺文件？机械加工工艺规程的基本内容有哪些？其在实际工作中有什么作用？

8-2　机械加工工艺规程的典型格式有哪些？简述其适用场合和特点。

8-3　制定机械加工工艺规程需要满足哪些基本要求？

8-4　简述制定机械加工工艺规程需要完成的主要工作内容以及步骤。

8-5　试指出图 8-41 中在结构工艺性方面存在的问题，并提出改进意见。

8-6　何谓工件六点定位原理？工件加工时是否一定要六点定位？

8-7　什么是不完全定位和欠定位？两者有何相同点和不同点？

8-8　什么是过定位？过定位在生产中应当如何对待？

8-9　根据六点定位原理分析图 8-42 所示各定位方案中定位元件所限制的自由度。有无

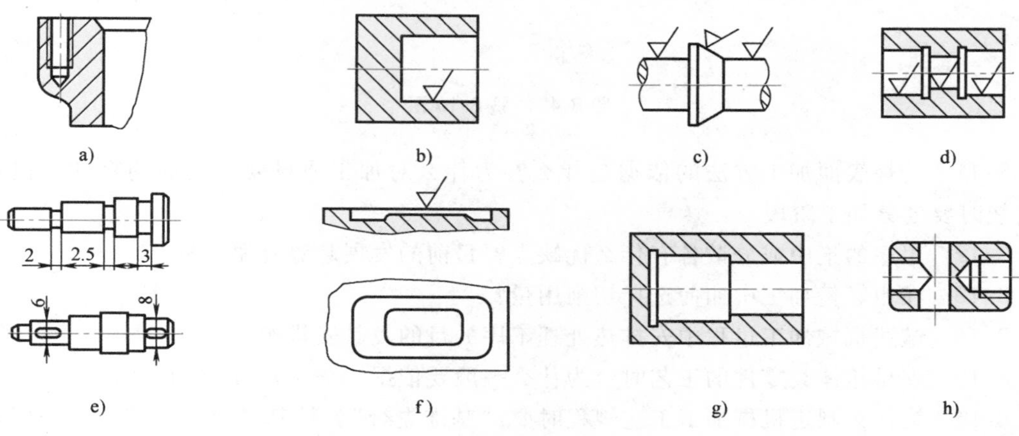

图 8-41　题 8-5 图

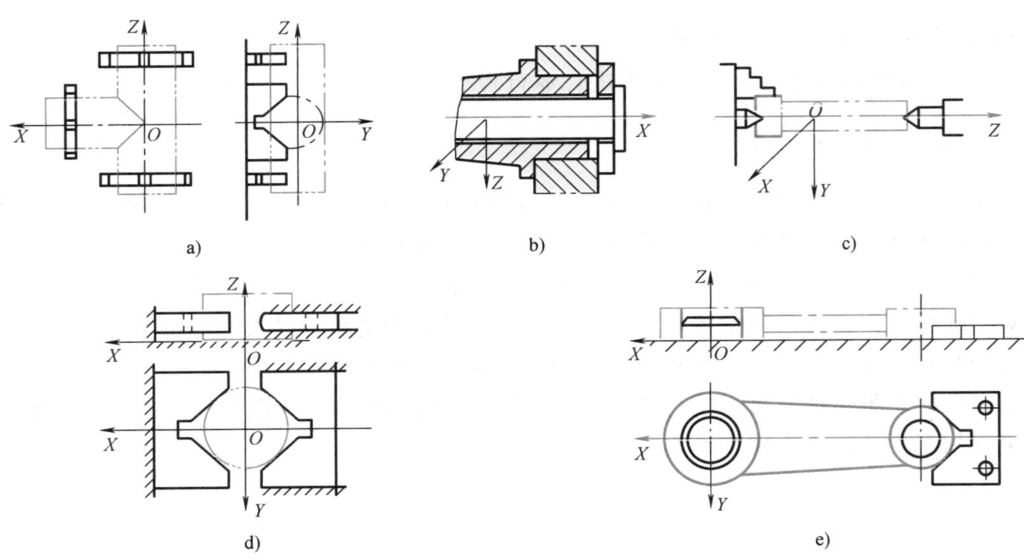

图 8-42　题 8-9 图

过定位现象？如何消除过定位？

8-10　运用定位基准选择的基本原理为图 8-43 所示零件选择粗、精基准。其中图 8-43a 是齿轮，$m=2$mm，$z=37$，毛坯为热轧棒料；图 8-43b 是液压油缸，毛坯为铸铁件，孔已铸出；图 8-43c 是飞轮，毛坯为铸件。均为批量生产。

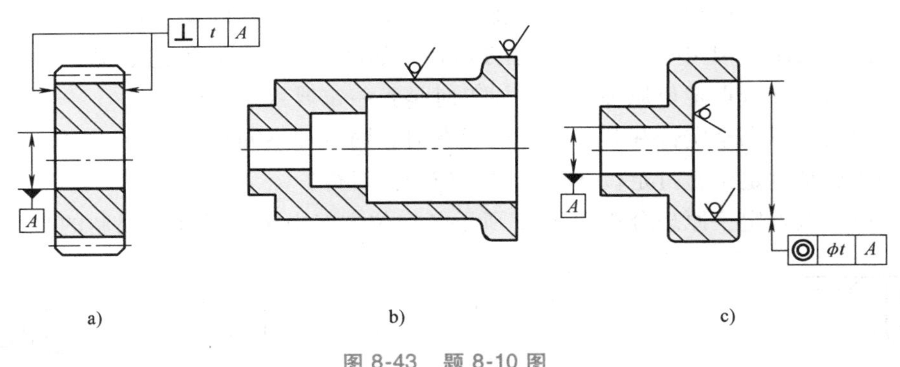

图 8-43　题 8-10 图

8-11　选择表面加工方法的依据是什么？为什么对加工质量要求较高的零件在拟定工艺路线时要划分加工阶段？

8-12　工序的集中或分散各有什么优缺点？目前的发展趋势是哪一种？

8-13　在粗、精加工中如何选择切削用量？

8-14　试述机械加工过程中安排热处理工序的目的及其安排顺序。

8-15　安排箱体类零件的工艺时，为什么一般要依据“先面后孔”的原则？

8-16　为什么制定机械加工工艺规程时要“基准先行”？精基准要素确定后，如何安排主要表面和次要表面的加工？

8-17　什么是毛坯余量？影响工序余量的因素有哪些？确定余量的方法有哪几种？抛光、研磨等光整加工的余量如何确定？

8-18　机械加工工艺过程尺寸链的组成有何特点？机械加工工艺过程尺寸链中的设计尺寸链之间的并联关系是如何形成的？二环尺寸链的作用如何？

8-19　举例说明如何运用机械加工工艺过程尺寸链这一工具判断机械加工工艺流程的正确性和合理性。

8-20　如图8-44所示：图a为轴套零件，尺寸为$38_{-0.1}^{0}$mm和$8_{-0.05}^{0}$mm，已加工好；图b、c、d为钻孔加工时三种工序尺寸标注方案。试计算A_1、A_2和A_3。

8-21　加工图8-45所示轴及其键槽，图样要求轴径为$\phi30_{-0.032}^{0}$mm，键槽深度尺寸为$26_{-0.2}^{0}$mm，有关加工过程如下：

1）半精车外圆至$\phi30.6_{-0.1}^{0}$mm。

2）铣键槽至尺寸A_1。

3）热处理。

4）磨外圆至$\phi30_{-0.032}^{0}$mm，加工完毕。

求工序尺寸A_1。

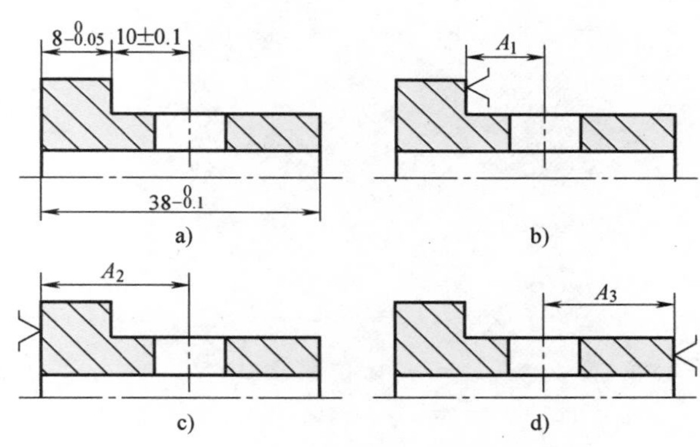

图8-44　题8-20图

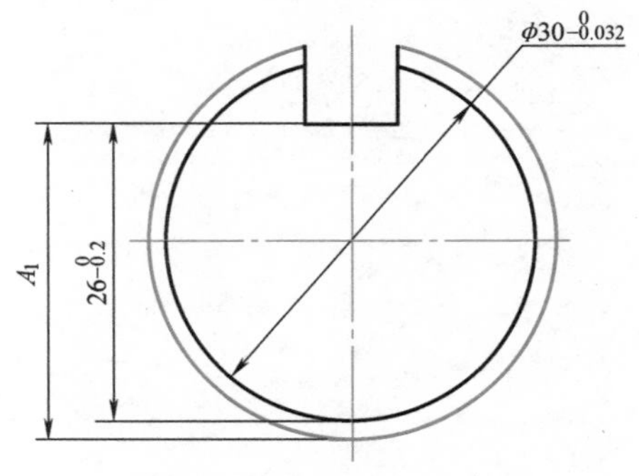

图8-45　题8-21图

8-22　工件部分设计要求如图 8-46a 所示，上工序已加工出 $\phi20_{-0.02}^{0}$ mm、$\phi35_{-0.05}^{0}$ mm。本工序以图 b 所示定位方式，用调整法铣削平面 *A*。试确定工序尺寸 *H* 及其偏差。

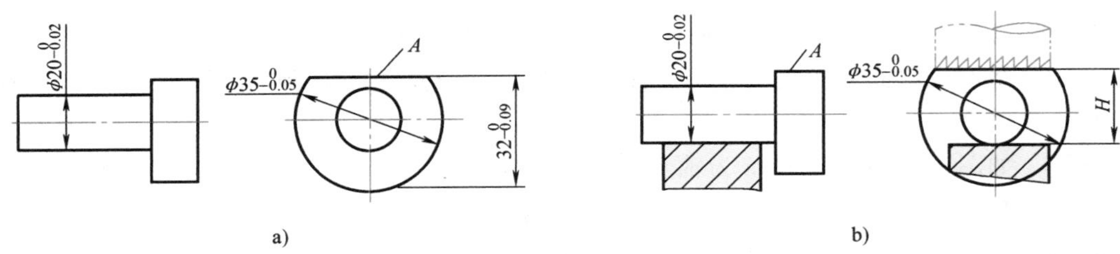

图 8-46　题 8-22 图

8-23　什么叫时间定额？单件时间定额包括哪些方面？举例说明各方面的含义。

8-24　什么叫工艺成本？工艺成本由哪几部分组成？如何对不同工艺方案进行技术经济性分析？

第9章

金属切削机床夹具设计

9.1 机床夹具的基本概念

在机床上加工工件时，要首先对工件进行定位和夹紧。在机床上用于装夹工件的装置，称为机床夹具（以下简称为夹具）。夹具是根据加工工艺规程的要求，在机床上用来固定（定位）和夹持（夹紧）工件或刀具以利于加工过程的附属装置。

根据上述定义，夹具可以分为两大类：一类是用来装夹工件的附属装置，一般通称为夹具；另一类是用来装夹刀具的附属装置，一般通称为辅助工具，如钻夹头和丝锥夹头等。

9.1.1 机床夹具的分类

机床夹具种类繁多，可按不同的方式进行分类。常用的分类方法有以下几种：

1. 按夹具的使用特点分类

（1）通用夹具　通用夹具是指可在一定范围内用于加工不同工件的夹具。如车床使用的自定心卡盘和单动卡盘，铣床使用的平口虎钳和万能分度头等。这类夹具已经标准化，作为机床附件由专业厂生产。其通用性强，生产率低，夹紧工件操作复杂。这类夹具主要用于单件小批生产。

（2）专用夹具　专用夹具是指专为某一工件的某一道工序而设计和制造的夹具。其特点是结构紧凑、操作方便；可以保证较高的加工精度和生产率；设计和制造周期长，制造费用高；在产品变更后，因无法利用而导致报废。因此这类夹具主要用于产品固定的批量生产中；对于产量不大，形状和结构复杂工件的关键工序，为了保证加工质量，也往往采用专用夹具。

（3）成组可调夹具（成组夹具）　成组可调夹具是指在成组工艺的基础上，针对某一组零件的某一工序而专门设计的夹具。在多品种小批生产中，通用夹具的生产率低，采用专用夹具不经济。成组可调整的“专用夹具”，经少量调整或更换部分元件即可用于装夹一组结构和工艺特征相似的工件。这类夹具主要用于多品种、中小批生产。

（4）组合夹具　组合夹具是指由标准夹具零部件经过组装而成的专用夹具，是一种标准化、系列化、通用化程度高的工艺装备。其特点是组装迅速、周期短；通用性强，元件和组件可反复使用；产品变更时，夹具可拆卸、重复再用；一次性投资大，夹具零部件存放费用高；比专用夹具的刚性差，外形尺寸大。这类夹具主要用于新产品试制以及多品种、中小

批生产。

（5）自动化生产用夹具　自动化生产用夹具主要有随行夹具（自动线夹具）。在自动线上，随被装夹的工件一起由一个工位移到另一个工位的夹具，称为随行夹具。它是一种移动式夹具，担负装夹工件和输送工件两方面的任务。

2. 按使用机床分类

按使用机床不同，夹具分为车床夹具、铣床夹具、钻床夹具、镗床夹具、拉床夹具、磨床夹具、齿轮加工机床夹具和数控机床夹具等。

3. 按夹紧的动力源分类

按夹紧的动力源不同，夹具分为手动夹具、气动夹具、液压夹具、气液夹具、电磁夹具和真空夹具等。

9.1.2　机床夹具在机械加工中的作用

机床夹具是机械加工必不可少的工艺装备。机床夹具的主要作用有：

1）稳定地保证加工质量。采用夹具后，工件各加工表面间的位置精度是由夹具保证的，而不是依靠工人的技术水平与熟练程度，所以产品质量容易保证。

2）提高劳动生产率。使用夹具使工件装夹迅速、方便，从而大大缩短了辅助时间，提高了生产率。特别是对于加工时间短、辅助时间长的中、小零件，效果更为显著。

3）减轻工人的劳动强度，保证安全生产。有些工件，特别是比较大的工件，调整和夹紧很费力气，而且注意力要高度集中，很容易疲劳；如果使用夹具，采用气动或液压等自动化夹紧装置，既可减轻工人的劳动强度，又能保证安全生产。

4）扩大机床的使用范围，实现一机多用，一机多能。如在铣床上安装一个回转台或分度装置，可加工有等分要求的零件；在车床上安装镗模，可加工箱体零件上的同轴孔系。

9.1.3　夹具的组成

机床夹具虽然可以分成各种类型，但它们都由下列基本功能部分组成。

1. 定位装置

定位装置用于确定工件在夹具中占据正确的位置，它由各种定位元件构成。如图 9-1 所示钻径向孔夹具中的圆柱销 5、菱形销 9 和支承板 4 都是定位元件。

2. 夹紧装置

夹紧装置用于保持工件在夹具中的正确位置，保证工件在加工过程中受到外力（如切削力、重力和惯性力）作用时，已经占据的正确位置不被破坏。如图 9-1 所示钻床夹具中的开口垫圈 6 是夹紧元件，与螺杆 8 和螺母 7 一起组成夹紧装置。

3. 对刀、导向元件

对刀、导向元件用于确定刀具相对于夹具的正确位置和引导刀具进行加工。其中，对刀元件是在夹具中起对刀作用的零部件，如铣床夹具上的对刀块和塞尺等。导向元件是在夹具中起对刀和引导刀具作用的零部件。如图 9-1 所示的钻床夹具中的钻套 1 是导向元件。

4. 夹具体

夹具体用于支承夹具上各个元件或装置，使之成为一个整体，并与机床的有关部位相连接，是机床夹具的基础件。如图 9-1 所示钻床夹具的夹具体 3 将夹具的所有元件连接成一个

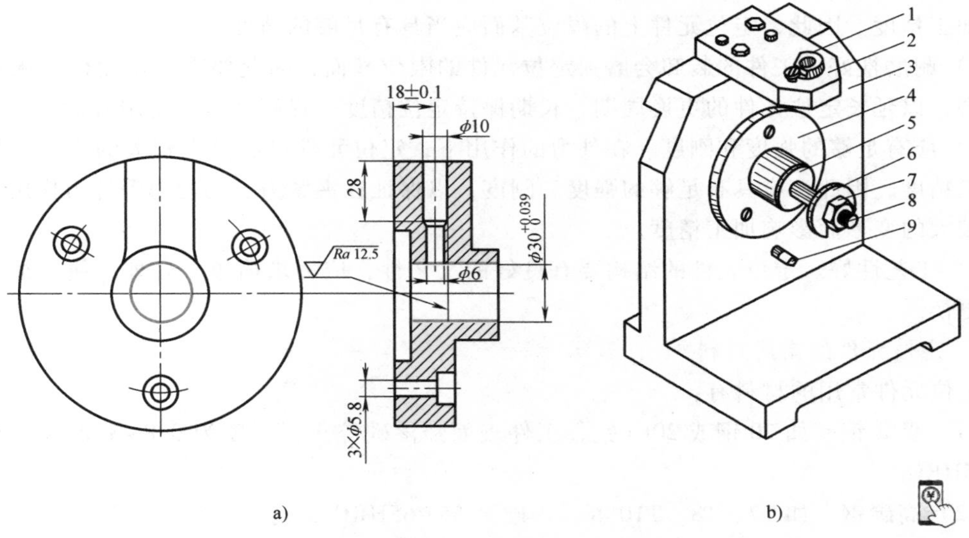

图 9-1 简易钻模夹具示例

1—钻套 2—钻模板 3—夹具体 4—支承板 5—圆柱销 6—开口垫圈 7—螺母 8—螺杆 9—菱形销

整体。

5. 连接元件

连接元件将夹具的各个零部件连接在一起确定夹具在机床上正确位置的元件。如定位键、定位销及紧固螺栓等。

6. 其他元件和装置

其他元件和装置包括根据夹具上特殊需要而设置的装置和元件，如：

1）分度装置。分度装置可用来加工按一定规律分布的多个表面。

2）上下料装置。为方便大型工件的装卸，减轻工人劳动强度，常设计上下料输送装置。

3）吊装搬运装置。对于质量较大的夹具，应设置吊装元件，如吊环螺钉等。

4）工件的顶出让刀装置。箱体类零件内部多层壁上的孔加工场合需要镗刀让刀机构。

9.2 定位方式与定位元件

通常设计夹具时，总是将定位元件设计成为单独的分离元件，通过装配与整个夹具构成一个整体，以保证其特殊的精度要求和制造工艺要求。

9.2.1 定位元件的设计要求与材料

1. 定位元件的设计要求

定位元件要求一定的定位精度、表面粗糙度值、耐磨性、硬度和刚度等。设计定位元件时，应满足以下基本要求：

1）具有较高的制造精度，以保证工件定位准确。由于工件的定位是通过定位副的接触

（或者配合）实现的，定位元件上限位基面的精度直接影响工件的定位精度，即直接影响工件的加工精度。因此，定位元件上的限位基面应当具有足够的精度。

2）耐磨性好。工件的装卸会磨损定位元件的限位基面，为此要求定位元件的限位基面要耐磨，以延长定位元件的更换周期，长期保持定位精度，提高夹具的使用寿命。

3）应有足够的强度和刚度。在外力的作用下，定位元件可能发生较大的变形，从而影响加工精度。因此，应具有足够的强度和刚度，以保证在夹紧力、切削力等外力作用下，不产生较大的变形而影响加工精度。

4）工艺性好。定位元件的结构要有良好的工艺性，应力求简单、合理，便于加工、装配和更换。

2. 定位元件的常用材料

定位元件常用的材料有：

（1）低碳钢　如 20 钢或 20Cr 钢，工件表面经渗碳淬火，深度为 0.8～1.2mm，硬度为 55～65HRC。

（2）高碳钢　如 T7、T8、T10 等，淬硬至 55～65HRC。

（3）中碳钢　如 45 钢，淬硬至 43～48HRC。

在机械加工中，虽然被加工工件的种类繁多，形状各异，但从它们的基本结构来看，不外乎由平面、圆柱面、圆锥面及各种成形面所组成。工件在夹具中定位时，可根据各自的结构特点和工序要求，选取相应的平面、圆面、曲面或者组合表面作为定位基准。定位元件工作表面的结构形状，必须与工件的定位基准面形状特点相适应。常用定位元件的结构、规格尺寸和技术要求等已经制定了国家机械行业标准，一般工厂也有工厂标准。

9.2.2　工件以平面定位及其定位元件

平面定位是工件定位中应用最普遍的定位形式。

1. 定位方式

平面作为定位基准，通常根据其限制自由度的数目，分为主要支承面、导向支承面和止推支承面，如图 9-2 所示。限制工件三个自由度的定位平面，称为主要支承面。常用于精度比较高的工件定位表面。当平面的精度很高时，可以直接将定位元件设计成为平面；更多的情况下，往往布置尽量放远一些的三个支承点，使工件的中心落在三个支承点之间，保证工件定位的稳定可靠。限制工件两个自由度的定位平面，常常做成窄长面，称为导向支承面。在工件定位表面精度不高时，甚至将窄长面的中间部分切除，只保留尽可能远位置上的短面，以确保定位效果的一致性。同样道理，限制一个自由度的平面，称为止推支承面。这时，为了确保定位准确，往往将平面面积做得尽可能小。

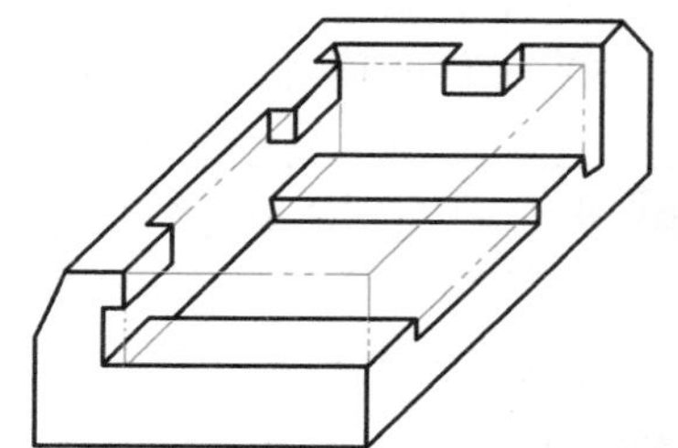

图 9-2　支承板定位简图

2. 定位元件

平面定位的主要形式是支承定位。常用的定位元件有主要支承和辅助支承。

（1）主要支承　主要支承是指用来限制工件的自由度，起定位作用的支承。通常有固定支承和可调支承两种。

1）固定支承。固定支承有支承钉和支承板两种形式。在使用过程中，它们都是固定不动的。

图 9-3 为标准支承钉 8029. 2—1999 和支承板 T 8029. 1—1999：图 9-3a 为平头支承钉，用于精基准；图 9-3b 为球头支承钉，用于粗基准，可减小与工件的接触面积，提高定位稳定性；图 9-3c 为齿纹头支承钉，用于侧面定位，花纹增大摩擦因数，很少用于底平面定位；图 9-3d 为平板式支承板，用作精基准，多用于侧面和顶面定位，用于底面定位时，孔边切屑不易清理；图 9-3e 为斜槽式支承板，用作精基准，适用于底面定位。在实际应用中，还可以根据需要设计非标准结构支承钉和支承板，如台阶式支承板、圆形支承板和三角形支承板等。

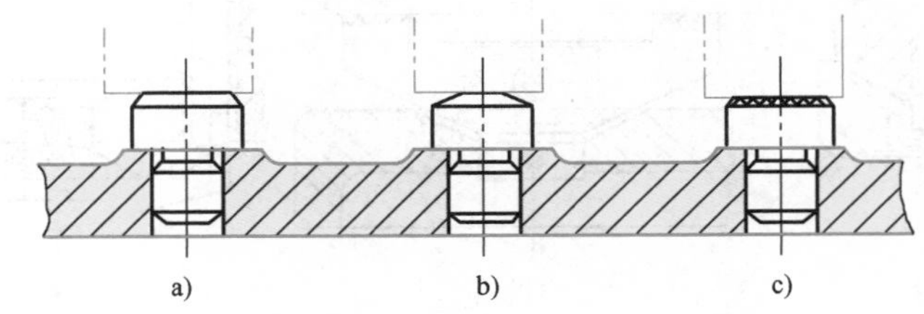

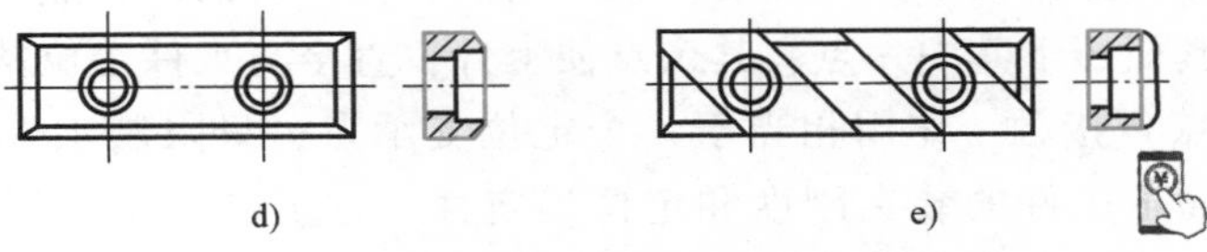

图 9-3　支承钉和支承板

2）可调支承。其工作位置可调整，一经调节合适后需要锁紧，防止支承点的位置发生变化，作用相当于固定支承。其结构已标准化。

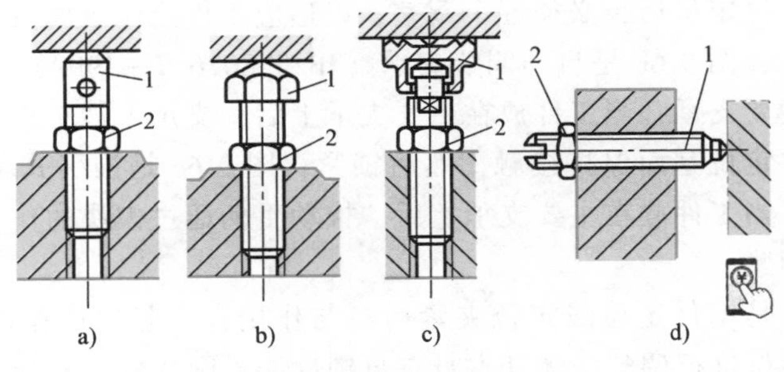

图 9-4　可调支承

1—螺钉　2—锁紧螺母

图 9-4 所示为可调支承的结构：图 9-4a 为直接用手或拨杆转动球头螺钉 1 进行调节（JB/T 8026. 4—1999），适用于轻型工件；图 9-4b 为用扳手调节螺钉 1（JB/T 8026. 1—1999），适用于较重的工件；图 9-4c 为带有压脚的可调支承，可避免损坏定位面；图 9-4d 为用扳手调节螺钉 1，用于侧面定位。

可调支承常用于粗基准定位，适用于毛坯分批制造。可调支承常用于可调整夹具中，支承形状相同而尺寸不同的工件。

3）浮动支承（或自位支承）。工件在定位过程中，能自动调整位置的支承称为浮动支承。

常见的浮动支承结构如图 9-5 所示：图 9-5a 是球面多点式浮动支承，绕球面活动，与工件做多点接触，作用相当于一点；图 9-5b、图 9-5c 是两点式浮动支承，绕销轴活动，与工件做两点接触，作用相当于一点。

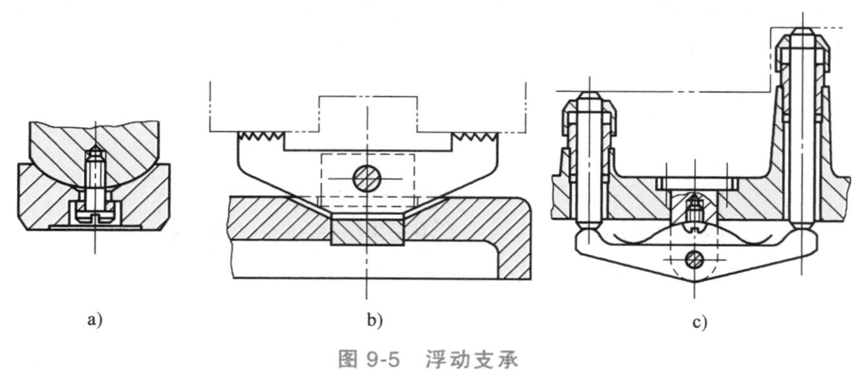

图 9-5　浮动支承

这类支承的工作特点是支承点是活动的或浮动的，支承点的位置随工件定位基面的不同而自动调节，定位基面压下其中一点，其余点便上升，直至与工件定位基面接触；与工件做两点、三点（或多点）接触，作用相当于一个定位支承点，只限制工件的一个自由度；接触点数的增加，提高了工件的装夹刚度和定位稳定性。这类支承主要用于工件以毛坯面定位、定位基面不连续或为台阶面及工件刚性不足的场合。

（2）辅助支承　辅助支承是指用来提高工件的装夹刚度和定位稳定性，不起定位作用的支承。它是在工件完成定位后参与作用的。

常见的辅助支承结构如图 9-6 所示，图 9-6a 是螺旋式辅助支承，工件定位时，支承 1 高度低于主要支承，工件定位后，必须逐个调整，以适应工件定位表面位置的变化，其特点是结构简单，但效率低；图 9-6b 是自动调节支承（JB/T 8026. 7—1999），其结构已经标准化，支承 1 的高度高于主要支承，当工件放在主要支承上后，支承 1 被工件定位基面压下，并与主要支承一起与工件定位基面保持接触，然后锁紧；图 9-6c 是推引式辅助支承，支承 5 的高度低于主要支承，当工件放在主要支承上后，推动手柄通过楔块的作用使支承 5 与工件定位基面接触，然后锁紧。

辅助支承的特点是工件定位或定位夹紧后参与作用，不起定位作用，有调整和锁紧机构。图 9-6a：拧动螺母进行调整，螺杆本身有自锁性能；图 9-6b：靠弹簧力自动调整，通过支承 1 与顶柱 3 上的 7°~10°斜面自锁；图 9-6c：推动手柄，支承 5 与楔块和半圆键锁紧。

9.2.3　工件以圆柱孔定位及其定位元件

以工件的圆柱孔作为定位基面，定位可靠，使用方便，在实际生产中获得广泛使用。

1. 定位方法

齿轮、气缸套和杠杆类工件，常以孔的中心线作为定位基准。常用的定位方法有：在圆

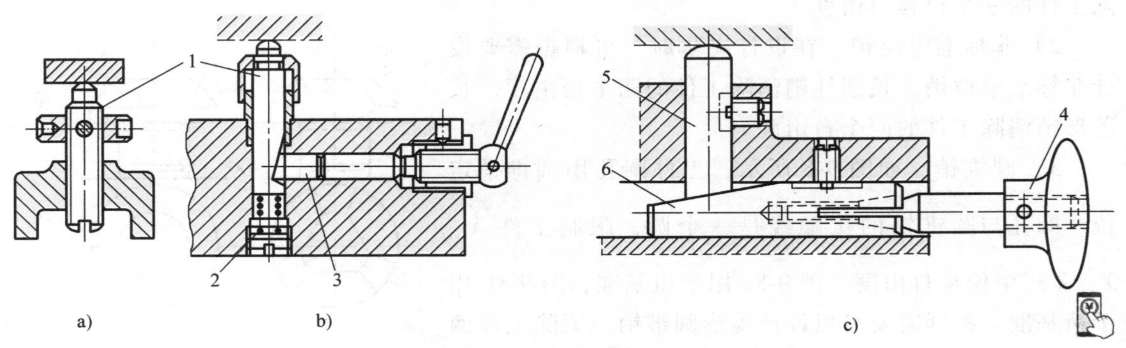

图 9-6　辅助支承

a）螺旋式辅助支承　b）自动调节支承　c）推引式辅助支承

1、5—支承　2—弹簧　3—顶柱　4—手柄　6—楔块

柱体上定位，在圆锥体上定位，在定心夹紧机构中定位等。

工件以圆孔为定位基面与定位元件多是圆柱面与圆柱面配合，具体定位限制的工件自由度数，不仅与两者之间的配合性质有关，还与定位基准孔与定位元件的配合长度 L 及直径 D 有关。根据 L/D 大小分为两种情形：当 $L/D>1\sim1.5$ 时，为长销定位，相当于四个定位支承点，限制工件的四个自由度，能够确定孔的中心线位置；若配合长度较短（$L/D<1$），为短销定位，相当于两个定位支承点，限制工件的两个自由度，只能确定孔的中心点的位置。

2. 定位元件

工件以圆孔为定位基面，通常，夹具所用的定位元件是定位销和心轴等。

（1）定位销

1）标准定位销。图 9-7 所示为标准定位销，图 9-7a～c 所示是固定式定位销（JB/T 8014.2—1999），图 9-7d 是可换定位销（JB/T 8014.3—1999）。它们分圆柱销和菱形销两种类型。对于直径为 3～10mm 的小定位销，根部倒圆，可以提高其强度；销的头部带有 2～6mm×15°的倒角，方便工件的装卸。

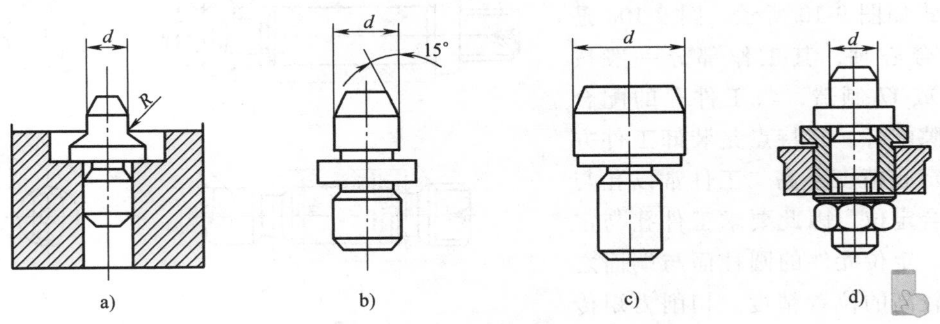

图 9-7　标准定位销

a）$d\leqslant10$mm　b）10mm$<d\leqslant18$mm　c）$d>8$mm　d）$d>10$mm

大批量生产中，工件装卸频繁，定位销容易磨损而丧失定位精度，可采用可换式定位销与衬套配合使用。标准定位销属于短定位销，圆柱销消除工件的两个位移自由度，菱形销消

除工件的一个位移自由度。

2）非标准定位销。在设计夹具时，可根据需要设计非标准定位销。长圆柱销消除工件的四个自由度，长菱形销消除工件的两个自由度。

3）圆锥销。如图 9-8 所示，工件圆孔用圆锥销定位，圆孔与圆锥销的接触线是一个圆，限制工件 $\vec{X}$、$\vec{Y}$、$\vec{Z}$ 三个位移自由度。图 9-8a 用于粗基准，图 9-8b 用于精基准。根据需要可以设计菱形圆锥销，消除工件两个位移自由度。

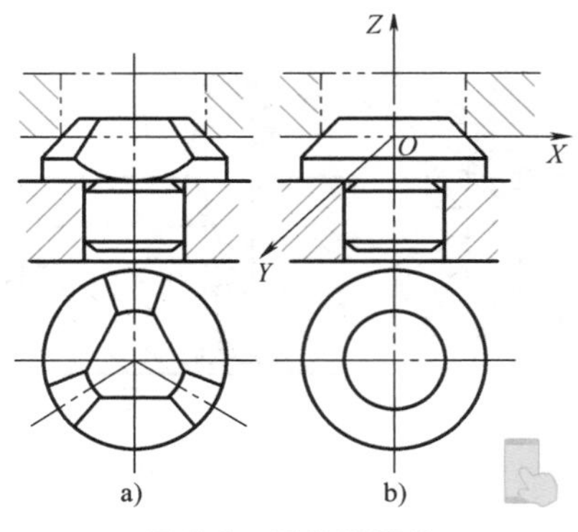

图 9-8　圆锥销定位

工件以圆孔与圆锥销定位能实现无间隙配合，但是单个圆锥销定位时容易倾斜，因此，圆锥销一般不单独使用。如图 9-9 所示，图 9-9a 为用活动圆锥销与平面组合定位，图 9-9b 为双圆锥销组合定位。

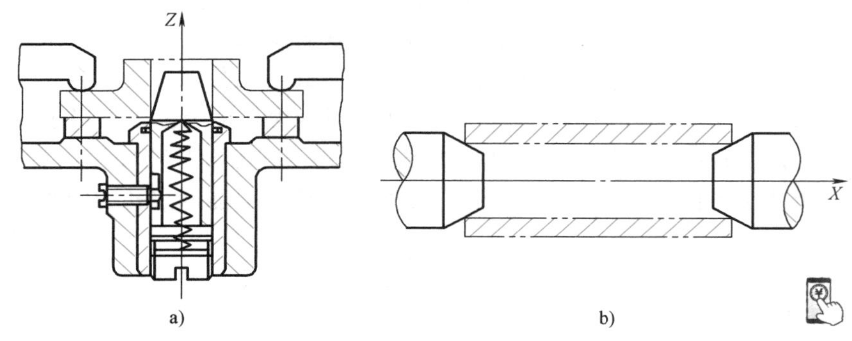

图 9-9　圆锥销组合定位

（2）定位心轴（或刚性心轴）常用的定位心轴分为圆柱心轴和锥度心轴。

1）圆柱心轴。常见圆柱心轴的结构形式如图 9-10 所示。图 9-10a 是间隙配合心轴，其工作部分一般按 h6、g6 或 f7 制造，与工件孔的配合属于间隙配合。其特点是装卸工件方便，但定心精度不高。工件常以孔与端面组合定位，因此要求工件孔与定位端面、定位元件的圆柱面与端面之间都有较高的位置精度。切削力矩传递靠端部螺纹夹紧产生的夹紧力传递。图 9-10b 是过盈配合心轴，由导向部分 1、工作部分 2 和传动部分 3 组成。其特点是结构简单，定心准确，不需要另设夹紧机构；但装卸工

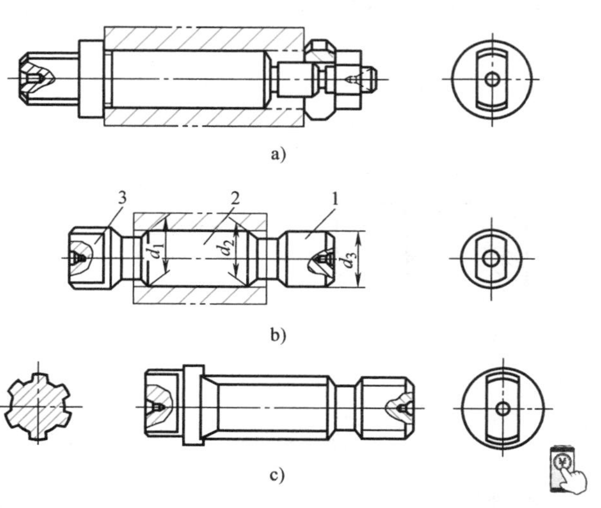

图 9-10　圆柱心轴

1—导向部分　2—工作部分　3—传动部分

件不方便，易损坏工件定位孔，因此多用于定心精度高的精加工。导向部分的作用是使工件方便地装入心轴，其直径 $d_3=d_{min}e8$，长度 $L_3=0.5L$，L 为工件定位孔长度。工作部分起定位作用。当 $L/d\leqslant1$ 时，心轴工作部分应做成圆柱形，其直径 $d_1=d_2=d_{max}r6$；当 $L/d>1$ 时，心轴工作部分应稍带锥度，其直径 $d_1=d_{max}r6$；$d_2=d_{min}h6$，d 为工件定位孔的公称尺寸，d_{min}、d_{max} 为工件定位孔的下极限尺寸和上极限尺寸。传动部分的作用是与机床传动装置相连接，传递运动。图 9-10c 是花键心轴，用于以内花键定位的工件。当工件定位孔的长径比 $L/d>1$ 时，心轴工作部分应稍带锥度。设计花键心轴时，应根据工件的不同定位方式确定心轴的结构。

2）锥度心轴（JB/T 10116—1999）。如图 9-11 所示，工件在锥度心轴上定位，并靠工件定位圆孔与心轴柱面的弹性变形夹紧工件，心轴锥度 K 见表 9-1。

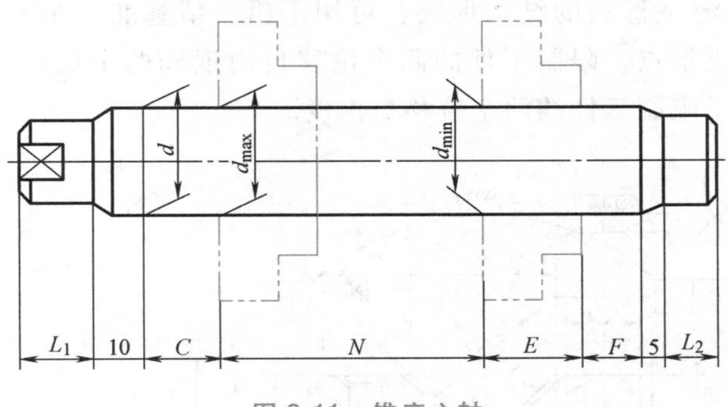

图 9-11 锥度心轴

表 9-1 高精度心轴锥度推荐值（JB/T 10116—1999）

工件定位孔直径 d/mm	8~25	25~50	50~70	70~80	80~100	>100
锥度 K	$\frac{0.01}{2.5d}$	$\frac{0.01}{2d}$	$\frac{0.01}{1.5d}$	$\frac{0.01}{1.25d}$	$\frac{0.01}{d}$	$\frac{0.01}{100}$

这种定位方式的定心精度较高，可达到 $\phi0.005\sim\phi0.01$mm，但工件的轴向位移误差较大，适用于工件定位孔精度不低于 IT7 的精车和磨削加工，不能用于加工端面。

锥度心轴结构尺寸的确定，可参考有关标准或“夹具设计手册”。为保证心轴的刚度，心轴的长径比 $L/d>8$ 时，应将工件按定位孔的公差范围分成 2~3 组，每组设计一根心轴。

除上述外，心轴定位还有弹性心轴、液塑心轴和定心心轴等，它们在完成工件定位的同时完成工件的夹紧，使用方便，但结构较复杂。

9.2.4 工件以外圆柱面定位及其定位元件

1. 定位方式

以工件的外圆柱面定位有两种基本形式——定心定位和支承定位。定心定位时外圆柱面是定位基面，外圆柱面的中心线是定位基准。可采用各种形式的定心夹紧卡盘、弹簧夹头，以及其他形式的定位夹紧机构，实现定位和夹紧同时完成。定位套筒也常用于外圆柱面的定位。外圆柱面的支承定位应用很广，常以支承钉或者支承板作为定位元件。定位基准为与支

承钉或支承板接触的圆柱面的一条母线，其消除的自由度数目取决于母线的相对接触长度。半圆孔定位也是典型的一种支承定位。

2. 定位元件

在夹具设计中，常用于外圆表面定位的定位元件有定位套、支承板和 V 形块等。各种定位套对工件外圆表面实现定心定位，支承板实现对外圆表面的支承定位，V 形块则实现对外圆表面的定心对中定位。

（1）V 形块　工件外圆以 V 形块定位是常见的定位方式之一，两斜面夹角有60°、90°和120°，其中90°V 形块使用最广泛。标准结构的 V 形块分为固定 V 形块（JB/T 8018.2—1999）、活动 V 形块（JB/T 8018.4—1999）和调整 V 形块（JB/T 8018.3—1999）三种形式。

图 9-12 所示为固定 V 形块的结构形式，可用于粗、精基准，如轴类工件铣键槽。长 V 形块相当于四个定位支承点，限制工件的两个位移自由度和两个旋转自由度；短 V 形块相当于两个定位支承点，限制工件的两个位移自由度。

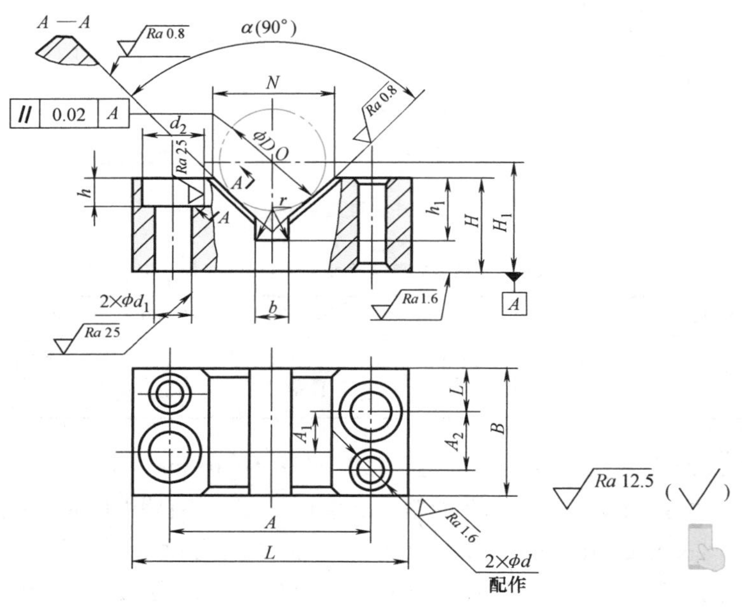

图 9-12　固定 V 形块

根据需要 V 形块可以设计非标准结构，如图 9-13 所示。图 9-13a 用于精基准；图 9-13b 用于粗基准，接触面长度为 2～5mm；图 9-13c 是镶装支承钉或支承板的结构。它们都属于长 V 形块，限制工件的四个自由度。

使用 V 形块定位的优点是对中性好，能使工件的定位基准处在 V 形块两斜面的对称面内，既可用于粗、精基准，也可用于完整或局部圆柱面，活动 V 形块还可以兼作夹紧元件。如图 9-14 所示，活动 V 形块可用于定位机构中，消除工件一个位移自由度，还可用于定位夹紧机构中，消除工件一个位移自由度，还起夹紧工件的作用。

（2）定位套　工件以外圆柱面作为定位基面在圆孔中定位，外圆柱面的轴线是定位基准，外圆柱面是定位基面。定位套有圆定位套、半圆套和圆锥套三种结构形式。

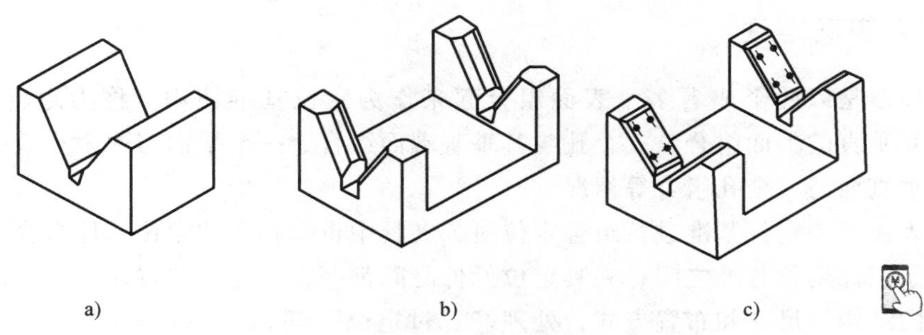

图 9-13　非标准 V 形块的结构

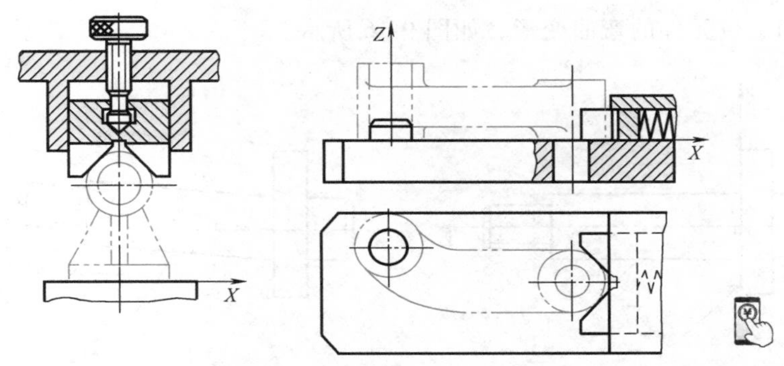

图 9-14　活动 V 形块的应用

图 9-15 所示为常用的定位套结构形式，为保证工件的轴向定位，常与端面组合定位，限制工件的五个自由度。图 9-15a、图 9-15b 为圆定位套结构，长套相当于四个定位支承点，短套相当于两个定位支承点，与工件的配合是间隙配合；图 9-15c 为圆锥套的结构，相当于三个定位支承点；图 9-15d 为半圆套结构，主要用于大型轴类工件及不便于轴向装夹的工件，定位元件是下半圆套，固定在夹具上，起定位作用，它与工件之间的配合是间隙配合。其中，长半圆套相当于四个定位支承点，短半圆套相当于两个定位支承点。上半圆套是活动的，起夹紧作用。定位套结构简单，制造容易，但定心精度不高，主要用于精基准。

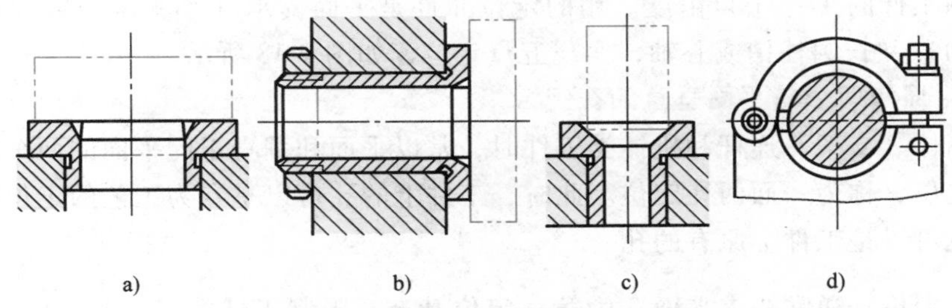

图 9-15　常用的定位套结构形式

（3）支承板　工件以外圆柱表面侧母线作为定位基准时，定位元件常采用支承板或平头支承钉，属于支承定位。接触长度较短时，限制工件一个自由度；接触长度较长时，限制工件两个自由度。

9.2.5 组合表面定位

通常工件多是以两个或者多个表面组合起来作为定位基准使用，称为组合表面定位。如：三个相互垂直的平面组合、一个孔与其垂直端面组合、一个平面与两个垂直于平面的孔组合、两个垂直面与一个孔组合等情况。

以多个表面作为定位基准进行组合定位时，夹具中也有相应的定位元件组合来实现工件的定位。由于工件定位基准之间、夹具定位元件之间都存在一定的位置误差，所以，必须注意定位元件的结构、尺寸和布置方式，处理好“过定位”问题。

1. 一个孔和一个端面组合

一个孔与端面组合定位时，孔与销或心轴定位采用间隙配合，此时应注意避免过定位，以免造成工件和定位元件的弯曲变形，如图 9-16 所示。

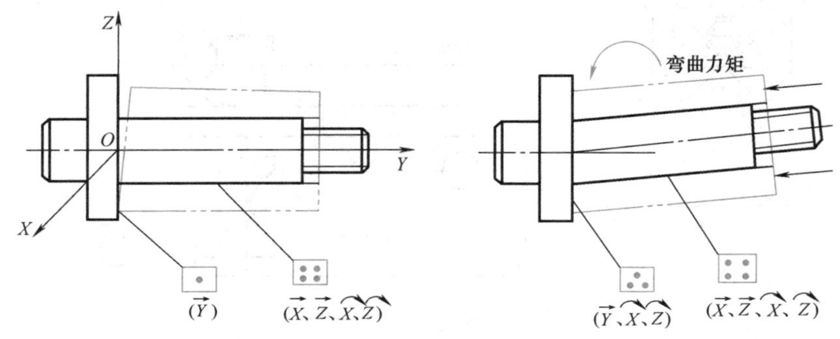

图 9-16　孔与平面的组合定位

1）端面为第一定位基准，限制工件的 $\vec{Y}$、$\widehat{X}$、$\widehat{Z}$ 三个自由度；孔中心线为第二定位基准，限制工件的 $\vec{X}$、$\vec{Z}$ 两个自由度。定位元件是平面支承（大支承板或三个支承钉）和短圆柱销，实现五点定位，如图 9-17 所示。

2）孔中心线为第一定位基准，限制工件的 $\vec{X}$、$\vec{Z}$、$\widehat{X}$、$\widehat{Z}$ 四个自由度；平面为第二定位基准，限制工件的 $\vec{Y}$ 一个自由度。用的定位元件是平面支承（小支承板或浮动支承，如球面多点浮动）和长圆柱销或心轴，实现五点定位，如图 9-18 所示。

2. 一个平面和两个与平面垂直的孔组合

在加工箱体、支架、连杆和机体类工件时，常以平面和垂直于此平面的两个孔为定位基准组合起来定位，称为一面两孔定位。此时，工件上的孔可以是专为工艺的定位需要而加工的工艺孔，也可以是工件上原有的孔。

一面两孔定位，通常要求平面 3 为第一定位基准，限制工件的 $\vec{Z}$、$\widehat{X}$、$\widehat{Y}$ 三个自由度，定位元件是支承板或支承钉；孔 1 的中心线为第二定位基准，限制工件的 $\vec{X}$、$\vec{Y}$ 两个自由度，定位元件是短圆柱销；孔 2 的中心线为第三定位基准，限制工件的 $\widehat{Z}$ 一个自由度，定位元件是短菱形销，实现六点定位，如图 9-19 所示。

（1）使用菱形销的目的　如果采用两个圆柱销与两定位孔配合定位，沿工件上两孔连

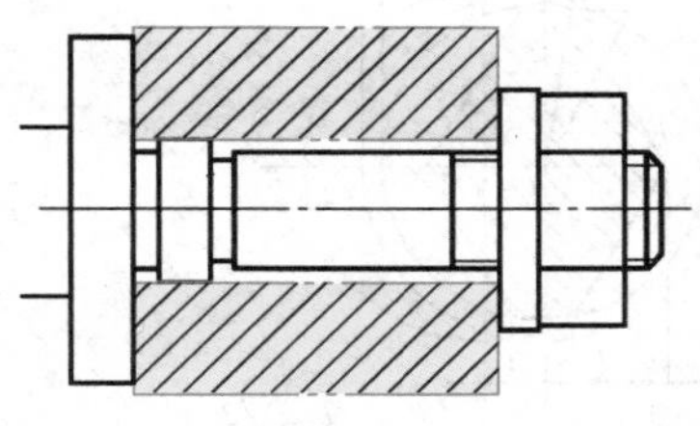

图 9-17　端面为第一定位基准

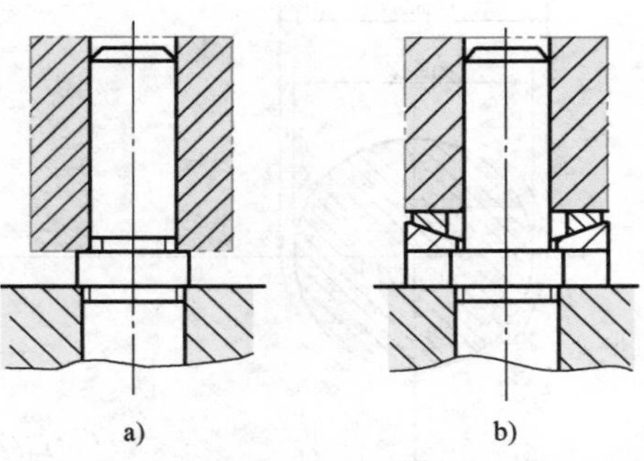

图 9-18　孔的中心线为第一定位基准

心线方向的自由度 $\vec{Y}$ 被重复限制了，属于过定位。当工件的孔间距（$L \pm T_{L_D}/2$）与夹具的销间距（$L \pm T_{L_d}/2$）的公差之和大于工件两定位孔（D_1、D_2）与夹具两定位销（d_1、d_2）之间的配合间隙之和时，将使部分工件不能顺利装卸。为避免过定位，使工件顺利装卸，可采取以下措施：减小 d_2，这种方法虽然能实现工件的顺利装卸，但增大了工件的转动误差；采用削边销，沿垂直于两孔中心的连线方向削边，通常把削边销做成菱形销，可提高强度，由于这种方法只增大连心线方向的间隙，不增大工件的转动误差，因而定位精度较高，在生产中被广泛应用。

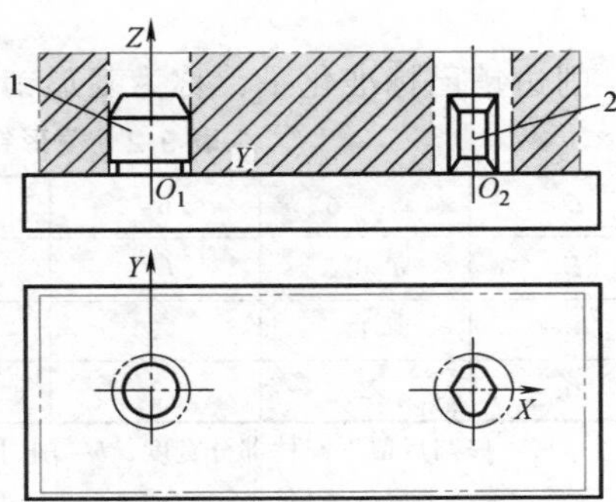

图 9-19　一面两孔组合定位

1—短圆柱销　2—短菱形销

（2）菱形销（削边销）的设计计算　计算的依据就是不发生干涉，把发生干涉部分削掉。发生干涉的两种极限情况如下：

1）工件孔距 $L_{gmin}=L-T_{L_D}/2$，销距 $L_{xmax}=L+T_{L_d}/2$，d_{1max}、d_{2max}、D_{1min}、D_{2min}。

2）工件孔距 $L_{gmax}=L+T_{L_D}/2$，销距 $L_{xmin}=L-T_{L_d}/2$，d_{1max}、d_{2max}、D_{1min}、D_{2min}。

按情况 2）计算削边销的宽度 b：设孔 1 中心 O_1' 与销 1 中心 O_1 重合，最小间隙为 X_{1min}；孔 2 中心 $O_2{}'$ 与销 2 中心 O_2 重合，最小间隙为 $X_{2min}=D_{2min}-d_{2max}$，$O_2'$ 为图 9-19 所示极限状态孔 2 的中心位置（图 9-20）。为了避免过定位，应将干涉部分削掉。

由图 9-20 所示的几何关系：

$$\overline{CO_2}^2=\overline{AO_2}^2-\overline{AC}^2=\overline{BO_2}^2-\overline{BC}^2$$

$$\overline{AO_2}=\frac{1}{2}D_{2min},\qquad \overline{AC}=\overline{AB}+\overline{BC}=\frac{1}{2}(T_{L_D}+T_{L_d})+\frac{1}{2}b$$

$$\overline{BO_2}=\frac{1}{2}d_{2max}=\frac{1}{2}(D_{2min}-X_{2min}),\ \overline{BC}=\frac{1}{2}b$$

整理并略去二次微量 $(T_{L_D}+T_{L_d})^2$、$X_{2min}{}^2$，得

$$b=\frac{D_{2min}X_{2min}}{T_{L_D}+T_{L_d}} \tag{9-1}$$

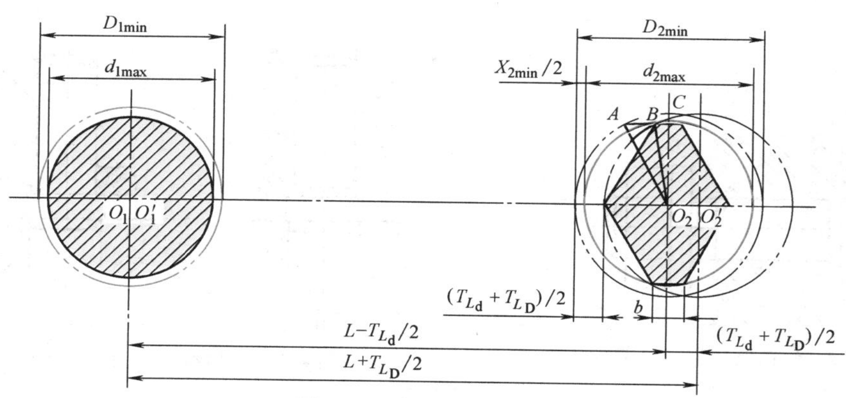

图 9-20　削边销的计算

削边销已标准化了，称为菱形销。其削边尺寸可查表 9-2。

表 9-2　菱形销的结构尺寸（JB/T 8014.2—1999）　　（单位：mm）

D	>3~6	>6~8	>8~20	>20~24	>24~30	>30~40	>40~50
B	d-0.5	d-1	d-2	d-3	d-4	d-5	
b_1	1	2	3			4	5
b	2	3	4	5		6	8

注：b_1—修圆后留下圆柱部分宽度，b—削边部分宽度，d—定位销直径，B—菱形销总宽度，D—定位孔直径。

（3）“一面两孔”定位设计计算　已知工件孔距 $L_g=L\pm T_{L_D}/2$，孔径为 D_1、D_2。

1）确定两定位销的中心距。$L_x=L\pm\left(\frac{1}{5}\sim\frac{1}{3}\right)T_{L_D}/2$（工件孔距为 $L\pm T_{L_D}/2$）。

2）确定圆柱销直径 d_1。$d_1=D_{1min}$g6（f7），定位精度要求比较高时，可按 g5 制造。

3）确定菱形销直径 d_2。

确定菱形销削边宽度 b，由 D_2 查表 9-2 确定，对于修圆菱形销，按 b_1 计算。

计算孔 2 与销 2 的最小间隙 X_{2min}。

由 $b=\dfrac{D_{2min}X_{2min}}{T_{L_D}+T_{L_d}}$

求得

$$X_{2min}=\frac{b(T_{L_D}+T_{L_d})}{D_{2min}}$$

确定菱形销直径 d_2。

由 $d_{2max}=D_{2min}-X_{2min}$，求得 d_{2max}。

$$d_2=d_{2max}\text{h6(h7)}$$

定位精度要求比较高时，可按 h5 制造。

9.3　定位误差的分析与计算

对于一批工件来说，由于每个工件彼此在尺寸、形状和位置上均有差异，使得同一批工件在同一个夹具中进行定位时，工件的各个表面具有不同的位置精度。使用夹具装夹工件按调整法进行加工时，即夹具（定位元件）相对于刀具的位置经调整后，加工一批工件时不再变动（对刀尺寸不变）。因此，对于这一批工件而言，如不计加工过程中的其他误差，则刀具成形表面（工件的被加工表面）在机床上的位置是不变的。因此，产生工序尺寸误差的原因，就在于由于定位造成的同一批工件的每个工件的工序基准位置不一致。所以，定位误差是由于工件定位造成的被加工表面的工序基准在沿工序尺寸或位置要求方向上的最大可能变动范围，用 Δ_D 表示。若按试切法加工，则不考虑定位误差。

计算定位误差的目的就是判断定位精度，分析定位方案能否保证加工要求，是决定定位方案是否合理的重要依据。一般定位误差与加工精度应满足下列关系，即

$$\Delta_D \leqslant (1/5 \sim 1/3)T \tag{9-2}$$

式中，T 为工件的工序尺寸公差或位置公差。

9.3.1　定位误差的产生原因及组成

造成一批工件在夹具中定位时，工序基准变动而产生定位误差的原因主要有：

1. 基准位移误差 Δ_W

由于定位基面和定位元件本身的制造误差会引起同一批工件的定位基准相对位置的变动，这一变动的最大范围称作基准位移误差，用 Δ_W 表示。基准位移误差引起的定位误差是将 Δ_W 在加工要求（尺寸、位置要求）方向上投影，即

$$\Delta_{DW} = \Delta_W \cos\beta \tag{9-3}$$

式中，β 为 Δ_W 与工序尺寸（或位置要求）方向的夹角。

2. 基准不重合误差 Δ_B

当工件的工序基准与定位基准不重合时，则在工序基准与定位基准之间必然存在位置误差，由此引起同一批工件的工序基准的最大变动范围，称为基准不重合误差，用 Δ_B 表示。工序基准与定位基准之间的联系尺寸称为基准尺寸。Δ_B 等于基准尺寸的公差。基准不重合误差引起的定位误差是将 Δ_B 在加工要求（尺寸、位置要求）方向上投影，即

$$\Delta_{DB} = \Delta_B \cos\gamma \tag{9-4}$$

式中，γ 为 Δ_B 与工序尺寸（或位置要求）方向的夹角。

9.3.2　定位误差的计算方法

定位误差常用的计算方法如下：

1. 合成法

定位误差是由基准位置误差和基准不重合误差两部分产生的定位误差 Δ_{DW}、Δ_{DB} 的合成。其具体计算步骤为

1）当工序基准与定位基准为两个独立的表面，即 Δ_W、Δ_B 无相关的公共变量时

$$\Delta_D = \Delta_W \cos\beta + \Delta_B \cos\gamma \tag{9-5}$$

2）当工序基准在定位基面上，即 Δ_W、Δ_B 有相关的公共变量时

$$\Delta_D = \Delta_W \cos\beta \pm \Delta_B \cos\gamma \tag{9-6}$$

在定位基面尺寸变动方向一定的条件下，当 Δ_W 与 Δ_B 变动方向相同，即对加工尺寸影

响相同时，取“+”号；当两者变动方向相反，即对加工尺寸影响相反时，取“-”号。

2. 极限位置法

根据定位误差的定义，直接计算出一批工件的工序基准在工序尺寸方向上的相对位置最大位移量，即加工尺寸的最大变动范围。具体计算时，画出工件定位时工序基准变动的两个极限位置，直接按几何关系确定工序尺寸的最大变动范围。

3. 微分法（尺寸链分析计算法）

对于包含多误差因素的复杂定位方案（如组合定位）的定位误差分析计算，如果采用上述两种方法，分析过程较为烦琐；若有角度误差影响时，分析计算更加困难。根据定位误差的实质，借助尺寸链原理，列出工件定位方案中某工序尺寸与相关的工件本身和夹具定位元件尺寸之间的关系方程，通过对其进行全微分，可以获得定位误差与各个误差因素之间的关系。设工序尺寸 P 以及相关的工件和夹具的几何参数为 X_i（$i=1,\ 2,\ \cdots,\ n$），则有尺寸链关系：

$$P=F(X_1\ ,X_2,\cdots,X_n) \tag{9-7a}$$

对式（9-7a）求全微分，可得

$$\mathrm{d}P=\left|\frac{\partial F}{\partial X_1}\Delta X_1\right|+\left|\frac{\partial F}{\partial X_2}\Delta X_2\right|+\cdots+\left|\frac{\partial F}{\partial X_n}\Delta X_n\right| \tag{9-7b}$$

式中，$\mathrm{d}P$ 可作为工序尺寸 P 的定位误差值 $\Delta D(P)$。

此法对包含多误差因素的复杂定位方案的定位误差分析计算比较方便，应用时可查有关资料。

综上所述，分析计算定位误差的关键，在于找出同一批工件的工序基准在工序尺寸方向上可能的最大位移变动量。

4. 基准不重合误差 Δ_B 的计算

计算基准不重合误差 Δ_B 的大小关键在于找到基准尺寸的公差。当基准尺寸为单一尺寸时，可以直接得出；当基准尺寸为一组尺寸时，直接联系定位基准和工序基准的基准尺寸，就是这组尺寸的封闭环，可以根据尺寸链原理求得。要减少基准不重合误差，只有提高工序基准与定位基准之间的位置精度；要消除该项误差，必须使定位基准与工序基准重合。

由于工件的定位基面与夹具定位表面本身有制造误差，以及它们之间的最小配合间隙等因素，所引起的一批工件的定位基准位置变动量，即基准位移误差 Δ_W；其数值等于定位基准沿某一方向的两个极限位置的误差量在工序尺寸方向上的投影，即由于定位基准位移引起的工序基准沿工序尺寸方向上的最大位移量 Δ_{DW}。

9.3.3 典型表面定位时的基准位移误差

1. 工件以平面定位

1）工件以未加工过的毛坯表面定位时（粗基准），只能用三个球头支承钉实现三点定位，消除工件的三个自由度。一批工件定位状况相差较大，如平面度误差为 ΔH，则基准位移误差 $\Delta_W=\Delta H$。

2）工件以加工平面定位时（精基准），用平头支承钉、支承板等定位元件，消除工件的三个自由度。由于平面度误差很小，通常忽略不计，即基准位移误差 $\Delta_W=0$。

例 9-1　如图 9-21 所示，工件底面和侧面已加工。求工序尺寸 A 的定位误差。

解　用合成法求工序尺寸 A 的定位误差。

1）由于用已加工过的平面定位，$\Delta_W=0$。

2）定位基准是底面，工序基准是圆孔中心线，两者不重合，因此产生基准不重合误差。基准尺寸为 (50 ± 0.1)mm，所以基准不重合误差为

$$\Delta_B=0.2\text{mm}$$

Δ_B 的方向与工序尺寸 A 之间的夹角为 $\gamma=45°$。

3）工序尺寸 A 的定位误差为

$\Delta_D(A)=\Delta_B\cos\gamma=0.2\cos 45°\text{mm}=0.1414\text{mm}$

2. 工件以外圆柱面定位

外圆表面定位的方式是定心定位或支承定位。常用的定位元件是各种定位套、支承板和 V 形块。下面主要分析外圆柱面在 V 形块上定位时的情形。

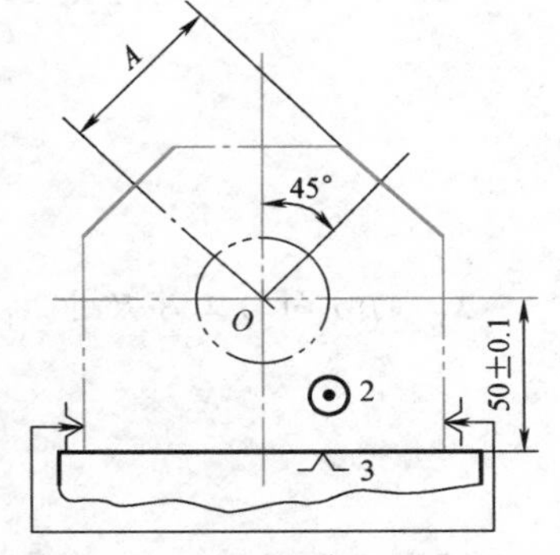

图 9-21　工件铣平面的定位示意图

工件以外圆柱面在 V 形块上定位时，定位基准是外圆柱面的中心线，外圆柱面是定位基面。V 形块是一种对中元件，如不考虑 V 形块的制造误差，则定位基准被限制在 V 形块的对称平面上，其水平位移为零；在垂直方向上，工件制造公差 T_d 会引起基准位移误差 Δ_W。

如图 9-22 所示，设圆柱截面中心 O 是定位基准的理想状态，由于外圆柱面 d 的制造公差 T_d 的存在，O 在 O_1、O_2 之间变动。定位基准的最大变动量 $\overline{O_1O_2}$，即为基准位移误差。由图示几何关系得

$$\left.\begin{aligned}&\overline{O_1E}=\frac{d_{max}}{2},\quad \overline{O_2F}=\frac{d_{min}}{2}\\&\Delta_W=\overline{O_1O_2}=\frac{T_d}{2\sin\dfrac{\alpha}{2}}\end{aligned}\right\}\tag{9-8}$$

式中，Δ_W 的方向为竖直方向。

例 9-2　铣图 9-23 所示工件上的键槽，以圆柱面 $d_{-T_d}^{\ 0}$ 在 $\alpha=90°$ 的 V 形块上定位（图 9-22），不考虑 V 形块的制造误差，求工序尺寸 A_1、A_2、A_3 的定位误差。

解　用合成法求各工序尺寸的定位误差。

（1）工序尺寸 A_1　工序基准为外圆柱面的中心线，与定位基准重合，基准不重合误差 $\Delta_{B(A1)}=0$。

由于定位基面存在制造公差 T_d，定位基准 O 在 O_1、O_2 之间变动，基准位移误差为

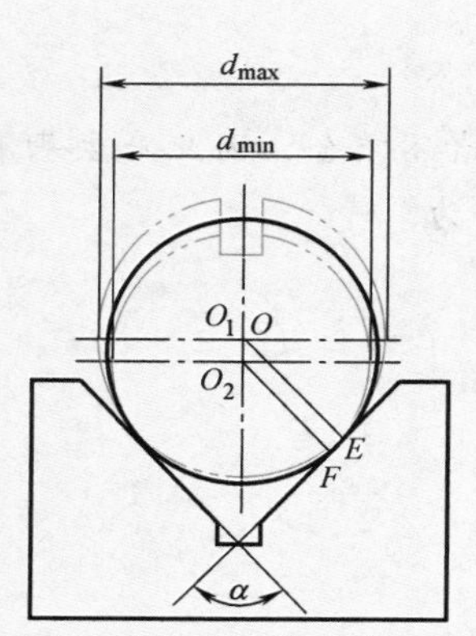

图 9-22　工件在 V 形块上定位时的 Δ_W

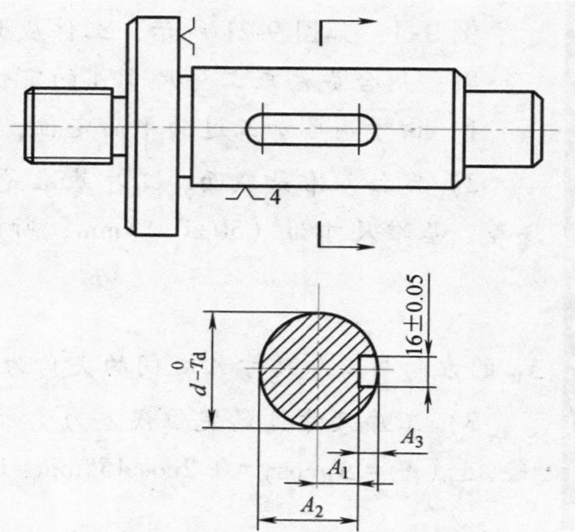

图 9-23　铣键槽工序简图

$$\Delta_{W(A_1)}=\frac{T_d}{2\sin\frac{\alpha}{2}}$$

Δ_W 的方向与工序尺寸 A_1 相同，即 $\beta=0$；工序尺寸 A_1 的定位误差为

$$\Delta_{D(A_1)}=\Delta_{W(A_1)}=\frac{T_d}{2\sin\frac{\alpha}{2}}$$

（2）工序尺寸 A_2　工序基准为外圆柱面的下母线，与定位基准不重合，会产生基准不重合误差。基准尺寸为 $\left(\frac{d}{2}\right)_{-\frac{T_d}{2}}^{0}$，基准尺寸公差为 $\frac{T_d}{2}$，所以基准不重合误差为

$$\Delta_{B(A_2)}=\frac{T_d}{2}$$

Δ_B 的方向与工序尺寸 A_2 方向相同，即 $\gamma=0$。同理，基准位移误差 $\Delta_{W(A_2)}=\Delta_{W(A_1)}$。

工序基准在定位基面上，Δ_B 与 Δ_W 有相关公共变量 T_d，当定位基面由 d_{min} 变为 d_{max} 时，定位基准由 $O_2\rightarrow O_1$ 变动；工序基准反向变动，应取“-”号。工序尺寸 A_2 的定位误差为

$$\Delta_{D(A_2)}=\frac{T_d}{2\sin\frac{\alpha}{2}}-\frac{T_d}{2}=\frac{T_d}{2}\left(\frac{1}{\sin\frac{\alpha}{2}}-1\right)$$

（3）工序尺寸 A_3　同样的道理，基准不重合误差数值 $\Delta_{B(A_3)}=\Delta_{B(A_2)}$，基准位移误差 $\Delta_{W(A_3)}=\Delta_{W(A_2)}$。

由于定位基准变动与工序基准变动方向相同，应取“+”号。工序尺寸 A_3 的定位误差为

$$\Delta_{D(A_3)}=\frac{T_d}{2\sin\frac{\alpha}{2}}+\frac{T_d}{2}=\frac{T_d}{2}\left(\frac{1}{\sin\frac{\alpha}{2}}+1\right)$$

由上述定位误差分析计算可知：同样是在V形块上定位，工序基准不同，其定位误差不同，$\Delta_{D(A_3)}\to\Delta_{D(A_1)}\to\Delta_{D(A_2)}$。$\Delta_W$ 和 Δ_B 均是由定位基面的制造误差引起的，两者不是独立因素，相关变量为 T_d。V形块夹角 α 不同，定位误差不同。α 越小，Δ_D 越大；α 越大，Δ_D 越小，对中性下降。因此，在实际生产中，广泛采用 $\alpha=90°$ 的V形块。

3. 工件以内孔定位

工件以内孔在圆柱心轴上定位时，定位基准是内孔中心线。用定心机构定位（如弹性心轴）或用过盈配合定位心轴（圆柱定位销）定位时，可以实现无间隙配合，基准位移误差 $\Delta_W=0$。用间隙配合定位心轴（或圆柱定位销）定位时，由于定位基面和定位元件的制造公差及配合间隙的存在，将产生基准位移误差 Δ_W。此时孔与轴的接触有两种情况：

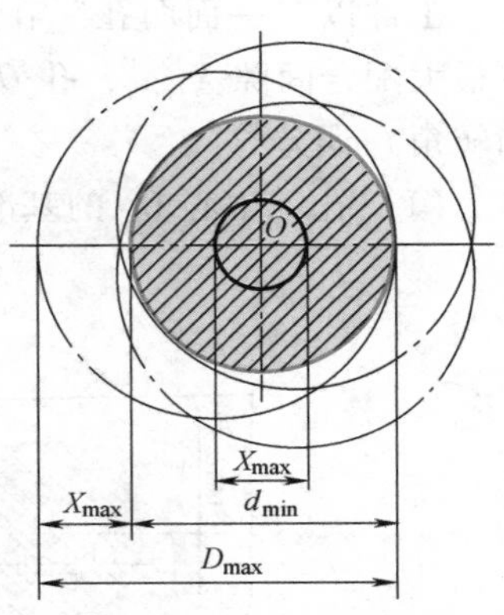

图9-24 孔与心轴间隙配合时的 Δ_W

（1）孔与定位心轴任意边接触　设孔与轴配合公称尺寸为 D；孔的极限尺寸为 D_{min}、D_{max}，公差为 T_D；轴的极限尺寸为 d_{min}、d_{max}，公差为 T_d。

如图9-24所示，当孔的尺寸为 D_{max}，心轴尺寸为 d_{min} 时，定位基准的变动量最大，等于孔轴的最大配合间隙 X_{max}，即基准位置误差为

$$\Delta_W=X_{max}=T_D+T_d+X_{min} \tag{9-9}$$

（2）孔与定位心轴固定边接触　如图9-25所示，心轴中心位置为 O，A 为工序尺寸，C 为对刀尺寸。当定位销直径为 d_{min}，工件孔径为 D_{max} 时，工件孔的定位基准位于 O_1，此时定位基准的位移量最大：$\Delta_{max}=\dfrac{D_{max}-d_{min}}{2}$；当定位销直径为 d_{max}，工件孔径为 D_{min} 时，工件孔的定位基准位于 O_2，此时定位基准

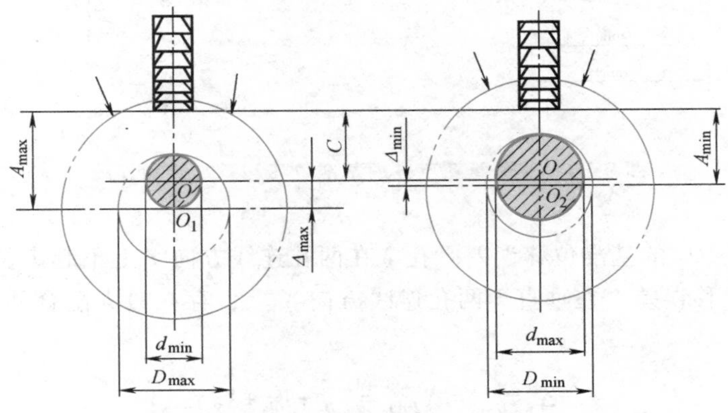

图9-25 孔与心轴间隙配合固定边接触基准位移误差

的位移量最小：$\Delta_{min}=\dfrac{D_{min}-d_{max}}{2}$。

基准位移误差为定位基准的最大变动量$\overline{O_1O_2}$，即

$$\Delta_W=\overline{O_1O_2}=\frac{T_D+T_d}{2} \tag{9-10}$$

4. 工件以组合表面定位时的定位误差

工件以多个表面组合定位时，工序基准的位置与多个定位基准有关。用极限位置法求定位误差比较方便。这里以“一面两孔”定位为例介绍组合定位时定位误差的分析计算方法。

工件以“一面两孔”在夹具一面两销上定位时，如图9-26所示，由于孔O_1与圆柱销存在最大配合间隙X_{1max}，孔O_2与菱形销存在最大配合间隙X_{2max}，因此产生基准位置（位移和转角）误差。

（1）孔1中心O_1的基准位移误差　孔1中心O_1的基准位移误差在任何方向上均为

$$\Delta_{W(O_1)}=X_{1max}=T_{D_1}+T_{d_1}+X_{1min}$$

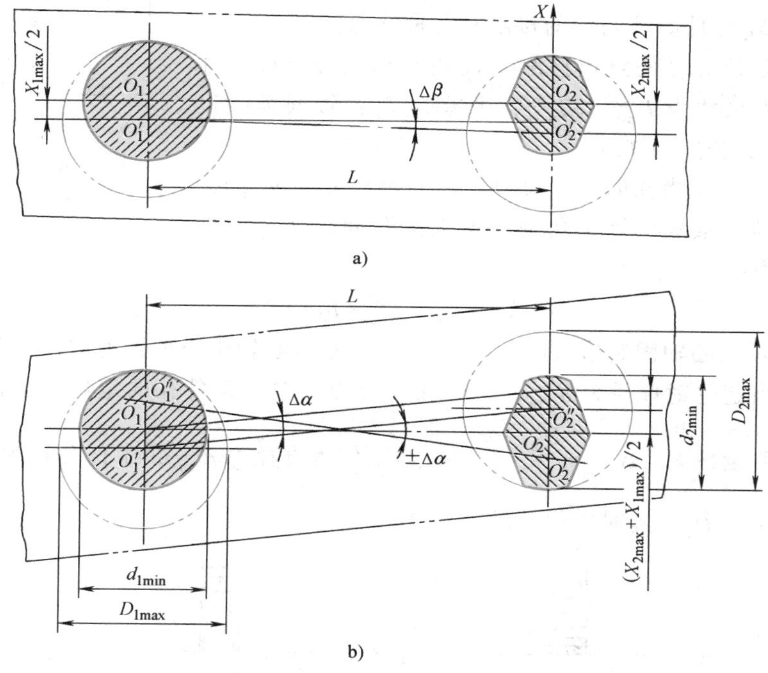

图9-26　一面两孔定位的基准位移和基准转角误差

（2）孔2中心O_2的基准位移误差　孔2在两孔连线方向Y上不起定位作用，所以在该方向上不计基准位移误差。在垂直于两孔连线方向X上，存在最大配合间隙X_{2max}，产生基准位移误差，即

$$\Delta_{W(O_{2X})}=X_{2max}=T_{D_2}+T_{d_2}+X_{2min}$$

（3）转角误差　由于 X_{1max} 和 X_{2max} 的存在，在水平面内，两孔连线 O_1O_2 产生基准转角误差。设 O_1O_2 是定位基准的理想状态（销中心与孔中心重合），当定位销和定位孔的尺寸分别为 d_{1min}、d_{2min}、D_{1max}、D_{2max} 时，O_1 在 O_1' 和 O_1'' 之间变动，O_2 在 O_2' 和 O_2'' 之间变动，O_1O_2 两种极限状态为：

1）交叉状态。如图 9-26b 所示，定位基准由 $O_1'O_2''$ 变为 $O_1''O_2'$，此时基准转角误差为

$$\Delta_\alpha = \arctan\frac{X_{1max}+X_{2max}}{2L} \tag{9-11}$$

则有

$$2\Delta_\alpha = 2\arctan\frac{X_{1max}+X_{2max}}{2L} \tag{9-12}$$

2）单向移动。如图 9-26a 所示，定位基准由 O_1O_2 变为 $O_1'O_2'$，此时基准转角误差为

$$\Delta_\beta = \arctan\frac{X_{2max}-X_{1max}}{2L} \tag{9-13}$$

则有

$$2\Delta_\beta = 2\arctan\frac{X_{2max}-X_{1max}}{2L} \tag{9-14}$$

将所求得的有关基准位移和基准转角误差，按最不利的情况，反映到工序尺寸方向上，即为基准位置误差引起工序尺寸的定位误差。

9.4　工件的夹紧

将工件定位后的位置固定下来称为夹紧，夹紧的目的是保持工件在定位中所获得的正确位置，使其在外力（夹紧力、切削力和离心力等外力）作用下，不发生移动和振动。

9.4.1　夹紧装置的组成及基本要求

1. 夹紧装置的组成

夹紧装置由两个基本部分组成。

（1）动力装置　夹紧力来源于人力或者某种动力装置。用人力对工件进行夹紧称为手动夹紧。用各种动力装置产生夹紧作用力进行夹紧称为机动夹紧。常用的动力装置有液压、气动、电磁、电动和真空装置等。

（2）夹紧机构　一般把夹紧元件和中间传递机构合称为夹紧机构。

1）中间传递机构。它是在动力装置与夹紧元件之间，传递夹紧力的机构。其主要作用有：改变作用力的方向和大小；夹紧工件后的自锁性能，保证夹紧可靠，尤其在手动夹具中。

2）夹紧元件。它是执行元件，直接与工件接触，最终完成夹紧任务。

图 9-27 所示是液压夹紧的铣床夹具。其中，液压缸 4、活塞 5、活塞杆 3 组成了液压动力装置，铰链臂 2 和压板 1 等组成了铰链压板夹紧机构，压板 1 是夹紧元件。

2. 对夹紧装置的基本要求

1）能保证工件定位后占据的正确位置。

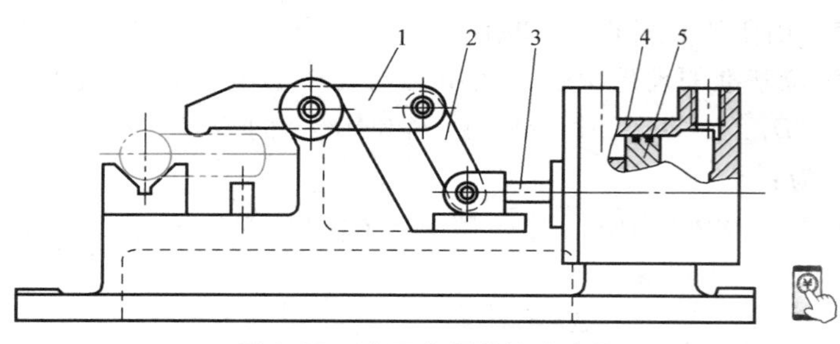

图 9-27　液压夹紧的铣床夹具

1—压板　2—铰链臂　3—活塞杆　4—液压缸　5—活塞

2）夹紧力的大小要适当、稳定。既要保证工件在整个加工过程中的位置稳定不变，振动小，又要使工件不产生过大的夹紧变形。夹紧力稳定可减少夹紧误差。

3）夹紧装置的复杂程度与生产类型相适应。工件的生产批量越大，允许设计越复杂、效率越高的夹紧装置。

4）工艺性好，使用性好。其结构应尽量简单，便于制造和维修；尽可能使用标准夹具零部件；操作方便、安全、省力。

9.4.2　夹紧力的确定

设计夹具的夹紧机构时，所需夹紧力的确定包括夹紧力的作用点、方向和大小三要素。

1. 夹紧力的方向

1）夹紧力的方向应有助于定位，不应破坏定位。只有一个夹紧力时，夹紧力应垂直于主要定位支承或使各定位支承同时受夹紧力的作用。

图 9-28 所示为夹紧力朝向主要定位面的示例。图 9-28a 中，工件以左端面与定位元件的 *A* 面接触，限制工件的三个自由度；底面与 *B* 面接触，限制工件的两个自由度；夹紧力朝向主要定位面 *A*，有利于保证孔与左端面的垂直度要求。图 9-28b 中，夹紧力朝向 V 形块的 V 形面，使工件装夹稳定可靠。

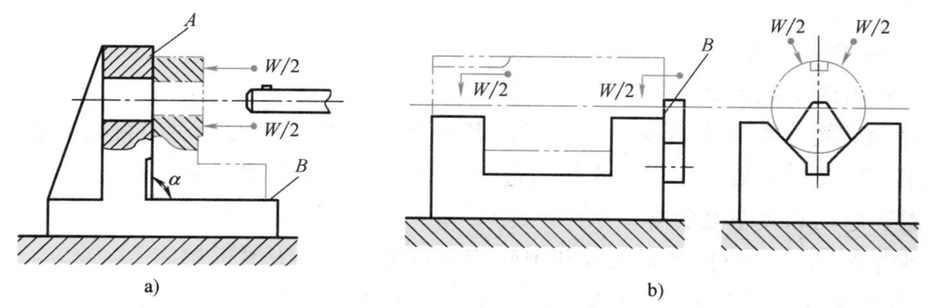

图 9-28　夹紧力的方向朝向主要定位面

图 9-29 所示为一力两用和使各定位基面同时受夹紧力作用的情况。图 9-29a 对第一定位基面施加 W_1，对第二定位基面施加 W_2；图 9-29b、图 9-29c 施加 W_3 代替 W_1、W_2，使两定位基面同时受到夹紧力的作用。

用几个夹紧力分别作用时，主要夹紧力应朝向主要定位支承面，并注意夹紧力的动作顺

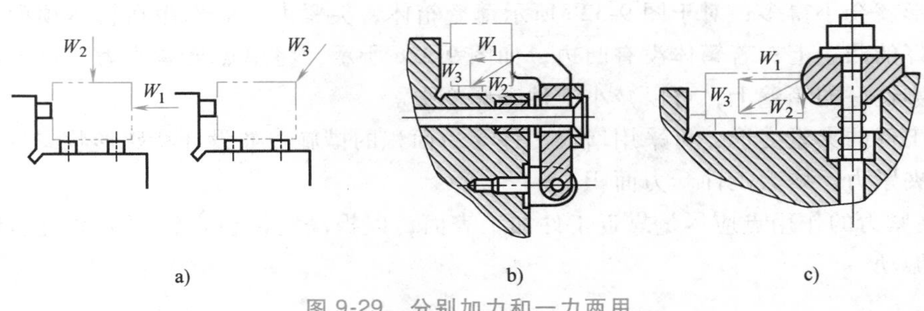

图 9-29　分别加力和一力两用

序。如三平面组合定位，$W_1>W_2>W_3$，W_1 是主要夹紧力，朝向主要定位支承面，应最后作用；W_2、W_3 应先作用。

2）夹紧力的方向应方便装夹和有利于减小夹紧力，最好与切削力、重力方向一致。

图 9-30 所示为夹紧力与切削力、重力的关系。

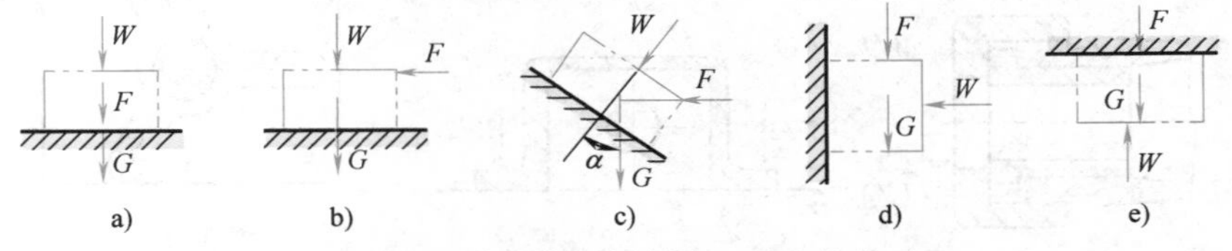

图 9-30　夹紧力与切削力、重力的关系

图 9-30a 夹紧力 W 与重力 G、切削力 F 方向一致，可以不夹紧或用很小的夹紧力：$W=0$。

图 9-30b 夹紧力 W 与切削力 F 垂直，夹紧力较小：$W=F/f-G$。

图 9-30c 夹紧力 W 与切削力 F 成夹角 $90°-\alpha$，夹紧力较大，即

$$W=\frac{F(\cos\alpha-f\sin\alpha)-G(\sin\alpha+f\cos\alpha)}{f}$$

图 9-30d 夹紧力 W 与切削力 F、重力 G 垂直，夹紧力最大：$W=(F+G)/f$。

图 9-30e 夹紧力 W 与切削力 F、重力 G 反向，夹紧力较大：$W=F+G$。

由上述分析可知图 9-30a、图 9-30b 应优先选用，图 9-30c、图 9-30e 次之，图 9-30d 最差，应尽量避免使用。上面公式中的 f 为工件与支承间的摩擦因数。

2. 夹紧力的作用点

1）夹紧力的作用点应能保持工件定位稳定，不引起工件发生位移或偏转。为此夹紧力的作用点应落在定位元件上或支承范围内，否则夹紧力与支座反力会构成力矩，夹紧时工件将发生偏转。

如图 9-31 所示，夹紧力的作用点落在了定位元件支承范围之外，夹紧力与支座反力构成力矩，夹紧时工件将发生偏转，从而破坏工件的定位。

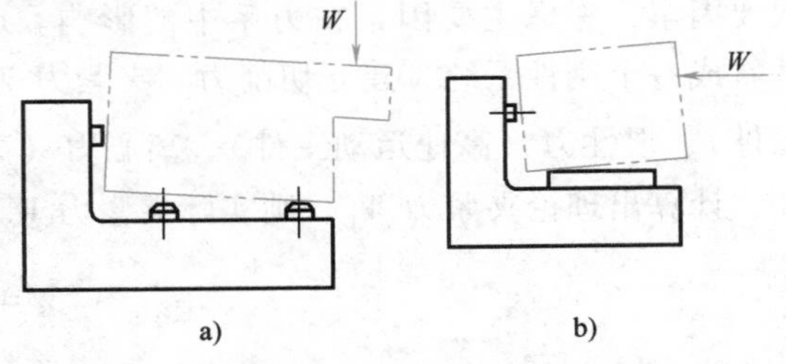

图 9-31　夹紧力作用点的位置不正确

2）夹紧力的作用点应有利于减小夹紧变形。夹紧力的作用点应落在工件刚性好的方向和部位，特别是对于低刚度工件。如图 9-32a所示薄壁套的轴向刚性比径向好，用卡爪径向夹紧，工件变形大，若沿轴向施加夹

紧力，变形就会小得多；对于图 9-32b 所示薄壁箱体，夹紧力不应作用在箱体顶面，而应作用在刚性好的凸边上；若箱体没有凸边，如图 9-32c 所示，将单点夹紧改为三点夹紧，使着力点落在刚性好的箱壁上，可以减小工件夹紧变形。

减小工件的夹紧变形，可采用增大工件受力面积的措施。如设计特殊形状夹爪、压角等分散作用夹紧力，增大工件受力面积。

3）夹紧力的作用点应尽量靠近工件加工表面，以提高定位稳定性和夹紧可靠性，减少加工中的振动。

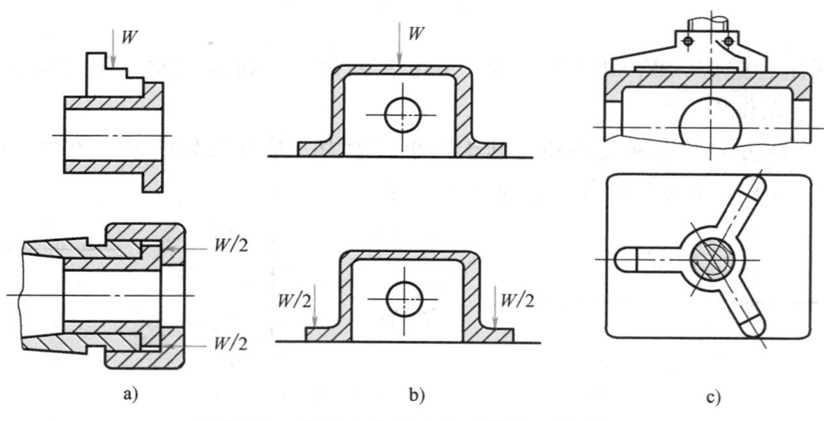

图 9-32　夹紧力作用点与夹紧变形的关系

不能满足上述要求时，如图 9-33 所示，在拨叉上铣槽，由于主要夹紧力的作用点距工件加工表面较远，故在靠近加工表面处设置辅助支承，施加夹紧力 W'，提高定位稳定性，承受夹紧力和切削力等。

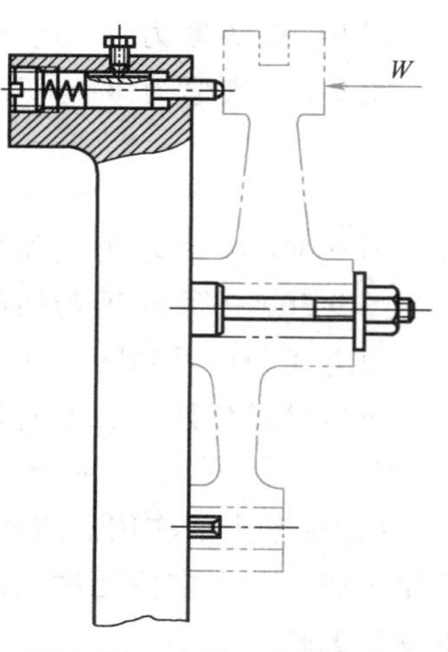

图 9-33　夹紧力作用点靠近加工表面

3. 夹紧力的大小

夹紧力的大小必须适当。过小，工件在加工过程中发生移动，破坏定位；过大，使工件和夹具产生夹紧变形，影响加工质量。

理论上，夹紧力应与工件受到切削力、离心力、惯性力及重力等力的作用平衡；实际上，夹紧力的大小还与工艺系统的刚性、夹紧机构的传递效率等有关。切削力在加工过程中是变化的，因此夹紧力只能进行粗略的估算。

估算夹紧力时，应找出对夹紧最不利的瞬时状态，略去次要因素，考虑主要因素在力系中的影响。通常将夹具和工件看成一个刚性系统，建立切削力、夹紧力 W_0、重力（大型工件）、惯性力（高速运动工件）、离心力（高速旋转工件）、支承力以及摩擦力静力平衡条件，计算出理论夹紧力 W_0。则实际夹紧力 W 为

$$W = KW_0 \tag{9-15}$$

式中，K 为安全系数，与加工性质（粗、精加工）、切削特点（连续、断续切削）、夹

紧力来源（手动、机动夹紧）和刀具情况有关。一般取 $K=1.5\sim3$；粗加工时，$K=2.5\sim3$；精加工时，$K=1.5\sim2.5$。

生产中还经常用类比法（或试验）确定夹紧力。

9.4.3 典型夹紧机构

常用的典型夹紧机构有斜楔夹紧机构、螺旋夹紧机构、偏心夹紧机构及铰链夹紧机构等。

1. 斜楔夹紧机构

斜楔夹紧机构是最基本的夹紧机构，螺旋夹紧机构、偏心夹紧机构等均是斜楔机构的变型。图 9-34 所示为几种典型的斜楔夹紧机构，图 9-34a 是在工件上钻互相垂直的 ϕ8mm、ϕ5mm 两组孔，工件装入后，锤击斜楔大头，夹紧工件；加工完毕后，锤击斜楔小头，松开工件。可见，斜楔是利用其斜面移动时所产生的压力来夹紧工件的，即利用斜面的楔紧作用夹紧工件。图 9-34b 是将斜楔与滑柱合成一种夹紧机构，一般用气压或液压驱动。图 9-34c 是由端面斜楔与压板组合而成的夹紧机构。

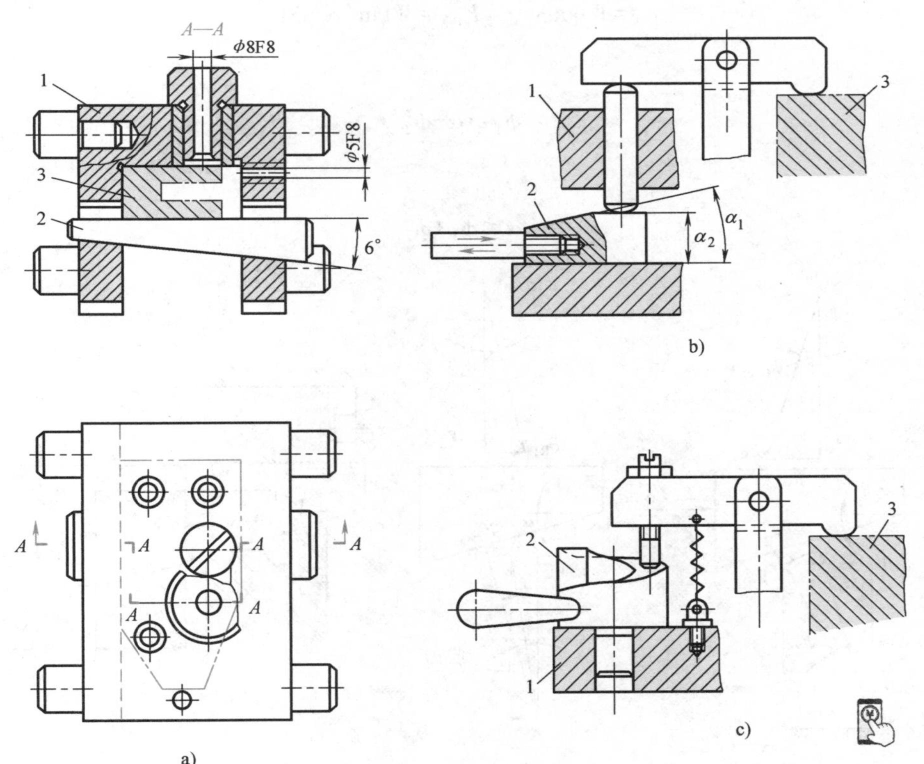

图 9-34 斜楔夹紧机构

1—夹具主体部分 2—斜楔夹紧元件 3—被加工工件

（1）斜楔的夹紧力 图 9-35a 为斜楔在外力作用下的受力情况，建立静平衡方程式：$F_1+F_{RX}=F_Q$，其中

$$F_1=W\tan\phi_1,\quad F_{RX}=W\tan(\alpha+\phi_2)$$

整理后得

$$W=\frac{F_Q}{\tan\phi_1+\tan(\alpha+\phi_2)} \tag{9-16}$$

式中，W 为斜楔对工件的夹紧力（N）；α 为斜楔升角（°）；F_Q 为加在斜楔上的原始作用力（N）；ϕ_1 为斜楔与工件间的摩擦角（°）；ϕ_2 为斜楔与夹具体间的摩擦角（°）。

设 $\phi_1=\phi_2=\phi$，当 $\alpha\leqslant 10°$时，可用下式做近似计算，即

$$W=\frac{F_Q}{\tan(\alpha+2\phi)} \tag{9-17}$$

（2）斜楔的自锁条件　当加在斜楔上的原始作用力 F_Q 撤除后，斜楔在摩擦力作用下仍然不会松开工件的现象称为自锁。此时摩擦力的方向与斜楔企图松开和退出的方向相反，如图 9-35b 所示。从图 9-35b 中可见，要自锁，必须满足下式，即

$$F_1\geqslant F_{RX}$$

其中

$$F_1=W\tan\phi_1,\quad F_{RX}=W\tan(\alpha-\phi_2)$$

整理后

$$\phi_1\geqslant\alpha-\phi_2$$

所以

$$\alpha\leqslant\phi_1+\phi_2 \tag{9-18}$$

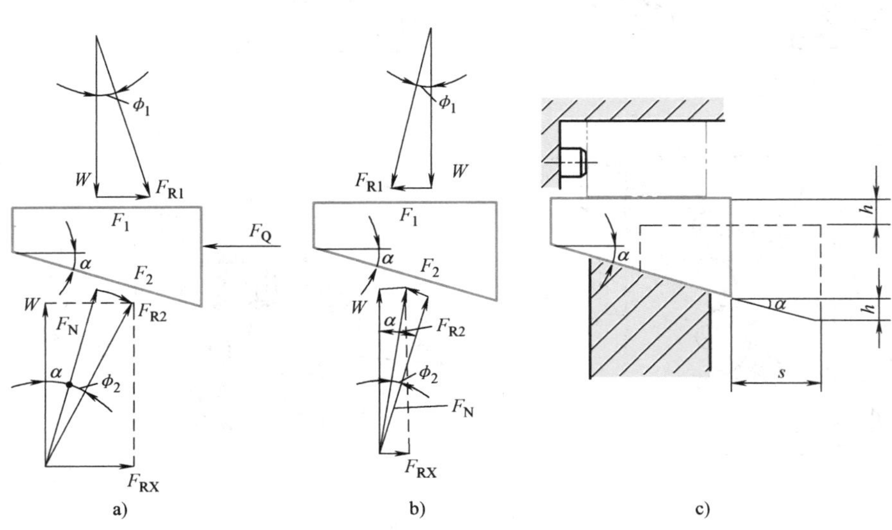

图 9-35　斜楔的受力分析

斜楔的自锁条件是斜楔的升角小于或等于斜楔与工件、斜楔与夹具体间的摩擦角之和。

若 $\phi_1=\phi_2=\phi$，$f=0.1\sim0.15$，则 $\alpha\leqslant 11.5\sim17°$。为保证自锁可靠，手动夹紧机构一般取 $\alpha=6°\sim8°$；用液压或气压驱动的斜楔，可取 $\alpha\leqslant 12°\sim30°$。

（3）斜楔的扩力比与夹紧行程　夹紧力 W 与原始作用力 F_Q 之比称为扩力比或增力系数，用 i_Q 表示，即

$$i_Q=\frac{W}{F_Q}=\frac{1}{\tan\phi_1+\tan(\alpha+\phi_2)} \tag{9-19}$$

若 $\phi_1=\phi_2=6°$，$\alpha=10°$，则 $i_Q=2.6$。可见，斜楔具有扩力作用，α 越小，i_Q 越大。

如图 9-35c 所示，h 是斜楔夹紧行程，s 是斜楔夹紧工件过程中移动的距离，则

$$h=s\tan\alpha \tag{9-20}$$

由于 s 受到斜楔长度的限制，要增大夹紧行程，就得增大斜角 α，这样会降低自锁性能。当要求机构既能自锁，又要有较大夹紧行程时，可采用双斜面斜楔，如图 9-34b 所示，大斜角 α_1 段使滑柱迅速上升，小斜角 α_2 段确保自锁。

2. 螺旋夹紧机构

图 9-36 所示为常见的螺旋夹紧机构，由螺钉、螺母、垫圈和压板等元件组成。

（1）单个螺旋夹紧机构　直接用螺栓（图 9-36a）或者用夹紧螺母（图 9-36b）夹紧工件的机构，称为单个螺旋夹紧机构，如图 9-36 所示。图 9-36a 中螺钉头直接与工件表面接触，螺钉转动时，可能损伤工件表面或带动工件旋转。为克服这一缺点，可在螺钉头部装上摆动压块（JB/T 8009.2—1999）。如图 9-37a、b 所示，A 型的端面光滑，用于夹紧已加工表面；B 型的端面有齿纹，用于夹紧毛坯面。当要求螺钉只移动不转动时，可采用图 9-37c 所示结构（JB/T 8009.3—1999）。

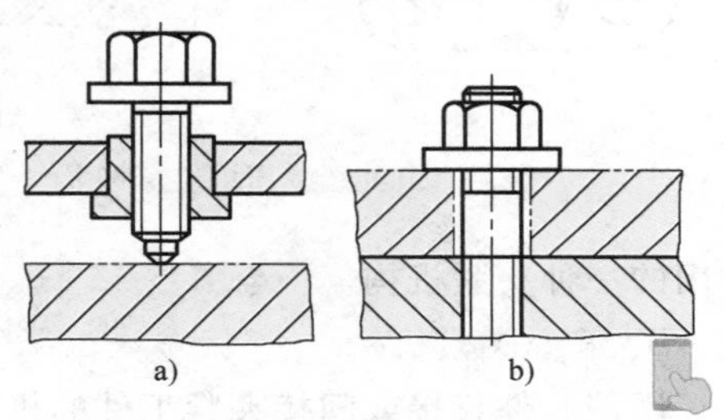

图 9-36　螺旋夹紧机构

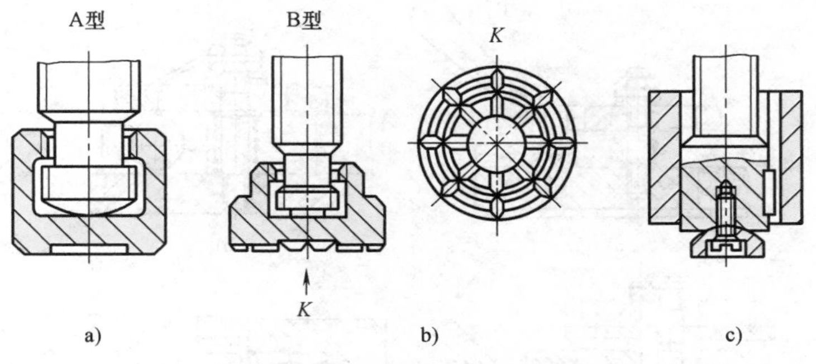

图 9-37　摆动压块

单个螺旋夹紧机构夹紧动作慢，装卸工件费时，为克服这一缺点，可采用各种快速螺旋夹紧机构。

（2）螺旋压板夹紧机构　常见的螺旋压板夹紧机构如图 9-38 所示，图 9-38a、b 为移动压板；图 9-38c、d 为回转压板。图 9-39 所示为自动回转钩形压板夹紧机构，其特点是结构紧凑，使用方便。当钩形压板妨碍工件装卸时，自动回转钩形压板避免了手转动钩形压板的麻烦。

螺旋夹紧机构具有结构简单、制造容易、自锁性能好、夹紧可靠的优点，是手动夹紧中

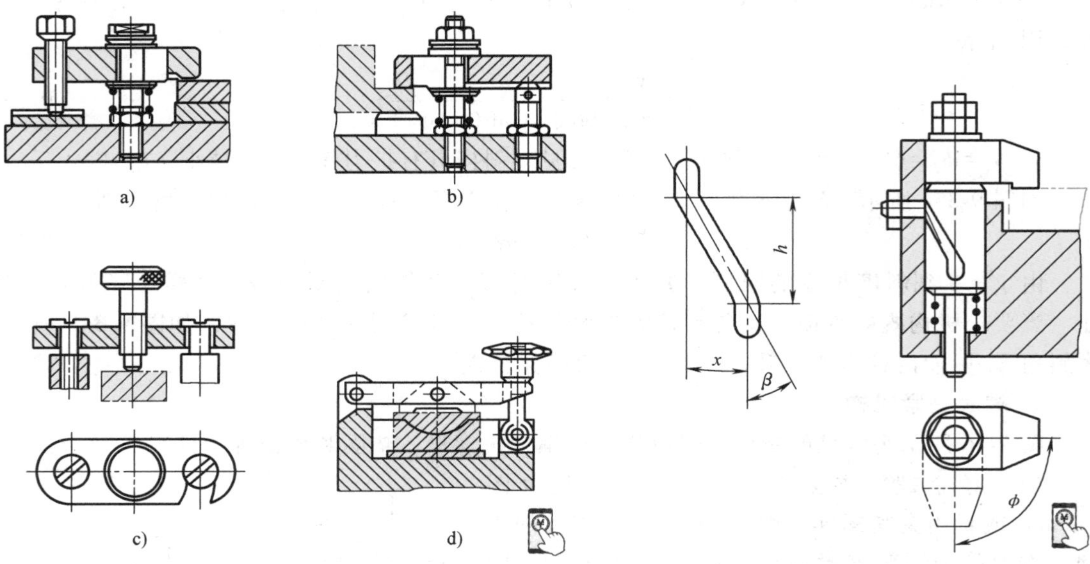

图 9-38　螺旋压板夹紧机构

图 9-39　自动回转钩形压板夹紧机构

常用的一种夹紧机构。

3. 偏心夹紧机构

用偏心件直接或间接夹紧工件的机构，称为偏心夹紧机构。常用的偏心件是圆偏心轮和偏心轴。图 9-40 所示结构是常见的圆偏心夹紧机构，图 9-40a、b 用的是圆偏心轮；图 9-40c 用的是偏心轴；图 9-40d 用的是偏心叉。

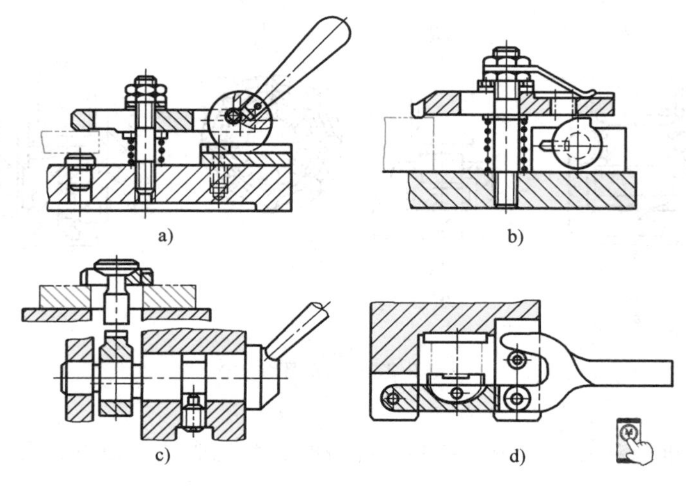

图 9-40　偏心夹紧机构

偏心夹紧机构操作方便，夹紧迅速，但夹紧力和行程较小，一般用于切削力不大、振动小、夹压面公差小的情况。

4. 铰链夹紧机构

图 9-41 所示为常用的铰链夹紧机构的三种基本结构。图 9-41a 为单臂铰链夹紧机构，图

9-41b 为双臂单作用铰链夹紧机构，图 9-41c 为双臂双作用铰链夹紧机构。由气缸带动铰链

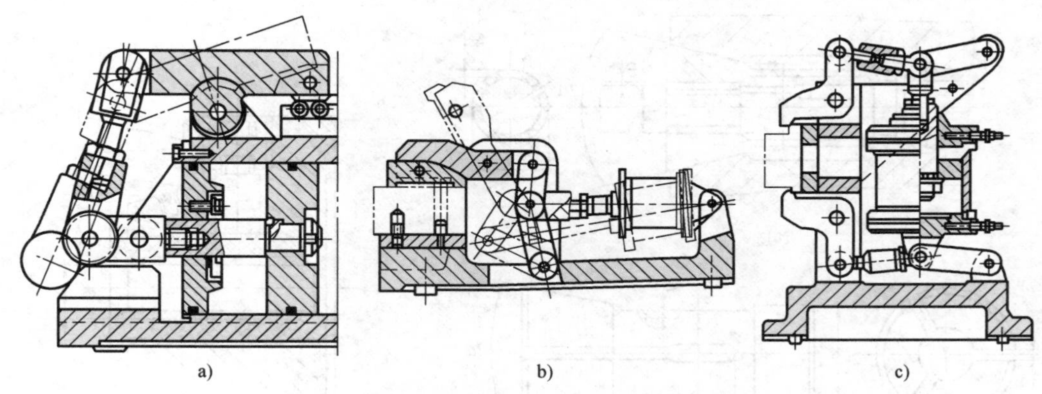

图 9-41　铰链夹紧机构

臂及压板转动夹紧或松开工件。

铰链夹紧机构是一种增力机构，其结构简单，增力比大，摩擦损失小，但一般不具备自锁性能，常与具有自锁性能的机构组成复合夹紧机构。所以铰链夹紧机构适用于多点、多件夹紧，在气动、液压夹具中获得广泛应用。

5. 定心、对中夹紧机构

定心、对中夹紧机构是一种特殊夹紧机构，其定位和夹紧是同时实现的，夹具上与工件定位基准相接触的元件，既是定位元件，又是夹紧元件。定心、对中夹紧机构一般按照以下两种原理设计：

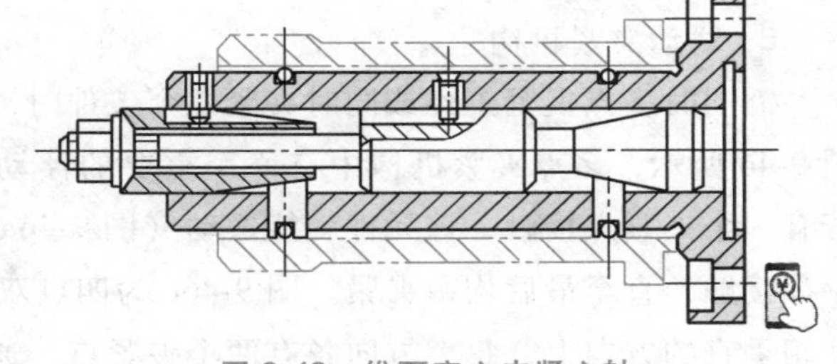

图 9-42　锥面定心夹紧心轴

1）定位-夹紧元件按等速位移原理来均分工件定位面的尺寸误差，实现定心和对中。图 9-42 所示为锥面定心夹紧心轴，图 9-43 所示为螺旋定心夹紧机构。

2）定位-夹紧元件按均匀弹性变形原理实现定心夹紧，如各种弹簧心轴、弹簧夹头和液性塑料夹头等。图 9-44 所示为弹簧夹头的结构。图 9-45 所示为液性塑料夹头的结构。

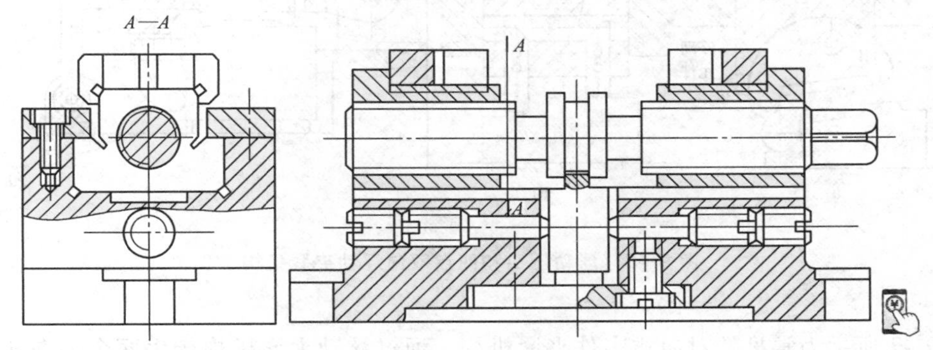

图 9-43　螺旋定心夹紧机构

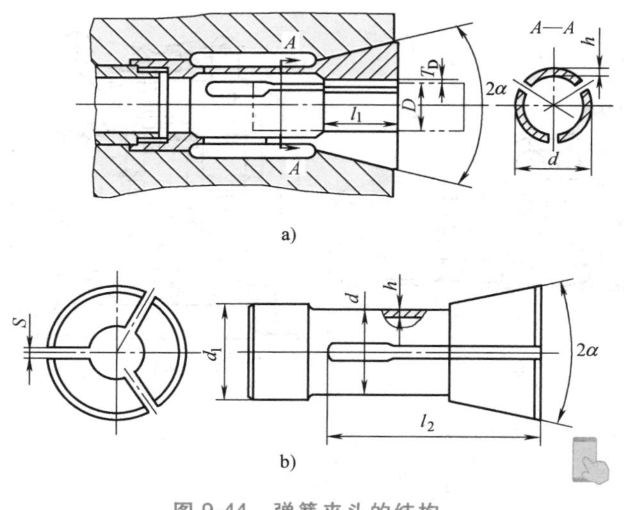

图 9-44　弹簧夹头的结构

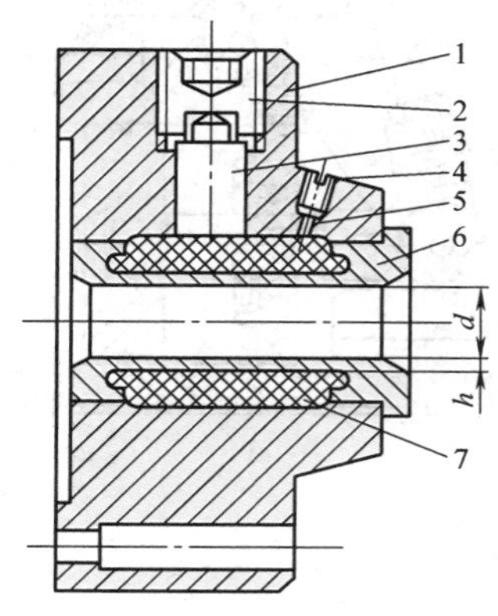

图 9-45　液性塑料夹头的结构

1—心轴体　2—加压螺钉　3—柱塞　4—紧定螺钉　5—堵塞　6—薄壁套筒　7—液性塑料

6. 联动夹紧机构

需同时多点夹紧工件或同时夹紧几个工件时，为提高生产率，可采用联动夹紧机构。如图 9-46 所示，多点夹紧机构中有一个重要的浮动机构或浮动元件，在夹紧工件的过程中，若有一个夹紧点接触，该元件就能摆动（图 9-46a）或移动（图 9-46b），使两个或多个夹紧点都接触，直至最后均衡夹紧。图 9-46c 为四点双向浮动夹紧机构，夹紧力分别作用在两个互相垂直的方向上，每个方向各有两个夹紧点，通过浮动元件实现对工件的夹紧，调节杠杆 L_1、L_2 的长度可以改变两个方向夹紧力的比例。

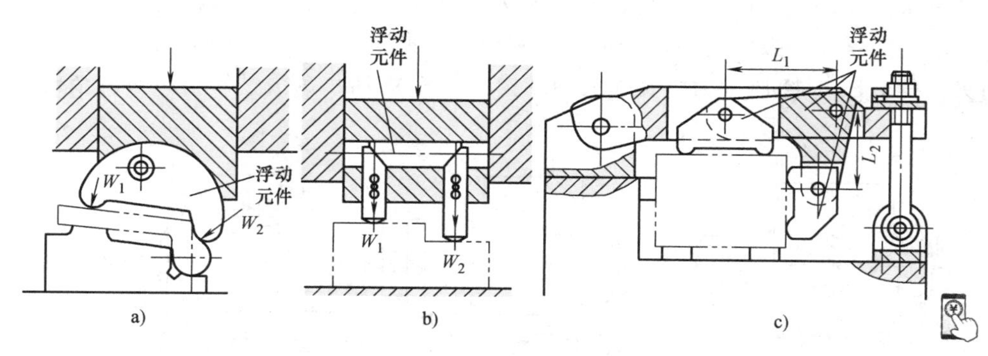

图 9-46　浮动压头和四点双向浮动夹紧机构

图 9-47 所示为常见的对向式多件夹紧机构，通过浮动夹紧机构产生两个方向相反、大小相等的夹紧力，并同时将工件夹紧。

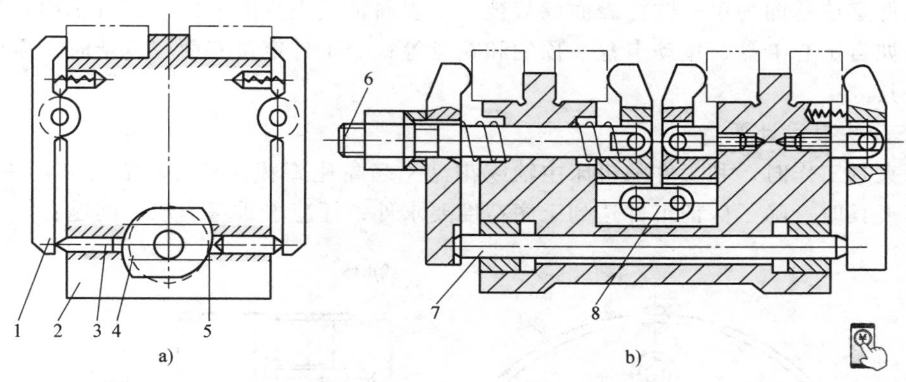

图 9-47　对向式多件夹紧机构

a）凸轮驱动同时夹紧两个工件的装置　b）单一螺母拧紧同时夹紧四个工件的装置

1—压板　2—夹具体　3—滑柱　4—偏心轮　5—导轨　6—螺杆　7—顶杆　8—连杆

9.5　典型机床夹具

9.5.1　车床夹具

在车床上用来加工工件的内外回转面及端面的夹具称为车床夹具。车床夹具多数安装在车床主轴上，少数安装在车床的床鞍或床身上。

1. 车床夹具的种类

安装在车床主轴上的夹具，根据被加工工件定位基准和夹具的结构特点，有以下四类：

1）卡盘和夹头式车床夹具，以工件外圆为定位基面，如自定心卡盘及各种定心夹紧卡头等。

2）心轴式车床夹具，以工件内孔为定位基面，如各种定位心轴（刚性心轴）和弹簧心轴等。图 9-48 所示为一车床上常用的带锥柄的圆柱心轴。加工时，工件以内孔及端面为定位基准，在心轴上定位，用螺母通过开口垫圈将工件夹紧。该心轴以锥柄与车床主轴连接。设计心轴时，应注意正确选择工件孔与心轴配合。

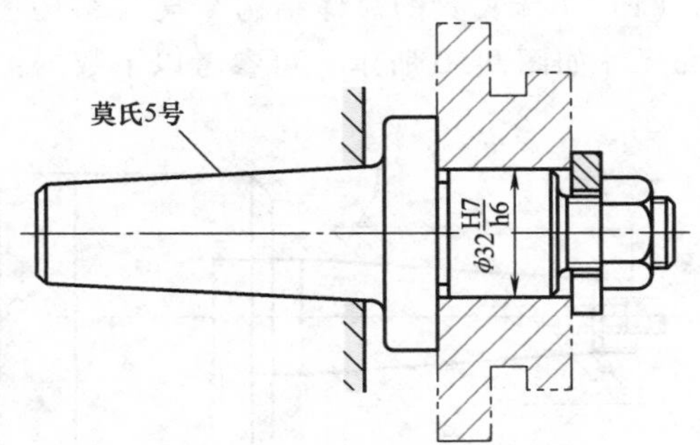

图 9-48　带锥柄的圆柱心轴

3）以工件顶尖孔定位的车床夹具，如顶尖和拨盘等。

4）角铁和花盘式夹具，以工件的不同组合表面定位。

在车床上加工壳体、支座、杠杆和接头等类零件上的圆柱面及其端面时，由于这些零件的形状比较复杂，难以直接装夹在通用卡盘上，因而需设计专用夹具。这类车床夹具一般是类似角铁的夹具体，故称其为角铁式车床夹具，如图 9-49 所示为加工弯头内孔端面的角铁式车床夹具。

当工件定位基面为单一圆柱表面或与被加工表面轴线垂直的平面时，可采用各种通用车床夹具，如自定心卡盘、单动卡盘、顶尖和花盘等；当工件定位基面较复杂时，需要设计专用车床夹具。

2. 车床夹具设计要点

车床夹具工作时，和工件随机床主轴或花盘一起高速旋转，具有离心力和不平衡惯量。因此设计夹具时，除了保证工件达到工序精度要求外，还应着重考虑以下问题：

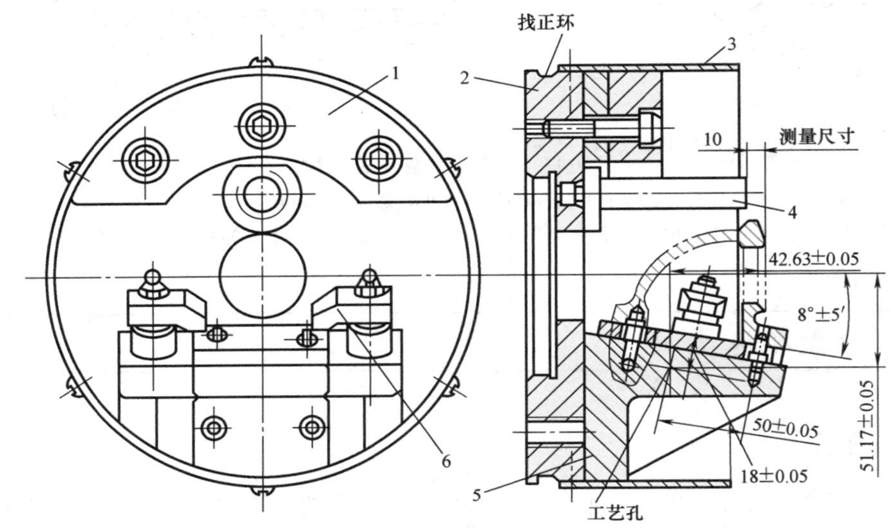

图 9-49　角铁式车床夹具

1—平衡块　2—过渡盘　3—防护罩　4—对刀柱　5—L 形夹具体　6—钩形压板

(1) 车床夹具的总体结构　夹具结构应力求紧凑，轮廓尺寸小，重量轻。车床夹具的轮廓尺寸如图 9-50 所示，可参考以下数据：

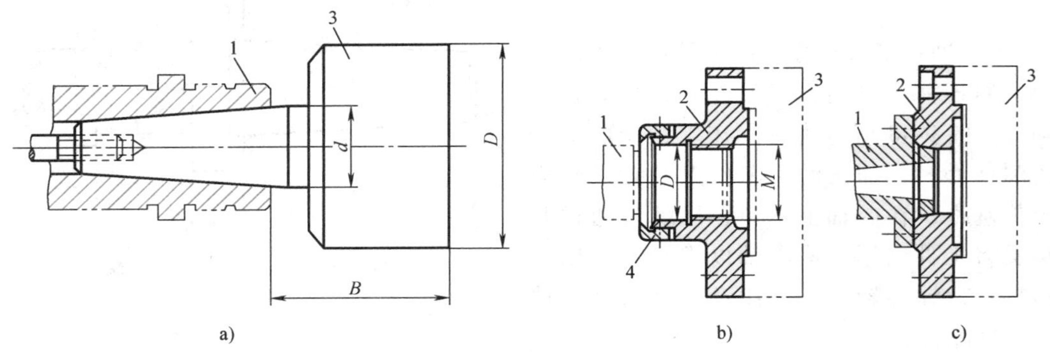

图 9-50　车床夹具与机床主轴的连接方式及轮廓尺寸

1—主轴　2—过渡盘　3—专用夹具　4—压块

1）当夹具采用锥柄与机床主轴锥孔连接时，如图 9-50a 所示，夹具上最大轮廓直径 $D<$ 140mm 或 $D\leqslant(2\sim3)\ d$，d 为锥柄大端的直径。

2）当夹具采用过渡盘与机床主轴相连接时，如图 9-50b、c 所示，若 $D<150$mm，

$B/D \leqslant 1.25$；若 $D=150 \sim 300\text{mm}$，$B/D \leqslant 0.9$；若 $D>300\text{mm}$，$B/D \leqslant 0.6$。

3）当为单支承的悬臂心轴时，其悬伸长度应小于直径的5倍。

4）当为前后顶尖支承的心轴时，其长度应小于直径的12倍。

5）当心轴直径大于 $\phi 50\text{mm}$ 时，可采用中空结构，以减轻重量。

（2）定位装置和夹紧装置的设计　车床夹具主要用来加工回转体表面，定位装置的作用是使工件加工表面的轴线与车床主轴的回转轴线重合。对于盘套类或其他回转体工件，要求工件的定位基面、加工表面和车床主轴三者轴线重合，常采用心轴或定心夹紧夹具；对于壳体、支架和托架等形状复杂的工件，被加工表面与工序基准之间有位置尺寸和平行度、垂直度等位置要求，定位装置主要是保证定位基准与车床主轴回转轴线具有正确的尺寸和位置关系。加工这类工件多采用花盘式、角铁式车床夹具。

由于车床夹具高速旋转，在加工过程中除受切削力作用外，还承受离心力和工件重力的作用。因此，要求车床夹具的夹紧机构必须安全可靠，夹紧力必须克服切削力和离心力等外力的作用，且自锁可靠。若采用螺旋夹紧机构，一般要加弹簧垫圈或使用锁紧螺母。

（3）夹具的平衡问题　车床夹具高速回转，若不平衡就会产生离心力，不仅增加了主轴和轴承的磨损，还会产生振动，影响加工质量，降低刀具寿命。因此，设计车床夹具时，特别是角铁式、花盘式等结构不对称的车床夹具，必须采取平衡措施，以减少由离心力产生的振动和主轴、轴承的磨损。生产中常用加平衡块或加工减重孔的办法，通过平衡试验，来达到平衡夹具的目的。

（4）夹具与机床的连接方式　夹具与机床的连接方式主要取决于夹具的结构和机床主轴前端的结构形式。图9-51所示为车床夹具与机床主轴常用的连接方式。

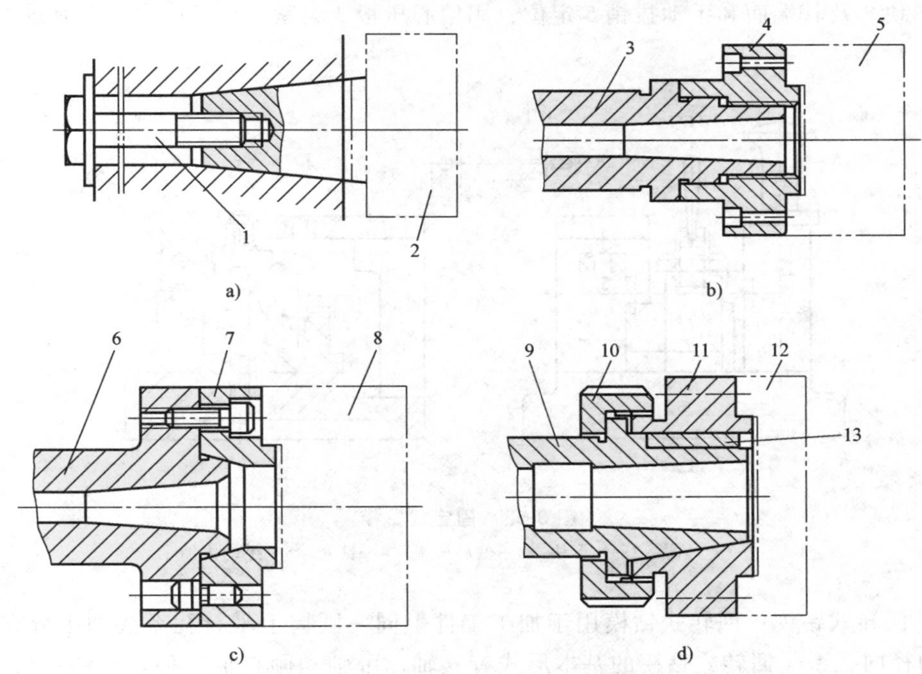

图9-51　车床夹具与机床主轴常用的连接方式

1—拉杆　2、5、8、12—夹具　3、6、9—主轴　4、7、11—过渡盘　10—锁紧螺母　13—键

图 9-51a 所示为以锥柄与主轴锥孔连接，夹具 2 以莫氏锥柄与机床主轴配合定心，由通过主轴孔的拉杆 1 拉紧。图 9-51b 所示为以主轴前端外圆柱面与夹具过渡盘连接（或直接与夹具连接），夹具 5 通过过渡盘 4 的内锥孔与主轴 3 的前端定心轴颈配合定心，并用螺钉紧固在一起。图 9-51c 所示为以主轴前端短圆锥面与夹具过渡盘连接，夹具 8 通过过渡盘 7 的内锥孔与主轴 6 前端的短锥面相配合定心，并用螺钉紧固在主轴上。图 9-51d 所示为以主轴前端长圆锥面与夹具过渡盘连接，夹具 12 通过过渡盘 11 的内锥孔与主轴 9 前端的长圆锥面相配合定心，并用锁紧螺母 10 紧固。在锥面配合处用键 13 连接传递转矩。

（5）回转夹具体与主轴装夹精度的保证　对于精度要求高的车床夹具，往往要设置夹具在主轴上装夹时进行找正的环节。如图 9-49 所示的角铁式车床夹具专门在过渡盘上设计的找正环。每次装夹该夹具时，需要用千分表检测找正环表面的跳动范围，从而确保夹具相对机床主轴位置的准确性。

9.5.2　钻床夹具

在各种钻床上用来钻、扩、铰孔的机床夹具称为钻床夹具，这类夹具的特点是装有钻套和安装钻套用的钻模板，故习惯上简称为钻模。

1. 钻床夹具的种类

钻床夹具的种类很多，根据钻模板的工作方式不同分为以下五类：

（1）固定式钻模　这类钻模在加工过程中固定不动。夹具体上设有安放紧固螺钉或便于夹压的部位。这类钻模主要用于立式钻床加工单孔，或在摇臂钻床上加工平行孔系。

图 9-52 所示为在阶梯轴的大端钻孔的固定式钻模。工序图已确定了定位基准，钻模上采用 V 形块 2 及其端面和手动拔销 5 定位，用偏心压板 3 夹紧，夹具体周围留有供夹紧用的凸缘或 U 形槽。

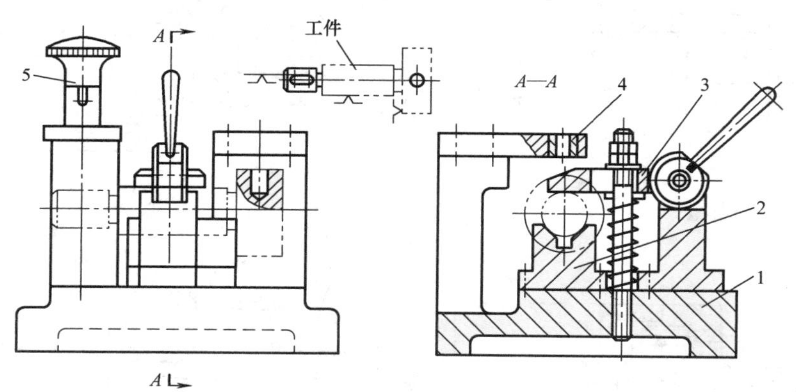

图 9-52　固定式钻模

1—夹具体　2—V 形块　3—偏心压板　4—钻套　5—手动拔销

（2）回转式钻模　回转式钻模用于加工工件上同一圆周上平行孔系或加工分布在同一圆周上的径向孔系。回转式钻模的基本形式有立轴、卧轴和倾斜轴三种。工件一次装夹中，靠钻模依次回转加工各孔，因此这类钻模必须有分度装置。回转式钻模使用方便，结构紧凑，在成批生产中广泛使用。一般为缩短夹具设计和制造周期，提高工艺装备的利用率，夹具的回转分度部分多采用标准回转工作台。

图 9-53 所示为一种回转式钻模，用来加工扇形工件 6 上三个彼此相距 20°±10′的小孔。工件以大孔与定位短销 5 上的短外圆柱面配合，工件端面与定位短销 5 的台阶面紧靠，其侧面紧靠在挡销 13 上，实现完全定位。拧紧螺母 4，通过开口垫圈 3 将工件夹紧，钻头由钻套 7 引导进行钻孔，利用手柄 11 将分度定位销 1 从分度定位套 2 拔出，由分度盘 8 带动工件一起回转 20°后，将分度定位销 1 插入分度定位套 2′或 2″中实现分度。转动手柄 10 将分度盘锁紧，便可进行另外两孔的加工，从而保证了孔与孔间位置精度的要求。

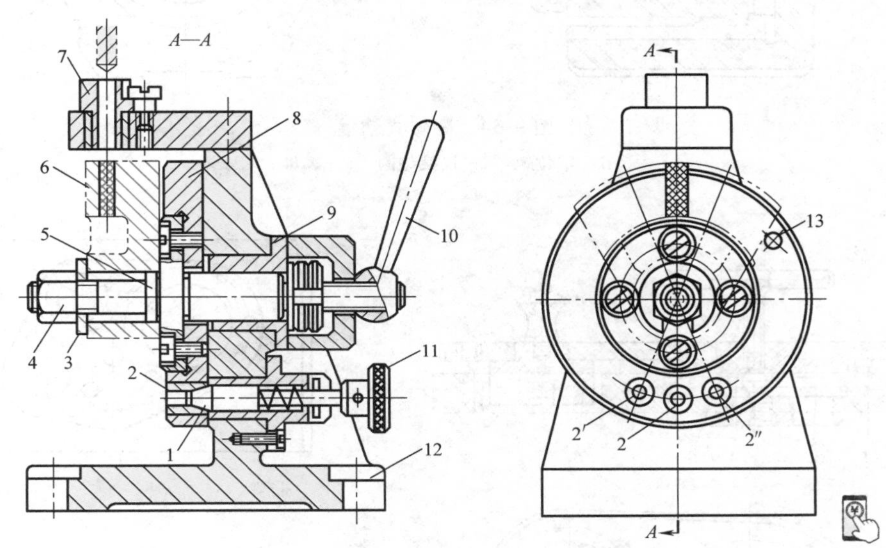

图 9-53　回转式钻模

1—分度定位销　2、2′、2″—分度定位套　3—开口垫圈　4—螺母　5—定位短销　6—扇形工件　7—钻套　8—分度盘　9—衬套　10—手柄　11—手柄　12—夹具体　13—挡销

（3）翻转式钻模　翻转式钻模是一种没有固定回转轴的回转钻模。在使用过程中，需要用手进行翻转，因此夹具连同工件的重量不能太重，一般限于≤10kg。主要适用于加工小型工件上分布几个方向的孔，这样可减少工件的装夹次数，提高工件上各孔之间的位置精度。

图 9-54 所示为加工套孔上四个径向孔的翻转式钻模。工件以内孔及端面在定位销 1 上定位，用快换垫圈 2 和螺母 3 夹紧。钻完一组孔后，翻转 60°钻另一组孔。每次钻一组孔都需找正相对钻头的位置，辅助时间较长，翻转较为费力。

（4）盖板式钻模　盖板式钻模没有夹具体，只有一块钻模板，在钻模板上除了装钻套外，还有定位元件和夹紧装置。加工时，钻模板盖在工件上定位、夹紧即可。

图 9-55 所示为主轴箱七孔盖板式钻模，需加工两个大孔周围的七个螺纹底孔，工件其他表面均已加工完毕。以工件上两个大孔及其端面作为定位基准面，在钻模板的圆柱销 2、菱形销 6 及四个定位支承钉 1 组成的平面上定位。钻模板在工件上定位后，旋转螺杆 5，推动钢球 4 向下，钢球同时使三个柱塞 3 外移，将钻模板夹紧在工件上。

盖板式钻模的特点是定位元件、夹紧装置及钻套均设在钻模板上，钻模板在工件上装

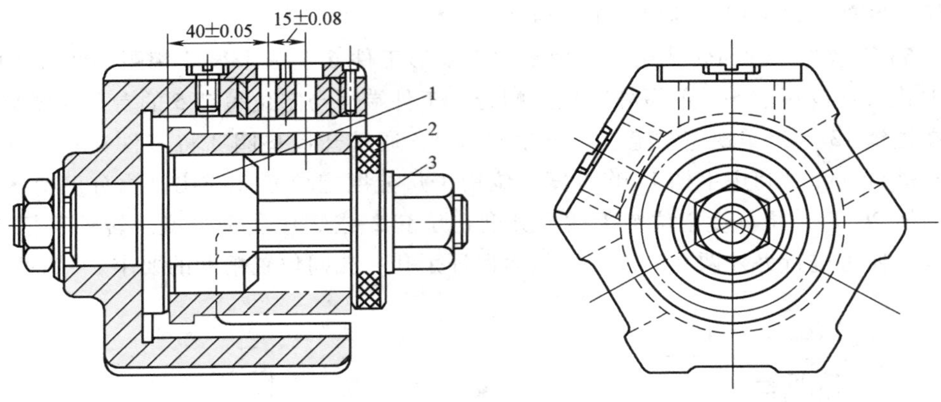

图 9-54 翻转式钻模

1—定位销 2—快换垫圈 3—螺母

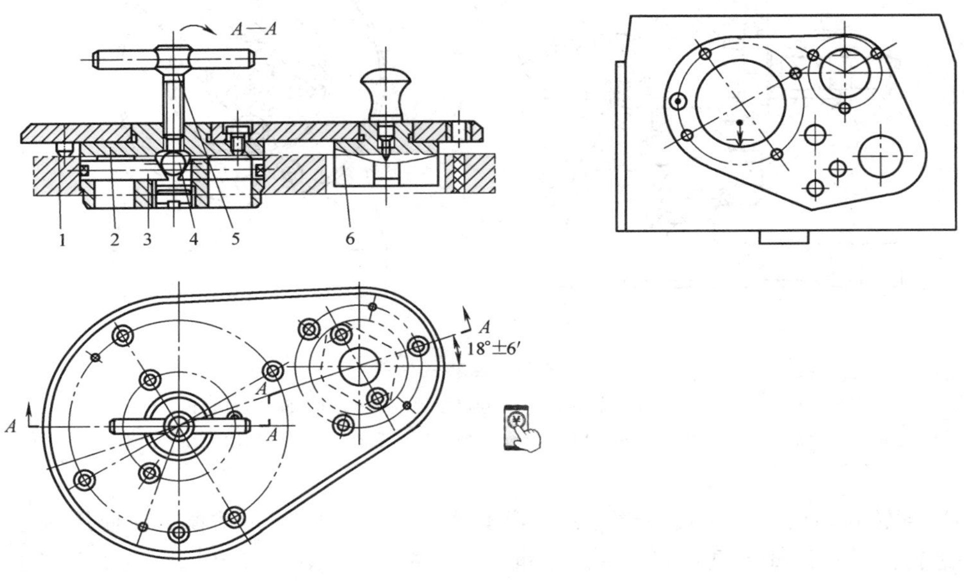

图 9-55 主轴箱七孔盖板式钻模

1—支承钉 2—圆柱销 3—柱塞 4—钢球 5—螺杆 6—菱形销

夹，因此结构简单，制造方便，成本低廉，加工孔的位置精度较高。常用于床身、箱体等大型工件上的小孔加工，对于中小批生产，凡需钻、扩、铰后立即进行倒角、锪平面、攻螺纹等工步时，使用盖板式钻模也非常方便。加工小孔的盖板式钻模，切削力矩小，可不设夹紧装置。

（5）滑柱式钻模 滑柱式钻模是带有升降台的通用可调夹具，在生产中应用较广。滑柱式钻模的平台上可根据需要安装定位装置，钻模板上可设置钻套、夹紧元件及定位元件等。滑柱式钻模已标准化，其结构尺寸可查阅“夹具设计手册”。

2. 钻床夹具的设计要点

设计钻模时，应根据工件的形状、尺寸和工序的加工要求、使用的设备及生产类型，经济合理地选用钻模的结构形式，并注意解决以下问题：

（1）钻套　钻套是钻模上特有的元件，用来引导刀具，以保证被加工孔的位置精度和提高刀具的刚度，并防止加工过程中刀具偏斜。通常钻套分为以下四种类型：

1）固定钻套。图 9-56a、b 所示为固定钻套（JB/T 8045.1—1999）的结构，图 9-56a 为 A 型固定钻套，图 9-56b 为 B 型固定钻套。钻套安装在钻模板或夹具体中，其配合为 H7/r6 或 H7/n6。固定钻套结构简单，钻孔精度高，但钻套磨损后，不易更换，适于小批生产或小孔距及孔距精度高的孔加工。

2）可换钻套。图 9-56c 所示为可换钻套（JB/T 8045.2—1999）的结构。为了克服固定钻套磨损后不易更换的缺点，在大批量生产中，可选用可换钻套。钻套与衬套（JB/T 8045.4—1999）的配合为 F7/m6 或 F7/k6，衬套与钻模板的配合为 H7/r6 或 H7/n6，并用钻套螺钉（JB/T 8045.5—1999）固定，以防止加工时钻套转动及退刀时脱出。钻套磨损后，卸下钻套螺钉，便可更换新的可换钻套。

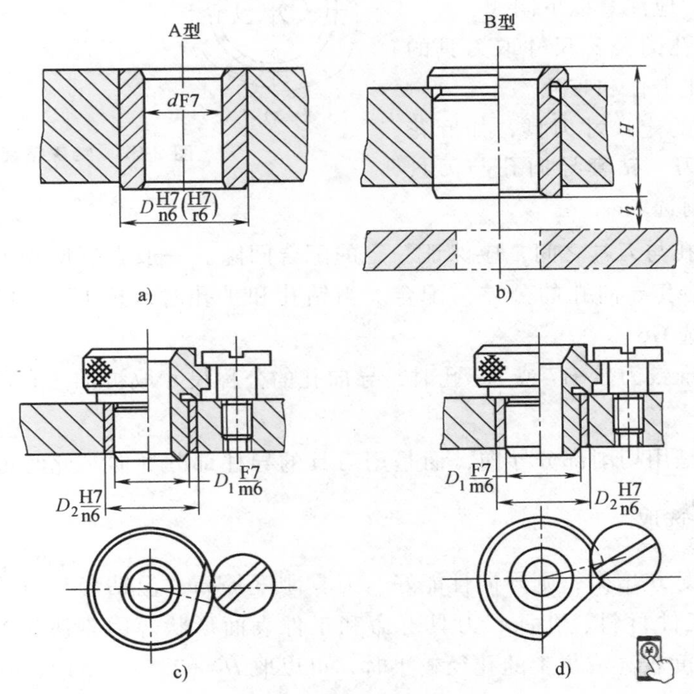

图 9-56　标准钻套

3）快换钻套。图 9-56d 所示为快换钻套（JB/T 8045.3—1999）的结构，适用于工件在一次装夹中，需要依次进行钻、扩、铰孔的工序。为了快速更换不同孔径的钻套，应选用快换钻套。快换钻套与衬套的配合为$\frac{F7}{m6}$或$\frac{F7}{k6}$，衬套与钻模板的配合为$\frac{H7}{r6}$或$\frac{H7}{n6}$。快换钻套除在其凸缘上有供钻套螺钉压紧的肩台外，还有一个削边平面。更换钻套时，不需拧下钻套螺钉，只要将快换钻套转过一定角度，使其削边平面正对钻套螺钉头部处，即可取出钻套。削边方向应考虑刀具的旋向，以免钻套自动脱出。

4）特殊钻套。因工件形状或被加工孔的位置需要而不能使用标准钻套时，则需要设计

特殊结构的钻套。常用的特殊钻套结构如图 9-57 所示。图 9-57a 是加长钻套，当加工凹面上的孔，而钻模板又无法接近工件的加工平面时使用；图 9-57b 是斜面钻套，用于斜面或圆弧面上钻孔，排屑空间的高度 $h \leqslant 0.5$mm，可增加钻头刚度，避免钻头引偏或折断；图 9-57c 是小孔距钻套，用定位销确定钻套方向；图 9-57d 是带内锥定位、夹紧钻套，钻套与衬套之间一段为圆柱间隙配合，一段为螺纹联接，钻套下端为内锥面，具有对工件定位、夹紧和引导刀具三种功能。

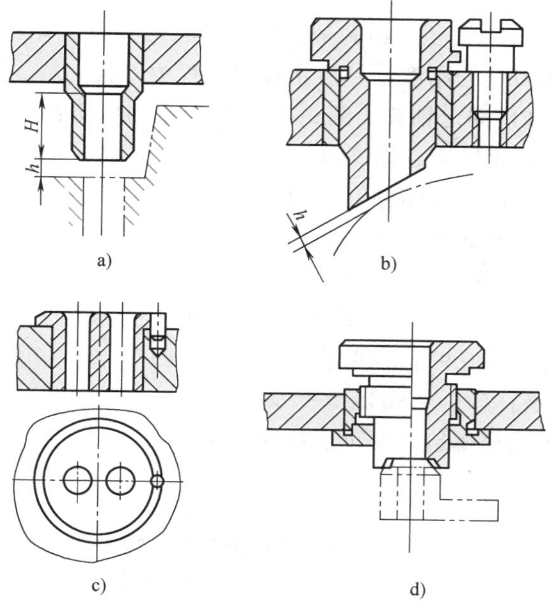

图 9-57　特殊钻套

设计钻套时，应注意以下问题：

① 钻套导向孔的公称尺寸取刀具的上极限尺寸，防止卡住和咬死。

② 对于标准的定尺寸刀具，如麻花钻、扩孔钻和铰刀，钻套导向孔与刀具的配合应按基轴制选取。

③ 钻套导向孔与刀具之间，应保证一定的配合间隙。一般根据所用刀具和工件的加工精度要求来选取钻套导向孔的公差与配合。当钻孔和扩孔时，选 F7 或 F8；粗铰孔时，选 G7；精铰孔时，选 G6。

④ 当采用标准铰刀铰 H7 或 H9 孔时，导向孔的公称尺寸取被加工孔的公称尺寸，公差选 F7 或 E7。

⑤ 若刀具不是用切削部分导向，而是用刀具的导柱部分导向，此时可按基孔制的相应配合$\frac{H7}{f7}$、$\frac{H7}{g6}$或$\frac{H6}{g5}$选取。

⑥ 钻套的高度 H 增大，则导向性能好，刀具刚度提高，但钻套与刀具的磨损加剧。应根据孔距精度、工件材料、孔深、刀具寿命和工件表面形状等因素决定。通常取 $H=(1\sim2.5)d$，当加工精度较高或加工的孔径较小时，可以取 $H=(2.5\sim3.5)d$，d 为被加工孔径。

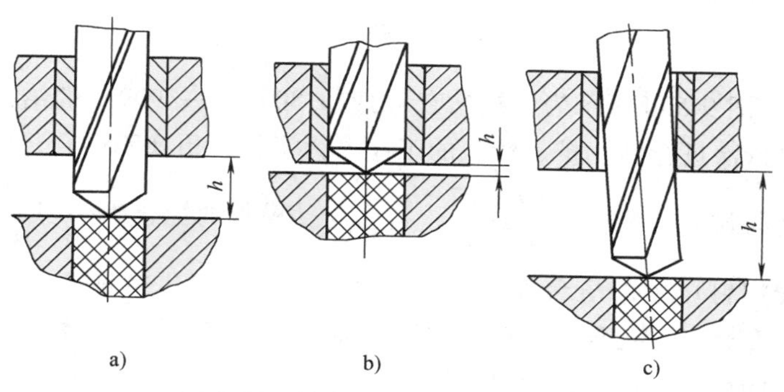

图 9-58　钻套与工件距离 h 的选取

⑦ 钻套与工件间应留有适当的排屑空间 h，如图 9-58a 所示。若 h 太小，排屑困难，会加速导向表面的磨损，如图 9-58b 所示；若 h 太大，排屑方便，但导向性能降低，如图9-58c 所示。

因此设计时应根据钻头直径及工件材料确定适当的间隙。通常按经验公式选取 h 值：

① 加工铸铁和黄铜时，$h=(0.3\sim0.7)d$。

② 加工钢件时，$h=(0.7\sim1.5)d$。

工件材料硬度越高，其系数应越小；钻头直径越小（钻头刚性越差），其系数应越大，以免切屑堵塞而使钻头折断。

下面几种特殊情况，需另行考虑：

① 在斜面上钻孔（或钻斜孔）时，可取 $h=0.3d$，以免钻头引偏。

② 孔的位置精度较高时，可取 $h=0$，使切屑从钻头的螺旋槽中排出。

③ 钻深孔（孔的长径比 $L/d>5$）时，要求排屑畅快，取 $h=1.5d$。

（2）钻模板　钻模板用于安装钻套，并确保钻套在钻模上的正确位置。常见的钻模板有以下几种：

1）固定式钻模板。固定式钻模板与夹具体的连接，一般采用图 9-59 所示的三种结构：图 9-59a 为整体铸造结构，图 9-59b 为焊接结构，图 9-59c 为用螺钉和销钉联接的钻模板。固定式钻模板结构简单，制造容易。

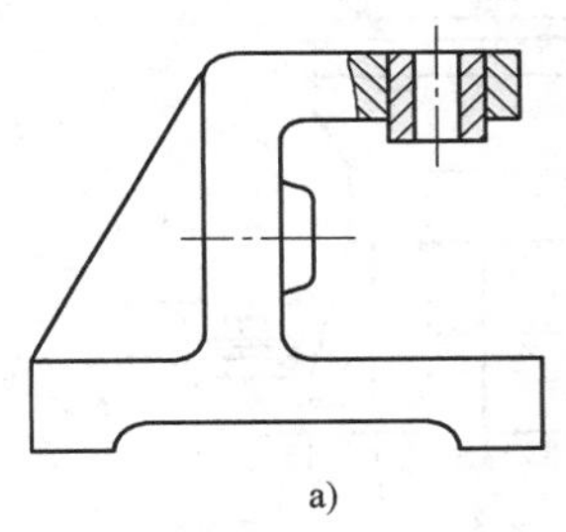
a)

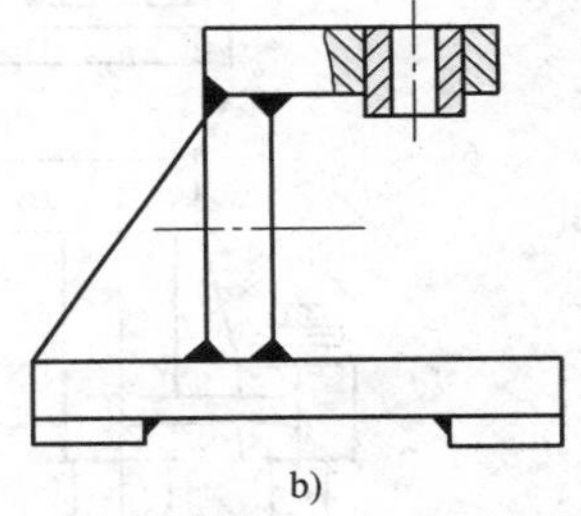
b)

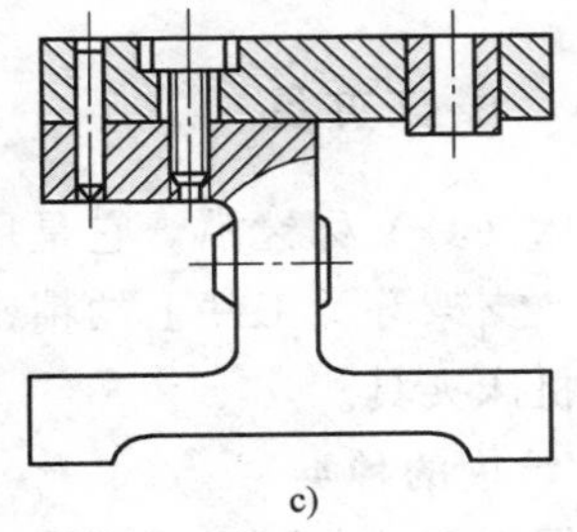
c)

图 9-59　固定式钻模板

2）铰链式钻模板。铰链式钻模板是指通过铰链与夹具体固定支架相连接的钻模板（图 9-60）。当钻模板妨碍工件装卸或钻孔后需扩孔、攻螺纹时常采用这种结构。铰链销 1 与钻模板 6 的销孔配合为 G7/h6，与铰链座 3 的销孔配合为 N7/h6。钻模板 6 与铰链座 3 之间的配合为 H8/g7。钻套导向孔与夹具安装面的垂直度可通过调整两个支承钉 7 的高度加以保证。加工时，钻模板 6 由菱形夹紧螺母 4 锁紧。使用铰链式钻模板，装卸工件方便，但由于铰链销孔之间存在配合间隙，因此加工孔的位置精度比固定式钻模板低。

3）可卸式钻模板。可卸式钻模板也叫分离式钻模板。如图 9-61 所示，钻模板与夹具体是分离的，成为一个独立部分。工件在夹具中每装卸一次，钻模板也要装卸一次。使用可卸式钻模板，装卸工件比较费时费力，效率较低。当装卸工件必须将钻模板取下时，采用可卸式钻模板。

4）悬挂式钻模板。悬挂在机床主轴上，由机床主轴带动而与工件靠近或离开的钻模板称为悬挂式钻模板。

如图 9-62 所示，钻模板 5 的位置由导向滑柱 2 来确定，并悬挂在滑柱上，通过弹簧 1

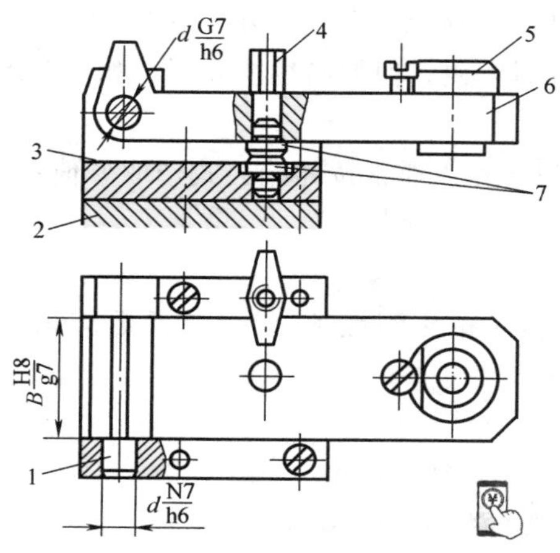

图 9-60 铰链式钻模板

1—铰链销 2—夹具体 3—铰链座 4—菱形夹紧螺钉 5—钻套 6—钻模板 7—支承钉

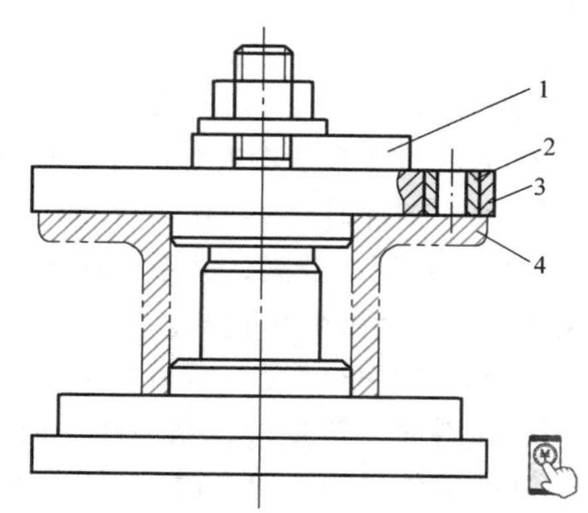

图 9-61 可卸式钻模板

1—开口压板 2—钻套 3—钻模板 4—工件

和横梁 6 与机床主轴或主轴箱连接。这类钻模板多与组合机床或多轴箱联合使用。

9.5.3 镗床夹具

镗床夹具又称镗模。它是用来加工箱体、支架等类工件上的精密孔或孔系的机床夹具。

1. 镗模的种类

根据镗套的布置形式不同，镗模分为双支承镗模、单支承镗模和无支承镗模。

（1）双支承镗模 双支承镗模上有两个引导镗杆的支承，镗杆与机床主轴采用浮动连接，镗孔的位置精度由镗模保证，消除了机床主轴回转误差对镗孔精度的影响。根据支承相对于刀具的位置不同，双支承镗模分为以下两种：

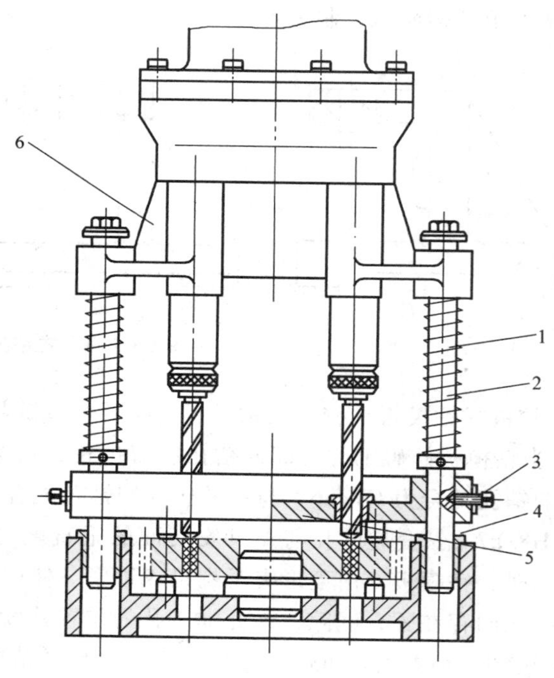

图 9-62 悬挂式钻模板

1—弹簧 2—导向滑柱 3—螺钉 4—滑套 5—钻模板 6—横梁

1）前后双支承镗模。图 9-63 所示为镗削车床尾座镗模，镗模的两个支承分别设置在刀具的前方和后方。镗杆 9 和主轴之间通过浮动夹头 10 连接。工件以底面、槽及侧面在定位板 3、4 及可调支承钉 7 上定位，限制工件的六个自由度。采用联动夹紧机构，拧紧夹紧螺钉 6，压板 5、8 同

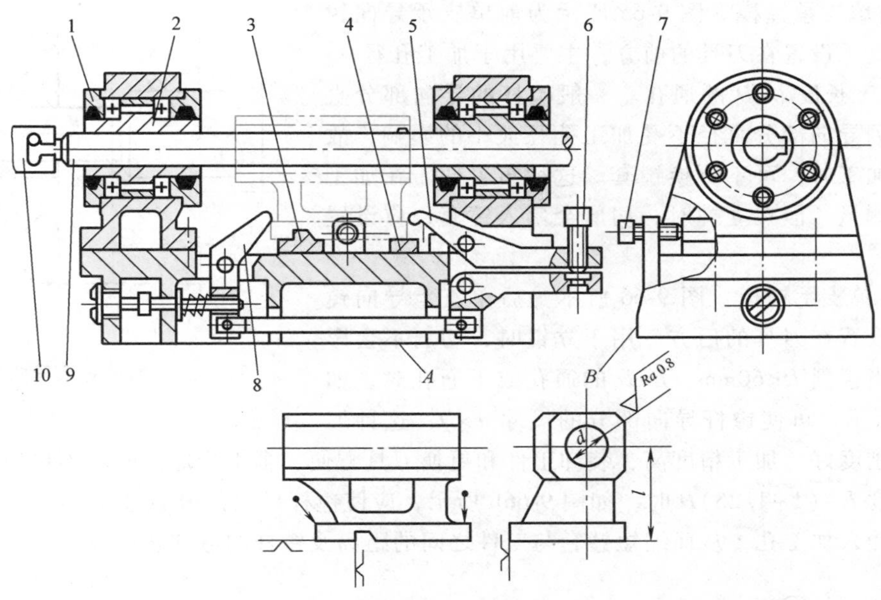

图 9-63　镗削车床尾座镗模

1—支架　2—镗套　3、4—定位板　5、8—压板　6—夹紧螺钉

7—可调支承钉　9—镗杆　10—浮动夹头

时将工件夹紧。镗模支架 1 上装有滚动回转镗套 2，用以支承和引导镗杆。镗模以底面 *A* 作为安装基面安装在机床工作台上，其侧面设置找正基面 *B*，因此可不设定位键。

前后双支承镗模一般用于镗削孔径较大，孔的长径比 $L/D<1.5$ 的通孔或孔系，其加工精度较高，但更换刀具不方便。

2）后双支承镗模。图 9-64 所示为后双支承导向镗模，两支承设置在刀具后方，镗杆与主轴浮动连接。为保证镗杆的刚性，镗杆悬伸量 $L_1<5d$；为保证镗孔精度，两支承导向长度 $L>(1.25\sim1.5)L_1$。后双支承导向镗模可在箱体一个壁上镗孔，便于装卸工件和刀具，也便于观察和测量。

（2）单支承镗模　这类镗模只有一个导向支承，镗杆与主轴采用固定连接。根据支承相对于刀具的位置不同，单支承镗模分为以下两种：

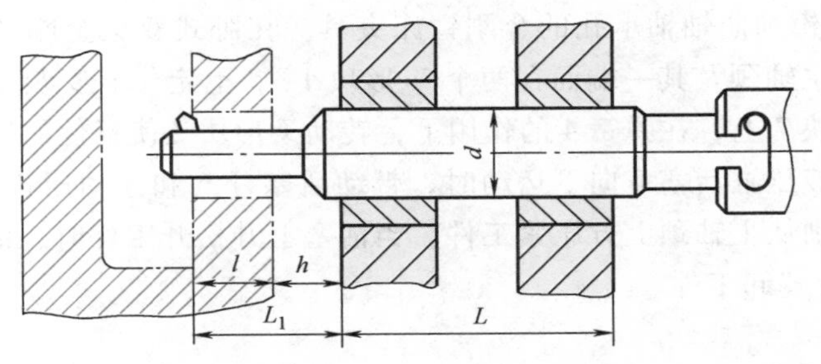

图 9-64　后双支承导向镗模

1）前单支承镗模。图 9-65 所示为前单支承导向镗孔，镗模支承设置在刀具的前方，主要用于加工孔径$D>60$mm、加工长度$L<D$的通孔。一般镗杆的导向部分直径$d<D$。因导向部分直径不受加工孔径大小的影响，故在多工步加工时，可不更换镗套。这种布置便于在加工中观察和测量，但在立镗时，切屑会落入镗套，应设置防护罩。

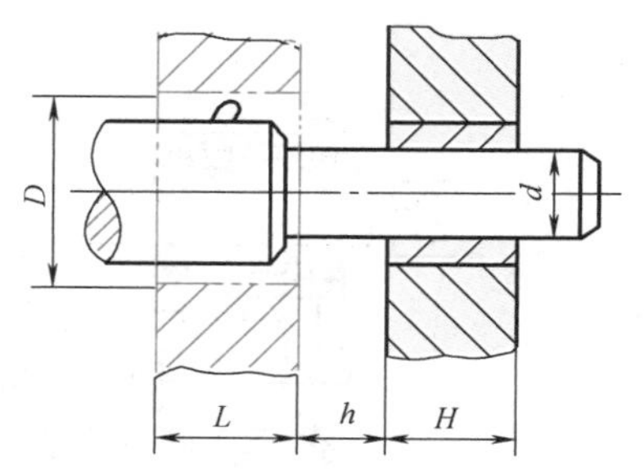

图 9-65　前单支承导向镗孔

2）后单支承镗模。图 9-66 所示为后单支承导向镗孔，镗套设置在刀具的后方。用于立镗时，切屑不会影响镗套。当镗削$D<60$mm、$L<D$的通孔或不通孔时，如图 9-66a 所示，可使镗杆导向部分的尺寸$d>D$，这种形式的镗杆刚度好，加工精度高，装卸工件和更换刀具方便，多工步加工时可不更换镗杆；当加工孔长度$L=(1\sim1.25)D$时，如图 9-66b 所示，应使镗杆导向部分直径$d<D$，以便镗杆导向部分可伸入加工孔，从而缩短镗套与工件之间的距离及镗杆的悬伸长度。

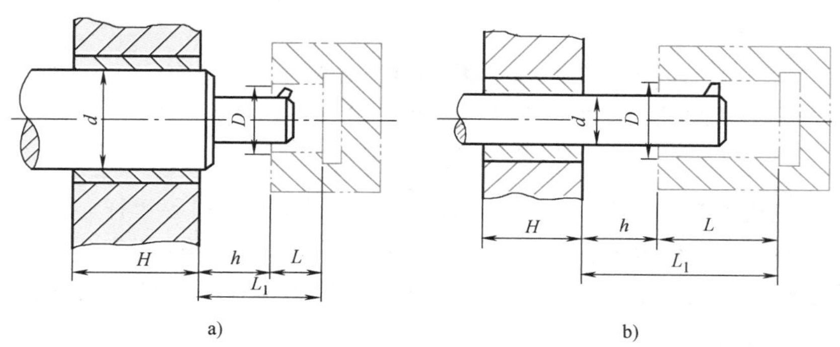

图 9-66　后单支承导向镗孔

为便于刀具及工件的装卸和测量，单支承镗模的镗套与工件之间的距离一般在 20～80mm 范围内，常取$h=(0.5\sim1)D$。

（3）无支承镗模　工件在刚性好、精度高的金刚镗床、坐标镗床或数控机床、加工中心上镗孔时，夹具上不设置镗模支承，加工孔的尺寸和位置精度均由镗床保证。这类夹具只需设计定位装置、夹紧装置和夹具体。

图 9-67 所示为镗削曲轴轴承孔的金刚镗床夹具。在卧式双头金刚镗床上，同时加工两个工件。工件以两主轴颈及其一端面在两个 V 形块 1、3 上定位。安装工件时，将前一个曲轴颈放在转动叉形块 7 上，在弹簧 4 的作用下，转动叉形块 7 使工件的定位端面紧靠在 V 形块 1 的侧面上。当液压缸活塞 5 向下运动时，带动活塞杆 6 和浮动压板 8、9 向下运动，使四个浮动压块 2 分别从主轴颈上方压紧工件。当活塞上升松开工件时，活塞杆 6 带动浮动压板 8 转动 90°，以便装卸工件。

2. 镗模的设计要点

设计镗模时，除了定位和夹紧装置外，主要考虑与镗刀密切相关的刀具导向装置的合理选用（镗套、镗杆）。

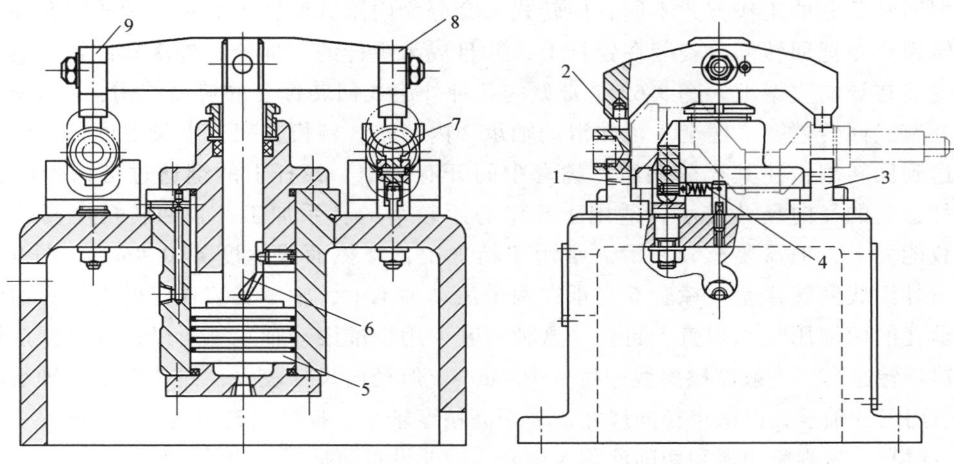

图 9-67　镗削曲轴轴承孔的金刚镗床夹具

1、3—V 形块　2—浮动压块　4—弹簧　5—活塞　6—活塞杆　7—转动叉形块　8、9—浮动压板

（1）镗套　镗套用于引导镗杆。镗套的结构形式和精度直接影响被加工孔的精度。常用的镗套有以下两类。

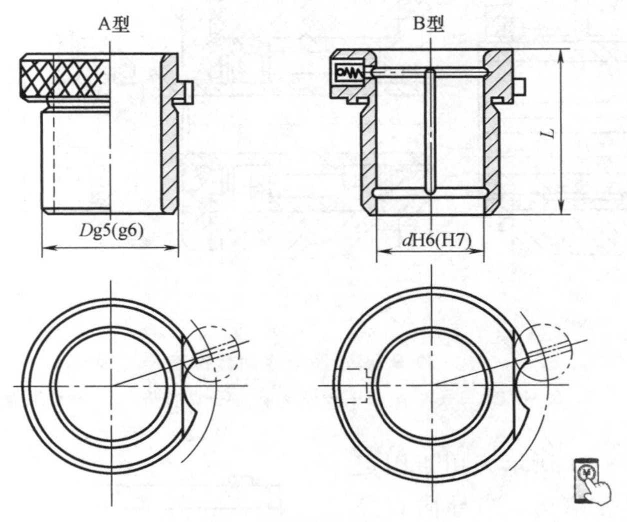

图 9-68　固定式镗套

1）固定式镗套。固定式镗套即在镗孔过程中不随镗杆转动的镗套。图 9-68 所示为标准结构的固定式镗套（JB/T 8046.1—1999），与快换钻套结构相似。A 型不带油杯和油槽，镗杆上开油槽；B 型则带油杯和油槽，使镗杆和镗套之间能充分润滑。

这类镗套结构紧凑，外形尺寸小；制造简单；位置精度高；但镗套易于磨损。因此固定式镗套适用于低速镗孔，一般线速度 $v \leqslant 0.3\text{m/s}$，导向长度 $L=(1.5\sim2)d$。

2）回转式镗套。回转式镗套在镗孔过程中随镗杆一起转动，镗杆与镗套之间只有相对移动而无相对转动，减少镗套磨损，不会因摩擦发热出现“卡死”现象。这类镗套适用于高速镗孔。

根据回转部分的工作方式不同，回转式镗套分为内滚式回转镗套和外滚式回转镗套。内滚式回转镗套是把回转部分安装在镗杆上，并且成为镗杆的一部分；外滚式回转镗套是把回转部分安装在导向支架上。图 9-69 是常见的几种外滚式回转镗套的典型结构：图 9-69a 为滑动轴承外滚式回转镗套，镗套 1 可在滑动轴承 2 内回转，镗模支架 3 上设置油杯，经油孔将润滑油送到回转副，使其充分润滑。镗套中间开有键槽，镗杆上的键通过键槽带动镗套回转。这种镗套的径向尺寸较小，适用于孔中心距较小的孔系加工，且回转精度高，减振性好，承载能力大，但需要充分润滑。常用于精加工，摩擦面线速度 $v<0.4\text{m/s}$。图 9-69b 为滚动轴承外滚式回转镗套，镗套 6 支承在两个滚动轴承上，轴承安装在镗模支架 3 的轴承孔中，轴承孔的两端用轴承端盖 5 封住。这种镗套采用标准滚动轴承，所以设计、制造和维修方便，镗杆转速高，一般摩擦面线速度 $v>0.4\text{m/s}$。但径向尺寸较大，回转精度受轴承精度影响。可采用滚针轴承，以减小径向尺寸，采用高精度轴承，提高回转精度。图 9-69c 立式镗孔用的回转镗套，为避免切屑和切削液落入镗套，需要设置防护罩。为承受轴向力，一般采用圆锥滚子轴承。圆锥滚子轴承外滚式回转镗套一般用于镗削孔距较大的孔系，当被加工孔径大于镗套孔径时，需在镗套上开引导槽，使装好刀的镗杆能顺利进入。为确保进入引导槽，镗套上设置尖头键或钩头键，如图 9-70 所示。回转镗套的导向长度 $L=(1.5\sim3)d$。

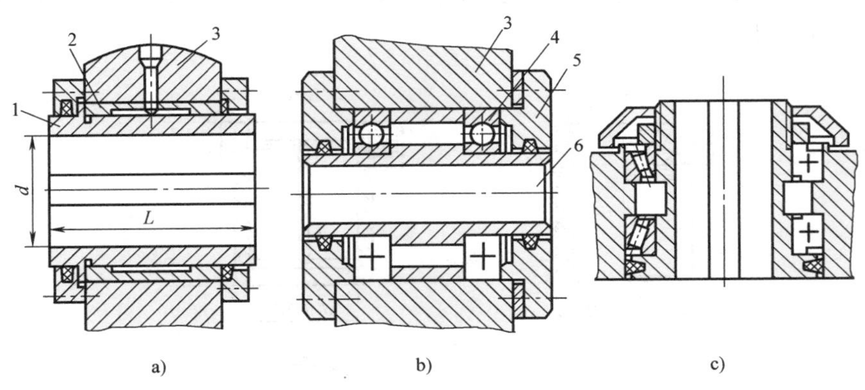

图 9-69　外滚式回转镗套

1、6—镗套　2—轴承　3—镗模支架　4—调整垫　5—轴承端盖

（2）镗杆　图 9-71 所示为用于固定镗套的镗杆导向部分结构。当导向直径 $d<50\text{mm}$ 时，常采用整体式结构。图 9-71a为开油槽的镗杆，镗杆与镗套的接触面积大，磨损大，若切屑从油槽内进入镗套，则易出现“卡死”现象，但镗杆的刚度和强度较好；图 9-71b、c 为深直槽和螺旋槽的镗杆，这种结构可减少镗杆与镗套的接触面积，沟槽有存屑能力，可减少“卡死”现象，但镗杆刚度较低；图 9-71d 为镶条式结构。镶条采用摩擦系

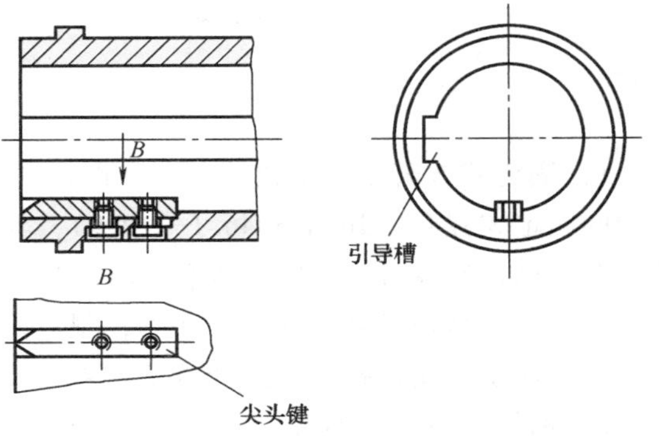

图 9-70　回转镗套的引导槽及尖头键

数小和耐磨的材料，如铜或钢。镶条磨损后，可在底部加垫片，重新修磨。这种结构摩擦面积小，容屑量大，不易卡死。

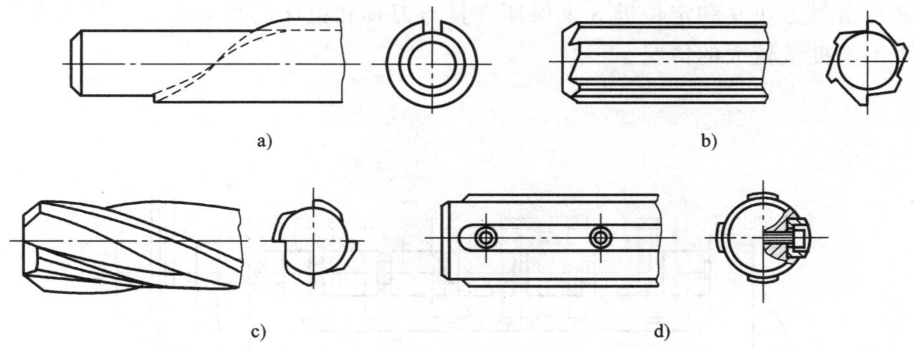

图 9-71　用于固定镗套的镗杆导向部分结构

图 9-72 所示为用于回转镗套的镗杆导向部分结构，图 9-72a 在镗杆前端设置平键，键下装有压缩弹簧，键的前部有斜面，适用于有键槽的镗套，无论镗杆以何位置进入镗套，平键均能进入键槽，带动镗套回转；图 9-72b 所示的镗杆上开有键槽，其头部做成≤45°的螺旋引导结构，可与图 9-70 所示装有尖头键的镗套配合使用。

镗杆与加工孔之间应有足够的间隙容纳切屑，通常镗杆直径按 $d=(0.7\sim0.8)D$ 选取，其中 D 为被加工工件的圆孔直径。

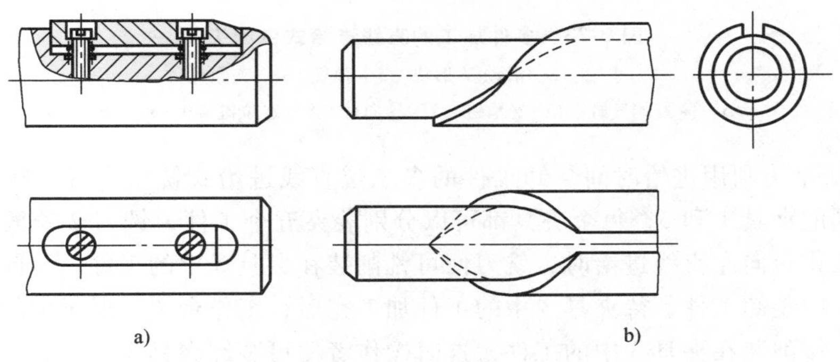

图 9-72　用于回转镗套的镗杆导向部分结构

9.5.4　铣床夹具

铣床夹具主要用于加工平面、沟槽、缺口、花键、齿轮以及成形表面等。

1. 铣床夹具的种类

按铣削时的进给方式不同，铣床夹具可分为直线进给、圆周进给和靠模进给三种类型。

（1）直线进给式铣床夹具　这类夹具安装在铣床工作台上，在加工中随工作台按直线进给方式运动。按照在夹具中同时安装工件的数目和工位不同，直线进给式铣床夹具分为单件加工、多件加工和多工位加工。

图 9-73 所示为多件加工的直线进给式铣床夹具，该夹具用于在小轴端面上铣一通槽。六个工件以外圆面在活动 V 形块 2 上定位，以一端面在支承钉 6 定位。活动 V 形块装在两根导向柱 7 上，V 形块之间用弹簧 3 分离。工件定位后，由薄膜式气缸 5 推动 V 形块 2 依次将工件夹紧。由对刀块 9 和定位键 8 来保证夹具与刀具和机床的相对位置。这类夹具生产率高，多用于生产批量较大的情况。

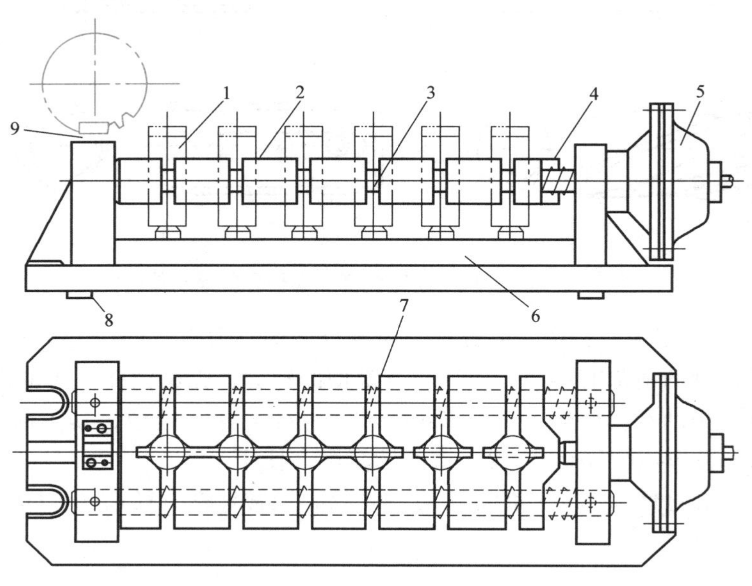

图 9-73　多件加工的直线进给式铣床夹具

1—小轴　2—活动 V 形块　3—弹簧　4—夹紧元件
5—薄膜式气缸　6—支承钉　7—导向柱　8—定位键　9—对刀块

图 9-74 所示为利用进给时间装卸工件的多工位直线进给式铣床夹具，在铣床工作台上装有两个相同的夹具 1 和 3，每个夹具都可以分别装夹五个工件，铣刀 2 安放在两个夹具中间位置。当工作台向左直线进给时，铣刀便可铣削装在夹具 3 中的工件，与此同时，操作者便可在夹具 1 中装卸工件。待夹具 3 中的工件加工完后，工作台快速退至中间位置，然后向右直线进给，铣削装在夹具 3 中的工件，这时操作者便可装卸夹具 3 中的工件，如此不断进行。这种多工位直线进给式铣床夹具使辅助时间与机动时间重合，提高了生产率。

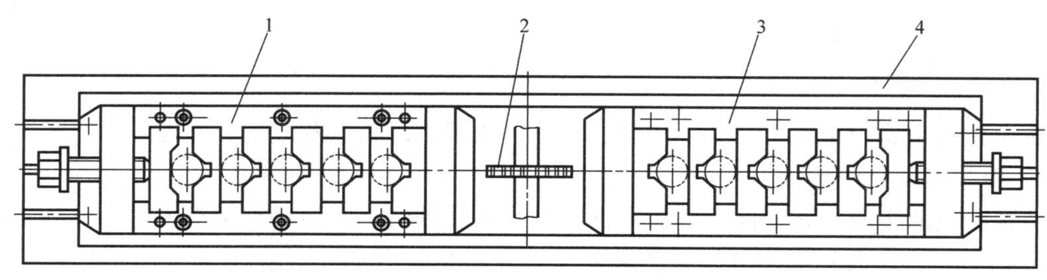

图 9-74　多工位直线进给式铣床夹具

1、3—夹具　2—铣刀　4—铣床工作台

（2）圆周进给铣床夹具　圆周进给铣床夹具多用在回转工作台或回转鼓轮的铣床上，依靠回转台或鼓轮的旋转将工件顺序送入铣床的加工区域，实现连续切削。在切削的同时，可在装卸区域装卸工件，使辅助时间与机动时间重合，因此它是一种高效率的铣床夹具。

（3）靠模进给式铣床夹具　靠模进给式铣床夹具是一种带有靠模的铣床夹具，适用于专用或通用铣床上加工各种非圆曲面。按照进给运动方式不同，靠模进给式铣床夹具可分为直线进给式和圆周进给式两种。

图 9-75 所示为直线进给式靠模铣床夹具示意图。靠模 3 与工件 1 分别装在夹具上，夹具安装在铣床工作台上，滚子滑座 5 与铣刀滑座 6 两者连为一体，且保持两者轴线间的距离 k 不变。该滑座组合件在重锤或弹簧拉力 F 的作用下，使滚子 4 压紧在靠模上，铣刀 2 则保持与工件接触。当工作台做纵向直线进给时，滑座则做横向辅助运动，使铣刀仿照靠模的轮廓在工件上铣出所需的形状。这种加工一般在靠模铣床上进行。

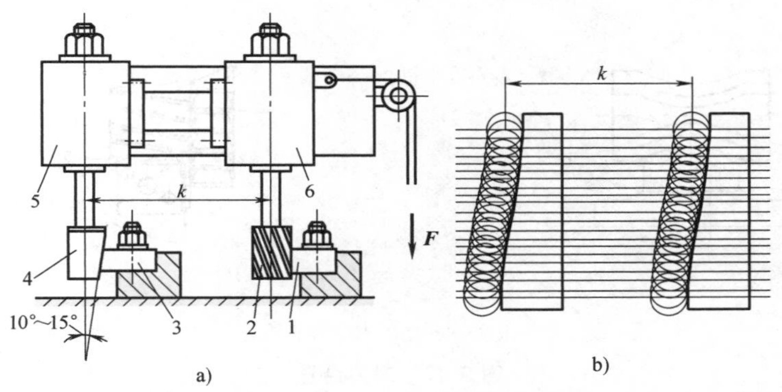

图 9-75　直线进给式靠模铣床夹具

1—工件　2—铣刀　3—靠模　4—滚子　5—滚子滑座　6—铣刀滑座

图 9-76 所示为圆周进给式靠模铣床夹具示意图。夹具装在回转工作台 3 上，回转工作台 3 装在滑座 4 上。滑座 4 受重锤或弹簧拉力 F 的作用使靠模 2 与滚子 5 保持紧密接触。滚子 5 与铣刀 6 不同轴，两轴相距为 k。当转台带动工件回转时，滑座也带动工件沿导轨相对于刀具做径向辅助运动，从而加工出与靠模外形相仿的成形面。

2. 铣床夹具的设计要点

由于铣削加工时切削用量较大且为断续切削，故切削力较大，易产生冲击和振动，因此，设计铣床夹具时，要求工件定位可靠，夹紧力足够大，手动夹紧时，夹紧机构要有良好的自锁性能，夹具上各组成元件应具有较高的强度和刚度。铣床夹具一般有确定刀具位置和夹具方向的对刀装置和定位键。

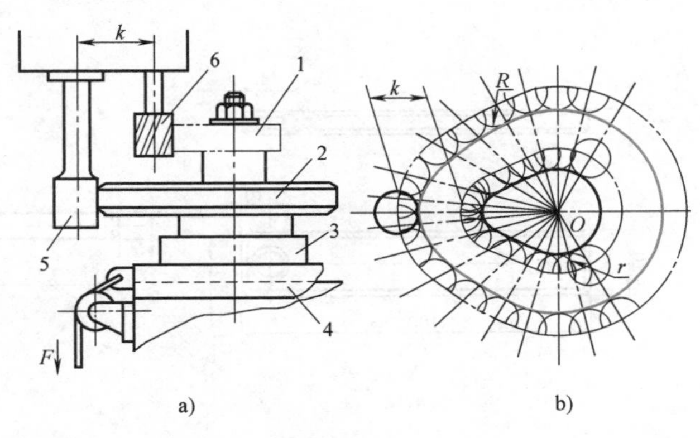

图 9-76　圆周进给式靠模铣床夹具

1—工件　2—靠模　3—回转工作台　4—滑座　5—滚子　6—铣刀

（1）对刀装置　对刀装置用于确定刀具与夹具的相对位置，一般

有对刀块和塞尺。图 9-77 所示为常见几种铣刀的对刀装置，图 9-77a 是高度对刀装置，用于对准铣刀的高度，3 是标准圆形对刀块（JB/T 8031.1—1999）；图 9-77b 中 3 是直角对刀块（JB/T 8031.3—1999），用于对准铣刀的高度和水平方向位置；图 9-77c、d 是成形刀具对刀装置；图 9-77e 是组合刀具对刀装置，3 是方形对刀块（JB/T 8031.2—1999），用于组合铣刀的垂直和水平方向对刀。

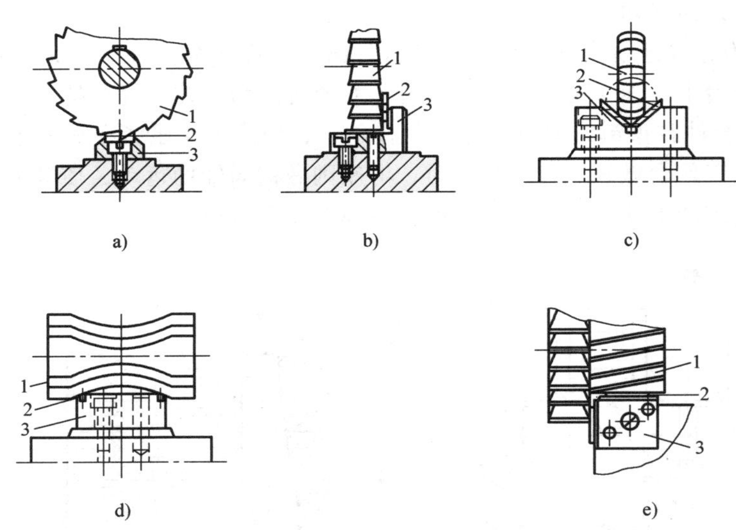

图 9-77　对刀装置

1—刀具　2—塞尺　3—对刀块

对刀时，铣刀不能与对刀块工作表面直接接触，以免损坏切削刃或造成对刀块过早磨损，应通过塞尺来校准它们之间的相对位置，即将塞尺放在刀具与对刀块的工作表面之间，凭抽动塞尺的松紧感觉来判断铣刀的位置。图 9-78 所示为常用的两种标准塞尺结构，图 9-78a是对刀平塞尺（JB/T 8032.1—1999），$s=1\sim5$mm，公差为 h8；图 9-78b 是对刀圆柱塞尺（JB/T 8032.2—1999），$d=3\sim5$mm，公差为 h8。设计夹具时，夹具总图上应标注塞尺的尺寸和公差。

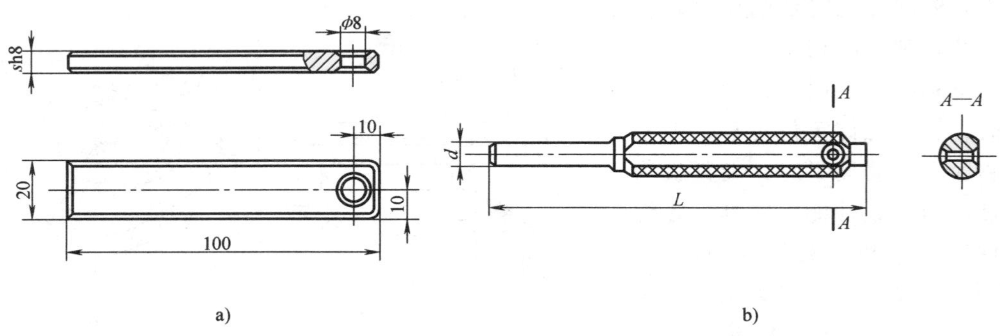

图 9-78　标准塞尺结构

（2）定位键　为确定夹具与机床工作台的相对位置，在夹具体底面上应设置定位键。铣床夹具通过两个定位键与机床工作台上的 T 形槽配合，确定夹具在机床上的位置。定位键有矩形和圆形两种形式：图 9-79a、b 所示为矩形定位键（JB/T 8016—1999），其结构尺寸已标准化；图 9-79d 为圆柱形定位键。

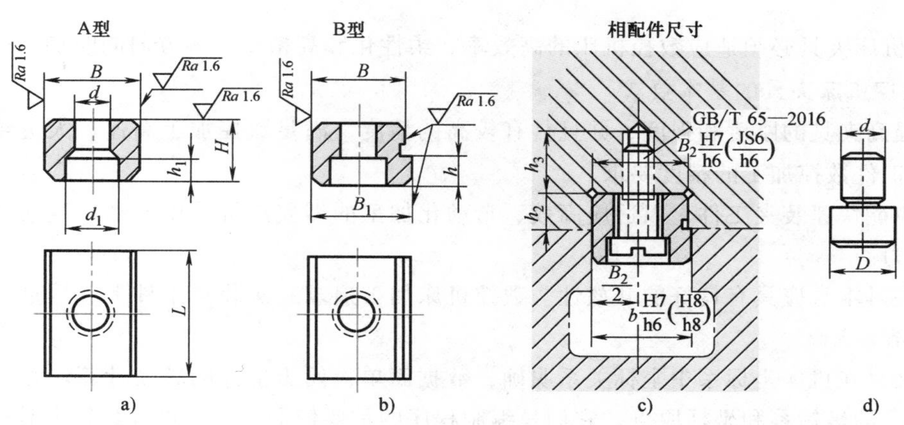

图 9-79　定位键

常用的矩形定位键有 A 型和 B 型两种结构形式。A 型定位键的宽度，按统一尺寸 B(h6 或 h8）制作，适用于夹具定向精度要求不高的场合。B 型定位键的侧面开有沟槽，沟槽上部与夹具体的键槽配合，其宽度尺寸 B 按 H7/h6 或 JS6/h6 与键槽配合；沟槽的下部宽度为 B_1，与铣床工作台的 T 形槽配合。因为 T 形槽公差为 H8 或 H7，故 B_1 一般按 h6 或 h8 制造，如图 9-79c 所示。为了提高夹具的定位精度，在制造定位键时，B_1 应留有修磨量 0.5mm，以便与工作台 T 形槽修配，达到较高的配合精度。对于大型的夹具体，常在侧面留有精度很高的找正基准面，如图 9-80 中的 A 面所示。

（3）夹具的总体结构

1）定位方案确定，应注意定位的稳定性。为此，尽量选加工过的平面为定位基面，定位元件要用支承板，且距离尽量远一些，以提高定位的稳定性；用毛坯面定位时，定位元件要用球头支承钉，可采用浮动支承或辅助支承提高定位的稳定性，以避免加工时产生振动。

2）夹紧机构刚性要好，有足够的夹紧力，力的作用点要尽量靠近加工表面，并夹紧在工件刚性较好的部位，以保证夹紧可靠，夹紧变形小。对于手动夹具，夹紧机构应具有良好的自锁性能。

3）夹具的重心要尽可能低，夹具体与机床工作台的接触面积要大。因此夹具体的高度与宽度比一般为 $H/B\leqslant 1\sim 1.25$，如图 9-80 所示。

4）切屑流出及清理方便。大型夹具应考虑排屑口、出屑槽；对不易清除切屑的部位和空间应加防护罩。加工时采用切削液时，夹具体的设计要考虑切削液的流向和回收。

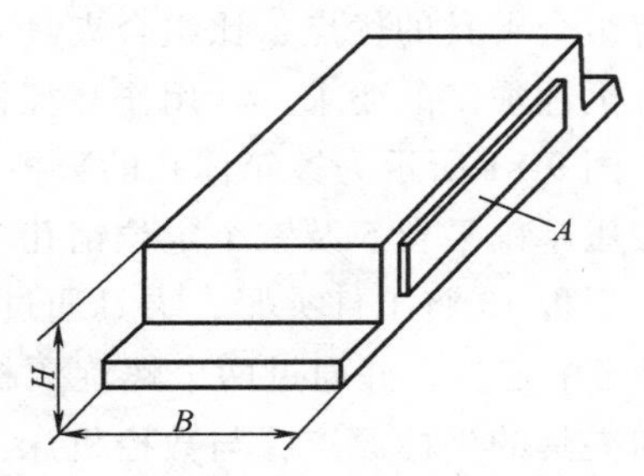

图 9-80　铣床夹具夹具体的外形尺寸

9.6 数控机床夹具

9.6.1 数控机床夹具的基本要求和种类

数控机床夹具必须适应数控机床的高效率、柔性化和高精度、多方向同时加工等特点。

1. 数控机床夹具的基本要求

1）提高夹具的刚度和强度，并且具有较高的精度，满足数控加工高速、大进给量、强力切削和工件数控加工的精度要求。

2）应能快速装夹工件，以适应高效、自动化加工的需要。常采用液动、气动等快速反应夹紧动力。

3）夹具本身应具有良好的开放性。数控机床加工追求一次装夹条件下，尽量干完所有机加工内容。

4）夹具在机床坐标系中坐标关系明确，数据简单，便于坐标的转换计算。每种数控机床都有自己的坐标系和坐标原点，它们是编制程序的重要依据之一。设计数控夹具时，应按机床坐标的起始点确定夹具坐标系原点的位置。

5）提高夹具的可靠性，满足数控加工的自动化和智能化水平的要求。

6）数控机床夹具应具有高适应性。数控机床加工的柔性化，适应多品种小批产品的生产模式，要求夹具应具有对不同工件、不同装夹要求的较高的适应性。一般情况下，数控机床夹具多采用各种组合夹具。在专业化大规模生产中多采用拼装类夹具，以适应生产多变、准备周期短的需要。

2. 数控加工夹具的种类

根据数控加工的需要，常用的数控夹具有标准夹具工具模板、拼装夹具、组合夹具和多面高效数控专用夹具，有时也采用较简单的专用夹具，以提高定位精度。下面仅介绍主要的几种典型数控夹具的案例。

9.6.2 拼装夹具

1. 拼装夹具的特点

拼装夹具是在成组工艺的基础上，用标准化、系列化的夹具零部件拼装而成的夹具。其具有组合夹具的优点，比组合夹具有更好的精度和刚性，更小的体积和更高的效率，因而较适合柔性加工的要求，常用作数控机床夹具。

图 9-81 所示为镗箱体孔的数控机床拼装夹具，需在工件 6 上镗削 A、B、C 三孔。工件在液压基础平台 5 及三个定位销孔 3 上定位；通过基础平台内两个液压缸 8、活塞 9、拉杆 12、压板 13 将工件夹紧；夹具通过安装在基础平台底部的两个连接孔中的定位键 10 在机床 T 形槽中定位，并通过两个螺旋压板 11 固定在机床工作台上。可选基础平台上的定位孔 2 作为夹具的坐标原点，与数控机床工作台上的定位孔 1 的距离分别为 X_0、Y_0。三个加工孔的坐标尺寸可用机床定位孔 1 作为零点进行计算编程，称为固定零点编程；也可选夹具上方便的某一定位孔作为零点进行计算编程，称为浮动零点编程。

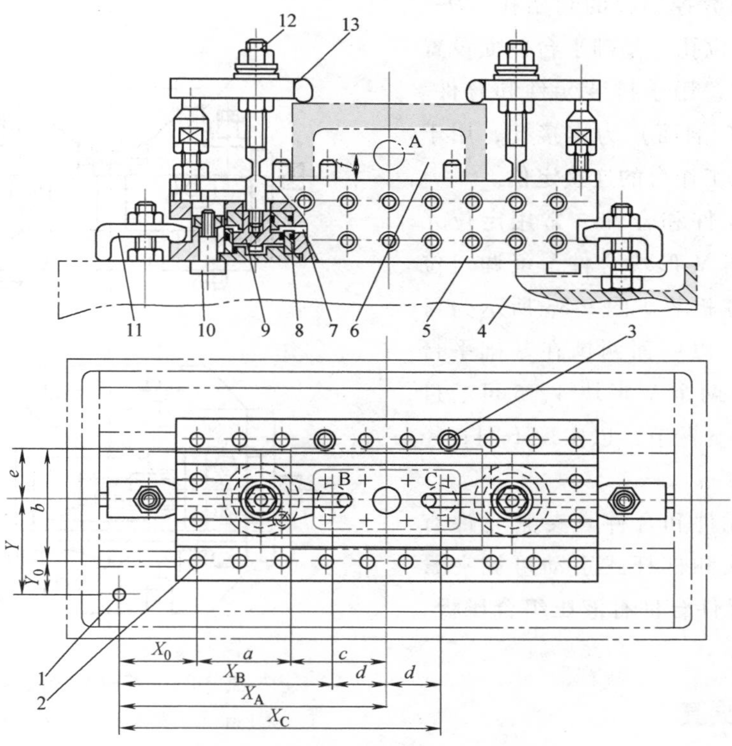

图 9-81　镗箱体孔的数控机床拼装夹具

1、2—定位孔　3—定位销孔　4—数控机床工作台　5—液压基础平台　6—工件　7—通油孔　8—液压缸　9—活塞　10—定位键　11、13—压板　12—拉杆

2. 拼装夹具的组成

拼装夹具主要由以下功能元件和合件组成：

（1）基础元件和合件　图 9-82 所示为普通矩形平台，只有一个方向的 T 形槽 1，使平台有较好的刚性。平台上布置了定位销孔 2，如 *B*—*B* 剖视图所示，可用于工件或夹具元件

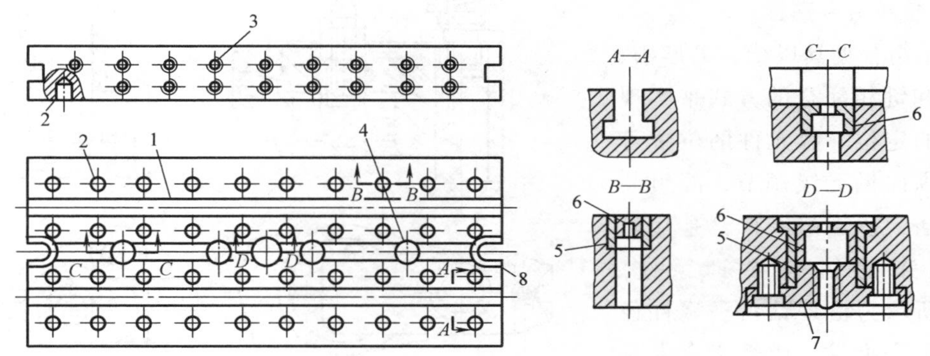

图 9-82　普通矩形平台

1—T 形槽　2—定位销孔　3—紧固螺纹孔系　4—连接孔　5—高强度耐磨衬套　6—防尘罩　7—可卸法兰盘　8—耳座

定位，也可作为数控编程的起始孔。*D—D* 剖面为中央定位孔。基础平台侧面设置紧固螺纹孔系 3，用于拼装元件和合件。两个孔 4（*C—C* 剖面）为连接孔，用于基础平台和机床工作台的连接定位。

（2）定位元件和合件　常用定位元件及合件有可调 V 形块合件、可调定位支撑和定位支撑板等。图 9-83 所示为可调 V 形块合件，以一面两销在基础平台上定位和紧固，两个 V 形块 4、5 可通过左、右螺纹螺杆 3 调节，以实现不同直径工件 6 的定位。

（3）夹紧元件和合件　夹紧元件有铰链式、钩头式和杠杆式手动可调夹紧压板等，夹紧元件合件有液压组合压板，如图 9-84 所示。

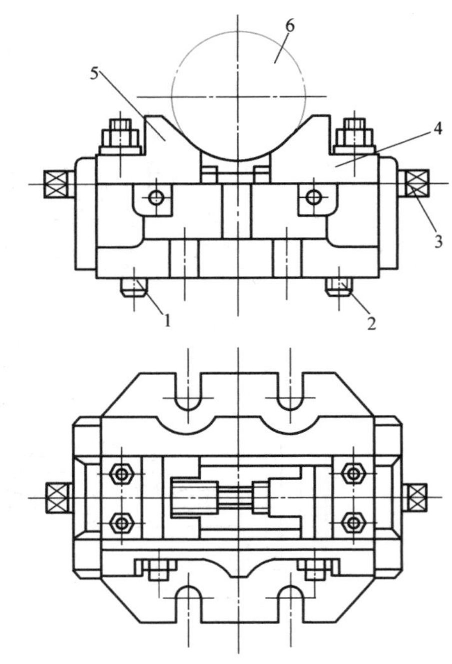

图 9-83　可调 V 形块合件

1—圆柱销　2—菱形销　3—左、右螺纹螺杆　4、5—左、右活动 V 形块　6—工件

9.6.3　组合夹具

组合夹具是在夹具元件高度标准化、通用化的基础上发展起来的一种夹具。它由一套预先制造好的，具有各种形状、功用、规格和系列尺寸的标准元件和组件组成。根据工厂的加工要求不同，利用这些标准元件和组件组装成各种夹具。

组合夹具按组装时元件间连接基面的形状，可分为槽系和孔系两大系统。

1. 槽系组合夹具

槽系组合夹具以槽（T 形槽、键槽）和键相配合的方式来实现元件间的定位。因元件的位置可沿槽的纵向做无级调节，故组装十分灵活，适用范围广，是最早发展起来的组合夹具系统。图 9-85所示为槽系钻盘类零件径向孔的组合夹具。槽系组合夹具组成元件有基础件、支承件、定位件、导向件、夹紧件、紧固件以及合件等。

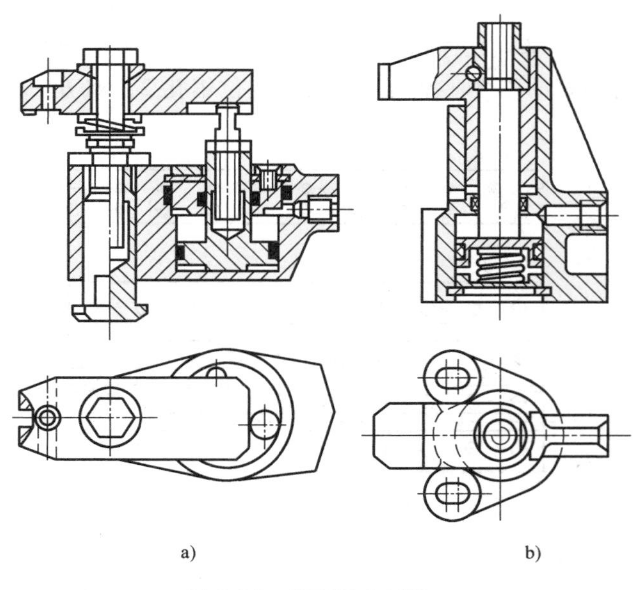

图 9-84　液压组合压板

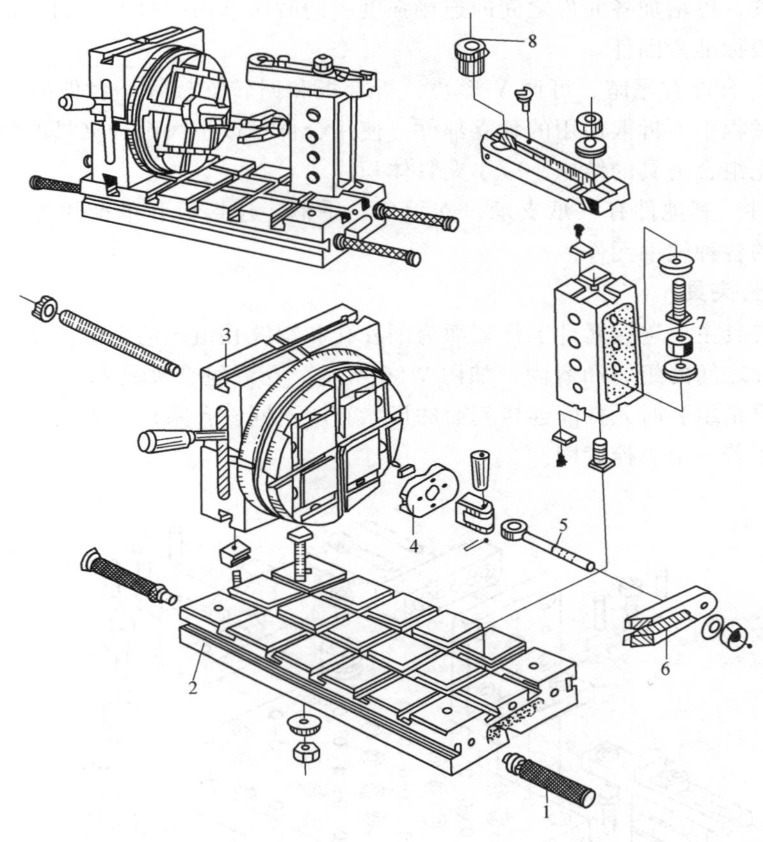

图 9-85 槽系钻盘类零件径向孔的组合夹具

1—其他件 2—基础件 3—合件 4—定位件 5—紧固件 6—夹紧件 7—支承件 8—导向件

（1）基础件 基础件有长方形、圆形、方形及基础角铁等。它们常作为组合夹具的夹具体。

（2）支承件 支承件有V形支承、长方支承、加肋角铁和角度支承等。它们是组合夹具中的骨架元件，数量最多，应用最广。它既可作为各元件间的连接件，又可作为大型工件的定位件。

（3）定位件 定位件有平键、T形键、圆形定位销、菱形定位销、圆形定位盘、定位接头、方形定位支承和六菱定位支承座等。它主要用于工件的定位及元件之间的定位。

（4）导向件 导向件有固定钻套，快换钻套，钻模板，左、右偏心钻模板和立式钻模板等。它们主要用于确定刀具与夹具的相对位置，并起引导刀具的作用。

（5）夹紧件 夹紧件有弯压板、摇板、U形压板和叉形压板等。它们主要用于压紧工件，也可用作垫板和挡板。

（6）紧固件 紧固件有各种螺栓、螺钉、垫圈和螺母等。它们主要用于紧固组合夹具中的各种元件及压紧被加工件。由于紧固件在一定程度上影响整个夹具的刚性，所以螺纹件均采用细牙螺纹，可增加各元件之间的连接强度。同时所选用的材料、制造精度及热处理等要求均高于一般标准紧固件。

（7）合件　合件有尾座、可调 V 形块、折合板和回转支架等。合件由若干零件组合而成，是在组装过程中不拆散使用的独立部件。使用合件可以扩大组合夹具的使用范围，加快组装速度，简化组合夹具的结构，减小夹具体积。

（8）其他件　其他件有三爪支承、支承环、手柄、连接板和平衡块等。它们是指以上几类元件之外的各种辅助元件。

2. 孔系组合夹具

孔系组合夹具主要连接元件工作表面为圆柱孔和螺纹孔组成的坐标孔系，通过定位销和螺栓来实现元件之间的组装和紧固，如图 9-86 所示。孔系组合夹具和槽系组合夹具的原理和结构相似，只是组装时元件间连接基面的形状有所不同。孔系组合夹具元件的连接用两个圆柱销定位，用若干个螺栓紧固。

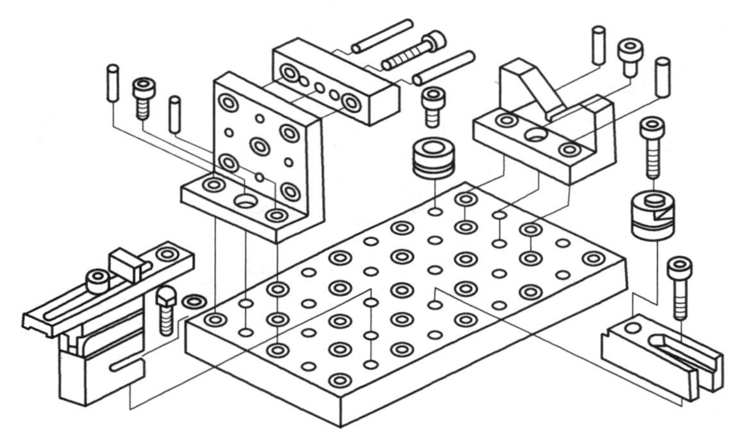

图 9-86　孔系组合夹具

孔系组合夹具是一种具有较高柔性的先进工艺装备，主要适用于数控机床、加工中心以及柔性加工单元和柔性制造系统，不仅保持了组合夹具的传统优势，而且更符合现代加工理念。这种夹具可以保证在规定的坐标位置上准确定位，并且具有较高的刚度和精度，能够保证在粗加工时使用大切削量，在精加工时更好地保证工件定位面和加工表面之间的位置精度。这种夹具还能保证工件在一次定位装夹中加工多个表面，甚至是加工全部表面，也可以一套夹具同时装夹多个工件进行加工，减少机床的停机时间，以充分发挥数控机床和加工中心等的高效性能。

9.6.4　多面高效数控专用夹具

数控加工中机床、刀具、夹具和工件之间应有严格的相对坐标位置。多面高效数控专用夹具通常设置有专门的坐标系对刀基准面系统，用于确定夹具在数控机床上相对于机床坐标系统的准确位置，以保证所装夹的工件处于数控加工程序所规定的坐标位置上。

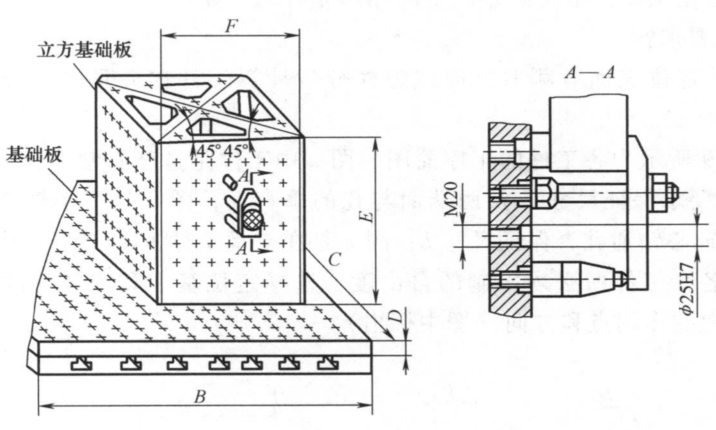

图 9-87　多面高效数控专用夹具

多面高效数控专用夹具常采用网格状的固定基础板作为夹具体。如图 9-87 所示，它长期固定在数控机床工作台上，板上具有孔心距位置准确的一组定位孔和紧固螺孔，它们呈网格分布（也有定位孔与螺孔同轴布置的形式）。网格状基础板预先调整好相对数控机床的坐标位置，利用基础板上的定位孔可装夹各种夹具或者直接对被加工工件进行装夹。固定基础板通常安装在数控机床的回转工作台上，通过其四面网格分布的定位孔和紧固螺孔，可根据加工要求装夹各类夹具。当加工对象变换时，只需转台转位，便可迅速完成对不同工件的加工。

图 9-88　多面加工数控机床夹具

图 9-88 所示为可以实现装夹多个工件，在多个方向同时加工被加工表面的多面夹具，大大提高了工作效率，夹具受力也增大，这要求该夹具要有很好的刚性。

习题与思考题

9-1　什么是机床夹具？它在机械加工中有何作用？

9-2　什么是辅助支承与浮动支承？两者的作用是什么？各用于什么场合？

9-3　采用“一面两销”定位时，为什么其中一个应当为“削边销”？怎样确定削边销的安装方向？双销直径尺寸和公差怎么确定？

9-4　工件以平面为定位基准时，常用哪些定位元件？各用于什么场合？工件除了以平面为定位基准之外，还常用哪些表面作为定位基准？

9-5　何谓定位误差？定位误差产生的原因是什么？定位误差的数值应控制在什么范围内才能满足加工要求？

9-6　常用的定位表面有哪些？应该怎样分析计算工件在夹具中定位时所产生的定位误差？

9-7　图9-89所示为各工件的工序简图。图a中工件是过球心钻一孔；图b中工件是加工齿坯两端面，要求保证尺寸A及两端面与孔的垂直度；图c是在小轴铣槽，保证尺寸H和L；图d是过轴心钻通孔，保证尺寸L；图e是在支承工件上加工两小孔，保证尺寸A和H。试分析加工各个工件所必须限制的自由度？选择定位基准和定位元件（在图中示意画出），确定夹紧力的作用点和方向（图中标出）。

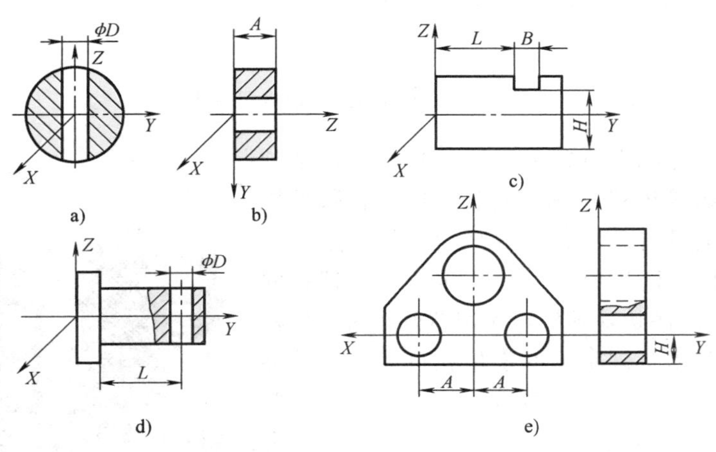

图9-89　题9-7图

9-8　采用“一面两孔”组合定位时，需解决的主要问题是什么？应采用什么样的定位元件？如何限制工件的自由度？简述定位元件的设计计算方法。

9-9　欲在图9-90所示工件上由组合机床一次加工孔O_1、O_2、O_3，加工要求如图所示，试确定定位方案并绘制定位方案简图。

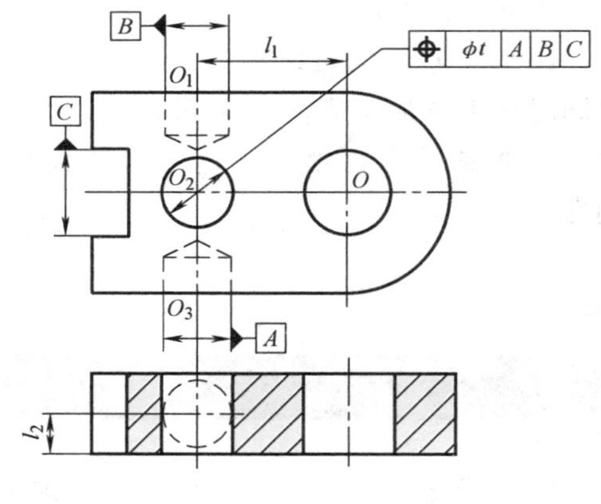

图9-90　题9-9图

9-10　设计夹紧装置时，对夹紧力三要素有何要求？

9-11　图9-91所示齿轮坯的内孔$D=\phi35^{+0.025}_{0}$mm和外圆$d=\phi80^{\ 0}_{-0.1}$mm已加工合格。现在插床上用调整法加工内键槽，要求保证键槽深度尺寸$H=38.5^{+0.2}_{0}$mm。忽略内孔与外圆同轴度误差，试计算该定位方案能否满足加工要求。若不能满足加工要求，应如何改进？

9-12　图9-92所示为在套类工件圆柱面上铣键槽的工序简图。已知：工件内孔尺寸为$D^{+T_D}_{0}$，外圆尺寸为$d^{\ 0}_{-T_d}$；定位元件心轴尺寸为d_0，公差为T_{d_0}。用间隙配合定位心轴定位，轴向夹紧，属于任意边接触。求工序尺寸 A、E 的定位误差。

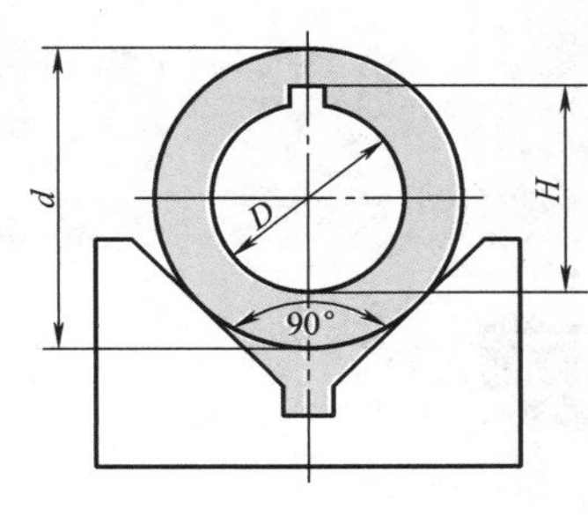

图 9-91　题 9-11 图

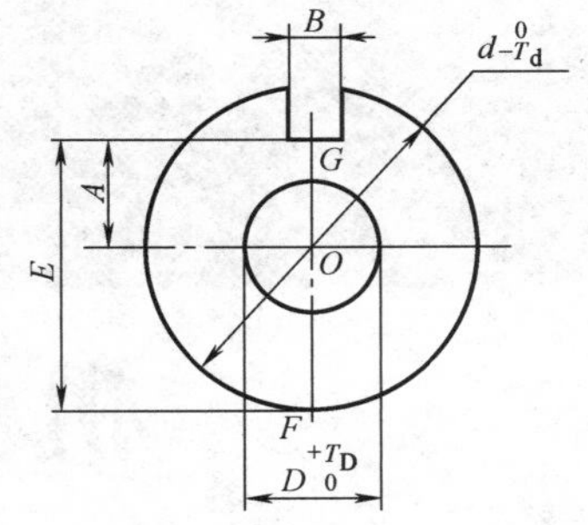

图 9-92　题 9-12 图

9-13　钻床夹具（钻模）的主要结构形式（类型）有哪些？钻套的作用是什么？钻套有几种类型？

9-14　镗套的作用是什么？其有几种类型？

9-15　根据铣削进给方式不同，铣床夹具分为哪些类型？

9-16　铣床夹具用的对刀装置有哪些组成部分？

9-17　数控加工的场合所使用的夹具有什么更高的要求？

9-18　组合夹具的结构特点如何？组合夹具的主要功能零部件包括哪些？

9-19　拼装夹具的结构特点有哪些？它们适用于哪些场合？

9-20　夹具设计中，基准重合与基准不重合的含义是什么？

第 10 章

机械加工精度

零件质量直接影响着产品的性能、寿命、效率和可靠性等质量指标，是保证产品质量的基础。而零件的制造质量是依靠零件毛坯的制造方法、机械加工、热处理以及表面处理等工艺来保证的。因此，应在零件制造的各个环节中树立质量意识，以确保产品的质量。机械加工质量包括机械加工精度和表面质量两方面的内容，前者指机械零件加工后宏观的尺寸、形状和位置精度，后者主要指零件加工后表面的微观几何形状精度和物理力学性质质量。

10.1 机械加工精度概述

10.1.1 机械加工精度的基本概念

机械加工精度是指零件加工后的实际几何参数（尺寸、形状和表面间的相互位置）与理想几何参数的符合程度。符合程度越高，加工精度就越高。实际加工时，不可能也没有必要把零件做得与理想零件完全一致，总会有一定的偏差，即所谓加工误差。加工误差是指零件加工后的实际几何参数对理想几何参数的偏离程度。加工误差的大小反映了加工精度的高低，从保证产品使用性能分析，可以允许零件存在一定的加工误差，只要这些误差在规定的范围内，就认为是保证了加工精度。加工精度和加工误差是从两个不同的角度来评定零件几何参数的。

零件的加工精度包括尺寸精度、形状精度和位置精度，分别由尺寸公差、形状公差和位置公差来控制。这三者之间既有区别又有联系。一般的情况是尺寸精度高，其形状精度和位置精度也高。例如，为保证轴的直径尺寸精度，则相应位置的圆度误差不应超出直径的尺寸公差。又如，要保证两平面的平行度，则平面本身的平面度误差就应该很小。通常，在同一要素上给定的形状公差值应小于位置公差值，而位置公差值应小于尺寸公差值。零件的形状误差约占相应尺寸公差的30%~50%，位置误差约为有关尺寸公差的65%~85%。

10.1.2 机械加工的经济精度

各种加工方法的经济精度是确定机械加工工艺路线时，选择经济上合理的工艺方案的主要依据。在机械加工过程中，影响加工精度的因素很多。同一种加工方法，随着加工条件的改变，所能达到的加工精度也不一致。不论采用降低切削用量来提高加工精度，还是盲目地增加切削用量来提高加工效率，如果不属于某种加工方法的经济精度范围，都是不可取的。

一种加工方法的经济精度就是在正常生产条件下所能达到的加工精度。这里所说的正常生产条件是指：

1）工作正常、维护保养良好的机床。

2）使用必需的刀具和适当质量的夹具。

3）工人的技术等级必须符合标准。

4）标准的耗用时间等。

当然，随着生产技术的发展，某一种加工方法的经济精度会有提高。过去在外圆磨床上精磨外圆仅能达到 IT6 精度，但在采取有效措施提高磨床精度并改进了磨削工艺后，现在普通外圆磨床上进行镜面磨削，已能达到 IT5 以上精度，表面粗糙度 Ra 可达 0.04~0.02μm。

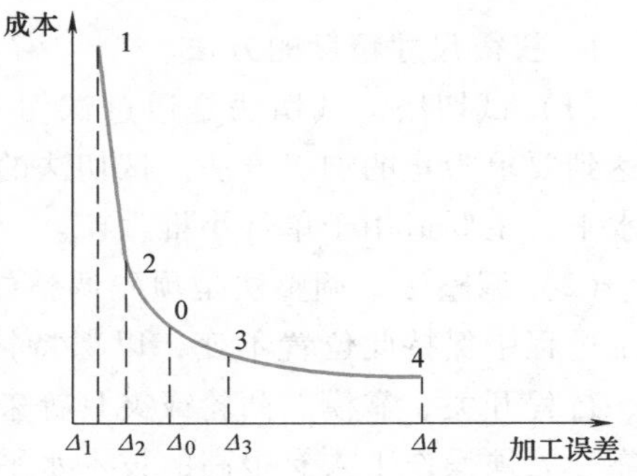

图 10-1 加工误差与加工成本的关系

各种加工方法的加工误差和加工成本之间的关系，大致上如图 10-1 所示呈负指数函数曲线形状。

各种加工方法所能达到的经济加工精度和表面粗糙度，可参见表 10-1 或有关的机械加工工艺手册。

表 10-1 常用加工方法的经济精度和表面粗糙度

加工表面	加工方法	经济精度等级	表面粗糙度/μm	
			参数	数值
外圆柱面和端面	粗车	13~11	Rz	320~14
	半精车	10~9	Ra	10~2.5
	精车	8~7	Ra	2.5~0.63
	粗磨	9~8	Ra	5~1.25
	精磨	6	Ra	1.25~0.16
	研磨	5	Ra	<0.16
	超精加工	6~5	Ra	<0.16
	细车(金刚车)	6	Ra	0.63~0.02
圆柱孔	钻孔	13~11	Rz	320~40
	铸孔的粗扩(镗)	13~11	Rz	320~40
	精扩	11~10	Ra	10~2.5
	粗铰	9~8	Ra	5~1.25
	精铰	8~7	Ra	2.5~0.62
	半精镗	11~10	Ra	10~2.5
	精镗(浮动镗)	9~7	Ra	2.5~0.63
	细镗(金刚镗)	7~6	Ra	0.63~0.08
	粗磨	9~8	Ra	5~1.25
	精磨	7	Ra	1.25~0.32
	研磨	6	Ra	0.32~0.01
	珩磨	7~6	Ra	0.32~0.02
	拉孔	9~6	Ra	2.5~0.16
平面	粗刨、粗铣	13~11	Rz	320~40
	半精刨、半精铣	11~8	Ra	10~2.5
	拉削	8~7	Ra	5~0.63
	粗磨	9~7	Ra	5~1.25
	精磨	9~8	Ra	2.5~0.63
	研磨	7~6	Ra	1.25~0.16
	刮研	5	Ra	<0.16

10.1.3 获得机械加工精度的方法

1. 获得尺寸精度的方法

（1）试切法　试切法是通过试切—测量—调整—再试切—…反复进行，直到被加工尺寸达到要求为止的加工方法。试切法的加工效率低，劳动强度大，且要求操作者有较高的技术水平，主要适用于单件小批生产。

（2）调整法　调整法是预先调整好刀具和工件在机床上的相对位置，并在一批零件的加工过程中保持此位置不变，以保持被加工零件尺寸的加工方法。调整法广泛采用行程挡块、行程开关、靠模、凸轮或夹具等来保证加工精度。这种方法加工效率高，加工精度稳定可靠，无须操作工人有很高的技术水平，且劳动强度较小，广泛应用于成批、大量的自动化生产中。

（3）定尺寸刀具法　定尺寸刀具法是用刀具的相应尺寸来保证工件被加工部位尺寸的加工方法，如钻孔、铰孔、拉孔、攻螺纹、用镗刀块加工内孔、用组合铣刀铣工件两侧面和槽面等。这种方法的加工精度主要取决于刀具的制造精度、刃磨质量和切削用量等，其生产率较高，但刀具制造较复杂，常用于孔、槽和成形表面的加工。

（4）自动控制法　自动控制法是在加工过程中，通过由尺寸测量装置、动力进给装置和控制机构等组成的自动控制系统，自动完成工件尺寸的测量、刀具的补偿调整和切削加工等一系列动作，当工件达到要求尺寸时，发出指令停止进给和此次加工，从而自动获得所要求尺寸精度的一种加工方法。如数控机床就是通过数控装置、测量装置及伺服驱动机构来控制刀具或工作台按设定的规律运动，从而保证零件加工的尺寸等精度。

2. 获得形状精度的方法

（1）轨迹法　轨迹法是依靠刀具与工件的相对运动轨迹获得加工表面形状的加工方法。如车削加工时，工件做旋转运动，刀具沿工件旋转轴线方向做直线运动，则刀尖在工件加工表面上形成的螺旋线轨迹就是外圆或内孔。用轨迹法加工所获得的形状精度主要取决于刀具与工件的相对运动（成形运动）精度。

（2）成形法　成形法是利用成形刀具对工件进行加工来获得加工表面形状的方法。如用曲面成形车刀加工回转曲面、用模数铣刀铣削齿轮、用花键拉刀拉花键槽等。用成形法加工所获得的形状精度主要取决于切削刃的形状精度和成形运动精度。

（3）展成法　展成法是利用工件和刀具做展成切削运动来获得加工表面形状的加工方法，如在滚齿机或插齿机上加工齿轮。用展成法获得成形表面时，切削刃必须是被加工表面发生线（曲线）的共轭曲线，而展成运动必须保持刀具与工件确定的速比关系。这种方法用于各种齿轮齿廓、花键键齿、蜗轮轮齿等表面的加工，其特点是切削刃的形状与所需表面几何形状不同。

（4）仿形法　刀具按照仿形装置进给对工件进行加工的方法称为仿形法。仿形法所得到的形状精度取决于仿形装置的精度和其他成形运动的精度。仿形车、仿形铣等均属仿形法加工。

（5）数控加工法　数控加工法利用坐标轴联动的数控加工技术，是空间曲面加工的有效加工方法。两坐标联动的数控加工方法可以方便地获得高精度的平面轮廓曲线，三坐标联动的数控加工方法可获得各种复杂的空间轮廓曲面。

3. 获得位置精度的方法

（1）一次装夹获得法　它是指零件有关表面间的位置精度在工件的同一次装夹中，由各有关刀具相对工件的成形运动之间的位置关系保证。如轴类零件车削时外圆与端面的垂直度，箱体孔系加工中各孔之间的同轴度、平行度和垂直度等，均可采用一次装夹获得法来保证。此时影响工件加工表面间位置精度的主要因素是所使用机床（及夹具）的几何精度，而与工件的定位精度无关。

（2）多次装夹获得法　它是指零件有关表面间的位置精度由刀具相对工件的成形运动与工件定位基面（是工件在前几次装夹时的加工面）之间的位置关系保证的加工方法。如轴类零件上键槽对外圆表面的对称度，箱体平面与平面之间的平行度、垂直度，箱体孔与平面之间的平行度和垂直度等，均可采用多次装夹获得法来加以保证。

根据工件装夹方式的不同，多次装夹获得法划分为直接装夹法、找正装夹法和夹具装夹法三类。

10.1.4　研究加工精度的目的和方法

1. 研究加工精度的目的

研究加工精度的目的，就是要弄清影响加工精度的各种因素，找出它们对加工精度影响的规律，掌握控制加工误差的方法，以获得预期的加工精度，以及找出进一步提高加工精度的途径。

2. 研究加工精度的方法

研究加工精度的方法有以下两种：

（1）单因素分析法　单因素分析法研究某一确定因素对加工精度的影响，为简单起见，一般不考虑其他因素的同时作用。通过分析计算，或测试、试验，得出该因素与加工误差之间的关系。

（2）统计分析法　统计分析法以加工一批工件的实测结果为基础，运用数理统计方法进行数据处理，以控制工艺过程的正常进行。当发生质量问题时，可以从中判断误差的性质，找出误差出现的规律，以减少加工误差。统计分析法只适用于批量生产。

在实际生产中，这两种方法常常结合起来应用。一般先用统计分析法寻找误差的出现规律，初步判断产生加工误差的可能原因，然后运用单因素分析法进行分析、试验，以便迅速有效地找出影响加工精度的主要原因。

10.2　工艺系统的几何误差

10.2.1　机械加工过程中的原始误差

机械加工中零件的尺寸、形状和位置误差，主要是由于工件与刀具在切削运动中相互位置发生了变动而造成的。由于工件和刀具安装在夹具和机床上，因此，机床、夹具、刀具和工件构成了一个完整的工艺系统。工艺系统中的种种误差，是造成零件加工误差的根源，称之为原始误差。工艺系统的原始误差可以分为两大类。第一类是与工艺系统初始状态有关的原始误差，可简称为“静误差”。属于这一类的有工件相对于刀具处于静止状态下就已存在的加工原

理误差、工件定位误差、调整误差、夹具误差和刀具误差等，以及刀具相对工件在运动状态下就已存在的机床主轴回转误差、机床导轨导向误差和机床传动链的传动误差等。第二类是与工艺过程有关的原始误差，可简称为“动误差”。属于这一类的有工艺系统受力变形、工艺系统受热变形、加工过程中刀具磨损、测量误差及可能出现的因内应力而引起的变形等。

加工过程中可能出现的各种原始误差可归纳如下。

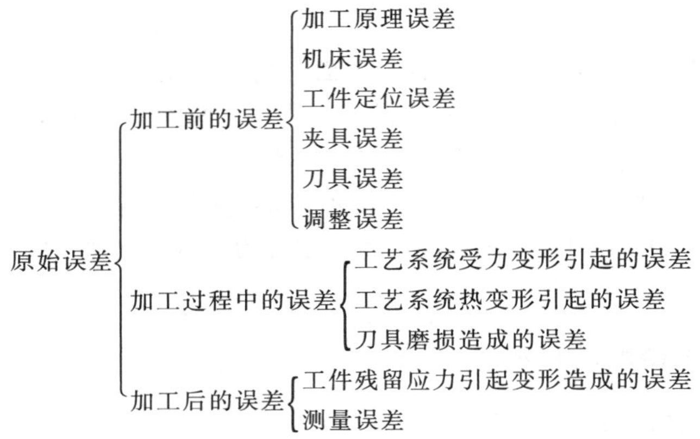

对于具体的加工过程，原始误差因素需要具体分析，上述原始误差不一定会全都出现。

10.2.2　加工原理误差对机械加工精度的影响

加工原理误差是指采用了近似的加工方法、近似的切削刃轮廓或近似的成形运动进行加工而产生的误差。理论上为了获得设计规定的零件加工表面，要求切削刃完全符合理论曲线形状，刀具和工件之间必须保持准确的运动关系。但在实际生产中，为了简化机床或刀具的设计和制造，降低生产成本，提高生产率，允许在保证零件加工精度的前提下采用近似加工原理。例如，用展成法滚切齿轮时，所用的滚刀存在两种原理误差：一方面为了方便制造，采用阿基米德蜗杆或法向直廓蜗杆代替渐开线基本蜗杆而产生滚刀的切削刃齿廓近似形状误差；而另一方面，由于滚刀刀齿数有限，实际生产是把所用的刀具分组，每把刀具对应加工一定齿数范围的一组齿轮。由于每组齿轮所用的刀具是按照该组齿轮最小齿数的齿轮进行设计的，用该刀具加工其他齿数的齿轮，加工出的齿形是一条折线，与理论的光滑渐开线有差异，这些都会产生原理误差。在采用普通米制丝杠的车床上加工英制螺纹，螺纹导程的换算参数中包含无理数 π，不可能用调整交换齿轮的齿数来准确无误地实现，只能用近似的传动比值即近似的成形运动来加工，必然会产生加工原理误差。

采用近似的成形运动或近似的切削刃轮廓，虽然会带来加工原理误差，但往往可以简化机床结构或刀具形状，工艺上容易实现，有利于从总体上提高加工精度，降低生产成本，提高生产率。因此，加工原理误差的存在有时是合理的，可以接受的，只要其误差不超过规定的精度要求，在生产中仍得到广泛应用。但在精加工时，对加工原理误差需要仔细分析，必要时还需进行计算，以确保由其引起的加工误差不会超过规定的精度要求所允许的范围（一般情况下，加工原理误差引起的加工误差应小于工件公差值的10%~15%）。

10.2.3　机床误差对机械加工精度的影响

机床误差是通过各种成形运动反映到加工表面的。机床的成形运动主要包括两大类，即主轴的回转运动和移动件的直线运动。引起机床误差的原因主要有机床的制造误差、安装误差和机床使用过程中的磨损。工件的加工精度很大程度上取决于机床的精度。影响工件加工精度的机床误差很多，其中影响较大的主要有主轴回转误差、导轨导向误差和传动链的传动误差。

1. 机床主轴回转误差

（1）机床主轴回转误差的基本概念　主轴回转误差是指主轴实际回转轴线相对于理想回转轴线的偏离程度，也称为主轴“漂移”。

机床主轴是用来装夹工件或刀具，并传递切削运动和动力的重要零件，其回转精度是评价机床精度的一项极重要的指标，对零件加工表面的几何形状精度、位置精度和表面粗糙度都有影响。

主轴回转时，理论上其回转轴线的空间位置应该固定不变，即回转轴线没有任何运动。但实际上，由于主轴部件中轴承、轴颈、轴承座孔等的制造误差和配合质量，润滑条件，以及回转时的动力因素的影响，主轴回转轴线的空间位置会周期性地变化。生产中通常以平均回转轴线（即主轴各瞬时回转轴线的平均位置）来表示主轴的理想回转轴线，如图 10-2 所示。

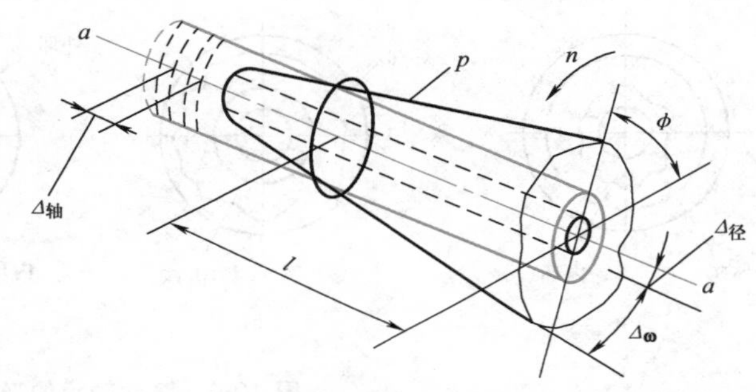

图 10-2　主轴的理想回转轴线

a—平均回转轴线　n—主轴转向　p—实际回转轴线　ϕ—回转位置　l—轴承距离　$\Delta_{轴}$—轴向窜动　$\Delta_{径}$—径向圆跳动　Δ_{ω}—角度摆动

主轴回转轴线的误差运动可以分解为纯径向圆跳动、纯轴向窜动和纯倾角摆动三种基本形式，如图 10-3 所示。

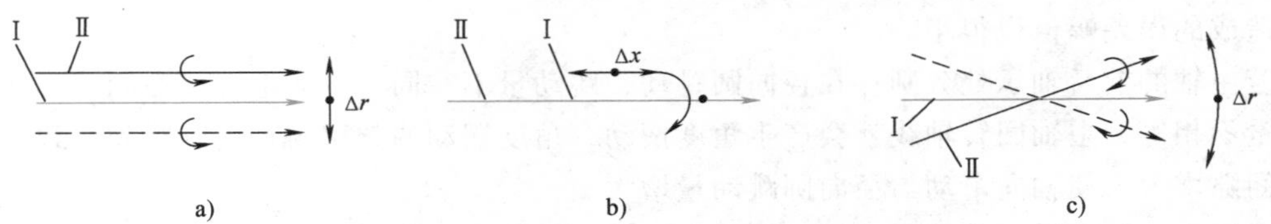

图 10-3　机床主轴回转误差的类型

a）纯径向圆跳动　b）纯轴向窜动　c）纯倾角摆动

Ⅰ—理想回转轴线　Ⅱ—实际回转轴线

（2）影响主轴回转精度的主要因素

1）主轴误差。主轴误差主要包括主轴轴径的圆度误差、同轴度误差（使主轴轴心线发生偏斜）和主轴轴径轴向承载面与轴线的垂直度误差（影响主轴轴向窜动量）。

2）轴承误差。主轴采用滑动轴承时，轴承误差主要是指主轴颈和轴承内孔的圆度误差和波纹度。

对于工件回转类机床（如普通车床、磨床等），切削力的方向大体上是不变的。主轴在切削力的作用下，主轴颈以不同部位和轴承内孔的某一固定部位相接触。因此，影响主轴回

转精度的主要是主轴轴颈的圆度误差和波纹度，而轴承孔的形状误差影响较小。

对于刀具回转类机床（如镗床等），由于切削力方向随主轴的回转而变化，主轴颈在切削力作用下总是以某一固定部位与轴承内表面的不同部位接触。因此，对主轴回转精度影响较大的是轴承孔的圆度误差。

当主轴采用滚动轴承时，由于滚动轴承由内圈、外圈和滚动体等组成，因此影响其回转精度的因素很多。轴承内、外圈滚道的形状误差（图 10-4a、b）、内圈滚道与轴承孔的同轴度误差（图 10-4c）、滚动体的尺寸误差和形状误差（图 10-4d）都对主轴回转精度有影响。

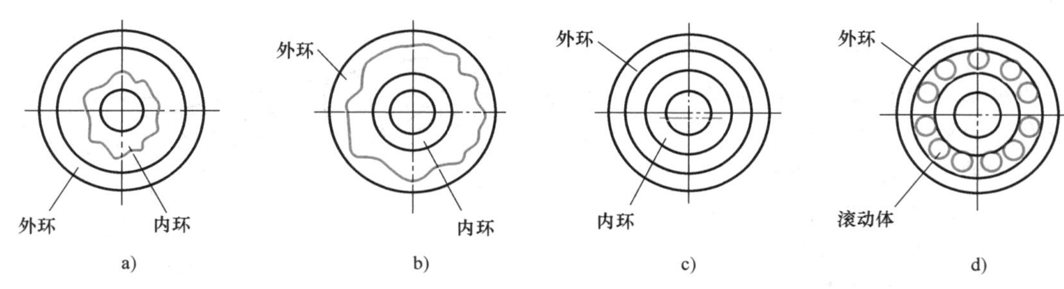

图 10-4　滚动轴承的形状误差

a）内圈滚道形状误差　b）外圈滚道形状误差　c）内圈滚道与轴承孔的同轴度误差　d）滚动体的尺寸误差与形状误差

对于工件回转类机床，滚动轴承内圈滚道圆度误差对主轴回转精度影响较大；对于刀具回转类机床，外圈滚道对主轴回转精度影响较大。滚动轴承的内、外圈滚道如果有波纹度，则不管是工件回转类机床还是刀具回转类机床，回转时都将产生高频径向圆跳动。

滚动轴承滚动体的尺寸误差会引起主轴回转的径向圆跳动。通常滚动体尺寸误差极小，由其造成的误差幅值也很小。

若主轴的前后轴承处分别存在径向圆跳动，跳动量不在同一方向上，或在同一方向上但跳动量不相等，主轴回转轴线就会产生角度摆动，角度摆动的频率与径向圆跳动一致。主轴轴承间隙增大会使轴向窜动与径向圆跳动量增大。

采用推力轴承时，其滚道的端面误差会造成主轴的轴向圆跳动。角接触球轴承和圆锥滚子轴承的滚道误差既会造成主轴轴向圆跳动，也会引起径向圆跳动和摆动。

3）与轴承配合的零件误差。由于轴承内、外圈或轴瓦很薄，受力后容易变形，因此，与之相配合的箱体支承孔的圆度误差，会使轴承内、外圈或轴瓦发生变形而产生圆度误差。与轴承圈端面配合的零件，如轴肩、过渡套、轴承端盖、螺母等的有关端面，如果有平面度误差或与主轴回转轴线不垂直，会使轴承圈滚道倾斜，造成主轴回转轴线的径向、轴向漂移。箱体前后支承孔、主轴前后支承轴颈的同轴度误差，会使轴承内外圈滚道相对倾斜，同样也会引起主轴回转轴线的漂移。

4）主轴转速。由于主轴部件质量不平衡、机床各种随机振动以及回转轴线的不稳定随主轴转速的增加而增加，使主轴在某个转速范围内，回转精度较高，超过这个范围时，误差就较大。

5）主轴系统的径向不等刚度和热变形。主轴系统的刚度在不同方向上往往不等，当主轴上所受外力方向随主轴回转而变化时，就会因变形不一致而使主轴轴线漂移。

机床工作时，主轴系统的温度将升高，使主轴轴向膨胀和产生径向位移。由于轴承径向热变形不相等，前后轴承的热变形也不相同，在装卸工件和进行测量时，主轴必须停车而使温度发生变化，这些都会引起主轴回转轴线的位置变化和漂移而影响主轴回转精度。

（3）主轴回转误差对加工精度的影响　在分析主轴回转误差对加工精度的影响时，首先要注意主轴回转误差在不同方向上的影响是不同的。例如在车削圆柱表面时，回转误差沿刀具与工件接触点的法线方向分量 Δy 对精度影响最大（图 10-5b），反映到工件半径方向上的误差为 $\Delta R=\Delta y$，而切向分量 Δz 对精度影响最小（图 10-5a）。由图 10-5 可看出，存在误差 Δz 时，反映到工件半径方向上的误差为 ΔR，其关系式为

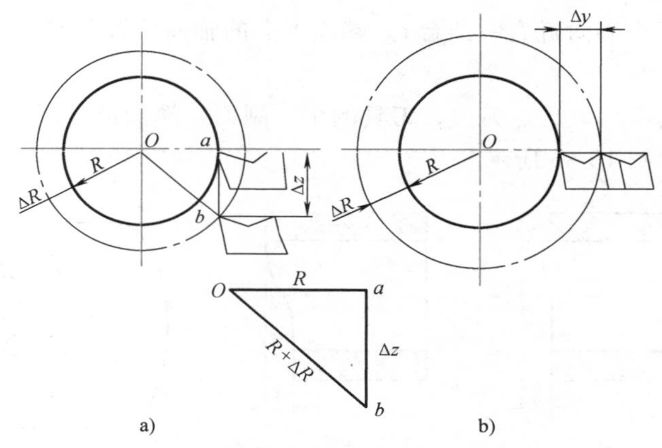

图 10-5　机床主轴回转误差的误差敏感方向

$$(R+\Delta R)^2=\Delta z^2+R^2$$

整理中略去高阶微量 ΔR^2 项，可得 $\Delta R=\Delta z^2/(2R)$。设 $\Delta z=0.01\text{mm}$，$R=50\text{mm}$，则 $\Delta R=0.000001\text{mm}$。此值极小，完全可以忽略不计。

因此，一般称法线方向为误差的敏感方向，切线方向为非敏感方向。分析主轴回转误差对加工精度的影响时，应着重分析误差敏感方向的影响。

1）纯径向圆跳动。主轴的纯径向圆跳动误差在用车床加工端面时不引起加工误差，在车削外圆时对加工误差的影响关系如图 10-6 所示。

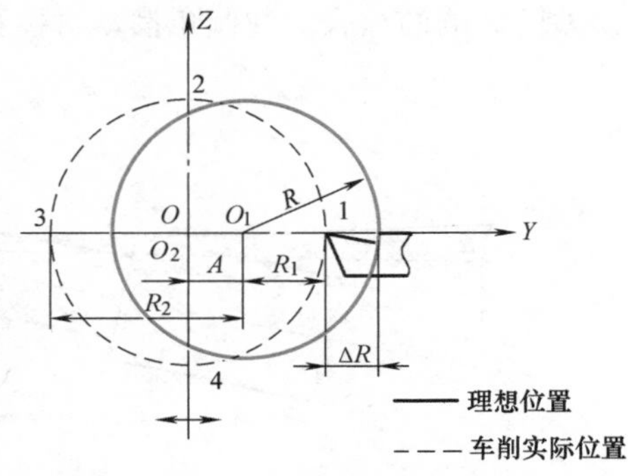

图 10-6　径向圆跳动在车削外圆时对加工误差的影响

在用刀具回转类机床加工内圆表面，例如用镗床镗孔时，主轴轴承孔或滚动轴承外圆的圆度误差将直接反映到工件的圆柱面上（图 10-7）。

2）纯轴向窜动。在刀具为点刀刃的理想条件下，主轴纯轴向窜动会导致加工的端面如图 10-8a、c 所示。端面上沿半径方向上的各点是等高的；工件端面由垂直于轴线的线段一方面绕轴线转动，另一方面沿轴线移动，形成如同端面凸

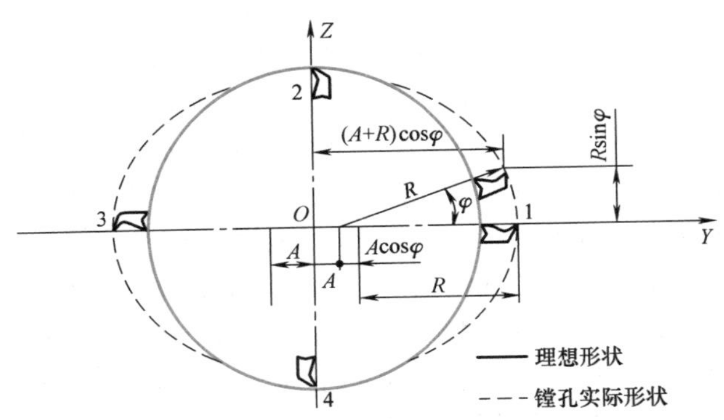

图 10-7　纯径向圆跳动对镗孔加工精度的影响

轮一般的形状（端面中心附近有一凸台）。端面上点的轴向位置只与转角 φ 有关，与径向尺寸无关。

一般情形下刀具不可能是点刀刃，刀具的主、副面在端面最终形成中都会产生影响，最终产生的端面形状如图 10-8b 所示。

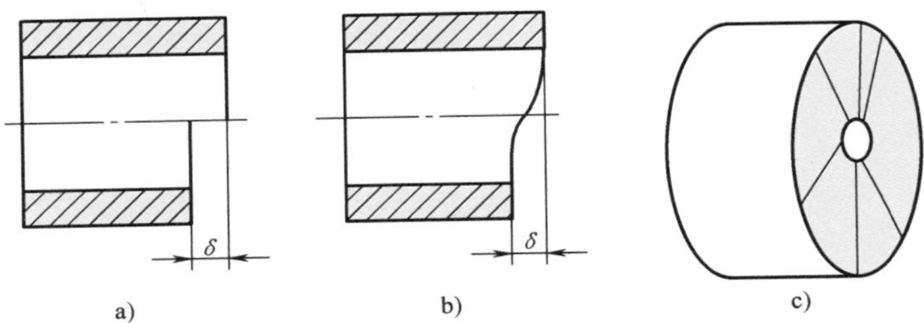

图 10-8　轴向窜动对车削端面的影响

a）点刀刃成形　b）非点刀刃成形　c）端面如同端面凸轮

加工螺纹时，主轴的轴向窜动将使螺距产生周期误差。

3）纯倾角摆动。主轴轴线的纯倾角摆动，无论是在空间平面内运动或沿圆锥面运动，都可以按误差敏感方向投影为加工圆柱面时某一横截面内的径向圆跳动，或加工端面时某一半径处的轴向窜动。因此，其对加工误差的影响就是投影后的纯径向圆跳动和纯轴向窜动对加工误差的影响的综合。纯倾角摆动对镗孔精度的影响如图 10-9 所示。

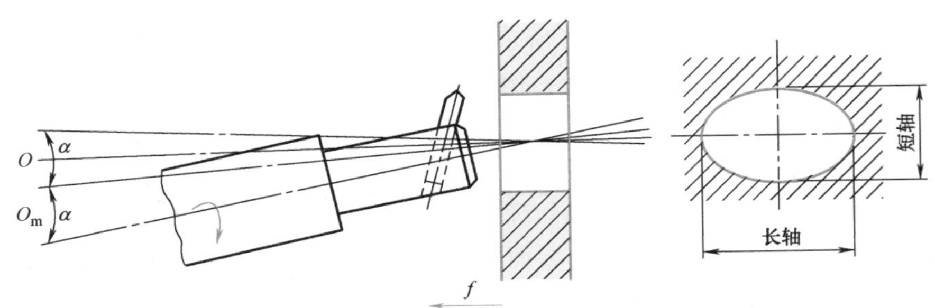

图 10-9　纯倾角摆动对镗孔精度的影响

O—工件孔轴心线　O_m—主轴回转轴心线

实际上主轴工作时其回转轴线的漂移运动总是上述三种形式的误差运动的合成，故不同横截面内轴心的误差运动轨迹既不相同，又不相似；既影响所加工工件圆柱面的形状精度，又影响端面的形状精度。

（4）提高主轴回转精度的措施

1）提高主轴部件的制造精度。首先应提高轴承的回转精度，如选用高精度的滚动轴承，或采用高精度的多油楔动压轴承和静压轴承；其次是提高箱体支承孔、主轴轴颈和与轴承相配合零件有关表面的加工精度。此外，还可在装配时先测出滚动轴承及主轴锥孔的径向圆跳动，然后调节径向圆跳动的方位，使误差相互补偿或抵消，以减少轴承误差对主轴回转精度的影响。

2）对滚动轴承进行预紧。对滚动轴承适当预紧以消除间隙，甚至产生微量过盈。由于轴承内外圈和滚动体弹性变形的相互制约，既增加了轴承刚度，又对轴承内外圈滚道和滚动体的误差起到均化作用，因而可提高主轴的回转精度。

3）使主轴的回转误差不反映到工件上。直接保证工件在加工过程中的回转精度，而使回转精度不依赖于主轴，这是保证工件形状精度最简单而又有效的方法。例如，在外圆磨床上磨削外圆柱面时，为避免工件头架主轴回转误差的影响，工件采用两个固定顶尖支承，主轴只起传动作用（图 10-10），工件的回转精度完全取决于顶尖和中心孔的形状误差和同轴度误差。

提高顶尖和中心孔的精度要比提高主轴部件的精度容易且经济得多。又如，在镗床上加工箱体类零件上的孔时，可采用带前、后导向套的镗模（图 10-11），刀杆与主轴浮动连接，所以刀杆的回转精度与机床主轴的回转精度也无关，仅由刀杆和导套的配合质量决定。

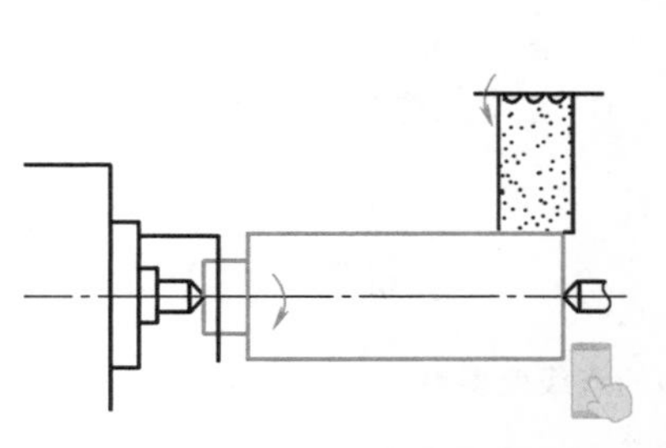
图 10-10 用固定顶尖支承磨外圆柱面

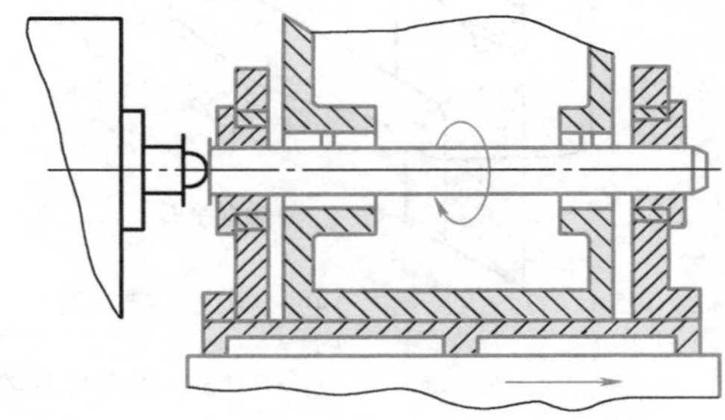
图 10-11 用镗模镗孔

2. 机床导轨导向误差

机床导轨导向误差是指机床导轨副的运动件实际运动方向与理想运动方向之间的误差值。机床导轨副是实现直线运动的主要部件，其制造和安装精度是影响直线运动精度的主要因素，导轨导向误差直接影响零件的加工精度。

导轨是机床中确定主要部件相对位置的基准，也是运动的基准。直线导轨的导向精度是成形运动和工件直线度的保证。

（1）机床导轨在水平面内直线度误差的影响　如图 10-12a 所示，磨床导轨在 X 方向存在误差 Δ_0，引起图 10-12b 所示工件在半径方向上的误差 ΔR。当磨削长外圆柱表面时，将造成工件的圆柱度误差。

（2）机床导轨在垂直面内直线度误差的影响　如图 10-13 所示，磨床导轨在 Y 方向存在

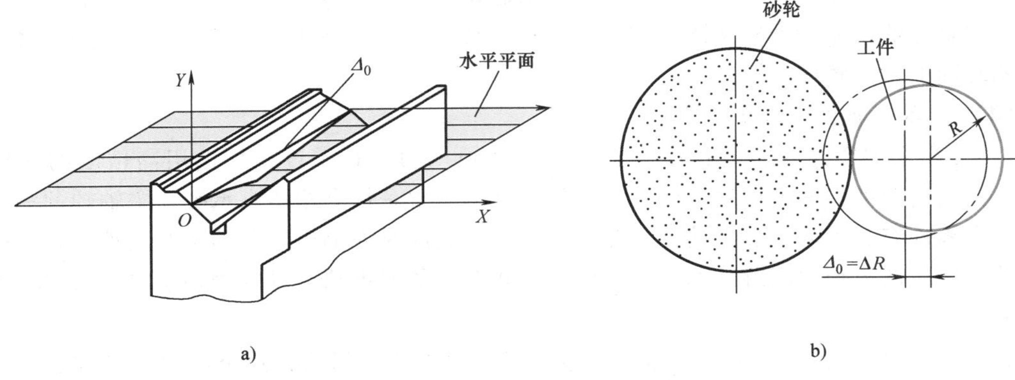

图 10-12　磨床导轨在水平面内的直线度

误差 Δ_0，磨削外圆时，工件沿砂轮切线方向产生位移。此时，工件半径方向上产生误差 $\Delta R=h^2/(2R)$，对零件的形状精度影响甚小（误差的非敏感方向）。但导轨在垂直方向上的误差对平面磨床、龙门刨床和铣床等将引起法向位移，其误差直接反映到工件的加工表面（误差的敏感方向），造成水平面上的形状误差。

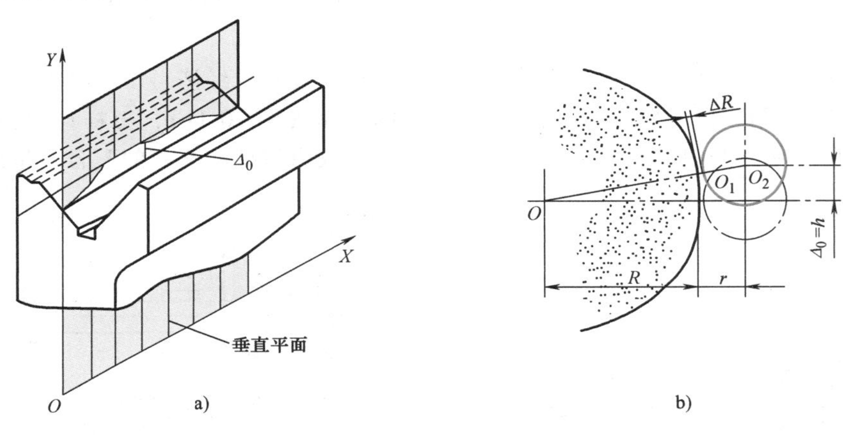

图 10-13　磨床导轨在垂直面内的直线度误差

（3）机床导轨面间平行度误差的影响　如图 10-14 所示，车床两导轨的平行度产生误差（扭曲），使大溜板产生横向倾斜，刀具产生位移，因而引起工件的形状误差。由图 10-14 可知，其误差值 $\Delta y=H\Delta_0/B$。

（4）机床导轨对主轴轴心线平行度误差的影响

当在车床类或磨床类机床上加工工件时，如果导轨与主轴轴心线不平行，则会引起工件的几何形状误差。例如，车床导轨与主轴轴心线在水平面内不平行，会使工件的外圆柱表面产生锥度；在垂直面内不平行时，会使工件呈马鞍形。

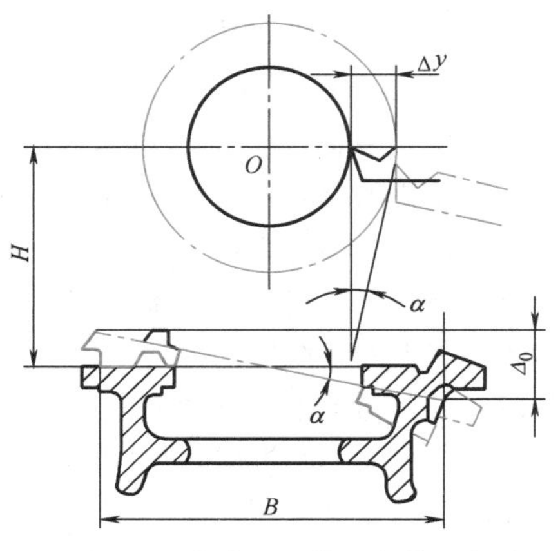

图 10-14　车床两导轨面间的平行度

机床的安装对导轨的原有精度影响也很大，尤其是床身较长的龙门刨床和导轨磨床等。因床身长，刚度差，在本身自重的作用下容易产生变形，如果安装不正确或地基不坚实，都会使床身发生较大的变形，使工件的加工精度受到影响。

（5）提高直线运动精度的主要措施　提高直线运动精度的关键在于提高机床导轨的制造精度及其精度保持性。为此可采取如下措施：

1）选用合理的导轨形状和导轨组合形式，并在可能的条件下增加工作台与床身导轨的配合长度。

2）提高机床导轨的制造精度，主要是提高导轨的加工精度和配合接触精度。

3）选用适当的导轨类型。例如，在机床上采用液体或气体静压导轨结构，由于在工作台与床身导轨之间有一层液压油或压缩空气，既可对导轨面的直线度误差起均化作用，又可防止导轨面在使用过程中的磨损，故能提高工作台的直线运动精度及其精度保持性。又如，高速导轨磨床的主运动常采用贴塑导轨，其进给运动采用滚动导轨来提高直线运动精度。

3. 机床传动链的传动误差

传动链的传动误差是指内联系的传动链中首、末两端传动元件之间相对运动的误差。

（1）传动链精度的分析　传动链精度是影响螺纹、齿轮、蜗轮以及其他按展成原理加工零件的加工精度的主要因素。例如，在滚齿机上用单头滚刀加工直齿轮时，要求滚刀与工件之间具有严格的运动关系：滚刀转一转，工件转过一个齿。这种运动关系是由刀具与工件间的传动链来保证的，如图 10-15 所示。

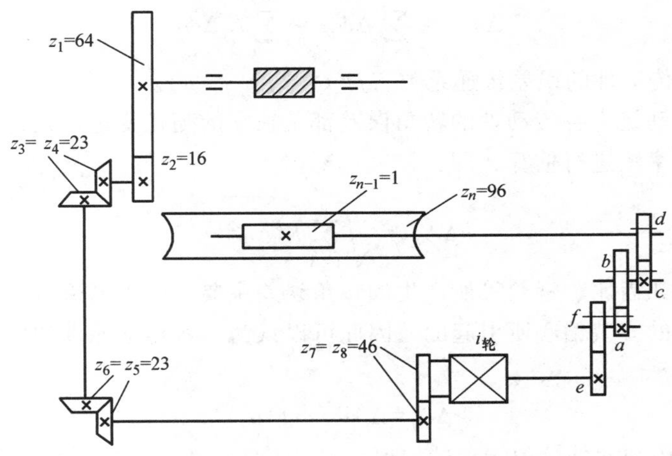

图 10-15　滚齿机传动链图

其运动关系式为

$$\phi_n(\phi_g)=\phi_d\times\frac{64}{16}\times\frac{23}{23}\times\frac{23}{23}\times\frac{46}{46}i_c i_f\times\frac{1}{96}$$

式中，$\phi_n(\phi_g)$ 为工件转角；ϕ_d 为滚刀转角；i_c 为差动轮系的传动比，在滚切直齿时，$i_c=1$；i_f 为分度交换齿轮传动比。

当传动链中各传动元件（如齿轮、蜗轮、蜗杆、丝杠、螺母等）有制造误差（主要是影响运动精度的误差）、装配误差（主要是装配偏心）和磨损时，就会破坏正确的运动关系，使工件产生误差。

传动链传动误差可用传动链末端元件的转角误差来衡量。由于各传动件在传动链中所处的位置不同，它们对工件加工精度（即末端元件的转角误差）的影响程度也不同。假设滚刀轴均匀旋转，若齿轮 z_1 有转角误差 $\Delta\phi_1$，而其他各传动件无误差，则传到末端元件（亦即第 n 个传到元件）上所产生的转角误差为

$$\Delta\phi_{1n}=\Delta\phi_1\times\frac{64}{16}\times\frac{23}{23}\times\frac{23}{23}\times\frac{46}{46}i_c i_f\times\frac{1}{96}=K_1\Delta\phi_1$$

式中，K_1 为 z_1 到末端元件的传动比。由于它反映了 z_1 的转角误差对末端元件传动精度的影响，故又称之为误差传递系数。

同样，对于 z_2 有

$$\Delta\phi_{2n}=\Delta\phi_2\times\frac{23}{23}\times\frac{23}{23}\times\frac{46}{46}i_c i_f\times\frac{1}{96}=K_2\Delta\phi_2$$

对于分度蜗杆有

$$\Delta\phi_{(n-1)n}=\Delta\phi_{n-1}\times\frac{1}{96}=K_{n-1}\Delta\phi_{n-1}$$

对于分度蜗轮有

$$\Delta\phi_{nn}=\Delta\phi_n\times 1=K_n\Delta\phi_n$$

由于所有的传动件都存在误差，因此各传动件对工件精度影响的总和 $\Delta\phi_\Sigma$ 为各传动件所引起末端元件转角误差的叠加，即

$$\Delta\phi_\Sigma=\sum_{j=1}^{n}\Delta\phi_{jn}=\sum_{j=1}^{n}K_j\Delta\phi_j \tag{10-1}$$

式中，K_j 为第 j 个传动件的误差传递系数（$j=1$，2，…，n）。

如果考虑到传动链中各传动件的转角误差都是独立的随机变量，则传动链末端元件的总转角误差也可用概率法进行估算，即

$$\Delta\phi_\Sigma=\sqrt{\sum_{j=1}^{n}K_j^2\Delta\phi_j^2} \tag{10-2}$$

鉴于传动元件如齿轮、蜗轮等所产生的转角误差主要是因为制造时的几何偏心或运动偏心及装配到轴上时的安装偏心所引起的，因此可以认为，各传动元件的转角误差是转角的正弦函数，即

$$\Delta\phi_j=\Delta_j\sin(\omega_j t+\alpha_j)$$

式中，Δ_j 为第 j 个传动元件转角误差的幅值；α_j 为第 j 个传动元件转角误差的初相位；ω_j 为第 j 个传动元件的角速度。

于是，式（10-1）可写成

$$\Delta\phi_\Sigma=\sum_{j=1}^{n}\Delta\phi_{jn}=\sum_{j=1}^{n}K_j\Delta_j\sin(\omega_j t+\alpha_j)$$

又

$$\omega_j t=\frac{\omega_j}{\omega_n}\omega_n t=\frac{1}{K_j}\omega_n t$$

所以

$$\Delta\phi_\Sigma=\sum_{j=1}^{n}K_j\Delta_j\sin\left(\frac{1}{K_j}\omega_n t+\alpha_j\right) \tag{10-3}$$

可以看出，传动链传动误差（即末端元件总转角误差）也是周期性变化的。

（2）减少传动链传动误差的措施　一般情况下采取如下措施减少传动链传动误差：

1）缩短传动链，即减少传动环节 n。传动件个数越少，传动链越短，$\Delta\phi_{\Sigma}$ 就越小，因而传动精度越高。

2）降低传动比，即减小传动比 i，特别是传动链末端传动副的传动比小，则传动链中各传动元件误差对传动精度的影响就越小。因此，采用降速传动（$i<1$），是保证传动精度的重要原则。对于螺纹或丝杠加工机床，为保证降速传动，机床传动丝杠的导程应远大于工件螺纹导程；对于齿轮加工机床，分度蜗轮的齿数一般远比被加工齿轮的齿数多，其目的也是得到很大的降速传动比。同时，传动链中各传动副传动比应按越接近末端的传动副，其降速比越小的原则来分配，这样有利于减少传动误差。

3）减小传动链中各传动件的加工、装配误差，即减小 Δ_j，可以直接提高传动精度。特别是最后的传动件（末端元件）的误差影响最大，故末端元件（如滚齿机的分度蜗轮、螺纹加工机床的最后一个齿轮及传动丝杠）应做得更精确些。

4）采用校正装置。考虑到传动链误差是既有大小、又有方向的向量，可以采用误差校正装置，在原传动链中人为地加入一个补偿误差，其大小与传动链本身的误差相等而方向相反，从而使之相互抵消。

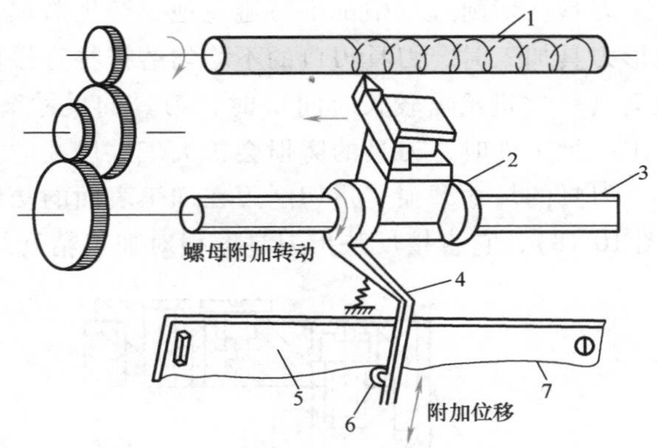

图 10-16　机械式校正装置原理

1—工件　2—螺母　3—丝杠　4—杠杆　5—校正尺　6—触头　7—校正曲线

高精度螺纹加工机床常采用的机械式校正装置原理如图 10-16 所示。根据测量被加工工件 1 的导程误差，设计出校正尺 5 上的校正曲线 7，校正尺 5 固定在机床床身上。加工螺纹时，机床传动丝杠 3 带动螺母 2 及与其相固连的刀架和杠杆 4 移动，同时，校正尺 5 上的校正曲线 7 通过触头 6、杠杆 4 使螺母 2 产生一附加运动，从而使刀架得到一个附加位移，以补偿传动误差。

采用机械式校正装置只能校正机床静态的传动误差。如果要同时校正机床静态及动态传动误差，则需采用计算机控制的传动误差补偿装置。

10.2.4　工艺系统其他几何误差对加工精度的影响

1. 夹具误差

夹具误差主要包括定位元件、刀具引导元件、分度机构和夹具体等的制造误差，夹具装配后各元件工作面之间的位置误差等，以及夹具在使用过程中工作表面的磨损。

夹具误差将直接影响工件加工表面的位置精度或尺寸精度。例如，图 10-17 所示为钻孔夹具误差对加工精度的影响。钻套中心至夹具体上定位平面间的距离误差，直接影响工件孔至底平面的尺寸精度；钻套中心线与夹具体上定位平面间的平行度误差，直接影响工件孔中心线与底平面的平行度；钻套孔的直径误差也将影响工件孔至底平面的尺寸精度与平行度。

2. 刀具误差

刀具误差对加工精度的影响根据刀具的种类不同而异，依具体加工条件可能影响工件的尺寸、形状或位置精度。

1）采用定尺寸刀具（如钻头、铰刀、键槽铣刀、镗刀块及圆拉刀等）加工时，刀具的尺寸精度直接影响工件的尺寸精度。

2）采用成形刀具（如成形车刀、成形铣刀和成形砂轮等）加工时，刀具的形状精度将直接影响工件的形状精度。展成刀具（如齿轮滚刀、花键滚刀和插齿刀等）的切削刃形状必须是加工表面的共轭曲线，因此切削刃的形状误差也会影响加工表面的形状精度。

3）多刀加工时刀具之间的位置精度会影响有关加工表面之间的位置精度。

4）对于一般刀具（如车刀、镗刀和铣刀），其制造精度看起来对加工精度无直接影响，但这类刀具寿命较低，刀具容易磨损，在加工大型工件或用调整法批量加工时对加工误差的影响不容忽视。

刀具在切削过程中都不可避免地要产生磨损，并由此引起工件尺寸和形状误差。例如用成形刀具加工时，刀具刃口的不均匀磨损将直接反映在工件上，造成形状误差；在加工较大表面（一次进给需较长时间）时，刀具的尺寸磨损会严重影响工件的形状精度；用调整法加工一批工件时，刀具的磨损会扩大工件尺寸的分散范围。

刀具的尺寸磨损是指切削刃在加工表面的法线方向（亦即误差敏感方向）上的磨损量 μ（图 10-18），它直接反映出刀具磨损对加工精度的影响。

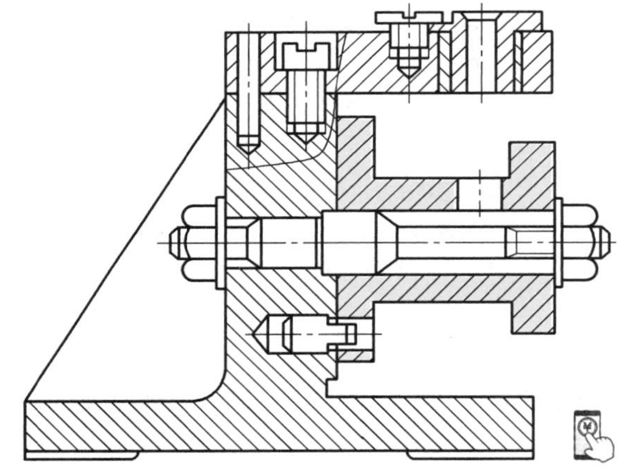

图 10-17　钻孔夹具误差对加工精度的影响

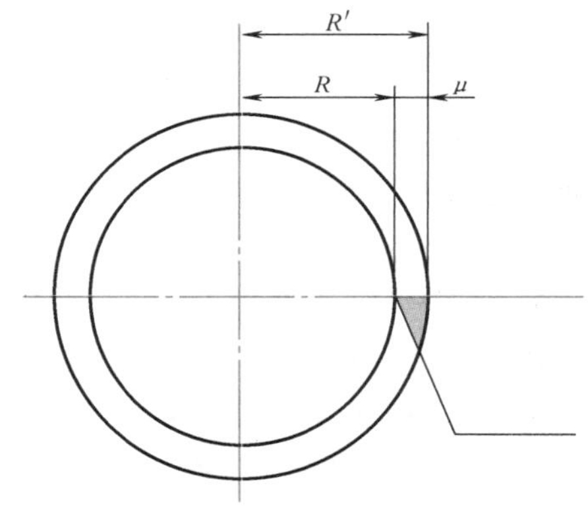

图 10-18　车刀磨损量

3. 调整误差

在零件加工的每一道工序中，为了获得加工表面的尺寸、形状和位置精度，总需要对机床、夹具和刀具进行调整，任何调整工作都必然会带来一定的误差。

机械加工中零件的生产批量和加工精度往往要求不同，所采用的调整方法也不同。例如，大批量生产时，一般采用样板、样件、挡块及靠模等调整工艺系统；在单件小批生产中，通常利用机床上的刻度或利用量块进行调整。调整工作的内容也因工件的复杂程度而异。因此，调整误差是由多种因素引起的。

（1）试切法加工　在单件小批生产中，常采用试切法调整进行加工，即对工件进行试切—测量—调整—再试切—……直至达到所要求的精度，它的误差来源主要有：

1）测量误差。测量工具的制造误差、读数的估计误差以及测量温度等引起的误差都将掺入到测量所得的读数中，这无形中扩大了加工误差。

2）微进给机构的位移误差。在试切中，总是要微量调整刀具的进给量，以便最后达到工件的尺寸精度。但是在低速微量进给中，进给机械常会出现“爬行”现象，即由于传动链的弹性变形和摩擦，摇动手轮或手柄进行微量进给时，执行件并不运动，当微量进给量累积到一定值时，执行件又突然运动，结果使刀具的实际进给量比手柄刻度盘上显示的数值总要偏大或偏小些，以至难以控制尺寸精度，造成加工误差。

3）最小切削厚度极限。在切削加工中，刀具所能切削的最小厚度是有一定限度的，锋利的切削刃可切下 5μm，磨钝的切削刃只能切下 20~50μm，切削厚度再小时切削刃就切不下金属，而在金属表面上打滑，只起挤压作用，因此，最后所得的工件尺寸就会有误差。

（2）调整法加工　在中批以上的生产中，常采用调整法加工，所产生的调整误差与所用的调整方法有关。

1）用定程机构调整。在半自动机床、自动机床和自动线上，广泛应用行程挡块、靠模及凸轮等机构来调整。这些机构的制造精度、刚度以及与其配合使用的离合器、控制阀等的灵敏度是产生调整误差的主要因素。

2）用样板或样件调整。在各种仿形机床、多刀机床及专业机床中，常采用专门的样件或样板来调整刀具与刀具、工件与刀具的相对位置，以保证工件的加工精度。在这种情况下，样件或样板本身的制造误差、安装误差和对刀误差，是产生调整误差的主要因素。

3）用对刀装置或引导元件调整。在采用专用铣床夹具或专用钻床夹具加工工件时，对刀块、塞尺和钻套的制造误差，对刀块和钻套相对定位元件的误差，以及钻套和刀具的配合间隙，是产生调整误差的主要因素。

10.3　工艺系统的受力变形

10.3.1　基本概念

切削加工时，由机床、刀具、夹具和工件组成的工艺系统，在切削力、夹紧力以及重力等的作用下，将产生相应的变形，使刀具和工件在静态下已调整好的相互位置，以及切削时成形运动的正确几何关系发生变化，从而造成加工误差。

例如，在车削细长轴时，工件在切削力的作用下会发生变形，使加工出的轴出现中间粗两头细的情况（图 10-19a）；在内圆磨床上以横向切入法磨孔时，由于内圆磨头主轴弯曲变形，磨出的孔会出现圆柱度误差（锥度，图 10-19b）。

由此可见，工艺系统的受力变形是加工中一项很重要的原始误差。事实上，它不仅严重地影响工件的加工精度，而且影响加工表面的质量，限制了加工生产率的提高。

工艺系统受力变形通常是弹性变形。一般来说，工艺系统抵抗弹性变形的能力越强，则加工精度就越高。工艺系统抵抗变形的能力用刚度 k 来描述。所谓工艺系统刚度，是指作用于工件加工表面法线方向上的背向力 F_p（N）与工艺系统在该方向所产生的综合位移 y

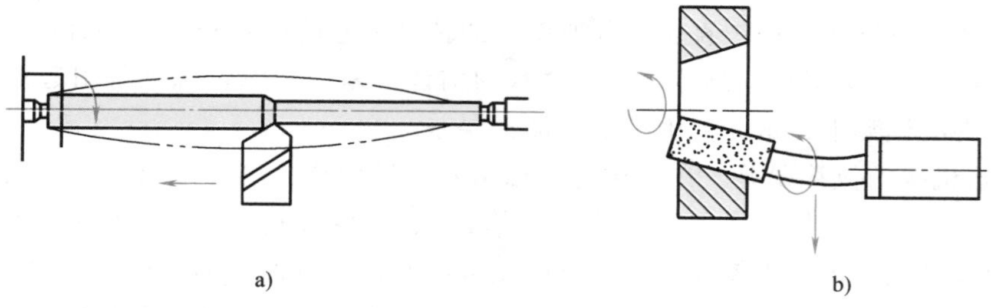

图 10-19　工艺系统受力变形引起的加工误差

a）车削细长轴　b）横向切入法磨孔

（mm）的比值，即

$$k=F_p/y \tag{10-4}$$

必须指出：除 F_p 外，其他切削分力 F_c、F_f 都会使系统在加工面的法线方向产生位移，因此 y 是 F_p、F_c 和 F_f 共同作用的综合结果。

10.3.2　工艺系统刚度计算

切削加工时，机床的有关部件、夹具、刀具和工件在各种外力作用下，都会产生不同程度的变形，使刀具和工件的相对位置发生变化，从而产生相应的加工误差。

工艺系统在某一处的法向总变形 y 是其各个组成环节在同一处的法向变形的叠加，即

$$y=y_{jc}+y_{jj}+y_d+y_g$$

式中，y_{jc}为机床受力变形；y_{jj}为夹具受力变形；y_d 为刀具受力变形；y_g 为工件受力变形。

由工艺系统刚度的定义式（10-4），机床刚度 k_{jc}、夹具刚度 k_{jj}、刀具刚度 k_d 及工件刚度 k_g 可分别写为

$$k_{jc}=\frac{F_p}{y_{jc}},\quad k_{jj}=\frac{F_p}{y_{jj}},\quad k_d=\frac{F_p}{y_d},\quad k_g=\frac{F_p}{y_g}$$

代入式（10-4），整理得

$$\frac{1}{k}=\frac{1}{k_{jc}}+\frac{1}{k_{jj}}+\frac{1}{k_d}+\frac{1}{k_g} \tag{10-5}$$

此式表明，如果已知工艺系统各组成环节的刚度，即可求得工艺系统的刚度。

10.3.3　工艺系统受力变形对加工精度的影响

1. 切削力引起的变形对加工精度的影响

（1）切削力大小变化引起的加工误差　在车床上加工短轴时，工艺系统的刚度变化不大，可近似看作常量。这时，如果毛坯形状误差较大或材料硬度很不均匀，工件加工时切削力的大小就会有较大变化，工艺系统的变形也就会随切削力大小的变化而变化，因而引起工件的加工误差。下面以车削一椭圆形横截面毛坯为例（图 10-20）来做进一步分析。

设加工时刀具调整到一定的背吃刀量（图 10-20 中双点画线圆的位置）。在工件每转一转中，背吃刀量发生变化，最大背吃刀量为 a_{p1}，最小背吃刀量为 a_{p2}。假设毛坯材料的硬度是均匀的，那么 a_{p1}处的背向力 F_{p1}最大，相应的变形 y_1 也最大；a_{p2}处的背向力 F_{p2}最小，

相应的变形 y_2 也最小。由此可见，当车削具有圆度误差 $\Delta_m = a_{p1} - a_{p2}$ 的毛坯时，由于工艺系统受力变形的变化，而使工件产生相应的圆度误差 $\Delta_g = y_1 - y_2$。这种工件加工前的误差以类似的规律反映为加工后的误差的现象称为误差复映。

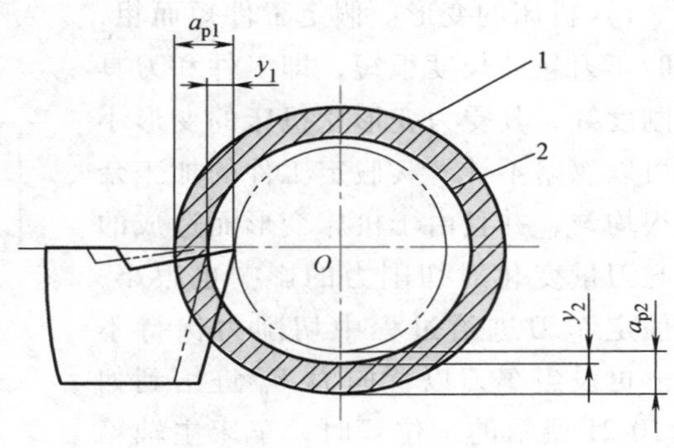

图 10-20　车削时的误差复映

1—毛坯表面　2—工件表面

如果工艺系统的刚度为 k，则工件的圆度误差为

$$\Delta_g = y_1 - y_2 = \frac{F_{p1} - F_{p2}}{k} \tag{10-6}$$

由式（3-12），可知车削外圆时的背向力为

$$F_p = C_{Fp} a_p^{x_{Fp}} f^{y_{Fp}} v^{n_{Fp}} K_{Fp}$$

在工件材料硬度均匀，刀具、切削条件和进给量一定的情况下，$C_{Fp} f^{y_{Fp}} v^{n_{Fp}} K_{Fp} = c$ 为常数。在某种条件下的车削加工中，$x_{Fp} = 1$；则背向力 $F_p = c a_p$。将 $F_{p1} = c a_{p1}$，$F_{p2} = c a_{p2}$ 代入式（10-6）得

$$\Delta_g = \frac{c}{k}(a_{p1} - a_{p2}) = \frac{c}{k}\Delta_m = \varepsilon \Delta_m \tag{10-7}$$

其中，$\varepsilon = \dfrac{c}{k}$ 称为误差复映系数。

计算表明，ε 是一个小于 1 的正数。它定量地反映了毛坯误差经加工后所减少的程度。减小 c 或增大 k 都能使 ε 减小。例如，减小进给量 f 即可减小 c，使 ε 减小，从而可提高加工精度，但切削时间将增加。如果设法增大工艺系统刚度 k，不但能减小加工误差 Δ_g，而且可以在保证加工精度的前提下相应增大进给量，提高生产率。

增加进给次数可大大减少工件的复映误差。设 ε_1、ε_2、ε_3…分别为第一、第二、第三次……进给时的误差复映系数，则

$$\Delta_{g1} = \varepsilon_1 \Delta_m,\quad \Delta_{g2} = \varepsilon_2 \Delta_{g1} = \varepsilon_1 \varepsilon_2 \Delta_m,\quad \Delta_{g3} = \varepsilon_3 \Delta_{g2} = \varepsilon_1 \varepsilon_2 \varepsilon_3 \Delta_m \cdots$$

总的误差复映系数为

$$\varepsilon_\Sigma = \varepsilon_1 \varepsilon_2 \varepsilon_3 \cdots$$

由于 ε_i 是一个小于 1 的正数，多次进给后 ε_Σ 就变成一个远远小于 1 的系数。多次进给可提高加工精度，但也意味着生产率降低。

由以上分析可知，当工件毛坯有形状误差（如圆度误差、圆柱度误差和直线度误差等）或位置误差（如偏心、径向圆跳动等）时，加工后仍然会有同类的加工误差。在成批大量生产中用调整法加工一批工件时，如毛坯尺寸不一，那么加工后这批工件仍有尺寸不一的误差，造成一批工件的尺寸分散。

毛坯硬度不均匀，同样会造成加工误差。因此，在采用调整法成批生产的情况下，控制毛坯材料硬度的均匀性是十分重要的。

（2）切削力作用点位置变化引起的工件形状误差　切削过程中，工艺系统的刚度会随切削力作用点位置的变化而变化，因此使工艺系统受力变形也随之变化，引起工件形状误差。下面以在车床顶尖间加工光轴为例来说明此问题。

1）机床的变形。假定工件短而粗，同时车刀悬伸长度很短，即工件和刀具的刚度好，其受力变形比机床的变形小到可以忽略不计。又假定工件的加工余量很均匀，并且由于机床变形而造成的背吃刀量变化对切削力的影响也很小，即假定车刀进给过程中切削力保持不变。再设当车刀以背向力 F_p 进给到如图 10-21 所示的 x 位置时，车床主轴箱头架处受作用力 F_A，相应的变形 $y_{tj}=\overline{AA'}$，尾座受力 F_B，相应的变形 $y_{wz}=\overline{BB'}$；刀架受力 F_p，相应的变形 $y_{dj}=\overline{CC'}$。这时工件轴心线 AB 位移到 $A'B'$，因而刀具切削点处工件轴线的位移为

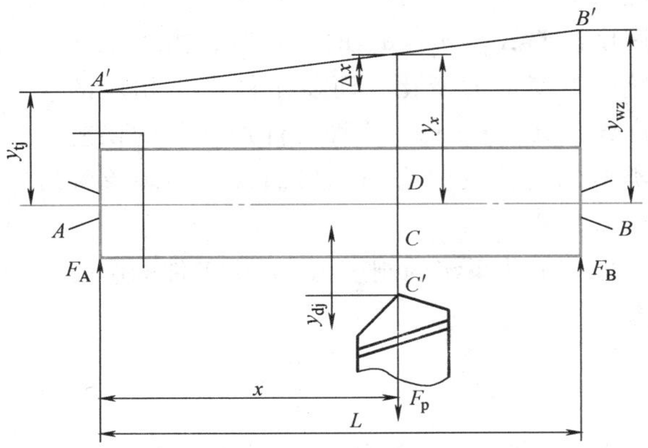

图 10-21　工艺系统变形随切削力位置变化而变化

$$y_x=y_{tj}+\Delta x=y_{tj}+(y_{wz}-y_{tj})\frac{x}{L}$$

式中，L 为工件长度；x 为车刀至主轴箱头架处的距离。

考虑到刀架的变形 y_{dj} 与 y_x 的方向相反，所以机床总的变形为

$$y_{jc}=y_x+y_{dj} \tag{10-8}$$

运用静力学知识，由 L、x 和 F_y 求出 F_A、F_B，并依据刚度定义得

$$y_{tj}=\frac{F_A}{k_{tj}}=\frac{F_p}{k_{tj}}\frac{L-x}{L},\quad y_{wz}=\frac{F_B}{k_{wz}}=\frac{F_p}{k_{wz}}\frac{x}{L},\quad y_{dj}=\frac{F_p}{k_{dj}}$$

式中，k_{tj}为主轴箱的刚度；k_{wz}为尾座的刚度；k_{dj}为刀架的刚度。

将它们代入式（10-8），最后可得机床的总变形为

$$y_{jc}=F_p\left[\frac{1}{k_{tj}}\left(\frac{L-x}{L}\right)^2+\frac{1}{k_{wz}}\left(\frac{x}{L}\right)^2+\frac{1}{k_{dj}}\right]=y_{jc}(x)$$

这说明，随着切削力作用点位置的变化，工艺系统的变形是变化的。显然，这是由于工艺系统的刚度随切削力作用点变化而变化所致。

当 $x=0$ 时，$y_{jc}=F_p\left(\frac{1}{k_{tj}}+\frac{1}{k_{dj}}\right)$；当 $x=L$ 时，$y_{jc}=F_p\left(\frac{1}{k_{wz}}+\frac{1}{k_{dj}}\right)$；当 $x=\frac{L}{2}$ 时，$y_{jc}=F_p\left(\frac{1}{4k_{tj}}+\frac{1}{4k_{wz}}+\frac{1}{k_{dj}}\right)$。另外，还可以求出当 $x=\left(\frac{k_{wz}}{k_{tj}+k_{wz}}\right)L$ 时，机床变形 y_{jc}最小，即

$$y_{jcmin}=F_p\left(\frac{1}{k_{tj}+k_{wz}}+\frac{1}{k_{dj}}\right)$$

由于在变形大的位置，从工件上切去的金属层薄，变形小的位置切去的金属层厚，因此因机床受力变形而使加工出来的工件呈两端粗、中间细的鞍形，如图 10-22 所示。

2）工件的变形。若在两顶尖间车削刚性很差的细长轴，则必须考虑工艺系统中的工件变形。假设此时不考虑机床和刀具的变形，则可由材料力学公式计算工件在切削点的变形量（mm）为

$$y_g = F_p\left[\frac{(L-x)^2x^2}{3EIL}\right]$$

式中，L 为工件长度（mm）；E 为材料的弹性模量（N/mm^2），对于钢，$E=2\times10N/mm^2$；I 为工件的截面惯性矩（mm^4）。

显然，当 $x=0$ 或 $x=L$ 时，$y_g=0$；当 $x=\frac{L}{2}$时，工件刚度最小，变形最大，即 $y_{gmax}=F_p\left(\frac{L^3}{48EI}\right)$。此时，加工后的工件呈鼓形。

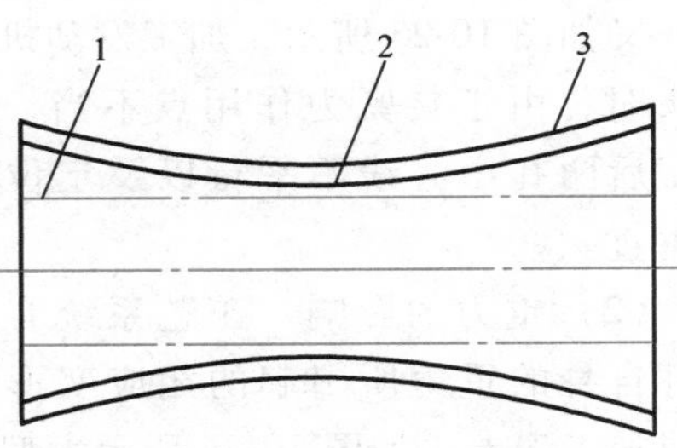

图 10-22 高刚度工件两顶尖支承车削后的形状

1—机床不变形的理想情况

2—考虑主轴箱、尾座变形的情况

3—包括考虑刀架变形在内的情况

3）工艺系统的总变形。当同时考虑机床和工件的变形时，工艺系统的总变形为两者的叠加（忽略车刀的变形），即

$$y=y_{jc}+y_g=F_p\left[\frac{1}{k_{tj}}\left(\frac{L-x}{L}\right)^2+\frac{1}{k_{wz}}\left(\frac{x}{L}\right)^2+\frac{1}{k_{dj}}+\frac{(L-x)^2x^2}{3EIL}\right]$$

工艺系统的刚度为

$$k=\frac{F_p}{y_{jc}+y_g}=1\Bigg/\left[\frac{1}{k_{tj}}\left(\frac{L-x}{L}\right)^2+\frac{1}{k_{wz}}\left(\frac{x}{L}\right)^2+\frac{1}{k_{dj}}+\frac{(L-x)^2x^2}{3EIL}\right]$$

由此可知，测得了车床主轴箱、尾座和刀架三个部件的刚度，以及确定了工件的材料和尺寸，就可按 x 值估算车削圆轴时工艺系统的刚度。当已知刀具的切削角度、切削条件和切削用量时，即可知道背向力 F_p，利用上面的公式就可估算出不同 x 处工件半径的变化。

2. 夹紧力、重力和惯性力对加工精度的影响

（1）夹紧力的影响　工件在装夹时，由于工件刚度较低或夹紧力着力点不当，会使工件产生相应的变形，造成加工误差。如图 10-23 所示，用自定心卡盘夹持薄壁套筒，假定坯件是正圆形，夹紧后坯件呈三棱形，虽然在夹紧状态下镗出的孔为正圆形，但松开后，套筒弹性恢复使孔又变成三棱形。为了减少加工误差，应使夹紧力均匀分布，可采用开口过渡环（图 10-24a）或采用专用卡爪（图 10-24b）夹紧。

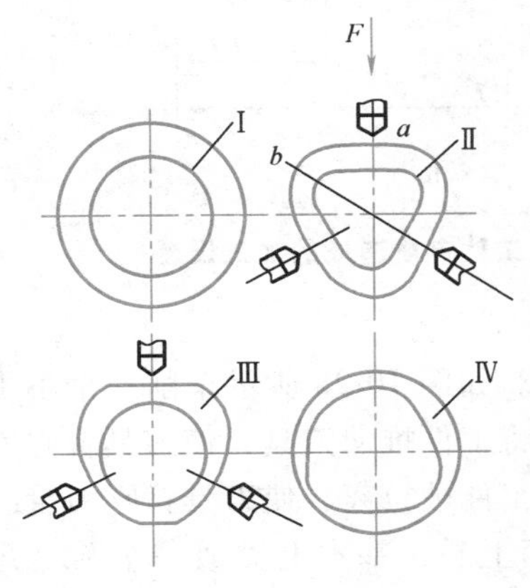

图 10-23 套筒夹紧变形误差

Ⅰ—毛坯 Ⅱ—夹紧后 Ⅲ—镗孔后 Ⅳ—松开后

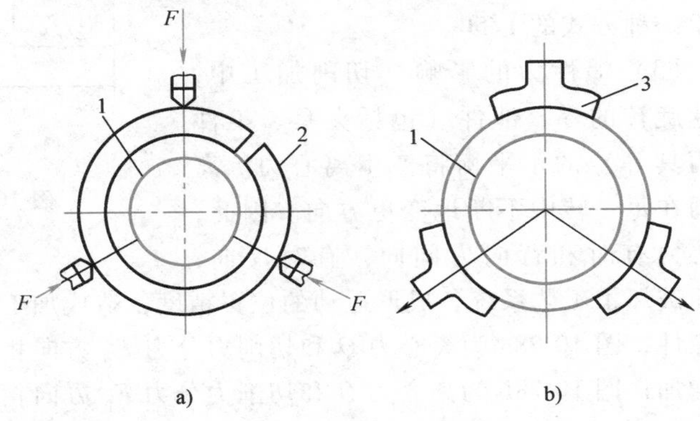

图 10-24 抑制套筒夹紧变形误差的措施

a）用开口过渡环 b）用专用卡爪

1—工件 2—开口过渡环 3—专用卡爪

又如图 10-25 所示，加工发动机连杆大头时，由于夹紧力作用点不当，造成加工后两孔中心线不平行以及定位端面不垂直。

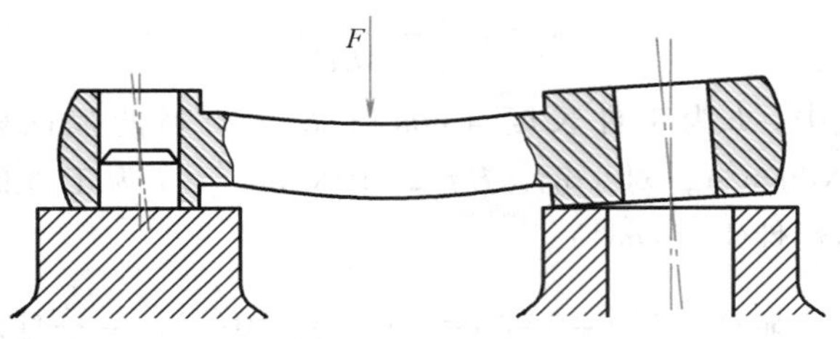

图 10-25　夹紧力作用点不当引起的加工误差

（2）重力的影响　工艺系统有关零部件自身的重力所引起的相应变形也会造成加工误差。如图 10-26 所示大型立式车床刀架的自重引起横梁变形，分别造成了工件端面的平面度误差和外圆上的圆柱度误差。工件的直径越大，加工误差也越大。

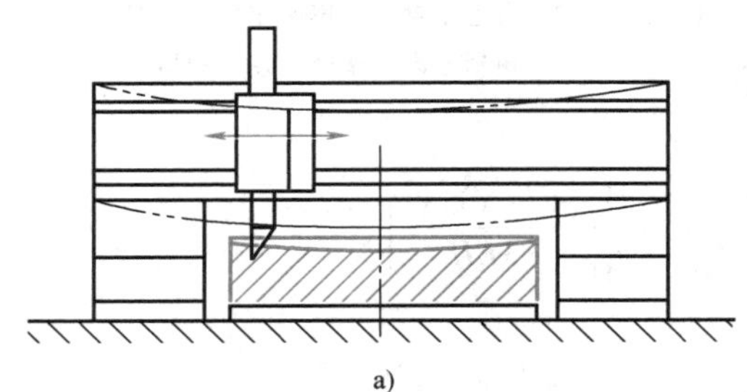

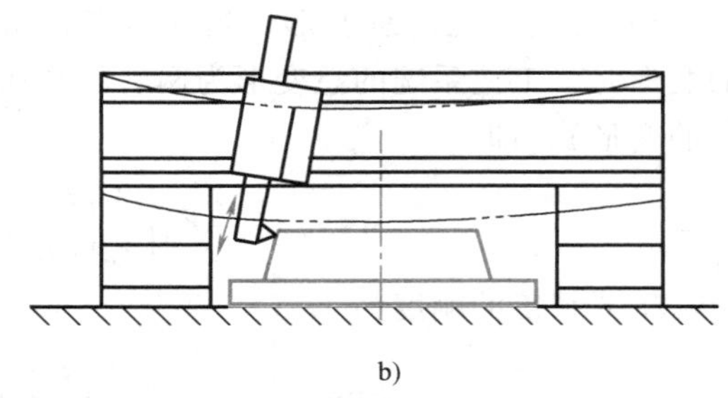

图 10-26　重力引起的加工误差

a）刀架自重引起端面误差　b）刀架自重引起圆柱度误差

对于大型工件的加工（如磨削床身导轨面），工件自重引起的变形有时成为产生加工形状误差的主要原因。在实际生产中，装夹大型工件时，恰当地布置支承可以减小自重引起的变形。图 10-27 表示了两种不同支承方式下，均匀截面的挠性零件的自重变形规律。其中，第二种支承方式下工件重量引起的变形仅为第一种方式的 1/50。

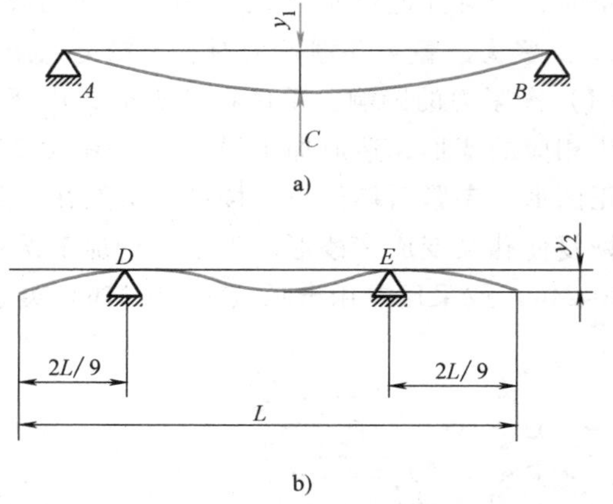

图 10-27　工件自重造成的加工误差

（3）惯性力的影响　切削加工中，高速旋转的零、部件（包括夹具、工件及刀具等）的不平衡将产生离心力。离心力在每一转中不断地变更方向。因此，离心力有时和背向力同向，有时反向，从而破坏了工艺系统各成形运动的位置精度，造成加工误差。如图 10-28 所示车削一个不平衡工件，图 10-28a 为离心力 Q 和切削力分力 F_p 方向相反，将工件推向刀具，使刀具背吃刀量增加；图 10-28b 为离心力 Q 和切削力分力 F_p 方向相同，工件被拉离，使刀具背吃刀量减小，结果造成工件的形状误差。从加工表面的每一个横截面上看，基本上类似一个圆（理论上为心脏线），但每一个横截面上的圆的圆心不在同一条直线上，即从整个工件看，产生圆柱度误差。

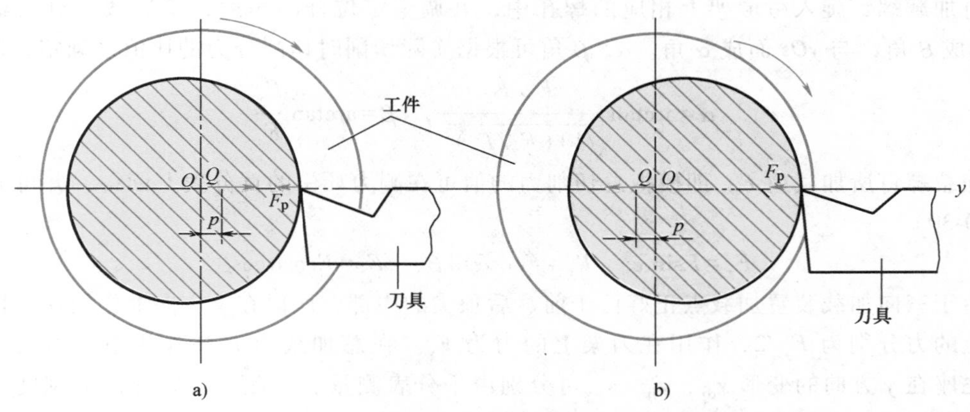

图 10-28 惯性力造成的加工误差

可采用“对重平衡”等方法来消除惯性力对加工误差的影响，如在不平衡质量的反向加装重块，使两者的离心力相互抵消。必要时可适当降低转速，以减小离心力的峰值，从而减少其影响。

10.3.4 机床部件刚度的测定及其影响因素

1. 机床部件刚度的测定

刚度测定的基本方法是对被测系统施加载荷，测出载荷引起的变形，再计算出要求的刚度。

常用的方法有两种：静态测定法和工作状态测定法。下面介绍静态测定法。

刚度的静态测定法，是在机床非工作状态下，模拟切削时的受力情况，对机床施加静载荷，然后测出机床各部件在不同静载荷下的变形，画出各部件的刚度特性曲线，并计算出其刚度。

车床的刚度可采用图 10-29 所示的三向加载装置来测定。

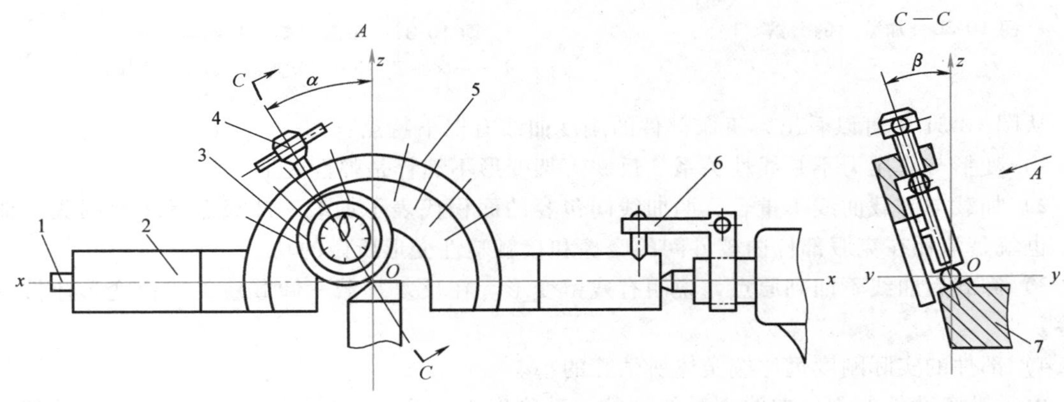

图 10-29 用三向加载装置测定车床刚度

1—前顶尖 2—接长套筒 3—测力杆 4—加载螺钉

5—弓形架 6—定位杆 7—模拟车刀

将加载螺钉旋入弓形架上相应的螺孔中，并调整定位杆的角度，使加载螺钉的轴线与 xOz 面成 β 角，与 yOz 面成 α 角。α、β 角可根据实际切削时切削分力的比值来确定，即

$$\alpha=\arctan\frac{F_x/F_z}{\sqrt{1+(F_y/F_z)^2}},\quad \beta=\arctan\frac{F_y}{F_z}$$

加载螺钉所加载荷 F，即模拟总切削力的值可在测力环中的百分表上读得，并可分解为（图 10-30）

$$F_x=F\sin\alpha,\quad F_y=F\cos\alpha\sin\beta,\quad F_z=F\cos\alpha\cos\beta$$

由于三向加载装置加载点正好位于前、后顶尖的中部，所以在 y 方向上作用在主轴箱和尾座上的力分别为 $F_y/2$，作用在刀架上的力为 F_y。在总加载力 F 的作用下，刀架、主轴箱、尾座在 y 方向的变形 y_{dj}、y_{tj}、y_{wz}可分别由千分表测量。因此，机床部件的刚度就可计算得出，即

$$k_{dj}=\frac{F_y}{y_{dj}},\quad k_{tj}=\frac{F_y}{2y_{tj}},\quad k_{wz}=\frac{F_y}{2y_{wz}}$$

图 10-31 车床刀架的静刚度曲线。试验中，进行了三次加载—卸载循环。

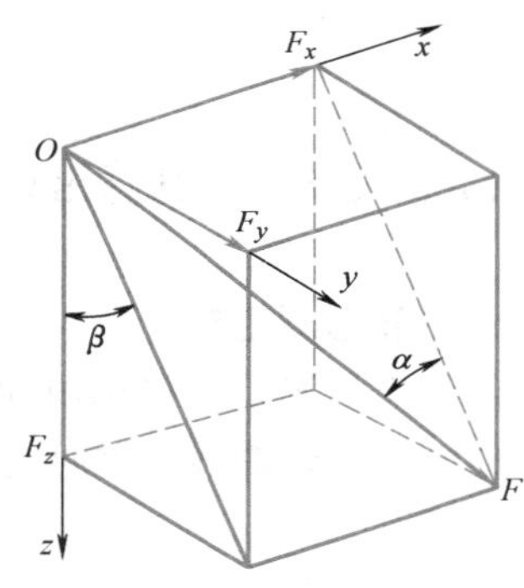

图 10-30　加载力的分解

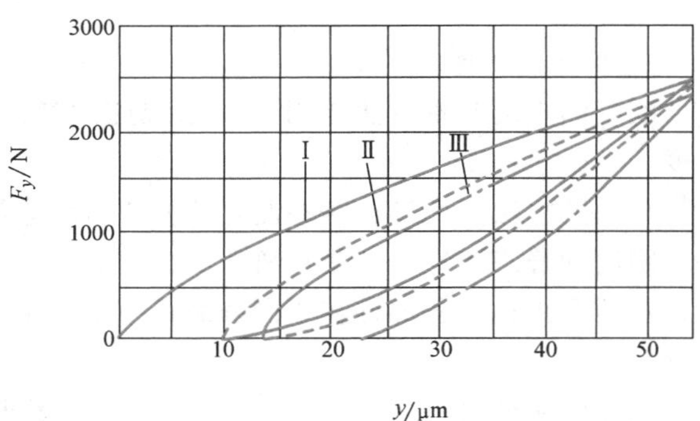

图 10-31　车床刀架的静刚度曲线

Ⅰ—一次加载　Ⅱ—二次加载　Ⅲ—三次加载

从图 10-31 中可以看出，机床部件的刚度曲线有以下特点：

1）变形与作用力不是线性关系，反映刀架变形不纯粹是弹性变形。

2）加载与卸载曲线不重合，两曲线间包容的面积代表了加载—卸载循环中所损失的能量，也就是消耗在克服部件内零件间的摩擦和接触塑性变形所做的功。

3）卸载后曲线不回到原点，说明有残留变形。在反复加载—卸载后，残留变形才接近于零。

4）部件的实际刚度远比按实体所估算的小。

由于机床部件的刚度曲线不是线性的，其刚度 $k=\mathrm{d}F/\mathrm{d}y$ 就不是常数。通常所说的部件刚度是指它的平均刚度——曲线两端点连线的斜率。

2. 影响机床部件刚度的因素

（1）连接表面间的接触变形　零件表面总是存在着宏观的几何形状误差和微观的表面

粗糙度，所以零件之间结合表面的实际接触面积只是理论接触面积的一小部分，并且真正处于接触状态的又只是这一小部分的一些凸峰。当外力作用时，这些接触点处将产生较大的接触应力，并产生接触变形，其中既有表面层的弹性变形，又有局部的塑性变形。这就是部件刚度曲线不呈直线，以及刚度远比同尺寸实体的刚度要低得多的原因，也是造成残留变形和多次加载—卸载循环以后，残留变形才趋于稳定的原因之一。

（2）零件间摩擦力的影响　机床部件受力变形时，零件间连接表面会发生错动，加载时摩擦力阻碍变形的发生，卸载时摩擦力阻碍变形的恢复，故造成加载和卸载刚度曲线不重合。

（3）结合面的间隙　部件中各零件间如果有间隙，那么只要受到较小的力（克服摩擦力）就会使零件相互错动，故表现为刚度很低。间隙消除后，相应表面接触，才开始有接触变形和弹性变形，这时就表现为刚度较大（图 10-32）。如果载荷是单向的，那么在第一次加载消除间隙后对加工精度的影响较小；如果工作载荷不断改变方向（如镗床、铣床的切削力），那么间隙的影响就不容忽视；而且，因间隙引起的位移，在去除载荷后不会恢复。

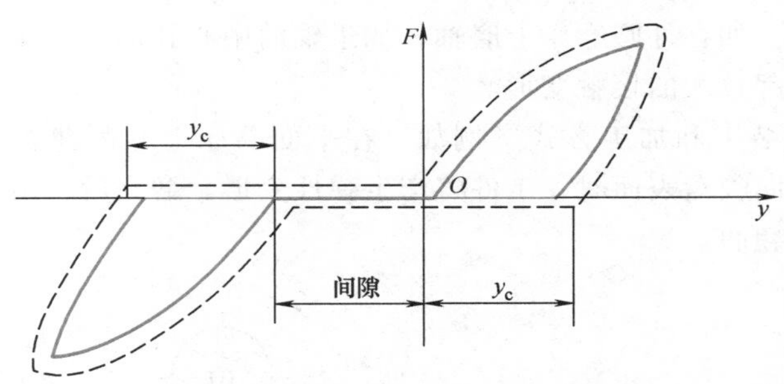

图 10-32　间隙对刚度曲线的影响

（4）薄弱零件本身的变形　在机床部件中，薄弱零件受力变形对部件刚度的影响最大。例如，溜板部件中的楔铁与导轨面配合不好（图 10-33a）或轴承衬套因形状误差而与壳体接触不良（图 10-33b）。由于楔铁和轴承衬套极易变形，故造成整个部件刚度大大降低。

10.3.5　减小工艺系统受力变形对加工精度影响的措施

减小工艺系统受力变形是保证加工精度的有效途径之一。在生产实际中，常从两个主要方面采取措施来予以解决：一是提高系统刚度，二是减小载荷及其变化。从加工质量、生产效率和经济性等方面考虑，提高工艺系统中薄弱环节的刚度是最重要的措施。

1. 提高工艺系统的刚度

（1）合理的结构设计　在设计工艺装备时，应尽量减少连接面数目，并注意刚度的匹配，防止有局部低刚度环节出现。在设计基础件、支承件时，应合理选择零件结构和截面形状。一般地说，截面面积相等时，空心截形比实心截形的刚度高，封闭截形又比开口截形好。在适当部位增添加强筋也有良好的效果。

（2）提高连接表面的接触刚度　由于部件的接触刚度大大低于实体零件本身的刚度，

所以提高接触刚度是提高工艺系统刚度的关键。特别是对使用中的机床设备，提高其连接表面的接触刚度，往往是提高原机床刚度的最简便、最有效的方法。

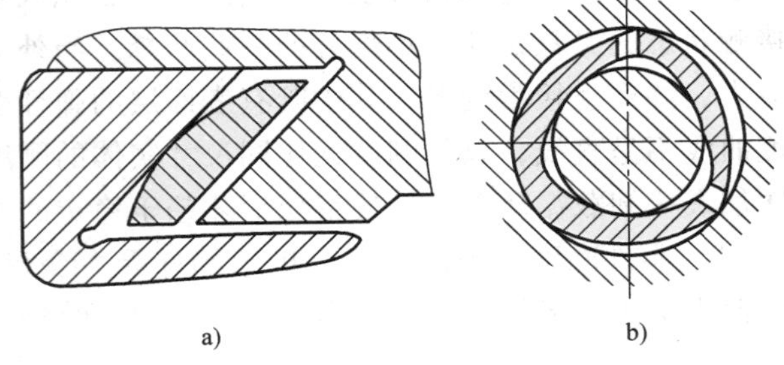

图 10-33　机床部件中的薄弱环节

a）楔铁与导轨面　b）轴承衬套与壳体

1）提高机床部件中零件间结合表面的质量。提高机床导轨的刮研质量，提高顶尖锥体同主轴和尾座套筒锥孔的接触质量等，都能使实际接触面积增加，从而有效地提高连接表面的接触刚度。

2）给机床部件以预加载荷。此措施常用在各类轴承、滚珠丝杠螺母副的调整之中。给机床部件以预加载荷，可消除结合面间的间隙，增加实际接触面积，减少受力后的变形量。

3）提高工件定位基准面的精度和减小它的表面粗糙度值。工件的定位基准面一般总承受夹紧力和切削力。如果定位基准面的尺寸误差、形状误差较大，表面粗糙度值较大，就会产生较大的接触变形。如在外圆磨床上磨轴，如果轴的中心孔加工质量不高，则不仅会影响定位精度，而且会引起较大的接触变形。

（3）采用合理的装夹和加工方式　例如，在平面磨床上磨削薄板工件，如图 10-34 所示，当磁力将工件吸向吸盘表面时，工件将产生弹性变形。磨完后，由于弹性变形恢复，工件上已磨表面又产生翘曲。

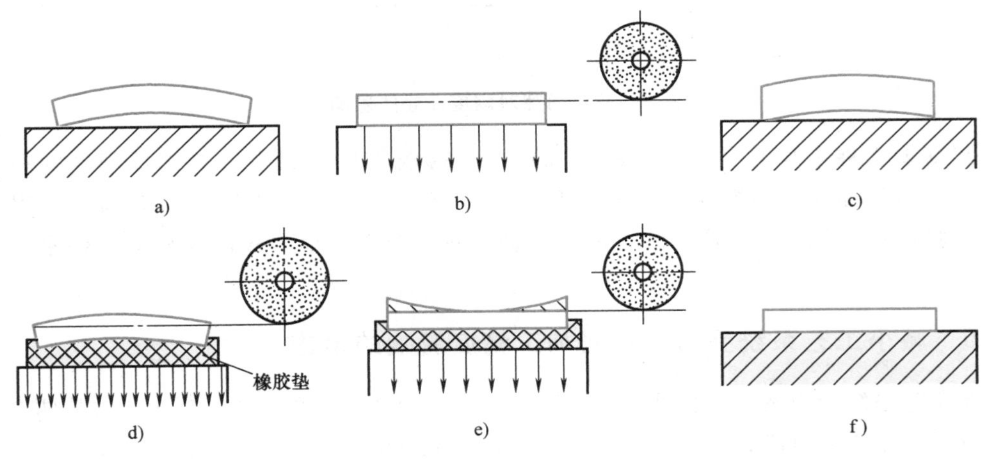

图 10-34　薄板工件磨削

a）毛坯翘曲　b）吸盘吸紧　c）磨后松开　d）磨削凸面　e）磨削凹面　f）磨后松开

改进办法是在工件和磁力吸盘间垫橡胶垫（厚 0.5mm）。工件夹紧时，橡胶垫被压缩，减少工件变形，便于将工件的变形部分磨去。这样经过多次正、反面交替磨削，即可获得平面度较高的工件平面。又如，在卧式铣床上铣削角铁形零件，如按图 10-35a 所示的装夹加工方式，工件的刚度较低，如改用图 10-35b 所示的装夹加工方式，则刚度可大大提高。再如加工细长轴时，如改为反向进给（从床头向尾座方向进给），使工件从原来的轴向受压变为轴向受拉，也可提高工件的刚度。

（4）采用辅助支承　切削加工时，采用辅助支承可以大大提高工艺系统刚度，减少受力变形。图 10-36 所示为转塔车床上提高刀架刚度的装置。加工细长轴时采用中心架或跟刀架，也是很典型的实例。

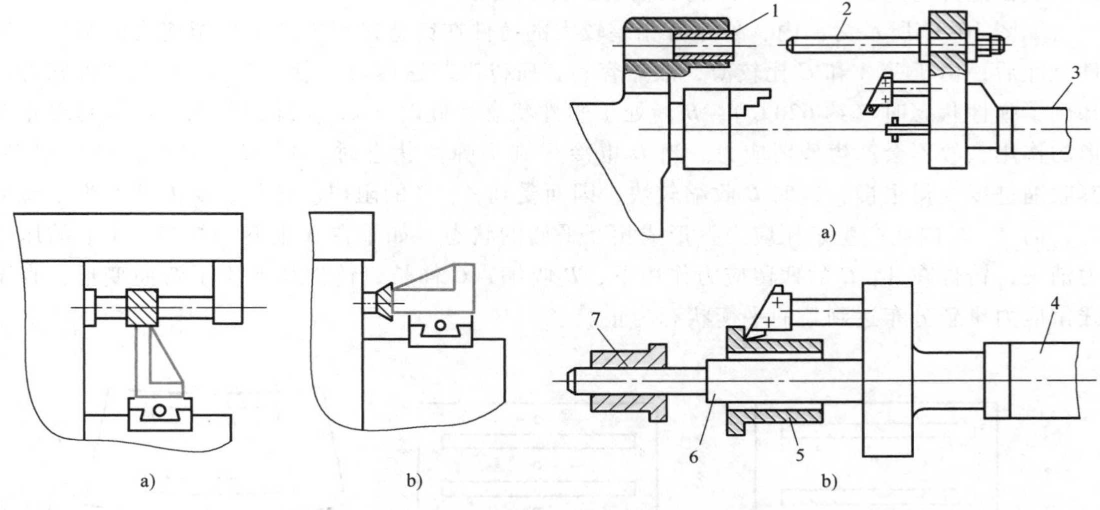

图 10-35　铣削角铁形零件的两种装夹方式

a）立式装夹　b）卧式装夹

图 10-36　转塔车床上提高刀架刚度的装置

a）采用固定导向支承套　b）采用转动导向支承套

1—固定导向支承套　2、6—加强杆

3、4—转塔刀架　5—工件　7—转动导向支承套

2. 减小载荷及其变化

采取适当的工艺措施，如合理选择刀具几何参数（例如加大前角，让主偏角接近 90°等）和切削用量（如适当减少进给量和背吃刀量），以减小切削力（特别是 F_p），就可以减少受力变形。

将毛坯分组，使一次调整中加工的毛坯余量比较均匀，能减小切削力的变化，使复映误差减少。

对惯性力采取质量平衡措施也是减小载荷及其变化的实例。

10.3.6　工件残留应力引起的变形

残留应力也称内应力，是指在没有外力作用下或去除外力后工件内存留的应力。

具有残留应力的零件处于一种不稳定的状态。它内部的组织有强烈的倾向要恢复到一个稳定的没有应力的状态。即使在常温下，零件也会不断地、缓慢地进行这种变化，直到残留应力完全松弛为止。在这一过程中，零件将会翘曲变形，原有的加工精度会逐渐丧失。

1. 残留应力产生的原因及所引起的变形

残留应力是由于金属内部相邻组织发生了不均匀的体积变化而产生的。促成这种变化的因素主要来自冷、热加工。

（1）毛坯制造和热处理过程中产生的残留应力　在铸、锻、焊、热处理等加工过程中，由于各部分冷却收缩不均匀以及金相组织转变时的体积变化，使毛坯内部产生了相当大的残留应力。毛坯的结构越复杂，各部分的厚度越不均匀，散热的条件相差就越大，则在毛坯内部产生的残留应力也越大。具有残留应力的毛坯，由于残留应力暂时处于相对平衡的状态，在短时间内还看不出有什么变化。当加工时，某些表面被切去一层金属后，就打破了这种平衡，残留应力将重新分布，零件就明显地出现了变形。

如图 10-37 所示为一内、外厚薄相差较大的铸件在铸造过程中产生残留应力的情形。铸件浇注后，由于壁 *A* 和 *C* 比较薄，散热容易，所以冷却速度较 *B* 快。当 *A*、*C* 从塑性状态冷却到了弹性状态时（约 620℃），*B* 尚处于塑性状态。此时，*A*、*C* 继续收缩，*B* 不起阻止变形的作用，故不会产生残留应力。当 *B* 也冷却到了弹性状态时，*A*、*C* 的温度已降低很多，其收缩进度变得很慢，这时 *B* 收缩较快，因而受到 *A*、*C* 的阻碍。这样，*B* 内就产生了拉应力，而 *A*、*C* 内就产生了压应力，形成相互平衡的状态。如果在 *A* 上开一缺口，*A* 上的压应力消失，铸件在 *A*、*C* 的残留应力作用下，*B* 收缩，*C* 伸长，铸件就产生了弯曲变形，直至残留应力重新分布达到新的平衡状态为止。

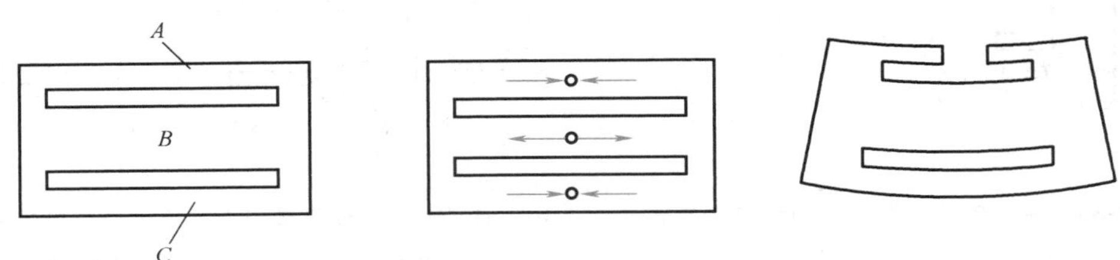

图 10-37　铸件残留应力的形成及铸件的变形

推广到一般情况，各种铸件都难免发生冷却不均匀而产生残留应力。如铸造后的机床床身，其导轨面和冷却快的地方都会出现压应力。带有压应力的导轨表面在粗加工中被切去一层后，残留应力就重新分布，结果使导轨中部下凹。

（2）冷校直带来的残留应力　冷校直带来的残留应力可以用图 10-38 来说明。弯曲的工件（原来无残留应力）要校直，必须使工件产生反向弯曲（图 10-38a），并使工件产生一定的塑性变形。当工件外层应力超过屈服极限时，其内层应力还未超过弹性极限，故其应力分布情况如图 10-38b 所示。去除外力后，由于下部外层已产生拉伸的塑性变形，上部外层已产生压缩的塑性变形，故内层的弹性恢复受到阻碍。结果上部外层产生残留拉应力，上部内层产生残留压应力；下部外层产生残留压应力，下部内层产生残留拉应力（图 10-38c）。冷校直后，虽然弯曲减小了，但内部组织处于不稳定状态，如再进行一次加工，则又会产生新的弯曲。

（3）切削加工带来的残留应力　切削过程中产生的力和热，也会使被加工工件的表面层产生残留应力。这种内应力的分布情况（应力的大小及方向）由加工时的工艺因素决定。特别是磨削加工，磨削表面的温度都比较高，表层温度过高时，表层金属的弹性就会急剧下降。对钢来说，在 800℃ ~ 900℃ 时，弹性几乎完全消失。如表层在磨削过程中，曾出现 800℃ 以上的温度，则其受热引起的自由伸长量将受金属基体部分的限制而被压缩掉，但不会产生任何压应力，因为表层已没有弹性，已成为完全塑性的物质，不会出现任何抵抗。随着温度下降，当温度低于 800℃ 后，表层金属就逐渐加强弹性，降低塑性，收缩，但由于表

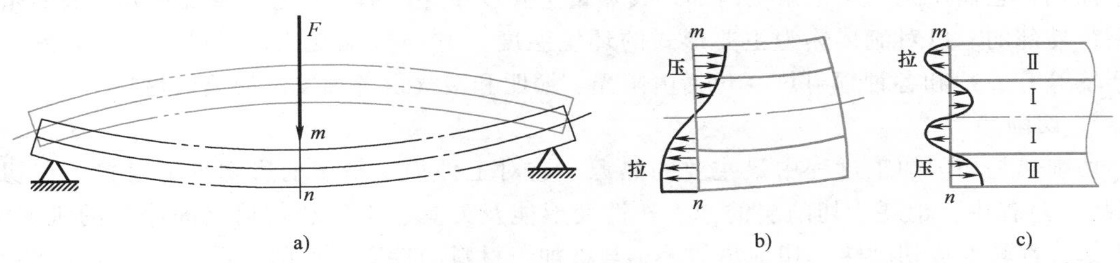

图 10-38　冷校直引起的残留应力

a）冷校直方法　b）加载时的应力分布　c）卸载后的残留应力分布

层和基体部分是一体的，基体部分必然会阻碍表层收缩，造成表层产生拉应力，在 800℃ 附近的温度梯度越大，其拉应力越大，甚至使表面产生裂纹。

2. 减少或消除残留应力的措施

（1）增加消除内应力的热处理工序　例如，对铸、锻、焊接件进行退火或回火；零件淬火后进行回火；对精度要求高的零件（如床身、丝杠、箱体和精密主轴等）在粗加工后进行时效处理。

（2）合理安排工艺过程　例如，粗、精加工分开在不同工序中进行，使粗加工后有一定时间让残留应力重新分布，以减少对精加工的影响。在加工大型工件时，粗、精加工往往在一个工序中完成，这时应在粗加工后松开工件，让工件有自由变形的可能，然后再用较小的夹紧力夹紧工件进行精加工。对于精密零件（如精密丝杠），在加工过程中不允许进行冷校直（可采用热校直或加大余量）。

（3）其他措施　改善零件的结构，提高零件的刚性，使壁厚均匀等，均可减少残留应力的产生。

10.4　工艺系统的热变形

在机械加工过程中，工艺系统会受到各种热的影响而产生热变形。这种变形将破坏刀具与工件的正确几何关系和运动关系，造成工件的加工误差。

热变形对加工精度影响比较大，特别是在精密加工和大件加工中，热变形所引起的加工误差通常会占到工件加工总误差的 40%~70%。

工艺系统热变形不仅影响加工精度，而且影响加工效率。因为为了减少受热变形对加工精度的影响，通常需要预热机床以获得热平衡，或降低切削用量以减少切削热和摩擦热，或粗加工后停机以待热量散发后再进行精加工，或增加工序（使粗、精加工分开），等等。

高精度、高效率、自动化加工技术的发展，使工艺系统热变形问题变得更加突出，成为现代机械加工技术发展必须研究的重要问题。工艺系统是一个复杂系统，有许多因素影响其受热变形，因而控制和减小受热变形对加工精度的影响往往比较复杂。目前，无论在理论上还是在实践上，都有许多问题有待研究解决。

10.4.1　工艺系统的热源

引起工艺系统热变形的热源可分为内部热源和外部热源两大类。内部热源主要指切削热

和摩擦热，它们产生于工艺系统内部，其热量主要以传导的形式传递。外部热源主要是指工艺系统外部的、以对流传热为主要形式的环境温度（它与气温变化、通风、空气对流和周围环境等有关）和各种辐射热（包括由阳光、照明和暖气设备等发出的辐射热）。

1. 切削热

切削热是切削加工过程中最主要的热源，它对工件加工精度的影响最为直接。在切削（磨削）过程中，消耗于切削层的弹、塑性变形能及刀具、工件和切屑之间摩擦的机械能，绝大部分都转变成切削热。切削热的大小与被加工材料的性质、切削用量及刀具的几何参数等有关，可按下式计算，即

$$Q=F_{c}vt$$

式中，F_c 为切削力（N）；v 为切削速度（m/min）；t 为切削时间（min）。

影响切削热传导的主要因素是工件、刀具、夹具和机床等材料的导热性能，以及周围介质的情况。如果工件材料热导率大，则由切屑和工件传导的切削热较多；同样，如果刀具材料热导率大，则由刀具传出的切削热较多。通常，在车削加工中，切屑所带走的热量最多，可达 50%~80%（切削速度越高，切屑带走的热量占总切削热的比例就越大），传给工件的热量次之，约为 30%，高速切削时只有 10%左右；而传给刀具的热量很多，一般不超过 5%，高速切削时一般在 1%以下；对于铣削、刨削加工，传给工件的热量一般小于总切削热的 30%；对于钻削和卧式镗孔，因为有大量的切屑滞留在孔中，传给工件的热量就很高，如在钻孔时传给工件的热量往往超过 50%；磨削时磨屑很小，带走的热量很少，大约 84%的热量传入工件，致使磨削表面的温度高达 800~1000℃，因此磨削热既影响工件的加工精度，又影响工件的表面质量（造成磨削表面烧伤）。

2. 摩擦热

工艺系统中的摩擦热主要是机床和液压系统中运动部件产生的，如电动机、轴承、齿轮、丝杠副、导轨副、离合器、液压泵和阀等各运动部分产生的摩擦热。尽管摩擦热比切削热少，但摩擦热在工艺系统中是局部发热，会引起局部温升和变形，破坏了系统原有的几何精度，对加工精度也会带来严重影响。

3. 外部热源的热辐射及周围环境温度对机床热变形的影响

例如在加工大型工件时，往往要昼夜连续加工，由于昼夜温度不同，引起工艺系统的热变形也不同，从而影响了加工精度。又如照明灯光、加热器等对机床的热辐射，往往是局部的，日光对机床的照射不仅是局部的，而且不同时间的辐射量和照射位置也不同，因而会引起机床各部分不同的温升和变形。这在大型、精密加工时尤其不能忽视。

10.4.2 工艺系统的热平衡和温度场概念

工艺系统在各种热源作用下，温度会逐渐升高，同时它们也通过各种传热方式向周围的介质散发热量。当工件、刀具和机床的温度达到某一数值时，单位时间内散出的热量与热源传入的热量趋于相等，这时工艺系统就达到了热平衡状态。在热平衡状态下，工艺系统各部分的温度就保持在一个相对固定的数值上，因而各部分的热变形也就相应地趋于稳定。

同一物体处于不同空间位置上的各点在不同时间的温度往往不相等，物体中各点温度的分布称为温度场。当物体未达到热平衡时，各点温度不仅是坐标位置的函数，也是时间的函数，这种温度场称为不稳态温度场。物体达到热平衡后，各点温度将不再随时间而变化，而

只是其坐标位置的函数，这种温度场称为稳态温度场。

10.4.3 热变形对加工精度的影响

1. 机床热变形对加工精度的影响

机床在工作过程中，受到内、外热源的影响，各部分的温度将逐渐升高。由于各部件的热源不同，分布不均匀，以及机床结构的复杂性，因此不仅各部件的温升不同，而且同一部件不同位置的温升也不相同，形成不均匀的温度场，使机床各部件之间的相互位置发生变化，破坏了机床原有的几何精度而造成加工误差。

机床空运转时，各运动部件产生的摩擦热基本不变。运转一段时间之后，各部件传入的热量和散失的热量基本相等，即达到热平衡状态，变形趋于稳定。机床达到热平衡状态时的几何精度称为热态几何精度。在机床达到热平衡状态之前，机床几何精度变化不定，对加工精度的影响也变化不定。因此，精密加工应在机床处于热平衡之后进行。

一般机床（如车床、磨床等）空运转的热平衡时间为4~6h，中小型精密机床为1~2h，大型精密机床往往要超过12h，甚至达数十个小时。

机床类型不同，其内部主要热源也各不相同，热变形对加工精度的影响也不相同。车、铣、钻、镗类机床，主轴箱中的齿轮、轴承摩擦发热，润滑油发热是主要热源，使主轴箱及与之相连的部分（如床身或立柱）的温度升高而产生较大变形。对卧式车床，热变形试验结果表明，影响主轴倾斜的主要原因是床身变形，约占总倾斜量的75%，主轴前后轴承温度差所引起的倾斜量只占25%。

对于不仅在水平方向上装有刀具，在垂直方向和其他方向也可能装有刀具的自动车床、转塔车床，其主轴热位移，无论在垂直方向上还是在水平方向上，都会造成较大的加工误差。因此在分析机床热变形对加工精度的影响时，还应注意分析热位移方向和误差敏感方向的相对角位置关系。对于处于误差敏感方向的热变形，需要特别注意控制。几种常用磨床的热变形如图10-39所示。

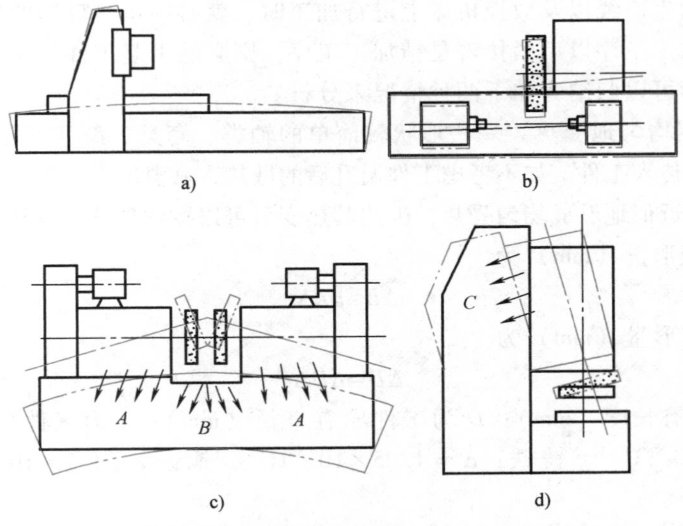

图10-39 几种常用磨床的热变形

a）大型导轨磨床 b）外圆磨床 c）双端面磨床 d）立式平面磨床

2. 工件热变形对加工精度的影响

在切削加工中，工件的热变形主要由切削热引起，有些大型精密件还受环境温度的影响。在热膨胀下达到的加工尺寸，冷却收缩后会发生变化，甚至会超差。工件受切削热影响，各部分温度不同，且随时间变化，切削区附近温度最高。开始切削时，工件温度低，变形小，随着切削过程的进行，工件的温度逐渐升高，变形也就逐渐加大。

对不同形状的工件和不同的加工方法，工件的热变形是不同的。一般来说，在轴类零件加工中，其直径尺寸要求较为严格。由于车削、磨削外圆时，工件受热比较均匀，在开始切削时工件的温升为零。随着切削的进行，工件温度逐渐升高，直径逐渐增大，增大部分被刀具切除，因此，冷却后工件将出现锥度（尾座处直径最大，头架处直径最小）。若要使工件外径达到较高的精度水平（特别是形状精度），则粗加工后应再进行精加工，且精加工必须在工件冷却后进行，并需在加工时采用高速精车或用大量切削液充分冷却进行磨削等方法，以减少工件的发热和变形。即使如此，工件仍会有少量的温升和变形，造成形状误差和尺寸误差（特别是形状误差）。

工件热伸长对于长度尺寸的影响，由于长度要求不高而不突出。但当工件在顶尖间加工，工件伸长导致两顶尖间产生轴向压力，并使工件产生弯曲变形时，工件的热变形对加工精度的影响就较大。有经验的车工在切削进行期间总是根据实际情况，不时放松尾座顶尖螺旋副，以重新调整工件与顶尖间的压力。

细长轴在两顶尖间车削时，工件受热伸长，导致工件受压失稳，造成切削不稳定。此时必须采用中心架和类似于磨床的弹簧顶尖。

精密丝杠加工中，工件的热变形伸长会引起加工螺距的累计误差。丝杠螺距精度要求越高，长度越长，这种影响就越严重。因此，控制室温与使用充分的切削液以降低丝杠的温升很有必要。

机床导轨面的磨削，工件的加工面与底面的温度所引起的热变形也是较大的。

在某些情况下，工件的粗加工对精加工的影响也必须注意。例如，在工序集中的组合机床、流水线、自动生产线以及数控机床上进行加工时，就必须从热变形的角度来考虑工序顺序的安排。若粗加工工序以后紧接着是精加工工序，则必然引起工件的尺寸和形状误差。

工件的热变形可以归纳为如下两种情况来分析。

（1）工件比较均匀地受热　一些形状较简单的轴类、套类、盘类零件的内、外圆加工，切削热比较均匀地传入工件。如不考虑工件温升后的散热，其温度沿工件全长和圆周的分布都是比较均匀的，可近似地看成均匀受热，因此其热变形可以按物理学计算热膨胀的公式求出：

长度上的热变形量（mm）为

$$\Delta L=\alpha L\Delta t$$

直径上的热变形量（mm）为

$$\Delta D=\alpha D\Delta t$$

式中，L 为工件原有长度（mm）；D 为工件原有直径（mm）；α 为工件材料的线膨胀系数（钢：$\alpha\approx1.17\times10^{-5}℃^{-1}$，铸铁：$\alpha\approx1.05\times10^{-5}℃^{-1}$，铜：$\alpha\approx1.7\times10^{-5}℃^{-1}$）；$\Delta t$ 为温升（℃）。

一般来说，工件热变形在精加工中影响比较严重，特别是对长度很长而精度要求很高的零件。磨削丝杠就是一个突出的例子。若丝杠长度为2000mm，每磨一次其温度相对于机床母丝杠就升高约 3℃，则丝杠的伸长量 $\Delta L=1.17\times10^{-5}\times2000\times3\text{mm}=0.07\text{mm}$。而 6 级丝杠的螺距累积误差在全长上不允许超过 0.02mm，由此可见热变形的严重性。

工件的热变形对粗加工精度的影响通常可不考虑，但是在工序集中的场合下，会给精加工带来麻烦。这时，粗加工的工件热变形就不能忽视。

为了避免工件粗加工时热变形对精加工时的加工精度产生影响，在安排工艺过程时，应尽可能把粗、精加工分开在两个工序中进行，以使工件粗加工后有足够的冷却时间恢复变形。

（2）工件不均匀受热　铣、刨、磨平面时，工件只是在单面受到切削热的作用。上、下表面间的温度差将导致工件向上拱起，加工时中间凸起部分被切去，冷却后工件变成下凹，造成平面度误差。

对于大型精密板类零件（如高 600mm、长 2000mm 的机床床身）的磨削加工，工件（床身）的温差为 2.4℃时，热变形可达 20μm，这说明工件单面受热引起的误差对加工精度的影响是很严重的。为了减小这一误差，通常采取的措施是在切削时使用充分的冷却液，以减小切削表面的温升；也可采用误差补偿的方法：在装夹工件时，使工件上表面产生微凹的夹紧变形，以此来补偿切削时工件单面受热而引起的误差。

3. 刀具热变形对加工精度的影响

刀具热变形主要是由切削热引起的。通常传入刀具的热量并不太多，但由于热量集中在切削部分，以及刀体小，热容量小，故仍会有很高的温升。例如车削时，高速钢车刀的工作表面温度可达 700~800℃，而硬质合金切削刃可达 1000℃以上。

连续切削时，刀具的热变形在切削初始阶段增加很快，随后变得较缓慢，经过不长的时间后（约 10~20min）便趋于热平衡状态。此后，热变形变化量就非常小，如图 10-40 所示。刀具总的热变形量可达 0.03~0.05mm。

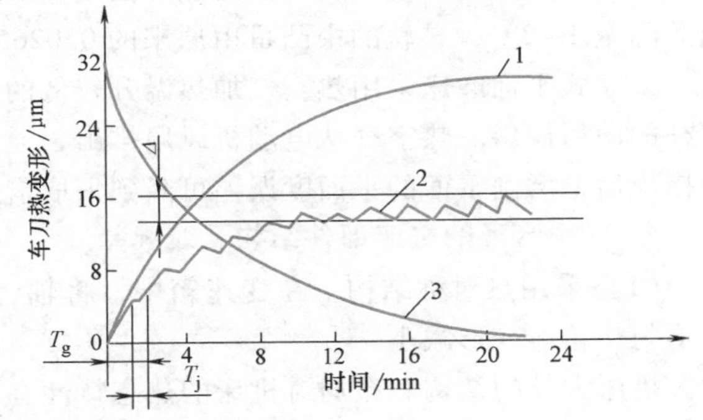

图 10-40　车刀热变形

1—连续切削　2—间断切削　3—冷却曲线

T_g—加工时间　T_j—间断时间

间断切削时，由于刀具有短暂的冷却时间，故其热变形曲线具有热胀冷缩双重特性，且总的变形量比连续切削时要小一些，最后稳定在 Δ 范围内变动。

当切削停止后，刀具温度立即下降，开始冷却较快，以后逐渐减慢。

加工大型零件时，刀具热变形往往造成几何形状误差。如车长轴时，可能由于刀具热伸长而产生锥度（尾座处的直径比头架附近的直径大）。

为了减小刀具的热变形，应合理选择切削用量和刀具几何参数，并给以充分冷却和润滑，以减少切削热，降低切削温度。

10.4.4　减少工艺系统热变形对加工精度影响的措施

1. 减少热源的发热和隔离热源

工艺系统的热变形对粗加工精度的影响一般可不考虑，而精加工主要是为了保证零件加

工精度，工艺系统热变形的影响不能忽视。为了减少切削热，宜采用较小的切削用量。如果粗、精加工在一个工序内完成，粗加工的热变形将影响精加工的精度。一般可以在粗加工后停机一段时间使工艺系统冷却，同时还应将工件松开，待精加工时再夹紧。当零件精度要求较高时，则以粗、精加工分开为宜。

为了减少机床的热变形，凡是可能从机床分离出去的热源，如电动机、变速箱、液压系统和冷却系统等均应移出，使之成为独立单元。不能分离的热源，如主轴轴承、丝杠副、高速运动的导轨副等则应从结构、润滑等方面改善其摩擦特性，减少发热。例如，采用静压轴承、静压导轨，改用低黏度润滑油、锂基润滑脂，或使用循环冷却润滑、油雾润滑等；也可用隔热材料将发热部件和机床大件（即床身、立柱等）隔离开来。

2. 加强散热

为了消除机床内部热源的影响，还可采用强制冷却的办法，吸收热源发出的能量，从而控制机床的温升和热变形，这是近年使用较多的一种方法。例如，对加工中心现已普遍采用冷冻机对润滑油进行强制冷却，机床中的润滑油也可作为冷却液使用。机床主轴和齿轮箱中产生的热量可用低温的冷却液带走。有些机床采用冷却液流过围绕主轴部件的空腔，可使主轴温升不超过 2℃。

3. 均衡温度场

例如，M7150A 型磨床的床身较长，加工时工作台纵向运动速度较快，所以床身上部温升高于下部。为均衡温度场，将油池搬出主机，做成一单独油箱，并在床身下部配置热补偿油沟，使一部分带有余热的回油经热补偿油沟后送回油池。采取这些措施后，床身上、下部温差降至 1~2℃，导轨的中凸量由原来的 0.0265mm 降为 0.0052mm。

某立式平面磨床采用热空气加热温升较低的立柱后壁，以均衡立柱前后壁的温升，减小立柱的向后倾斜。热空气从电动机风扇排出，通过特设的软管引向立柱的后壁空间。采取这种措施后，磨削平面的平面度误差可降到采取措施前的 1/4~1/3。

4. 采用合理的机床部件结构及装配基准

（1）采用热对称结构　在变速箱中，将轴、轴承和传动齿轮等对称布置，可使箱壁温升均匀，箱体变形减小。

机床大件的结构和布局对机床的热态特性有很大影响。以加工中心机床为例，在热源影响下、单立柱结构会产生相当大的扭曲变形，而双立柱结构由于左右对称，仅产生垂直方向的热位移，很容易通过调整的方法予以补偿。因此，双立柱结构的机床主轴相对于工作台的热变形比单立柱结构小得多。

（2）合理选择机床零部件的装配基准　图 10-41 表示了车床主轴箱在床身上的两种不同定位方式。由于主轴部件是车床主轴箱的主要热源，故在图 10-41a 中，主轴轴心线相对于装配基准 H 而言，主要在 Z 方向产生热位移，对加工精度影响较小。而在图 10-41b 中，Y 方向的受热变形直接影响刀具与工件的法向相对位置，故造成的加工误差较大。

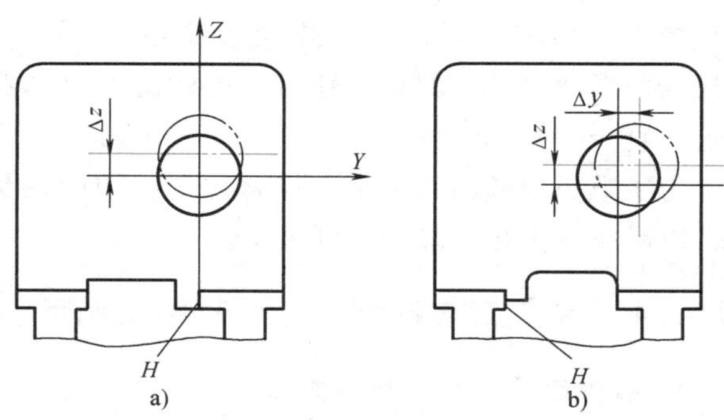

图 10-41　车床主轴箱定位面位置对热变形的影响

5. 缩短机床预热期

由热变形规律可知，大的热变形大都发生在机床开动后的一段时间（预热期）内，当达到热平衡后，热变形逐渐趋于稳定。因此，缩短机床的预热期，使机床加速达到热平衡状态，既有利于保证加工精度，又有利于提高生产率。缩短机床预热期有两种方法：

1）加工工件前，让机床先高速空运转，当机床迅速达到热平衡后，再换成工作转速进行加工。

2）在机床的适当部位附设加热源，机床开动初期人为地给机床供热，促使其迅速达到热平衡。

6. 控制环境温度

对于精密机床（如精密磨床、坐标镗床和齿轮磨床等），一般要安装在恒温车间内，以此保持其环境温度的恒定。其恒温精度应严格控制（一般精度级取±1℃，精密级取±0.5℃，超精密级取±0.01℃）。但恒温基数可按季节适当加以调整（如春秋季为20℃，夏季为23℃，冬季为18℃）。按季节调温既不影响加工精度，又可节省投资，减少水电消耗，还有利于工人的健康。

但是大面积使用空气调节室温的方法，投资和能源消耗都很大，而且机床工作过程中又不断产生切削热，因此，空调也不能彻底解决热变形。近年来，国外采用喷油冷却整台机床，可使环境温度变化引起的加工误差减少到原来的1/10，而成本却很低。喷油冷却控制温度变化如图10-42所示，其办法是将机床及周围的工作地封闭在一个透明塑料罩内，喷嘴连续对机床的工作区域喷射温度为20℃的恒温油，油液不仅带走热量，还带走了切屑和灰尘。肮脏的油液经过滤后被送到热交换器中，使油液冷却到20℃，再继续使用。这种控制温度的方法，效果比空调的效果高20~100倍，可将温度控制在（20±0.01）℃，而成本只有空调的1/100。

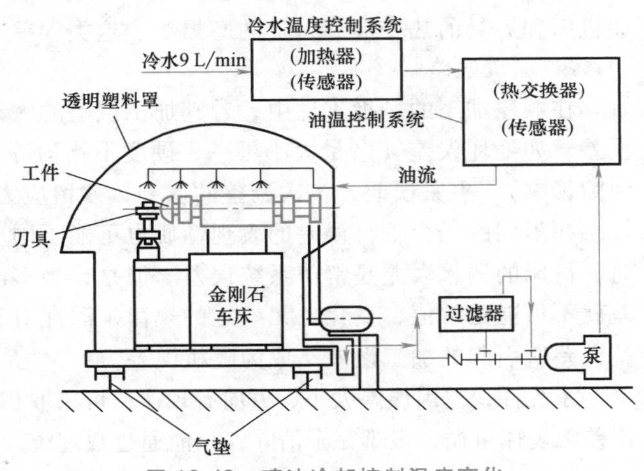

图10-42 喷油冷却控制温度变化

7. 采取补偿措施

切削加工时，切削热引起的热变形是不可避免的，可采取补偿措施来消除。例如，用砂轮端面磨削床身导轨时，因切削热不易排出，所加工的床身导轨因热变形而使中部被磨去较多的金属，冷却后导轨呈中凹形。为了减少其热变形影响，一般加工工件时，在机床床身中部用螺钉压板加压使床身受力变形（压成中凹），以便加工时工件中部磨去较少的金属，使热变形造成的误差得到补偿。

10.5 加工误差的统计分析

前面分析了产生加工误差的各种主要因素，也提出了一些保证加工精度的措施，从分析方法上来看，属于单因素分析法。生产实际中，影响加工精度的因素往往是错综复杂的，有

时很难用机床几何误差、受力及受热变形等单因素分析法来分析计算某一工序的加工误差，而需要运用数理统计的方法对实际加工出的一批工件进行检查测量，加以处理和分析，从中发现误差的规律，找出提高加工精度的途径。这就是加工误差的统计分析法。

10.5.1 加工误差的性质

根据加工一批工件时误差出现的规律，加工误差可分为系统误差和随机误差。

1. 系统误差

用调整法在一次调整下加工出的一批工件中，若其加工误差的大小和方向有确定的规律，则称此类误差为系统误差。

1）常值系统误差。若误差的大小、方向保持不变（或基本不变），则称为常值系统误差，如加工原理误差，机床、刀具、夹具、量具的制造误差，调整误差，工艺系统的受力变形引起的加工误差等。机床、夹具、量具的磨损因速度较慢，在一定时间内可认为基本不变，因此也归为此类。这类误差与工件的加工顺序无关。

2）变值系统误差。如果误差的大小、方向按一定的规律变化，则称为变值系统误差。如机床和刀具的热变形、刀具的磨损等。这类误差与工件的加工顺序有关。

2. 随机误差

在顺序加工的一批工件中，若其加工误差的大小和方向的变化是随机性的，则称为随机误差。如毛坯误差（余量大小不一、硬度不均匀等）的复映，定位误差（基准面精度不一、间隙影响），夹紧误差，多次调整的误差，残留应力引起的变形误差等都属于随机误差。

在不同的场合下，误差的表现性质也可能不同。例如，机床在一次调整中加工一批工件时，机床的调整误差是常值系统误差。但是，当多次调整机床时，每次调整时发生的调整误差就不可能是常值，变化也无一定的规律，因此对于经多次调整所加工出来的大批工件，调整误差所引起的加工误差又成为随机误差。

系统性误差因误差大小、方向有规律，可采取相应措施消除或补偿，比较好控制，而随机误差无规律可循，很难完全消除，只能通过数理统计原理探索其影响程度，缩小其波动范围。

10.5.2 加工误差的统计分析方法

统计分析方法是以生产现场观察和对工件进行实际检验的结果为基础，用数理统计的方法分析处理这些结果，从而揭示各种因素对加工精度的综合影响，获得解决问题的途径的一种分析方法。

1. 分布图分析法

（1）试验分布图——直方图　成批加工的某种零件，抽取其中的一定数量进行测量，抽取的这批零件称为样本，其件数 n 称为样本容量。

由于存在各种误差的影响，加工尺寸或偏差总是在一定范围内变动（称为尺寸分散），即为随机变量，用 x 表示。样本尺寸或偏差的最大值 x_{max} 与最小值 x_{min} 之差称为极差 R，即

$$R=x_{max}-x_{min}$$

将样本尺寸或偏差按大小顺序排列，并将它们分成 k 组，组距为 d，d 可按下式计算，即

$$d=R/(k-1)$$

同一尺寸或同一误差组的零件数量 m_i，称为频数。频数 m_i 与样本容量 n 之比称为频率 f_i，即

$$f_i = m_i / n$$

以工件尺寸（或误差）为横坐标，以频数或频率为纵坐标，就可作出该批工件加工尺寸（或误差）的试验分布图，即直方图。

组数 k 和组距 d 的选择对试验分布图的显示好坏有很大关系。组数过多，组距过小，则分布图会被频数的随机波动所歪曲；组数太少，组距太大，分布特征将被掩盖。k 值一般可参考样本容量来选择（表 10-2）。

表 10-2　组数 k 的选定

n	25~40	40~60	50~100	100	100~160	160~250	250~400	400~630
k	6	7	8	10	11	12	13	14

为了分析该工序的加工精度情况，可在直方图上标出该工序的加工公差带位置，并计算出该样本的统计数字特征：平均值 $\bar{x}$ 和标准差 S。

样本的平均值 $\bar{x}$ 表示该样本的尺寸分散中心。它主要取决于调整尺寸的大小和常值系统误差，即

$$\bar{x} = \frac{1}{n} \sum_{i=1}^{n} x_i$$

式中，x_i 为各工件的尺寸或偏差。

样本的标准差 S 反映了该批工件的尺寸分散程度。它是由变值系统误差和随机误差决定的。误差大，S 也大；误差小，S 也小。

$$S = \sqrt{\frac{1}{n-1} \sum_{i=1}^{n} (x_i - \bar{x})^2}$$

当样本的容量比较大时，为简化计算，可直接用 n 来代替上式中的（$n-1$）。

为了使分布图能代表该工序的加工精度，不受组距和样本容量的影响，纵坐标应改成频率密度。

$$频率密度 = \frac{频率}{组距} = \frac{频数}{样本容量 \times 组距} = \frac{m_i}{nd}$$

下面通过一实例来说明直方图的绘制步骤。

例 10-1　测量一批磨削后的工件外圆，其轴径为 $\phi 60^{+0.06}_{+0.01}$ mm，绘制工件加工尺寸的直方图。

解　本例以实测尺寸与公称尺寸的差值即偏差值计算。

1）收集数据。本例中取 $n = 100$ 件，实测数据列于表 10-3 中。找出最大值 $x_{max} = 54\mu m$，最小值 $x_{min} = 16\mu m$。

表 10-3　轴径偏差实测值　（单位：μm）

38	20	46	32	20	40	52	33	40	25	43	38	40	41	30	36	49	51	44	34
22	30	36	30	42	38	27	49	45	45	38	32	45	48	28	36	52	32	42	38
43	52	38	52	38	36	37	40	28	45	36	50	46	38	30	40	44	34	42	47
53	30	34	30	36	32	35	22	40	35	36	42	46	42	50	40	36	20	16	22
46	32	28	20	32	28	54	18	32	33	26	46	47	36	38	30	49	18	38	38

2）确定组数 k、组距 d、各组组界和各组中值。组数 k 可按表 10-2 选取，本例取 $k=9$，则组距为

$$d=\frac{R}{k-1}=\frac{x_{\max}-x_{\min}}{k-1}=\frac{54-16}{9-1}\mu m=4.75\mu m$$

取 $d=5\mu m$。

各组组界为

$$x_{\min}+(j-1)d\pm\frac{d}{2}\qquad (j=1,2,\cdots,k)$$

各组中值为

$$x_{\min}+(j-1)d\qquad (j=1,2,\cdots,k)$$

3）记录各组数据，整理成频数分布表（表 10-4）。

表 10-4　频数分布表

序号	各组组界/μm	各组中值	频数	频率(%)	频率密度/μm⁻¹(%)
1	13.5~18.5	16	3	3	0.6
2	18.5~23.5	21	7	7	1.4
3	23.5~28.5	26	8	8	1.6
4	28.5~33.5	31	13	13	2.6
5	33.5~38.5	36	26	26	5.2
6	38.5~43.5	41	16	16	3.2
7	43.5~48.5	46	16	16	3.2
8	48.5~53.5	51	10	10	2.0
9	53.5~58.5	56	1	1	0.2

4）根据表 10-4 所列数据画出直方图（图 10-43）。

5）在直方图上作出上极限尺寸 $A_{\max}=60.06$mm 及下极限尺寸 $A_{\min}=60.01$mm 的标志线，并计算出平均值 $\bar{x}$ 和标准差 S。

$$\bar{x}=37.3\mu m$$
$$S=8.93\mu m$$

由直方图可以直观地看到工件尺寸或误差的分布情况：该批工件的尺寸有一分散范围，尺寸偏大、偏小者很少，大多数居中；尺寸分散范围（$6S=53.58\mu m$）略大于公差值（$T=50\mu m$），说明本工序的加工精度稍显不足；分散中心 $\bar{x}$ 与公差带中心 A_m 基本重合，表明机床调整误差很小。

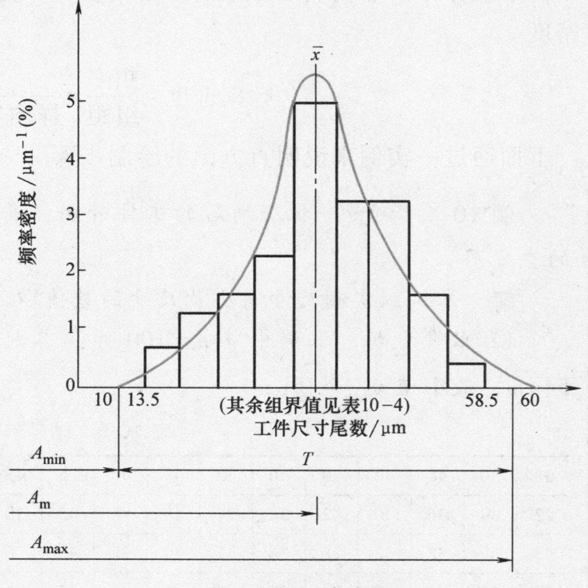

图 10-43　直方图

（2）理论分布曲线

1）正态分布。概率论已经证明，相互独立的大量微小随机变量总和的分布符合正态分布。在机械加工中，用调整法加工一批零件，其尺寸误差是由很多相互独立的随机误差综合作用的结果。如果其中没有一个是起决定作用的随机误差，则加工后零件的尺寸将近似于正态分布。

正态分布曲线的形状如图10-44所示。其概率密度函数表达式为

$$y=\frac{1}{\sigma\sqrt{2\pi}}\exp\left[-\frac{1}{2}\left(\frac{x-\mu}{\sigma}\right)^2\right]\qquad(-\infty<x<+\infty,\sigma>0)$$

式中，y 为分布的概率密度；x 为随机变量；μ 为正态分布随机变量的算术平均值；σ 为正态分布随机变量的标准差。

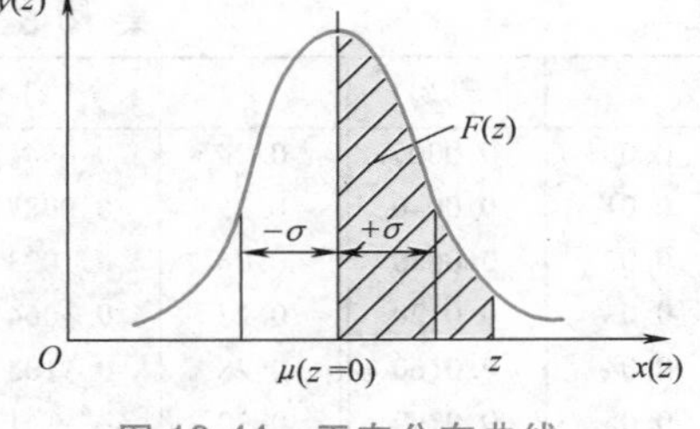

图10-44　正态分布曲线

当 $x=\mu$ 时，则

$$y=\frac{1}{\sigma\sqrt{2\pi}}$$

为曲线的最大值，它两边的曲线是对称的。

如果 μ 值改变，分布曲线将沿横坐标移动而不改变其形状，这说明 μ 是表征分布曲线位置的参数。分布曲线所围成的面积总是等于1。当 σ 减小时，y 的峰值增大，分布曲线向上伸展，两侧向中间收紧；反之，当 σ 增大时，y 的峰值减小，分布曲线平坦地沿横轴伸展。可见，σ 是表征分布曲线形状的参数，即 σ 刻画了随机变量 x 取值的分散程度（图10-45）。

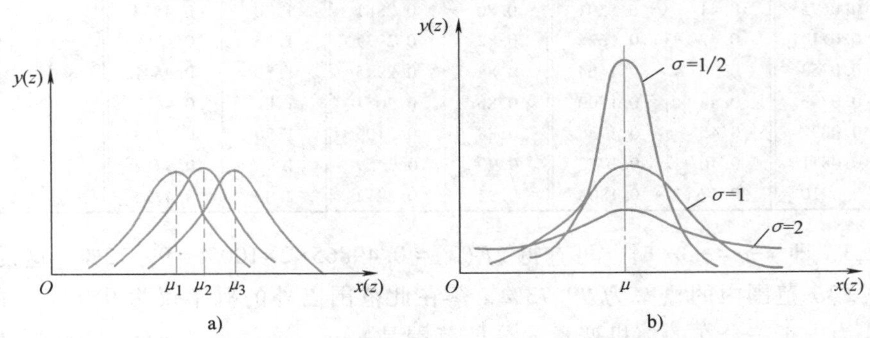

图10-45　μ、σ 值对正态分布曲线的影响

a）μ 变化的影响　b）σ 变化的影响

算术平均值 $\mu=0$、标准差 $\sigma=1$ 的正态分布称为标准正态分布。非标准正态分布可以通过坐标变换 $z=\dfrac{x-\mu}{\sigma}$ 转换为标准正态分布。故可以利用标准正态分布的函数值求得各种正态分布的函数值。

由分布函数的定义可知，正态分布函数是正态分布概率密度函数的积分，即

$$F(x)=\frac{1}{\sigma\sqrt{2\pi}}\int_{-\infty}^{x}\exp\left[-\frac{1}{2}\left(\frac{x-\mu}{\sigma}\right)^2\right]\mathrm{d}x\qquad(10\text{-}9)$$

由式（10-9）可知，$F(x)$ 为正态分布曲线下方积分区间包含的面积，表征了随机变量

x 落在区间（$-\infty$，x）上的概率。令 $z=\dfrac{x-\mu}{\sigma}$，则有

$$F(z)=\frac{1}{\sqrt{2\pi}}\int_0^z e^{-\frac{z^2}{2}}dz \tag{10-10}$$

$F(z)$ 为图 10-44 中阴影部分的面积。对于不同的 z 值，$F(z)$ 值见表 10-5。

表 10-5　正态分布曲线下的面积函数 $F(z)$

z	$F(z)$	z	$F(z)$	z	$F(z)$	z	$F(z)$	z	$F(z)$
0.00	0.0000	0.24	0.0948	0.48	0.1844	0.94	0.3264	2.10	0.4821
0.01	0.0040	0.25	0.0987	0.49	0.1879	0.96	0.3315	2.20	0.4861
0.02	0.0080	0.26	0.1023	0.50	0.1915	0.98	0.3365	2.30	0.4893
0.03	0.0120	0.27	0.1064	0.52	0.1985	1.00	0.3413	2.40	0.4918
0.04	0.0160	0.28	0.1103	0.54	0.2054	1.05	0.3531	2.50	0.4938
0.05	0.0199	0.29	0.1141	0.56	0.2123	1.10	0.3643	2.60	0.4953
0.06	0.0239	0.30	0.1179	0.58	0.2190	1.15	0.3749	2.70	0.4965
0.07	0.0279	0.31	0.1217	0.60	0.2257	1.20	0.3849	2.80	0.4974
0.08	0.0319	0.32	0.1255	0.62	0.2324	1.25	0.3944	2.90	0.4981
0.09	0.0359	0.33	0.1293	0.64	0.2389	1.30	0.4032	3.00	0.49865
0.10	0.0398	0.34	0.1331	0.66	0.2454	1.35	0.4115	3.20	0.49931
0.11	0.0438	0.35	0.1368	0.68	0.2517	1.40	0.4192	3.40	0.49966
0.12	0.0478	0.36	0.1405	0.70	0.2580	1.45	0.4265	3.60	0.499841
0.13	0.0517	0.37	0.1443	0.72	0.2642	1.50	0.4332	3.80	0.499928
0.14	0.0557	0.38	0.1480	0.74	0.2703	1.55	0.4394	4.00	0.499968
0.15	0.0596	0.39	0.1517	0.76	0.2764	1.60	0.4452	4.50	0.499997
0.16	0.0636	0.40	0.1554	0.78	0.2823	1.65	0.4506	5.00	0.49999997
0.17	0.0675	0.41	0.1591	0.80	0.2881	1.70	0.4554		
0.18	0.0714	0.42	0.1628	0.82	0.2939	1.75	0.4599		
0.19	0.0753	0.43	0.1664	0.84	0.2995	1.80	0.4641		
0.20	0.0793	0.44	0.1700	0.86	0.3051	1.85	0.4678		
0.21	0.0832	0.45	0.1736	0.88	0.3106	1.90	0.4713		
0.22	0.0871	0.46	0.1772	0.90	0.3159	1.95	0.4744		
0.23	0.0910	0.47	0.1808	0.92	0.3212	2.00	0.4772		

当 $z=\pm3$，即 $x-\mu=\pm3\sigma$ 时，可查得 $2F(3)=0.49865\times2\times100\%=99.73\%$。这说明，随机变量 x 落在 $\pm3\sigma$ 范围内的概率为 99.73%，落在此范围以外的概率仅为 0.27%，此值很小。因此一般认为，正态分布的随机变量的分散范围是 $\pm3\sigma$，这就是“$\pm3\sigma$”原则。6σ 的大小代表了某种加工方法在一定条件下所能达到的加工精度，通常应该使所选择的加工方法的标准差 σ 与公差带宽度 T 之间满足关系式：$6\sigma\leqslant T$。

2）非正态分布。工件的实际分布有时并不近似于正态分布。例如，将两次调整下加工的工件混在一起，由于每次调整时常值系统误差是不同的，如常值系统误差的差值大于 2.2σ，就会得到双峰曲线（图 10-46a），假如把两台机床加工的工件混在一起，不仅调整时常值系统误差不等，机床精度可能也不同（即 σ 不同），那么曲线的两个凸峰高度也不一样。

如果加工中刀具或砂轮的尺寸磨损比较显著，所得一批工件的尺寸分布就如图 10-46b 所示。尽管加工的每一瞬间工件的尺寸呈正态分布，但是随着刀具或砂轮的磨损，不同瞬间尺寸分布的算术平均值是逐渐移动的，因此分布曲线可能呈平顶状。

当工艺系统存在显著的热变形等变值系统误差时，分布曲线往往不对称。例如，刀具热变形严重，加工轴时曲线凸峰偏向左，加工孔时曲线凸峰偏向右（图 10-46c）。用试切法加工时，操作者主观上可能存在宁可返修也不可报废的倾向性，所以分布图也会出现不对称情况。加工轴时宁大勿小，故凸峰偏向右；加工孔时宁小勿大，故凸峰偏向左。

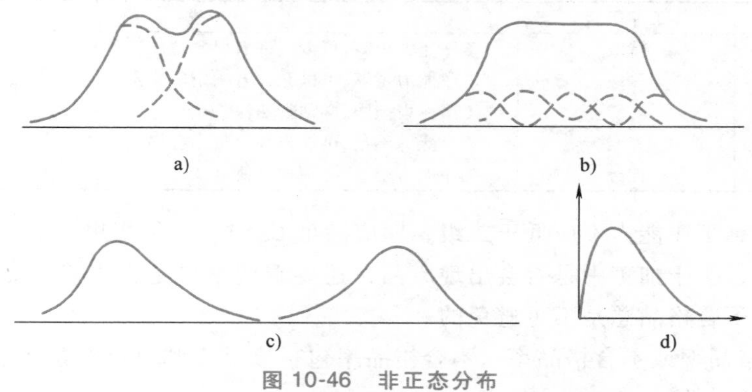

c)　　d)

图 10-46　非正态分布

a）双峰曲线　b）平顶分布　c）不对称分布　d）瑞利分布

对于轴向圆跳动和径向圆跳动一类的误差，一般不考虑正负号，所以接近零的误差值较多，远离零的误差值较少，其分布（称为瑞利分布）也是不对称的（图 10-46d）。

对于非正态分布的分散范围，就不能认为是 6σ。工程应用中的处理方法是除以相对分布系数 k。即分布的分散范围为 T，则非正态分布的分散范围为 $T=6\sigma/k$。

k 值的大小与分布图形状有关，具体数值可参考表 10-6，表中的 α 为相对不对称系数，它是总体算术平均值坐标点至总体分散范围中心的距离与一半分散范围（$T/2$）的比值。因此，分布中心偏移量为 $\Delta=\alpha T/2$。

（3）分布图分析法的应用

1）判别加工误差性质。如前所述，假如加工过程中没有变值系统误差，那么其尺寸分布应服从正态分布，这是判别加工误差性质的基本方法。

如果时间分布与正态分布基本相符，加工过程中没有变值系统误差（或影响很小），这时就可进一步根据样本平均值 $\bar{x}$ 是否与公差带中心重合来判断是否存在常值系统误差。

表 10-6　几种典型分布曲线的 k 和 α 值

分布特征	正态分布	三角分布	均匀分布	瑞利分布	偏态分布	
					外尺寸	内尺寸
分布曲线	3σ　3σ			$\alpha T/2$	$\alpha T/2$	$\alpha T/2$
α	0	0	0	-0.28	0.26	-0.26
k	1	1.22	1.73	1.14	1.17	1.17

如果实际分布与正态分布有较大出入，可根据直方图初步判断变值系统误差的性质。

2）确定工序能力及其等级。所谓工序能力，是指工序处于稳定状态时，加工误差正常波动的幅度。当加工尺寸服从正态分布时，其尺寸分散范围是 6σ，所以工序能力以公差带宽度 T 与 6σ 的比值来评价。即工序能力系数 C_p 为

$$C_p = T/(6\sigma)$$

工序能力系数代表了工序能满足加工精度要求的程度。

根据工序能力系数 C_p 的大小，一般可将工序能力分为5级，见表10-7。

表10-7　工序能力等级

工序能力系数	工序等级	说　明
$C_p>1.67$	特级	工序能力很高，可以允许有异常波动，不一定经济
$1.67\geqslant C_p>1.33$	一级	工序能力足够，可以允许有一定的异常波动
$1.33\geqslant C_p>1.00$	二级	工序能力勉强，必须密切注意
$1.00\geqslant C_p>0.67$	三级	工序能力不足，可能出现少量不合格品
$0.67\geqslant C_p$	四级	工序能力很差，必须加以改进

一般情况下，工序能力不应低于二级，即应满足 $C_p>1$。必须指出，$C_p>1$ 只说明该工序的工序能力足够，至于加工中是否会出现废品，还要看调整得是否正确。如果 $C_p<1$，那么不论怎样调整，不合格品总是不可避免的。

3）估算合格品率或不合格品率。不合格品率包括废品率和可返修的不合格品率，它可通过分布曲线进行估算。

例10-2　在无心磨床上磨削销轴外圆，要求外径 $d=\phi12_{-0.043}^{-0.016}$ mm。抽样一批零件，经实测后计算得到 $\bar{d}=11.974$mm，已知该机床的 $\sigma=0.005$mm，其尺寸分布符合正态分布。试分析该工序的加工质量。

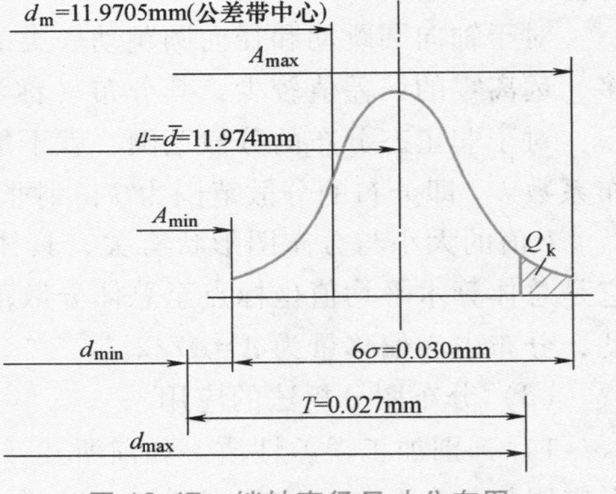

图10-47　销轴直径尺寸分布图

解　1）根据所计算的 $\bar{d}$ 和 σ 作分布图（图10-47）。

2）计算工序能力系数 C_p。

$$C_p=\frac{T}{6\sigma}=\frac{-0.016-(-0.043)}{6\times0.005}=0.9<1$$

工序能力系数 $C_p<1$，表明该工序的工序能力不足，产生不合格品是不可避免的。

3）计算不合格品率 Q。合格工件的最小尺寸 $d_{min}=(12-0.043)\text{mm}=11.957\text{mm}$，最大尺寸 $d_{max}=(12-0.016)\text{mm}=11.984\text{mm}$。

对于轴类零件，超出公差带上限的不合格品可修复，记为 Q_k。由

$$z_1=\frac{d_{max}-\bar{d}}{\sigma}=\frac{11.984-11.974}{0.005}=2$$

查表10-5得 $F(z_1)=0.4772$，即 $Q_k=0.5-0.4772=0.0228=2.28\%$。

轴类零件超出公差带下限的不合格品不可修复，记为 Q_b。由

$$z_2=\frac{d_{min}-\bar{d}}{\sigma}=\frac{11.957-11.974}{0.005}=-3.4$$

查表10-5得 $F(z_2)=F(-z_2)=0.49966$，即 $Q_b=0.5-0.49966=0.00034=0.034\%$。

总的不合格品率为

$$Q=Q_k+Q_b=0.0228+0.00034=0.02314=2.314\%$$

4）改进措施。应该从控制分散中心与公差带中心的距离，需要时减小分散范围来考虑。

本例中，分散中心 $\overline{d}=11.974\text{mm}$，公差带中心 $d_m=11.9705\text{mm}$，若能调整砂轮使之向前进刀（11.974-11.9705）/2mm，可以减少总的不合格品率，但不可修复的不合格品率将增大。

机床调整误差难以完全消除，即分散中心与公差带中心难以完全重合。本例中机床的工序能力不足，进一步的改进措施包括控制加工工艺参数，减小 σ，必要时还需要考虑用精度更高的机床来加工。

2. 点图分析法

分布图分析法没有考虑工件加工的先后顺序，故不能反映误差变化的趋势，难以区别变值系统误差与随机误差的影响；必须等到一批工件加工完毕后才能绘制分布图，因此不能在加工过程中及时提供控制精度的资料。为此，生产中采用点图法以弥补上述不足。

在加工过程中重点要关注工艺过程的稳定性。如果加工过程中存在着影响较大的变值系统误差，或随机误差的大小有明显的变化，那么样本的平均值 $\overline{x}$ 和标准差 S 就会产生异常波动，工艺过程就是不稳定的。

从数学的角度讲，如果一项质量数据的总体分布参数（例如 $\overline{x}$、S）保持不变，则这一工艺过程就是稳定的；如果有所变动，即使是往好的方向变化（例如 S 突然缩小），都算不稳定。只有在工艺过程稳定的前提下，讨论工艺过程的精度指标（如工序能力系数 C_p、不合格品率 Q 等）才有意义。

分析工艺过程的稳定性通常采用点图法。用点图法来评价工艺过程稳定性采用顺序样本，即样本由工艺系统在一次调整中，按顺序加工的工件组成。这样的样本可以得到在时间上与工艺过程运行同步的有关信息，反映出加工误差随时间变化的趋势。

（1）单值点图　如果按加工顺序逐个地测量一批工件的尺寸，以工件序号为横坐标，工件尺寸（或误差）为纵坐标，就可作出图 10-48 所示的点图。

为了缩短点图的长度，可将顺次加工出的 n 个工件编为一组，以工件组号为横坐标，而纵坐标保持不变，同一组内各工件可根据尺寸分别点在同一组号的垂直线上，就得到图 10-49所示的点图。

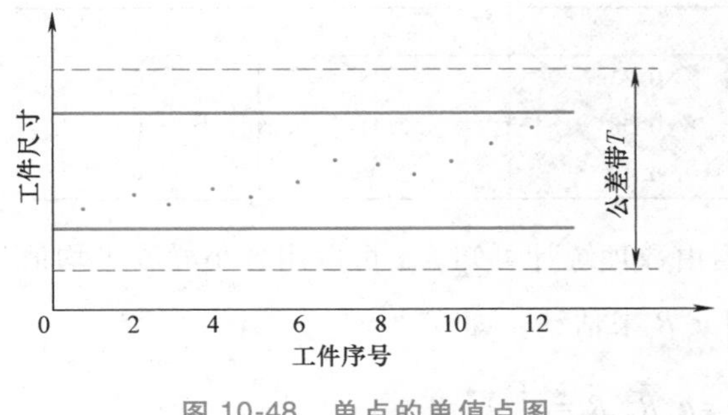

图 10-48　单点的单值点图

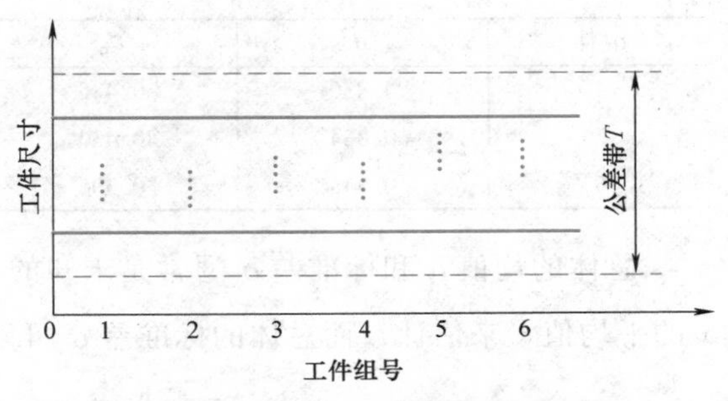

图 10-49　分组的单值点图

上述点图都反映了每个工件尺寸（或误差）变化与加工时间的关系，故称为单值点图。

假如把点图的上下极限点包络成两根平滑的曲线，并作出这两根曲线的平均值曲线，如图 10-50 所示，就能较清楚地揭示出加工过程中误差的性质及其变化趋势。平均值曲线 OO' 表示每一瞬时的分散中心，其变化情况反映了变值系统误差随时间变化的规律，而起始点 O 则可看成常值系统误差的影响；上下极限曲线 AA' 与 BB' 之间的宽度表示每一瞬时的尺寸分散范围，反映随机误差的影响。

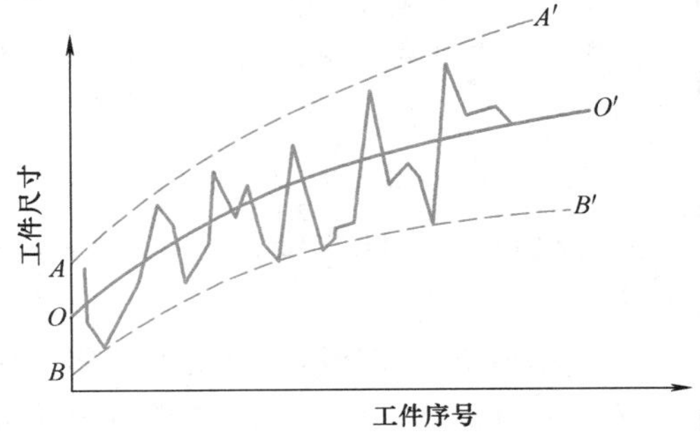

图 10-50　反映变值系统误差的单值点

单值点图上画有上、下两条控制界线（图 10-48、图 10-49 中用实线表示）和两极限尺寸线（用虚线表示），作为控制不合格品的参考界限。

（2）$\bar{x}$-R 图

1）$\bar{x}$-R 图的基本形式及绘制。为了能直接反映出加工过程中系统误差和随机误差随加工时间的变化趋势，实际生产中常用 $\bar{x}$-R 图来代替单值点图。$\bar{x}$-R 是平均值 $\bar{x}$ 控制图和极差 R 控制图联合使用时的统称。前者控制工艺过程质量指标的分布中心，后者控制工艺过程质量指标的分散程度。在工艺过程进行中，每隔一定时间抽取容量 $n=2\sim10$ 件的一个小样本，求出小样本的平均值 $\bar{x}$ 和极差 R。经过若干时间后，就可取得若干个小样本（如 k 个，通常取 $k=25$）。将各组小样本的 $\bar{x}$ 和 R 值分别点在 $\bar{x}$-R 图上，即制成了 $\bar{x}$-R 图。

$\bar{x}$-R 图的横坐标是按时间先后采集的小样本的组序号，纵坐标各为小样本的平均值 $\bar{x}$ 和极差 R。在 $\bar{x}$-R 图上各有三根线，即中线和上、下控制线。

2）$\bar{x}$-R 图的中线和上、下控制线的确定。任何一批工件的加工尺寸都有波动性，因此各小样本的平均值 $\bar{x}$ 和极差 R 也都有波动性。要判别波动是否正常，需要分析 $\bar{x}$ 和 R 的分布规律，在此基础上确定 $\bar{x}$-R 图中的上、下控制线位置。

由概率论可知，当总体是正态分布时，其样本的平均值 $\bar{x}$ 的分布也服从正态分布，且 $\bar{x}\sim N(\mu,\sigma^2/n)$，$\mu$、$\sigma$ 是总体的均值和标准差，因此 $\bar{x}$ 的分散范围是 $\mu\pm3\sigma/\sqrt{n}$。

虽然 R 的分布不是正态分布，但当 $n<10$ 时，其分布与正态分布也是比较接近的，因而 R 的分散范围也可取为 $\bar{R}\pm3\sigma_R$（$\bar{R}$、σ_R 分别是 R 分布的均值和标准差），因而 $\sigma_R=d\sigma$，式中 d 为常数，其值可由表 10-8 查得。

表 10-8　d、a_n、A_2、D_1、D_2 的值

n/件	d	a_n	A_2	D_1	D_2
4	0.880	0.486	0.73	2.28	0
5	0.864	0.430	0.58	2.11	0
6	0.848	0.395	0.48	2.00	0

总体的均值 μ 和标准差 σ 通常是未知的。但由数理统计可知，μ 可以用各小样本平均值 $\bar{x}$ 的平均值 $\bar{\bar{x}}$ 来估计，而总体的标准差 σ 可以用 $a_n\bar{R}$ 来估计，即

$$\hat{\mu}=\bar{\bar{x}},\ \bar{\bar{x}}=\frac{1}{k}\sum_{i=1}^{k}\bar{x}_i,\quad \hat{\sigma}=a_n\bar{R},\ \bar{R}=\frac{1}{k}\sum_{i=1}^{k}R_i$$

式中，$\hat{\mu}$ 为 μ 的估计值；$\hat{\sigma}$ 为 σ 的估计值；$\overline{x_i}$为各小样本的平均值；R_i 为各小样本的极差；a_n 为常数，其值可根据小样本数 n 由表 10-8 查得。

3）$\overline{x}$-R 图上各条控制线的确定。

$$\overline{x}\text{ 图：中线 } \overline{\overline{x}} = \frac{1}{k}\sum_{i=1}^{k}\overline{x_i}$$

$$\text{上控制线}\overline{x_s} = \overline{\overline{x}} + A_2\overline{R}$$

$$\text{下控制线}\overline{x_x} = \overline{\overline{x}} - A_2\overline{R}$$

式中，$A_2 = 3\alpha_n/\sqrt{n}$，为常数，可由表 10-8 查得。

$$R\text{ 图：中线 } \overline{R} = \frac{1}{k}\sum_{i=1}^{k}R_i$$

$$\text{上控制线 } R_s = \overline{R} + 3\sigma_R = (1+3da_n)\overline{R} = D_1\overline{R}$$

$$\text{下控制线 } R_x = \overline{R} - 3\sigma_R = (1-3da_n)\overline{R} = D_2\overline{R}$$

式中，D_1、D_2 为常数，可由表 10-8 查得。

在点图上作出中线和上下控制线后，就可根据图中点的情况来判别工艺过程是否稳定（即判断波动状态是否属于正常），判别的标志参见表 10-9。

$\overline{x}$ 在一定程度上代表了瞬时的分散中心，故 $\overline{x}$ 点图主要反映系统误差及其变化趋势；R 在一定程度上代表了瞬间的尺寸分散范围，故 R 点图可反映出随机误差及其变化趋势。单独的 $\overline{x}$ 点图和 R 点图不能全面地反映加工误差的情况，因此这两种必须结合起来应用。

表 10-9 正常波动与异常波动标志

正常波动	异常波动
1)没有点子超出控制线 2)大部分点子在中线上下波动,小部分在控制线附近 3)点子分布没有明显的规律性	1)有点子超出控制线 2)点子密集在中线上下附近 3)点子密集在控制线附近 4)连续 7 点以上出现在中线一侧 5)连续 11 点中有 10 点出现在中线一侧 6)连续 14 点中有 12 点以上出现在中线一侧 7)连续 17 点中有 14 点以上出现在中线一侧 8)连续 20 点中有 16 点以上出现在中线一侧 9)点子有上升或下降倾向 10)点子有周期性波动

10.6 提高和保证加工精度的途径

为了提高和保证机械加工精度，必须找出造成加工误差的主要因素（原始误差），然后采取相应的工艺技术措施来控制或减少这些因素的影响。生产实际中，尽管有许多减少误差的方法和措施，但从误差减少的技术上看，可将它们分成两大类。

1. 误差预防

误差预防指减少原始误差或减少原始误差的影响，亦即减少误差源或改变误差源至加工误差之间的数量转换关系。实践与分析表明，当加工精度要求高于某一程度后，利用误差预

防技术来提高加工精度所花费的成本将按指数规律增长。

2. 误差补偿

误差补偿指在现存的表现误差条件下，通过分析、测量，进而建立数学模型，并以这些信息为依据，人为地在系统中引入一个附加的误差源，使之与系统中现存的表现误差相抵消，以减少或消除零件的加工误差。在现有工艺条件下，误差补偿技术是一种经济有效的方法，尤其是借助计算机辅助技术，可达到很好的效果。

10.6.1 误差预防技术

误差预防技术主要有以下六种具体措施：

1. 直接减少原始误差

直接减少原始误差是在生产中应用较广的一种基本方法。它是在查明影响加工精度的主要原始误差因素之后，设法对其直接进行消除或减少。例如加工细长轴时，因工件刚度极差，容易产生弯曲变形和振动，严重影响加工精度。为了减少因背向力使工件弯曲变形所产生的加工误差，可采取下列措施：

1）采用反向进给的切削方式，进给方向由头架一端指向尾座，使 F_x 力对工件起拉伸作用，同时将尾座改为可伸缩的回转顶尖，就不会因 F_x 和热应力而压弯工件（图 10-51b）。

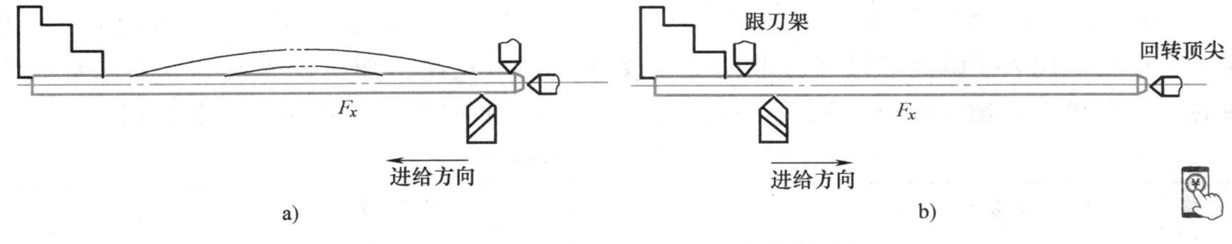

图 10-51 不同进给方向加工细长轴的比较

a）进给方向从尾座向头架 b）进给方向从头架向尾座

2）采用大进给量和较大主偏角的车刀，增大 F_x 力，工件在强有力的拉伸作用下，具有抑制振动的作用，使切削平稳。

2. 转移原始误差

转移原始误差是把影响加工精度的原始误差转移到不影响或少影响加工精度的方向或其他零部件上。例如，在成批生产中，用镗模加工箱体孔系，工件的加工精度完全靠镗模和镗杆的精度来保证。由于镗模的结构远比整台机床简单，精度容易保证，这样就把机床的主轴回转误差、导轨误差等原始误差转移了，在实际生产中得到广泛的应用。

又如，图 10-52 所示是利用转移误差的方法转移转塔车床转塔刀架转位误差的例子。转塔车床的转塔刀架在工作时需经常旋转，因此要长期保持它的转位精度是比较困难的。假如转塔刀架上外圆车刀的切削基面也像卧式车床那样在水平面内（图 10-52a），那么转塔刀架的转位误差处在误差敏感方向，将严重影响加工精度。因此，生产中都采用“立刀”安装法，将切削刃的切削基面放在垂直平面内（图 10-52b），这样就把刀架的转位误差转移到了误差的不敏感方向，由刀架转位误差引起的加工误差也就减小到可以忽略不计的程度。

3. 均分原始误差

生产中可能会遇到本工序的加工精度是稳定的，但由于毛坯或上道工序加工的半成品精

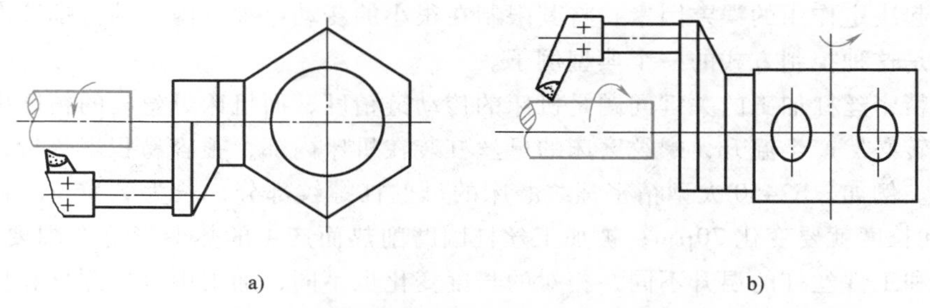

图 10-52　转塔车床转塔刀架转位误差的转移
a）卧式安装车刀　b）立式安装车刀

度波动较大，引起定位误差或复映误差太大，因而造成本工序加工超差。解决这类问题的有效途径之一是采用分组调整（即均分误差）的方法：把毛坯按误差大小分为 n 组，每组毛坯的误差就缩小为原来的 $1/n$。然后按各组尺寸分别调整刀具与工件的相对位置或选用合适的定位元件，就可大大缩小整批工件的尺寸分散范围。这种方法比提高毛坯精度或上道工序加工精度往往要简便易行得多。

4. 均化原始误差

机床、刀具的某些误差（如导轨的直线度、机床传动链的传动误差等）是根据局部地方的最大误差值来判定的。如果利用有密切联系的表面之间的相互比较、相互修正，或者利用互为基准进行加工，就能让这些局部较大的误差比较均匀地影响整个加工表面，使传递到工件表面的加工误差较为均匀，因而工件的加工精度相应地就大大提高。

例如，研磨时研具的精度并不很高，分布在研具上的磨料粒度大小也可能不一样，但由于研磨时工件和研具间有复杂的相对运动轨迹，使工件上各点均有机会与研具的各点相互接触并受到均匀的微量切削，同时工件和研具相互修整，精度也逐步共同提高，进一步使误差均化，因此就可获得精度高于研具原始精度的加工表面。

5. 就地加工法

在机械加工和装配中，有些精度问题牵涉到很多零部件的相互关系；单纯依靠提高零部件的精度来满足设计要求，有时不仅困难，甚至不可能。而采用就地加工法可解决这种难题。就地加工法的要点是：要保证部件间有什么样的位置关系，就要在这样的位置关系上利用一个部件装上刀具去加工另一个部件。

例如，在转塔车床制造中，转塔上六个安装刀架的大孔轴线必须保证与机床主轴回转轴线重合，各大孔的端面又必须与主轴回转轴线垂直。如果把转塔作为单独零件加工出这些表面，那么在装配后要达到上述两项要求是很困难的。采用就地加工方法，把转塔装配到转塔车床上后，在车床主轴上装镗杆和径向进给小刀架来进行最终精加工，就很容易保证上述两项精度要求。

这种“自干自”的加工方法在生产中应用很多。如牛头刨床、龙门刨床为了使它们的工作台面分别对滑枕和横梁保持平行的位置关系，都是在装配后在自身机床上进行“自刨自”的精加工。平面磨床的工作台面也是在装配后做“自磨自”的最终加工。

6. 控制误差因素

在某些复杂精密零件的加工中，当难以对主要精度参数直接进行在线测量和控制时，可

以设法控制起决定作用的误差因素，将其限制在很小的变动范围以内。精密螺纹磨床的自动恒温控制就是这种控制方式的一个典型例子。

高精度精密丝杠加工的关键问题是机床的传动链精度，而机床母丝杠的精度更是关系重大。机床运转必然产生温升，螺纹磨床的母丝杠装在机床内部，很容易积聚热量，产生相当大的热变形。例如，S7450大型精密螺纹磨床的母丝杠螺纹部分，长为5.86m，温度每变化1℃，母丝杠长度就要变化70μm；被加工丝杠因磨削热而产生的热变形比车削要严重很多。由于母丝杠和工件丝杠的温升不同，相对的长度变化也不同，加工中直接测量和控制工件螺距累积误差也是不可能的，这就使操作者无法在加工过程中掌握加工精度。因此可以通过控制影响工件螺距累积误差的主要误差因素——加工过程中母丝杠和工件丝杠的温度变化来保证工件螺距精度，具体方法如下：

1）母丝杠采用空心结构，通入恒温油使母丝杠恒温。油液从丝杠右端经中心管送入，然后经丝杠的内壁从丝杠左端流出中心管，再回到油池。油液在母丝杠内一来一回，可使母丝杠的温度分布均匀。

2）为了保证工件丝杠温度也相应稳定，一方面采用淋浴的方法使工件恒温，另一方面在砂轮的磨削区域用低于室温的油做局部的冷却，带走磨削所产生的热量。

3）用泵将经过冷冻机降温的油从油池内抽出，并经自动温度控制系统使油的温度达到给定值后再送入母丝杠和工件淋浴管道内，以实现恒温。

某工厂采用了这一恒温控制装置，分别控制母丝杠和工件丝杠的温度，使两者的温差保持在±2℃以内，磨出了3m长的5级精度丝杠，全长的螺距累积误差只有0.02mm。

10.6.2 误差补偿技术

误差补偿方法就是人为地造出一种新的原始误差去抵消当前成为问题的原有的原始误差，并应尽量使两者大小相等、方向相反，从而达到减小加工误差，提高加工精度的目的。

一个误差补偿系统一般包含三个主要功能装置，即①误差补偿信号发生装置，发出与原始误差大小相等的误差补偿信号；②信号同步装置，保证附加的补偿误差与原始误差相位相反，即相位相差180°；③误差合成装置，实现补偿误差与原始误差的合成。

1. 静态补偿误差

静态补偿误差是指误差补偿信号是事先设定的。特别是补偿机床传动链长周期误差的方法已经比较成熟。例如，在图10-16所示的丝杠加工误差校正曲线机构中，以校正尺作为误差补偿信号发生装置；将校正尺安装在机床床身的正确位置，以实现信号同步；通过螺母附加转动实现误差合成。

随着计算机技术的发展，可以使用柔性的“电子校正尺”来取代传统的机械校正尺，即将原始误差数字化，作为误差补偿信号；利用光、电、磁等感应装置实现信号同步；利用数控机构实现误差合成。

2. 动态补偿误差

用误差补偿的方法来消除或减小常值系统误差一般来说比较容易，因为用于抵消常值系统误差的补偿量是固定不变的。对于变值系统误差的补偿就不是用一种固定的补偿量所能解决的，需要采取动态补偿误差的方法。动态误差补偿又称为积极控制，常见形式有以下两种：

（1）在线检测　在加工中随时测量出工件的实际尺寸或形状、位置精度等所关心的参数，随时给刀具以附加的补偿量来控制刀具和工件间的相对位置。这样，工件尺寸的变动范围始终在自动控制之中。现代机械加工中的在线测量和在线补偿就属于这种形式。

（2）偶件自动配磨　这种方法是将互配件中的一个零件作为基准，控制另一个零件的加工精度。在加工过程中自动测量工件的实际尺寸，并和基准件的尺寸比较，达到规定的差值时机床就自动停止加工，从而保证精密偶件间要求很高的配合间隙。柴油机高压油泵柱塞的自动配磨采用的就是这种形式的积极控制。

习题与思考题

10-1　机械加工精度的具体含义是什么？

10-2　试举例说明在加工过程中，工艺系统受力变形、热变形、磨损和残留应力怎样影响零件的加工精度。各应采取什么措施来克服这些影响？

10-3　主轴回转误差包括哪几种基本形式？哪些措施可以提高主轴回转精度？

10-4　车床床身导轨在垂直平面内及水平面内的直线度对车削圆轴类零件的加工误差有什么影响？影响程度各有何不同？

10-5　在车床上用自定心卡盘定位、夹紧精镗一薄壁铜套（外径 ϕ50mm，内径 ϕ40mm，长度 120mm）。若机床的几何精度很高，试分析加工后产生内孔的尺寸、形状及其与外圆同轴度误差的主要因素。

10-6　在车床上加工一批光轴的外圆，加工后经测量发现工件有四种误差现象（图10-53），试分析说明产生上述误差的各种可能因素。

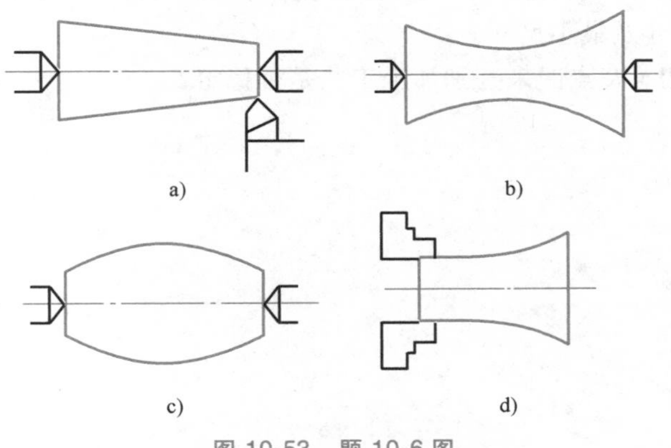

图 10-53　题 10-6 图

10-7　已知一工艺系统的误差复映系数为 0.25，工件在本工序前有椭圆度误差 0.45mm，若本工序规定的形状精度公差为 0.01mm，至少走几刀方能使形状精度合格？

10-8　如图 10-54 所示，横磨工件时，设横向磨削力 F_y = 100N，主轴箱刚度 k_{tj} = 5000N/mm，尾座刚度 k_{wz} = 4000N/mm，加工工件尺寸如图 10-54 所示，求加工后工件的锥度。

10-9　在车床上加工丝杠，工件总长为 2650mm，螺纹部分的长度 L = 2000mm，工件材

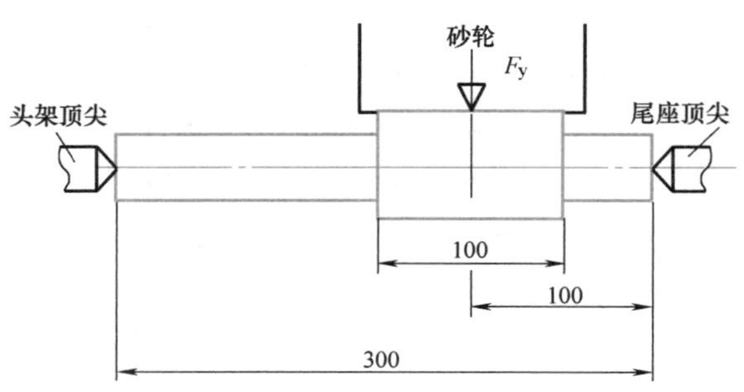

图 10-54　题 10-8 图

料和母丝杠材料都是 45 钢，加工时室温为 20℃，加工后工件温升至 45℃，母丝杠温升至 30℃，试求工件全长上由于热变形引起的螺距累积误差。

10-10　某车床各部件刚度为 $k_{tj}=80000\text{N/mm}$，$k_{wz}=60000\text{N/mm}$，$k_{dj}=50000\text{N/mm}$，加工短粗工件外圆，若切削力 $F_y=420\text{N}$，试求工件加工后的形状误差和尺寸误差。

10-11　在车床上车削一批小轴。经测量实际尺寸大于要求尺寸，从而需要返修的小轴占总数的 24.2%，小于要求尺寸且不能返修的小轴占总数的 1.79%。若小轴的直径公差 $T=0.14\text{mm}$，整批工件服从正态分布，试确定该工序尺寸均方差 σ、工序能力系数 C_p 及车刀调整误差 δ。

10-12　车削一批轴的外圆，其尺寸要求为 $\phi(25\pm0.05)\text{mm}$，已知此工序的加工误差分布曲线是正态分布，其标准差 $\sigma=0.025\text{mm}$，曲线的峰值偏于公差带的左侧 0.03mm。试求零件的合格品率和废品率。工艺系统经过怎样的调整可使废品率降低？

10-13　在无心磨床上用贯穿法磨削加工 $\phi20\text{mm}$ 的小轴，已知该工序的标准差 $\sigma=0.003\text{mm}$，现从一批工件中任取 5 件，测量其直径，求得算术平均值为 $\phi20.008\text{mm}$。试估算这批工件的最大尺寸及最小尺寸。

10-14　如何利用 $\bar{x}$-R 点图来判别加工工艺是否稳定？

第 11 章

机械加工表面质量

11.1 机械加工表面质量的含义

实践表明，机械零件的破坏，一般总是从表面层开始的，这说明零件的表面质量是至关重要的，它对产品的使用性能有很大影响。加工表面质量是指由一种或几种加工、处理方法获得的表面层状况，包括两个方面内容：加工表面的几何形状误差和表面层金属的力学物理性能。

11.1.1 加工表面的几何形状误差

加工表面的几何形状误差包括以下四个方面，如图 11-1 所示。

1. 表面粗糙度

表面粗糙度是指加工表面微观几何形状误差，主要由机械加工中切削刀具的运动轨迹，以及一些物理因素所引起，其波度高与波度宽的比值一般小于 1∶50。表面粗糙度参数可从轮廓算术平均偏差 *Ra* 和轮廓最大高度 *Rz* 三项中选取，在常用的参数值范围内推荐优先选用 *Ra*。

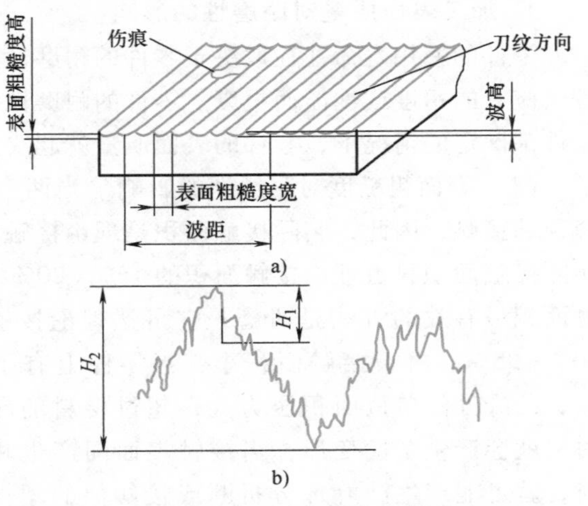

图 11-1 加工表面的几何描述

a）表面纹理 b）表面粗糙度与波纹度

2. 波纹度

波纹度是指介于宏观几何形状误差（即形状和位置误差）与微观几何形状误差（即表面粗糙度）之间的周期性几何形状误差，主要由切削刀具的低频振动和位移造成，其波度宽一般在 1~10mm 范围内，波度高与波度宽的比值一般为 1∶50~1∶1000。当波长与波度宽的比值大于 1∶1000 时，即为宏观几何形状误差，如圆度误差和圆柱度误差等，属于加工精度范畴。

表面粗糙度与波纹度可以如图 11-1b 所示，H_1 为表面粗糙度高，H_2 为波纹度高。

3. 纹理方向

纹理方向是指表面刀纹的方向，它取决于表面形成过程中所采用的机械加工方法。

4. 伤痕

伤痕是在加工表面一些个别位置上出现的缺陷，如砂眼、气孔和裂痕等。

11.1.2 表面层金属的物理力学性能

表面层的材料在加工时会产生物理、力学以及化学性质的变化。在去除工件表层余量的加工过程中，金属表面受到楔入、挤压和断裂的复杂力学作用，产生弹性、塑性变形和残留应力。同时由于切削区局部的高温作用，环境介质（切削液、空气等）的物理、化学作用，使表层的物理力学性能发生很大变化，主要反映在以下三个方面：

1. 表面层金属的冷作硬化

表面层金属硬度的变化用硬化程度和深度两个指标来衡量。在机械加工过程中，工件表面层金属都会有一定程度的冷作硬化，使表面层金属的显微硬度有所提高。一般情况下，硬化层的深度可达 0.05~0.30mm；如果采用滚压加工，硬化层的深度可达几个毫米。

2. 表面层金属的金相组织

机械加工过程中，由于切削热的作用会引起表面层金属的金相组织发生变化。在磨削淬火钢时，由于磨削热的影响会引起淬火钢中马氏体的分解，或出现回火组织等。

3. 表面层金属的残留应力

由于切削力和切削热的综合作用，表面层金属的晶格会发生不同程度的塑性变形或产生金相组织的变化，使表面层金属产生残留应力。

11.1.3 加工表面质量对零件使用性能的影响

1. 加工表面质量对耐磨性的影响

零件的使用寿命往往取决于零件的耐磨性，当相互摩擦的表面磨损到一定程度时，就会丧失应有的精度或性能而报废。零件的耐磨性主要与摩擦副的材料和润滑条件有关，在这些条件都确定的情况下，零件的表面质量就起决定性的作用。

（1）表面粗糙度对耐磨性的影响　当两个零件的表面互相接触时，实际只是在一些凸峰顶部接触，因此，实际接触面积是理论接触面积的一部分。据统计，车削、铣削和铰孔的实际接触面积只占理论接触面积的 15%~20%，即使精磨后也只占 30%~50%。增加实际接触面积最有效的方法是研磨，它可达理论接触面积的 90%~95%。由于接触面积小，当零件上有了作用力后，凸峰处的单位面积压力大，超过材料的屈服极限时，就会产生塑性变形；当接触表面间产生相对运动时，就可能产生凸峰部分折断或接触面的塑性滑移而迅速磨损。即使在有润滑的情况下，若接触点处单位面积压力过大，超过了润滑油存在的临界值，油膜被破坏，也会形成干摩擦，加剧磨损。

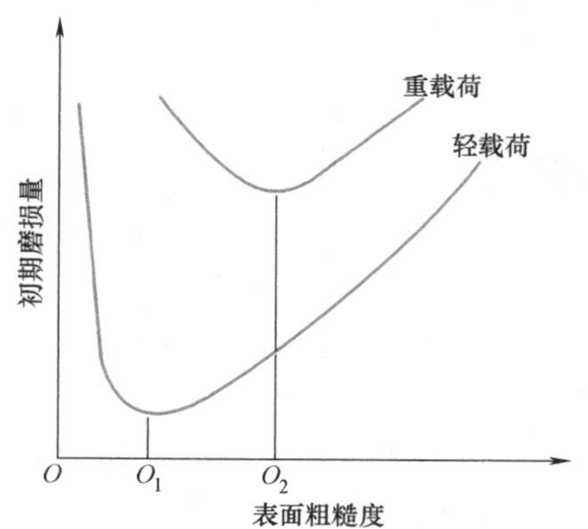

图 11-2　不同表面粗糙度对初期磨损量的影响曲线

表面粗糙度对摩擦面的磨损影响极大，但并不是表面粗糙度越低越耐磨。如图 11-2 所示的两条曲线是试验所得的不同表面粗糙度对初期磨损量的影响曲线。从曲线可见，存在着某个最佳点，这一点所对应的表面粗糙度是零件最耐磨的表面粗糙度，具有这样表面粗糙度的零件的初期磨损量最小。

摩擦载荷加重或润滑等条件恶化时，磨损曲线向上、向右移动，最佳表面粗糙度也随之右移。在一定工作条件下，如果表面粗糙度值过高，实际压强增大，粗糙不平的凸峰互相啮合、挤裂和切断加剧，磨损也就加剧。表面粗糙度值过低也会导致磨损加剧，因为表面太光滑，存储润滑油的能力很差，而且接触面容易发生分子粘接。

因此，应根据工作时的摩擦条件，确定零件合理的表面粗糙度。一对摩擦副在一定的工作条件下通常有一最佳表面粗糙度，过大或过小的表面粗糙度值均会引起工作时的严重磨损。

（2）表面纹理对耐磨性的影响　表面纹理的形状及刀纹方向对耐磨性也有一定影响，其原因在于纹理形状及刀纹方向将影响有效接触面积与润滑油的存留。一般来说，圆弧状、凹坑状表面纹理的耐磨性好；尖峰状的表面纹理由于摩擦副接触面压强大，耐磨性较差。在运动副中，两相对运动零件表面的刀纹方向均与运动方向相同时，耐磨性较好；两者的刀纹方向均与运动方向垂直时，耐磨性最差；其余情况处于上述两种状态之间。但在重载工况下，由于压强、分子亲和力及润滑油存储等因素的变化，耐磨性规律可能会有所差异。

（3）冷作硬化对耐磨性的影响　加工表面的冷作硬化一般都能使耐磨性有所提高。其主要原因是：冷作硬化使表面层金属的显微硬度提高，塑性降低，减少了摩擦副接触部分的弹塑性变形，故可减少磨损。例如，Q235 钢在冷拔加工后硬度提高 15%~45%，各磨损试验中测得的磨损量可减少 20%~30%。但过度硬化时，表面脆性过高，将引起金属组织的疏松，甚至会出现疲劳裂纹，使磨损加剧，乃至产生剥落，故加工硬化的硬度有一个最优值。

（4）金相组织变化对耐磨性的影响　表面层金相组织变化也会改变零件材料的原有硬度，影响其耐磨性。适度的残留压应力一般使结构紧密，有助于提高耐磨性。

2. 加工表面质量对零件疲劳强度的影响

零件的疲劳破坏主要是在交变应力作用下，在内部缺陷或应力集中处产生疲劳裂纹而引起的。由于表面粗糙度的谷底在交变载荷作用下很容易形成应力集中，故表面粗糙度对零件疲劳强度有较大影响。对承受交变载荷的零件，减小其容易产生应力集中部位的表面粗糙度值，可以明显提高零件的疲劳强度。

适度的加工硬化，可使表层金属强化，故能减小交变变形的幅值，阻碍疲劳裂纹的产生和扩展，从而提高疲劳强度。但过高的加工硬化，会使表面脆性增加，可能出现较大的脆性裂纹，反而降低疲劳强度。

表层残留应力对疲劳强度影响很大。适度的表层残留压应力可以抵消一部分由交变载荷引起的拉应力，有使裂纹闭合的趋势，使疲劳强度有所提高。残留拉应力则有引起裂纹扩展的趋势，使疲劳强度降低。

3. 加工表面质量对零件耐腐蚀性能的影响

在粗糙表面的凹谷处容易因积聚腐蚀性介质而发生化学腐蚀，凸峰处可能因产生电化学作用而引起电化学腐蚀。因此，减小加工表面粗糙度值有利于提高零件的耐腐蚀性能。

表层残留应力对耐腐蚀性有较大影响。残留压应力使表面紧密，腐蚀介质不易进入，从而增强耐腐蚀性；残留拉应力则会降低耐腐蚀性。也有资料认为，表层残留应力一般都会降低零件的耐腐蚀性。表面冷硬或金相组织变化时，往往会因引起残留应力而降低耐腐蚀性。

4. 加工表面质量对配合质量的影响

对于相配零件，无论是间隙配合、过渡配合还是过盈配合，如果表面加工粗糙，则必然要影响到它们的实际配合性质。

机器运转时，对间隙配合来说，配合表面将不断磨损，磨损是从初期开始的，即要经过一个所谓的“磨合”阶段才能进入正常的工作状态。如果表面粗糙度值太大，初期磨损量就大，间隙就会增大，以致改变原来的配合性质，影响间隙配合的稳定性，很可能机器刚经过“磨合”阶段就已漏气、漏油或晃动而不能正常工作。因此，对间隙配合，特别是在间隙要求很小、很精密的情况下，必须保证有较低的表面粗糙度值。

对于过盈配合来说，轴在压入孔内时表面粗糙度的部分凸峰会挤平，而使实际过盈量比预定小，影响过盈配合的可靠性。按测量所得的配合件尺寸经计算求得的过盈量与装配后的实际过盈量相比，由于表面粗糙度的影响，通常是不一致的。因为过盈量是轴和孔的直径之差，而轴和孔的直径在测量时都要受到表面粗糙度 Rz 的影响。对于孔来说，应在测得的直径尺寸上加一个 Rz 才是真正影响过盈配合松紧程度的有效尺寸，而轴必须减去一个 Rz 才是真正的有效尺寸。

但是试验的结果又说明，如果表面粗糙度值太高，即使做了补偿计算，并按此加工取得了规定的过盈量，其过盈配合的强度与具有同样有效过盈量的低表面粗糙度值的配合零件的过盈配合相比，还是低很多。也就是说，即使实际有效过盈量符合要求，加工表面粗糙度还是对过盈配合性质影响很大。

过渡配合兼有上述两种配合的问题，因此，对有配合要求的表面都要求较低的表面粗糙度值。

5. 其他影响

表面质量对零件的使用性能还有一些其他的影响。例如，较大的表面粗糙度值会影响液压油缸和滑阀的密封性；恰当的表面粗糙度值能提高滑动零件的运动灵活性，减少发热和功率损失；残留应力会使零件因应力重新分布而逐渐变形，从而影响其尺寸和形状精度等。

11.2 已加工表面成形机理

金属切削过程中，加工表面经过第三变形区后，形成已加工表面。第三变形区的刀具与加工表面的相互作用将直接影响已加工表面质量。下面详细分析第三变形区的变形过程，从而了解已加工表面质量的形成机理。

在分析第一、第二变形区时，将刀具看作是绝对锋利的。但实际生产中使用的刀具，为提高刃口的承载能力，刀具刃口都具有一个半径为 r_β 的钝圆，如图 11-3 所示。r_β 的大小取决于刀具的刃磨质量和刀具材料。由图 11-3 可知，当切削层金属以 v 的速度趋近于切削刃时，由于 r_β 的作用，切削层金属 O 点以上的部分通过剪切滑移，沿前面流出成为切屑；O 点以下，厚度为 Δa 的一层金属在圆弧

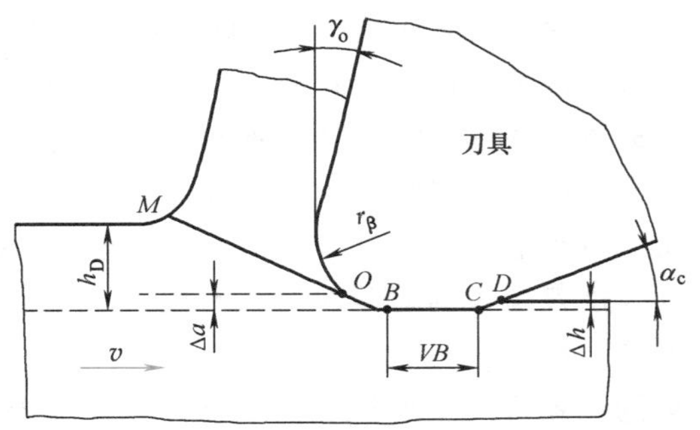

图 11-3 已加工表面的形成过程

刃的作用下，被挤压留在已加工表面上，在 *BC* 段，这层金属又受到后面上被磨损的一段小棱面 *VB* 的挤压与摩擦，使该层金属又发生塑性变形，表层下面的基体金属则受到弹性变形。当刀具与之脱离接触后，该层金属又弹性恢复 Δh，最后形成已加工表面。由此可见，圆弧部分 *OB*、磨损小棱面 *BC*（*VB*）及 *CD* 三部分构成后面上的总接触长度，其接触情况直接影响已加工表面质量，如表层应力的性质及大小、硬化程度及深度以及表层金相组织等。已加工表面形成机理是分析已加工表面质量的重要物理基础。

11.3 影响加工表面质量的因素

11.3.1 影响切削加工后表面粗糙度的因素

1. 几何因素

几何因素主要指刀具的形状和几何角度，特别是刀尖圆弧半径 r_ε、主偏角 κ_r 和副偏角 κ_r'等，还包括进给量 f，以及切削刃本身的表面粗糙度等。

在理想切削条件下，几何因素造成的理论表面粗糙度的最大高度 R_{max} 可由几何关系求出。

如图 11-4 所示，设 $r_\varepsilon=0$，可求得 $R_{max}=f/(\cot\kappa_r+\cos\kappa_r')$。

实际上刀尖总会具有一定的圆弧半径，即 $r_\varepsilon\neq0$。此时可求得 $R_{max}\approx f^2/(8r_\varepsilon)$。

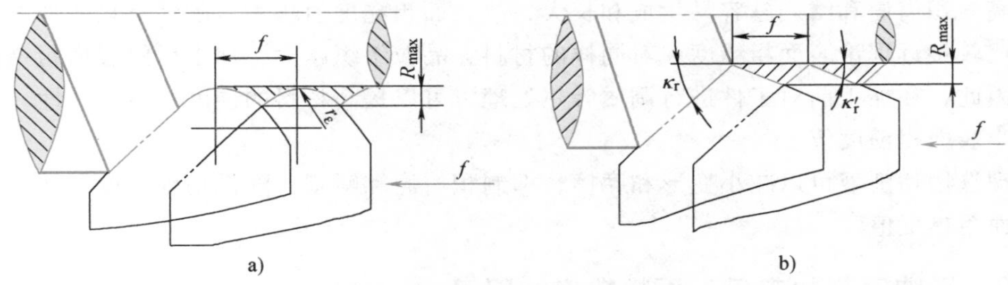

图 11-4 车削时的残留面积高度

a）圆刃口车削 b）尖刃口车削

2. 物理因素

由于存在着与被加工材料的性能及切削机理有关的物理因素，切削加工后的实际表面粗糙度与理论表面粗糙度往往有较大区别。

对塑性材料，在一定的切削速度下会在刀面上形成硬度很高的积屑瘤，代替切削刃进行切削，从而改变刀具的几何角度和切削厚度。切屑在前面上的摩擦和冷焊作用，可能使切屑周期性停留，代替刀具推、挤切削层，造成切削层和工件间出现撕裂现象，形成鳞刺。而且积屑瘤和切屑的停留周期都不是稳定的，显然会大大增加表面粗糙度值。

在切削过程中刀具的刃口圆角及后面的挤压和摩擦会使金属材料产生塑性变形，理论残留断面歪曲，使表面粗糙度值增大。

3. 工艺因素

（1）刀具的几何形状、材料、刃磨质量　这些参数对表面粗糙度的影响可以通过对理论残留面积，对摩擦、挤压和塑性变形的影响，产生振动的可能性等方面来分析。例如，前

角γ增加有利于减小切削力，使塑性变形减小，从而可减小表面粗糙度值；但γ过大时，切削刃有切入工件的趋向，较容易产生振动，故表面粗糙度值反而增加。又如，刀尖圆弧半径r_ε增大，从几何因素看可减小表面粗糙度值，但也会因此增加切削过程中的挤压和塑性变形，因此只是在一定范围内，r_ε的增加才有利于降低表面粗糙度值。

对刀具材料，主要应考虑其热硬性、摩擦因数及与被加工材料的亲和力。热硬性高，则耐磨性好；摩擦因数小，则有利于排屑；与被加工材料的亲和力小，则不易产生积屑瘤和鳞刺。

刀具刃磨质量集中反映在刀口上。刃口锋利，则切削性能好；刃口表面粗糙度值小，则有利于减小刀具表面粗糙度在工件上的复映。

（2）切削用量　进给量f直接影响理论残留高度，还会影响切削力和材料塑性变形。当$f>0.15\text{mm/r}$时，减小f可以明显地减小表面粗糙度值；当$f<0.15\text{mm/r}$时，塑性变形的影响上升到主导地位，继续减小f对表面粗糙度的影响不显著。一般背吃刀量a_p对表面粗糙度影响不明显。只是a_p及f过小时，会由于刀具不够锋利，系统刚度不足而不能切削，因此形成的挤压会造成表面粗糙度值反而增加。切削速度v值较大，常能防止积屑瘤、鳞刺的产生。对于塑性材料，高速切削时v超过塑性变形速度，材料来不及充分变形；对于脆性材料，高速切削时温度较高，材料会不那么脆，故高速切削有利于减小表面粗糙度值。

（3）工件材料和润滑冷却　材料的塑性程度对表面粗糙度影响很大。一般地说，塑性程度越高，积屑瘤和鳞刺越容易生成和长大，故表面粗糙度值越大。脆性材料的加工表面粗糙度则比较接近理论表面粗糙度。对同样的材料，晶粒组织越大，加工后的表面粗糙度值就越大。因此，在加工前对工件进行调质等热处理，可以提高材料的硬度，降低塑性，细化晶粒，减小表面粗糙度值。

合理选用切削液可以减小变形和摩擦，抑制积屑瘤和鳞刺，降低切削温度，从而有利于减小表面粗糙度值。

11.3.2　影响磨削加工后表面粗糙度的因素

1. 砂轮

影响磨削加工后表面粗糙度的因素主要有砂轮的粒度、硬度、组织、材料、修整及旋转质量的平衡等因素。

砂轮粒度细，则单位面积上的磨粒数多，因此加工表面上的刻痕细密均匀，表面粗糙度值小。当然此时相应的背吃刀量也要小，否则可能会堵死砂轮，产生烧伤。

砂轮硬度指磨粒从砂轮上脱落的难易程度，它的选择与工件材料、加工要求有关。砂轮硬度过硬，则磨粒钝化后仍不脱落，过软则太易脱落，这两种情况都会减弱磨粒的切削作用，难以得到较小的表面粗糙度值。

组织指磨粒、结合剂和气孔的比例关系。紧密组织能获得高精度和小的表面粗糙度值。疏松组织不易堵塞，适合加工较软的材料。

砂轮的材料是指磨料。选择磨料时，要综合考虑加工质量和成本。如金刚石砂轮可得到极小的表面粗糙度值，但加工成本比较高。

砂轮修整对磨削表面粗糙度影响很大，通过修整可以使砂轮具有正确的几何形状和锋利的微刃。砂轮的修整质量与所用修整工具、修整砂轮纵向进给量等有密切关系。以单颗粒金刚石笔为修整工具，并取很小的纵向进给量修整出的砂轮，可以获得很小的表面粗糙度值。

砂轮旋转质量的平衡对磨削表面粗糙度也有影响。

2. 磨削用量

磨削用量主要有砂轮速度、工件速度、进给量、磨削深度（背吃刀量）及空走刀数。

砂轮速度 v_s 高，则每个磨粒在单位时间内去除的切屑少，切削力减小，热影响区较浅，单位面积的划痕多，塑性变形速度可能跟不上磨削速度，因而表面粗糙度值小。v_s 高时生产率也高，故目前高速磨削发展很快。

工件速度 v_g 对表面粗糙度的影响与 v_s 相反，v_g 高时会使表面粗糙度值变大。

轴向进给量 f 小，则单位时间内加工的长度短，故表面粗糙度值小。

背吃刀量 a_p 对表面粗糙度影响相当大。减小 a_p，将减小工件材料的塑性变形，从而减小表面粗糙度值，但同时也会降低生产率。为此，在磨削过程中可以先采用较大的 a_p，然后采用较小的 a_p，最后进行几次只有轴向进给、没有横向进给的空走刀。

此外，工件材料的性质、切削液的选择和使用等对磨削表面粗糙度也有明显影响。

11.3.3 影响表面层物理力学性能的主要因素

1. 加工表面的冷作硬化

机械加工时，加工表面的显微硬度是加工过程中塑性变形引起的冷作硬化与切削热引起的材料弱化，以及金相组织变化引起的硬度变化综合作用的结果。

切削力使金属表面层塑性变形，晶粒间剪切滑移，晶格扭曲，晶粒拉长、破碎和纤维化，引起表层材料强化，强度和硬度提高。

切削热对硬化的影响比较复杂。当温度低于相变温度时，切削热使表面层软化，可能在塑性变形层中引起恢复和再结晶，从而使材料弱化。更高的温度将引起相变，此时需要结合冷却条件来考虑相变后的硬度变化。

在车、铣、刨等切削过程中，由切削力引起的塑性变形起主导作用，加工硬化较明显。磨削温度比切削温度高得多，因此，在磨削过程中由磨削热及冷却条件决定的弱化或金相组织变化常常起主导作用。若磨削温度显著超过材料的回火温度但仍低于相变温度时，热效应将使材料软化，出现硬度较低的索氏体或托氏体。若磨削淬火钢，其表层温度已超过相变温度，由于最外层温度高，冷却充分，一般得到硬度较高的二次淬火马氏体；次外层温度略低且冷却不够充分，则形成硬度较低的回火组织。故工件表面层硬度相对于整体材料为最外层较高，次外层则稍低。

影响表面层冷作硬化的主要因素如下：

（1）切削力　切削力越大，塑性变形越大，加工硬化越严重。因此，增大进给量 f、背吃刀量 a_p 及减小刀具前角 γ_o 和后角 α_o 都会增大切削力，使冷作硬化严重。

（2）切削温度　切削温度越高，软化作用越大，使硬化程度降低。

（3）切削速度　当切削速度很高时，刀具与工件接触时间很短，被切金属变形速度很快，会使已加工表面金属塑性变形不充分，因而产生的加工硬化也就相应较小。

以上三个方面的影响因素主要是刀具的几何参数、切削用量和被加工材料的力学性能。因此，减小表面层冷作硬化的措施可以从以下几个方面考虑：

1）合理选择刀具的几何参数，尽量采用较大的前角和后角，并在刃磨时尽可能减小切削刃口圆角半径。

2）合理选择切削用量，采用较高的切削速度 v、较小的进给量 f 和较小的背吃刀量 a_p。

3）使用刀具时，应合理限制其后面的磨损程度。

4）合理使用切削液，良好的冷却润滑可以使冷作硬化减轻。

2. 表面层金相组织变化与磨削烧伤

切削加工过程中，加工区由于切削热的作用，加工表面温度会升高。当温度升高到超过金相组织转变的临界点时，就会产生金相组织变化。磨削加工时去除单位体积材料所消耗的能量，常是其他切削加工时的数十倍。这样大的能量消耗绝大部分转化为热。由于磨屑细小，砂轮导热性相当差，故磨削时约有 70% 以上的热量瞬时进入工件。磨削区温度可达 1500～1600℃，已超过钢的熔点；工件表层温度可达 900℃以上，超过相变温度 Ac_3。结合不同的冷却条件，表层的金相组织可发生相当复杂的变化。

（1）磨削烧伤的主要类型　以淬火钢为例来分析磨削烧伤。磨削时，若工件表层温度超过相变温度 Ac_3（对一般中碳钢约为 720℃），则表层转为奥氏体。此时若有充分切削液，则表层急剧冷却形成二次淬火马氏体，硬度比回火马氏体高，但硬度层很薄，其下层为回火索氏体或托氏体。此时表层总的硬度下降，称为淬火烧伤。若表层转为奥氏体后无切削液，则表层被退火，硬度急剧下降，称为退火烧伤。若磨削时温度在相变温度与马氏体转变温度之间（对中碳钢约为 300～720℃），马氏体转变为回火托氏体或索氏体，称为回火烧伤。

（2）影响磨削烧伤的主要因素及防止措施　影响磨削烧伤的因素有磨削用量、工件材料、砂轮性能及冷却条件等。

无论是何种烧伤，如果比较严重都会使零件使用寿命成倍下降，甚至根本无法使用。因此，磨削时要避免烧伤，产生磨削烧伤的根源是磨削区的温度过高，因此，要减少磨削热的产生和加速磨削热的传出，以避免磨削烧伤。具体措施如下：

1）合理选择磨削用量。背吃刀量 a_p 对磨削温度升高的影响最大，故从减轻烧伤的角度看，不宜太大。进给量 f 增加，磨削功率和磨削区单位时间内的发热量会增加，但热源面积也会增加且增加的指数更大，从而使磨削区单位面积发热率下降，故提高 f 对提高生产率和减轻烧伤都是有利的。

当工件速度 v_g 增加时，工件表层温度 t_b 会增加，但表面与热源的接触作用时间短，热量不容易传入内层，烧伤层会变薄。很薄的烧伤层有可能在以后的无进给磨削，或精磨、研磨、抛光等工序中被去除。从这一点看，问题不在于是否有表面烧伤，而在于烧伤层有多深。因此可以认为，提高 v_g 既可以减轻磨削烧伤，又能提高生产率。单纯提高 v_g 表面粗糙度值会加大，为减小粗糙度值可同时适当提高砂轮速度 v_s。

2）合理选择砂轮并及时修整。首先是合理选择砂轮。一般不用硬度太高的砂轮，以保证砂轮在磨削过程中具有良好的自锐能力。选择磨料时，要考虑它对磨削不同材料工件的适应性。采用橡胶黏结剂的砂轮有助于减轻表面烧伤，因为这种黏结剂有一定弹性，磨粒受到过大切削力时可以自动退让，使背吃刀量减小，从而减小切削力和表层温度。砂轮粒度越小，磨屑越容易堵塞砂轮，工件也越容易烧伤。因此，选用较软的大粒度砂轮较好。

增大磨削刃间距可以使砂轮和工件间断接触，这样工件受热时间缩短，且改善了散热条件，能有效地减轻热损伤程度。

砂轮磨钝后，大多数磨粒只在加工表面挤压和摩擦而不起切削作用，使磨削温度升高，因此应及时修整砂轮。

3）改进冷却方法，提高冷却效果。使用切削液可以提高冷却效果，避免烧伤，关键是怎样将切削液送入切削。使用一般切削方法（图 11-5），即普通的喷嘴浇注法冷却时，由于砂轮高速回转，表面产生强大气流，切削液很难进入磨削区，常常只是大量地喷注在已经离开磨削区的加工表面上，冷却效果较差。一般可以采用以下改进措施：①高压大流量冷却，用以增强冷却作用，并对砂轮表面进行冲洗。但机床必须配制防护罩，以防止切削液飞溅。②内冷却将切削液通过中空锥形盖引入砂轮中心腔（图 11-6），然后在离心力作用下通过砂轮的孔隙直接进入磨削区。但这种方法要求砂轮必须有多孔性，而且由于冷却时有大量水雾，要求有防护罩。

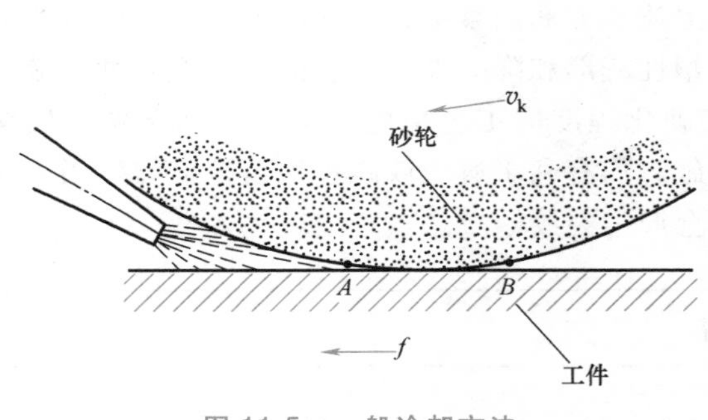

图 11-5　一般冷却方法

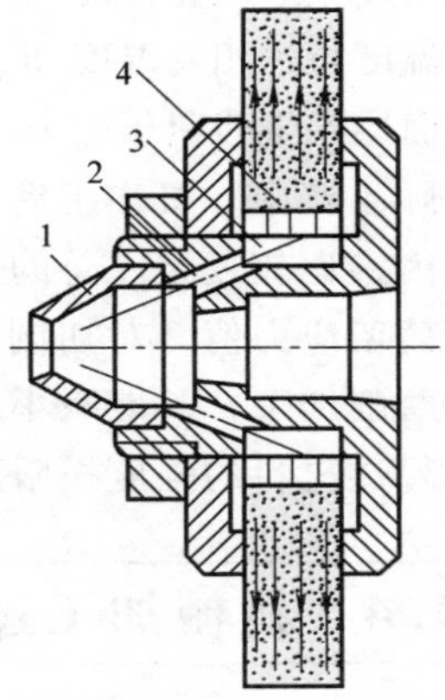

图 11-6　内冷却砂轮
1—锥形盖　2—切削液通孔
3—砂轮中心腔
4—有径向小孔的薄壁套

4）加装空气挡板。喷嘴上方的挡板紧贴在砂轮表面上，减轻高速旋转的砂轮表面的高压附着气流，切削液以适当角度喷注到磨削区（图 11-7），这种方法对高速磨削很有用。

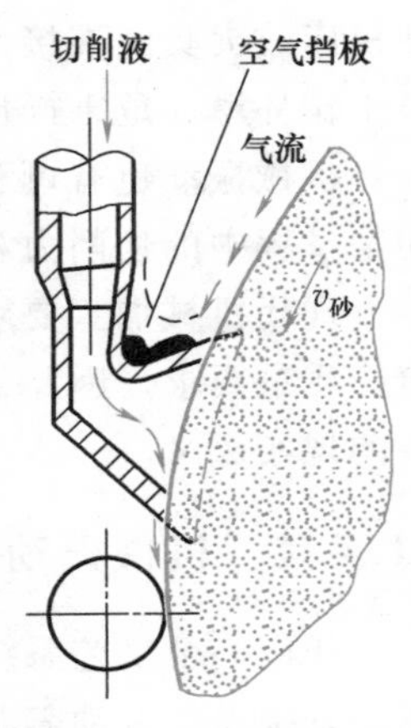

图 11-7　带空气挡板的切削液喷嘴

3. 加工表面层的残留应力

在机械加工过程中，加工表面层相对基体材料发生形状、体积或金相组织变化时，表面层中即会产生残留应力。外层应力与内层应力符号相反、相互平衡。产生表面层残留应力的主要原因有以下三个方面：

（1）冷塑性变形　冷塑性变形主要由切削力作用而产生。加工过程中，被加工表面受切削力作用产生拉应力。外层应力较大，产生伸长塑性变形，使表面积增大；内层应力较小，处于弹性变形状态。切削力去除后内层材料趋向复原，但受到外层已塑性变形金属的限制。故外层有残留压应力，次外层有残留拉应力与之平衡。

（2）热塑性变形　热塑性变形主要是切削热作用引起的。工件在切削热作用下产生热

膨胀，外层温度比内层的高，故外层的热膨胀较为严重，但内层温度较低，会阻碍外层的膨胀，从而产生热应力。外层为压应力，次外层为拉应力。当外层温度足够高，热应力超过材料的屈服极限时，就会产生热塑性变形，外层材料在压应力作用下相对缩短。当切削过程结束，工件温度下降到室温后，外层将因已发生热塑性变形，材料相对变短而不能充分收缩，又受到基体的限制，从而在外层产生拉应力，次外层则产生压应力。

（3）金相组织变化　切削时的温度高到超过材料的相变温度 Ac_3 时，会引起表面层的相变。不同的金相组织有不同的密度，故相变会引起体积的变化。由于基体材料的限制，表面层在体积膨胀时会产生压应力，缩小时会产生拉应力。各种常见金相组织的密度值为：马氏体 $\rho_{马} \approx 7.75\text{g/cm}^3$，珠光体 $\rho_{珠} \approx 7.78\text{g/cm}^3$，铁素体 $\rho_{铁} \approx 7.88\text{g/cm}^3$，奥氏体 $\rho_{奥} \approx 7.96\text{g/cm}^3$。以磨削淬火钢为例，淬火钢原来组织为马氏体，磨削加工后，表层可能产生回火，使得马氏体转变为密度接近珠光体的托氏体或索氏体，密度增大而体积减小，表面层产生残留拉应力。如果表面温度超过相变温度 Ac_3，冷却又充分，则表面层的残留奥氏体又转变为马氏体，体积膨胀，表面层产生残留压应力。

实际生产中，机加工后表层残留应力是上述三方面因素综合作用的结果。影响残留应力的工艺因素比较复杂。总的来讲，凡是减小塑性变形和降低加工温度的因素都有助于减小加工表面残留应力值。对切削加工，减小加工硬化程度的工艺措施一般都有利于减小残留应力。对磨削加工，凡能减小表面热损伤的措施，均有利于避免或减小残留拉应力。当表层残留应力超过材料的强度极限后，材料表面就会产生裂纹。

11.4　机械加工过程中的振动

机械振动是指工艺系统或系统的某些部分沿直线或曲线并经过其平衡位置的往复运动。机械加工过程中的振动，常常会造成许多不良后果。例如：振动会使刀具与工件间产生相对位置误差，影响加工精度；使加工表面产生振纹，低频振动产生波纹度，高频振动加大表面粗糙度值，使加工表面质量恶化；缩短刀具寿命，严重时可能造成刀尖切削刃崩碎；振动会使机床或夹具间连接部分松动，间隙增大，刚度和精度下降；振动还可能发出震耳噪声，污染工作环境，危害操作者的身体健康；振动严重时会导致加工无法进行。

机械振动也有可利用的一面。如在振动切削、磨削和研抛中，合理利用机械振动可减小切削过程中的切削力和切削热，从而提高加工精度，减小表面粗糙度值，延长刀具寿命。

现代机械加工要求极高的精度和表面质量，即使是微小的振动，也会使加工无法达到预定的质量要求。因此，研究各类振动的原因，掌握其发生、发展的规律及抑制措施，具有重要的现实意义。

11.4.1　机械振动的基本概念

任何一个工艺系统都有质量、有弹性，在实际工作环境中也必然会有抑制运动的阻尼存在。系统发生振动需要一定的激振力，在有阻尼条件下维持振动需要一定的能量。研究机械振动的根本方法，就是以质量、弹性和阻尼为系统的基本参数，分析激振力与振动幅值和相位的关系，以及振动不衰减、系统不稳定的能量界限，并确定减轻振动、使系统稳定的工艺措施。

从支持振动的激振力来分，可以将机械振动分为自由振动、强迫振动和自激振动三大类。

1. 自由振动

由于偶然的干扰力引起的振动称为自由振动。在切削过程中，如外界传来的或机床传动系统中产生的非周期性冲击力，加工材料局部硬点等引起的冲击力都会引起自由振动。由于系统的振动只靠弹性恢复力维持，在阻尼作用下振动会很快衰减，因此自由振动对加工的影响不大。

2. 强迫振动

强迫振动是由外界周期性干扰力所支持的不衰减振动。支持系统振动的激振力由外界维持。系统振动的频率由激振力频率决定。

外界可以指工艺系统以外，如从地基传来的周期性干扰力，也可以指工艺系统内部，如机床各种部件的旋转不平衡、磨削花键轴时形成的周期性断续切削等，但都是指振动系统以外的因素。

3. 自激振动

自激振动是在外界偶然因素激励下产生的振动，但维持振动的能量来自振动系统本身，并与切削过程密切相关。这种在切削过程中产生的自激振动也称为颤振。切削停止后，振动即消失，维持振动的激振力也消失。有多种解释自激振动的理论，一般都或多或少能从某些方面说明自激振动的机理，但都不能给出全面的解释。

工艺系统的振动大部分是强迫振动和自激振动。一般认为，在精密切削和磨削时工艺系统的振动主要是强迫振动，而在一般切削条件下，特别是切削宽度很大时，会出现自激振动。

11.4.2　单自由度振动的数学描述

确定振动系统在任意瞬时的位置所需的独立坐标数目，称为自由度。实际的机械加工工艺系统都是很复杂的，从动力学的观点来看，其结构都是一些具有分布质量和分布弹性、自由度为无穷多个的振动系统。通常将实际系统简化为具有有限个自由度的振动系统来处理，最简单的就是单自由度系统。将系统简化为多少个自由度，不仅取决于系统本身的结构特性，而且取决于所研究振动问题的性质、要求的精度和实际振动状况。

如图 11-8 所示为一个单自由度系统及其简化力学模型，其中，m 为无弹性的等效质量，

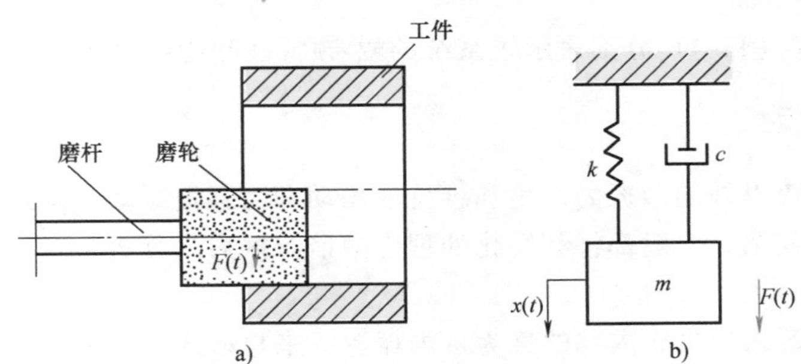

图 11-8　单自由度系统及其简化力学模型

a）内圆磨削系统示意图　b）简化力学模型

k 为无质量等效弹簧的刚度，c 为系统中无质量、无弹性的等效黏性阻尼系数。从理论上讲，m 和 k 是振动系统存在所必不可少的，c 和外界激振力 F 可有可无。实际系统中 c 总是存在的，因此如果没有激振力维持，振动必然衰减。振动研究的重点是存在激振力的情形。强迫振动时，激振力是振动系统外的力；对自激振动，可将振动过程中的动态切削力看成激振力，从而可以运用统一的数学分析方法。分析时为简单起见，通常将激振力看成具有简谐振动规律的交变力。

不考虑作用在物体上的重力时，单自由度系统的振动方程可以表示为

$$m\ddot{x}+kx+c\dot{x}=F_0\cos\omega t \tag{11-1}$$

式中，$m\ddot{x}$ 为惯性力，方向与位移方向一致；kx 为弹簧的恢复力，其数值与物体离开平衡位置的位移量 x 成正比，方向与位移方向相反；$c\dot{x}$ 为黏性阻尼力，其数值与物体的速度 $\dot{x}$ 成正比，方向与位移方向相反；$F_0\cos\omega t$ 为简谐激振力，其方向与位移方向一致，其中，F_0 为激振力的幅值，ω 为激振力的角频率。

式（11-1）表示的微分方程的通解为

$$x=Ae^{-\delta t}\cos(\omega_d t)+A\cos(\omega t-\phi) \tag{11-2}$$

式中，A 为自由振动的振幅；δ 为衰减系数，$\delta=c/(2m)$；ω_d 为有黏性阻尼自由振动的固有角频率，$\omega_d=\sqrt{\omega_0^2-\delta^2}$；$\omega_0$ 为无阻尼自由振动的固有角频率，$\omega_0=\sqrt{k/m}$；ϕ 为强迫振动的位移与激振力在时间上滞后的相位差。

式（11-2）中微分方程解的第一部分为有黏性阻尼的自由振动，必然会衰减，不必多加考虑。重要的是第二部分，称为有黏性阻尼强迫振动的稳态解，是频率等于激振力频率的简谐振动。

求出稳态解的一阶导数 $\dot{x}$、二阶导数 $\ddot{x}$，并代入单自由度系统振动的微分方程式（11-1）中可求出 A 和 ϕ 值，即

$$A=\frac{F_0}{k}\frac{1}{\sqrt{(1-\lambda^2)^2+4D^2\lambda^2}} \tag{11-3}$$

$$\phi=\arctan=\frac{2D\lambda}{1-\lambda^2} \tag{11-4}$$

式中，λ 是激振频率与系统固有频率之比，称为频率比，$\lambda=\omega/\omega_0$；F_0/k 是系统在静力作用下的位移，称为静位移，记作 $x_0=F_0/k$；D 是衰减系数与系统固有角频率之比，称为阻尼比或相对阻尼比，$D=\delta/\omega_0$。

式（11-3）、式（11-4）分别表示了系统的幅-频特性和相-频特性。

11.4.3 强迫振动

由来自振动系统以外的激振力产生和维持的振动即为强迫振动。实际生产中出现的激振力的变化规律比较复杂，一般都将其简化处理为简谐激振力来分析。

1. 强迫振动的振源

强迫振动的振源来自机床内部的称为机内振源，来自机床外部的，称为机外振源。可以从工艺系统各环节及其所处的环境，从机床是否运转、加工是否进行来分析强迫振动的振源。

机外振源很多，它们都是通过地基传给机床的，可以通过加设隔振地基加以消除。机内振源主要有机床旋转件的不平衡、机床传动机构的缺陷、往复运动部件的惯性力以及切削过程中的冲击等。

机床中各种旋转零件（如电动机转子、联轴器、带轮、离合器、轴、齿轮、卡盘和砂轮等），由于形状不对称、材质不均匀或加工误差、装配误差等原因，难免会产生质量偏心，造成零件的不平衡，从而成为主要振源。偏心质量引起的离心惯性力（周期性干扰力）与旋转零件转速的二次方成正比，转速越高，产生周期性干扰力的幅值越大，振动越严重。

齿轮制造不精确或有安装误差、带传动中带接头连接不良、V带的厚度不均匀、轴承滚动体大小不一、链传动中由于链条运动的不均匀性等机床传动机构的缺陷所产生的动载荷都会引起强迫振动。油泵排出的液压油，其流量和压力都是脉动的。由于液体压差及油液中混入空气而产生的空穴现象，会使机床加工系统产生振动。

在铣削、拉削加工中，刀具为多刃刀具，在刀具切入工件或从工件中切出时，会有很大的冲击发生；在多刃口刀具各刃口高度不等时，以及加工有键槽的外圆形成断续切削时也会引起振动。切削塑性材料时，切屑形成、分离的周期性变化，会引起切削力的变动，从而引起振动。在具有往复运动部件的机床中，最强烈的振源就是往复运动部件改变运动方向时所产生的惯性冲击。

2. 强迫振动的特征

强迫振动的最本质特征是其频率等于激振力（干扰力）的频率，或是激振力频率的整数倍。此种频率对应关系是诊断机械加工中所产生的振动是否是强迫振动的主要依据，并可利用上述频率特征分析、查找强迫振动的振源。

查找振动的基本途径是测量和分析振动频率，并与可能成为振源的环节所产生的干扰力的频率相比较。必要时，可针对具体环节进行测试和验证。

测定振动频率最简单的方法是数出工件表面的波纹数，然后根据切削速度计算出振动频率f。

测量振动频率较常用的方法是在机床上适当部位，如靠近刀具或工件处安装加速度计测定其振动信号，然后计算所测信号的功率谱，检测出可能淹没于随机信号中的周期信号。

3. 抑制强迫振动的途径

（1）抑制激振力的峰值　强迫振动的幅值与激振力的幅值有关，又与工艺系统的动态特性有关。一般来说，在振源频率不变的情况下，激振力的幅值越大，强迫振动的幅值就越大。首先，消除工艺系统中回转件，特别是高速回转部件的不平衡，方法是对回转件进行动、静平衡。例如，在外圆磨削，特别是精密、高速磨削时，砂轮主轴部件的平衡就十分重要。尽量减小传动机构的缺陷，设法提高带传动、链传动、齿轮传动及其他传动装置的稳定性。对于高精度机床，应尽量少用或不用齿轮、平带等可能成为振源的传动元件。对于往复运动部件，应采用较平稳的换向机构。在条件允许的情况下，适当降低换向速度及减小往复运动的质量，以减小惯性力。其次，减小切削力、磨削力的措施可以减小断续切削的交变力的峰值，因而也会收到减振的效果。

工艺系统的动态特性对强迫振动的幅值影响极大。如果激振力的频率远离工艺系统各阶模态的固有频率，则强迫振动响应将处于机床动态响应的衰减区，振动幅值很小；当激振力频率接近工艺系统某一固有频率时，强迫振动的幅值将明显增大；如果激振力频率与工艺系

统某一固有频率相同，系统将产生共振。如果工艺系统阻尼较小，则共振振幅将非常大。根据强迫振动的这一幅频响应特征，可通过改变运动参数或工艺系统结构，使激振力源的频率发生变化或让工艺系统的某阶固有频率发生变化，使激振力源的频率远离固有频率，强迫振动的幅值就会明显减小。

（2）隔振　将振源隔离，减轻振源对振动的影响是减小振动危害的一种重要途径。

对同一机床系统，为了防止液压驱动引起的振动，可以将液压泵和机床分离，并用软管连接。在精密磨床上最好用叶片泵或螺旋泵，不用脉动式的齿轮泵。对于机床、设备之间，为防止刨床、压力机类有往复惯性冲击的设备的振动影响邻近设备的正常工作，需要通过防振地基等措施来防止振动传出（称为积极隔振）；对于精密设备，要用弹性装置来防止外界振源的传入（称为消极隔振）。两种隔振装置的共同点是将要隔离的设备安装在合适的隔振材料上，使大部分振动能量为隔振装置所吸收。常用的隔振材料有橡皮、金属弹簧、空气弹簧、泡沫乳胶、软木、矿渣棉和木屑等。中小机床多用橡皮衬垫。

（3）提高工艺系统的刚度和阻尼　提高工艺系统刚度的方法前已述及，这里不再重复。增大机床结构的阻尼，可以用内阻尼较大的材料，或者采用薄壁封砂结构，即将型砂、泥芯封闭在床身空腔内。在某些场合下，牺牲一些接触刚度，如在接触面间垫以塑料、橡皮等物质，增加接合处的阻尼，可以提高系统的抗振性。

（4）减振装置　当使用上述各种方法仍然达不到加工质量要求时，就应考虑采用减振装置。

11.4.4　自激振动

1. 自激振动的特点

在切削过程中，工艺系统受到外界或系统本身某些瞬时的、偶然的干扰力的触发，便会发生振动。由于切削过程本身的原因，在一定条件下，即使没有外加激振力维持，切削力也可能产生周期性的变化，并由这个周期性变化的动态力反过来对振动系统做功，即输入能量，来补偿系统由于阻尼耗散的能量，以加强和维持这种振动。这种由振动过程本身所产生的周期性动态力所维持的振动，就是自激振动。切削过程中产生的自激振动是频率较高的强烈振动，通常又称为颤振。颤振常常是影响加工表面质量及生产率的主要因素。

自激振动的振动频率接近于或略高于工艺系统的低频振型固有频率，这是区分自激振动与强迫振动的最本质特点。

一个切削过程受到外界一个瞬时扰动后，并不是一定会发展为自激振动，因为形成振动还需要许多条件的配合。如今对于切削过程自激振动的机理已有不少研究成果，提出了各种解释自激振动机理的学说，根据这些学说提出的自激振动抑制措施也可以收到效果，但目前还没有一种能阐明在各种情况下产生自激振动的理论。

由于振动能量的补偿是自激振动得以维持的最基本、最必要的物理条件，故分析、解释自激振动的各种学说的核心内容都是分析系统从何处得到维持振动所需的能量，即都从交变切削力的来源、规律开始分析。

2. 产生自激振动的学说

（1）再生自激振动原理　在切削或磨削加工中，一般进给量不大，刀具的副偏角较小，当工件转过一圈开始切削下一圈时，切削刃会与已切过的上一圈表面接触，即产生重叠切削。图 11-9 所示为重叠磨削示意图，设砂轮宽度为 B，工件每转进给量为 f，工件相邻两转磨削区之间重叠区的重叠系数为 μ，$\mu=(B-f)/B$。

显然，切断时 $\mu=1$；车螺纹时 $\mu=0$；大多数情况下 $0<\mu<1$。

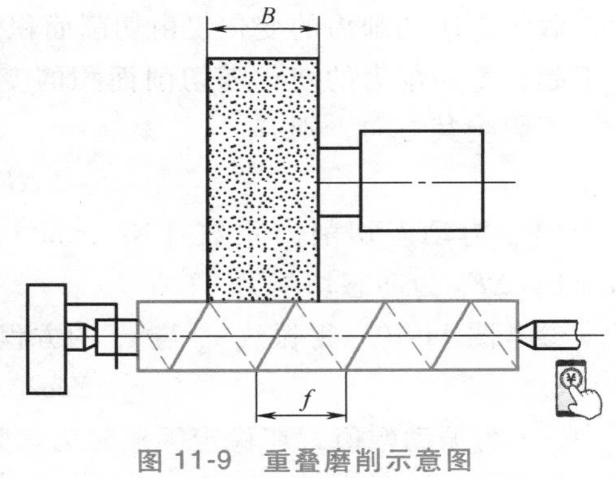

图 11-9　重叠磨削示意图

在本来稳定的切削过程中，由于偶然的扰动，如材料上的硬点、外界偶然冲击等原因，刀具与工件间会发生自由振动，该振动会在工件表面上留下相应的振纹。这种有黏性阻尼的自由振动的频率为 $\omega_d=\sqrt{\omega_0^2-\delta^2}$。当 $\delta=c/(2m)$ 较小时，ω_d 接近于系统的固有频率 ω_0。当工件转至下一圈，切削到重叠部分的振纹时，切削厚度会发生变化，从而引起切削力的周期性变化。这种频率接近于系统固有频率的动态切削力，在一定条件下便会反过来对振动系统做功，补充系统因阻尼损耗的能量，促使系统进一步发展为持续的切削颤振状态。这种振纹和动态切削力的相互作用称为振纹的再生效应。由再生效应导致的切削颤振称作再生切削颤振。

重叠切削是再生颤振发生的必要条件，但并不是充分条件。实际加工中，重叠切削极为常见，并不一定产生自激振动。相反，如果系统是稳定的，非但不产生振动，还可以将前一转留下的振纹切除掉。

除系统本身的参数外，再生颤振的另一个必要条件是前后两次波纹的相位关系，即图 11-10 所示的前、后两次振纹的相位差就 ϕ。

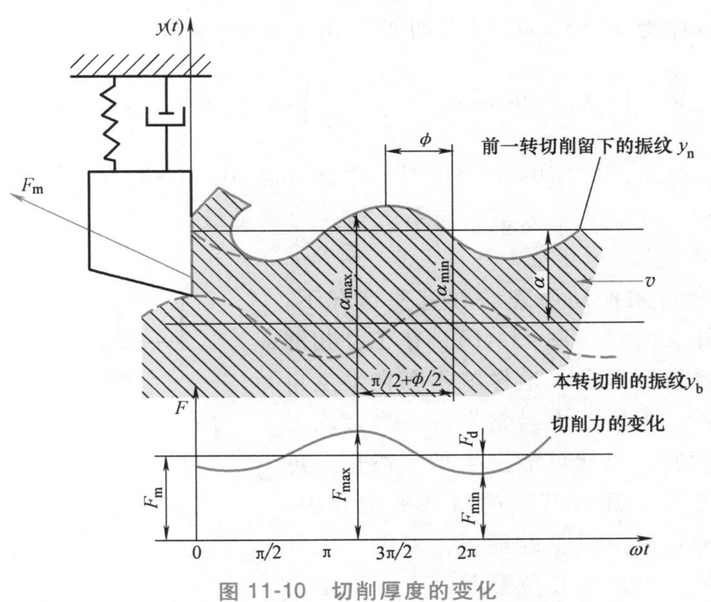

图 11-10　切削厚度的变化

一个振动系统受到偶然扰动后，其振动幅值会出现衰减、增强和等幅三种状态，其中等幅状态称为稳定的颤振状态。在这种状态下，可以认为动态切削力也是稳定的，符合简谐规律。

1）动态切削力 F_d。按照再生颤振原理，动态切削力来源于切削厚度的变化。为讨论方便，假定：①切削力的变化仅由切削面积变化引起，当切削宽度不变时，则仅由背吃刀量变化引起；②切削力的变化随切削面积的变化同时产生；③切削面积的变化仅影响切削力大小，不影响其方向，则有

$$\Delta F_{\mathrm{d}}=c_{\mathrm{d}}a_{\mathrm{w}}\Delta a_{\mathrm{p}} \tag{11-5}$$

式中，c_{d} 为动态切削力系数［N/(mm · μm)］；a_{w} 为切削宽度（mm）；Δa_{p} 为背吃刀量（μm）；ΔF_{d} 为动态切削力。

参考图 11-10，得振纹 y_{a} 与 y_{b} 的方程为

$$y_{\mathrm{a}}=Y\cos(\omega t+\phi),\ y_{\mathrm{b}}=y\cos\omega t$$

式中，Y 为振动幅值，在稳定颤振时为常数。于是背吃刀量的变化量为

$$\Delta a_{\mathrm{p}}=y_{\mathrm{a}}-y_{\mathrm{b}}=Y\cos(\omega t+\phi)-Y\cos\omega t=2Y\sin\frac{\phi}{2}\cos\left(\omega t+\frac{\pi}{2}+\frac{\phi}{2}\right) \tag{11-6}$$

将式（11-6）代入式（11-5），得

$$\Delta F_{\mathrm{d}}=2c_{\mathrm{d}}a_{\mathrm{w}}Y\sin\frac{\phi}{2}\cos\left(\omega t+\frac{\pi}{2}+\frac{\phi}{2}\right)=F_{\mathrm{d}}\cos\left(\omega t+\frac{\pi}{2}+\frac{\phi}{2}\right) \tag{11-7}$$

式中，F_{d} 为动态切削力 ΔF_{d} 的幅值，在稳定颤振时也为常数，$F_{\mathrm{d}}=2c_{\mathrm{d}}a_{\mathrm{w}}Y\sin\dfrac{\phi}{2}$。

2）再生颤振的能量分析。只考虑由于动态切削力 ΔF_{d} 在 y 方向，即振动方向上的分力激起的颤振（图 11-10），并设 ΔF_{d} 与 y 方向的夹角为 β，且 β 在振动过程中保持不变，则 ΔF_{d} 在 y 方向的分量 $\Delta F_{\mathrm{d}}\cos\beta$ 对刀具所做的功为

$$W=\int_0^{2\pi}\Delta F_{\mathrm{d}}\cos\beta\mathrm{d}y \tag{11-8}$$

又刀具振动规律为 $y=Y\cos\omega t$，于是可求得 dy，将 dy 及式（11-7）代入式（11-8），得

$$W=\int_0^{2\pi}F_{\mathrm{d}}\cos\beta\cos\left(\omega t+\frac{\pi}{2}+\frac{\phi}{2}\right)\mathrm{d}y=\pi c_{\mathrm{d}}a_{\mathrm{w}}Y^2\cos\beta\sin\phi \tag{11-9}$$

由式（11-9）可知，只有 $0<\phi<180°$ 时，才有 $\sin\phi>0$，$W>0$，切削过程对振动系统输入能量。当 $\phi=90°$ 时，W 达到最大值，向系统输入的能量最大。因此，$\phi=90°$ 时最容易发生颤振。

（2）振型耦合自激振动原理　在有些情况下，如车削矩形螺纹外表面时（图 11-11），在工件相继各转内不存在重叠切削现象，这样就不存在发生再生颤振的必要条件。但生产中经常发现，当背吃刀量增加到一定程度时，仍然可能发生切削颤振。可见，除了再生颤振外，还有其他的自激振动原因。试验证明，在这种情况下发生的颤振，刀尖与工件相对运动的轨迹是一个形状和位置都不十分稳定的椭圆，通常称为变形椭圆，其长轴称为变形椭圆主轴。振动轨迹为椭圆说明，颤振既发生在 Y 轴方向，也存在于 Z 轴方向，不是单自由度问题。可用振型耦合自激振动原理来解释这种自激振动。仍然从能量分析开始对振型耦合颤振原理进行研究。设工艺系统为图 11-12 所示的具有两个自由度的平面振动系统：刀具、刀架

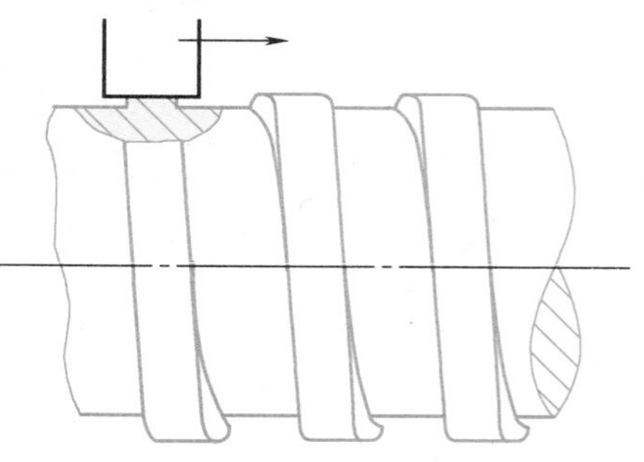
图 11-11　矩形螺纹切削

系统为振动系统，设其质量为 m，分别用刚度为 k_1 和 k_2 的两根弹簧支持。弹簧的轴线 x_1 和 x_2 称为刚度主轴，并表示振动系统的两个自由度方向。通常按最简单的形式，设 x_1 与 x_2 垂直，并以刚度小、变形大的方向振型为 x_1，刚度大、变形小的方向振型为 x_2。设 x_1 与 Y 轴成 α_1 角，x_2 与 Y 轴成 α_2 角，切削力 F 与 Y 轴成 β 角。当系统发生角频率为 ω 的振动时，质量 m 同时在 x_1 和 x_2 两方向以不同的幅值和相位振动。一般情况下，x_1 和 x_2 两方向的合成运动是椭圆运动。

设刀具位移按图 11-12 中箭头所示方向进行。在刀具由 A 经 B 到 C 做切入运动时，平均背吃刀量显然小于刀具由 C 经 D 到 A 做切出运动时的平均背吃刀量。因此，刀具切入时的平均动态切削力小于切出时的平均动态切削力，振动系统切入时消耗的能量 E^- 小于切出时得到的能量 E^+，从而有多余的能量来抵偿系统阻尼消耗的能量，使自激振动得以维持。这种由于振动系统在各主振模态间相互耦合、相互关联而产生的自激振动，称为振型耦合颤振。

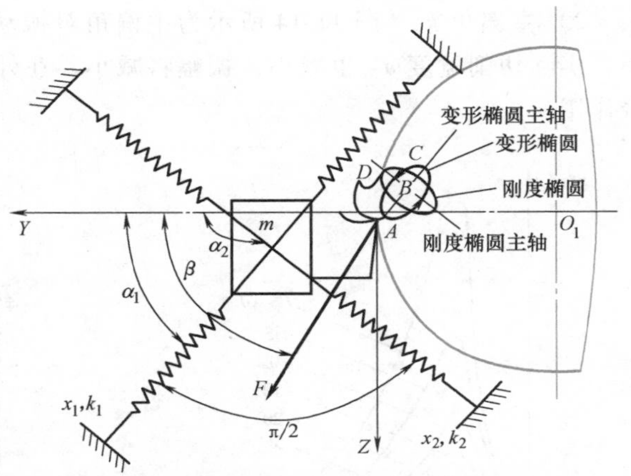

图 11-12 具有两个自由度的平面振动系统

如果刀具位移按图中箭头相反方向，即由 A 经 D 到 C 做切入运动，由 C 经 B 到 A 做切出运动，显然这时有 $E^->E^+$，故系统不会因此发生颤振。又如，刀具位移仍按图示方向，但变形椭圆的长短轴之比变大，或长轴与 Y 轴的夹角变小，这时虽都可能出现 $E^-<E^+$，但 $\Delta E=E^+-E^-$ 可能不足以克服阻尼耗散的能量，系统也不能发生颤振。可见，在振型耦合颤振中，系统刚度的组合特性，即刚度椭圆的方位、形状和运动方向会影响系统的稳定性。

理论上只需考虑动态切削力，根据图 11-12 所示模型可以列出振动耦合系统的微分方程：

$$\left.\begin{aligned} m\ddot{x}_1+c_1\dot{x}_1+k_1x_1&=-c_d x_1\cos\alpha_1\cos(\beta-\alpha_1)+c_d x_2\sin\alpha_1\cos(\beta-\alpha_1)\\ m\ddot{x}_2+c_2\dot{x}_2+k_2x_2&=-c_d x_1\sin\alpha_1\sin(\beta-\alpha_1)+c_d x_2\sin\alpha_1\sin(\beta-\alpha_1)\end{aligned}\right\}$$

式中，c_d 为动态切削力系数。

进而可按微分方程理论，判定解的形式，求出其特征方程的解和稳定性边界条件。详细推导过程此处从略。求解结果表明：当小刚度弹簧 $k_1(<k_2)$ 的方向位于切削点法线方向与切削力 F 之间，即图 11-12 中 α_1 的值满足 $0<\alpha_1<\beta$ 时才会产生自激振动。如果 $k_1>k_2$，即切削力作用方向靠近刚性较大的刚性轴，则系统是稳定的。系统不同方向的刚度值及其相互比值，即系统的刚度组合特性也会影响变形椭圆的大小、形状、方位及椭圆曲线的旋向，对颤振是否会发生，以及发生时的强弱程度有很大影响。

试验结果也证明了上述理论分析的结论。

3. 抑制自激振动的措施

由于自激振动也是机械振动，所以前述关于抑制强迫振动的基本方法仍然适用于抑制自激振动。例如，隔振可以减小对振动系统的扰动；提高工艺系统的刚度及增加阻尼能提高系统的抗振能力；使用减振装置等措施也可消除或减小自激振动。但是，自激振动的产生有其

本身的复杂机理，可针对各种导致颤振的因素采取具体的工艺措施，抑制其产生。

（1）合理选择刀具几何参数

1）前角 γ。前角对振动的影响如图 11-13 中的试验结果曲线所示。从图 11-13 中可以看出，采用中速切削时，前角大小不同，振幅明显不同。前角越大，振幅越小，而负前角会使振幅大幅度增加。但是低速切削或高速切削时，前角对振动影响不大，故在高速下即使用负前角切削，也不会产生强烈振动。

2）主偏角 κ_r。图 11-14 所示为主偏角对振动的影响。随着 κ_r 增大，径向切削力 F_y 减小，实际切削宽度 a_w 也减小，振幅将减小。在外圆切削时，采用 $\kappa_r=90°$ 车刀，有明显的减振作用。

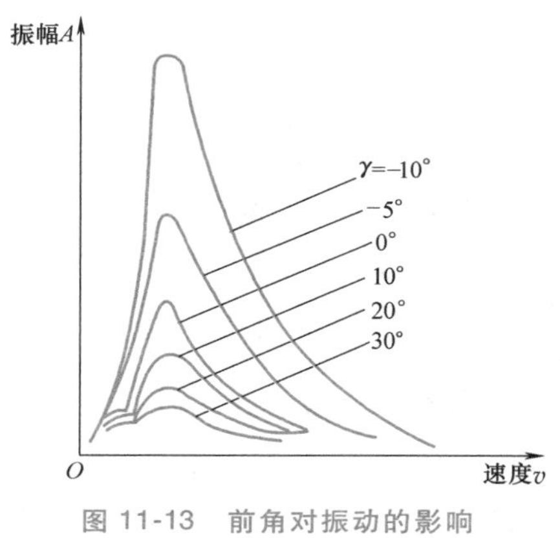

图 11-13　前角对振动的影响

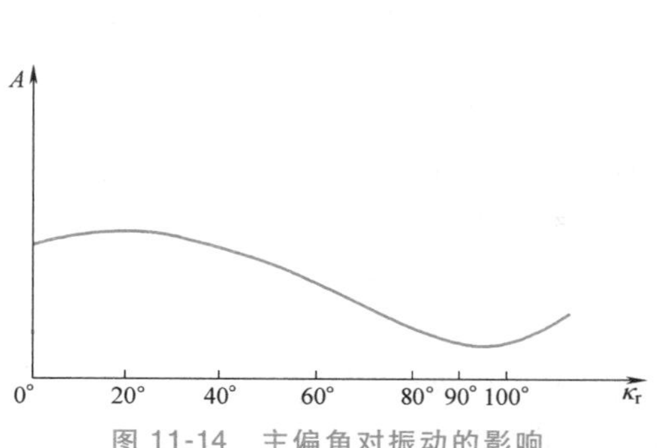

图 11-14　主偏角对振动的影响

3）后角 α。后角一般对振动影响不大，可取较小值。但当 α 过小时，可能因为刀具后面与加工表面间摩擦过大而引起振动。

（2）合理选择切削用量

1）切削速度 v。图 11-15 所示为车削试验中测定的切削速度与再生颤振振动强度及稳定性的关系曲线。由图 11-15 可见，车削时一般在 $v=30\sim70\text{m/min}$ 的速度范围内容易产生振动，高于或低于这个范围，振动呈减弱趋势。特别是在高速范围内切削，既可提高生产率，又可避免切削颤振，是值得采用的方法。

2）进给量 f。如图 11-16 所示，振动强度随 f 增大而减小。进给量大，则由于重叠系数

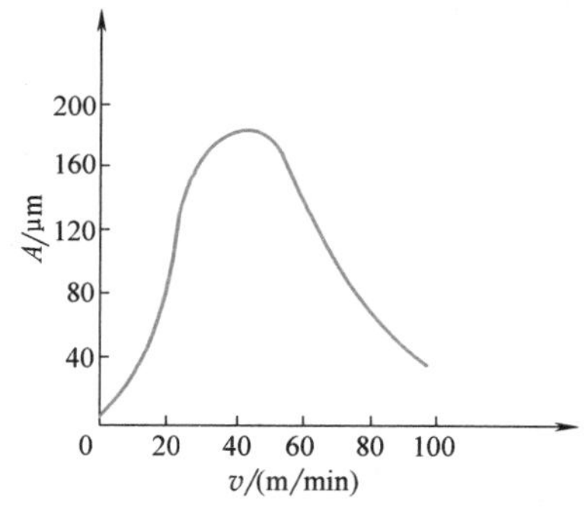

图 11-15　切削速度与再生颤振振动强度及稳定性的关系

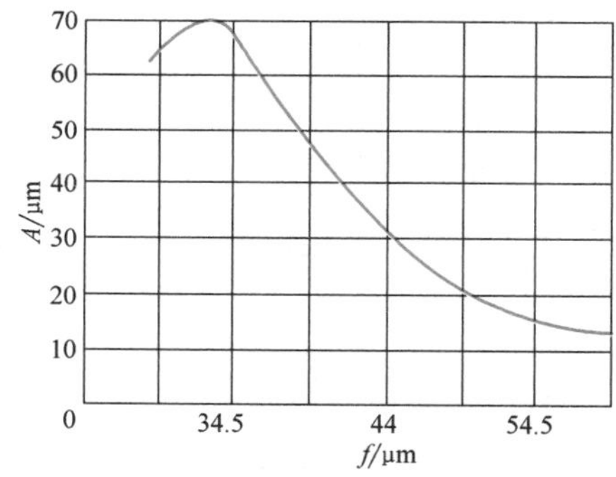

图 11-16　进给量与振幅的关系

小，所以有利于抑制再生颤振。在机床参数和其他方面要求（如表面粗糙度）许可时，可取较大的进给量。

3）背吃刀量 a_p 的选择。背吃刀量越大，则切削力越大，容易产生颤振，且车削时切削宽度 $a_w = a_p/\sin\kappa_r$（κ_r 为刀具主偏角），可见 a_p 增大会引起 a_w 增大。因此，如果加大 a_p，要加大 f 才能保证系统稳定性。

（3）合理选择刀具结构及安装方法

1）改变系统的刚度比。根据振型耦合原理，在一定条件下刀杆及刀具系统在某个方向的刚度稍低反而可以抑制颤振。改变刚度比的实例有削扁镗杆，即两边被削去一部分的圆形截面镗杆。镗刀相对镗杆在圆周方向的位置可以调整，调好后用螺钉紧固。

采用图 11-17 所示的弹簧刀杆可减小系统在 Y 方向的刚度，也可抑制振型耦合的颤振。

2）改变动态力与切削速度的关系。用图 11-18所示的带防振倒棱的刀具，可以使切削力随切削速度增加而增加，在振动时有 $E^{-}>E^{+}$，使振动减小。

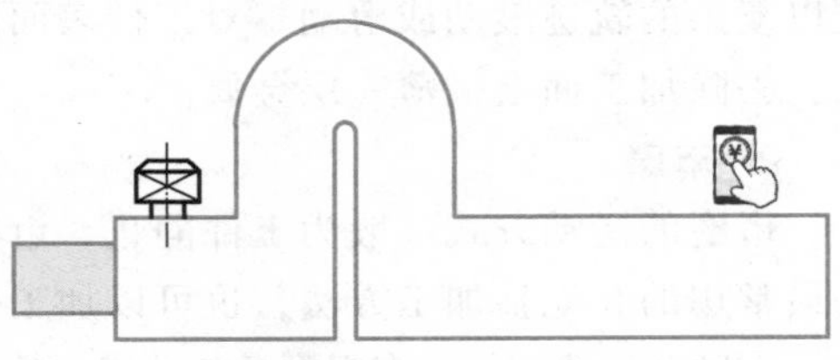

图 11-17 弹簧刀杆

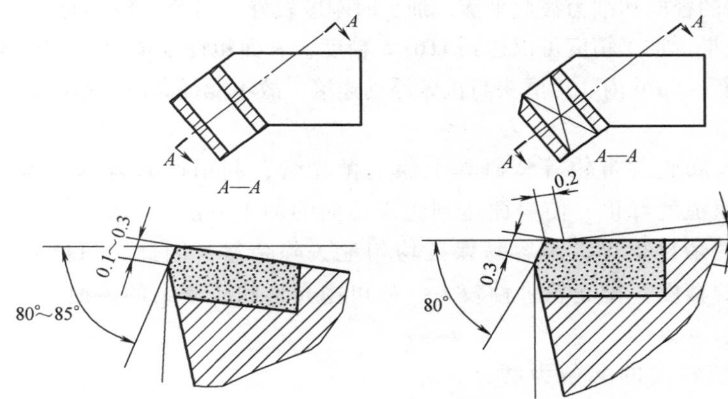

图 11-18 防振车刀

3）改变动态力对变形的影响。使用图 11-19a 所示的安装面与刃口在同一平面的刨刀，或图 11-19b 所示的切削刃通过刀杆中心的镗刀，当切削力增大时，刀杆的变形会减小背吃刀量，使切削力减小，从而减小振动。

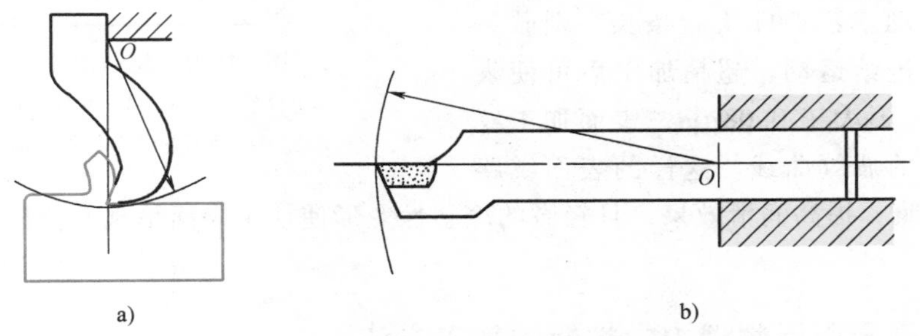

图 11-19 刀杆变形使切削力减小的刀具

a）切削刃通过安装面的刨刀 b）切削刃通过刀杆中心的镗刀

11.5 控制加工表面质量的途径

11.5.1 减小表面粗糙度值的加工方法

减小表面粗糙度值的加工方法相当多，其共同特征在于保证微薄的金属切削层。

1. 研磨

研磨是用研磨工具和研磨剂从工件上研去一层极薄表面层的精加工方法。研磨剂一般由极细粒度的磨料、研磨液和辅助材料组成。研具和工件在一定压力下做复杂的相对运动，磨粒以复杂的轨迹滚动或滑动，对工件表面起切削、刮擦和挤压作用，也可能兼有物理化学作用，去除加工面上极薄一层金属。

2. 珩磨

珩磨的运动方式一般为工件静止，珩磨头相对于工件既做旋转运动又做往复运动。珩磨是最常用的孔光整加工方法，也可以加工外圆。

珩磨条一般较长，多根磨条与孔表面接触面积较大，加工效率较高。珩磨头本身制造精度较高，珩磨时多根磨条的径向切削力彼此平衡，加工时刚度较好。因此，珩磨对尺寸精度和形状精度也有较好的修正效果。加工精度可以达到IT6~5精度，表面粗糙度值 Ra 为0.16~0.01μm，孔的圆度和锥度修正到3~5μm内。珩磨头与机床浮动连接，故不能提高位置精度。

3. 抛光

抛光是在毡轮、布轮和带轮等软研具上涂上抛光膏，利用抛光膏的机械作用和化学作用，去掉工件表面粗糙度峰顶，使表面达到光泽镜面的加工方法。

抛光过程去除的余量很小，不容易保证均匀地去除余量，因此，只能减小表面粗糙度值，不能改善零件的精度。抛光轮弹性较大，故可抛光形状较复杂的表面。

4. 超精加工

超精加工是用细粒度的磨条为磨具，并将其以一定的压力压在工件表面上。这种加工方法可以加工轴类零件，也能加工平面、锥面、孔和球面。

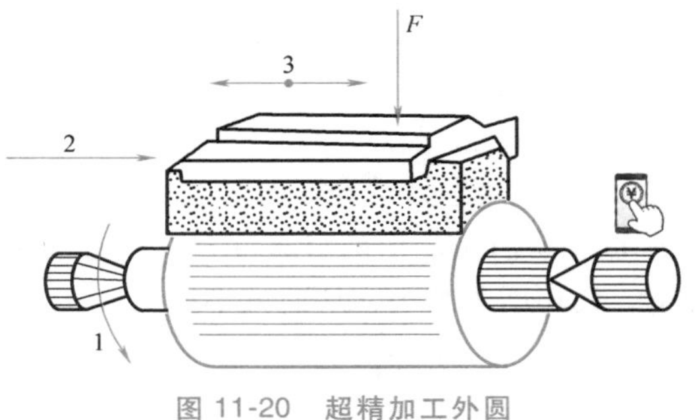

图 11-20 超精加工外圆

1—工件旋转运动 2—磨具的进给运动 3—磨料的低频往复运动

如图11-20所示，当加工外圆时，工件做回转运动，砂条在加工表面上沿工件轴向做低频往复运动。若工件比砂条长，则砂条还需沿轴向做进给运动。超精加工后可使表面粗糙度值 Ra 不大于0.08μm，表面加工纹路为相互交叉的波纹曲线。这样的表面纹路有利于形成油膜，提高润滑效果，且轻微的冷塑性变形使加工表面呈现残留压应力，提高了抗磨损能力。

11.5.2 改善表面层物理力学性能的加工方法

表面强化工艺可以使材料表面层的硬度、组织和残留应力得到改善，有效地提高零件的物理力学性能。常用的方法有表面机械强化、化学热处理及加镀金属等，其中机械强化方法还可以同时降低表面粗糙度值。

1. 机械强化

机械强化是通过机械冲击和冷压等方法，使表面层产生冷塑性变形，以提高硬度，减小表面粗糙度值，消除残留拉应力并产生残留压应力。

(1) 滚压加工　用自由旋转的滚子对加工表面施加压力，使表层塑性变形，并可使表面粗糙度的波峰在一定程度上填充波谷（图 11-21）。

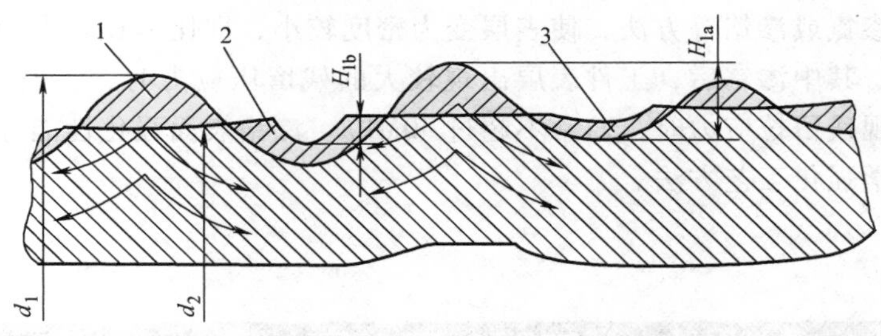

图 11-21　滚压时表面粗糙度变化情况

1—峰　2—谷　3—填充层

d_1、d_2—滚压前、后的直径；H_{1a}、H_{1b}—滚压前、后的表面粗糙度

滚压在精车或精磨后进行，适用于加工外圆、平面及直径大于 ϕ30mm 的孔。滚压加工可使表面粗糙度从 Ra10～1.25μm 降到 Ra0.63～0.08μm，表面硬化层深度可达 0.2～1.5mm，硬化程度达 10%～40%。

(2) 金刚石压光　用金刚石工具挤压加工表面。其运动关系与滚压不同的是，工具与加工面之间不是滚动。

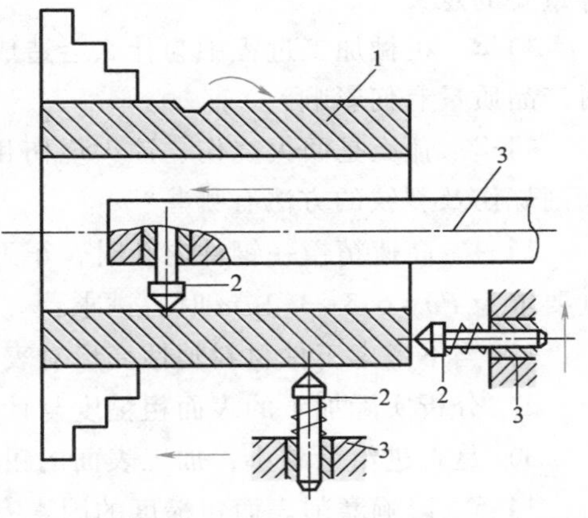

图 11-22　金刚石压光内孔

1—工件　2—压光头　3—心轴

图 11-22 所示为金刚石压光内孔、外圆、端面的示意图。金刚石压光头修整成半径为 1～3mm，表面粗糙度小于 Ra0.02μm 的球面或圆柱面，由压光器内的弹簧压力压在工件表面上，可利用弹簧调节压力。金刚石压光头消耗的功率和能量小，生产率高。压光后表面粗糙度可达 Ra0.32～0.02μm。一般压光前、后尺寸差别极小，约在 1μm 以内，表面波纹度可能略有增加，物理力学性能显著提高。

(3) 喷丸强化　利用压缩空气或离心力将大量直径为 0.4～2mm 的钢丸或玻璃丸以 35～50m/s 的高速向零件表面喷射，使表面层产生很大的塑性变形，改变表层金属结晶颗粒的形状和方向，从而引起表层冷作硬化，产生残留压应力。

喷丸强化可以加工形状复杂的零件。硬化深度可达 0.7mm，表面粗糙度可从 Ra5～2.5μm 减小到 Ra0.63～0.32μm。若要求更小的表面粗糙度值，则可以在喷丸后再进行小余量磨削，但要注意磨削温度，以免影响喷丸的强化效果。

(4) 液体磨料喷射加工　利用液体和磨料的混合物来强化零件表面。工作时将磨料在

液体中形成的磨料悬浮液用泵或喷射器的负压吸入喷头，与压缩空气混合并经喷嘴高速喷向工件表面。

液体在工件表面上形成一层稳定的薄膜。露在薄膜外面的表面粗糙度凸峰容易受到磨料的冲击和微小的切削作用而除去，凹谷则在薄膜下变化较小。加工后的表面是由大量微小凹坑组成的无光泽表面，表面粗糙度可达 $Ra0.02\sim0.01\mu m$，表层有厚数十微米的塑性变形层，具有残留压应力，可提高零件的使用性能。

2. 化学热处理

常用渗碳、渗氮或渗铬等方法，使表层变为密度较小，即比体积较大的金相组织，从而产生残留压应力。其中渗铬后，工件表层出现较大的残留压应力时，一般大于300MPa；表层下一定深度出现残留拉应力时，通常不超过50MPa。渗铬表面强化性能好，是目前用途最为广泛的一种化学强化工艺方法。

习题与思考题

11-1　表面质量的含义包括哪些主要内容？为什么机械零件的表面质量与加工精度有同等重要的意义？

11-2　机械加工过程中为什么会造成被加工零件表面层物理力学性能的改变？这些变化对产品质量有何影响？

11-3　什么是回火烧伤、淬火烧伤和退火烧伤？它们对零件的使用性能有何影响？减少磨削烧伤及裂纹的方法有哪些？

11-4　高速精镗一钢件内孔时，车刀主偏角 $\kappa_r=45°$，副偏角 $\kappa_r'=20°$，当加工表面粗糙度要求为 $Ra=6.3\sim3.2\mu m$ 时，试求：

1）当不考虑工件材料塑性变形对表面粗糙度的影响时，计算应采用的进给量 f 为多少？

2）分析实际加工的表面粗糙度与计算求得的是否相同？为什么？

3）是否进给量越小，加工表面的粗糙度值就越低？

11-5　影响磨削表面粗糙度的因素有哪些？试分析和说明下列加工结果产生的原因？

1）砂轮的线速度由30m/s提高到60m/s时，表面粗糙度 Ra 由 $1\mu m$ 降低到 $0.2\mu m$。

2）当工件线速度由0.5m/s提高到1m/s时，表面粗糙度 Ra 由 $0.5\mu m$ 上升到 $1\mu m$。

3）当轴向进给量 f_a/B（B 为砂轮宽度）由0.3mm/r增至0.6mm/r时，Ra 由 $0.3\mu m$ 增至 $0.6\mu m$。

4）磨削时的背吃刀量 a_p 由0.01mm增至0.03mm时，Ra 由 $0.27\mu m$ 增至 $0.55\mu m$。

5）用粒度为F36砂轮磨削后 Ra 为 $1.6\mu m$，改用粒度为F60砂轮磨削，可使 Ra 降低至 $0.2\mu m$。

11-6　为什么切削速度增大，硬化程度减小，而进给量增大，硬化程度却加大？

11-7　为什么磨削加工容易产生烧伤？如果工件材料和磨削用量无法改变，减轻烧伤现象的最佳途径是什么？

11-8　机械加工中，为什么工件表面层金属会产生残留应力？磨削加工表面层产生残留应力的原因和切削加工产生残留应力的原因是否相同？为什么？

11-9　在金属切削加工过程中如何识别强迫振动和自激振动？各自采取何种措施加以抑制？

11-10　自激振动理论如何解释加工工艺系统的振动产生机理的？它们分别适用于解释哪些场合的自激振动机理？

第12章

机械装配工艺基础

任何机械产品都是由零件装配而成的。如何从零件装配成机械，零件精度和产品精度之间的关系，以及达到装配精度的方法，这些都是装配工艺所要解决的基本问题。

12.1 机械装配概述

12.1.1 装配的概念

零件是组成机械的基本单元。为了设计、加工和装配的方便，通常将机械划分成部件和组件等组成部分，它们都可以形成独立的设计单元、加工单元和装配单元。部件是由若干个零件组成的、机械上能够完成独立功能、相对独立的部分。而在部件中，由若干个零件组成的在结构与装配关系上有一定的独立性的部分，称为组件。

按照规定的程序和技术要求，将零件进行组合和连接，使之成为部件或机器的工艺过程称为装配。组合整台机器的过程称为总装配（简称总装），组成部件的过程称为部件装配（简称部装），把零件组合成组件的过程称为组件装配（简称组装）。机器质量最终是通过装配保证的，装配质量在很大程度上决定了机器的最终质量，装配工艺过程在机械制造中占有十分重要的地位。

12.1.2 装配工作的一般内容

机械装配是整个机械制造过程中重要的最后一个环节。它主要包括装配、检验、试验、喷涂和包装等工作。装配工作的主要内容如下：

（1）清洗　清洗是使用清洗剂清除产品或工件在制造、储存和运输等环节造成的油污及其他杂质的过程。清洗后的零件通常还具有一定的中间防锈能力。

（2）连接　装配工作中有大量的连接工作。连接方式有两种：一种为可拆卸连接，如螺纹联接、键联接和销钉联接等，其中以螺纹联接应用最广。另一种为不可拆卸连接，如焊接、铆接和过盈连接等。过盈连接多用于轴、孔的配合，通常用压入配合法、热胀配合法和冷缩配合法。一般机械常用压入配合法，重要精密机械用热胀和冷缩配合法。

（3）校正　校正是指在工艺过程中对相关零部件的相互位置的找正、找平和相应的调整工作。如卧式车床总装时，床身水平和导轨扭曲的校正等。

（4）调整　调整是指在装配过程中对相关零部件的相互位置进行的具体调整工作。除

配合校正工作调整零部件的精度外，还需调整运动副的间隙，以保证其运动精度。

（5）配作　配作是以已加工件为基准，加工与其相配的另一工件，或将两个（或两个以上）工件组合在一起进行加工，如配钻、配铰和配磨等。

（6）平衡　对转速高、运转平稳性要求高的机器，为防止振动与噪声，对旋转零部件要进行平衡，总装后，在工作转速下进行整机平衡。其方法有静平衡和动平衡两种。一般直径大、长度小的零件（如飞轮和带轮等）只需进行静平衡；而长度较大、转速较高的零件（如曲轴、电动机和转子等）需进行动平衡。

（7）验收与试验　产品装配完成后，需根据有关技术标准和规定对产品进行较全面的检验和必要的试验工作，合格后才允许出厂。

12.1.3　装配生产的组织形式

1. 基本组织形式

通常可分为两种基本的组织形式：固定式装配和移动式装配（图 12-1）。

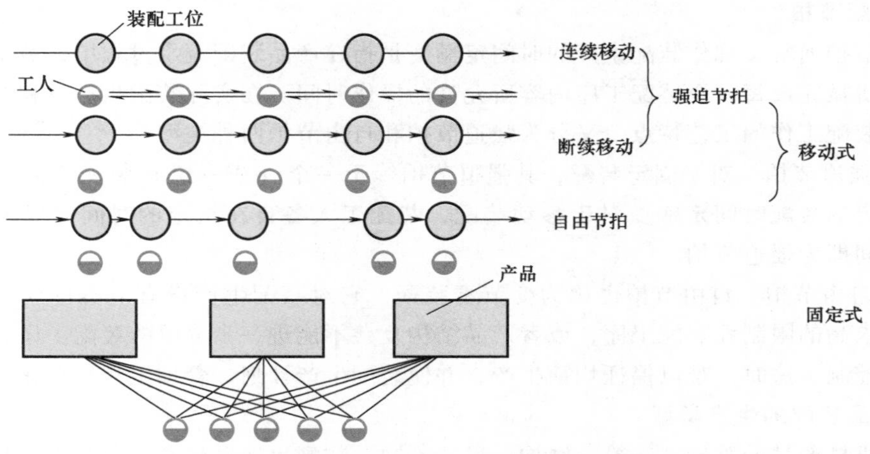

图 12-1　装配生产组织形式与装配节拍

（1）固定式装配　将产品或部件的全部装配工作安排在一个固定工作场地上进行，产品的位置不变，所需的零、部件（含外购件等）均向它集中，由一组工人完成装配过程，这种装配方式称作固定式装配。

在实际生产中，固定式装配又可分为集中式、分散式和巡回式三种情形。

1）集中式固定装配。整台机器产品所有装配工作都由一个人或一组工人在一个固定装配工作地集中完成。它的工艺特点是：装配周期长，对工人技术水平要求高，工作地面积大。集中式固定装配多用于单件小批生产。

2）分散式固定装配。整台产品的装配分为部装和总装，各部件的部装和产品总装分别由几个或几组工人同时在不同的固定工作地分散完成装配任务。它的工艺特点是：产品的装配周期短，装配工作专业化程度较高。

3）巡回式固定装配。在成批生产中，对于那些体积重量大、装配精度要求较高的产品（例如车床和磨床等），通常采用产品装配工位不变，即每一台产品的装配工作地固定，而装配工人带着工具轮流移动到每台产品装配工作地现场，在每一个固定式装配台重复完成各

自负责的某一个装配工序的装配工作。其特点是工人按照装配工艺要求的顺序轮流在各工作地之间巡回作业，避免了产品移动时所造成的精度损失，可节省工序之间的运输等费用，但所占生产面积较大，零部件的运送、保管等工作复杂，工作效率低，故这种装配形式多用于单件和成批生产，或者大型机器的装配生产。

（2）移动式装配　将产品或部件置于装配线（采用运输小车、随行夹具、运输带等）上，通过连续或间歇的移动使其顺序经过各装配工作地，直至最后整个产品装配完成。每一个工作地重复完成相同的装配工序内容，而有关的零、部件则分别送到各个工序所在地参与装配。其特点是单位生产面积上的产量较大，生产周期相对缩短，劳动生产率较高，对工人的技术水平要求较低。但一次性投资费用较大，故移动装配形式多用于大批和大量生产类型。

移动式装配又有自由节拍移动式和强迫节拍移动式两种，前者适于在大批量生产中装配那些尺寸和重量都不大的产品或部件，而强迫节拍移动式装配又分为连续移动和断续移动两种方式。连续移动式装配是指装配工作在连续移动中的装配线上完成的，因此，获得的装配精度和操作准确性不能够要求过高，其不适于装配那些装配精度要求较高的产品。

2. 装配节拍

装配节拍通常又称作装配生产的时间定额，是指在产品装配流水过程中，装配工人或者自动装配机械完成每一个装配工序内容所允许的操作时间。在实际装配生产过程中，根据不同的产品装配工作的工艺特点，又分为强迫节拍和自由节拍两种类型。

（1）强迫节拍　对于固定装配，其强迫节拍等于一个（或一组）装配工人在每一个工作地所规定的装配时间定额。对于移动装配，装配工人各自在指定的时间完成各自的工作量，此时间即为强迫节拍。

（2）自由节拍　自由节拍也称为变节奏装配，它对装配生产没有节奏性要求，对于装配精度要求高的限制性装配工序，或者产品结构复杂不能进一步分解的装配工序，可以采用自由节拍控制。这时，难以保证均衡生产，并使装配生产计划、管理工作复杂化。

3. 产品装配的生产类型

根据机械产品的重量、产量、结构、尺寸不同，装配生产过程通常分为大批量生产、成批生产和单件小批生产三种生产类型。对于不同的生产类型，采用的装配生产方式和特点也不同，见表12-1所列。

表12-1　不同生产类型装配工作的特点

生产类型	大批量生产	成批生产	单件小批生产
产品的特点	产品固定，生产内容长期重复，生产周期一般较短	产品在系列化范围内变动，分批交替投产或多品种同时投产，生产内容在一定时期内重复	产品经常变换，不定期重复生产，生产周期一般较长
组织形式	多采用流水装配线，有连续移动、间歇移动及自由节拍移动等方式，还可采用自动装配机或自动装配线	产品笨重且批量不大时多采用固定流水装配，批量较大时采用流水装配，多品种平行投产时用多种自由节拍流水装配	多采用固定装配或固定式流水装配进行总装
装配工艺方法	按互换法装配，允许有少量简单的调整，精密偶件成对供应或分组供应装配，无任何修配工作	主要采用互换法，但灵活运用其他保证装配精度的方法，如调整法、修配法和合并加工法，以节约加工费用	以修配法及调整法为主，互换件比例较少

（续）

生产类型	大批量生产	成批生产	单件小批生产
工艺过程	工艺过程划分很细，力求达到高度的均衡性	工艺过程的划分需适合于批量的大小，尽量使生产均衡	一般不制订详细的工艺文件，工序可适当调整，工艺也可灵活掌握
工艺装备	专业化程度高，宜采用专用高效工艺装备，易于实现机械化、自动化	通用设备较多，但也采用一定数量的专用工、夹、量具，以保证装配质量和提高工效	一般为通用设备及通用工、夹、量具
手工操作要求	手工操作比重小，熟练程度容易提高，便于培养新工人	手工操作比重较大，技术水平要求较高	手工操作比重大，要求工人有高的技术水平和多方面的工艺知识
应用实例	汽车、拖拉机、内燃机、滚动轴承、手表、缝纫机、电气开关等行业	机床、机车车辆、中小型锅炉、矿山采掘机械等行业	重型机床、重型机器、汽轮机、大型内燃机、大型锅炉等行业

1）大量生产常采用流水线装配，力求自动化程度高，工序划分很详细，并按一定节拍进行装配，零部件互换性很高，对工人技术水平要求不高。

2）单件生产通常为固定式装配，自动化程度低，工序划分粗而集中，零、部件互换性低，对工人技术水平要求较高。

3）成批生产介于大量与单件生产之间，大多数采用流水线装配。

12.1.4 装配精度的基本概念

1. 机械的装配精度

机械的装配精度指装配后实际达到的精度。产品的装配精度一般包括：零部件间的距离精度、位置精度、相对运动精度、配合精度、接触精度、传动精度、噪声及振动等。这些精度要求又有动态和静态之分。各类装配精度之间有着密切的关系：位置精度是相对运动精度的基础，配合精度对距离精度和位置精度及相对运动精度的实现有一定的影响。为确保产品的可靠性和精度保持性，一般装配精度要稍高于精度标准的规定。

各类通用的机械产品的精度标准已由国家标准、部颁标准所规定。对于无标准可循的产品，可根据用户的使用要求，参照经过实践考验的类似产品的数据，制定企业标准。

2. 装配精度与零件精度的关系

零件的精度是保证机械装配精度的基础，尤其是关键零件的精度，它直接影响相应的装配精度。例如卧式车床的尾座移动对溜板移动的平行度，就主要取决于床身导轨 A 与 B 的平行度（图 12-2）。因此，必须合理地规定和控制相关零件的制造精度，使它们在装配时产生的误差累积不超过装配精度的要求。

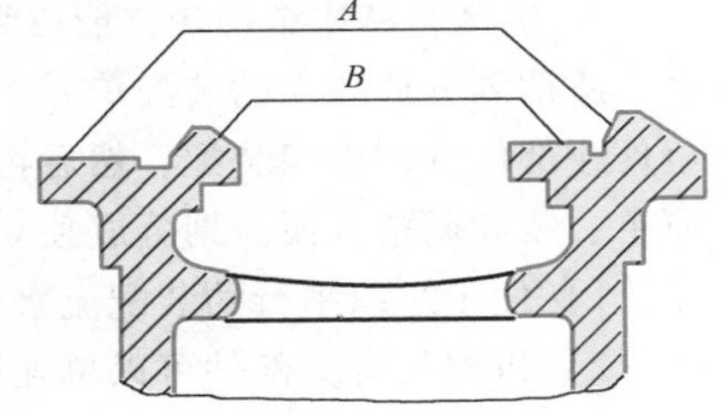

图 12-2 床身导轨简图

A—床鞍移动导轨 B—尾座移动导轨

对于某些装配精度项目来说，如果完全由相关零件的制造精度来直接保证，则制造精度将规定得很高，会导致零件加工成本得提高，甚至会因制造公差太小而无法加工制造。遇到

这种情况，需要根据生产量、零件的加工难易程度和选定的装配方法，确定相关零件的制造精度，通常按经济加工精度来确定零件的精度要求，使之易于加工；而在装配时，运用装配尺寸链理论，采用一定的工艺措施来保证装配精度。

3. 影响装配精度的因素

（1）零件的加工精度　产品的精度最终是在装配时达到的，保证零件加工精度，目的在于保证产品装配精度。一般来说，高精度的零件是获得高精度机器的基础。零件加工精度的一致性对装配精度有很大影响。零件加工精度一致性不好，装配精度就不易保证，同时增加装配工作量。

（2）零件之间的配合要求和接触质量　零件之间的配合间隙量或过盈量取决于相配零件的尺寸及其精度，其决定了配合性质。同时，对零件相配表面的粗糙度应有相应的要求，否则会因接触变形而影响过盈量或间隙量，从而改变实际的配合性质。零件之间的接触质量包括接触面积的大小和位置，它主要影响接触刚度，即接触变形，同时也影响配合性质。

提高配合质量和接触质量是现代机械装配中的一个重要问题。特别是提高配合表面的接触刚度，对提高整个机器的精度、刚度、抗振性和寿命等都有极其重要的作用。提高接触刚度的主要措施是减少相连的零件数，使接触面的数量减少；或者增加接触面积，减少单位面积上所承受的压力，从而减少接触变形。

（3）力、热、内应力等所引起的零件变形　零件在机械加工和装配过程中，因力、热、内应力等所产生的变形，会使装配合格的机器，经过一段时间之后精度逐渐失去。

（4）旋转零件的不平衡　旋转零件的平衡在高速运转的机器中受到极大的重视，在装配工艺中作为必要的工序进行安装。如发动机的曲轴连杆都要进行动平衡，以保证获得要求的装配精度，使机器正常工作，同时还能降低噪声。在现代机械装配中，对于中速旋转的机械部件，也开始重视动平衡问题，这主要是从工作平稳性、不产生振动、提高工作质量和寿命等来考虑的。

12.1.5　装配工艺性一般要求

装配工艺性是评定机械产品设计好坏的标志之一。一个具有良好装配工艺性的机械产品应该装配周期短、拆卸调整方便、耗费劳动量小、成本低。从装配工艺性的角度考虑，对机器结构设计的基本要求包括以下几个方面：

1. 机器的总体结构应该能够划分成几个独立的装配单元

所谓划分成独立的装配单元，就是要求机器结构能划分成独立的组件、部件，以便于按组件或部件分别组织装配，然后再进行总装配，而且各个装配单元之间的装配及连接，结构简单、装卸调整方便。划分成独立装配单元的好处是：

1）便于组织平行的装配流水作业，可以缩短装配周期。

2）机器的有关部件可以单独进行调整和试车，以减少总装配时的工作量。

3）便于机器结构的局部调整与改进。

4）便于组织厂际协作生产，便于组织专业化生产。

5）有利于机器的维护检修和运输。图 12-3 给出了两种传动轴结构，图 a 所示结构齿轮顶圆直径大于箱体轴承孔直径，轴上零件需依次逐一装到箱体中去；图 b 所示结构齿轮顶圆直径小于箱体轴承孔直径，轴上零件可以在箱体外先组装成一个组件，然后再将其装入箱体中，这就简化了装配过程，缩短了装配周期。

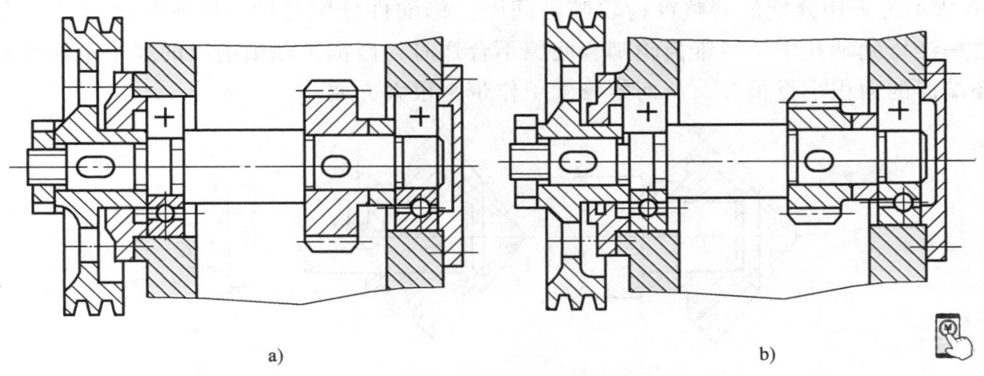

图 12-3 两种传动轴结构

2. 机器结构应具有正确的装配基准面

为了保证组件或部件之间的位置精度，要借助一个基准零件的某个表面，确定和调整其他要装配的零件、组件和部件的位置。如图 12-4a 所示为液压缸盖采用螺纹直接拧入的结构，端盖孔不能作为定心表面，使液压缸孔与活塞的同轴度无法保证。若改为图 12-4b 所示结构利用端盖孔作为活塞杆的装配基准面即可解决问题。

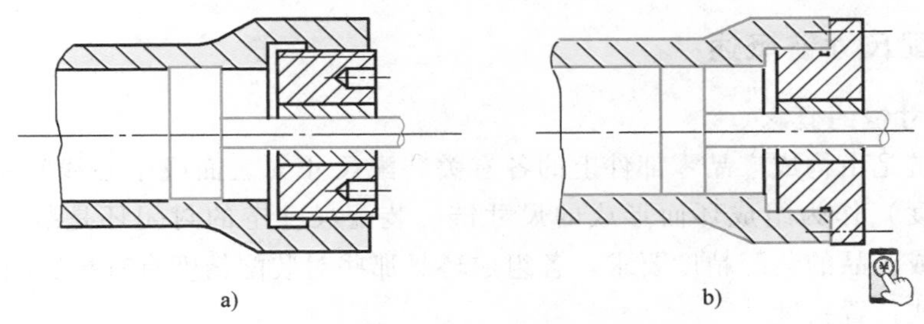

图 12-4 液压缸活塞杆装配结构

3. 尽量减少装配过程中的修配劳动量

在单件小批生产的机器制造中，有部分产品采用修配法保证装配精度。修配工作量的大小影响装配效率和工人劳动量，因此应改善结构，尽量减少装配时的修配工作量。

1）改进现有修配量大的机械结构。

2）在机器结构中应尽量采用可调整件。

图 12-5 给出了两种车床横刀架底座后压板结构，图 12-5a 所示结构用修刮压板装配面的方法使横刀架底座后压板和床身下导轨间具有规定的装配间隙，图 12-5b 所示结构采用可调整结构使后压板与床身下导轨间具有规定的装配间隙，图 12-5b 所示结构比图 12-5a 所示结构的装配工艺性好。

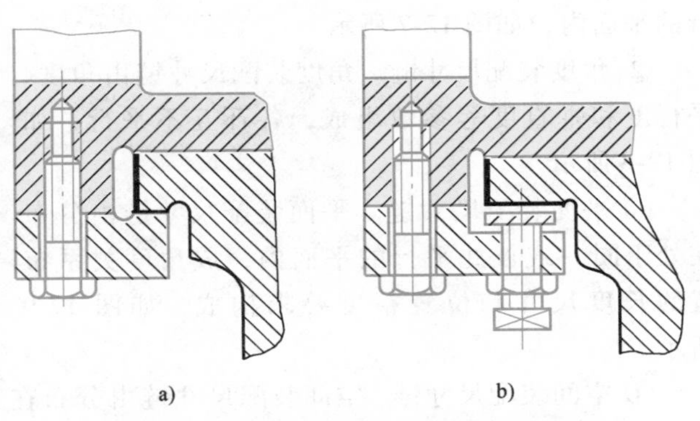

图 12-5 两种车床横刀架底座后压板结构

3）减少修配零件的接触面积。采用修配法保证精度时应该尽量减少修配件的面积。如图12-6所示为采用修配法调整锥齿轮啮合间隙。修配件分别是轴肩圆环端面以及一个圆柱销削去一半压到轴孔中。当锥齿轮啮合间隙不合适时，修刮圆柱销削出的那个平面比修刮轴肩圆环端面的面积小得很多，从而给修配工作带来很大方便。

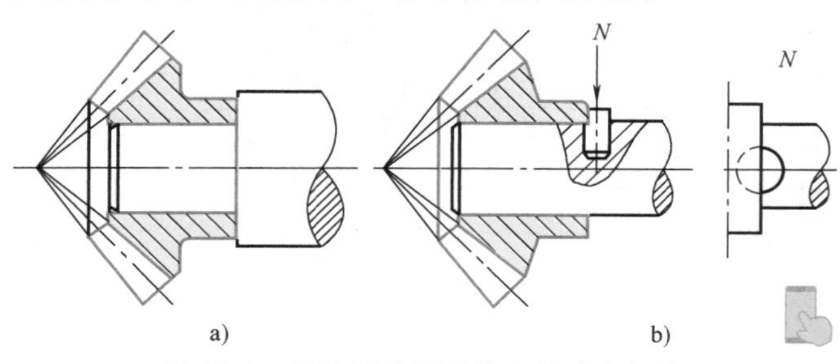

图12-6 用修配法调整锥齿轮啮合间隙

4. 机器结构应装配和拆卸方便

机器的结构设计应该使得装配操作、拆卸工作简单而方便。

12.2 装配尺寸链及其概率解法

12.2.1 装配尺寸链概述

1. 装配尺寸链的概念

装配尺寸链是由构成产品零部件上的各有关装配尺寸（表面或中心线间距离、平行度、垂直度或同轴度）作为组成环而形成的尺寸链。装配尺寸链的封闭环是装配以后形成的，通常就是部件或产品的装配精度要求。各组成环是那些对装配精度有直接影响的相关零件上的某一个尺寸或位置精度。

2. 装配尺寸链的基本形式

1）根据尺寸链中各组成环尺寸的几何特征及相互关系，装配尺寸链可分为：

① 直线装配尺寸链。直线装配尺寸链由长度尺寸组成，各环相互平行且在同一平面或相互平行的平面内，如图12-7所示。

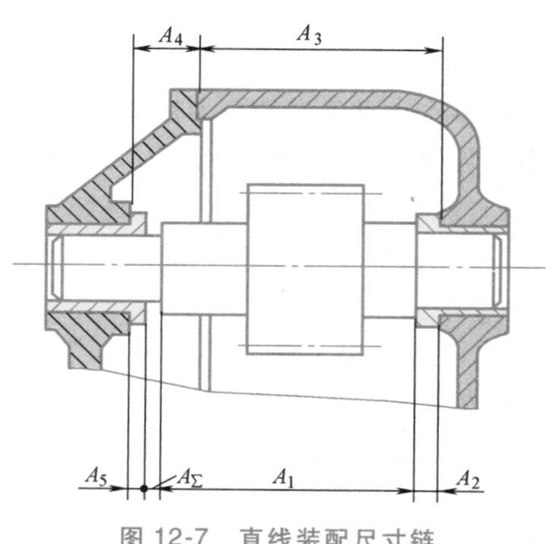

图12-7 直线装配尺寸链

② 角度装配尺寸链。角度装配尺寸链由角度、平行度和垂直度等参数组成，各环互不平行，如图12-8所示。

③ 平面装配尺寸链。平面装配尺寸链由分布在处于同一或彼此平行的平面内，成角度关系布置的长度尺寸和位置精度要求构成，如图12-9所示。

④ 空间装配尺寸链。空间装配尺寸链由分布在三维空间内，成角度关系的长度尺寸和位置精度构成。

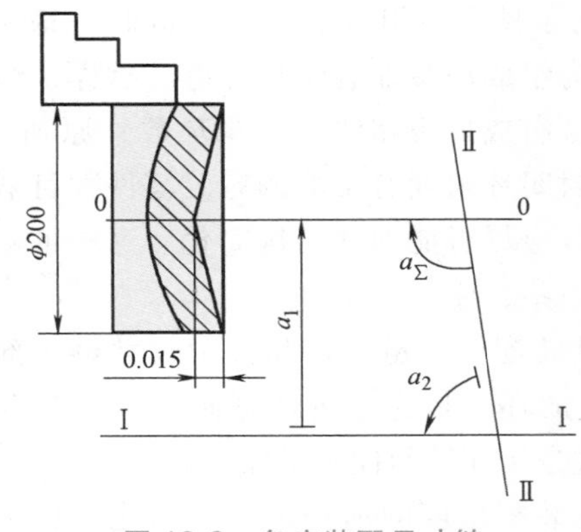

图 12-8　角度装配尺寸链

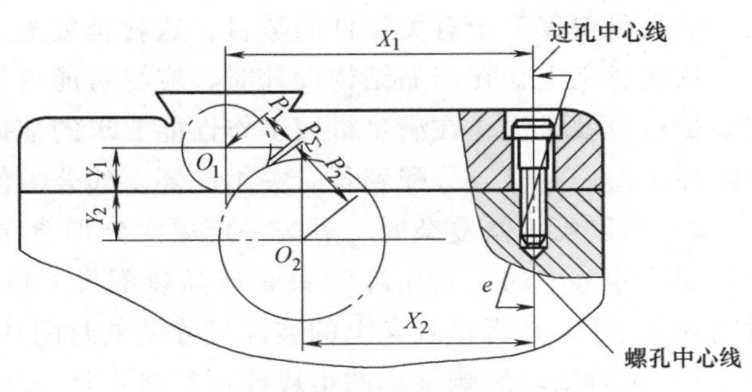

图 12-9　平面装配尺寸链

2）根据装配尺寸链之间的关系不同，有并联装配尺寸链和独立装配尺寸链两种情况。

在装配尺寸链中，组成环的数量是由完成产品的功能要求所必需的相配零件的数目决定的。在装配尺寸链中不存在二环尺寸链。

3. 应用场合

1）在产品设计时，要根据产品性能要求和装配工艺的经济性，确定装配精度要求，然后通过尺寸链的分析计算，确定零、部件的尺寸，位置要求等公差。

2）制订装配工艺时，通过装配尺寸链的分析计算，以确定最佳装配工艺方案。

3）在装配过程中，通过装配尺寸链分析计算，找到保证装配精度的措施。

在利用装配尺寸链原理来处理上述问题时，最重要的是要准确地从部件装配图或机械总装配图中找出相应的装配尺寸链的各组成环。

12.2.2　装配尺寸链的建立

1. 建立装配尺寸链的方法

正确建立装配尺寸链是进行尺寸链计算的前提。查明装配尺寸链的基本思路是：

（1）明确装配尺寸链的封闭环　确定封闭环是最关键的一步。在装配尺寸链中，封闭环只能是设计产品图上规定的装配精度或技术要求。这些要求是通过把零部件装配后形成的，是由零部件上的有关尺寸和角度位置关系间接保证的。每一个装配结构关系的装配精度要求（即封闭环）的数目往往不止一个，因此应当根据具体装配精度的性质，分别确定不同位置上的封闭环。

（2）查找与封闭环尺寸相关的各组成环　所谓装配尺寸链的组成环，即在装配关系中对装配精度要求产生直接影响的那些零件上的有关尺寸和位置要求。

对于每一项装配精度要求，通过分析装配关系，都可查明相应的装配尺寸链的组成。一般的查找方法是：由封闭环的两端零件开始，沿着装配精度要求的位置方向，以相邻零件的装配基准面为联系线索，按顺序逐个查明装配关系中影响装配精度的各有关零件，直到在同一个装配基准面上重合。所有查得的有关零件上连接两个装配基面的几何尺寸或位置关系，便是该装配尺寸链的全部组成环。包括封闭环在内的封闭尺寸图，即为装配尺寸链图。

2. 注意的问题

在建立装配尺寸链时，应注意以下问题：

1）装配尺寸链的最短组成路线原则。在结构既定的条件下，组成装配尺寸链时，每一个有关零件上只能连接该零件两个装配基准面的尺寸作为组成环参加装配尺寸链。这样，组成环的数目仅仅等于有关零件的数目，这就是装配尺寸链组成最短路线（最少环数）原则。

从此意义上，在产品结构设计时，应尽可能地使对封闭环精度有影响的有关零件数目减到最少；也就是说，在满足机械工作性能要求的前提下，应尽可能地使结构简化。这样可使封闭环公差一定时，分配到各有关组成环上的公差值大一些，便于加工。

2）当装配关系复杂时，可按一定层次分别建立部件装配尺寸链、产品装配尺寸链。部件装配尺寸链中的“封闭环”只是产品装配尺寸链的组成环，是为分析计算而设的“过渡封闭环”，并不是真正意义上的装配尺寸链的封闭环。这是尺寸链封闭环的唯一性。

3）对封闭环影响很小的组成环可忽略不计。在保证装配精度的前提下，为简化计算过程，可忽略某些对封闭环影响很小的组成环。

3. 装配尺寸链查找举例

现以保证车床主轴锥孔（前顶尖孔）轴线和尾座套筒锥孔（后顶尖孔）轴线对床身导轨等高度的装配关系为例说明装配尺寸链建立的方法。如图 12-10 所示，此等高度精度要求 $A_{\Sigma}=0^{+0.06}_{0}$mm 为封闭环。按此要求的装配关系，一边是主轴以其轴颈装在滚动轴承内，轴承装在主轴箱的孔内，主轴箱装在车床床身的平面上；另一边是尾座套筒以其外圆柱面装在尾座的导向孔内，尾座的底面装在尾座底板上，尾座底板装在车床的导轨面上。

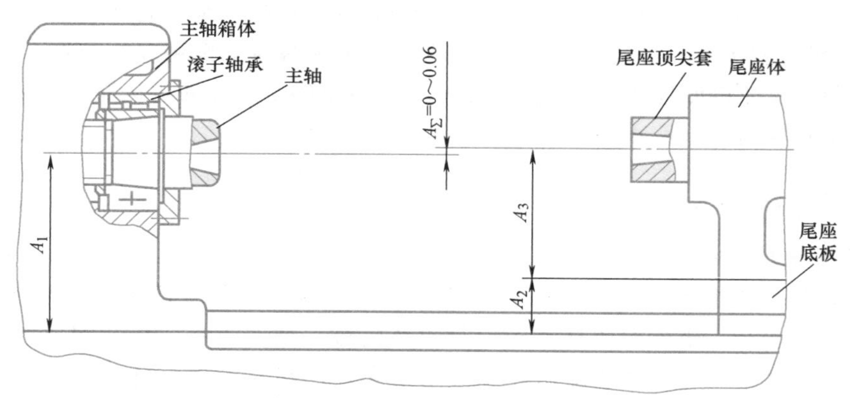

图 12-10　车床等高要求的尺寸联系图

根据装配关系可很容易地查找影响等高度的组成环为：

e_1——主轴锥孔对主轴箱孔的同轴度误差；

A_1——主轴箱孔轴线距箱体底平面的距离尺寸；

e_2——床身上安装主轴箱体的平面与安装尾座导轨面之间的高度差；

A_2——尾座底板上下平面的距离尺寸；

A_3——尾座孔轴线距尾座底面的距离尺寸；

e_3——尾座套筒与尾座孔配合间隙引起的向下偏移量；

e_4——尾座套筒锥孔与外圆的同轴度误差。

于是得到车床前后顶尖孔等高度的装配尺寸链如图 12-11a 所示。根据车床的设计要求，由于 e_1、e_2、e_3 和 e_4 的数值相对 A_1、A_2、A_3 的误差是较小的，故尺寸链可简化为图 12-11b 所示。

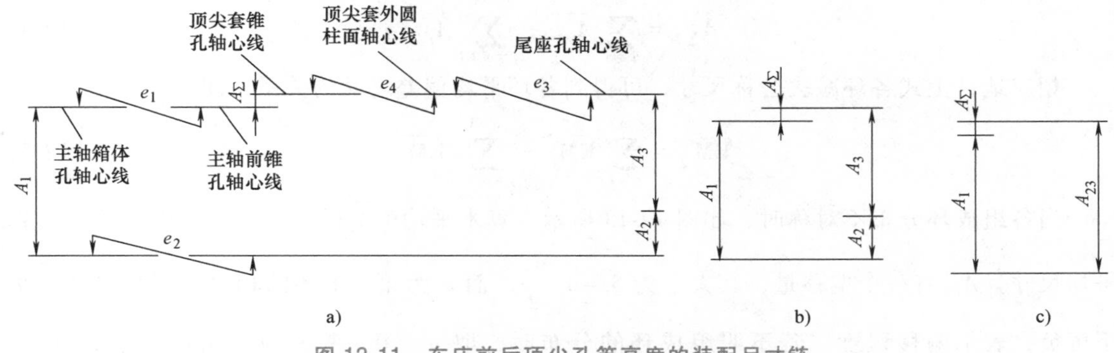

图 12-11 车床前后顶尖孔等高度的装配尺寸链

12.2.3 装配尺寸链的计算方法

在装配尺寸链中，封闭环与各个组成环之间的计算关系有两种情况。

1. 极值解法

按照各个环都处于极限状态（极大或极小）的条件，建立封闭环与各个组成环之间的关系，称为极值法。此方法容易理解，计算简单。但是它没有考虑各个环对应零件的实际尺寸出现的频率，当封闭环值一定时，对于多环尺寸链的情况，其分配给相关零件的平均公差小，加工困难。

2. 概率解法

尺寸链概率解法是以概率论与数理统计有关原理为依据，考虑到各环尺寸出现频率的多少，建立封闭环与各个组成环之间关系的方法。概率解法主要用于大批量生产中，封闭环精度要求高，组成环数较多的尺寸链分析计算中。

在实际生产中，各组成环可能是正态分布，也可能不是正态分布，但是它们是相互独立的。如果不存在特别的影响因素，只要组成环的个数足够（一般取 $n \geqslant 4$），则认为封闭环趋于正态分布。此时封闭环与各个组成环公差值之间的关系为

$$T_\Sigma = \sqrt{\sum_{i=1}^{n} K_i^2 T_i^2} \tag{12-1}$$

式中，K_i 为第 i 个组成环的相对分布系数，正态分布时，$K_i = 1.0$，分布曲线不明时，取 $K_i = 1.5$。

各组成环分布相同时，其概率解法的平均公差 T_{ipg} 为

$$T_{ipg} = \frac{T_\Sigma}{K\sqrt{n}} = T_{ipj}\frac{\sqrt{n}}{K} \tag{12-2}$$

式中，T_{ipj} 为极值解法条件下的平均公差；T_{ipg} 为概率解法条件下的平均公差。

根据概率数理统计原理，封闭环算术平均值等于各组成环算术平均值的代数和，即

$$\overline{A_\Sigma} = \sum_{i=1}^{m} \overline{\overrightarrow{A_i}} - \sum_{j=m+1}^{n-1} \overline{\overleftarrow{A_j}} \tag{12-3}$$

当各组成环均呈正态分布或对称分布，而且分布中心与公差带中点重合（图 12-12）时，算术平均值 $\overline{A_i}$ 即等于平均尺寸 A_{iM}，于是

$$A_{\Sigma M}=\sum_{i=1}^{m}\overrightarrow{A_{iM}}-\sum_{j=m+1}^{n-1}\overleftarrow{A_{jM}} \tag{12-4}$$

相应地，上式各环减去公称尺寸，可得到各环平均偏差之间的关系，即

$$EM_{\Sigma}=\sum_{i=1}^{m}\overrightarrow{EM_i}-\sum_{j=m+1}^{n-1}\overleftarrow{EM_j} \tag{12-5}$$

当各组成环分布不对称时，如图 12-13 所示，算术平均值$\overline{A_i}$相对于公差带中点尺寸（即平均尺寸）A_{iM}有一个偏移量，其大小为$\delta_i=a_i\dfrac{T_i}{2}$，而$a_i$为第$i$个环的相对不对称系数，可正可负，表示偏移程度。若不明组成环的分布时，取$a_i=0$。考虑到封闭环呈正态分布，$a_{\Sigma}=0$，则各环平均尺寸之间的关系为

$$A_{\Sigma M}=\sum_{i=1}^{m}\left(\overrightarrow{A_{iM}}+\frac{1}{2}a_iT_i\right)-\sum_{j=m+1}^{n-1}\left(\overleftarrow{A_{jM}}+\frac{1}{2}a_jT_j\right) \tag{12-6}$$

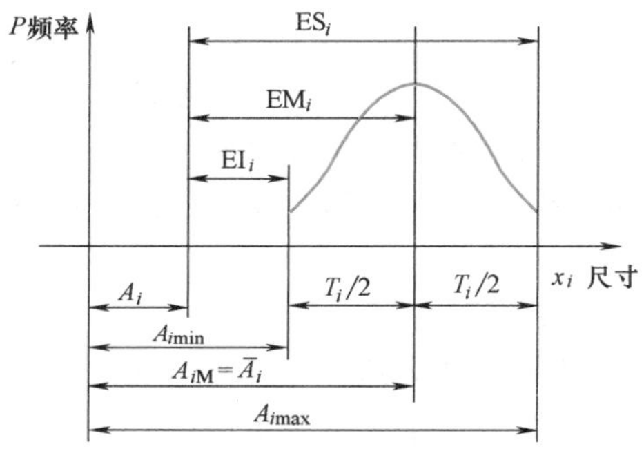

图 12-12　对称分布的尺寸计算关系

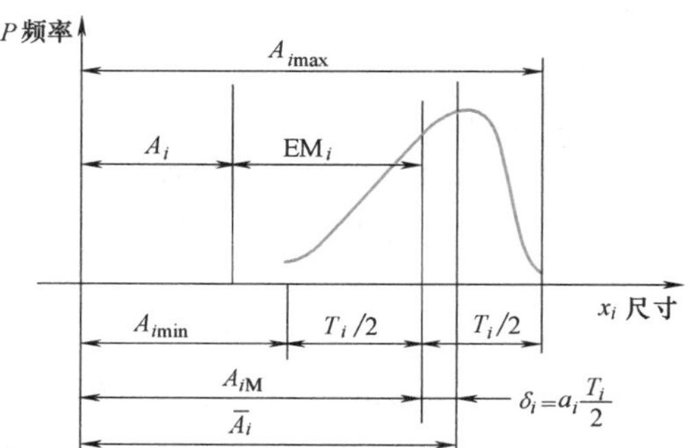

图 12-13　不对称分布的尺寸计算关系

相应地，平均偏差之间的关系为

$$EM_{\Sigma}=\sum_{i=1}^{m}\left(\overrightarrow{EM_i}+\frac{1}{2}a_iT_i\right)-\sum_{j=m+1}^{n-1}\left(\overleftarrow{EM_j}+\frac{1}{2}a_jT_j\right) \tag{12-7}$$

由封闭环公差T_{Σ}和封闭环平均偏差EM_{Σ}，可得封闭环的上、下极限偏差为

$$ES_{\Sigma}=EM_{\Sigma}+\frac{T_{\Sigma}}{2},\quad EI_{\Sigma}=EM_{\Sigma}-\frac{T_{\Sigma}}{2} \tag{12-8}$$

3. 各组成环公差分配的方法

装配尺寸链的计算，很重要的一个问题是在已知的封闭环尺寸和公差的情况下，如何为各组成环分配公差。常用的方法有如下三种：

（1）等公差法　即各组成环的公差就等于按极值法或概率法计算出的T_{ipj}或T_{ipg}。有时也根据具体情况进行一些人为的调整，对于标准件（轴承、垫圈等）取标准公差。此方法对公差分配简单，但不合理。适用于组成环数少、精度要求低的单件小批生产。

（2）等精度法　各组成环的公差等级系数相同。但公差标准中规定了不同尺寸系列的公差等级系数a_i与公差T_i的关系，对小于 500mm 的尺寸，有

$$T_i=a_i\,I_i \tag{12-9}$$

式中，I_i为第i个尺寸的公差单位（μm），其值与第i个组成环的公称尺寸有关。

采用等精度法，则有 $a_1 = a_2 = \cdots = a_i = \cdots = a_{(n-2)} = a_{(n-1)}$。

此方法对公差的分配比较合理，但未考虑加工条件，适用于小批生产。

（3）等工艺能力法　即各组成环加工时的工艺能力系数相等。由工艺能力系数的概念，等工艺能力即指

$$C_{p1} = C_{p2} = \cdots = C_{pi} = \cdots = C_{p(n-2)} = C_{p(n-1)}$$

采用等工艺能力法计算较合理，因为它考虑了经济效益，适用于大批量生产。

12.3　获得装配精度的装配方法

在装配精度能够由有关零件的加工精度直接保证的情况下，装配工作只是简单的连接过程，不必进行任何修配或调节，这是互换装配法。然而在某些情况下，如果装配精度完全由有关零件的加工精度来直接保证，则它们的加工精度要求会很高，给零件加工带来很大困难甚至不可能。在这种情况下，常按加工经济精度来确定零件的公差要求，使之易于加工，而在装配时采用一定的工艺措施，如选择装配法、修配法和调整法等来保证配置精度。这样虽然增加了机器装配的劳动量和成本，但降低了零件加工的劳动量和成本；从整个产品的制造来说，在很多情况下是经济可行的。

装配精度的保证在一定程度上依赖于装配工艺技术。在运用装配尺寸链求解相关零件的尺寸要求时，对于不同的装配方法，求解思路也有所不同。在长期实践中，根据不同产品、不同生产类型，人们创造了许多保证精度的工艺方法，通常归纳为如下四种。

12.3.1　互换装配法

1. 互换装配法的原理

互换装配法是用控制零件的加工误差直接保证产品精度要求的方法。即在装配时，对合格零件不经修理、选择或调整，组装后即可达到装配精度。此方法对零件加工误差的限制有两种形式：

1）相关零件的公差之和小于或等于装配公差，即满足于极值解法。这种方法零件是完全可以互换的，称为完全互换法。

2）相关零件公差值二次方之和的二次方根小于或等于装配公差，即满足于概率解法。从理论上讲，产生装配精度不合格的概率也只有0.27%，可忽略不计。用概率法确定各组成环公差时，仍能达到完全互换法的效果，称为不完全互换法。

2. 互换法的特点

装配过程简单，生产率高，便于组织流水作业；对工人技术要求不高；产品质量稳定，成本低；备件供应方便；装配公差小，而组成零件数目较多时，对零件公差要求严格，不易加工，甚至不能加工。

3. 应用范围

完全互换法在各种生产类型中都应优先考虑。但当组成零件数目较多或装配精度要求较高时，难以满足零件的经济精度要求。在大批量生产条件下，可考虑采用不完全互换法，但将有一部分产品的装配精度可能超差。这样就需要考虑补偿措施，或进行经济核算，以确定此种方法是否被采用。

12.3.2 选择装配法

1. 选择装配法的实质

选择装配法是将相关零件的实际加工公差放大到经济可行的程度进行加工，装配时选择合适的零件进行装配，或者将零件按尺寸大小先划分成若干组，然后将相应组的零件进行装配，以保证达到规定的装配精度要求。

2. 选择装配法的方式

选择装配法有以下三种方式：

（1）直接选配法　它是装配工人直接在许多待装配零件中挑选合适的互配件进行装配的方法。其优点是能达到很高的装配精度；零件的加工公差可取得较大，使零件加工容易。其缺点是选件费时，作业时间不易准确控制；装配精度在很大程度上取决于工人的技术水平，故不适宜在节拍要求严格的大批量流水线装配中使用。

（2）分组互换装配法　它是先将互配零件按实测尺寸进行分组，然后按对应组进行装配，以达到装配精度的方法。其特点是：零件制造公差较大，加工容易，且可组装高精度产品；测量和分组费时麻烦，通常分组 $n=4\sim5$，组内零件可互换，故又称为分组互换法；需保证各对应组零件个数基本相等。只适合于装配精度要求很高，组成件较少，成批或大量生产的场合，如滚动轴承的装配。

（3）复合选配法　这种方法是直接选配法与分组装配法的综合，即预先对相配零件进行测量分组，装配时由工人在对应组内直接选配的方法。其特点是：零件加工公差可较大，相配零件组内的零件公差可以不等，但装配精度可达很高；与直接选配法相比，耗时较少；适合于有节拍要求的大量生产，如气缸与活塞组件的装配中常采用。

3. 分组互换装配法的应用

这种方法有两种侧重点不同的应用：

（1）提高装配精度　即零件的加工公差不变，通过分组再将对应组的相配零件进行装配，以达到提高装配精度的目的。

如图 12-14a 所示，假定件 1 与 2 的尺寸公差相等，取 $T_{A1}=T_{A2}=0.1\text{mm}$。如果用互换法装配（图 12-14b），则最小间隙 $X_{min}=0$，最大间隙 $X_{max}=0.2\text{mm}$。如果将件 1、2 均分为两组（图 12-14c），每组的公差为 0.05mm；将对应组内的零件进行装配，则最小间隙为 $X_{min}=0.05\text{mm}$，最大间隙为 $X_{max}=0.15\text{mm}$，显然大大提高了装配精度。分组数目越多，装配精度提高也越大。

以提高装配精度为目的的分组装配法，不涉及零件加工公差的放大，具体应用处理比较简单，但要注意以下三点：

1）按相等的公差间隔对相配零件进行分组。

2）相配零件的分组数目应该相等，对应组内的零件进行装配。

3）相配零件的原公差最好相等，否则各对应组内零件的装配质量会不一样。

（2）减小零件的加工难度　装配精度要求不变，采用分组互换装配法，将零件的加工公差放大，来降低零件加工的难度。

如将图 12-14 所示零件 1 与 2 的公差放大一倍，如图 12-15 所示，将相配零件按尺寸大小分成两组，对应组零件相配，装配精度并无改变，使零件加工容易很多。

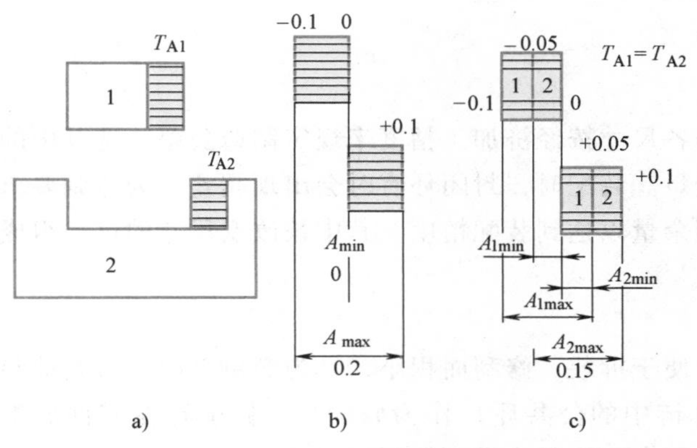

图 12-14 分组互换装配法的装配精度

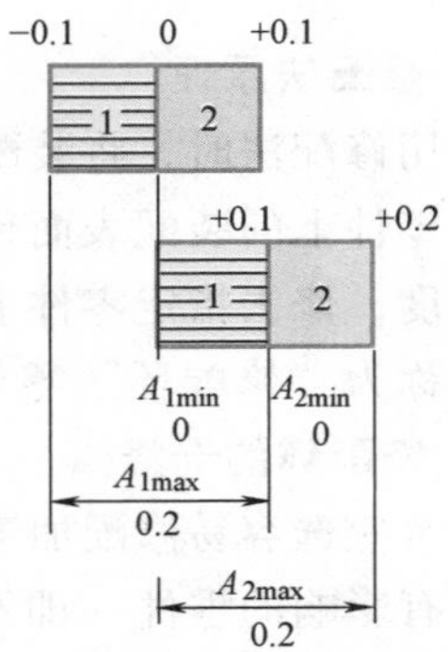

图 12-15 减小加工难度的分组装配

这种以减小零件加工难度为目的的分组互换装配法，在实用中应注意以下要求：

1）配合件（如轴和孔）的原公差必须相等。否则一经放大，原差距也将随之加大。对应组零件装配之后，除第一组内的对应零件满足装配精度要求之外，其余组内的零件会出现无法保证装配质量的情况。

2）相配零件的尺寸公差必须同一方向放大，放大倍数也必须相同。

3）分组数应与公差放大倍数相等，或者稍大些。

4）相配零件的几何公差、表面质量等要求不能放大，必须按零件图设计要求加工。

采用分组互换装配法都是按所谓“等公差间隔”分组。实际操作中可能出现对应组内零件数量不等的情况。如图 12-16 所示，如果加工一批相配的零件，其加工误差的分布规律完全相同，则对应组内的零件数目是相等的。但是如果分布规律不同，则对应组内的零件数将不相等，如图 12-17 所示。分组数越多，这种对应组零件数不等的现象越突出。结果各组中存在一批无相应匹配的“剩余零件”。对此在生产中可采取以下措施：

1）采取“等零件数”分组方式，这样对应组的公差不再相等，不同组零件的装配质量会有变动。要对此做出分析，以判断这种变动对装配精度的影响。

2）对不配套零件，在后续生产中寻求配套或专门为之配作生产配对件或留作备件。

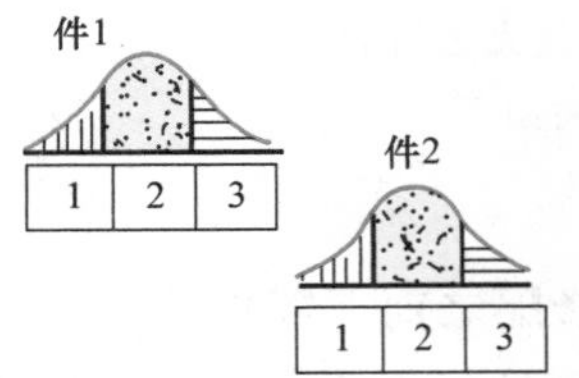

图 12-16 相配件加工误差分布相同

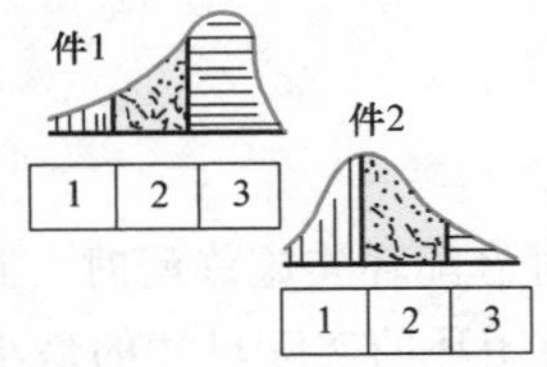

图 12-17 配合件加工误差分布不同

4. 选择装配法的优缺点

选择装配法的优点很明显：提高装配精度，减小零件加工难度等。但是从分组互换装配法可见，其需要相应地增加对零件的检测分组、标记和保管，以及装配时正确的供应等方面的组织管理工作。

12.3.3 修配装配法

1. 修配法原理

采用修配法时，将装配尺寸链中的各尺寸按经济加工精度来规定制造公差，选其中的某个待装零件上的装配表面预留一定的余量。装配时，封闭环有时会出现超差，为达到要求的装配精度，修去指定零件上预留的修配余量以达到装配精度。其中被改变尺寸的这一组成环零件，称为“修配环”零件。

2. 修配环的选择

通常应选容易修配加工、重量轻、便于拆装、修刮面积小，且为简单平面、对其他装配精度没有影响的零件（即不选并联尺寸链中的公共环）作为修配环。修配环在零件加工时应留有一定量的修配量，采用修配法必须合理确定修配环的预加工尺寸。

3. 应用修配法求解装配尺寸链

修配法解装配尺寸链的主要问题是，如何确定修配环修配前的具体尺寸和公差带分布位置，使修配时，有足够且尽可能小的修配余量。因此修配件预留的余量要经过计算。一般可采用极值法。

在装配工作中，对修配环实施修配时，对封闭环的影响只有两种情况：一种是使封闭环尺寸变小，另一种是使封闭环尺寸变大。如图 12-18 所示为封闭环公差带与组成环公差放大之后的实际封闭环的变动范围之间的关系。

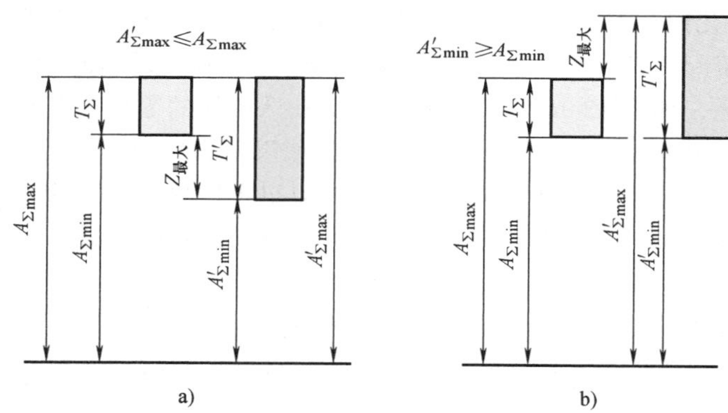

图 12-18 封闭环公差带与组成环公差放大之后的实际封闭环的变动范围之间的关系

a）越修越大时 b）越修越小时

（1）对修配环实施修配时，封闭环变小的情况　在修配之前，零件装配之后的预装结果应当使封闭环的实际尺寸的最小值 $A'_{\Sigma\min}$ 只能够大于或者恰好等于装配要求所规定的封闭环的最小尺寸 $A_{\Sigma\min}$。否则，如果情况相反，则无法通过修配的方法使得装配精度满足设计要求。

例 12-1　现以卧式车床的等高度装配尺寸链（图 12-10）为例，说明当采用修配法实现装配精度要求时，求解装配尺寸链的基本思路。各组成环尺寸按经济加工精度进行制造，此尺寸链可以简化为四环尺寸链（图 12-11b），其中设 $A_\Sigma = 0^{+0.06}_{0}$mm，$A_1 = 202$mm，

$A_2=46\text{mm}$，$A_3=156\text{mm}$。具体分析如下：

1）分析装配尺寸链，选择修配零件、修配部位及修配环。对各组成环对应的零件进行比较，其中尾座底板尺寸小，重量轻，底面加工面积较小，因此选择底板底面作为修配面较为方便。在工厂实际生产中，为减少修配量、降低对尺寸链中各加工尺寸的精度要求，常采用“合并加工”法，将尾座和底板的接触面配刮后，把两者装成一个整体，再精镗尾座零件的顶尖套孔，即直接控制从底板底面到尾座顶尖套孔之间的尺寸和公差，并以尺寸 A_{23} 作为一个环参加装配尺寸链，如图 12-11c 所示。这样就使尺寸链的组成环数减为两个，而组成环尺寸 A_{23} 就是修配环。

在修配环和修配面确定后，由分析可知，对修配环进行修配时，会使封闭环尺寸变小。

2）根据加工经济精度，确定各组成环的制造公差及分布位置。根据 A_1、A_{23} 两尺寸用镗模加工的经济精度，取其公差值为 $T_1=T_{23}=0.1\text{mm}$。

对于尺寸 A_1，可考虑其公差做双向对称分布，即 $A_1=(202\pm0.05)\text{mm}$。

对于尺寸 A_{23}，其公称尺寸为 $A_{23}=A_2+A_3=202\text{mm}$，而公差带 T_{23} 的位置，由于其为修配环，要通过计算确定。

3）计算修配环尺寸 A_{23} 的加工初值。用 A'_{Σ} 表示封闭环的实际尺寸，以区别要求的封闭环尺寸 $A_{\Sigma}=0^{+0.06}_{0}\text{mm}$。

此例中对修配环 A_{23} 越修，A_{Σ} 就越小，即尾座套孔的轴线越来越低。此种情况属于在修配过程中封闭环尺寸变小，如图 12-18b 所示，确定修配环尺寸应按封闭环实际尺寸的下极限尺寸 $A'_{\Sigma\min}$ 不能够小于要求的封闭环下极限尺寸的关系来确定。则有公式

$$A'_{\Sigma\min}\geqslant A_{\Sigma\min} \tag{12-10}$$

当 $A'_{\Sigma\min}=A_{\Sigma\min}$ 时，封闭环不需要刮研即可得到保证。而 $A'_{\Sigma\min}$ 与装配尺寸链中各组成环之间的关系是

$$A'_{\Sigma\min}=\sum_{i=1}^{m}\overrightarrow{A_{i\min}}-\sum_{j=m+1}^{n-1}\overleftarrow{A_{j\max}} \tag{12-11}$$

由式（12-10）和式（12-11）知，修配环 A_{23} 为增环，将已知结果代入可以求出修配环 A_{23} 尺寸的一个极限尺寸 $\overrightarrow{A_{23\min}}=202.05\text{mm}$。

在实际生产中，应考虑底板底面在总装时的必须刮研量 Z_{bg}。故式（12-10）应为

$$A'_{\Sigma\min}\geqslant A_{\Sigma\min}+Z_{bg} \tag{12-12}$$

取 $Z_{bg}=0.15\text{mm}$，则修正后修配环尺寸为 $\overrightarrow{A_{23\min}}=202.2\text{mm}$。

而 $\overrightarrow{A_{23\max}}=\overrightarrow{A_{23\min}}+T_{23}=202.3\text{mm}$，若化为双向公差标注，则 $A_{23}=(202.25\pm0.05)\text{mm}$。

4）最大修配工作量的计算。在实用中，还要校核最大修配量的大小，以衡量修配环尺寸及其偏差确定的合理性。在封闭环越修越小的情况下，最大修配工作量的计算关系如下：

$$Z_{\max}=A'_{\Sigma\min}-A_{\Sigma\min} \tag{12-13}$$

（2）对修配环实施修配时，封闭环变大的情况　同理，如果封闭环尺寸随着修配环的修刮而逐渐变大，在修配之前、零件装配之后的预装结果，只有当封闭环的实际尺寸的最大值 $A'_{\Sigma\min}$ 小于或者恰好等于装配要求所规定的封闭环的上极限尺寸 $A_{\Sigma\max}$ 时，才能够通过修配的方法达到装配精度要求。

修配环尺寸应按封闭环实际尺寸的上极限尺寸 $A'_{\Sigma\max}$ 小于或者等于要求的封闭环的上极限尺寸 $A'_{\Sigma\max}$ 关系来确定，如图 12-18a 所示，即

$$A'_{\Sigma\max} \leqslant A_{\Sigma\max} \tag{12-14}$$

当 $A'_{\Sigma\max}=A_{\Sigma\max}$ 时，封闭环不需要刮研即可得到保证。而 $A'_{\Sigma\min}$ 与装配尺寸链中各组成环之间的关系为

$$A'_{\Sigma\min} = \sum_{i=1}^{m} \overrightarrow{A_{i\max}} - \sum_{j=m+1}^{n-1} \overleftarrow{A_{j\min}} \tag{12-15}$$

若总装时的必须刮研量为 Z_{bg} 时，则有公式

$$A'_{\Sigma\max} \leqslant A_{\Sigma\max} - Z_{bg} \tag{12-16}$$

这时，最大修配量的大小为

$$Z_{\max} = A_{\Sigma\min} - A'_{\Sigma\min} \tag{12-17}$$

4. 特点和应用

（1）修配法的特点　零件按经济精度加工，装配时可达到很高的装配精度，且接触刚度高；由于预留了修刮量，故需修配时间且难以固定，不便于组织装配流水作业，装配质量受工人技术水平限制。

（2）修配法的应用　修配法多在单件小批或成批生产中应用，适用于组成环零件多而装配精度又要求比较高的部件装配。具体应用中尽量利用机械代替手工修配，如用电（气）动工具代替手刮等。

12.3.4　调整装配法

1. 调整装配法的原理

在结构设计中，选择或增添一个与装配精度要求有关的零件作为调整零件，装配时调节零件的相对位置或选用尺寸合适的调整件，以达到要求的装配精度。这样使制造相配零件时，不需一味地追求高的零件加工精度，而是使调整零件的尺寸变化起到补偿装配累积误差的作用，故称其为补偿件。

2. 调整装配法的基本方式

调整装配法有以下基本方式：

（1）动（或可变）调整法　这种装配方法用改变调整件的位置（移动、旋转或移动旋转同时进行）来达到装配精度，常用螺纹、凸轮和楔等，如自行车的轴挡、车床横向进给导轨中的镶条等。图 12-19 所示为轴承间隙的调整采用调整螺钉 1 和锁紧螺母 2 的结构。调整过程中不需拆卸零件，比较方便，调整尺寸在一定范围内连续。

（2）固定调整法　这种装配方法是在装配尺寸链中选定一个或加入一个零件作为调整环。作

为调整环的零件是按一定的尺寸间隔级别制成的一组专门零件。组成环零件均按照经济加工精度制造，由于扩大了组成环零件的制造公差累积造成的封闭环的误差过大，使得装配精度超差。根据实际装配时的需要，通过选用某一级别尺寸的固定补偿环零件来调节补偿，以保证所需要的装配精度。通常使用的固定调整件有轴套、垫圈和垫片等典型零件。如图 12-20 所示，车床主轴齿轮组件间隙的调整采用垫圈为调整件，以垫圈的厚度尺寸 A_k 作为调整环。

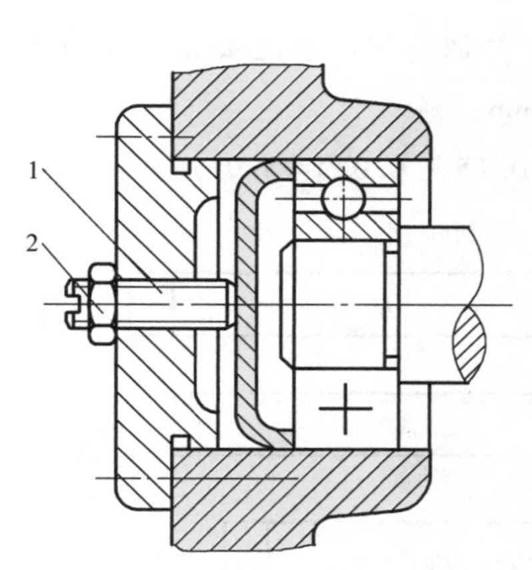

图 12-19　轴承间隙的调整

1—调整螺钉　2—锁紧螺母

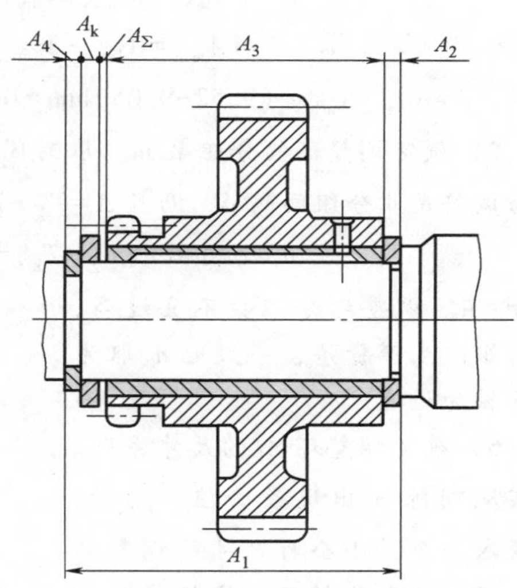

图 12-20　车床主轴齿轮组件间隙的调整

例 12-2　图 12-20 所示的车床主轴齿轮组件装配后要求轴向间隙为 $A_\Sigma=0^{+0.20}_{+0.05}$mm，已知：$A_1=115$mm，$A_2=8.5$mm，$A_3=95$mm，$A_4=2.5$mm，$A_k=9$mm。试以固定调整法解算各个组成环的极限偏差，并求调整环的分组数和调整环尺寸系列。

解　1）建立装配尺寸链。从分析影响装配精度要求的有关尺寸入手，建立以装配精度要求 A_Σ 为封闭环的装配尺寸链，如图 12-20 中的封闭尺寸关系所示。

2）选择调整环。选择加工比较容易，管理比较方便，装卸比较方便轴套环的组成环尺寸 A_k 作为调整环。

3）确定组成环的公差。按照经济加工精度规定各个组成环公差，并且确定极限偏差：$A_2=8.5^{\ 0}_{-0.10}$mm，$A_3=95^{\ 0}_{-0.10}$mm，$A_4=2.5^{\ 0}_{-0.12}$mm，$A_k=9^{\ 0}_{-0.03}$mm。已知 $A_\Sigma=0^{+0.20}_{+0.05}$mm，组成环 A_2 的下极限偏差由图 12-20 所列尺寸链计算确定，由极值解法中的极限偏差之间的关系式（8-10b）可知：

$$\mathrm{EI}A_\Sigma=\mathrm{EI}A_1-(\mathrm{ES}A_2+\mathrm{ES}A_3+\mathrm{ES}A_4+\mathrm{ES}A_k)$$

所以

$$\mathrm{EI}A_1=\mathrm{EI}A_\Sigma+(\mathrm{ES}A_2+\mathrm{ES}A_3+\mathrm{ES}A_4+\mathrm{ES}A_k)$$

$$=+0.05\text{mm}$$

为了便于加工，令 A_1 的制造公差为 $T_1=0.15$mm，故 $A_1=115^{+0.20}_{+0.05}$mm。

4）确定调整范围 δ。在未装入调整环 A_k 之前，先实际测试齿轮端面轴向空隙 A 的

大小。如图 12-21 所示，在形成的空隙 A 中，选一个合适的调整环 A_k 装入该空隙中，要求达到装配精度要求。所测空隙 $A=A_k+A_\Sigma$。A 的变动范围就是所要求取的调整范围 δ。

参照图 12-21 中的尺寸链去除 A_k 调整环之后，求空隙 A 的最大值和最小值：

$$A_{max}=A_{1max}-A_{2min}-A_{3min}-A_{4min}=9.52\text{mm}$$

$$A_{min}=A_{1min}-A_{2max}-A_{3max}-A_{4max}=9.05\text{mm}$$

所以，$\delta=A_{max}-A_{min}=(9.52-9.05)\text{mm}=0.47\text{mm}$。

5）确定调整环的分组数 m。取封闭环的公差与调整环的制造公差之差（$T_\Sigma-T_k$）作为调整尺寸分组间隔 Δ，而且 $\Delta=T_\Sigma-T_k=0.12\text{mm}$，则

$$m=\delta/\Delta=\delta/(T_\Sigma-T_k)=0.47/(0.15-0.03)=3.9$$

取 $m=4$。调整环分组数不宜过多，否则组织生产费事，一般地 m 取为 3~4 较为适宜。

6）确定调整环 A_k 的尺寸系列。当实测间隙 A 出现最小值 A_{min} 时，在装入一个最小公称尺寸的调整环 A_{kmin} 后，应当能够保证齿轮轴向具有装配精度要求的最小间隙值（$A_{\Sigma min}=0.05\text{mm}$），如图 12-21 所示。

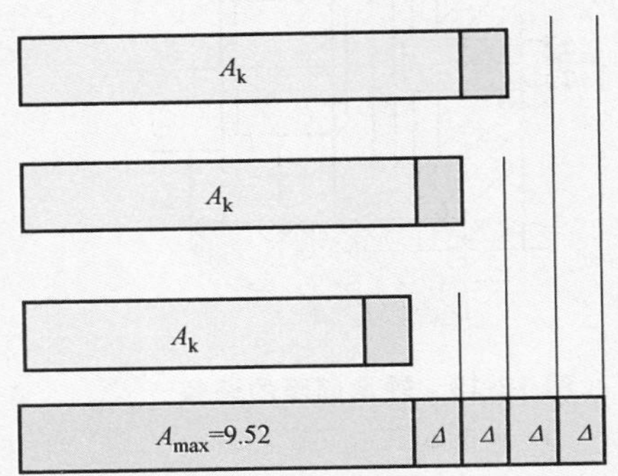

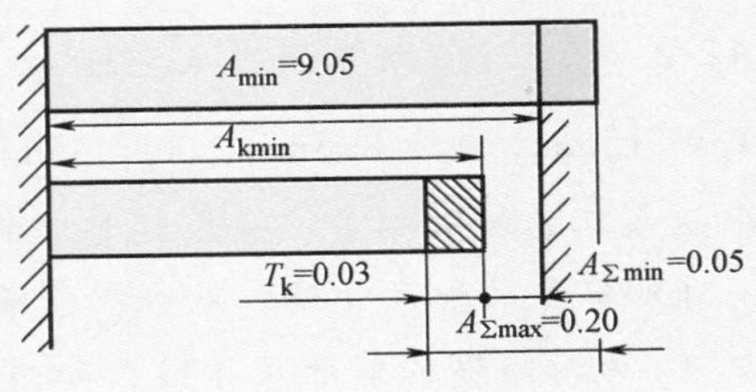

图 12-21 装配空隙与补偿环尺寸关系

由图 12-21 可知，最小一组调整环的公称尺寸应当为

$$A_{kmin}=A_{min}-A_{\Sigma min}$$

$$=9.05-0.05\text{mm}=9.00\text{mm}$$

以此 A_{kmin} 为基础，再依次加上一个尺寸间隔 $\Delta=T_\Sigma-T_k=0.12\text{mm}$，便可以求得调整环 A_k 的尺寸系列为：

$9_{-0.03}^{\ 0}\text{mm}$、$9.12_{-0.03}^{\ 0}\text{mm}$、$9.24_{-0.03}^{\ 0}\text{mm}$、$9.36_{-0.03}^{\ 0}\text{mm}$。各个调整环的适用范围，参见表 12-2 所列。

表 12-2 调整环尺寸系列及其适用范围

编号	调整环尺寸 A_k/mm	适用的间隙 A/mm	调整后的实际间隙/mm
1	8.97~9.00	9.05~9.17	0.05~0.20
2	9.09~9.12	9.17~9.29	0.05~0.20
3	9.21~9.24	9.29~9.41	0.05~0.20
4	9.33~9.36	9.41~9.52	0.05~0.19

固定调整法适用于在大批量生产中，装配那些装配精度要求较高的机器结构。在不影响接触刚度的情况下，在产量大、精度高的装配中，采用固定调整件会使装配精度的调整更为方便。在产量大、装配精度要求较高的场合，调整件还可以采用多件拼合的方式组成。具体方法是：预先将调整垫做成不同厚度（例如1，2，5，…；0.1，0.2，0.3，…，0.9等，单位为mm），再准备一些更薄的调整片（例如0.01，0.02，0.05，…，0.10等，单位为mm）；装配时，根据所测量实际空隙A的大小，把不同厚度的调整垫拼成所需尺寸，然后把它装到空隙中，使装配结构达到装配精度的要求。这种调整装配方法比较灵活，在汽车、拖拉机和自行车等生产中应用很广。

（3）误差抵消调整法　这种方法也称为定向或角度选配法。各被组装的零、部件都是有误差的，将各相配零件的误差大小和方向进行测量和标记，在组装时调节零、部件间的相互位置和误差的方向，使这些误差可以相互抵消或部分抵消，达到或提高封闭环的装配精度。在机床主轴与轴承装配中，常采用这种装配法保证主轴的前端径向圆跳动精度。

3. 调整装配法的特点

相配零件按经济精度加工，装配后可达到较高的装配精度；增加了调整件的制造、调整工作量，不易流水作业；装配质量取决于调整工人的技术水平，质量不稳定。

这种装配法在装配精度要求高，且产品数量不多，或数量多但装配作业现场不宜采用修配法，互换法行不通的场合中使用。

综上所述，为保证或提高产品的最终精度要求，除尽量保证零件的加工精度外，采取适当的装配方法，清除装配中的累积误差，在不提高零件制造精度的要求下也能获得要求的装配精度。

12.4　装配工艺规程的制定

装配工艺规程是用文件、图表等形式将装配的内容、顺序、检验等规定下来的工艺文件，是指导装配生产和处理装配工作中所发生问题的主要技术文件之一。它是制定装配生产计划、组织和进行装配生产的主要依据，也是设计装配工装、设计装配车间的主要依据。其内容包括产品及部件的装配顺序、采用的装配方法、装配的技术要求和检验方法、装配时所需要的设备和工具以及装配时间定额等。

12.4.1　制定装配工艺规程的基本原则及所需的原始资料

1. 制定装配工艺规程应遵循的基本原则

1）保证产品装配质量，并力求提高其质量，以延长产品使用寿命，提高精度储备。

2）合理安排装配工序，尽量减少装配钳工工作量，以提高装配效率，缩短装配周期。

3）降低装配工作所占成本，减少装配环节的投资。尽可能减少车间的生产面积，合理确定装配线设备的投资、装配工人的数量和水平，以提高单位面积生产率。

4）满足装配生产周期的要求。装配周期是根据产品的生产纲领计算出来的，即所要求

的装配生产率。在大批量生产中，多采用流水线进行装配，装配周期的要求由生产节拍来满足。在单件小批生产中，多用月产量来表示装配周期。

2. 制定装配工艺规程所需的原始资料

1）产品的总装配图和部件装配图，有时还需要有关零件图，以便装配时进行补充机械加工，核算装配尺寸链。

2）产品验收的技术条件。

3）产品的生产纲领。

4）现有生产条件，包括现有装配装备、车间面积、工人技术水平和时间定额等。

12.4.2 制定装配工艺规程的步骤

1. 研究产品装配图和验收技术条件

1）审查设计图样、装配技术要求和验收条件的完整性和正确性，及时发现和解决存在的问题和错误。

2）明确产品性能，部件的作用、工作原理和具体结构。

3）对产品进行结构工艺分析，从装配工艺性出发检查结构设计的合理性。良好的机械结构装配工艺性应能使装配周期最短，装配劳动量最少，并保证成本最低。工艺人员必须了解设计者的意图，而设计者在结构设计中也应该满足装配的工艺性要求。

4）明确各零、部件的装配关系，审查产品装配技术要求和验收技术条件，正确掌握装配中的技术关键问题和相应的技术措施。

5）研究机构的特点，综合考虑生产条件，选择实现装配工艺的方法；必要时应用装配尺寸链进行分析和计算。

2. 确定装配生产的组织形式

装配生产组织形式的选择，主要取决于产品的结构特点、产品的重量、生产批量以及现有生产技术条件和设备状况。

制定产品装配工艺与装配组织形式密切相关。例如，具体划分总装、部装，确定装配工序的集中分散程度，产品装配的运输方式及工作地的组织等都与组织形式有关。

3. 划分装配单元，选定装配基准件

装配单元的划分就是从工艺角度出发，将产品分解成可以独立装配的单元，即分成组件和各级分组件，以便组织装配工作的平行和流水作业。特别是在大量生产结构复杂的产品时，便于拟定装配顺序、划分装配工序、组织装配工作的作业形式。

装配单元划分后，首先要选择一个零件或低一级的装配单元作为基准件，其余零件或组件、部件按一定顺序装配到基准件上，成为下一级的装配单元。

选择装配基准件时，应注意：

1）从产品结构上讲，装配基准件一般选择产品的基体或主干零、部件，其体积和质量较大，有足够的支撑面，可以满足陆续装入其他零部件作业需要和稳定性要求。

2）避免装配基准件在后续装配工序中还有机加工工序。

3）基准件应有利于装配过程中的检测、工序间的传递输送和翻身转位等作业。

4. 确定装配顺序，绘制装配工艺系统图

确定装配基准件后，就可以确定其他零件或装配单元的装配顺序，确定各分组件、组件、部件和产品的装配顺序，最后将装配系统图规划出来。

（1）确定装配工艺顺序的一般原则

1）预处理工序先行原则。如零件清洗、去毛刺与飞边、防腐、涂装等应安排在前。

2）先里后外原则。使先装部分不至于成为后续作业的障碍。

3）先下后上的原则。使在装品在整个装配过程中重心处于最稳的状态。

4）先难后易原则。刚开始装配时，基准件上有较开阔的安装、调整和检测空间，有利于较难的零、部件的装配。

5）先重后轻原则。先对重型零件进行装配，而轻小零件可以安排穿插进行。

6）先精后粗原则。先对装配精度要求高的部分进行重点装配，而后再对一般精度要求的部分进行装配。这样可以避免精密零件装配作业中的干涉以及工时的浪费。

7）前不妨碍后，后不破坏前的原则。应使前面工序的内容，不妨碍后续工序的进行，后面的工序内容不应损伤前面工序得到的装配质量。如冲击性装配、压力装配、加热装配以及补充加工工序等应尽量安排在前面进行。

8）处于基准件同一方位的装配工序，尽可能集中连续安排，减少装配中的翻身、转位。

9）将使用同一装配工装或设备，以及对装配环境有同样特殊要求的工序尽可能集中安排，以减少在装品在车间内的迂回或设备的重复调度。

10）及时安排检验工序。尤其是在对产品质量和性能有较大影响的工序之后，必须安排检验工序。检验合格后才允许进行下面的装配工序。

此外，对于易燃、易爆、易碎或有毒物质及零部件的加注或安装，尽可能放在最后，以减少污染和安全防护工作量及其设备；不要疏忽电线、气管或液压管等的安装，根据需要应与相应工序同时进行。

（2）绘制装配工艺系统图　装配工艺系统图是表明产品零、部件间相互装配关系及装配工艺流程的示意图。它是深入研究产品结构和制定装配工艺的重要内容。在装配工艺系统图上，每一个单元用一个长方格表示，标明零件、套件、组件和部件的名称、编号及数量；装配工作由基准件开始沿水平线自左向右进行，一般将零件画在上方，套件、组件、部件画在下方，其排列次序就是装配工作的先后次序。

在装配工艺规程设计中，常用装配工艺系统图表示零、部件的装配流程和零、部件间相互装配关系。对结构较简单、组成零件少的产品，可只绘出产品的总装配工艺系统图；对结构复杂、组成零件多的产品，可以按装配单元绘制相应的装配工艺系统图。在装配工艺系统图中，只绘出直接进入装配的零部件。

图 12-22a 为产品总装配工艺系统图，图 12-22b 为部件装配工艺系统图。图中每一个零件、分组件或组件均用长方格表示，长方格上方注明装配单元名称，左下方填写其编号，右下方填写所需数量。装配单元编号必须与装配图及零件明细栏中的一致。绘制装配工艺系统图时，先画一横线，横线左端为基准件长方格，横线右端为产品长方格，从左至右依次将直接装在产品上的零件或组件的长方格画出：零件画在横线上面，组件或部件画在横线下面。图 12-23 是车床床身部件图，图 12-24 是它的装配工艺系统图。

5. 合理选择装配方法

装配方法的选择包括机械化装配、手工装配和自动化装配等手段的选择以及完全互换、

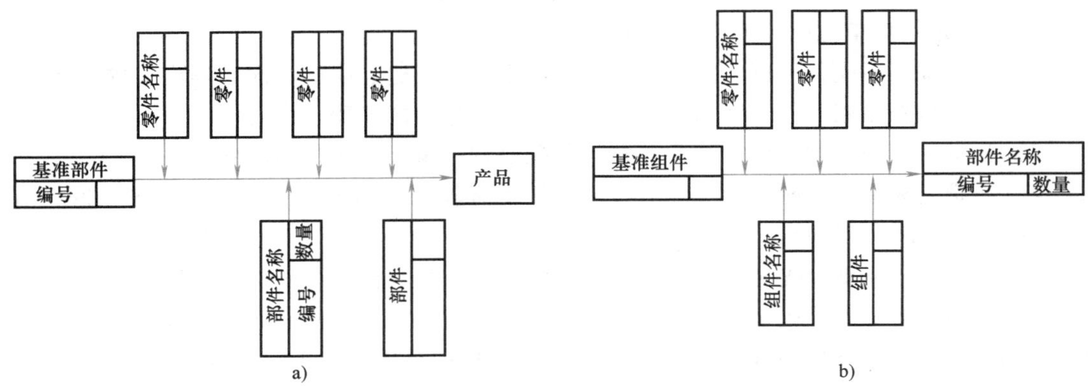

图 12-22　产品装配系统图

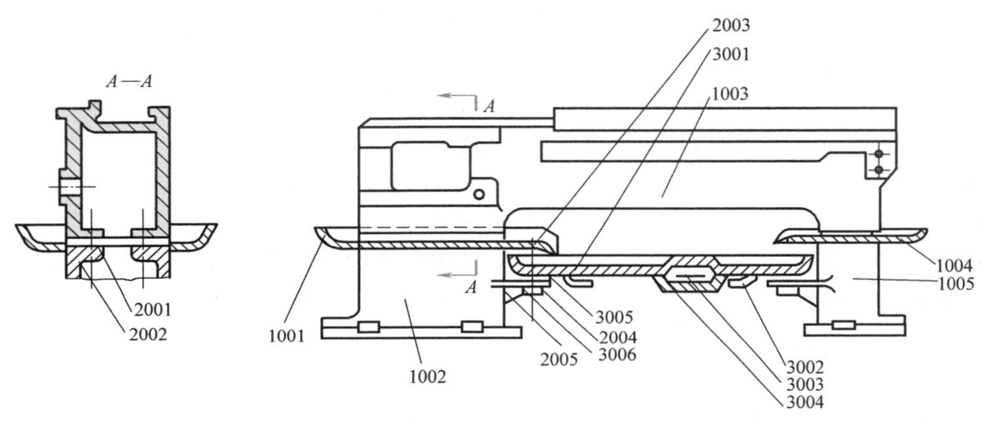

图 12-23　车床床身部件图

分组装配、修配法装配和调整法装配等保证装配精度的方法的选择。具体选择时主要根据生产纲领、产品结构及其精度要求等确定。

大批量生产多采用机械化、自动化装配手段，以及互换法、分组互换法和调整法等装配方法来达到装配精度的要求；单件小批生产多采用手工装配手段，以及修配法来达到装配精度要求。某些高的装配精度要求，目前仍然需要靠高级钳工手工操作及其经验来获得。

6. 划分装配工序

装配工序的划分是根据装配系统图进行的，按照由低级分组件到高级分组件的次序，直至产品总装配完成。将装配过程划分为若干个工序，确定工序的工作内容和所需的设备、工装和工时定额等。装配工序的划分，应遵循装配的规律。主要任务有：

1）确定装配工序的集中和分散的程度，组织各装配工序的工作内容。

2）制定各工序的装配质量和检验项目规范，还应安排必要的检验和试验工作。

3）制定各工序装配操作的规范，如过盈配合的压入力、变温装配的加热曲线、固定螺钉螺母的旋转扭矩的大小以及装配环境要求等。

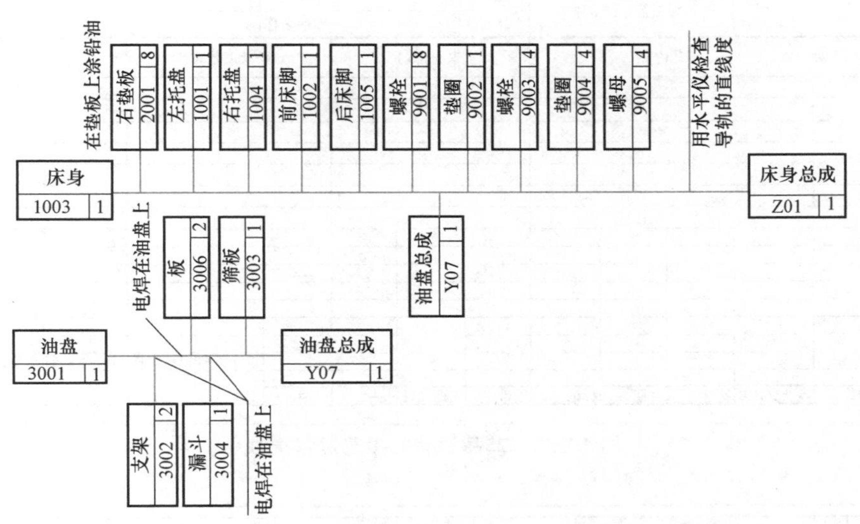

图 12-24 车床床身部件装配工艺系统图

4）选择装配工具和设备，当需设计装配专用工具、工装和设备时，应拟定设计任务书。

5）确定各工序的工时定额，平衡各工序的节拍，以利于实现流水作业和均衡生产。

6）分析工序能力。评价各工序的可行性和可靠性，并进行工艺方案的经济性分析。

7. 确定产品检测和试验规范

产品装配完成之后，根据产品质量和性能要求进行质量检测和试车。因此，需要制定相应的检验和试验规范。其中包括：

1）检测和试验项目及质量指标。

2）检测和试验的条件与环境要求。

3）检测和试验用工装的选择和设计。

4）检测和试验程序和操作规程。

5）质量问题分析方法和处理措施。

8. 制定装配工艺卡片

在前述工作内容完成并确定之后，应填写有关的装配工艺文件。

1）绘制装配工艺系统图，在装配系统图基础上，加上必要的工序说明。

2）制定装配工艺过程卡片、工序卡片和检验卡片等工艺文件，要视需要而定。

在单件小批生产时，通常不制定装配工艺卡片，按装配图和装配系统图进行装配。

成批生产时，通常根据装配系统图制定部件装配工艺卡片和产品总装配工艺过程卡片（图 12-25）。其中每一个工序应简要地说明工序内容、所需设备和工夹具名称及编号、工人技术等级和时间定额等。

大批量生产时，应为每一个工序单独制定装配工序卡片（图 12-26），详细说明该工序的工艺内容。装配工序卡片直接指导工人进行装配。

	装配工艺过程卡片	产品型号		零件图号			
		产品名称		零件名称		共 页	第 页

工序号	工序名称	工艺内容	装备部门	设备及工艺装备	辅助材料	工时定额

描图	
描校	
底图号	
装订号	

										设计日期	审核日期	标准化日期	会签日期
标记	处数	变更文件号	签字	日期	标记	处数	更改文件	签字	日期				

图 12-25　产品总装配工艺过程卡片

××厂	装配工序卡片	产品名称	产品代号	零、部、组(整)件代号	零、部、组(整)件名称	工艺规程编号

设备及工艺装备	
名称	材料片号

装入件明细栏			工步号	工步内容	工具名称及代号	辅助材料
序号	代号(件号)	数量				

								编制		复审		阶段
								校对		检验		标记
								复校		复核		共 页
更改标记	更改单号	签名	日期	更改标记	更改单号	签名	日期	审核		批准		第 页

图 12-26　装配工序卡片

习题与思考题

12-1　什么是装配？装配的基本内容有哪些？简述装配的工艺过程。在机械生产过程中，机器的装配过程起什么重要作用？

12-2 装配工作的组织形式有哪些？各有何特点？各适用于何种生产条件？

12-3 装配精度一般包括哪些内容？产品的装配精度与零件的加工精度之间有何关系？

12-4 什么是产品结构的装配工艺性？装配工艺性的好坏体现在哪几个方面？

12-5 试对图12-27所示结构的装配工艺性不合理之处予以改进并说明理由。

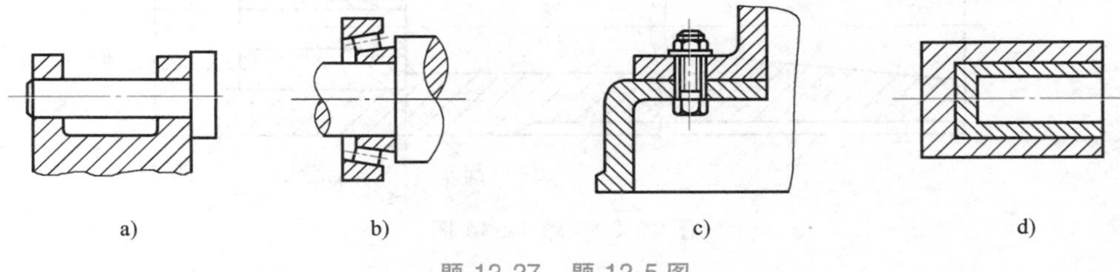

题12-27 题12-5图

12-6 装配尺寸链有几种基本形式？与机械加工工艺尺寸链相比有何主要不同点？

12-7 装配尺寸链的建立通常分为几步？需注意哪些问题？

12-8 采用极值法求解与用概率法求解装配尺寸链各有何特点？各适用什么场合？

12-9 分析求解尺寸链时，组成环公差的分配方法有几种？各有何特点？应当如何在实际工作中灵活使用？

12-10 保证机器或部件装配精度的装配方法有哪几种？各适用于什么装配场合？

12-11 为什么应该优先采用完全互换法进行装配？

12-12 图12-28所示为键与键槽的装配关系。要求配合间隙 A_Σ 为 0.08～0.15mm，试求：

1）当大批量生产，采用互换法装配时各零件的尺寸及其偏差。

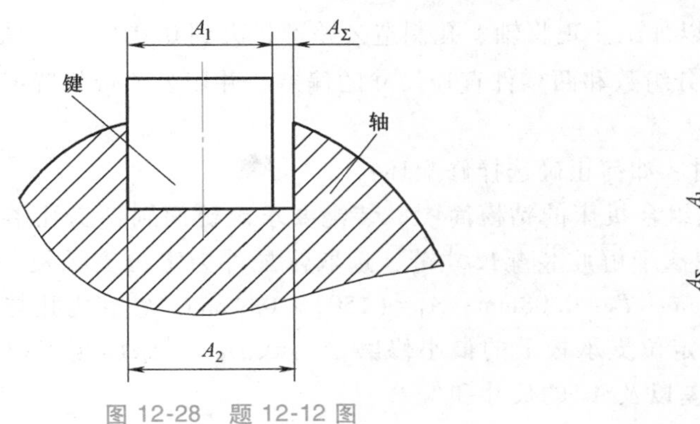

图12-28 题12-12图

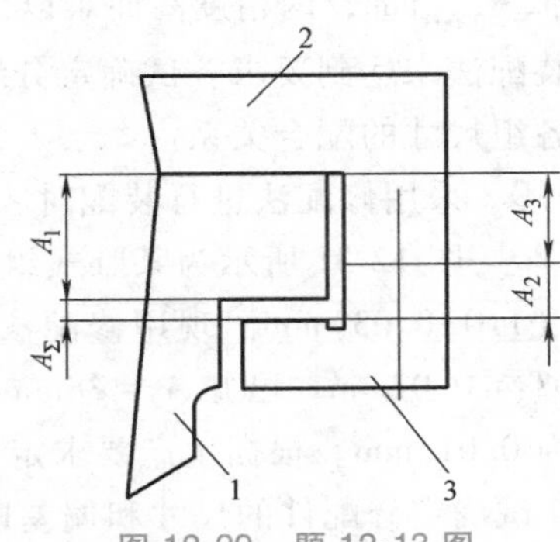

图12-29 题12-13图

2）当小批生产时，$A_2=20^{+0.13}_{0}$ mm，$T_1=0.052$mm，采用修配法装配，试选择修配件，并计算其最小修配量。

3）当最小修配量 $Z_{min}=0.05$mm 时，试确定修配件的尺寸和偏差及最大修配量。

12-13 图12-29所示为车床溜板2与床身1的装配关系。有关零件的尺寸为：$A_1=46^{\ 0}_{-0.04}$mm，$A_2=30^{+0.03}_{0}$mm，$A_3=16^{+0.06}_{+0.03}$mm，试计算装配后，溜板压板3与床身下平面之间的间隙 A_Σ。

12-14 图12-30所示为车床尾座套筒装配图，各组成零件的尺寸注在图上，试分别用

完全互换法和不完全互换法计算装配后螺母在顶尖套筒内的轴向窜动量。

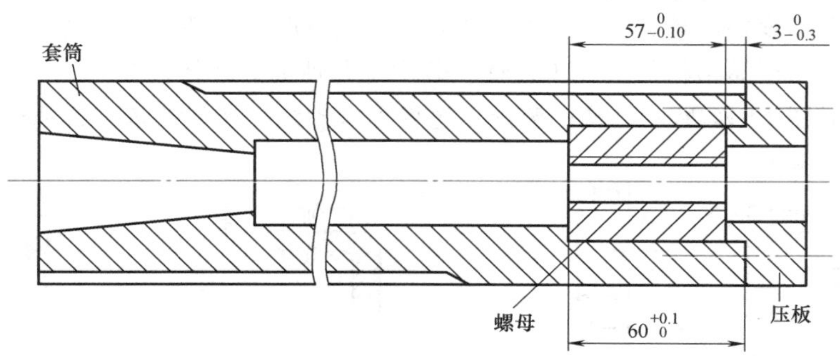

图 12-30 题 12-14 图

12-15 有一轴和孔的配合间隙要求为 0.07~0.24mm，零件加工后经测量得孔的尺寸分散为 $\phi65_{0}^{+0.19}$mm，轴的尺寸分散为 $\phi65_{-0.12}^{0}$mm。若零件尺寸分布为正态分布，现用不完全互换法进行装配，试计算可能产生的废品率。

12-16 什么是分组选配法？为什么制造公差放大后仍能保证原公差要求的装配精度？

12-17 某轴与孔的设计配合为 $\phi10\ \frac{H5}{h5}$，为降低加工成本，两件按 $\phi10\ \frac{H9}{h9}$制造，试计算采用分组互换装配法：

1）分组数和每一组的尺寸及其偏差。

2）若加工 1000 套，且孔的实际尺寸分布都符合正态分布规律，每一组孔的零件数各为多少？

12-18 某偶件配合间隙为 0.003~0.009mm，若按互换法装配，则阀杆应为 $\phi25_{-0.003}^{0}$mm，阀套孔为 $\phi25_{-0.003}^{0}$mm，因精度高而难以加工。现将轴、孔制造公差都扩大到 0.015mm，采用分组互换装配法来达到要求。试确定分组数和两零件直径尺寸的偏差，并用公差带位置图表示出零件各组尺寸的配合关系。

12-19 采用修配法进行装配时，如何正确选择修配环？

12-20 图 12-31 所示为某卧式组合机床的钻模简图。装配要求定位面到钻套孔中心线距离为（110±0.03）mm。现用修配法来解此装配尺寸链，选取修配件为定位支承板，A_3 = 12mm，T_3 = 0.02mm。已知 A_2 = 28mm，T_2 = 0.08mm，A_1 =（150±0.05）mm。钻套内孔与外圆同轴度为 0.015mm。根据生产要求定位支承板上的最小修磨量为 0.1mm，修磨量不得超过 0.3mm。试确定修配件的尺寸和偏差以及 A_2 的尺寸和偏差。

12-21 采用调整法装配主轴部件时，是否可以提高主轴的回转精度？

12-22 修配法和固定调整法装配有何异同？

12-23 图 12-32 所示为主轴部件，为保证弹性挡圈能顺利装入，要求保持轴向间隙 A_{Σ} 为 0.05~0.42mm。已知 A_1 = 32.5mm，A_2 = 35mm，A_3 = 2.5mm。试计算并确定各组成零件尺寸的上、下极限偏差。

12-24 试述制定装配工艺规程的意义、内容、方法和步骤。

12-25 说明制定装配工艺规程的基本原则。

12-26 机械产品一般可分解为哪几种可以独立进行装配的装配单元？

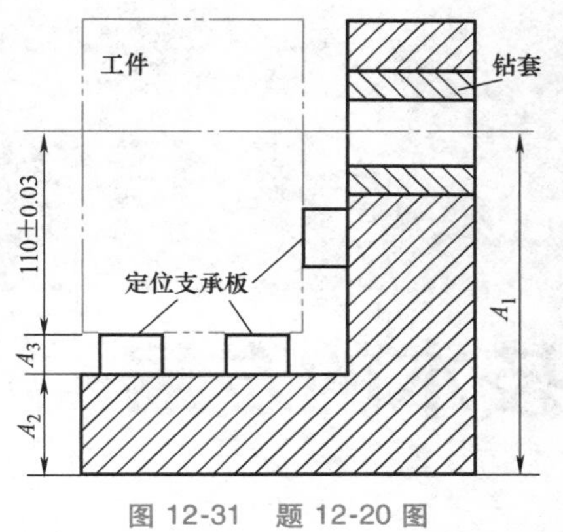

图 12-31 题 12-20 图

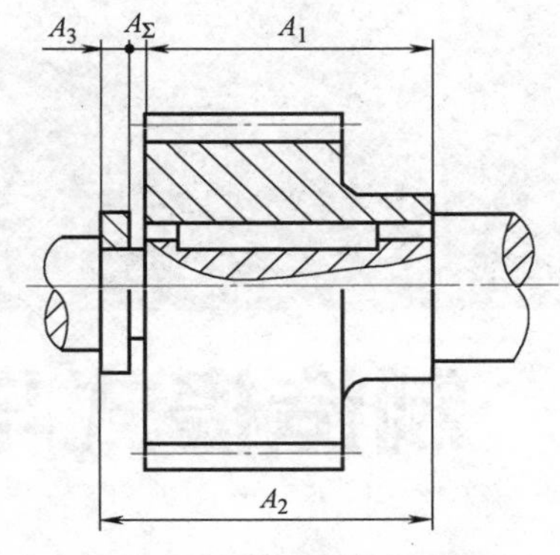

图 12-32 题 12-23 图

12-27 装配工艺规程的制定大致有哪几个步骤？有何要求？

12-28 装配工作的组织形式有哪些？各适用于何种生产条件？

12-29 什么是装配工艺系统图？它们在装配过程中所起的作用是什么？

12-30 装配工艺文件中的主要内容有哪些？

第13章 制造模式与制造技术的发展

13.1 先进制造工艺技术

13.1.1 超精密加工

普通精度和高精度是个相对概念，两者的分界线是随着制造技术水平的发展而变化的。就当前世界工业发达国家制造水平分析，一般工厂已能稳定掌握3μm制造公差的加工技术，制造公差大于此值的加工称为普通精度加工，制造公差小于此值的加工称为高精度加工。在高精度加工范围内，根据加工精度水平的不同，还可以进一步划分为精密加工、超精密加工和纳米加工三个档次。加工公差为1.0~0.1μm，表面粗糙度值为Ra0.10~0.025μm的加工称为精密加工；加工公差为0.1~0.01μm，表面粗糙度值为Ra0.025~0.005μm的加工称为超精密加工；加工公差小于0.01μm，表面粗糙度值Ra小于0.005μm的加工称为纳米加工。

1. 超精密加工基本原理

（1）微量切除原理　加工方法所能达到的加工精度等级取决于其能切除的最小背吃刀量a_{pmin}，如纳米级加工方法的a_{pmin}必须小于1nm。影响微量切除能力的主要因素如下：

1）切削工具的刃口锋利程度。切削工具的刃口锋利程度一般用刃口钝圆半径ρ进行评定，钝圆半径ρ值越小，刃口就越锋利。由图13-1知，切削点A_i处的负前角为

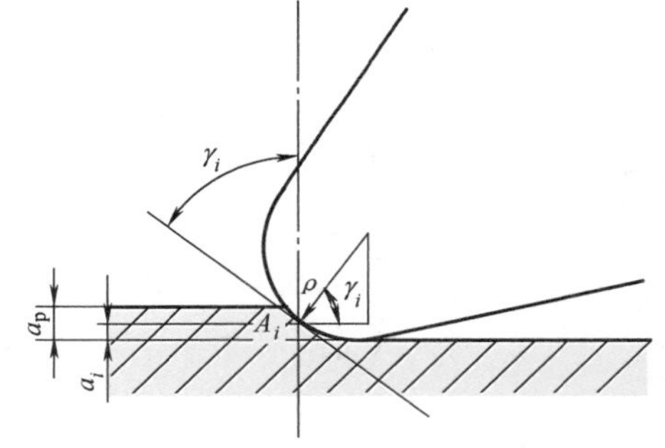

图13-1　切削刃钝圆半径ρ与工作前角γ

$$\gamma_i=\arcsin\frac{\rho-a_i}{\rho}=\arcsin\left(1-\frac{a_i}{\rho}\right) \tag{13-1}$$

分析式（13-1）可知，切削点A_i处的负前角γ_i值将随着切削刃钝圆半径ρ的增大和切削位置a_i的减小而增大；负前角γ值越大，切削阻力越大，负前角γ值大到一定程度，切削工具就将丧失切削能力。切削工具所能切除的最小极限深度a_{pmin}与切（磨）削工具刃口钝圆半径ρ、机床加工系统刚性等因素有关，作为估算，可取

$$a_{pmin}=\frac{1}{10}\rho \tag{13-2}$$

表 13-1　切削刃口钝圆半径 ρ 的取值范围

工具材料	碳素工具钢	高速钢	硬质合金	陶瓷	天然单晶金刚石
切削刃钝圆半径 ρ/μm	10~12	12~15	18~24	18~31	0.1~0.3(中国) 0.05(日本)

切削工具刃口钝圆半径 ρ 值大小与所采用的切削工具材料有关，表 13-1 列出了几种常用切削工具材料的刃口钝圆半径 ρ 值。

2）机床加工系统的刚度。机床加工系统的刚度主要是机床主轴系统和刀架进给系统的刚度。美国劳伦斯利弗莫尔国家实验室研制的 DTM-3 型金刚石切削车床的主轴系统刚度高达 500N/μm。

3）机床进给系统的分辨力。为实现微量切除，数控系统的脉冲当量值要小，数控系统的脉冲当量值一般应为最小极限背吃刀量 a_{pmin} 的 1/10~1/5。设 a_{pmin} = 0.1μm，数控系统的脉冲当量值应为 0.01~0.02μm/脉冲。

（2）精密切除条件　具有微量切除能力只是实现超精密加工的必要条件，还必须具有能进行精密切除的设备和环境条件。实现精密切削总的要求是：由机床加工系统不准确引起的静态误差，连同由于力作用、热作用和外界环境干扰引起的动误差，必须小于超精密加工规定的制造公差要求。

2. 纳米级加工技术

纳米级加工技术是一个涉及范围非常广泛的术语，它包括纳米材料、纳米摩擦、纳米电子、纳米光学、纳米生物和纳米机械等，这里只讨论与纳米加工有关的问题。

纳米级加工方法种类很多，此处仅以扫描隧道显微加工为例，介绍纳米加工原理和方法，并用以展示近年来人们在研究发展纳米级加工方面所达到的水平。

扫描隧道显微镜（Scanning Tunneling Microscope，STM）可用于测量三维微观表面形貌，也可用作纳米加工。STM 的工作原理主要基于量子力学的隧道效应。当一个具有原子尺度的探针针尖足够接近被加工表面某一原子 A 时（图 13-2），探针针尖原子与 A 原子并未接触，也会有电流在探针与被加工材料间通过。在外加电场作用下，A 原子受到两个方面力的作用：一方面是探针针尖原子对原子 A 的吸引力，包括范德华（Van Der Wall）力和静电力；另一方面是被加工工件上其他原子对 A 的结合力。在外界电场作用下，当探针针尖原子与 A 原子的距离小到某一极限距离时，探针针尖原子对 A 原子的吸引力将大于工件上其他原子对 A 原子的结合力，探针针尖就能拖动 A 原子跟随探针针尖在加工表面上移动，实现原子搬迁。控制探针针尖与被移动原子之间的偏压和距离是实现原子搬迁的两个关键参数。

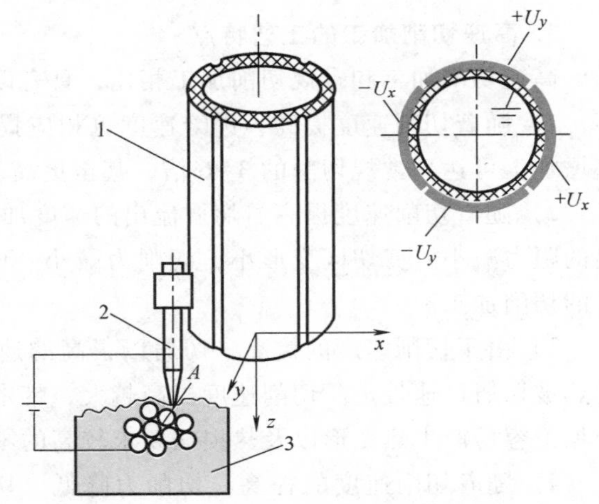

图 13-2　扫描隧道显微镜的工作原理

1—压电陶瓷管　2—探针　3—工件

在 STM 上除了用搬迁原子的方法进行纳米级加工外，还可以应用化学沉积和电流曝光

等方法进行纳米级加工。

13.1.2 高速切削

高速切削加工（High Speed Machining，HSM）是近十年来迅速崛起的一项实用先进制造技术，高速切削在加工质量和加工效率两个方面实现了统一，其最突出的优点是生产效率和加工精度的提高，表面质量好，生产成本低。

在常规的切削速度范围内，切削温度随着切削速度的增加而提高，这就限制了切削加工的效率和质量。试验表明，当切削速度达到某一临界值时，切削速度进一步提高，切削温度反而下降。如果能找到这一临界值（图 13-3），就能避开这一不可加工的过渡区域，直接进入高速切削区，不仅可以大大提高生产效率，而且可以因切削温度的降低而改善加工质量。图 13-4 是七种材料试验结果表示的高速切削范围示意图，图中剖面线为常规切削速度范围，网状线是高速切削速度范围。

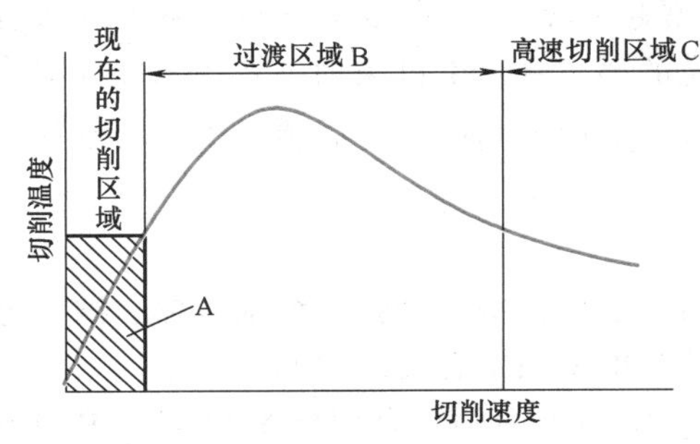

图 13-3 超高速切削

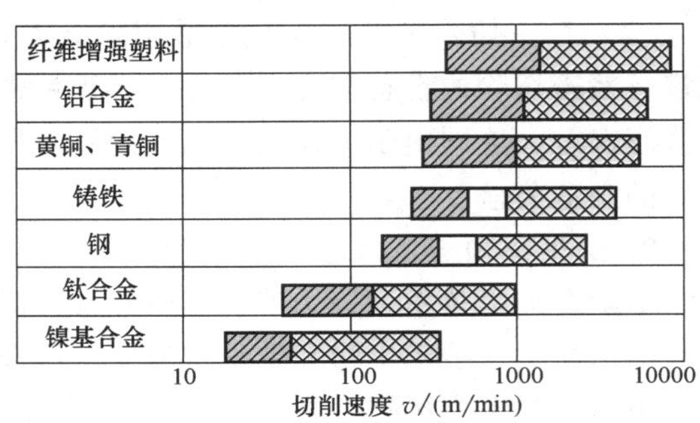

图 13-4 高速切削范围示意图

1. 高速切削加工的工艺特点

高速切削加工和常规切削加工相比，具有以下工艺特点：

1）随着切削速度提高，进给速度也相应提高 5~10 倍。这样，单位时间内的材料切除率增加，可达到常规切削的 3~6 倍，甚至更高。

2）随着切削速度提高，切屑流出的速度加快，改变了切屑与刀具前面的摩擦，切屑流出的阻力减小，剪切区变形小，切削力减小 30%以上，有利于细长杆等刚性较差和薄壁零件的切削加工。

3）由于切削速度的提高，切屑以很高的速度排出，加工区域大约 95%~98%以上的切削热被切屑迅速带走。切削速度提高越大，带走的热量越多，工件可基本上保持冷态，适用于加工容易产生热变形以及热损伤要求较高的零件。

4）随着切削速度的提高，切削力降低，切削系统的工作频率远离机床的低阶固有频率，而工件的加工表面粗糙度对低阶固有频率最敏感，因此高速切削加工表面质量常可达到磨削的水平，大大降低加工表面粗糙度值，残留在工件表面上的应力也很小。

5）高速切削可加工硬度 45~65HRC 的淬硬钢工件。如高速切削加工淬硬后的模具可减少甚至取代电火花加工和磨削加工，满足加工质量的要求。

2. 高速切削加工的技术基础

高速切削技术是新材料技术、计算机技术、控制技术和精密制造技术等多项新技术综合应用发展的结果，是一项复杂的系统工程，其基础理论与关键技术主要包括以下几方面：高速切削机理、高速切削刀具、高速切削机床和高速加工的测试技术等。

（1）高速切削机理 在当前的技术条件下，主要的研究手段和方法是从切削力、切削温度、切屑变形和工件表面质量等方面深入研究切削速度变化对超高速切削加工质量带来的变化，从宏观和微观方面深入研究其作用机理，为高速切削的应用奠定理论基础。

（2）高速切削刀具 在高速切削加工中心，对不同的加工零件，必须选择相应的切削用量的刀具才能获得最佳的切削效果。刀具的研究主要集中在三个方面：高速切削刀具的材料、刀具的形状和刀具的结构。

（3）高速切削机床 高速切削机床是实现高速加工的前提和基本条件。高速切削机床主要包括高速主轴系统、高速进给系统、高速 CNC 控制系统，以及机床床身、冷却系统、安全设施和加工环境等。

1）高速主轴系统。目前已生产出的高速或超高速机床几乎全部采用电动机主轴与机床主轴合二为一的电主轴结构，如图 13-5 所示。电动机的转子就是机床的主轴，机床主轴单元的壳体就是电动机座。为了满足高速、大功率运转的要求，高速电主轴的轴承通常采用陶瓷滚动轴承、磁浮轴承、液体静压轴承和空气静压轴承。

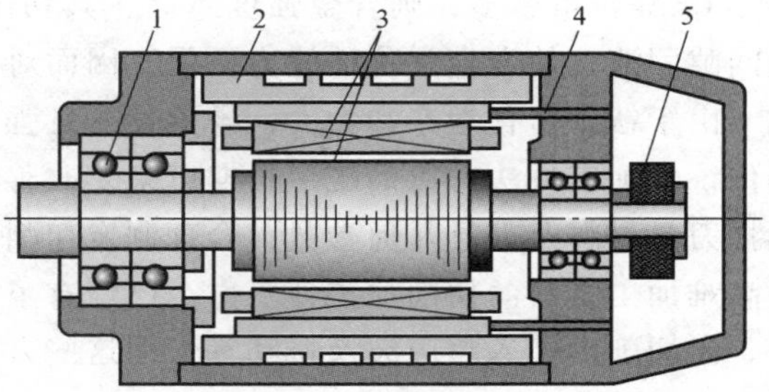

图 13-5 高速电主轴结构剖视图

1—陶瓷球轴承 2—密封圈 3—电主轴
4—冷却水出口 5—旋转变压器

2）高速进给系统。一般数控机床进给机构采用的“回转伺服电动机带滚珠丝杠”的传动方式所能达到的最大直线运动和加速度难以满足高速切削加工的需要。

3）高速 CNC 控制系统。高速切削主轴转速、进给速度和进给加速度非常高，要求机床的控制系统必须具有超高响应特性，需要对电动机的原理、结构、工作特性和相关技术进行专门研究。

4）切屑处理、冷却系统以及安全装置。高速切削过程会产生大量的切屑，单位时间内高的切屑切除量需要高效的切屑处理和清除装置。高压大流量的切削液不仅可以冷却机床的加工区，而且还可以有效地清理切屑，但是也会对环境造成严重污染。切削液并不是对高速切削的任何场合都适用，例如，对抗热冲击性能差的刀具，在有些情况下，切削液反而会降低刀具的使用寿命，这时可采用干切削，并用吹气或吸气的方法进行清理切屑的工作。安全防护对高速切削机床尤为重要。机床运动部件的高速运动，大量、高速流出的切屑，以及高压喷洒的切削液等，都需要高速机床有一个足够大的密封工作空间。刀具破损等的安全防护也必须重点关注，工作室的墙壁一定要能吸收喷射部分的能量。此外防护装置必须有灵活的控制系统，以保证操作人员在切削区之外安全区域进行操作。

（4）高速加工的测试技术 高速加工的测试技术包括传感技术、信号分析和处理等技术。近年来，在线测试技术在高速机床中使用得越来越多。现在已经在机床使用的有：主轴发热情况测试、滚珠丝杠发热测试、刀具磨损状态测试和工件加工状态监测等。

3. 钛合金的超高速切削加工

（1）钛合金切削加工性分析 造成钛合金切削加工性差的主要原因是钛合金的化学亲和

力极大及导热性极差：

1）化学亲和力大。钛合金在300℃以上高温下极易与刀具材料“亲和”，切削时刀具材料中的一些元素不是溶于钛中，便是与钛起化学作用。

2）导热性差。钛合金导热性差，热扩散率很小，切削温度很高。钛合金的热导率平均为工业纯钛的一半，热导率为45钢的1/7～1/5，因而在相同切削条件下，钛合金的切削温度比45钢高1倍以上。

3）钛合金切削力虽然不大，约为碳钢的75%，但切屑与刀具前面的接触长度却比碳钢小得多，约为碳钢的一半，从而切削钛合金时刀尖所受的应力约为切削碳钢时的1.5倍。

4）钛合金加工硬化现象并不很严重，约和低碳钢情况相同。

试验证明，钛合金强度越大，其切削加工性越差；合金中的强化元素Al、Sn、Zr、Fe、Mo、Cr等含量越多，则合金强度越高，其切削加工性越差；钛中杂质氧、氮、碳、氢等产生间隙固溶，使合金强化的能力更强，因而对切削加工性的影响也更大。

由于钛合金化学亲和力大，导热性差且强度高，使切削温度大幅提高，刀具磨损加剧，用传统的加工方法难以加工。长期以来，改善钛合金切削加工性的途径一直在探索中，合理选择刀具材料及刀具几何参数，合理制定切削用量，采用适当的切削液等均可在不同程度上提高难加工材料的切削加工性。迄今已经有了一些方法，常用的有采用专门热处理、加热切削、向切削区引入超声波及振动等，但这些方法普遍存在着效率低、成本高且加工质量难保证等弊端。

（2）超高速切削加工　超高速切削加工（USM）是一种用比常规加工切削速度高得多（10倍左右）的速度对零件进行加工的先进技术，它以高的加工速度、高的加工精度为主要特征。当切削速度提高10倍，进给速度提高20倍，远远超越传统的切削“禁区”后，超高速切削加工在切削原理上是对传统切削认识的突破，在切削机理上与常规切削不一样，切削加工发生了本质性的飞跃。

1）大幅提高生产效率。超高速加工使得单位功率的金属切除量提高了30%～40%，切削振动几乎消失。

2）工件温升小，减小工件热变形。超高速切削中，产生的热量虽多，但由于切屑从工件上切离的速度快，90%以上的切削热被切屑带走，留在工件的切削热大幅度降低，传给工件的热量很小，工件积累热量极少，因而切削时，工件温度的上升不会超过3℃。

3）切削力低。由于切削速度高，使剪切变形区变窄、剪切角增大、变形系数减小和切屑流出速度快，从而可使切削变形减小、切削力降低（比常规切削力低30%～90%），刀具的寿命提高70%，特别适合于加工薄壁类刚性差的工件。

超高速切削加工是适宜于钛合金加工，并且可大幅提高生产效率及加工质量的先进制造工艺技术。

4. 高速切削加工的应用

高速切削加工技术主要应用于航空航天工业、汽车工业和模具工业等领域及复杂曲面的加工。应用高速切削加工技术时，应根据工件材料及其毛坯状态和加工要求，在数控机床和加工中心上，正确选择刀具材料、刀具结构和几何参数以及切削用量等。不同加工方式、不同工件材料与刀具材料的匹配，有不同的高速切削速度范围，选用正确的高速切削加工工艺参数，是高速切削加工应用技术的一个关键环节。

a)

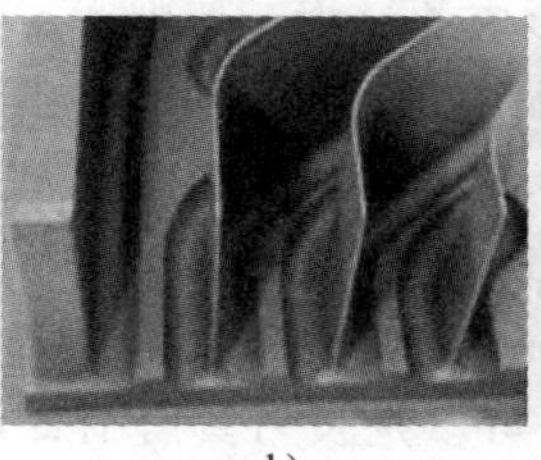
b)

c)

d)

图 13-6　高速切削加工零件实例
a）单齿轮箱　b）石墨电极　c）汽轮机叶片　d）塑料水瓶模具

高速切削已用于加工多种零件，图 13-6 是几种加工零件实例，可看到多种材料的复杂结构零件，包含自由曲面的零件等，都可用高速切削技术加工。航空工业中的大型铝合金机架，使用高速铣削，提高加工效率，效果特别明显。

13.1.3　干切削

干切削加工就是在切削过程中在刀具与工件及刀具与切屑的接触区不用切削液的加工工艺方法。根据是否使用切削液及使用量的多少，干切削又分为完全干切削和准（亚）干切削。通常将在切削区中完全不使用或不直接使用任何切削液的切削加工称为完全干切削；采用各种方式将少量切削液直接施于切削区的加工方法称为准（亚）干切削。

干切削是适应全球日益迫切的环保要求和可持续发展战略而发展起来的一项绿色切削加工技术。随着机床技术、刀具技术和相关工艺研究的深入，干切削技术必将成为金属切削加工的主要方向。

1. 干切削加工的特点

与湿切削相比，干切削具有以下特点：

1）形成的切屑干净、清洁、无污染，易于回收和处理。

2）省去了与切削液有关的传输、过滤、回收等装置及费用，简化生产系统，节约成本。

3）工厂无须承担切削废液污染责任，也不会发生与切削液有关的安全及质量事故。

由于具有这些特点，干切削目前已成为清洁制造工艺研究的热点之一，并在车、铣、钻、铰和镗削加工中得到成功的应用。

与相同条件下的湿切削相比，干切削也有不足的地方：

1）直接的加工能耗（加工变形能和摩擦能耗）增大，切削温度升高。

2）刀具/切屑接触区的摩擦状态及磨损机理发生改变，刀具磨损加快。

3）切屑因较高的热塑性而难以折断和控制，切屑的收集和排除较为困难。

4）加工表面质量易于恶化。

2. 干切削加工的研究体系

干切削不是简单地停止使用切削液，而是要在停止使用切削液的同时，保证高效率、高产品质量、高的刀具使用寿命以及切削过程的可靠性。干切削加工技术是一项复杂的系统工程，主要包括干切削加工理论、机床、刀具、工件、加工工艺及切削过程监控与测试等诸多方面。其主要研究内容包括如下几方面：

1）干切削加工机理的研究。包括切屑形成的过程、切削力、切削温度及刀具的磨损与破损机理研究，从切削过程中的基本现象来研究干切削规律和应用条件。

2）干切削加工的刀具材料及其涂层技术研究。包括刀具材料的选择和优化、新型刀具材料及涂层技术的开发与涂层性能的研究。刀具材料必须有良好的耐热性、耐热冲击性和抗黏结性。目前，干切削中应用较多的刀具材料有立方氮化硼（CBN）和陶瓷等。刀具涂层可起到润滑减摩作用，刀具涂层技术的应用可以延长刀具寿命，也能较好地满足干切削的要求。

3）分析干切削加工中的摩擦行为，深入系统地研究干切削加工中的磨损机理和摩擦特性。探讨选择适用于干切削加工的刀具材料及其涂层的科学、合理方法及依据。

4）干切削加工刀具的几何参数选择及优化方法研究。进行系统的对比试验研究，确定不同的干切削工艺方法、不同的工件材料所对应的刀具结构及几何参数，为干切削的应用提供支持。优化刀具的几何参数，可以提高加工精度和延长刀具使用寿命，这也是推动干切削技术发展的重要手段之一。

5）机床结构研究。在干式车、铣加工条件下，排屑比较容易；而在孔加工等封闭或半封闭的容屑条件下，排屑困难，必须通过适宜的加工方式、合理的刀具结构等来辅助排屑。要求机床具有很好的热稳定性和很高的刚度。研究表明，干切削的理想条件应是高速切削，以减少传到刀具、工件和机床上的切削热量。干切削机床在结构上应尽可能采用立式主轴和倾斜式床身，以便于将大量热切屑排出，而且机床上应配有自动排屑装置。

6）干切削加工工艺系统的匹配研究。干切削加工工艺系统由机床、刀具、工件和夹具组成，在不同的工艺条件下，它们之间应该具有最佳的匹配。通过这种匹配关系的研究，进一步促进干切削加工方法的实际应用。

13.1.4 成组技术

成组技术（Group Technology，GT）是针对如何用规模生产方式组织中、小批产品的生产这种情况发展起来的一种生产技术。

1. 成组技术的概念

充分利用事物间的相似性，将许多具有相似信息的研究对象归并成组，并用大致相同的方法解决相似组中的生产技术问题，以期达到规模生产的效果，这种技术称为成组技术。

成组技术的实质是按零件的形状、尺寸、制造工艺的相似性，将零件分类并归成类、组（族），从而扩大零件制造的工艺批量，使中、小批生产也能获得大批生产的技术经济效果。目前成组技术已成为计算机辅助设计（CAD）、计算机辅助编制工艺规程设计（CAPP）和计算机辅助制造（CAM）的重要基础。

2. 零件的分类编码

零件编码就是用数字表示零件的形状特征，代表零件特征的每一个数字码称为特征码。目前，世界上已有70多种分类编码系统，应用最广的是奥匹兹（Opitz）分类编码系统。该系统是1964年德国亚琛工业大学的Opitz教授领导编制的，很多国家以它为基础建立了各国的分类编码系统。我国机械行业在分析研究Opitz系统和日本KK系统的基础上，于1984年制定了机械零件分类编码系统（简称JLBM-1系统）。该系统由名称类别、形状及加工码、辅助码三部分共15个码位组成。该系统的特点是零件名称类别以矩阵划分，便于检索，码

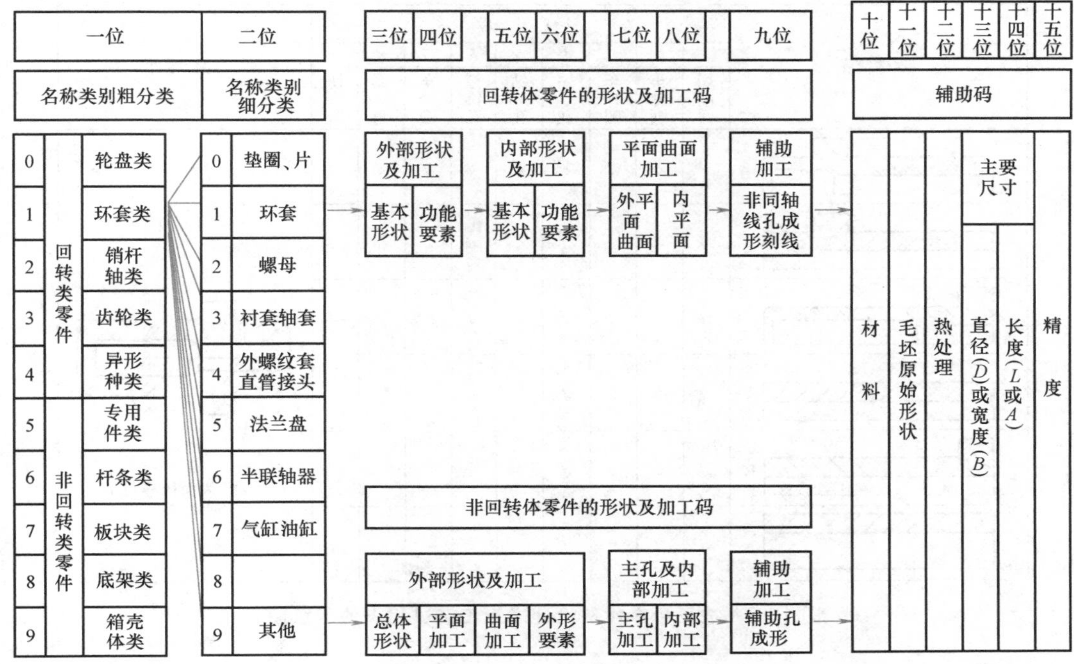

图 13-7 JLBM-1 分类编码系统编码示例

位适合，又有足够描述信息的容量。其编码示例如图 13-7 所示。

3. 产品零件设计和工艺中的成组技术

（1）成组技术成为应用于设计部门的主要手段　将成组编码相同的零件汇集在一起，给予标准化处理，建立零件成组设计图册，提倡零件设计结构要素信息应尽可能重复，减少不必要的重复设计和设计差异。

（2）成组工艺

1）划分零件组（族）。根据零件的分类编码系统对零件进行编码后，可根据零件的代码，采用不同的相似性标准，将零件划分为具有不同属性的零件组，其常用方法有特征码位法、码域法和特征位码域法三种。

2）拟定零件组的工艺过程。成组工艺过程是针对一个零件组设计的，适用于零件组内的每一个零件，常见的方法有复合零件法（主样件法）和复合路线法。成组工艺路线常用图表格式表示，图 13-8 所示为六个零件组成的按复合零件法设计成组工艺过程卡的示意图，图 13-9 所示为某四个零件按复合路线法设计成组工艺的例子。

4. 机床的选择与布置

成组加工所用机床应具有良好的精度和刚度，其加工范围在一定范围内可调。可采用通用机床改装，也可以采用可调高效自动化机床。数控机床已在成组加工中获得广泛应用。

机床负荷率可根据工时核算，应保证各台设备，特别是关键设备达到较高的负荷率（例如 80%）。若机床负荷不足或过大时，可适当调整零件组，使机床负荷率达到规定的指标。

根据生产组织形式，成组加工所用机床有三种不同布置方式。

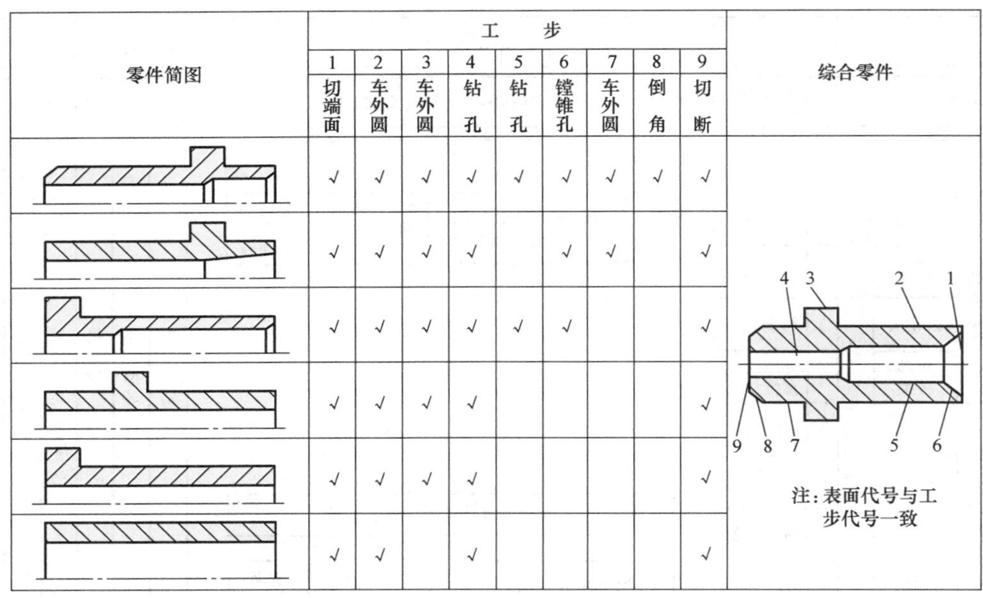

零件简图	工步 1 切端面	2 车外圆	3 车外圆	4 钻孔	5 钻孔	6 镗锥孔	7 车外圆	8 倒角	9 切断	综合零件
	√	√	√	√	√	√	√	√	√	注：表面代号与工步代号一致
	√	√	√	√		√	√		√	
	√	√	√	√	√	√			√	
	√	√	√	√					√	
	√	√	√	√					√	
	√	√		√					√	

图 13-8　按复合零件法设计成组工艺过程卡的示意图

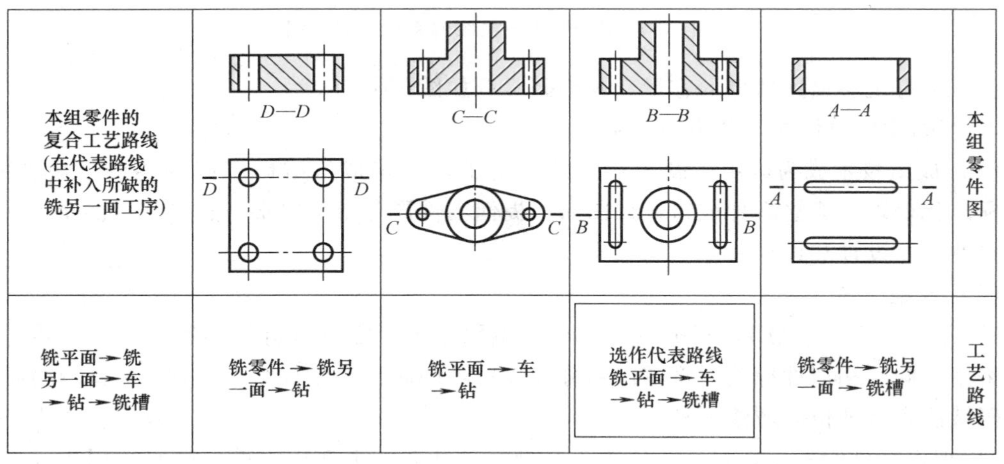

本组零件的复合工艺路线（在代表路线中补入所缺的铣另一面工序）	D—D	C—C	B—B	A—A	本组零件图
铣平面→铣另一面→车→钻→铣槽	铣零件→铣另一面→钻	铣平面→车→钻	选作代表路线 铣平面→车→钻→铣槽	铣零件→铣另一面→铣槽	工艺路线

图 13-9　按复合路线法设计成组工艺示例

（1）成组单机　可用一个单机设备完成一组零件的加工。该设备可以是独立的成组加工机床或成组加工柔性制造单元。

（2）成组生产单元　一组或几组工艺上相似零件的全部工艺过程，由相应的一组机床完成，如图 13-10 所示。

（3）成组生产流水线　机床设备按零件组工艺流程布置，各台设备的生产节拍基本一致。与普通流水线不同的是：在生产线上流动的不是一种零件，而是一组零件，有的零件可能不经过某一台或几台机床设备。

5. 成组技术的特点

（1）可以提高生产率　由于扩大了同类零件的生产数量，使中小批生产可以经济合理地采用高生产率机床和工艺装备，缩短了加工工时。

（2）可以提高加工质量　采用成组技术可以为零件组选择合理的工艺方案和先进的工艺设备，使加工质量稳定可靠。

（3）可以提高生产管理水平　产品零件的编码采用成组技术后，可用计算机管理生产，改变了原来多品种、中小批生产管理的落后状况。

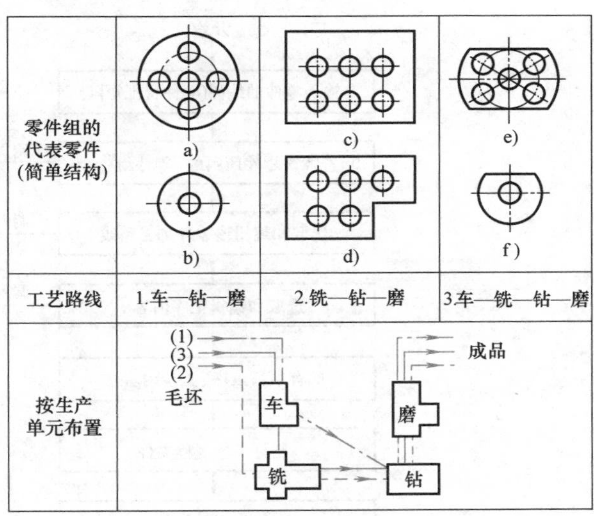

图 13-10　成组生产单元的平面布置示意图

13.1.5　计算机辅助工艺规程设计

1. CAPP 概述

计算机辅助工艺规程设计（Computer Aided Process Planning，CAPP）是在成组技术零件编码的基础上，由计算机自动生成零件的机械加工工艺规程。

编制零件的机械加工工艺是一种需要丰富生产经验和大量时间的工作。过去工艺规程由企业工艺人员编制。由于个人的经验都有一定的局限性，很难对生产中错综复杂的因素考虑得十分周全，因此编出的工艺规程往往不是最佳的，应进行优化。CAPP 从根本上改变了依靠个人经验、个人编制工艺规程的落后面貌，促进了工艺过程的标准化和优化，提高了工艺设计的质量。CAPP 使工艺人员从烦琐重复的计算、编写工作解脱出来，使工艺人员能集中精力考虑提高工艺水平和产品质量等问题。CAPP 可以迅速编出完整而详尽的工艺文件，缩短工艺准备以及生产准备的周期，适应产品不断更新换代的需要，降低工艺过程的设计费用。另外，CAPP 也为制定合理的工时定额、材料消耗定额，以及改善企业管理提供了科学依据。

2. CAPP 系统类型

（1）交互型 CAPP 系统　交互型 CAPP 系统是按照不同类型零件的加工工艺要求，编制的一个人机交互软件系统。工艺设计人员根据屏幕上的提示，进行人机交互操作，操作人员在系统的提示引导下，回答工艺设计中的问题，对工艺设计过程进行决策及输入相应的内容，形成所需的工艺规程。因此，这种 CAPP 系统工艺过程设计的质量对人的依赖性很大，且因人而异。

（2）派生型 CAPP 系统　派生型是利用成组技术原理将零件按几何形状及工艺相似性分类、归族。每一族有一个主样件，根据此样件建立加工工艺文件，即典型工艺规程，存入典型工艺规程库中。当需设计一个新的零件工艺规程时，根据其成组编码，确定其所属零件族，由计算机检索出相应零件族的典型工艺规程，再根据当前零件的具体要求，对典型工艺进行修改，得到所需的工艺规程，其流程如图 13-11 所示。派生型 CAPP 系统又称作修订型 CAPP 系统。

（3）创成型 CAPP 系统　创成型是直接根据输入的零件图形和加工要求，由计算机自动分析其几何要素、加工要素，并进行逻辑判断和决策，创成新的工艺规程，并优化。创成

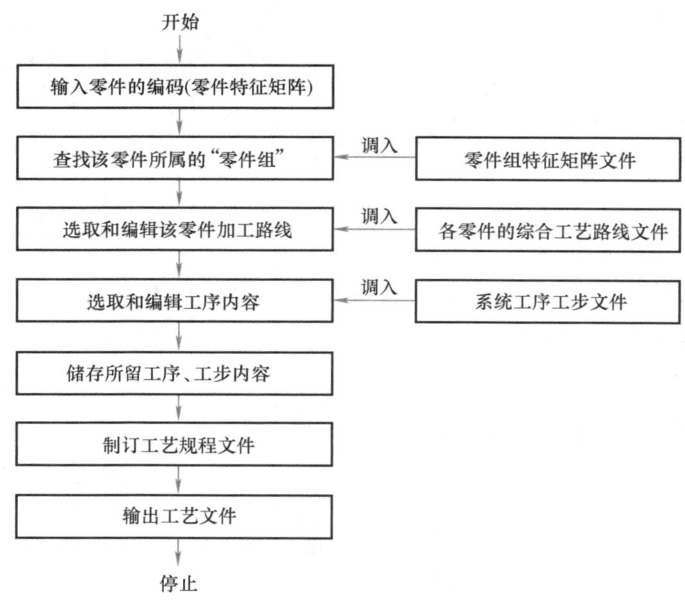

图 13-11　派生型 CAPP 流程

型的计算机数据库中大量存储各种各样的逻辑原则和决策方法。

图 13-12 所示为创成型 CAPP 原理框图。由于工艺过程涉及因素多，开发完全自动生产工艺过程的创成型系统存在许多技术上的困难，所以许多 CAPP 系统现在多采用派生、创成相结合的方法，如检索用派生法，编辑修改用决策逻辑创成；工序设计用派生型，工步设计用创成型等。

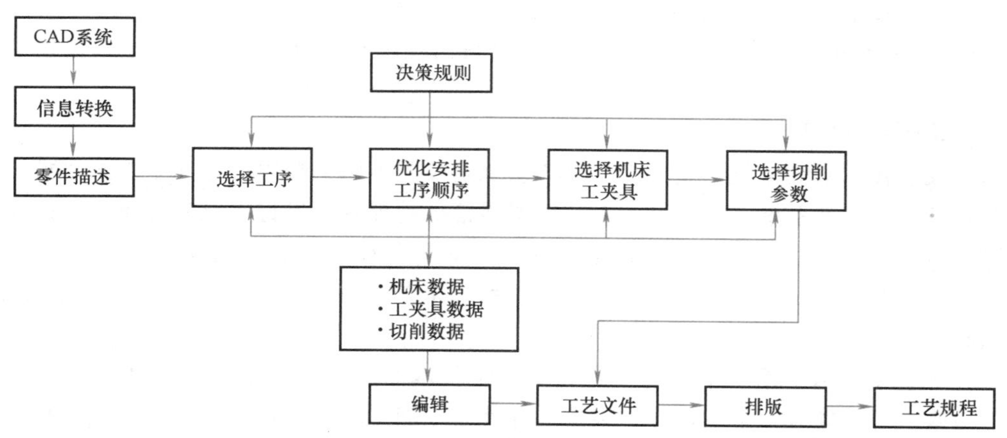

图 13-12　创成型 CAPP 原理框图

（4）综合型 CAPP 系统　综合型 CAPP 系统也称为半创成型 CAPP 系统，它将派生型与创成型结合，即采取变异与自动决策相结合的工作方式。如需对一个新零件进行工艺设计时，先通过计算机检索它所属零件族的典型工艺，然后根据零件的具体情况，对典型工艺进行修改。工序设计则采用自动决策产生，这样较好地体现了派生型与创成型相结合的优点。

（5）智能型 CAPP 系统 智能型 CAPP 系统是将人工智能技术应用在的 CAPP 系统中而形成的 CAPP 专家系统。与创成型 CAPP 系统相比，虽然两者都可自动生成工艺规程，但创成型 CAPP 系统以逻辑算法加决策表为特征；而智能型 CAPP 系统以推理加知识为特征。作为工艺设计专家系统的特征是知识库及推理机，其知识库由零件设计信息和表示工艺决策的规则集所组成，而推理机是根据当前的事实，通过激活知识库中的规则集，而得到的工艺设计结果，专家系统中所具备的特征在智能 CAPP 系统中都应得到体现。

13.1.6　3D 打印技术

1. 3D 打印技术及其特点

3D 打印技术是基于计算机三维实体模型产生的一种制造技术，又称快速成型、增材制造（Additive Manufacturing）技术。该技术直接根据产品的三维实体模型数据，经过计算机数据处理后，将三维实体模型数据转化为许多平面“薄片”模型的叠加，然后通过计算机数字控制设备制造这一系列的平面“薄片”，并加以堆积结合，形成复杂的三维实体零件。

3D 打印技术集成了计算机辅助设计（CAD）、计算机数字控制（CNC）、精密机械、激光、新材料技术等学科于一体，能快速将 CAD 三维模型制成实物原型。传统数控制造一般是在原材料基础上，使用切割、磨削、腐蚀和熔融等办法，去除多余部分，得到零部件，再以拼装、焊接等方法组合成最终产品。而 3D 打印与之截然不同，无须毛坯和模具，就能直接根据计算机图形数据，通过增加材料的方法生成任何形状的物体，简化产品的制造程序，缩短产品的研制周期，提高效率并降低成本。

1）3D 打印技术是基于材料叠加的方法来制造零件的，由于其成型工艺过程的工艺特性和控制合适的工艺参数，因此可以在不用模具的情况下制造出形状结构复杂、力学性能优良的机械零件，如汽轮机叶轮、泵壳体、手机机壳、医用骨骼与牙齿等。

2）3D 打印技术是计算机图形技术、数据采集与处理技术、材料技术，以及机电加工与控制技术的综合运用，完全建立在高科技的基础上，技术含量极高。

3）用 3D 打印技术制造模塑制品或铸造制品具有较大的优势，可以不用预先制造模具，直接制造出塑料件，或直接制造出用于熔模铸造用的模型，大大缩短了样品的制造周期。从计算机设计三维立体图形，或用实体采集形体数据反求实体数据，完成第一步造型开始，到制出实体零件，一般只需要几个小时或几十个小时，这是传统制造方法很难做到的。

4）3D 打印技术可以容易地实现远程制造。通过计算机网络，用户可以在异地设计出产品的形状，并将设计结果传送到 3D 打印技术服务中心，制造出零件实物。

5）3D 打印技术的各种加工方法产生的加工废弃物较少，资源利用率高，环保性好。

由于 3D 打印技术具有以上特点，所以在新产品设计开发等工业应用中得到迅速发展。

2. 典型 3D 打印技术材料及方法

目前使用的 3D 打印技术材料有树脂、纸张、易熔合金材料以及难加工钛合金材料等。材料的形态分为液态材料、薄膜状材料、粉末状材料和细丝状固体材料等。

根据不同的成型材料和工艺原理（固化能源），目前，世界上已有几十种不同的 3D 打印工艺方法，其中比较成熟的技术就有十余种。光敏树脂光固化成型法（SLA）、分层实体制造法（LOM）、选择性激光烧结法（SLS）和熔融沉积法（FDM）四种方法自 3D 打印技术产生以来在世界范围内应用最为广泛。三维打印技术（3DP）已经成为近年来最热门和发

展最为迅速的工艺方法。

3. 选择性激光烧结法

选择性激光烧结法（SLS）又称为选区激光烧结。它的原理是预先在工作台上铺一层粉末材料（金属粉末或非金属粉末），激光在计算机控制下，按照界面轮廓信息，对实心部分粉末进行烧结，然后不断循环，层层堆积成型，如图 13-13 所示。

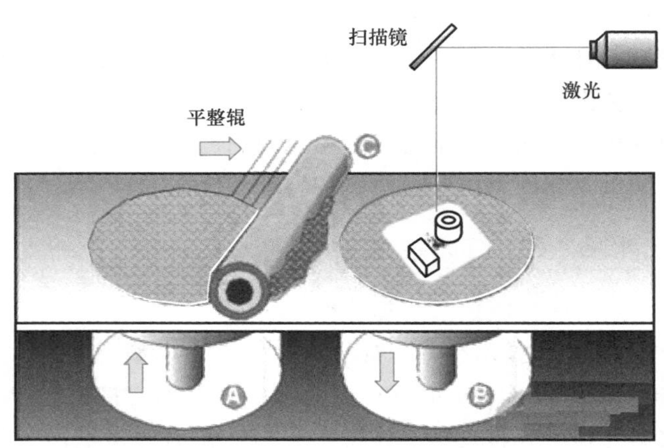

图 13-13 选择性激光烧结法工作原理

该类成型方法有着制造工艺简单、柔性度高、材料选择范围广、材料价格便宜、成本低、材料利用率高、成型速度快等特点，针对以上特点，SLS 法可以用来直接制作难加工金属粉末材料的零件。

4. 金属 3D 打印技术的重要应用

金属 3D 打印技术能用钛合金粉末打印出复杂形状的金属零件，用于飞机发动机零部件制造。与传统制造工艺相比，这项技术用激光增材 3D 打印技术将钛合金粉末一层层堆叠，在较短时间内打印出形状复杂、更精准、没有任何冗余部分的钛合金零件，能降低约 30% 的生产成本，并能缩短约 40% 的制造周期。

3D 打印在制造业中具有广阔的应用前景，使传统制造业转型为先进制造业。以高精尖难加工材料零部件为例，传统制造技术切削、切割、锻造出的零件在结构几何尺寸和内部材料组织等方面会存在瑕疵，而且会不可避免地出现原材料浪费；而 3D 打印技术采用对原材料“堆积”的方式，所以制造出的实物精确性更高，可以最大限度地接近零件的结构和形状，只是根据零件的功能需要对精密度要求较高的配合表面进行少量的加工即可使用。

13.2 微机械和微机电系统制造技术的进展

微机械（Micromachine）和微机电系统（Micro-electro-mechanical Systems，MEMS）发展迅速，相应地促进了微机械和微机电系统制造技术的发展。国际电工技术委员会（International Electrotechnical Commission）对微系统的定义：“微系统是微米量级内的设计和制造技术。它集成了多种元件，并适于低成本大量生产。”

13.2.1 微硅零件的立体光刻腐蚀加工

微机械和微机电系统中使用最多的材料是硅，单晶硅的（100）、（110）和（111）晶面具有各向异性的特性，在使用“$KOH+H_2O$”作为腐蚀剂时，（100）、（110）、（111）晶面的蚀刻速率比大致为 400 : 100 : 1。可以应用各向异性刻蚀法加工立体微硅器件。现在立体光刻腐蚀加工技术已是制造三维立体微硅器件的最基本方法之一。

硅晶体进行各向异性刻蚀时可刻蚀的晶面为（100）和（110），这两种晶面经各向异性刻蚀后，得到的基本刻蚀形状是不同的。各向异性刻蚀在自由刻蚀状态下，终止的面都是（111）晶面。因被刻蚀的（100）、（110）晶面和晶体内的（111）晶面的相互位置不同，得到的各向异性刻蚀结构形状也就不同了。在相同掩膜形状时，图 13-14a 所示是（100）晶面各向异性刻蚀后的槽形，图 13-14b 是（110）晶面各向异性刻蚀后的槽形。设计硅微结构时，如果硅微结构准备用立体各向异性刻蚀方法制造，则必须考虑所用的晶面和晶体方向，以及刻蚀后形状能否符合所设计的微结构要求。

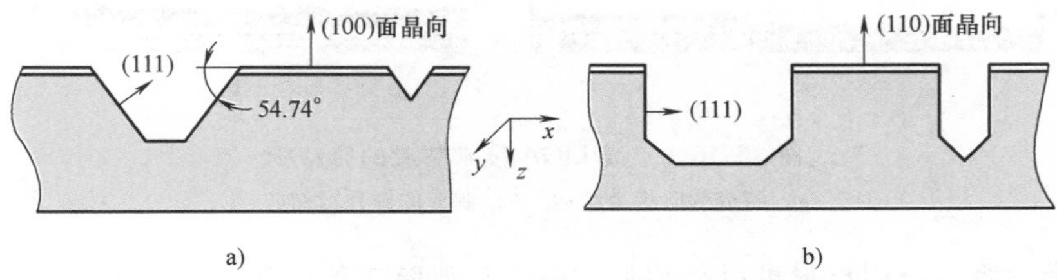

图 13-14　不同晶面各向异性刻蚀后的槽形

a)（100）晶面各向异性刻蚀后的槽形　b)（110）晶面各向异性刻蚀后的槽形

硅晶体各向异性刻蚀制造立体微结构时，常和其他工艺结合进行。如在硅晶体中埋藏局部 P+抗蚀层时，可限制该处的腐蚀深度，形成特殊结构。

13.2.2　微器件的精密机械加工

现已有多种小型精密高速机床（主轴转速 50000r/min 以上）使用微小刀具加工微型器件。在微小型加工中心上，可加工极小的精密三维曲面。图 13-15 所示为日本 FANUC 公司生产的加工微型零件的 ROBOnano Ui 五轴联动加工中心，以及在这台加工中心上用微型单晶金刚石立铣刀加工出的人像浮雕。

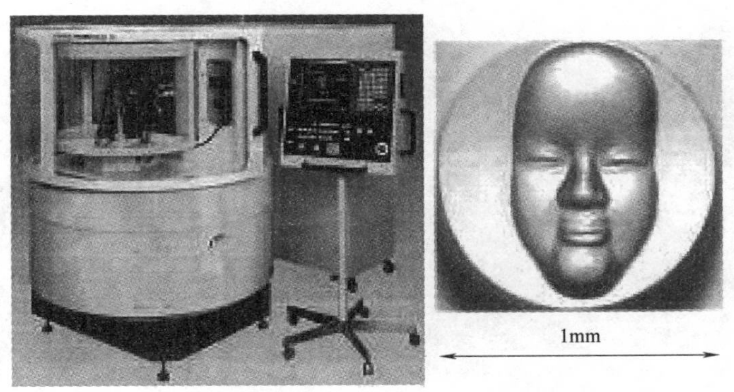

图 13-15　日本 ROBOnano Ui 五轴联动加工中心及人像浮雕

13.2.3　LIGA 技术

LIGA（Lithographie galVanoformung Abformung）技术包括深度 X 射线光刻、电铸和塑铸三个工艺步骤。用此技术可以制作各种微器件和微装置。

LIGA 可以用于制造大高宽比的三维微结构，宽度可小到亚微米量级，深度可达数百微

a)

b)

图 13-16 扩展 LIGA 技术制成的微结构

a）制成的阶梯微结构 b）制成的圆顶微结构

米，甚至毫米量级，所用材料可以是塑料、陶瓷、玻璃或各种金属，而且利用微复制工艺能够实现微机械结构的大批量生产。同时，LIGA 技术获得的微结构有良好的侧壁陡直性与图形精度。图 13-16 所示为用 LIGA 技术制造方法加工阶梯微结构和上端部为半球状的圆顶微结构。

13.2.4 精微成型技术

精微成型技术（Precision Micro-forming Technology）是指利用材料的塑性变形来生产至少在二维方向上尺寸处于毫米等级以下零件的技术，具有大批量、高效率、高精度、高密度、短周期、低成本、无污染和净成型等特点，能够满足微型化产业要求，是精微制造工程中相当重要的技术。常见的精微成型技术有精微塑性成型、精微模造成型及微堆叠等。图 13-17 所示为 Gunm 大学研制的微型超塑挤压机，可以用于加工制造微型齿轮轴等多种微型零件。

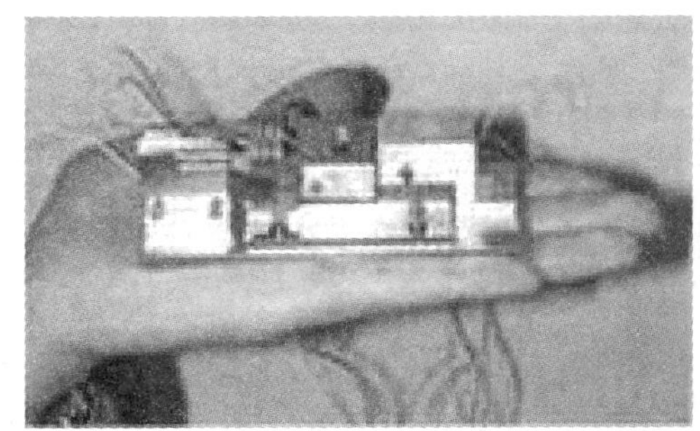

图 13-17 微型超塑挤压机

图 13-18 日本的微型机械制造厂

13.2.5 微型机械的装配

微型零件太小，人工装配困难，因此，人们为装配微型机械，已制造了多种微型夹持器、机械手和自动化装配装置。国外已开发了多种微型机械和微机电系统的自动装配机。

最近国外研制了制造微型机械的微型工厂。图 13-18 中是日本某学校研制的一个微型工厂，内有车床、加工中心、压力机和装配机等。该微型工厂采用遥控监测操作，整个工厂的尺寸为 625mm×490mm×380mm，质量约 34kg。

13.3　机械制造自动化技术

13.3.1　机械制造系统自动化

表 13-2　三种自动化方式比较

比较项目	自动化方式		
	刚性自动化	柔性自动化	综合自动化
产生年代	20 世纪 20 年代	20 世纪 50 年代	20 世纪 70 年代
控制对象	设备、工装、器材、物流	设备、工装、器材、物流	设备、工装、器材、信息、物流
特点	通过机、电、液、气等硬件控制方式实现，因而是刚性的，变化困难	以硬件为基础，以软件为支持，通过改变程序即可实现所需的控制，因而是柔性的，易于变动	不仅针对具体操作和人的体力劳动，而且涉及人的脑力劳动及设计、制造、营销和管理等各方面
关键技术	继电器程序控制技术，经典控制论	数控技术，计算机控制技术，现代控制理论	系统工程，信息技术，成组技术，计算机技术，现代管理技术
典型装备与系统	自动、半自动机床，组合机床，机械手，自动生产线	数控机床，加工中心，工业机器人，柔性制造单元(FMC)	CAD/CAM 系统，MRP Ⅱ，柔性制造系统(FMS)，计算机集成制造系统(CIMS)
应用范围	大批量生产	多品种、小批量	各种生产类型

机械制造系统自动化是研究对机械制造过程中的规划、运作、组织、管理、控制与协调优化等的自动化加工技术。其特点主要有：①提高或保证产品的质量；②减小劳动强度，减少劳动量，改善劳动条件，减少人的因素影响；③提高生产率；④减少生产面积、人员，节省能源消耗，降低产品成本；⑤提高对市场的响应速度和竞争能力。

机械制造系统自动化技术自 20 世纪 20 年代出现以来，经历了三个主要发展阶段，即刚性自动化、柔性自动化及综合自动化，三种自动化方式的比较见表 13-2。综合自动化常常与计算机辅助制造、计算机集成制造等概念相连，它是制造技术、控制技术、现代管理技术和信息技术的综合，旨在全面提高制造企业的劳动生产率和对市场的响应速度。

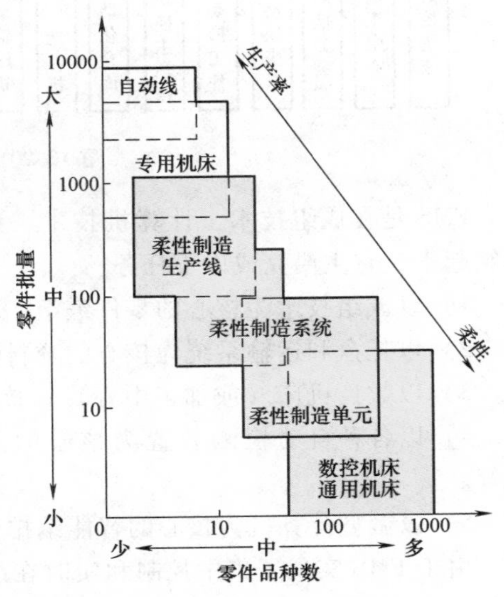

图 13-19　柔性制造系统的适用范围

13.3.2　柔性制造系统

1. 柔性制造系统的特点和适用范围

柔性制造系统（Flexible Manufacturing System，FMS）一般由多台数控机床和加工中心组成，并有自动上下料装置、中转仓库和输送系统。在计算机及其软件的集中控制下，实现加工自动化。

它具有高度柔性，是一种由计算机直接控制的自动化可变加工系统。与传统的刚性自动生产线相比，具有以下特点：

1）高度柔性，能实现多种工艺要求的、有一定相似性的不同零件的加工，实现自动更换工件、夹具、刀具及装夹，有很强的系统软件功能。

2）设备利用率高，零件加工准备时间和辅助时间大为减少，机床利用率提高 75%～90%。

3）自动化程度高，稳定性好，可靠性强，可以实现长时间连续自动工作。

4）产品质量、劳动生产率提高。

柔性制造系统的适用范围如图 13-19 所示。柔性制造系统主要解决单件小批生产的自动化，把高柔性、高质量、高效率结合起来，是当前最有效的生产手段。

2. 柔性制造系统的组成和结构

FMS 通常由物质系统、能量系统和信息系统三部分组成，如图 13-20 所示。

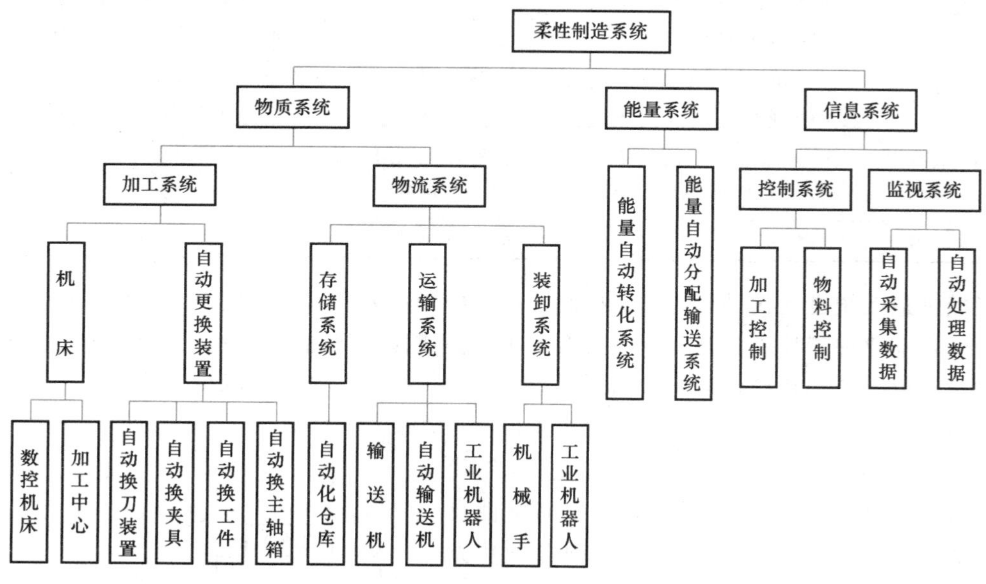

图 13-20　柔性制造系统的组成

FMS 是在成组技术、计算机技术、数控技术和自动检测等技术的基础上发展起来的，归纳起来，它主要完成以下任务：

1）以成组技术为核心的零件编组。

2）以托盘和运输系统为核心的物料输送和存放。

3）以数控机床（或加工中心）为核心的自动换刀、换工件的自动加工。

4）以各种自动检测装置为核心的故障诊断、自动测量、物料输送和存储系统的监视等。

5）以微型计算机为核心的智能编排作业计划。

由于 FMS 实现了集中控制和实时在线控制，缩短了生产周期，解决了多品种、中小批零件的生产率和系统柔性之间的矛盾，并具有较低的成本，故得到了迅速发展。

图 13-21 所示为一个比较完善的 FMS 平面布置图，整个系统由三台组合铣床、两台双面镗床、双面多轴钻床、单面多轴钻床、车削加工中心、装配机、测量机、装配机器人和清洗机等组成，加工箱体零件并进行装配。物料输送系统由主通道和区间通道组成，通过沟槽内隐藏的拖拽传动链带动无轨输送车运动。若循环时间较短，区间通道还可作为临时寄存库。除工件在随行夹具上装夹、组合夹具拼装等极少数工作由手工完成外，整个系统由计算机控制。

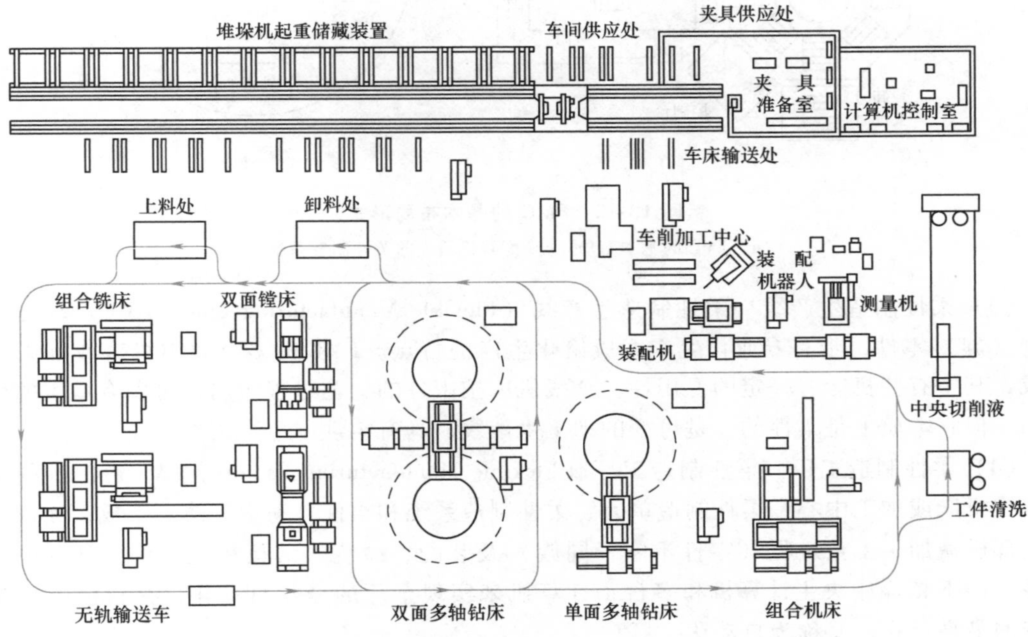

图 13-21 FMS 平面布置图

3. 柔性制造系统的分类

柔性制造技术设备按其规模大小、柔性程度不同，通常分为以下四类：

（1）柔性制造单元 柔性制造单元（Flexible Manufacturing Cell，FMC）由一台计算机控制的数控机床或加工中心、环形托盘输送装置或工业机器人所组成，采用切削监视系统实现自动加工，在不停机的情况下转换工件进行连续生产。它是一个可变加工单元，是组成柔性制造系统的基本单元。柔性制造单元的构成一般分两大类：一类是加工中心配上托盘自动交换系统 APC（Automatic Pallet Changer），另一类为数控机床配工业机器人。图 13-22 所示为 FMC 的基本布局形式。

随着计算机技术、单元控制技术的发展及网络技术的应用，FMC 具备了更好可扩展性、更强的柔性；具有投资规模小、成本低、易实现、见效快的突出优点；在单元计算机控制下，可实现不同或相同机床上不同零件的同步加工。

（2）柔性制造系统 柔性制造系统（FMS）由数控机床、数控加工中心及物料传送系统组成，由计算机控制。它包括标准的数控机床或单元、运送零件和刀具的传送系统、发布指令调度生产的监控系统、刀具库管理系统、自动化仓库及管理系统。FMS 的软件系统应包括以下三个内容：运行控制系统、质量保证系统、数据管理和通信网络系统。

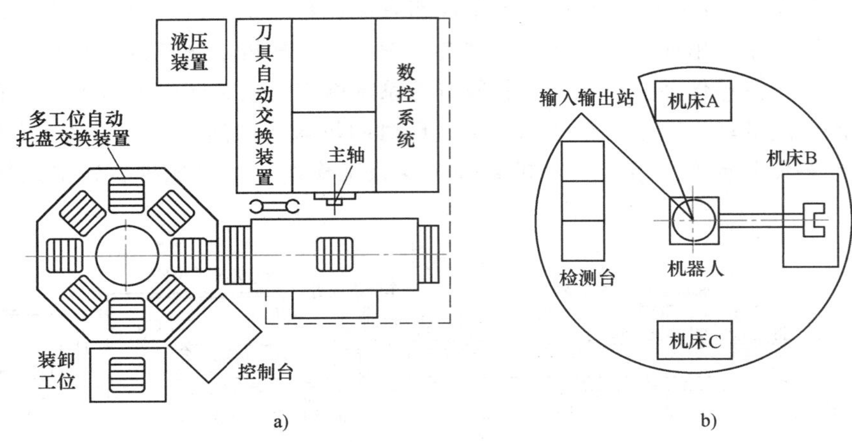

图 13-22 FMC 的基本布局形式

a）FMC 的基本布局 b）配置机器人的柔性制造系统

（3）柔性制造生产线 柔性制造生产线（Flexible Manufacturing Line，FML）针对某种类型（族）零件，带有专业化生产或成组化生产的特点。FML 由多台数控机床或加工中心组成，其中有些机床有一定的专用性。全线机床按工件的工艺过程布局，可以有稳定的生产节拍，但它本质上是柔性的，是可变的加工生产线，具有柔性制造系统的功能。

（4）柔性制造工厂 柔性制造工厂（Flexible Manufacturing Factory，FMF）由各种类型的数控机床或加工中心、柔性制造单元、柔性制造系统和柔性自动生产线等组成，完成工厂中全部机械加工工艺过程（零件不限于同族）及装配、涂装、试验和包装等，具有更高的柔性。FMF 依靠中央主计算机和多台子计算机来实现全厂的全盘自动化，是目前柔性制造系统的最高形式，又称为自动化工厂。

13.3.3 计算机集成制造系统

1. CIMS 的基本概念

计算机集成制造系统（Computer Integrated Manufacturing System，CIMS）是基于系统科学、制造技术、管理科学和信息技术，利用分布式数据库和网络技术，把制造业内部原先各自独立且分散的自动化设计、制造、经营管理等环节有机地集成于一体的综合系统。它能完成从经营决策、用户订货、工程设计、加工制造、生产管理直至销售发运等功能。CIMS 适合于动态、多品种、中小批的产品生产。

2. CIMS 的功能和组成

CIMS 包括了一个制造企业中设计、制造、经营管理和质量保证等主要功能，并运用信息集成技术和支撑环境使以上功能有效集成。图 13-23 所示为 CIMS 的组成。

（1）管理信息系统 管理信息系统（MIS）是企业在管理领域中应用计算机的统称。它以 MRPⅡ为核心，从制造资源出发，考虑整个企业的经营决策、中短期生产计划、车间作业计划以及生产活动控制等，其功能覆盖市场营销物料供应、各级生产计划与控制、财务管理、成本、库存和技术管理等活动，是 CIMS 的神经中枢，指挥与控制各部分有条不紊地工作。

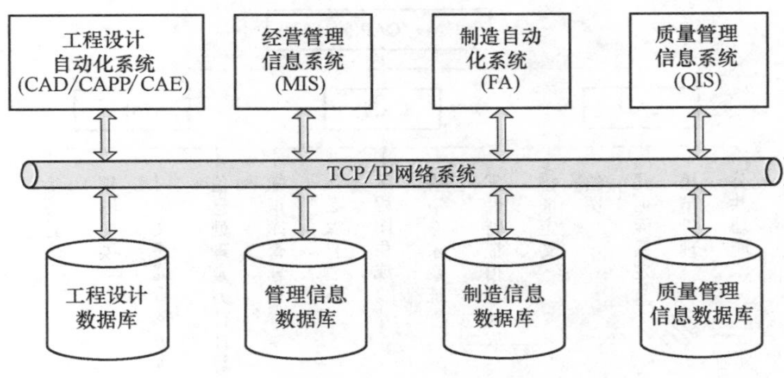

图 13-23　CIMS 的组成

（2）工程设计自动化系统　该分系统的功能是在产品开发过程中利用计算机技术，进行产品的概念设计、工程与结构分析、详细设计、工艺设计与数控编程。通常划分为计算机辅助设计（CAD）、计算机辅助工程分析（CAE）、计算机辅助工艺规划（CAPP）、计算机辅助制造（CAM）四大部分，其目的是使产品开发活动更高效、更优质、更自动化。

（3）制造自动化系统　制造自动化系统要生成作业计划，进行制造自动化系统优化调度控制，生成工件、刀具和夹具需求计划，进行系统状态监控和故障诊断处理，以及完成生产数据采集及评估等。它一般由数控机床、加工中心、清洗机、测量机、运输小车、立体仓库、多级分布式控制计算机等设备及相应支持软件组成。其目的是使产品制造活动优化、周期缩短、成本降低、柔性升高。

（4）质量保证系统　质量保证系统主要是采集、存储、评价与处理存在于设计、制造及使用等过程中与质量有关的大量数据，从而获得一系列控制环，有效促进质量的提高。它包括质量决策、质量检测与数据采集、质量评价、控制与跟踪等功能。

（5）支撑环境系统　支撑环境系统包括计算机硬件配置、系统软件配置、数据库管理系统及开发环境、分布式数据库应用软件开发、网络通信协议及其硬软件接口、网络通信用户软件开发。

以上五个分系统均由人员、硬件和软件组成。各分系统之间相互存在着大量的信息交换，需要统一规划与组织，以形成有机、动态的信息集成和物理集成。

3. CAD/CAPP/CAM 三者之间的集成关系

在 CIMS 中，CAD 是 CAPP 的输入，其主要完成的任务是机械零件的设计。它输出的主要是零件的几何信息（图形、尺寸、公差等）和加工信息（材料、热处理、批量等）。CAPP 是利用计算机来制定零件的工艺过程，把毛坯加工成工程图样上所要求的零件，将零件装配成产品。它的输入是零件的信息，它的输出是零件的工艺过程和工序内容，故 CAPP 的工作属于设计范畴。CAM 有两方面的含义，广义上的 CAM 是指利用计算机辅助完成从设计准备到产品制造整个过程的活动，包括工艺过程设计、工装设计、NC 自动编程、生产作业计划、生产控制和质量控制等；狭义的 CAM 主要指 NC 自动程序编制（刀具路径规划、刀位文件生成、刀具轨迹仿真及 NC 代码生成等），它输出的是刀位文件和数控加工程序。

CAPP 在 CAD 与 CAM 之间起到桥梁的作用，CAD 的信息只能通过 CAPP 才能形成制造信息。因此，在 CIMS 中，CAPP 是一个关键，占有很重要的地位。图 13-24 表示了 CAD、CAPP 和 CAM 三者之间的集成关系。

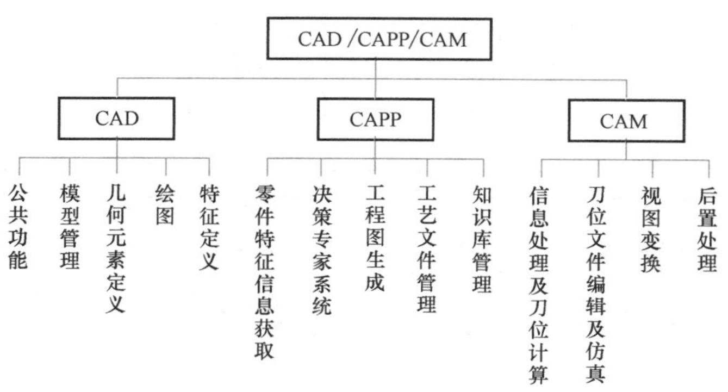

图 13-24 CAD/CAPP/CAM 的集成关系

13.3.4 工业机器人

工业机器人（Industrial Robot，IR）是整个制造系统自动化的关键环节之一，是机电一体化的高技术产物。工业机器人是一种：可以搬运物料、零件、工具或完成多种操作功能的专用机械装置；由计算机控制，具有无人参与的自主自动化控制系统；可编程、具有柔性的自动化系统。工业机器人一般由执行机构、控制系统和驱动系统三部分组成，如图 13-25 所示。

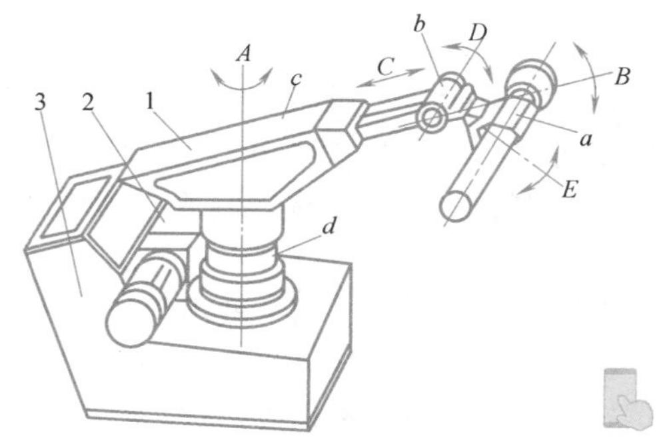

图 13-25 工业机器人的组成

1—执行机构 2—驱动系统 3—控制系统

1. 执行机构

执行机构是一种具有和人手臂相似的动作功能，可在空间抓放物体或执行其他操作的机械装置，通常包括机座 d、手臂 c、手腕 b 和末端执行器 a。末端执行器是机器人直接执行工作的装置，安装在手腕或手臂的机械接口上，根据用途的不同可分为机械式、吸附式和专用工具（如焊枪、喷枪、电钻和电动螺纹拧紧器等）三类。

2. 控制系统

控制系统用来控制工业机器人按规定要求动作。大多数工业机器人采用计算机控制，这类控制系统分为决策级、策略级和执行级三级。决策级的功能是识别环境，建立模型，将作业任务分解为基本动作序列；策略级将基本动作变为关节坐标协调变化的规律，分配给各关节的伺服系统；执行级给出各关节伺服系统的具体指令。

3. 驱动系统

驱动系统是指按照控制系统发出的控制指令，将信号放大并驱动执行机构运动的传动装置。常用的有电气、液压、气动和机械这四种驱动方式。除此之外，机器人可以配置多种传感器（如位置、力、触觉、视觉等传感器），用以检测其运动位姿和工作状态。

目前工业机器人主要应用于机械、汽车、电子和塑料成型等工业领域。从功能上看，这些应用领域涉及机械加工、搬运、工件及工件夹具装卸、焊接、喷漆、装配、检验和抛光修正等。除此之外，机器人在核能、海洋和太空探索、军事、家庭服务等领域的应用越来越广泛。随着材料技术、精密机械技术、传感器技术、微电子及计算机技术、人工智能技术的迅猛发展，机器人技术也在不断地发展。

13.4　先进制造生产模式

制造模式是指企业体制、经营、管理、生产组织和技术系统的形态和运作的模式。在企业内动态地流通着劳务流、资金流、物流、信息流和能量流等资源。在市场经济环境和企业体制、生产组织和技术系统中，依靠科技、依靠人的决策和技术创造能力、依靠信息的强力支撑，经营、管理上述各种资源，以获取企业投入的优化增值和利润，是建立企业先进制造生产模式的目标。

先进的制造技术必须在与之相匹配的制造模式里运作才能发挥作用。技术和技术运作的模式需要相匹配并共同进步。近年来，市场需求朝多样化方向发展且竞争加剧，迫使产品朝多品种、变批量、短生产周期方向演进，传统的大量生产模式正在被更先进的制造模式所取代。这些先进制造生产模式的主要特点是：需求启动，依靠科学进步，企业合作，柔性制造，生产组织精干，企业管理体制先进，注重环保。

13.4.1　敏捷制造

敏捷制造（Agile Manufacturing，AM）被认为是21世纪的先进制造模式。它主张以全球信息网络为基础，建立跨企业的动态（虚拟）企业，实现优势互补，充分利用信息，发挥人的创造性，实现生产和营销的总体敏捷化，从而快速响应市场需求，在竞争中立于不败之地，共同取得繁荣发展。

敏捷制造的主要思想是充分认识小规模、模块化的生产方式，一个公司不追求全能，而追求特色、先进的局部优势。当市场上新的机遇出现时，组织几个有关公司合作，各自贡献特长，以最快的速度、最优的组合赢得一个机遇，完成之后又独立经营。这种形式又被称为虚拟公司。敏捷制造的敏捷性体现在以下几点：

1）持续变化性。产品和过程技术发展迅速，企业采用适应这种变化的管理模式。

2）快速反应性。持续变化的市场要求公司共同承担风险，以抓住市场机遇。

3）高的质量标准。由用户对产品的评价来衡量质量。

4）低的费用。敏捷系统应有合理的消耗，以合理的费用满足市场的需求。

实现敏捷制造的必要条件主要有：

1）高度柔性、可重新配合组合的、模块化的自动化加工设备。

2）标准化的、易维护的信息系统。

3）人的因素的发挥和管理机构改革。

13.4.2　并行工程

传统产品制造的产品设计、工艺设计、计划调度、生产制造的工作方式是顺序进行的，设计与制造脱节，一旦制造出现问题，就要修改设计，使得整个产品开发周期很长，新产品难以很快上市。面对激烈的市场竞争，1986年美国提出“并行工程（Concurrent Engineering，CE）”概念，即“并行工程是集成地，并行地设计产品及其相关的各种过程（包括制造过

程和支持过程）的系统方法。这种方法要求产品开发人员在设计一开始就考虑产品整个生命周期中，从概念形成到产品报废处理的所有因素，包括质量、成本、进度计划和用户要求。”并行设计将产品开发周期分解成多个阶段，各个阶段间有部分互相重叠。

并行工程是充分利用现代计算机技术、现代通信技术和现代管理技术来辅助产品设计的一种工作方式。它站在产品全生命周期的高度，打破传统的部门分割和封闭的组织模式，强调参与者的协同工作，重视产品开发过程的重组、重构。并行工程又是一种集成产品开发全过程的系统化方法，其设计流程如图13-26所示。并行工程的特点如下：

（1）产品开发队伍重构　将传统的部门制或专业组转变成以产品为主线的多功能集成产品开发团队（IPT）。IPT被赋予相应的职责和权利，对所开发的产品对象负责。

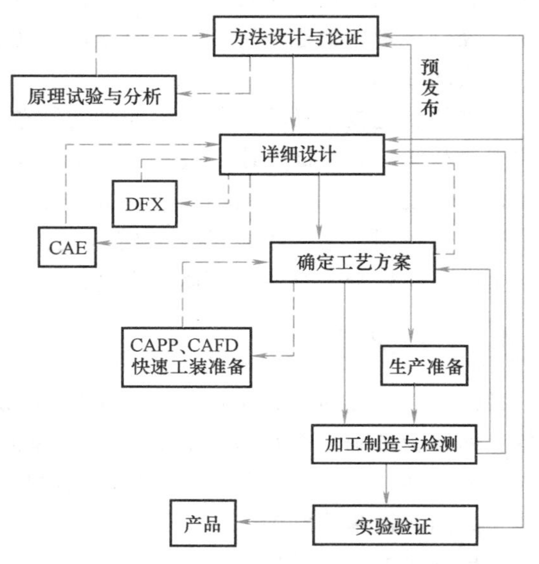

图13-26　并行设计流程

（2）过程重构　从传统的串行产品开发流程转变成集成的、并行的产品开发过程，并要求企业在产品生命周期的全过程中实现信息集成、功能集成和过程集成。并行过程不仅是活动的并行，更主要的是下游过程在产品开发早期参与设计过程，另一个方面则是过程的改进，使信息流动与共享的效率更高。

（3）数字化产品定义　面向从设计、分析、制造、装配到维护、销售、服务等产品全生命周期的各个环节，主要包括两个方面：数字化产品模型和产品生命周期数据管理，如面向工程的设计（DFX）、CAD/CAE/CAPP/CAM、产品数据管理（PDM、ERP）、数字化工具定义和信息集成，如计算机仿真技术（如加工、装配过程仿真、生产计划调度仿真）等。

（4）协同工作环境　支持IPT协同工作的网络与计算机平台。

并行工程可以缩短产品开发周期，降低成本，增强企业的市场竞争能力。它适用于产品开发周期长、复杂程度高、开发成本高的行业。并行工程在国外航空、航天、机械、计算机、电子、汽车和化工等行业中的应用越来越广泛，并取得了显著的效益。

13.4.3　JIT制造

准时生产（Just in Time，JIT）是源于日本丰田汽车公司的一种生产管理方法，它的基本思想是：“只在需要的时候，按需要的量生产所需的产品。”这种生产方式的核心是追求一种无库存的生产系统，或使库存达到最小的生产经营体系。

传统的生产管理按“推”式（Push）系统方式组织生产，即生产按预先制订的生产计划进行，当一道工序加工完后，工件被送到指定的地点等待下一道工序加工，这时工件实际上处于在制品库存状态。纵观整个生产过程，从原材料开始被加工到最后成品，原材料和在制品是按一定生产计划和工艺规程被“推”向成品状态，故这种方式被称为“推”式生产订单方式。随着生产系统规模的增加，“推”式系统逐渐呈现出固有的缺点。首先，当产品需求发生剧烈变化或生产出现异常时，推式订单系统常造成库存过剩，或在制品、原材料无法保证供应；第二，由于推式订单系统是用库存供应下一道工序工件，故合理（安全）库存量必须准确，但合理库存量又难以准确求得，为保证生产需要，不得不使库存处于过剩状态；第三，“推”式系统最优生产计划的计算十分复杂。

JIT 则按“拉”式（Pull）系统方式组织生产。虽然用 JIT 方式组织生产时，后一道工序工件也是由前一道工序加工后的工件库存供应，但前一道工序工件库存量不是由预先制订的生产计划确定，而是当后一道工序发出请求（也称之为订单、Order）后，该库存才存在，即一律只是在需要的时候才被加工。因此同“推”式系统相比，“拉”式系统的库存量极少，理想状态应为零。JIT 极小化库存的结果是，一方面使库存控制环节简化，另一方面由于工件等待时间减少，使工件“通过时间”也相应缩短。

实施 JIT，要求制造系统物理结构发生相应改变与之适应。JIT 实现手段是“看板”，也称为“卡片”。准时管理方式的实现是通过看板的运动和传递实现的。看板在自动线上的传递过程是以总装配线为起点，逆工艺路线在上下两个工序之间往返传递。例如在装载机的装配过程中，每个工序的设备附近设有两个储料装置（容器或小车），一个用于储存本工序加工完成的工件，供下一工序随时取用；另一个储存上一工序制造的备用零部件。在加工过程中，看板将随零部件在自动线的各工序间传递。如图 13-27 所示，A 表示本工序储存加工备件的装置，B 表示本工序储存已完成零件的装置，带箭头的实线表示物料的传递过程，虚线表示看板的传递过程。当最后装配工序的工人从 N 工序的 A 装置中取用一个工件后，同时取出一块取货看板，到上一工序（例如工序 2）的完工储存装置中提取一个同样的工件，同时再从 2 工序 B 装置中取出一个加工看板交给第 2 道工序的工人；第 2 道工序的工人加工完看板所规定的工件后，补充到 2B 装置中；余下各工序取用工件的过程也相同。因此，通过看板这个工具就完成了生产过程的控制。

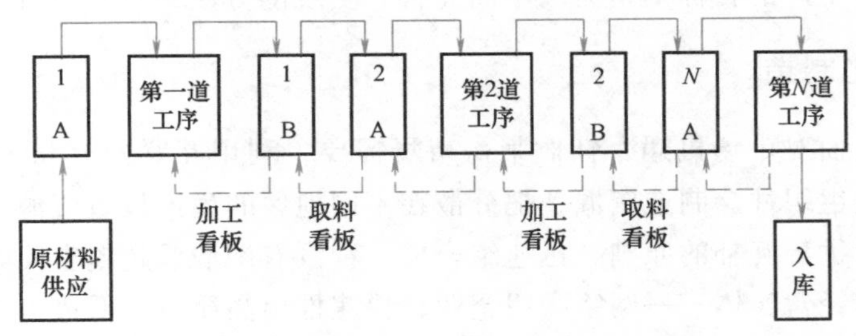

图 13-27 JIT 生产模式中看板的传递过程示意图

13.4.4 精良生产

精良生产（Lean Production，LP）是 20 世纪 50 年代日本丰田公司首创的生产方式，又称为精益生产。

1. 精良生产的内涵

精良生产方式是以最少的投入来获得成本低、质量高、产品投放市场快、以用户满意为

目标的一种生产方式。它以人为本，以简化为手段，以尽善尽美为最终目标，使人员、设备大为减少，产品开发周期大为缩短，而生产出的产品品种更多、质量更好。精良生产方式主张并力求消除一切非生产的费用，而且能生产出更好、更多，且满足用户各种需求的变型产品。

2. 精良生产的目标

精良生产的中心思想就是在各个环节上均需要去掉无用的东西，每个员工及其岗位的安排原则都是保证增值，不能增值的岗位撤除。

精良生产追求的目标是：尽善尽美、精益求精，实现无库存、无废品和低成本生产。其目标、手段和结果的描述如图 13-28 所示。

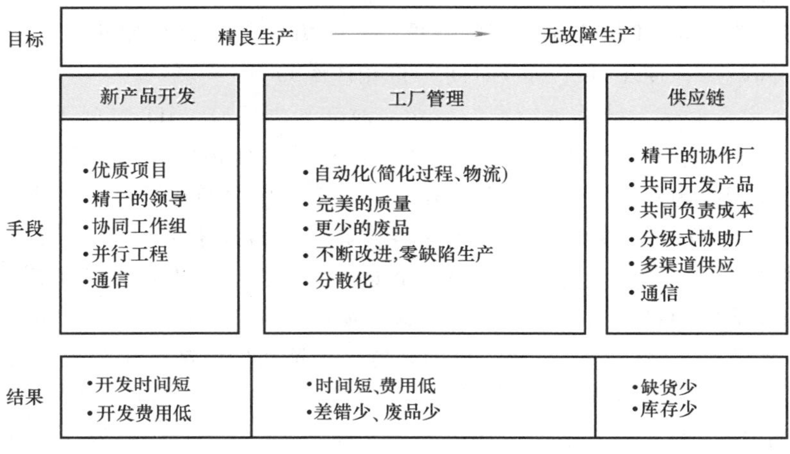

图 13-28　精良生产的目标、手段和结果

由此可见，精良生产与大批量生产之间的根本区别在于目标的制定。大批量生产的目标是足够好，而精良生产的目标则是力求不断完善，实现的方法是不断改进，逐步优化。

13. 4. 5　网络化制造

网络化制造是面对市场机遇，针对某一市场需要，利用互联网（Internet）信息高速公路，灵活而迅速地组织社会制造资源，把分散在不同地区的生产设备资源、智力资源和各种核心能力，按资源优势互补的原则，迅速组合成一种没有围墙、超越空间约束、靠电子手段联系、统一指挥的经营实体——网络联盟企业，快速推出高质量、低成本的新产品。采用网络化制造能提高我国制造资源的利用率，实现我国制造资源的共享，提高企业对市场的反应速度，增强我国制造业的国际竞争力。

实施网络化制造技术的行为主体是网络联盟，网络联盟企业必须以客户为中心。网络联盟的生命周期按时序大致划分为：面对市场机遇时的市场分析、资源重组分析、网络联盟组建设计、网络联盟组建实施、网络联盟运营、网络联盟终止。

网络化制造的关键技术包括：①制造企业信息网络；②快速产品设计和开发网络；③由独立制造岛组成的产品制造网络；④全面质量管理和用户服务网络；⑤电子商务网络；⑥制造工程信息的通信。

13.4.6　虚拟制造系统

虚拟制造（Virtual Manufacturing，VM）是以制造技术和计算机技术支持的系统建模技术和仿真技术为基础，集现代制造工艺、计算机图形学、并行工程、人工智能、人工现实技术和多媒体技术等多种高技术为一体，由多学科知识形成的一种综合系统技术。它将现实制造环境及其制造过程通过建立系统模型映射到计算机与相关技术所支撑的虚拟环境中，在虚拟环境下模拟现实制造环境及其制造过程的一切活动和产品的制造全过程，并对产品制造及制造系统的行为进行预测和评价。

1. 虚拟制造技术

虚拟制造技术（Virtual Manufacturing Technology，VMT）可以理解为：在计算机上模拟产品的制造和装配全过程。换句话说，借助于建模和仿真技术，在产品设计时，就可以把产品的制造过程、工艺过程、作业计划、生产调度、库存管理以及成本核算和零部件采购等生产活动在计算机屏幕上显示出来，以便全面确定产品设计和生产过程的合理性。

虚拟制造技术是一种软件技术，它填补了CAD/CAM技术与生产过程和企业管理之间的技术鸿沟，把企业的生产和管理活动在产品投入生产之前就在计算机屏幕上加以实现和评价，使工程师和决策者在设计阶段就能够预见可能发生的问题和后果。

2. 虚拟制造系统的内涵

虚拟制造系统（Virtual Manufacturing System，VMS）是基于虚拟制造技术（VMT）实现的制造系统，是现实制造系统（Real Manufacturing System，RMS）在虚拟环境下的映射。而现实制造系统是物质流、信息流、能量流在控制机的协调与控制下，在各个层面上进行相应的决策，实现从投入到输出的有效转变。其中，物质流及信息流协调工作是其主体。为了简化起见，可以将现实制造系统划分为两个子系统：现实信息系统（Real Information System，RIS）和现实物理系统（Real Physical System，RPS）。

RIS由许多信息、信息处理和决策活动组成，如设计、规划、调度、控制、评估信息，它不仅包括设计制造过程的静态信息，而且包括制造过程的动态信息。RPS由存在于现实中的物质实体组成，这些物质实体可以是材料、零部件、产品、机床、夹具、机器人、传感器和控制器等。当制造系统运行时，这些实体有特定的行为和相互作用。如运动、变换和传递等，制造系统本身也与环境以物质和能量的方式发生作用。

3. 虚拟制造系统的功能及其体系结构

虚拟制造系统是在虚拟制造思想指导下的一种基于计算机技术集成的、虚拟的制造系统。在信息集成的基础上，通过组织管理、技术、资源和人机集成实现产品开发过程的集成。在整个产品开发过程中，在基于虚拟现实、科学可视化和多媒体等技术的虚拟环境下，在各种人工智能技术和方法的支持下，通过集成地应用各种建模、仿真分析技术和工具，实现集成的、并行的产品开发过程，以及对产品设计、制造过程、生产规划、调度和管理的测试，利用分布式协同求解，以提高制造企业内各级决策和控制能力，使企业能够实现自我调

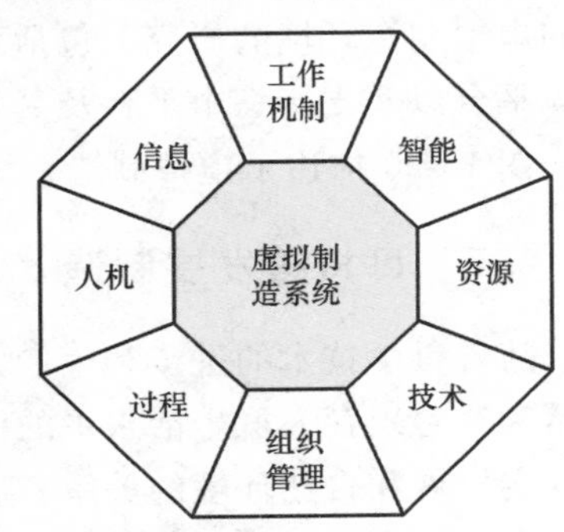

图13-29　基于虚拟制造系统的全面集成

节、自我完善、自我改造和自我发展，达到提高整体的动作效能、实现全局最优决策和提高市场竞争力的目的。基于虚拟制造系统的全面集成如图 13-29 所示。

（1）虚拟制造系统的功能

1）通过虚拟制造系统实现制造企业产品开发过程的集成。根据制造企业策略，基于虚拟制造系统，在信息集成和功能集成的基础上，实现产品开发过程的集成。通过对整个产品开发过程的建模、管理、控制和协调，以企业资源、技术、人员进行合理组织和配置，面向产品整个生命周期，实现制造企业策略与企业经营、工程设计和生产活动的集成（纵向集成），以及在产品开发的各个阶段分布式并行处理虚拟环境下多学科小组的协同工作（横向集成），快速适应市场和用户需求的变化，以最快的速度向市场和用户提供优质低价产品。

2）实现虚拟产品设计/虚拟制造仿真闭环产品开发模式。各种建模、仿真、分析技术和工具的大量使用，使产品开发从过去的经验方法跨越到预测方法，实现虚拟产品设计/虚拟制造仿真闭环产品开发模式。虚拟制造系统能够在产品开发的各个阶段，根据用户对产品的要求，对虚拟产品原型的结构、功能、性能、加工、装配制造过程以及生产过程在虚拟环境下进行仿真，并根据产品评价体系提供的方法、规范和指标，为设计修改和优化提供指导和依据。由于以上开发过程都是在虚拟环境下针对虚拟产品原型进行的，所以大大缩短了开发时间，节约了研制经费，并能在产品开发的早期阶段发现可能存在的问题，使其在成为事实之前予以解决。又由于开发进程的加快，能够实现对多个解决方案的比较和选择。

3）提高产品开发过程中的决策和控制能力。

4）提高企业自我调节、自我完善、自我改造和自我发展的能力。

（2）虚拟制造系统的体系结构　从产品生产的全过程来看，虚拟制造应包括产品的“可制造性”“可生产性”和“可合作性”。所谓“可制造性”是指所设计的产品（包括零件、部件和整机）的可加工性（铸造、锻造、冲压、焊接和切削等）和可装配性；而“可生产性”是指在企业已有资源（广义资源，如设备、人力、原材料等）的约束条件下，如何优化生产计划和调度，以满足市场或顾客的要求；虚拟制造还应对被喻为 21 世纪制造模式的敏捷制造提供支持，即为企业动态联盟（Virtual Enterprise，VE）的“可合作性”提供支持。而且，上述三个方面对一个企业来说是相互关联的，应该形成一个集成的环境。因此，应从虚拟制造、虚拟生产和虚拟企业三个层次来展开产品全过程的虚拟制造技术及其集成的虚拟制造环境的研究，包括产品全信息模型、支持各个层次虚拟制造的技术开发相应的支撑平台以及支持三个平台及其集成的产品数据管理（Product Data Management，PDM）技术。图 13-30 描述了虚拟制造系统的体系结构。

13.4.7　可持续发展制造

随着科学技术的进步和生产力水平的提高，人类影响自然的能力大为增强。人类在改造自然和改善现存人群生活水平的同时，往往忽略了人类和自然的和谐发展，不同程度地破坏了社会发展和自然环境的关系，破坏了生态环境的平衡，出现了由人口增长、资源短缺、环境破坏这三大主要问题引发的生态危机。

可持续发展制造是一个非常宽广的范畴。可持续发展制造就是建立极少产生废料和污染物的工艺技术系统。力争以最小的资源消耗，最低限度的环境污染，产生最大的社会效益。实施可持续发展应贯穿企业活动的整个生命周期。企业应从以自然资源和劳动力投入的经济

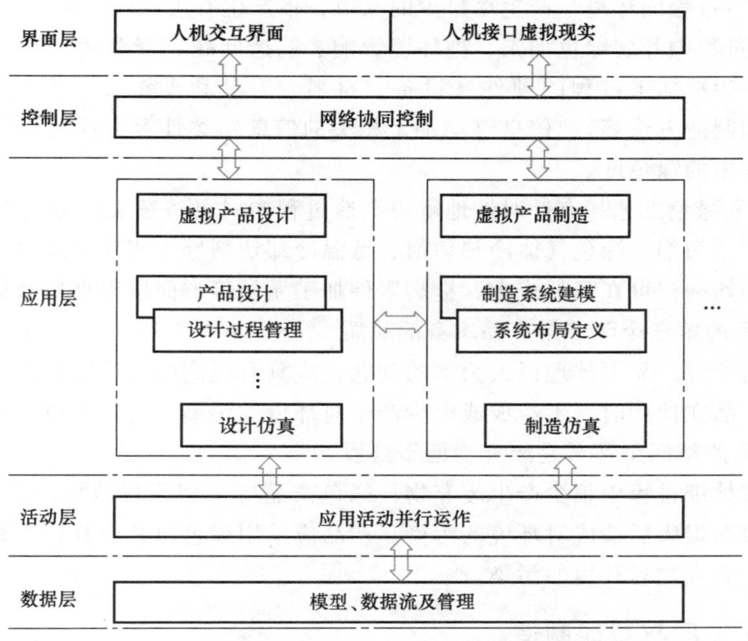

图 13-30 虚拟制造系统的体系结构

增长方式，逐渐转变为技术型发展模式。要在提高企业的创新能力，采用环境无害化技术，改善管理，提高资源利用率，降低物耗、能耗上下功夫。实施可持续发展战略，应进行高技术开发，利用自然资源，努力降低自然资源消耗，统筹考虑环境保护和自然资源开发、应用；应该坚持与自然相和谐统一的方式，追求人类健康而富有生产成果的生活权利；应该在创造当代人的发展和消费的时候，努力做到可持续发展，使现代人与后代人的机会平等。

为了使工业产品和制造过程不破坏环境，必须改变传统的产品开发战略。在制造业中，不能单纯强调快速响应制造，不应只研究交货上市期、质量和效益，还应该研究支持可持续发展的制造技术，推动机械制造领域中绿色产品、绿色制造、绿色设计、绿色加工、绿色工艺、产品全生命周期等理论以及技术的研究与应用。

可持续发展已成为国际共识，目前世界上已有20多个国家建立了产品绿色标志制造体制。今后，如产品没有绿色标志，将有可能被拒之于国际贸易之外，绿色标志将是进入国际市场的通行证。绿色设计的工业产品，成为世界市场的主导产品。绿色产品是指生产过程节能环保及产品本身节能、节水、低污染、低毒、可再生、可回收的一类产品，是在其生命周期全程中，符合环境保护要求，对生态环境无害或危害极少，资源利用率高、能源消耗低的产品。

1. 绿色产品的第一个环节是设计

绿色产品要求产品质量优、环境行为优。应尽量减少材料使用量，选用能最大限度地被再利用的材料；在产品的生命周期各个环节所消耗的能源应达到最少。绿色产品采用易拆卸、可重用的产品结构设计。

2. 绿色产品的第二个环节是生产过程

企业在生产过程中最大限度地节约能源，要求实现无废少废、综合利用和采用清洁原料、采用清洁生产工艺。

1）改善制造过程的环境，产生尽量少的噪声，不产生有害气体，创造宜人工作环境。

2）在制造过程中开展绿色加工，把环境影响、制造问题、资源优化统一起来考虑。如在机械加工过程中把加工过程的硬件（设备、材料、刀具和操作人员等）、软件（制造理论、制造工艺和制造方法等）、信息（与加工相关的信息）柔性等方面动态地结合起来，努力提高加工过程中的绿色度。

3）大力开发绿色工艺，有针对性地解决制造过程中对可持续发展制造有不利影响的传统工艺。如应用干切削、绿色气体冷却切削、低温冷却切削等方式代替或改善会造成环境污染的乳化液冷却切削，可在降低成本、提高零件加工质量等方面取得良好效果。

3. 绿色产品的第三个环节是产品本身的品质

绿色产品比一般产品更体现以人为本的理念，应具有更高的舒适度和健康保护及环境保护程度。绿色产品在使用时，不造成或很少产生对环境的污染，运行时应是节能的。

4. 绿色产品的第四个环节是废弃物便于处置

产品在回收处理过程中很少产生废弃物；绿色产品应采用原材料易回收或可重新利用，或易分解而不致在报废后造成对环境的污染。产品应采用绿色包装，其包装物可重用或易分解再生，以避免丢弃物对环境的污染。

13.4.8 智能工厂与智能制造

面对信息技术和工业技术的革新浪潮，德国提出了“工业 4.0”战略，美国出台了先进制造业回流计划，中国加紧推进两化深度融合，并发布了“中国制造 2025”战略。这些战略的核心都是利用新兴信息化技术来提升工业的智能化应用水平，进而提升工业在全球市场的竞争力。德国提出的“工业 4.0”计划，强调“智能工厂”和“智能生产”，实质是实现信息化与自动化技术的高度集成，其核心是智能生产技术和智能生产模式，旨在通过“物联网”和“务（服务）联网”，把产品、机器、资源和人有机联系在一起，推动各环节数据共享，实现产品全生命周期和全制造流程的数字化。信息网络技术与传统制造业相互渗透、深度融合，正在深刻改变产业组织方式，加速形成新的企业与用户关系：一是由大规模批量生产向大规模定制生产转变；二是由集中生产向网络化异地协同生产转变；三是由传统制造企业向跨界融合企业转变。“中国制造 2025”战略将智能制造作为新一代信息技术与制造技术融合发展的结合点，成为中国制造的主攻方向。

1. 数字化工厂

数字化工厂（DF）是在计算机虚拟环境中，由数字化模型、方法和工具构成的综合网络，通过先进的 3D 虚拟现实可视化、仿真和文档管理，集成了产品、过程和工厂模型数据库，并扩展到整个产品生命周期，对整个生产过程进行仿真、评估和优化。通过连续的没有中断的数据管理集成在一起，以提高产品的质量和生产过程所涉及的质量和动态性能。数字化工厂是现代数字制造技术与计算机仿真技术相结合的产物，其本质是实现信息的集成，构建了一种新型生产组织方式。

2. 智能工厂

智能工厂（图 13-31）是在数字化工厂的基础上，利用物联网技术和监控技术加强信息管理服务，提高生产过程可控性，减少生产线人工干预，以及合理计划排程，同时集初步智能手段和智能系统等新兴技术于一体，构建高效、节能、绿色、环保和舒适的人性化工厂。

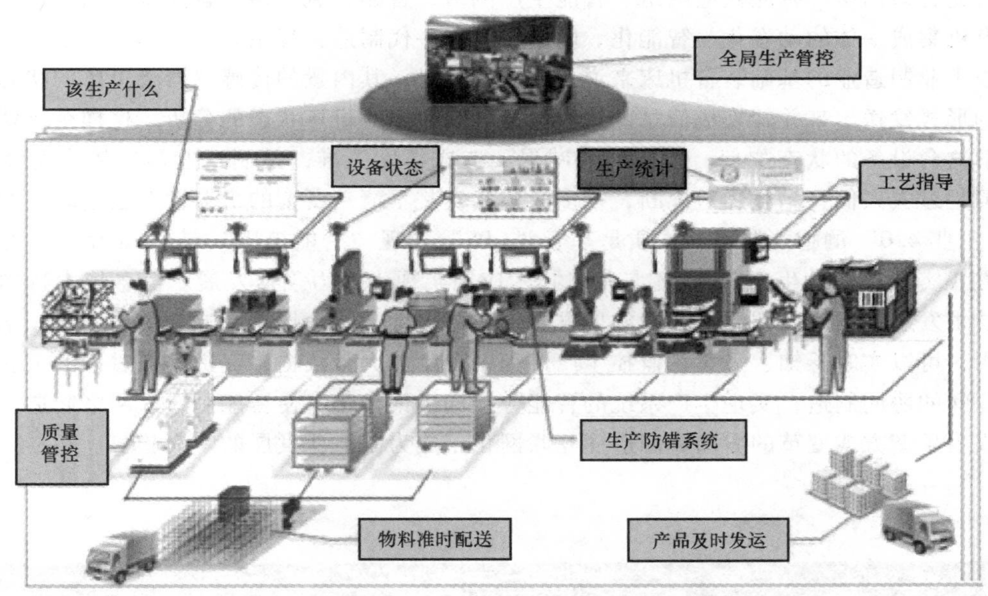

图 13-31 智能工厂

智能工厂已经具有了自主能力，可自主采集、分析、判断和规划；可通过整体可视技术进行推理预测，利用仿真及多媒体技术，将实境扩增展示设计与制造过程。系统中各组成部分可自行组成最佳系统结构，具备协调、重组及扩充特性，已系统具备了自我学习、自行维护能力。智能工厂实现了人与机器的相互协调合作，其本质是人机交互。智能工厂是在数字化工厂基础上的升级版。

3. 智能制造

智能制造系统在制造过程中能进行智能活动，诸如分析、推理、判断、构思和决策等。通过人与智能机器的合作，扩大、延伸和部分地取代技术专家在制造过程中的脑力劳动。它把制造自动化扩展到柔性化、智能化和高度集成化的层面。智能制造系统不只是人工智能系统，而是人机一体化智能系统，是混合智能。系统可独立承担分析、判断和决策等任务，突出人在制造系统中的核心地位，同时在智能机器配合下，更好地发挥人的潜能。机器智能和人的智能真正地集成在一起，互相配合，相得益彰。

（1）智能制造的四大要素　①智慧的人：互联网从二维互联网世界向三维虚拟世界演化，最重要的角色是人的智力资源；②智能产品：集成了信息存储、传感、无线通信功能，这时候产品是信息载体，会影响其所在环境，具有自监测功能；③智能物料和智能工厂：服务互联网。

（2）智能制造的五大集成　①客户集成，例如预售、团购、O2O、众筹；②智力集成，内部智力资源、外部智力资源与内部生产资源和外部生产资源的集成；③横向集成，是指工厂之间的集成；④纵向集成，是智力工厂的集成；⑤价值链集成，生产的设计与计划，生产能源和产品，最后提供给客户服务。

（3）智能制造的体系运转　智能制造体系是在新一代信息技术的基础上，以技术管理的深度融合的新思维为导向，以满足客户个性化需求以及个性化量产为目的，由智能客户网

络、智能智力网络、智能供应网络、智能生产网络、智能物流网络和智能服务网络六大价值网络有机集成一体的动态化、智能化、网络化的新一代制造工程系统。

以工业制造业的基础装备机床来说，机床工作时，其内置的传感仪器将机床的状态通过信号的形式发送出来并转换成信息，这些信息可以用于对机床状态的分析，这样企业就能实时了解这台设备的状态如何。机床性能减退，造成精度失准，是制造业需要竭力避免的问题，但是过去人们只是凭经验推断，很多时候其实是不清楚所谓的机器性能衰退时间的。

“工业 4.0”的智能制造，本质是基于“CPS”实现“智能工厂”，核心是用动态配置的生产方式实现“柔性生产”，关键是信息技术应用实现生产力飞速发展。信息技术特别是互联网技术发展正在对传统制造业的发展方式带来颠覆性、革命性的影响。信息网络技术的广泛应用，可以实时感知、采集、监控生产过程中产生的大量数据，促进生产过程的无缝衔接和企业间的协同制造，实现生产系统的智能分析和决策优化，使智能制造、网络制造、柔性制造成为生产方式变革的方向。制造业互联网化正成为制造业发展的一大趋势。

习题与思考题

13-1 先进制造工艺技术包含了哪些方面？

13-2 试论述现代制造技术的发展及其趋势。

13-3 试说明精密加工与超精密加工的概念及重要性。

13-4 高速切削加工工艺有何特点？钛合金超高速切削加工的工艺特性有哪些？

13-5 简述成组技术的特点及其在制造领域中的应用。

13-6 微细加工对机床有什么要求？

13-7 试说明柔性制造的技术要求。

13-8 什么是 CIMS？它由哪些系统组成？

13-9 虚拟制造有哪些特点？

13-10 按照 CAPP 的工作原理，CAPP 系统有几种类型？各有什么特点？

13-11 绿色制造的物流过程和传统制造相比有什么特点？

13-12 列举几种先进的制造生产模式，并简单地说明其主要特点。

参考文献

[1] 翁世修，吴振华. 机械制造技术基础［M］. 上海：上海交通大学出版社，1999.

[2] 李凯岭. 机械制造技术基础［M］. 北京：清华大学出版社，2010.

[3] 冯之敬，等. 机械制造工程原理［M］. 北京：清华大学出版社，1999.

[4] 张福润，等. 机械制造技术基础［M］. 武汉：华中科技大学出版社，2000.

[5] 张世昌. 机械制造技术基础［M］. 天津：天津大学出版社，2002.

[6] 于俊一. 机械制造技术基础［M］. 北京：机械工业出版社，2009.

[7] 赵艳红. 机械制造技术基础［M］. 北京：人民邮电出版社，2011.

[8] 杜可可. 机械制造技术基础［M］. 北京，人民邮电出版社：2007.

[9] 苏珉. 机械制造技术［M］. 北京：人民邮电出版社，2006.

[10] 李华. 机械制造技术［M］. 北京：高等教育出版社，2009.

[11] 李凯岭，等. 机械制造工艺学［M］. 北京：清华大学出版社，2014.

[12] 李绍明. 机械加工工艺基础［M］. 北京：北京理工大学出版社，1993.

[13] 哈尔滨工业大学，上海工业大学. 机械制造工艺理论基础［M］. 上海：上海科学技术出版社，1980.

[14] 柯里凯尔 я д. 零件机械加工精度的数学分析［M］. 祝玉光，译. 北京：机械工业出版社，1983.

[15] 哈尔滨工业大学，上海工业大学. 机械制造工艺规程制订及装配尺寸链［M］. 上海：上海科学技术出版社，1980.

[16] 李凯岭. 机械加工工艺过程尺寸链［M］. 北京：国防工业出版社，2007.

[17] 刘守勇. 机械制造工艺与机床夹具［M］. 北京：机械工业出版社，2013.

[18] 巩秀长，等. 机床夹具设计原理［M］. 济南：山东大学出版社，1995.

[19] 东北重型机械学院，等. 机床夹具设计手册［M］. 上海：上海科学技术出版社，1990.

[20] 哈尔滨工业大学，上海工业大学. 机床夹具设计［M］. 上海：上海科学技术出版社，1980.

[21] 周泽华，于启勋. 金属切削原理［M］. 2 版. 上海：上海科学技术出版社，1993.

[22] 陆建中. 金属切削原理与刀具［M］. 上海：上海科学技术出版社，1986.

[23] 韩荣第. 金属切削原理与刀具［M］. 哈尔滨：哈尔滨工业大学出版社，1998.

[24] 袁泽俊. 金属切削刀具［M］. 上海：上海科学技术出版社，1993.

[25] 李凯岭，等. 机械加工工艺过程尺寸链中的并联二环尺寸链［J］. 机械工程师，1998（2）. 14-16.

[26] 李凯岭，等. 关于机械加工工艺过程尺寸链中的二环尺寸链［J］. 山东工业大学学报，1992（1）：61-66.

[27] 李凯岭. 机械加工工艺过程尺寸链的计算机解法［J］. 山东工业大学学报，1986（4）：77-86.

[28] 赵汝嘉，等. 机械加工工艺手册（软件版）R1. 0［M］. 北京：机械工业出版社，2003.

[29] 机械加工工艺装备设计手册编委会. 机械加工工艺装备设计手册［M］. 北京：机械工业出版社，1998.

[30] 孟少农. 机械加工工艺手册［M］. 北京：机械工业出版社，1992

[31] 赵如福. 金属机械加工工艺人员手册［M］. 3 版. 上海：上海科学技术出版社，1990.

[32] 贾亚洲，等. 金属切削机床概论［M］. 北京：机械工业出版社，1995.

[33] 顾熙棠. 金属切削机床：上册［M］. 上海：上海科学技术出版社，1994.

[34] 吴圣庄. 金属切削机床概论［M］. 北京：机械工业出版社，1994.

[35] 顾维邦. 金属切削机床概论［M］. 北京：机械工业出版社，1997.

[36] 黄开榜. 金属切削机床［M］. 哈尔滨：哈尔滨工业大学出版社，2006.

[37] 王德泉. 砂轮特性与磨削加工［M］. 北京：中国标准出版社，2001.

[38] 李峻勤，等. 数控机床及其使用与维修［M］. 北京：国防工业出版社，2000.

[39] 盛敏军. 先进制造技术［M］. 北京：机械工业出版社，2012.

[40] 李凯岭. 计算机辅助设计与制造技术高级教程［M］. 兰州：兰州大学出版社，2004.

[41] 苑伟政，马炳和. 微机械与微细加工技术［M］. 西安：西北工业大学出版社，2000.

[42] 刘志峰，等. 干切削加工技术及应用［M］. 北京：机械工业出版社，2005.

[43] 张申生，等. 敏捷制造的理论、技术与实践［M］. 上海：上海交通大学出版社，2000.

[44] 王大珩，等. 高技术辞典［M］. 北京：清华大学出版社，科学出版社，2001.

[45] 王贵成，等. 精密与特种加工［M］. 武汉：武汉理工大学出版社，2001.

[46] 杜裴，黄乃康. 计算机辅助工艺过程设计原理［M］. 北京：北京航空航天大学出版社，1992.